フローチャートによる **小動物疾患の診断**

武部正美　訳

文永堂出版

Common Small Animal Diagnoses
AN ALGORITHMIC APPROACH

Charlotte Davies, MA, VetMB, Cert VA, MS, MRCVS
Diplomate, ACVIM (Internal Medicine)
Staff Internist, Veterinary Referral and Critical Care LLC
Manakin-Sabot, Virginia

Linda Shell, DVM
Diplomate, ACVIM (Neurology)
Professor, Internal Medicine
Ross University School of Medicine
St.Kitts, West Indies
Formerly Professor, Small Animal Clinical Sciences Department
Virginia-Maryland Regional College of Veterinary Medicine
Blacksburg, Virginia

Terry Lawrence, Illustrator

W.B. SAUNDERS COMPANY
A Harcourt Health Sciences Company
Philadelphia   London   New York   St.Louis   Sydney   Toronto

W. B. SAUNDERS COMPANY
A Harcourt Health Sciences Company
The Curtis Center
Independence Square West
Philadelphia, Pennsylvania 19106

注　　意

獣医療は常に変化する分野である．標準的な安全予防措置を図ることはもちろんであるが，新しい研究と臨床経験によって我々の知識はさらに広がるわけであり，そのためには治療や薬物療法を変える必要がでてくることもある．薬剤の推奨量や投与法，投与期間，禁忌などを確かめるには，薬剤の製造元が提供してくれる最新の製品情報を読者が点検することも重要となる．経験と動物に対する知識を元に，個々の動物に対する薬用量や最も良い治療を決めるのは，治療に携わる獣医師の責任である．本書から発生した動物に対する損傷や傷害には，発行者も編集者も何ら責任は負わないものとする．

W.B. Saunders

COMMON SMALL ANIMAL DIAGNOSES　　　　　　　　　　ISBN　0-7216-8478-5

Copyright © 2002 by W.B. Saunders Company

All rights reserved. No part of this publication may be reproduced or transmitted in any form or by any means, electronic or mechanical, including photocopy, recording, or any information storage and retrieval system, without permission in writing from the publisher.

Printed in the United States of America

Last digit is the print number:　　9　8　7　6　5　4　3　2　1

序　文

　本書は，診断的指針として獣医師が目的思考的に診断を進めることができるよう図られたものである．決して断定的でもなければ，独断的でもない．経験と個々の症例に対する詳細な評価ならびに飼主と動物が必要とするものを十分に考慮すれば，それぞれの症例に対する適切な診断と治療計画が図られるものと考える．臨床症状の基礎原因として最も相応しいものを引き出すために，早い段階で診断的検査を推奨する場合もある．なかにはまれな疾患ではあるが容易に治療ができる疾患もあれば，まれではあるが今にも生命にかかわるといった疾患を除外するために検査を実施する場合もある．本書では特殊な疾患に対しても，有望な診断の進め方を概説したいと考える．しかし1つの問題だけで来院する動物はほとんどいないし，また目の前の症例が正に教科書に書いてあったとおりだということも少ない．本書では臨床家として遭遇する一般的な疾患を出発点として，最終診断に向かってできる限り論理的かつ安全な方法で診断を進めたいと考えている．

　本書では，我々の経験はもとより，主に The Textbook of Veterinary Internal Medicine（第4版1995年と第5版2000年）by S.J.Ettinger and E.C.Feldman ならびに Small Animal Clinical Diagnosis by Laboratory Methods（第3版1999年）by M.D.Willard, H.vedten and G.H.Turnwald を参考にさせて戴いた．様々な度合いの経験をもつ学生や臨床家諸氏が診断計画を立てる際に，そして生涯にわたって，本書がお役に立てば望外の幸いである．

Charlotte Davies

Linda Shell

目　　次

第1章　一般的な症状　1

疼　　痛　2
発熱／高体温症　6
多尿／多渇　10
虚脱／運動誘発性脱力　14
腹部の膨大　18
腹　　水　20

第2章　筋骨格系の疾患　27

跛　　行　28
関節の滲出と疼痛　30

第3章　神経学的疾患　35

痙攣発作　36
昏迷／昏睡　40
斜頸／眼振　42
運動失調　46
上部運動ニューロン性四肢不全麻痺　48
下部運動ニューロン性四肢不全麻痺　50
対不全麻痺　52
尿失禁　56

第4章　血液学的疾患　61

出血ならびに凝固不全　62
リンパ節症　64

脾　　腫　68
再生性貧血　72
非再生性貧血　76
赤血球増加症　80
汎血球減少症　84
好中球減少症　88
血小板減少症　92

第5章　代謝性／電解質性疾患　95

低アルブミン血症　96
高グロブリン血症　100
低血糖症　104
高血糖　106
低カリウム血症　108
高カリウム血症　110
低カルシウム血症　112
高カルシウム血症　116
高脂血症　120
リパーゼとアミラーゼの上昇　124

第6章　肝臓の疾患　129

肝腫大　130
黄　　疸　134
肝酵素の上昇　138

第7章　胃腸疾患　143

口内炎　144
吐出／巨大食道症　146
急性嘔吐　150
慢性嘔吐　154
吐血とメレナ（黒色便）　158
下　　痢　162
急性の小腸性下痢　164
慢性の小腸性下痢　168
急性の大腸性下痢　172
慢性の大腸性下痢　174
血便排泄　178
しぶりと便秘　182
糞便の失禁　186

第8章　泌尿器疾患　189

無尿／乏尿　190
高窒素血症　194
蛋白尿　196
変色尿　200
血　　尿　202
尿淋瀝，排尿困難，頻尿　204
前立腺肥大　208

第9章　呼吸器疾患　213

鼻出血と鼻の分泌物　214

■ 目 次 ■

鼻狭窄音（鼾）と喘鳴 218
呼吸困難 222
咳　　嗽 224
チアノーゼ 226
胸膜滲出 228
肺水腫 232

第10章　心血管系の疾患 237

頻　　拍 238
徐　　脈 242
全身性高血圧 246
心肥大 248

索　引 253

SECTION 1

一般的な症状

疼痛

① 疼痛とは，体の特定部位に発生する不快知覚と定義されている．疼痛は侵害受容器（求心性神経線維の遊離神経終末）の刺激によって始まる．皮膚や筋肉，関節など外部の環境に接する組織には，きわめて多くの疼痛受容器が存在する．このような組織に由来する疼痛を身体痛（somatic pain）といい，通常では明確に部位を限定することが可能となる．内部臓器に由来する内臓痛（visceral pain）は，部位を限定することが難しい．これはおそらく腹部内臓には侵害受容器が比較的少ないためと思われる．疼痛は臨床徴候であり，診断名ではない．犬や猫では痛みや不快感を言葉で表現することはできないが，その行動から推測することは可能である．跛行や行動的変化，嗜眠，鼻を鳴らすような声，移動や遊びを嫌う仕種，食欲不振などは，いずれも疼痛の主要な徴候といえる．損傷や手術時，触診時あるいは椎間板ヘルニアとか膵炎など突然始まる疼痛性疾患では，急性の疼痛が観察される．慢性の疼痛の場合には，数ヵ月にわたる疼痛が認められ，一般的にはコントロールすることはできても治癒には到らない病的経過が観察される．

② 病歴と身体一般検査は，不快部位を限定するのに有用となる．動物が階段の上り下りを嫌う場合には，筋骨格系疾患や脊髄疾患が考えられる．動物を抱き上げた時に悲鳴をあげるといった場合には，痛みの原因は脊髄と腹部に存在する可能性がある．跛行が認められる場合には，関節や神経に原因があることが疑われる．はじめ動物が起き上がろうとする時には痛そうにして動きたがらないが，歩行するにつれて改善される場合には関節疾患が考えられる．

③ 筋の疼痛は，動きを嫌うとか軽い触診で悲鳴をあげるといったことから確認することができる．患部の筋肉に萎縮や肥大，腫脹が認められることがある．クレアチン・キナーゼ（CK）は筋肉から放出される酵素といわれている．血清中のCK値に上昇が認められる場合には筋炎や筋障害のあることが疑われる．もちろん，CK値が正常であったからといって，痛みの原因が筋にないというわけではない．

④ 腹部の疼痛では，触診時に力が入って固くなったり声をあげることがある．腹部の右側頭側域に痛みが認められる場合には，膵炎が考えられる．尾側肋骨近辺や腰下域の腹部に痛みが認められる場合には，腎臓か脊椎が考えられる．腹部の疼痛の鑑別診断には，外傷や異物の停滞，炎症（肝膿瘍，腹膜炎，膵炎），虚血（腸捻転），尿管あるいは尿道結石などが含まれる．腎腫瘍を除いては，腹腔内腫瘍では疼痛を認めることは少ないものと思われる．

⑤ 潜伏睾丸の犬で，急性の腹部疼痛を示し腹腔内に固い腫瘤が認められる場合には，捻転による虚血性睾丸が考えられる．

⑥ 骨と関節に疼痛がある場合には，跛行を示すことが多い．一般的に病状が重度になればなるほど患肢の骨にほとんど負重を掛けなくなる．1つの肢から別の肢に跛行が移動する場合には，多発性関節炎や汎骨炎，複数の関節を侵す変性性関節疾患が疑われる．通常，患肢のX線撮影をすれば診断がつく．

⑦ X線検査では異常が認められないが，関節に滲出液が存在する場合には，滑液の細胞診と好気性/嫌気性培養を実施することによって，関節疾患による痛みであることが確認できる．これらの検査によって，免疫介在性関節炎や変性性関節炎，感染性関節炎の区別も可能となる．

⑧ 脊柱の疼痛の場合には，背側脊椎突起を1つ1つ上から触診することによって見きわめることができる．この場合，腰仙域近辺から始めて，頭側に向かって尾側頸部域に進める．頸椎では，それぞれの脊椎の横突起を触診し，横から横，上から下へと優しく進める．もし外傷や環椎軸椎の脱臼が疑われる場合には，触診は避けた方がよい．胸腰部の疼痛と腹部の疼痛は，それぞれまぎらわしい場合が多い．

⑨ 開口時に疼痛が認められる場合には，側頭下顎骨関節を注意深く触診し，関節部の骨折や脱臼，眼球後部の膿瘍あるいは口腔内異物などを探る．咬筋の筋疾患では，急性期には，咀嚼に関与する筋肉に腫脹が認められ，慢性的になると萎縮が観察される．外耳炎によって中耳にまで広がることがあるため両側の耳を触診し，外耳炎の有無を探る．歯牙の膿瘍についても検索する．

⑩ 発育期の犬に認められる頭蓋下顎骨症は，非腫瘍性，非炎症性の増殖性骨疾患である．下顎骨をはじめ，後頭骨，側頭骨が侵される．大型犬をはじめテリア種ではこの疾患にかかりやすい傾向がある．

⑪ 側頭筋と咬筋に萎縮や腫大があったり，顎が開かないといった場合には，咀嚼筋の筋炎が疑われる．頭蓋骨のX線撮影により骨の異常を評価する．血清ならびに筋の生検によって，咀嚼筋のタイプ2M蛋白に対する抗体を見きわめることができる．

⑫ 痛みが特定できない場合には，血液像，血清生化学検査，尿検査，クレアチン・キナーゼ値の測定を実施し評価を図る．

⑬ 膵炎では，食欲不振，嘔吐，発熱，腹部疼痛，白血球増多症などが認められる．リパーゼとアミラーゼの上昇は重要な証拠となる．猫の膵炎は診断が特に難しい．

⑭ 腎盂腎炎が存在しない限りは，尿路の炎症では通常痛みは伴わない．腎盂腎炎の診断では尿沈渣の検査を実施して，膿尿と白血球を調べる．この場合，腹腔の画像診断と尿培養が示唆される．

⑮ 最小限の一般検査で診断がつかない場合には，腹腔ならびに脊椎の画像診断を実施すればさらに痛みの部位が確定できるものと思われる．2,3歳齢以上のダックスフントで痛みの部位が特定できない場合には，腹腔内の疾患よりも椎間板疾患/ヘルニアが疑われる．

⑯ 腹腔内の画像診断で答えが得られない場合には，脊椎のX線検査を実施する．

⑰ 椎間板脊椎炎では，X線検査で問題が明らかになる以前や神経症状が悪化する前に，脊柱の疼痛を認めるのが普通である．動物が痛そうで熱っぽい場合（特に若い雄犬で）やX線検査で異常は認められないが脊椎の痛みが反復して認められる場合には，椎間板脊椎炎の治療を実施し，4～8週間隔でX線検査を繰り返す．

■ 疼 痛 ■

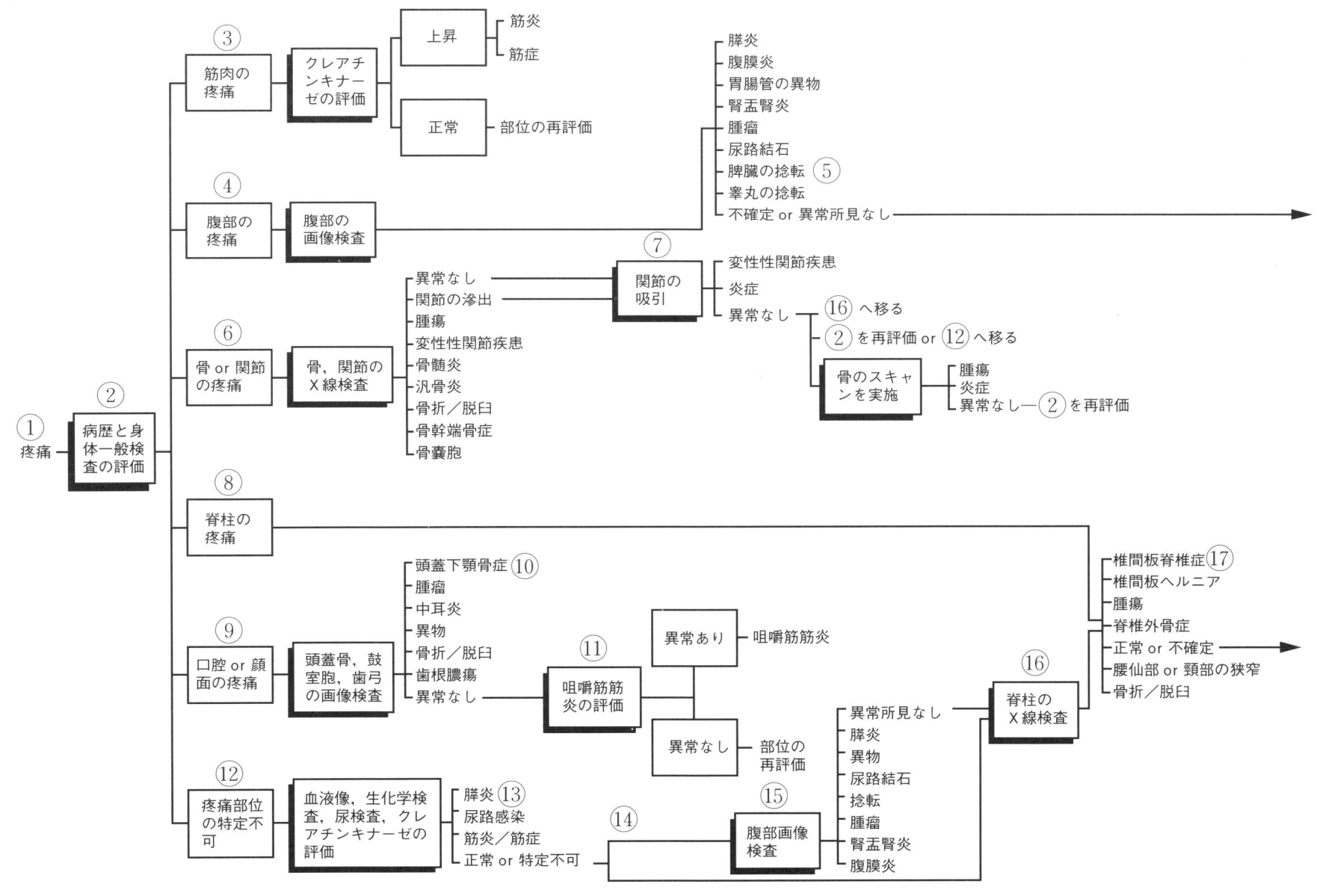

■ 疼　痛 ■

⑱　腹部に疼痛があって，X線検査や超音波検査で確証が得られなかった場合には，もう一度血液像，生化学検査，尿検査の評価をし直す．リパーゼとアミラーゼに上昇が認められる場合には膵炎が予測される．膿尿と尿内に白血球円柱が認められる場合には腎盂腎炎が，また肝酵素の増加が観察される場合には肝炎か胆管肝炎が疑われる．

⑲　確証が得られない場合には，X線造影検査を検討する．X線透過性の消化管異物の診断では，場合によっては一連のバリウム投与による検査が必要となる．一部の尿路疾患の診断では，排泄尿路造影を必要とすることがある．尿路疾患の診断には超音波検査は役に立つが，消化管の診断では超音波ビームが管腔内ガスに邪魔されることもあり必ずしも役立つとはいえない．

⑳　脊椎に痛みがある動物や痛みの部位が特定できない動物で，脊椎のX線検査で診断がつかない動物の場合には，以下のいずれかの段階に進める．
　A）関節内穿刺吸引を実施して，滑液の検査を行う．
　B）脳脊髄液吸引を実施して髄液の検査を行う．
この場合，その病気の経過から最も疑わしいと思われる部位，ならびにその動物に対する穿刺部位の危険性を鑑みたうえで，どの方法を選ぶかを決める．

㉑　多発性関節炎では通常発熱，動きを嫌う行動，'薄い氷の上を歩く'ような用心深い歩行，跛行肢の移動などが認められる．なかには脊椎関節の炎症のため，頸部に痛みが認められることもある．このような徴候が認められる場合，多発性関節炎よりも髄膜炎の疑いが強い．

㉒　変性性関節疾患では，通常慢性的で時には進行性の病歴が認められる．中齢から高齢の特に肥満の動物に最も多いといわれている．複数の関節が侵されている場合には，数ヵ月にわたって跛行肢が他方の肢へと交替することがある．猫にも進行性の変性性関節疾患が認められるが，犬ほど頻繁ではない．

㉓　髄膜炎ではかなりの痛みが観察され，動くことを嫌う場合が多い．診断は髄液の評価に基づいて行われる．特に髄液中の蛋白と白血球数の増加が認められるのが一般的である．髄膜炎の原因としては感染（リケッチア，細菌，真菌，原虫，ウイルスの感染）と免疫介在性疾患が考えられる．幼齢から成熟期の大型犬（特に雄）で，ステロイド反応性の髄膜炎が報告されている．若いビーグル種には，特異的な疼痛疾患があり，ビーグル疼痛症候群（beagle pain syndrome）あるいは壊死性脈管炎（necrotizing vasculitis）と呼ばれている．この症候群は再発性の経過をとるが，臨床症状はプレドニゾロンで軽減されることがある．猫の髄膜炎では猫伝染性腹膜炎（FIP）と猫免疫不全ウイルス（FIV）の感染の関与が最も一般的である．

㉔　それでもなお頸部や脊椎に痛みがあったり，あるいは痛みの部位が特定できず診断が確定できない場合には，椎間板ヘルニアや腫瘤病変，微細な骨折／脱臼，脊椎腔の狭窄，脊髄中心水腫などを見きわめるために脊椎の画像診断を実施する必要がある．画像診断では，脊髄造影や硬膜外腔造影（これらは侵されている部位によって決める）あるいはコンピューター断層撮影（CT）や磁気共鳴装置（MRI）が使われる．関節液で評価がなされなかった場合には，侵襲性のある高価な脊椎の画像検査をする前に，関節疾患は除外される．最終的には視床や脳幹の腫瘍による頸部の疼痛の可能性が考えられることになる．この診断には，CTスキャンやMRIスキャンが必要となる．

㉕　脊髄中心水腫では，脊髄の中心管に髄液が充満し拡張した状態になる．脊髄空洞症（syringomyelia）では，液体を満たした空洞が脊髄に認められるという特徴がある．これらの疾患は先天性の場合もあれば後天性の場合もあり，痛みを伴うものである．キャバリア・キング・チャールス・スパニエルでは，頸／肩部を掻いたり，痛みがあると悲鳴をあげたり，耳や頸，前肢を触られることを嫌うという症状が報告されている．こうした病気の生前診断では，通常MRIによる検査がきわめて重要となる．

㉖　視床疼痛症候群（thalamic pain syndrome）は，視床部の脳腫瘍が原因とされている．一般的には頸部の痛みが観察される．視床は痛みを受けて判別するための脳の主要部位の1つと考えられている．しかしこの部位にできた腫瘍によって，なぜ頸部の痛みが認められるのかについては分かっていない．

■ 疼　　痛 ■

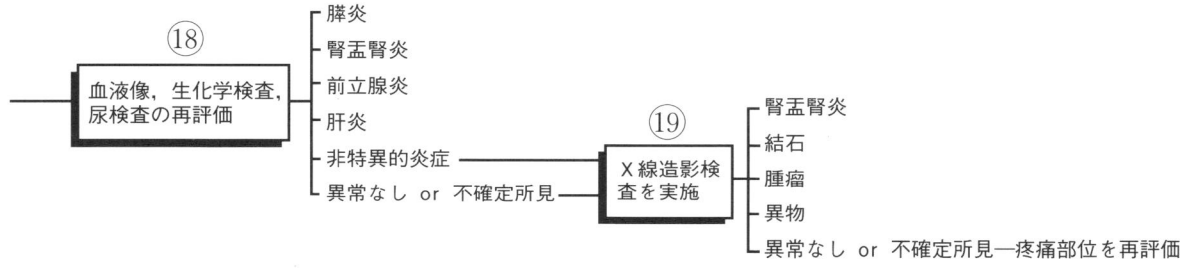

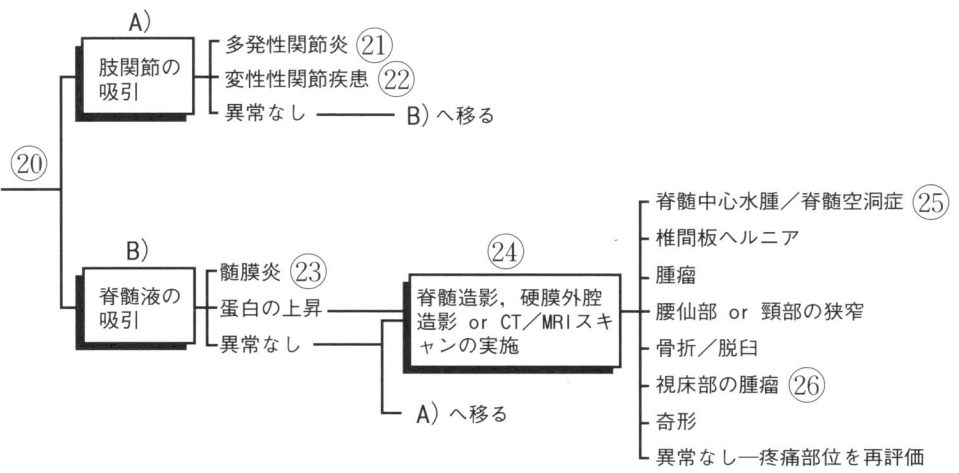

発熱 / 高体温症

① 犬や猫では直腸温で39.2℃以上を体温が上昇しているとみなされている．軽度の上昇であれば動物が危険にさらされることはなく，生理的状況に適切に反応していると考えられる．例えば，運動やストレスにさらされている最中では，体温が39.2℃から40.5℃の間であっても異常というわけではない．

② 休息した状態で体温が40.5℃以上であれば，熱を下げる手段をとる．体温の上昇が炎症によるものと思われる場合には，解熱を図ることは避けるべきである．このような場合には視床下部で設定された体温が再設定され，熱のある動物を冷やそうとする試みが，結局は失った熱を取り返そうという努力をさらに促すことになる．過熱症の動物を冷やすには冷たい水やアルコールで表面を冷やし，扇風機を使って熱の喪失を図る．体温が41℃以上の場合には内側と外側から冷やす方法を講ずる必要がある．氷水による水浴と浣腸，震えを減らすためのフェノチアジンによる鎮静処置，酸素吸入，解熱剤の投与，冷却した等張性の多イオン性晶質性液の静脈内投与などいずれもが治療方法として考えられる．高体温症が著しければ著しいほど，冷却のための方法をより積極的に講ずる必要がある．

③ 体温の上昇が感染症，熱射病や日射病，薬剤投与，運動，ストレスのいずれによるものかを見きわめるために，病歴と身体一般検査の所見を再度評価する．呼吸困難や気道の閉塞によって体温調節器が障害され体温の上昇をみることがあるため，呼吸が困難な状況にないかどうかを観察する．不妊去勢がなされていない動物では子宮蓄膿症や前立腺炎，ブルセラ・カニスによる睾丸炎を頭に入れておく必要がある．

④ 脈絡網膜炎と前ブドウ膜炎では，犬ジステンパーウイルスや猫伝染性腹膜炎（FIP）ウイルスをはじめ，真菌，原虫，リケッチア疾患，猫免疫不全ウイルス（FIV），猫白血球減少ウイルス（FeLV）など全身性の感染症が関係する場合が多い．これらの疾病の多くは，血清や血液検査／抗体価の検査，ポリメラーゼ重合反応（PCR）あるいは免疫蛍光検査法（IFA）によって診断される．

⑤ 発熱を伴うリンパ節症では，炎症（感染性／免疫介在性による炎症）や腫瘍が示唆される．リンパ節症の項を参照されたい．

⑥ 発熱を伴う関節の滲出では，免疫介在性／感染性関節疾患か，まれには腫瘍が疑われる．

⑦ 軽い日射病（熱ばて）では軽度の体温上昇を認めるが，熱射病では著しい上昇が認められる．体温が42℃になると，酸素の消費量が増加するため組織への酸素供給が追いつかなくなり細胞破壊が始まる．

⑧ 悪性高熱症では，運動や過度の緊張状態にある動物あるいは異常な筋肉質の動物，ある種の麻酔薬投与などによって，急速かつ進行性の体温上昇が認められる．異常な細胞内のカルシウム代謝によって過剰な熱産生が起こる．治療としては積極的な冷却とダントロレン・ナトリウム（2.5〜10mg/kg，静注）の投与を実施する．

⑨ 発熱があって聴診で心雑音が聴取された場合には，心内膜炎か敗血症あるいはその併発が考えられる．心エコー図所見で増殖性の弁膜病変が認められる場合には心内膜炎が疑われる．

⑩ 心エコー図所見で診断が得られない場合には，血液培養によって敗血症の原因菌を診断することができる．この場合高熱状態で24時間内に3回の血液採取が必要となる．血液培養と同じ微生物が増殖しているため，尿の培養も診断的価値がある．

⑪ 発作や癲癇状態あるいは激しい運動など筋肉活動が延長している場合には，体温の上昇を認めることがある．

⑫ 呼吸困難や上部気道に閉塞があると，犬や猫では体温調節ができなくなる．呼吸困難や過呼吸があると，筋の活動が増加する．このような状況では，不安も体温上昇につながることになる．

⑬ フェノチアジンや抗ヒスタミン剤などの薬剤は皮膚の血管拡張を妨げ，その結果体温が上昇することもある．特異体質では薬物療法によって悪性の高熱症を引き起こすことがある．

⑭ 全身麻酔下にある大型犬種では，湿度の高いガスを吸入すると体温上昇の進行をみることがある．同様に外科手術時に滅菌布を使った場合にも認められるし，軽い麻酔段階で某かの原因で筋の緊張が認められると体温の上昇に繋がることもある．

⑮ 頸部の疼痛と発熱が認められる場合には，骨の感染症（椎間板脊椎炎）や脊椎関節の感染症（椎間板脊椎症），髄膜の感染症（髄膜炎），関節あるいは筋の感染症の可能性がある．脊柱や骨のX線検査によって椎間板脊椎症や骨髄炎の病変が分かる．髄膜炎の診断には脳脊髄液の検査を実施する．

⑯ 当初の病歴や身体一般所見によって体温上昇の原因がつかめなかった場合には，もう一度これらの段階を踏んで体温の監視を続ける．休息時に体温が正常になれば，不安やストレスが原因として隠されていることも考えられる．体温の上昇が周期的に認められる場合（例えば数週間，数日ごとに認められるといった場合）には，無菌性の炎症や免疫介在性の過程が疑われる．

⑰ 他の猫との接触があるような場合には，咬傷による膿瘍が熱の原因として考えられる．初診で膿瘍が認められなくても，数日以内に排膿部が観察されることもある．呼吸に異常所見が観察される場合には，膿胸を疑ってみることも必要である．

⑱ 膿瘍に対して適切な治療を施しても反応がない場合には，前の検査でFeLVやFIP陰性であっても，もう一度検査をして評価する必要がある．

発熱/高体温症

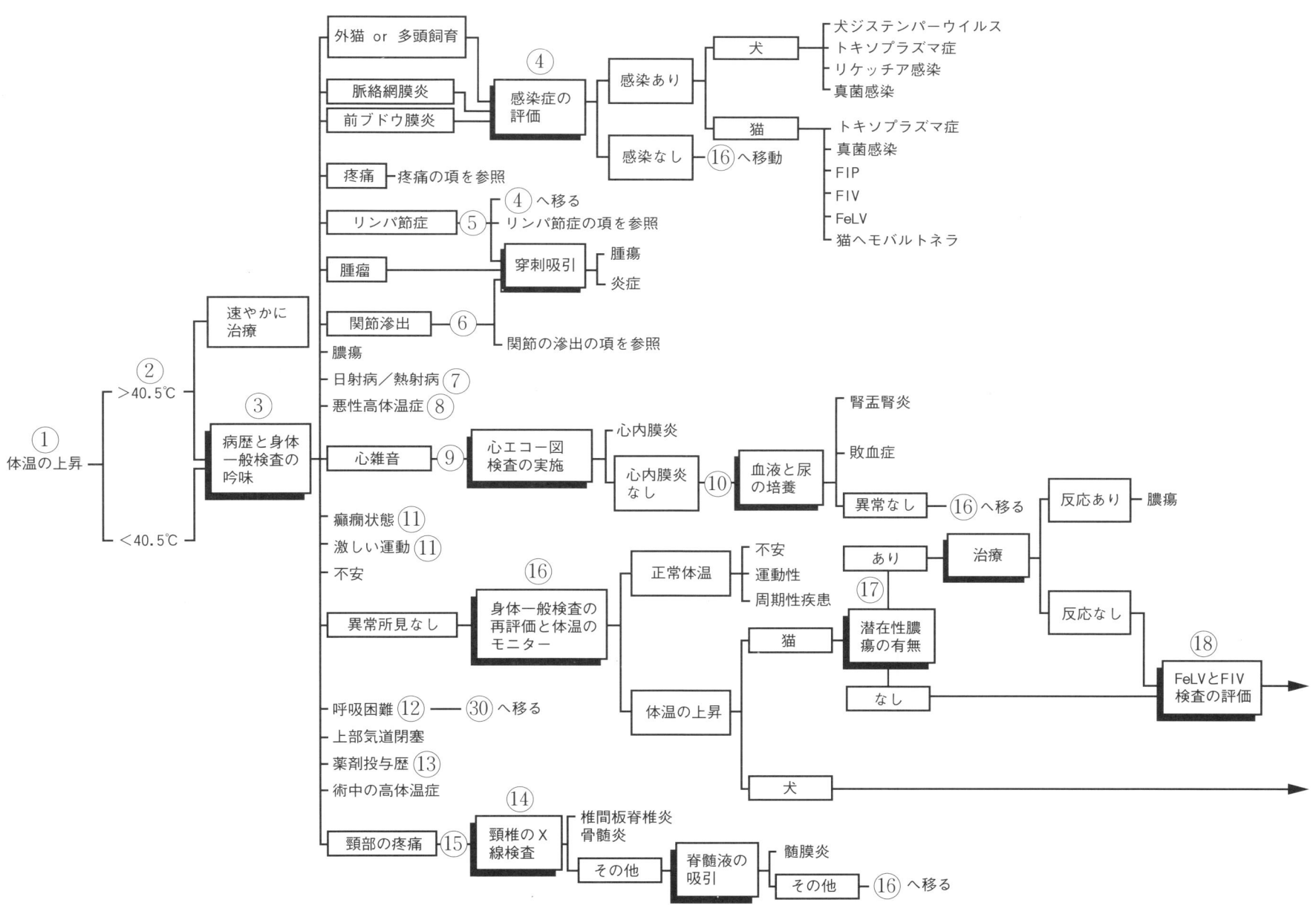

■ 発熱/高体温症 ■

⑲ FeLV/FIP 陰性の猫や犬の場合には，血液像，血清生化学所見ならびに尿検査所見を評価し，感染や免疫介在性の疾患，腫瘍の可能性を評価する．

⑳ 膀胱穿刺によって採取した膿尿と尿中の細菌から尿路系の感染症が分かる．体温の上昇は，膀胱炎よりも腎盂腎炎や前立腺炎の方に多く認められる．

㉑ 高窒素血症はそれ自体では熱の上昇はみられない．しかし高窒素血症の原因となる疾患によって，発熱をみることはある．例えば腎盂腎炎や前立腺炎，炎症性疾患，腫瘍など脱水と腎不全あるいはそれらのいずれかが認められるような疾患では発熱を認めることがある．

㉒ 高グロブリン血症は，猫の FIP でよく認められるが，膿瘍やその他の感染症，腫瘍でもみられることがある．犬では腫瘍とリケッチア感染を頭に入れておく必要がある．

㉓ 肝酵素の上昇それ自体は，体温上昇には繋がらないが，炎症性疾患（胆嚢炎，FIP）や肝酵素の上昇をみる肝腫瘍では体温が上昇することもある．

㉔ リパーゼとアミラーゼの上昇あるいはその何れかの上昇が認められ，同時に体温の上昇が見られる場合には，膵炎か胃腸疾患が疑われる．まずは腹部の画像検査を実施する必要がある．原発性の胃腸疾患で，確定診断のために胃と小腸から生検材料を得る必要がある場合には，内視鏡や試験的開腹を必要とすることもある．

㉕ 最小限の一般検査所見から異常や特異的所見が得られなかった場合には，日常的にクレアチン・キナーゼ（CK）の検査をしていなければ，CK の検査を実施する．筋の外傷や炎症/感染疾患があると CK の上昇が認められる．しかし CK に異常がないからといって熱発や高体温症の原因となる筋炎が除外されるわけではない．

㉖ 自己免疫性あるいは感染性の溶血性貧血では発熱を伴うことが多い．猫ではヘモバルトネラ（*Hemobartonella felis*）によって，発熱と溶血性貧血を認めることが多い．

㉗ 免疫介在性疾患や炎症性疾患（リケッチア感染，FIP）による血小板減少症では，熱発を認めることが多い．

㉘ 好中球減少症と熱発が同時に認められる場合には，猫では汎白血球減少症ウイルスの感染が，また犬ではパルボウイルスや犬ジステンパーウイルス感染を疑う必要がある．発熱はウイルス感染そのものと二次感染あるいは好中球の減少や全身性の免疫抑制による全身的な敗血症が原因するものと思われる．

㉙ 左方移動を伴う白血球増多症は，感染過程にあることを示唆している．敗血症の動物では細菌感染のため血液ならびに尿の培養で陽性を示すことがある．

㉚ 血清クレアチン・キナーゼ濃度に異常がなければ，感染を見きわめるために X 線検査を実施する．胸部の X 線検査によって，腫瘍や肺炎，胸腔内リンパ節症（真菌や腫瘍による），胸膜滲出液（FIP や膿胸による），その他発熱の原因となる異常などが認められることもある．胸腔内の異常によって換気が制限されると高体温を認めることがある．

㉛ 胸部の X 線検査で診断がつかない場合には，次の段階に進む．
　A）腹部の画像診断検査を実施する．あるいは
　B）関節液と脊髄液の検査を実施する．
　この場合獣医師は動物の病態と臨床症状を考慮して，最適と思われる検査を選択する必要がある．

㉜ この段階までの検査で発熱や高体温の原因が得られなかった場合には，中枢神経系の病変（視床下部）の可能性も考えられる．他の神経学的徴候が存在することもある．視床下部の病変は，CT や MRI スキャンによる脳の画像診断で明らかになることもある．③の段階から検査を繰り返すことは，発熱や高体温の動物にとって別の意味で意義がある．

■ 発熱／高体温症 ■

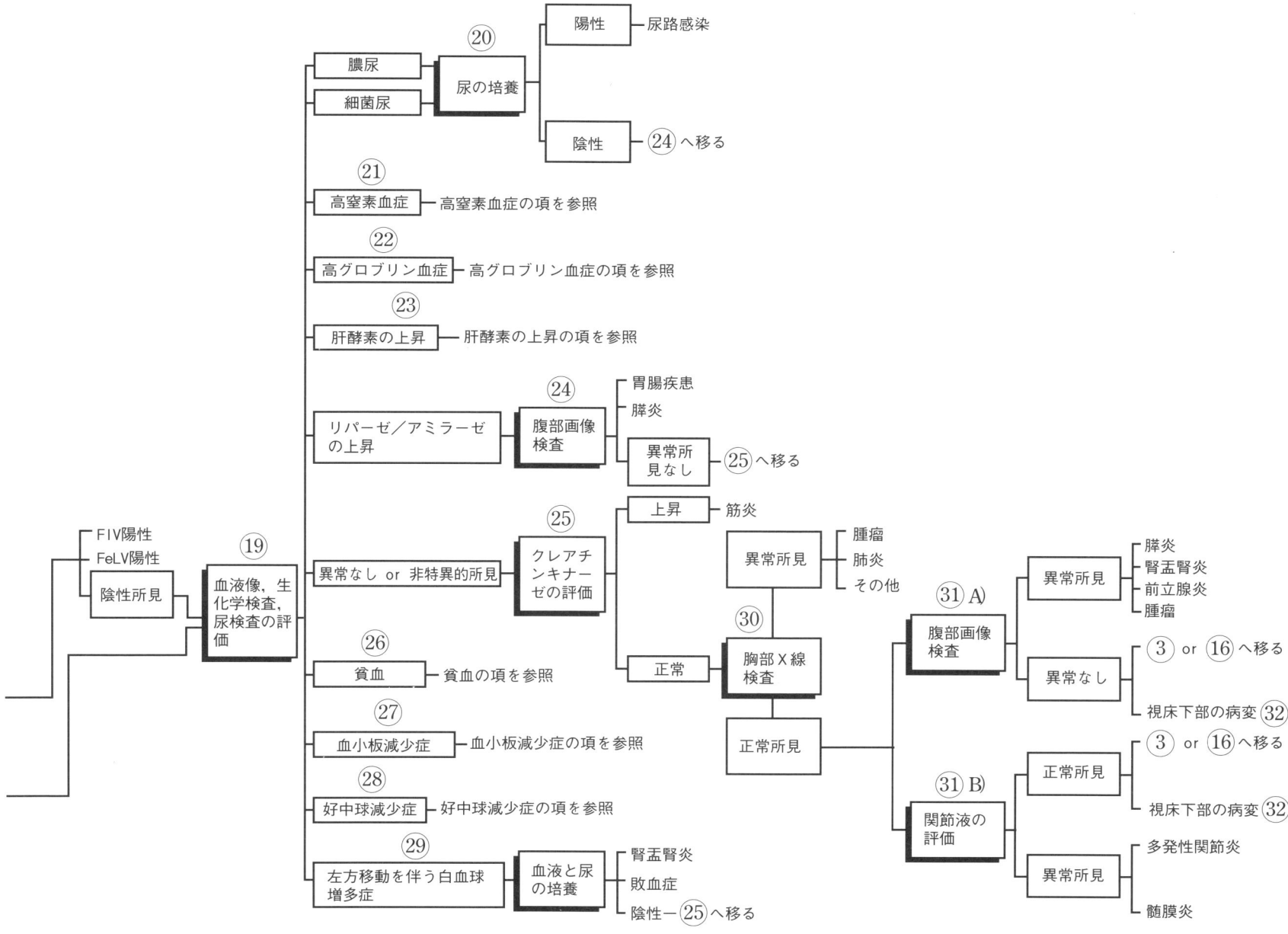

多尿 / 多渇

① 多尿とは1日当たり体重1kgに対して50ml以上の排泄尿量を示す場合をいう．また多渇は1日当たり体重1kgに対して水分摂取量が100ml以上の場合をいう．

② 多尿と多渇の両方が認められる場合でも，飼主はその何れかの症状を訴えるのみである．多尿の場合の主訴としては，不適切な排尿，排尿回数の増加，夜尿，猫ではトイレ容器の重量増加という形で示されることがある．多渇では，水入れに水を頻繁に補給しなければならない，頻繁に水を欲しがる，トイレや流しで水を飲むといった禀告で来院することがある．病歴では食事の内容（塩分過剰食，高蛋白食など），既往症，最近の薬物投与歴，その他の臨床症状を聴取する必要がある．飼主に対しては，12時間から24時間の飲水総量を家庭で計測してもらうことも必要となる．

③ 多尿 / 多渇の原因となる既往症や異常所見には，糖尿病，腎不全や腎障害，副腎皮質機能亢進症，甲状腺機能亢進症（猫），高カルシウム血症，肝疾患があげられる．

④ 多尿 / 多渇を誘発する可能性のある薬剤としては，副腎皮質ホルモン剤，フェノバルビタール，フェニトイン，臭化カリウム，プリミドン，エタノール，利尿剤などがある．副腎皮質ホルモン剤は下垂体から放出される抗利尿ホルモン（ADH）に影響を及ぼし，これが尿細管に作用する．

⑤ リンパ腫によって高カルシウム血症が起こり，多尿 / 多渇を認めることがある．またそれによって腎機能が影響されることもあるし，肝の機能不全から多尿 / 多渇を認めることもある．

⑥ 子宮蓄膿症では，*Escherichia coli* の内毒素が尿細管に付着してナトリウムと塩化物の再吸収を阻害し，その結果髄質の高張性が失われ多尿 / 多渇が認められるようになる．

⑦ 甲状腺機能亢進症では，水分摂取が促されたり，腎の血流量増加による髄質の高張性低下が原因で多尿 / 多渇が認められるようになる．臨床症状としては，体重の減少，胃腸障害，多食，苛々，活動亢進などが観察される．

⑧ 腎の触診で痛みを訴え，熱発があれば，腎盂腎炎が疑われる．腎盂の炎症や感染によって腎髄質の逆向性濃縮機構が壊されることもあり，その結果希釈尿や多尿 / 多渇を認める場合がある．腎盂腎炎は炎症性尿沈渣や尿培養の陽性，腎の画像検査から診断がつく．

⑨ 多尿 / 多渇があって腎が縮小している場合には，慢性の腎不全 / 腎障害の疑いが強まる．

⑩ 副腎皮質機能低下症（アジソン病）では，通常明瞭な多尿の徴候は報告されていないが，徐脈や衰弱，虚脱，胃腸障害が併せて認められる場合には，副腎皮質機能低下症が疑われる．多尿は慢性的な腎のナトリウム浪費のための髄質崩壊が原因である．高カルシウム血症を認めることもあり，その結果多尿 / 多渇が観察される．

⑪ 中齢や高齢の犬で，体幹の脱毛や腹部下垂，面皰，肝腫が認められる場合には，多尿 / 多渇に対して副腎皮質機能亢進症（クッシング症）の鑑別診断を行う．

⑫ 病歴と身体一般検査で異常や特徴的所見が得られない場合には，尿比重の評価が必要となる．犬で尿比重が1.035以下，猫で1.045以下の場合，あるいは多渇の訴えがあるある場合には，血液像と尿検査，生化学検査の評価を行う．これらの検査によって，一般的な多尿 / 多渇の原因の多くは除外されることになる．

⑬ 尿比重が犬で1.035以上，猫で1.045以上の場合には，多尿 / 多渇という禀告に間違いがあるかも知れない．他の検査を実施する前に，飼主に家庭で12〜24時間での飲水量を3〜5日間計測してもらう必要がある．

⑭ 糖尿病では高血糖となり，腎からの糖の消失が再吸収に対する尿細管の容量を上回る結果となる．尿糖が浸透圧利尿として働き，多尿となりその結果多渇となる．

⑮ 高カルシウム血症では，抗利尿ホルモンに対する尿細管の反応が不活化され，腎髄質間質へのナトリウムと塩化物の移送ができなくなるし，水分の再吸収が阻害される．また尿細管にカルシウム沈着が起こり，その結果腎障害を認めることもある．高カルシウム血症の一般的な原因には，腫瘍（リンパ腫，肛門腺腺癌，プラズマ細胞骨髄腫）や慢性腎不全があげられる．比較的まれな原因としては，上皮小体機能亢進症，副腎皮質機能低下症，ビタミンD過剰症などがある．

⑯ 腎不全 / 腎障害は，犬や猫では多尿 / 多渇の最も一般的な原因の1つである．ネフロンの喪失によって，尿細管での水と溶質の再吸収ができなくなり，浸透圧利尿が起こり，腎髄質の高張性が低下する．尿毒症があると，抗利尿ホルモンの拮抗作用が起こることもある．腎障害（75%以上の腎機能喪失）の診断は，血中尿素窒素，血清クレアチニン，尿比重の固定 / 低下（1.008〜1.020）を伴うリン濃度の上昇を基に行う．腎不全（66〜75%の腎機能喪失）は診断が比較的難しく，（例えばイオヘキソール，クレアチニン，イヌリンのクレアランス測定により）糸球体濾過率の低下を証明する必要がある．

⑰ 犬の急性あるいは慢性の腎障害で時に認められる腎性糖尿，すなわちファンコニー症候群あるいは肝腎症あるいは原発性腎性糖尿を伴う肝腎症はまれな疾患である．ファンコニー症候群は尿細管の再吸収の多発性障害が特徴である．バッセンジー種に最もよく認められるが他の犬種でも認められる．原発性の腎性糖尿はスコッチテリア，雑種，ノルウェージャン・エルクハウンドで報告されている．原発性腎性糖尿とファンコニー症候群の鑑別は，その他の溶質の吸収異常所見に基づいて行う．

⑱ 低カリウム血症（カリウム値が3.5mEq/l以下）では，ネフロンの最終部位で抗利尿ホルモンに対する反応が低下することによって起こることがある．このため尿細管の移送阻害と腎髄質の高張性阻害による部分的な腎原性の尿崩症が起こる．低カリウム血症でも正常な下垂体からの抗利尿ホルモンの放出を阻害することがある．低カリウム血症の項を参照されたい．

■ 多尿/多渇 ■

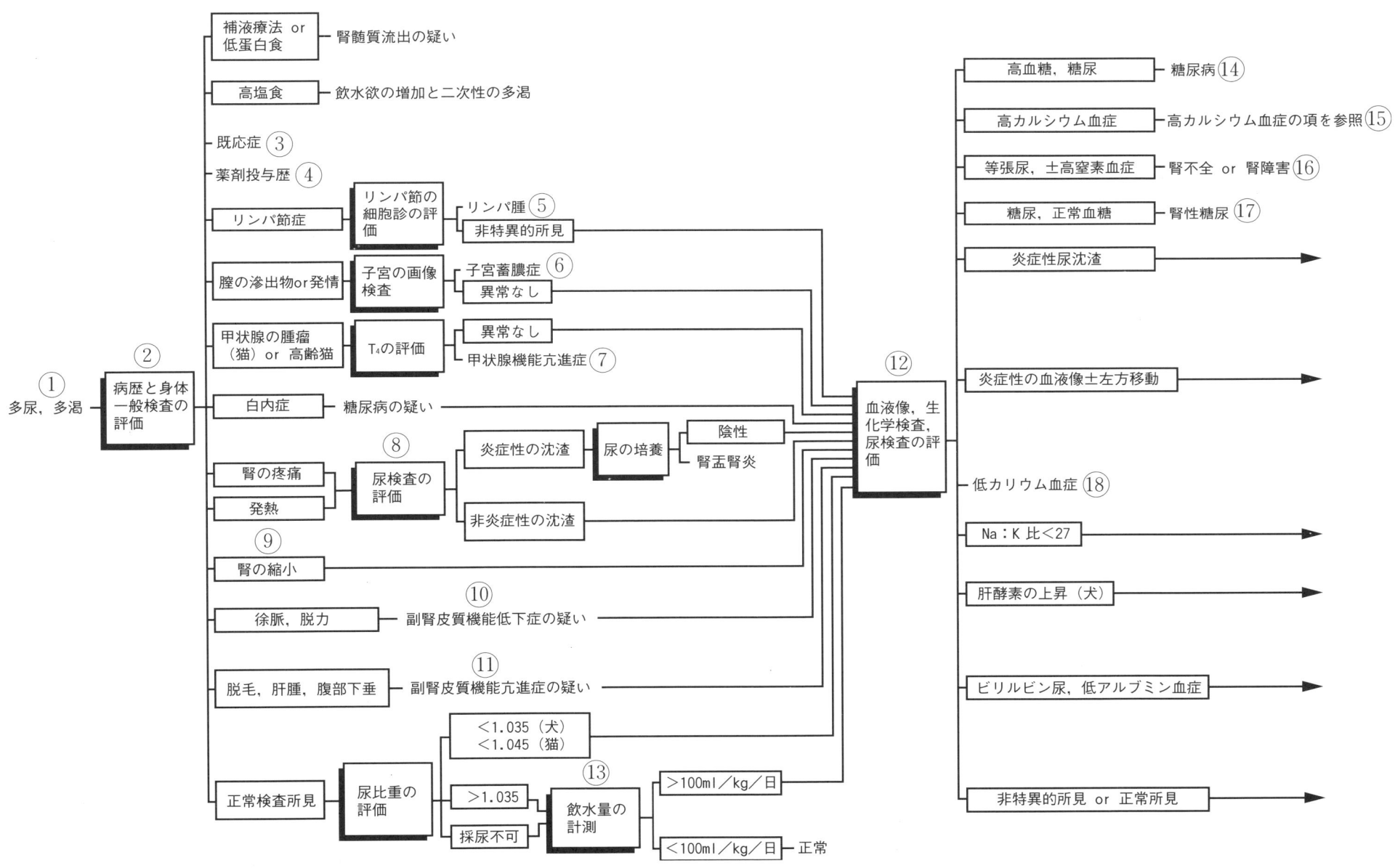

■ 多尿/多渇 ■

⑲ 膀胱穿刺によって得た尿のサンプルの中に白血球や白血球円柱が観察された場合には、多尿/多渇の原因として腎盂腎炎を疑うべきである。尿の培養が必要となる。

⑳ 多尿/多渇があって、血液像で炎症性の白血球像が認められた場合には、子宮蓄膿症、腎盂腎炎、前立腺炎が疑われる。この確定診断には腹部のX線検査か超音波検査が有効である。

㉑ 副腎皮質機能低下症の検査室所見としては、高カリウム血症、低ナトリウム血症、高カルシウム血症、腎前性窒素血症、代謝性アシドーシス、リンパ球増多症などがあげられる。Na:K比HAは通常27以下である。このような所見が得られた場合にはACTH刺激試験をする必要がある。肝酵素、特にアルカリフォスファターゼ（ALP）の上昇が犬の副腎皮質機能亢進症で認められることがある。中齢や高齢の犬で多尿/多渇に併せて、これらの所見が認められた場合にもACTH刺激試験を実施することを勧める。

㉒ 慢性の肝疾患をもつ犬や猫では、通常希釈尿と多尿/多渇を認める。肝機能が阻害されることによって、内因性のアルドステロン・クリアランスの遅延を認めることがある（その結果ナトリウムの貯留、喉の渇き、つまり多渇が起こる）。またコルチゾールのクリアランスが遅れる（これが多尿の原因となる）。腎髄質の高張性の低下は、アンモニアから産生される尿素の減少によって起こる。肝障害の徴候としては、多くの場合胃腸障害、流涎、沈うつ、その他の神経症状、腹水、低アルブミン血症、血中尿素窒素の低下、高ビリルビン血症などが認められる。肝不全の確定診断には、食前食後の胆汁酸値、絶食時のアンモニア値あるいはアンモニア負荷試験、スルフォブロモフタレイン（BSP）残留試験などがある。超音波下での肝穿刺や生検によって、診断が得られることもある。

㉓ 検査室所見で特異的な所見や異常が認められなかった場合には、もう一度多渇に関して3〜5日間にわたって、12〜24時間の飲水量を飼主に計測してもらう必要がある。多渇の報告があった場合には、腎盂腎炎による多尿/多渇でないことを証明するために、尿の培養を実施する必要がある。

㉔ 8歳齢以上の犬で、もし多渇の訴えがあれば、たとえ身体一般検査や検査室所見で典型的な所見が認められなくても、副腎皮質機能亢進症を疑う必要がある。この場合ACTH試験の実施を推奨する。

㉕ 8歳齢以上の猫で、多渇が報告された場合には、甲状腺機能亢進症が疑われ、血清中のチロキシン（T_4）値を計測する必要がある。

㉖ 尿沈渣が明確に認められなくても、次の一連の検査を進める前に、尿の培養検査をしておくことは重要である。培養に際しては、膀胱穿刺による無菌的な尿の採取が必要である。

㉗ 最後に、多尿/多渇の診断がつかず、等張尿の動物で糸球体濾過率（GFR）が計測されて（⑯を参照）、準臨床的に腎不全の可能性が除外された場合には、水制限試験（変法）/抗利尿ホルモン（ADH）反応試験を実施する。まずは糸球体濾過率を得ることと腎機能が正常であることを知ることがきわめて重要である。水制限試験を実施する前に腎機能が正常であることを確認しないのは正に怠慢ということになる。この水制限試験（変法）によって、動物が脱水に対する反応として抗利尿ホルモンを放出することができるか、また腎臓が抗利尿ホルモンに反応できるかといったことが確認される。これによって、中枢性ならびに腎原性尿崩症と原発性（心因性）多渇とを判別することができる。禁忌症としては、脱水、糖尿病、腎疾患、ほとんどの前述の疾患があげられる。先に述べた疾患を除外せずに水制限試験を実施すれば、せいぜい混乱した結果や誤診を招き、最悪の場合には著しい罹患率や死亡率を来すことになる。この試験を実施するに当たっては関連の獣医学書でさらに詳しく調べておくことが大切である。

㉘ 尿比重が犬で1.035以上、猫で1.045以上の場合には、一次性（心因性）の多渇と診断される。若い活発な大型犬ではやたらと水を飲む場合が比較的多い。ストレスや運動不足、発熱、痛みなども一部要因となる。まれには視床下部の病変（外傷、腫瘍、感染）に伴って一次性の多渇を認めることがある。このような基礎にある疾患を除外するためには、画像診断が必要となる。これまでに肝機能検査が行われていない場合には、一次性の多渇など行動的変化が観察される肝性脳症を除外しておく必要がある。

㉙ 水制限試験（変法）の間、尿の凝縮が認められない場合やその動物の体重が最初に比べて5％減っている場合には、中枢性あるいは腎原性尿崩症の鑑別診断を行う。これらの鑑別には、抗利尿ホルモン（酢酸デスモプレシン/バゾプレシン）を注射あるいは結膜点滴のいずれかで投与する。

㉚ 抗利尿ホルモンの投与後、尿の濃縮が認められれば、中枢性尿崩症（CDI）と診断される。このまれな疾患は、脳下垂体での抗利尿ホルモンの産生あるいは分泌が完全あるいは部分的に障害されることによって起こる。頭部の外傷や脳下垂体あるいは視床下部の腫瘍、先天的な脳奇形が原因で中枢性尿崩症を認めることがあるが、ほとんどの場合が原因不明である。中年齢の犬では急性に発症するのが一般的である。中枢性尿崩症では抗利尿ホルモンを投与しても骨髄質から排泄（流出）されてしまうため、尿の濃縮効果は部分的なものにとどまる可能性がある。

㉛ 抗利尿ホルモンの投与後、尿の凝縮が認められない場合には、腎原性の尿崩症（NDI）と診断され、これは尿細管が抗利尿ホルモンに対して無反応になっていることを示す。先に述べた代謝性の疾患（腎不全/腎障害、副腎皮質機能低下症/亢進症、子宮蓄膿症、腎盂腎炎）の多くは、抗利尿ホルモンに対して二次性に腎無反応を示すのがごく一般的である。これはグルココルチコイド、抗痙攣剤、エタノールの投与に際しても起こることがある。これらの疾患のいずれもが確認されず、アルゴリズムによってこれらの疾患がすべて除外された場合には、原発性の腎原性尿崩症が診断される。この疾患はまれな先天性腎奇形である。この奇形は腎生検によってさらに特定されることもある。

多尿/多渇

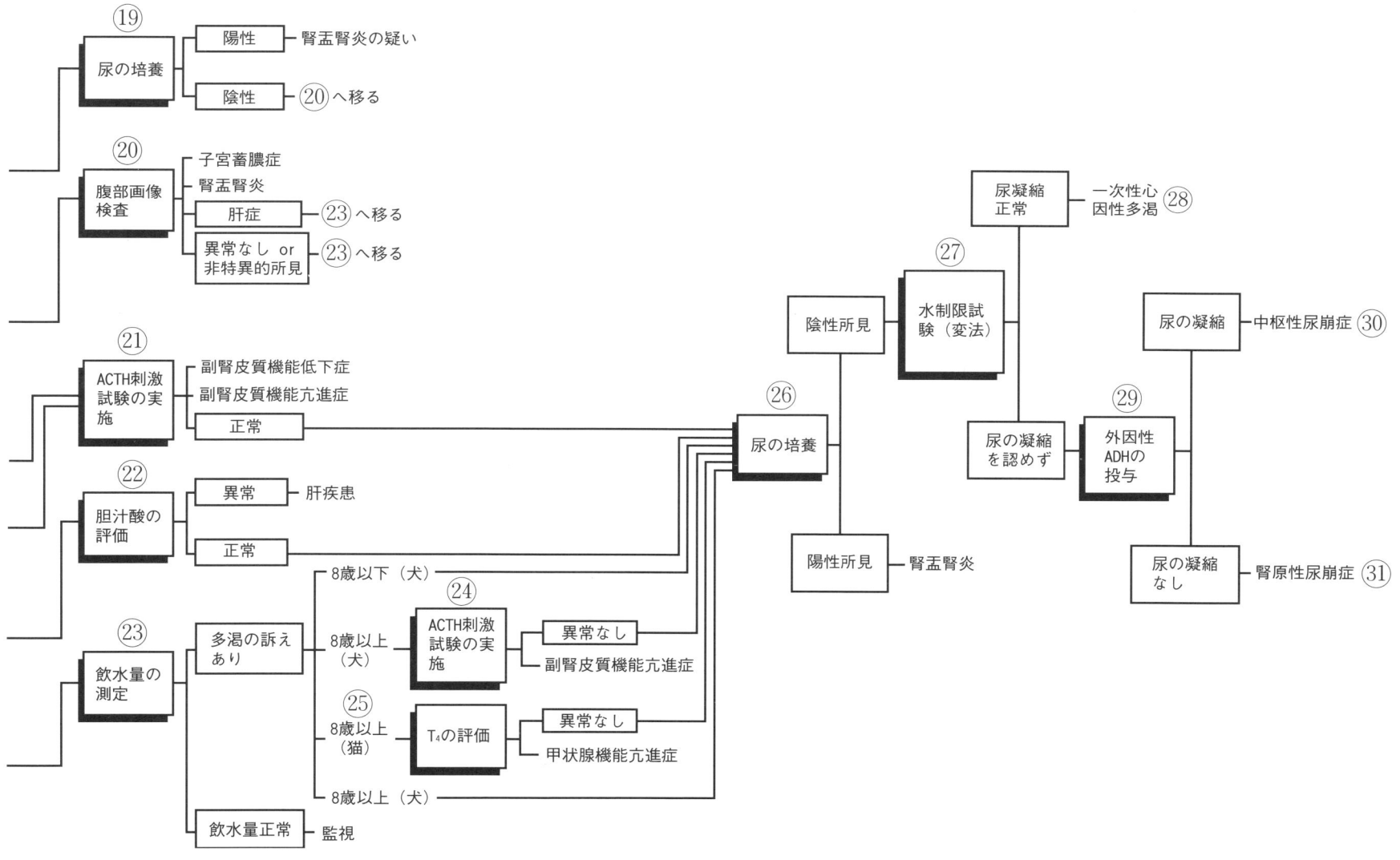

虚脱／運動誘発性脱力

① 運動誘発性脱力を示す動物は，最初の段階では正常な緊張状態と歩様が認められる．運動でエネルギーが消費されるに連れて脱力状態に発展する．通常最も侵される部位は後肢である．脱力状態が緩徐にあるいは急激に進んで虚脱状態に陥ることがある．このような動物は起立位から横臥位あるいは伏臥位になり，かなりの時間そのままの状態で飼主に発見される．動物は起き上がろうともがく場合もあれば，そうでない場合もある．病気の原因によって意識がある場合もあれば，ない場合もある．失神や気絶状態は虚脱の1つの形態であり，突然一過性に意識の喪失が認められる．これは体循環内での酸素や糖の低下のために脳代謝が阻害されることが原因となる．

② 虚脱や運動誘発性脱力には数多くの原因が存在する．当初どこに焦点を合わせて調べるかを見きわめるためには，病歴と身体一般検査が重要となる．

③ 失神は，不整脈や心筋の疾患，心弁膜の疾患に伴って心拍出量が急激に低下するために起こることがある．脈拍の異常や胸部聴診での異常から心臓疾患が疑われる場合には，心臓の検査が必要となる．一般的には心電図，犬糸状虫の検査，胸部Ｘ線検査を最初に実施する．さらに情報を必要とする場合には，心エコー検査が必要となる．

④ 心膜の滲出が認められる犬や猫では，重度の脱力と虚脱，口腔粘膜の蒼白ならびに右側心障害（犬では腹腔内滲出，猫では胸腔内滲出）が観察されることが多い．

⑤ 犬糸状虫症の場合，右側の心不全や肺血栓塞栓症が認められるようになると，脱力状態を示すことがある．失神によって二次的に肺高血圧症に到ることがある．

⑥ 先天性ならびに後天性の弁膜障害により，うっ血性の心不全が認められると脱力状態を示すようになる．心筋症（心筋の障害）も顕著な脱力状態を引き起こす．

⑦ 頻脈や徐脈によって脳，冠状動脈，末梢の血液流量が減り，その結果脱力や失神が認められる可能性がある．まれに褐色細胞腫によって頻拍不整脈が認められることがあり，その結果虚脱を起こす場合がある．

⑧ 横紋筋の疾患によって脱力や虚脱を生じるが，犬の食道には横紋筋が含まれるため食道が侵されることもある．食道の機能障害では吐出を認めることが多い．胸腔の単純Ｘ線検査によって，食道の著しい拡張が診断される場合がある．必要であればＸ線造影を実施する．脱力や虚脱を伴う食道拡張には，重症筋無力症や多発性筋炎などがあげられる．犬の甲状腺機能低下症や副腎皮質機能低下症でも，このような症状を認めることがある．したがって，重症筋無力症や多発性筋炎の検査をする前に，日常の検査室所見を評価しておく必要がある．

⑨ 特に膝関節や股関節の疾患では，痛みや動くことを嫌う症状と脱力とを飼主が混同することがある．完璧な整形外科的検査を実施して，関節疾患を除外もしくは確定しておく必要がある（関節滲出液の項を参照）．

⑩ 特に猫では，有機リンとカルバメイト中毒によって全身性の脱力や頸部の前屈状態を認めることがある．これらの症状は神経系に限定されることもある．血清コリンエステラーゼ値の低下が確定診断となるが，この値が正常であるからといって有機リン中毒が除外されるわけではない．したがって，もし有機リンとの接触が稟告から得られた場合には，治療し代謝性疾患による脱力を除外する目的で日常の検査室検査を実施する必要がある（⑮へ進む）．

⑪ 脱力や虚脱を示す動物で口腔粘膜の蒼白が認められる場合には，灌流の低下（例えば心疾患）か貧血が原因となる．突発性の脱力と失神では，通常急性の失血が原因となる．長期にわたる貧血では，進行性あるいは発作性の脱力が認められる．慢性の貧血では，通常犬ではヘマトクリット血が20％以下，猫では10〜15％以下になるまでは脱力を認めることはない．

⑫ 中齢あるいは高齢の動物で脾腫や腹水があって虚脱や脱力の病歴がある場合には，脾臓の腫瘤（通常血管肉腫）が突然破裂して出血したことが示唆される．脾臓や肝臓あるいはその他の器官の腫瘤を判別するには，Ｘ線検査よりも腹部超音波検査の方が有意義である．確定診断には，試験的開腹と異常組織の病理組織学的評価が必要となる．

⑬ 食べ物を与えようとした際や興奮時（例えば飼主が部屋に入ってきた際）に，虚脱が認められる場合には，ナルコレプシー（睡眠発作）を疑う必要がある．入院では症状が再現されないことがあるため，飼主に家庭で食事誘発性のカタレプシーをビデオに撮ってもらうとよい．約30〜50cm間隔に好きそうな食べ物を一列に並べて，動物が1つ1つ食べている際に，虚脱が認められたら，ナルコレプシー症候群の疑いがかなり強い．正常な犬では45秒以内にこれらすべてをたいらげてしまうが，この病気の犬では25分以上かかることがある．

⑭ スコッティ・クランプ（scotty cramp）は，'ガチョウのような歩き方'と痙攣，虚脱を伴う運動亢進症候群といわれている．重症の犬では虚脱と毬のようにうずくまるという症状を認めることがある．この症候群は不安と病気とストレスを伴う．薬剤（例えばフェニルブタゾンやフルニキシンなど抗プロスタグランジン剤やペニシリンなど）によって，症状が悪化する．基礎にある原因としてはセロトニンの代謝障害が疑われている．

⑮ 代謝性の原因による虚脱や運動誘発性虚脱の多くは，血液像や血清生化学検査，犬糸状虫の検査によって見きわめられるものと思われる．

⑯ ヘマトクリット値が低い場合には，貧血が再生性か否かを見きわめるために網状赤血球の計測を実施する．

⑰ もし血清カリウム値が正常値よりやや高かったり高値を示す場合や，血清ナトリウム値が正常よりやや低いとか低値を示す場合には，Na：K$^+$比を調べる．犬でこの比が27：1以下であればACTH試験で副腎皮質機能低下症を見きわめる．副腎機能障害をもつ犬では，ほとんどの場合，比率は23：1以下である．

⑱ 虚脱や運動誘発性脱力を認める犬で，血清コレステロール値の上昇と病歴や身体一般検査から甲状腺機能低下症が疑われる場合には，血清中の甲状腺ホルモンの評価を実施する必要がある．

■ *虚脱/運動誘発性脱力* ■

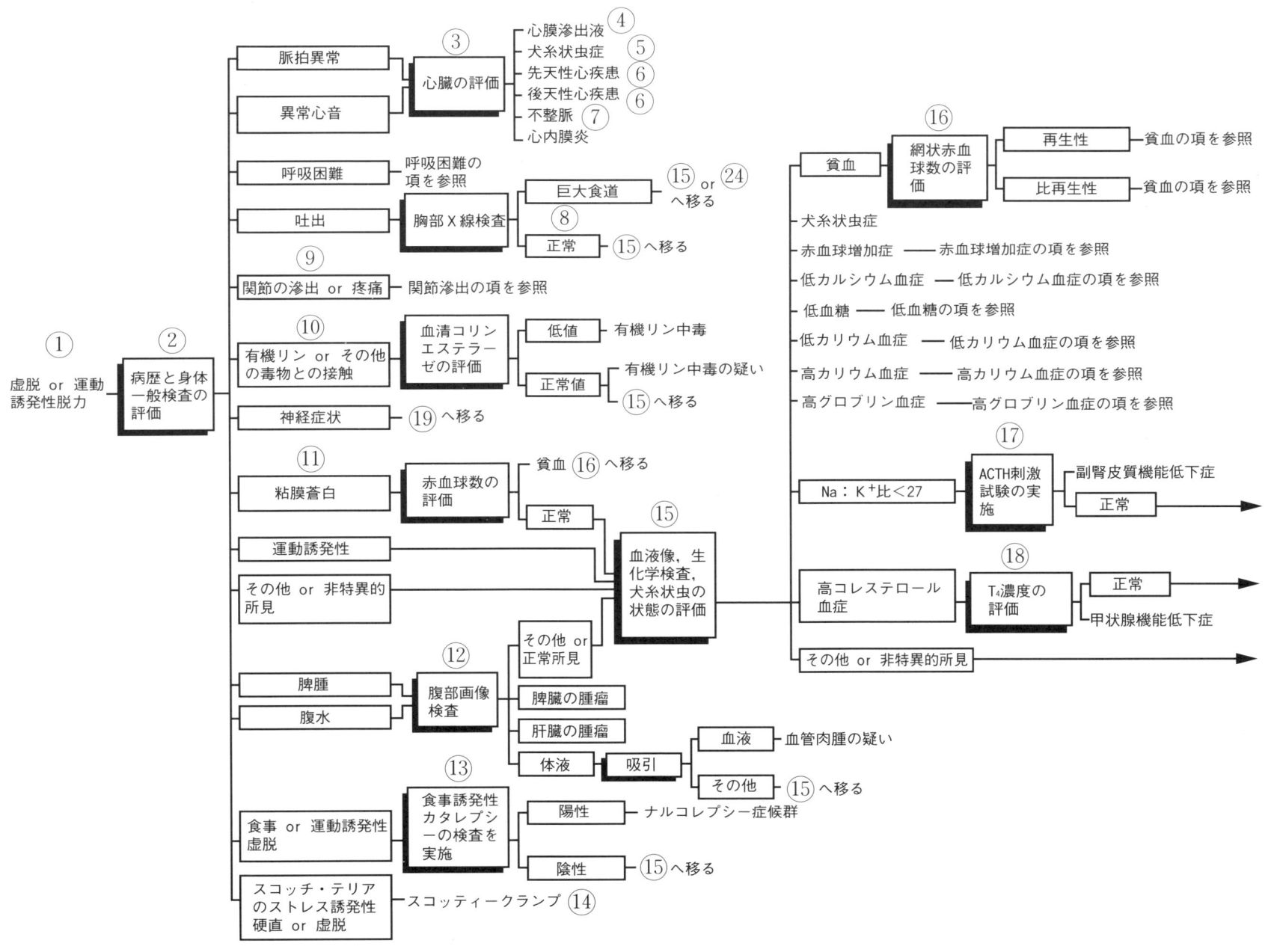

虚脱 / 運動誘発性脱力

⑲ アルゴリズムのこの段階までに，虚脱と運動誘発性脱力の原因として，これまでの評価から心疾患，呼吸器疾患，代謝性疾患，中毒を除外しておくことが重要である．残るのは神経学的原因の究明となる．次の段階では徹底した神経学的検査を実施する．

⑳ 腰仙部の疾患によって，虚脱や運動誘発性脱力が認められることは滅多にない．しかし他の原因が除外され，特に触診で痛覚過敏が認められたり，その他の腰仙部疾患の症状（排尿／排便失禁や尾の緊張低下，意識の刺激感受性欠損）が認められた場合には，腰仙部疾患が考えられる．ふらつきや椎間板脊椎炎あるいは椎間板ヘルニアの診断には，腰仙部のX線検査とCTスキャンが有効である．

㉑ 脊髄・肢反射の低下（反射低減）や筋肉の疼痛，萎縮が認められる場合には，血清クレアチンキナーゼの評価を行う．血清クレアチンキナーゼの上昇は，多発性筋炎で認められることが多い．

㉒ クレアチンキナーゼの上昇が認められる場合には，免疫介在性の原因を探る意味で抗核抗体（ANA）値を調べておく必要がある．

㉓ 病歴から *Toxsoplasma gondii* や *Neospora caninum* が疑われた場合には，これらの疾患の力価を調べる．この何れの疾患も末梢神経と筋肉あるいはその何れかが侵されるが，通常虚脱を認めることはない．急性感染では血清の力価の上昇が認められない場合もあり，初診後3週間目に再検査することも重要である．

㉔ 運動誘発性脱力や虚脱があって，クレアチンキナーゼ値が正常な場合や身体一般検査や神経学的検査で嚥下困難や顔面の脱力が認められる場合には，アセチルコリン受容体抗体の血清力価（重症筋無力症の力価）を調べる．

㉕ 重症筋無力症の力価が陰性の場合には，間欠性の心疾患や神経筋接合部の疾患，通常は認められない型の痙攣発作などを見きわめるためにそれまでに得られたすべての情報を再点検する．運動で脱力が悪化する場合には，通常では神経筋接合部の疾患によるものといえる．したがって，心疾患や発作性疾患を強く疑う理由がない場合には，まず神経筋接合部の疾患を追求するのが一番である．

㉖ 間欠的な心疾患による虚脱の場合には，後天性あるいは先天性の心疾患か不整脈が隠されていることが考えられる．身体一般検査では正常の場合もあれば，頻脈や徐脈，チアノーゼ，咳あるいは肺の異常音が認められることもある．

㉗ 虚脱につながる間欠性の不整脈では，連続して心電図検査をしないと診断が難しいことがある．虚脱状態の際に心電図による評価が必要となる．

㉘ 神経筋接合部の疾患を診断するには，ほとんどの場合筋電図，神経伝導学的検査ならびに神経/筋の生検が必要となる．電気診断学的検査は専門病院か大学病院でしかできないのが普通である．しかし筋の生検は誰でも可能であり，採ったサンプルを処理して染色してくれる検査所に送ることはできる．筋炎では通常のH＆E染色でよいが，筋線維の萎縮と原因が神経性あるいは筋症によるものとを区別することはできないであろう．こうした鑑別には組織化学染色が必要となる．生検をする前に採ったサンプルの処理と保管方法を検査所に聞くとよい．

㉙ タイプⅡの筋線維疾患は若いラブラドール・レトリーバー種にみられる特異的疾患である．症状はごく軽度のものから重度のものまであり，ストレス下にある時や寒い時期に際して比較的よく認められることが多い．ぎこちない歩様や運動を嫌う行動，四肢近位部と後肢帯の筋の萎縮が一般的な徴候である．この疾患では治療法はない．この疾患は常染色体劣性として遺伝する．

㉚ 筋緊張性痙攣は過剰に筋が緊張する疾患である．原因には先天性あるいは後天性が考えられる．罹患動物ではゆっくりとしたこわばった歩様が認められ，運動不耐性を示すことがある．四肢の近位の筋肥大が認められることもある．筋の打診をすると'ぶるぶる'といった波動を感じ，筋体の打診後これが長く続くことがある．

㉛ 多発性筋炎には多くの原因がある．全身性の筋の炎症の主な理由としては感染性と免疫介在性の2つがあげられる．何れの場合にも運動誘発性脱力と食道拡張症をみることがある．クレアチン・キナーゼの上昇が有用な所見となるが，必ずしも多発性筋炎に伴って現れるわけではない．

㉜ 種特異性の筋症の多くは，先天性あるいは遺伝性の疾患である．このような疾患では運動に伴って脱力を認めることが多い．無治療の副腎皮質機能亢進症で二次的に認められる筋症では，脱力が観察され虚脱を示すものさえある．

㉝ 筋症ではほとんどの場合虚脱は認められないが，特に筋の削痩が著しい場合には全身性の脱力を認めることもある．

㉞ 痙攣発作では，時に突然'倒れる'とか後肢の虚脱を示すといったことがある．興奮に誘発されて起こる虚脱では，ナルコレプシーが疑われることもある．

㉟ 癲癇をもつ動物ではほとんどの場合，全身性あるいは局所性の痙攣発作が認められる．

㊱ 脳炎と頭蓋内腫瘤では，通常虚脱や脱力をみることはない．臨床症状として痙攣発作が認められる場合，脱力や虚脱と見間違うことがある．なかには脳の感染や腫瘤によって徐脈やその他の心性頻脈が認められ，その結果運動誘発性脱力をみることがある．

■ *虚脱/運動誘発性脱力* ■

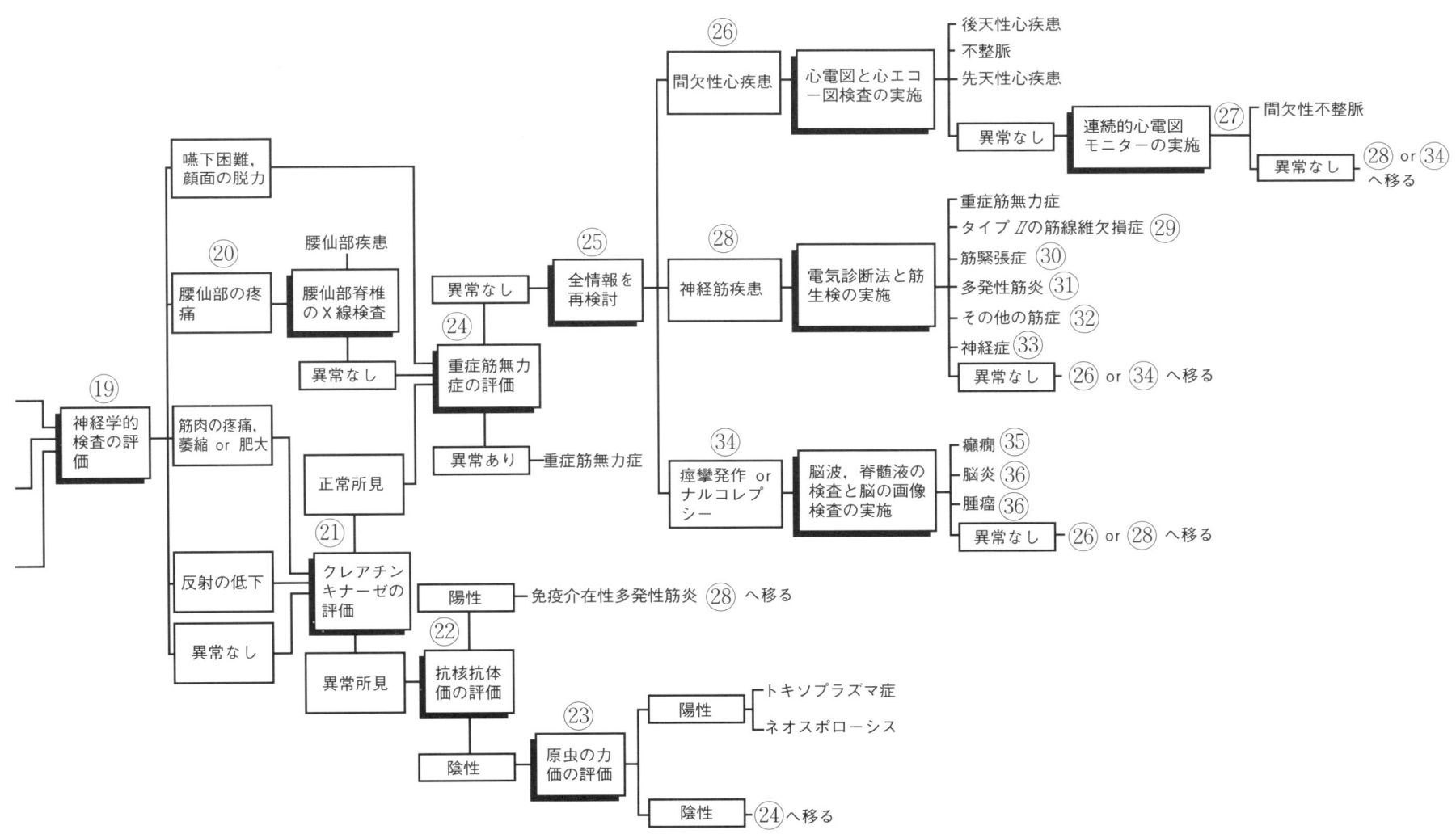

腹部の膨大

① 腹部の膨大は，臓器の膨大や体液の貯留，内臓腔や腹膜腔のガスによる拡張，腹部の筋肉の緊張性の減退などによって起こることがある．腹部の膨大は潜行性に進行することが多い．しかし，胃内にガスが蓄積し捻転する胃拡張—捻転症や脾臓の血管肉腫の破裂による出血など急性あるいは劇的に起こる場合もある．急性の腹部膨大は，基礎疾患（例えば腹腔内の出血による血液量の減少）の程度や腹腔内圧の上昇による心臓への静脈還流の減退などの理由で，慢性に進行する腹部膨大よりも急激に生命を脅かすものといえる．時には基礎疾患が明らかにやや慢性的であっても，腹部膨大が急性に認められることがある（例えば，低アルブミン血症による二次性の腹水など）．

② 罹患動物がリラックス状態で肥満していなければ，腹部触診により腹腔内腫瘤や臓器の腫大，気体，体液貯留が判別できる場合もある．

③ 腹水の場合には，立位で腹壁を急に押すと腹壁を通じて体液の波動を感じることがある（ただし体液がごく僅かの場合は別である）．X線検査では，腹水があると腹腔内の構造，例えば腫瘤などの存在が不明瞭になる．腹腔内の固体構造や体液の性状，腫瘤病変の違いなどを判別するには超音波検査の方が有効である．

④ 腹筋の進行性削痩と脱力は，通常循環血液中の副腎皮質ホルモン濃度の上昇（副腎皮質機能亢進症）や著しい衰弱によって起こる．副腎皮質機能亢進症では，肝臓内にグリコーゲンが蓄積するため肝臓の腫大も認められる．筋の削痩と肝の腫大が同時に起こると，典型的な'太鼓腹'を認めるようになる．これは副腎皮質機能亢進症の主要な症状であり，この症状に併せて両側性の対称性脱毛や皮膚の菲薄化，面皰，腹部血管の突出，過剰なパンティングが認められる．

⑤ 腹部の非対称性の膨満や打診による鼓音の聴取は，内臓腔内あるいは腹膜腔内の気体の貯留を示唆する．気体は超音波を阻止するため，気体の蓄積（腸閉塞，捻転，イレウス，その他内臓腔や腹膜腔内の気体の貯留が原因となる疾患）が疑われる場合には，画像診断として腹部X線検査を選択する．左右のラテラル像と腹背像が得られれば，ほとんどの胃拡張と胃拡張—捻転症候群は見きわめることができる．

⑥ 腹部の画像診断にはさまざまな方法がある（腹部の単純X線検査，造影X線検査，超音波，CT/MRIスキャンなど）．腹水や臓器腫大がある場合や副腎皮質機能亢進症が疑われる場合，身体一般検査で異常が分からない場合には，超音波による検査が最もよいと思われる．び漫性の臓器の膨大（び漫性の新生物，代謝性産物の腹腔内貯留，炎症細胞など浸潤性疾患）なのか，それとも巣状あるいは腫瘤様病変（良性あるいは悪性腫瘍，血腫，膿瘍，囊胞病変，肝結節性再生）なのかを見きわめることができる．異常部位が判別されれば，細胞診と培養のための吸引や予め適切な予防措置（凝固試験，交差試験，腎機能の評価）が講ぜられておれば組織病理学的診断のために生検を実施することになる．腹部の超音波検査で異常がない場合や結論が得られない場合には，（先に述べた疾患に対して）単純X線検査やX線造影検査を考えることになる．

⑦ 腹部画像検査で正常あるいは結論が得られない場合には，肝の腫大や両側性/片側性副腎腫大を見きわめるために，ACTH刺激試験を使って副腎皮質機能亢進の有無を調べる．この試験で陰性の結果が得られた場合には，副腎皮質機能亢進症でないかあるいは副腎皮質亢進症の15〜20％でACTH刺激試験陰性という結果が得られるため，それに合致することも考えられる．それでも臨床症状から副腎皮質亢進症が疑われる場合には，さらに低用量のデキサメサゾン抑制試験や尿コルチゾール：クレアチン比を実施するのも意義がある．副腎皮質機能亢進を見きわめる際に，これらの検査はACTH刺激試験よりも感度は高いが，この場合も特異性は低く，他の疾患（例えば糖尿病，発作性疾患，フェノバルビタール療法）によって影響を受けることもある．

⑧ これらのスクリーニング検査や診断的検査で，いずれも副腎皮質機能亢進陰性という結果が得られた場合には，筋の削痩の他の原因を調べる（例えば，栄養失調，重度の炎症性腸疾患と吸収不良，新生物，多発性神経症，その他の神経・筋の疾患，自己免疫疾患など）．

⑨ ACTH試験で陽性が得られた場合には，副腎皮質機能亢進が副腎によるものなのか下垂体によるものなのかを見きわめるために，高用量デキサメサゾン抑制試験を行い，以前に実施した超音波所見とを結び付けて検討してみる．

⑩ 巣状の腫瘤やび漫性の臓器腫大を認める場合には，針穿刺による吸引や組織生検を行って根本原因（例えば新生物，炎症，免疫介在性疾患など）を探る．組織病理学的検査では穿刺吸引による細胞診の方が生検よりも侵襲性が低く，全身麻酔も必要としない．また凝固図の必要性もない．しかし穿刺による細胞診では，細胞の型を評価することはできても，線維症や肝硬変，異形成，過形成など臓器の構造的変化を見きわめることはできないし，含まれる組織が剥離されないと腫瘍の診断ができない．

⑪ 巣状性あるいはび漫性の臓器腫大の動物で，細胞診によって診断が付かない場合には，切除あるいは切開による生検を経皮的あるいは試験開腹の何れかの方法で実施する（この場合，その方法は動物の臨床状態や含まれる組織，完全な切除ができるか否かによって決める）．腹腔内組織の生検では，何れの場合も全身麻酔を必要とする．生検は確定診断のためにも，また超音波で自信をもって診断された疾患（例えば水腎症，子宮蓄膿症，前立腺傍囊胞，腎周囲囊胞など）の治療のためにも必要なものといえる．

■ 腹部の膨大 ■

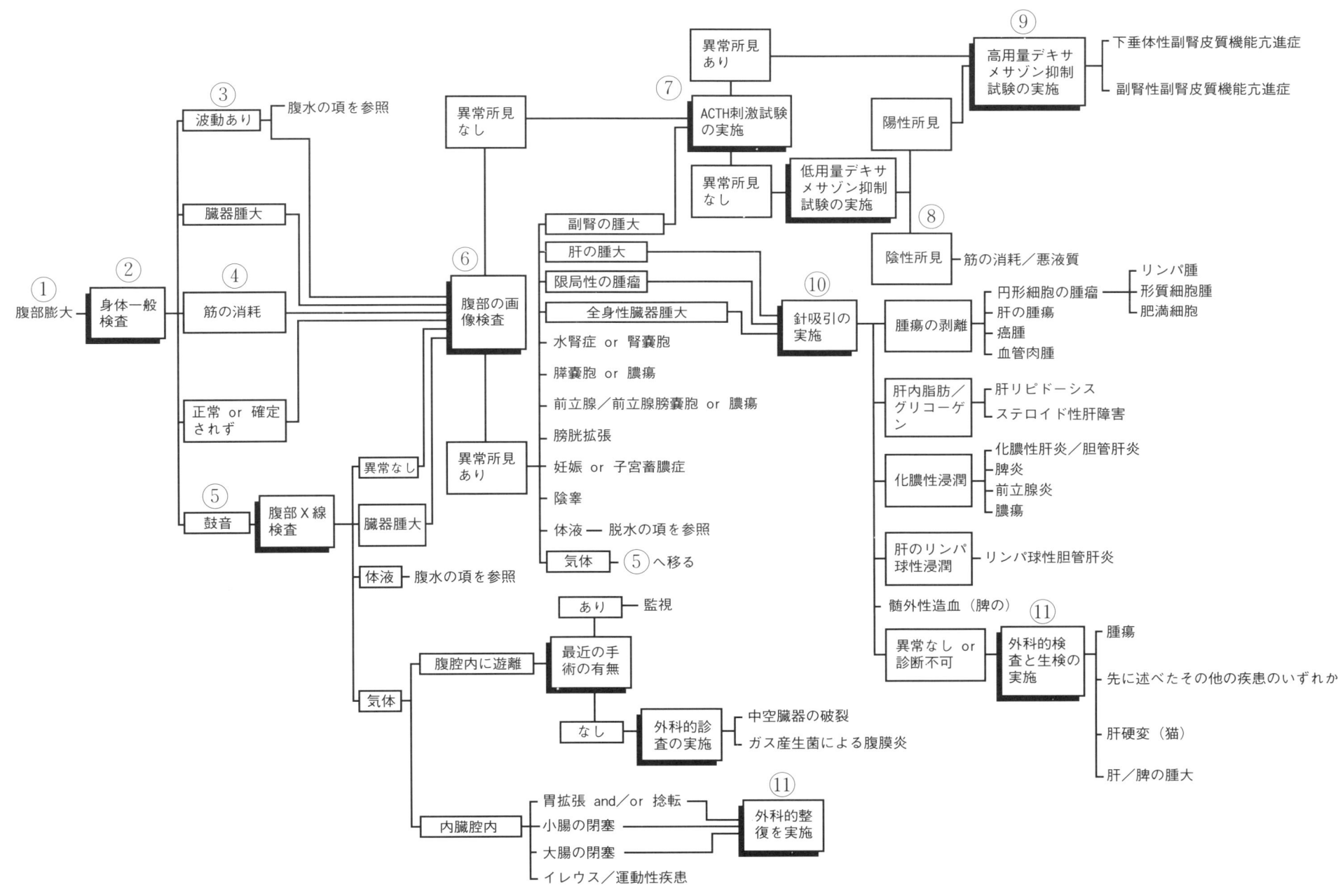

腹水

① 腹水は腹膜腔内に体液が貯留した状態をいう．腹部の拡張を起こすその他の疾病（例えば筋の消耗，臓器の腫大など）と区別する必要がある．体液が中等度に貯留している場合には打診で波動を感じる．少量の貯留では，超音波検査によって判別するのが最もよい．

② 当初，腹腔内の滲出液を評価するには，腹腔穿刺③が最も適している．禁忌はほとんどないが，基礎にある凝固障害（例えばクマリンが含まれている殺鼠剤や播種性血管内凝固 [DIC] あるいは重度の血小板減少など）がきわめて重要となる．もしこのような疾患が疑われる場合には，さらに出血の危険性が生じるため腹腔穿刺は避ける．凝固時間，血小板数，そして可能ならフィブリン分解産物（FDPs）を計測する必要がある．また，バイパスによる腹腔穿刺や超音波で腹腔内腫瘤を探して穿刺するとか，原発性/転移性腫瘍や胸膜滲出液の併存を確認するために胸部X線検査を実施することも適切な手段といえる．

③ 凝固異常の病歴がない場合やリスクよりもサンプル採取の利点が高ければ，腹腔穿刺を実施する．方法は横臥位で最も垂れ下がった部位を'勘をもとに'穿刺するか，立位で腹部腹側の一番下に当たる部位を穿刺すればよい．脾臓を吸引すると腹腔内の血液と分からなくなるため，勘による穿刺の際には脾臓を避けることが重要である．体液の量が少ない場合や腹腔内で体液が窪みに限局している場合には超音波が必要となる．

④ 細胞数（PCVなど）や総蛋白量を調べるために，体液の評価が重要となる．その後，体液の生化学検査（例えばコレステロール，トリグリセライド，クレアチニン，ビリルビン，糖など），特定の疾患の力価（例えばFIP）ならびにスメアの細胞診や遠心沈渣の標本を評価する場合もある（㉕の段階）．腹腔の滲出は，漏出液（低蛋白，低細胞数液），変性漏出液，滲出液（高蛋白，高細胞数液）に分けられる．しかし蛋白濃度と細胞数に関するカテゴリーにはかなりの重複が認められる（以下を参照）．

⑤ 漏出液は低蛋白液（< 2.5g/dl）で細胞数（< 1000 有核細胞/mm^3）は少ない．漏出液は，血清蛋白の低下（特にアルブミンの低下）がみられ，その結果血漿コロイド浸透圧の低下が認められる疾患（例えば肝疾患，蛋白喪失性腎疾患，蛋白喪失性腸疾患，重度の栄養不良，広範囲にわたる皮膚火傷）の場合に認められる．また新生物，特にリンパ腫の場合にも認められることがある．血漿コロイド浸透圧の低下だけが原因で認められる漏出液では，血清アルブミンは1.5/dl以下である．しかし血管内圧に影響を及ぼすその他の要因（例えば門脈圧亢進）があると，血清アルブミンが1.8～2.0g/dlであっても漏出液が認められる場合がある．漏出液は時間が経つと，腹腔内体液の存在による炎症の結果変性してくる．

⑥ 変性性漏出液では，通常蛋白濃度は2.5～3.5g/dlであり，細胞数は様々である（おおむね滲出液の場合の細胞数よりも少ないことが多い）．疾患によっては，滲出液が認められる場合もあれば漏出液が認められる場合もある．これは炎症反応を引き起こす腹腔内体液の貯留期間によって異なる．したがってこれらの腹腔内滲出のタイプの原因には，かなりの重複が認められる．滲出液と変性漏出液の両方を示す可能性のある疾患としては，乳び滲出，胆汁性ならびに尿性腹膜炎，一部の腫瘍による滲出がある．

⑦ 腹腔内の変性漏出液は，右側心疾患の犬によく認められる．猫の右側心疾患の場合には胸膜滲出の方が多いように思われる．右側の心雑音や頸部上1/3以上の範囲に認められる頸静脈拍動，肝頸静脈逆流，末端部の陥凹形成性浮腫が認められる場合には，右側心疾患が疑われる．肺の狭窄や動脈管開存，三尖弁閉鎖不全，心室中隔欠損，犬糸状虫感染，慢性の肺疾患などによって右側心疾患に到ることがある．胸部X線検査によって，右側心肥大や心臓の胸骨接触の増加，犬糸状虫の感染を示唆する動脈の変形，静脈拡張あるいは横隔膜破裂などが分かる．また胸部X線検査によって，慢性の肺疾患も分かるし両室性心疾患（肺水腫と右側の徴候）や胸腔内滲出も分かる．基礎にある心疾患の程度を見きわめるには心エコーの検査が必要になることもある．

⑧ もし変性漏出液が心疾患による二次性のものでない場合には，血清生化学検査所見の評価が必要となる．高蛋白血症は，基礎に腫瘍やFIP，免疫介在性疾患がある場合に認められる．腹水と高窒素血症が同時に認められる場合には，尿路系の破裂や減尿/無尿性腎疾患によって起こる体液の過負荷が原因となることもある．基礎疾患として肝の腫瘍や胆管破裂があると，血清ビリルビン値の上昇が認められる．腹膜炎の結果二次的に起こる敗血症の証拠が得られることもある（高ALP，低アルブミン，低血糖）．

⑨ もし血清生化学検査所見で特定できない場合には，腹部画像検査（X線検査では詳細が不明であるため，特に超音波検査）によって，巣状の腫瘤や癌腫などのび漫性病変，膿瘍，変性漏出を来す嚢包などを判別することができる．

⑩ 特に犬糸状虫症の流行地域で予防歴に疑問があれば，変性漏出液を認めた場合には潜在性犬糸状虫検査を実施する必要がある．著しい犬糸状虫の感染によって，虫体による後大静脈の拡張（大静脈症候群）や肝後性門脈拡張，腹腔内体液貯留が起こることもある．

⑪ 変性漏出液の原因として，他に基礎的な疾患が認められなかった場合には，肝後性門脈拡張が考えられる．この場合には肝臓と右側心臓の間の部位（例えば後大静脈）に，狭窄病変か閉塞病変を認める必要がある．これは大静脈症候群によるもの以外ではまれな病変といえるが，胸部超音波検査と静脈造影によって確認されている．縦隔後部の腫瘍や血栓症，後大静脈の外傷が原因となる．

⑫ 特発性腹膜滲出を証明するのは，試験開腹と多種の組織の生検が必要となる（㉟に進む）．なかには免疫介在性（例えば全身性紅斑性狼瘡；SLE）が疑われる滲出もあるが，これを証明するのは難しい．明確な原因はないが生検によって炎症が認められ，抗核抗体（ANA）が陽性で，他の器官にも問題（例えば蛋白喪失性腎疾患，免疫介在性溶血性貧血）があるといった所見が得られれば，全身性紅斑性狼瘡が関与する滲出の確定には有効となる．

■ 腹　水 ■

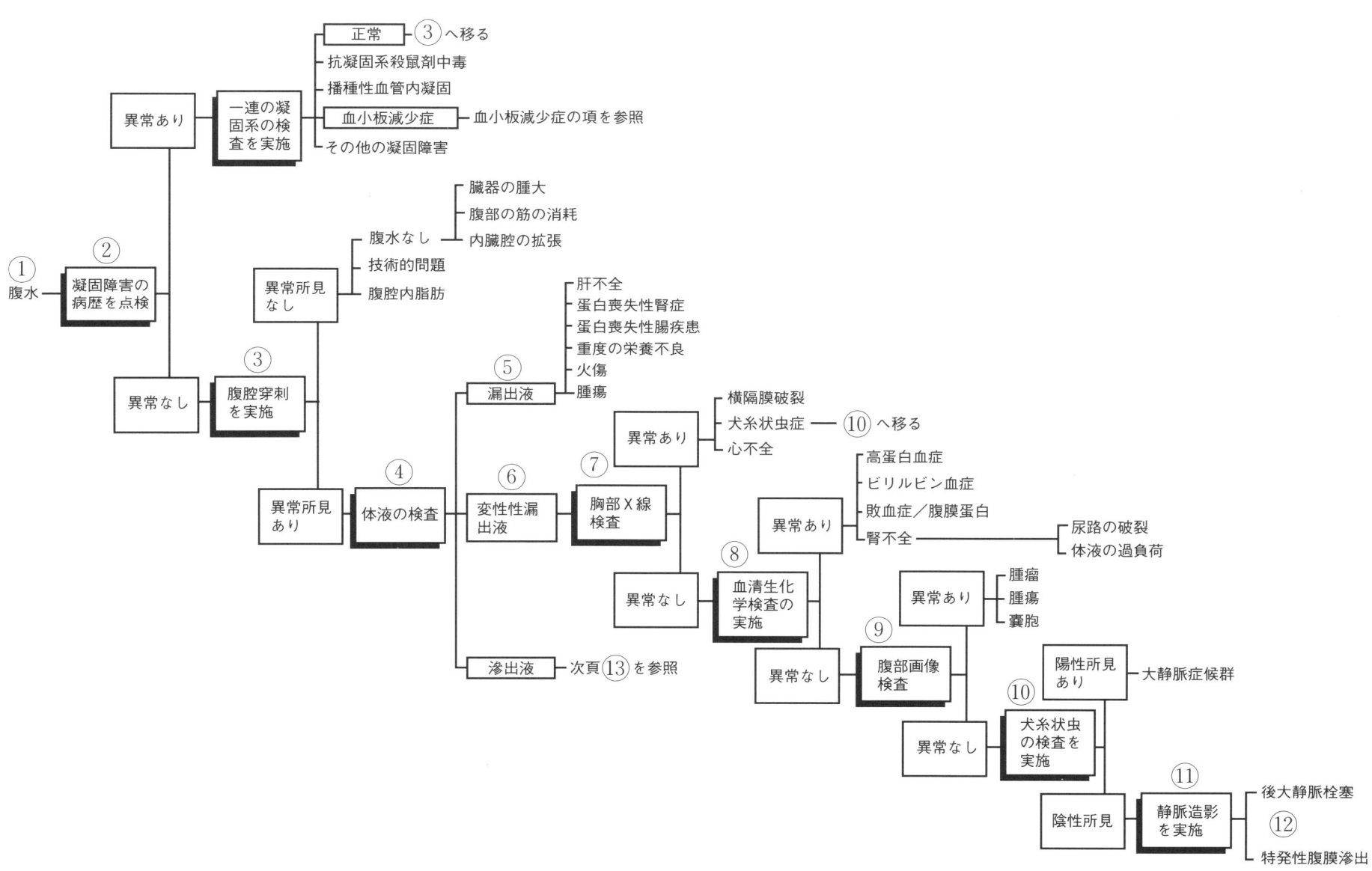

■ 腹　水 ■

⑬　滲出液は，総蛋白量が 3g/dl 以上で，細胞数では有核細胞が 5000 個/mm³ 以上の体液貯留をいうと定義されている．滲出液には，さまざまな徴候と基礎的原因が存在する．

⑭　血液性滲出液か血漿血液性滲出液かを見きわめるために，ヘマトクリット管で滲出液のサンプルを遠心して滲出液の充填赤血球容積（PCV）を調べる必要がある．結果は末梢血液の PCV と比較することで分かる．これら 2 つの PCV が同値あるいは末梢血液よりも腹腔内体液の方が高い場合には，腹腔内出血が起こっていたことが分かる．

⑮　フィブリンの凝固形成が認められるか否かを知るために，硝子管に血液性腹腔内滲出液を入れてみることもある．もし凝固形成が認められれば，出血はごく最近認められたものか（通常は出血が起こるとフィブリンが腹膜面に速やかに沈着し，腹腔内体液のフィブリノーゲンが枯渇して，凝固が妨げられる），あるいは脾臓を吸引していたかのいずれかである．

⑯　血液性の腹腔内体液が認められる場合には，確実に外傷歴があり，肝疾患など基礎疾患の併発の疑いがなければ，凝固系の検査を実施する．明らかに外傷の病歴がある場合には，対症療法と支持療法の何れかを行い，速やかに悪化に対する評価をするか，腹部の超音波検査を実施する（⑳に進む）．

⑰　フィブリン分解産物（FDPs）の陽性は，多分感受性はきわめて低いが，DIC の指標としては最も特異的なものといえる．体内のフィブリン溶解経路が大量のフィブリン凝塊を破壊するとフィブリン分解産物ができる．フィブリン分解産物とプロトロンビン時間ならびに活性化部分トロンボプラスチン時間の延長が認められ，また同時に血小板数の減少が認められれば，腹腔内出血の根本原因は DIC である可能性がかなり強い．DIC の原因としては，腫瘍や敗血症，中毒，熱あるいは寒冷への暴露，重度の膵炎などがあげられる．しかし腹膜面に形成された凝塊を体が破壊するため，腹腔内に沈着したフィブリンからのフィブリン分解物質が増加することになり，これをどう評価すべきか戸惑うこともある．

⑱　プロトロンビン時間（PT）と活性化部分トロンボプラスチン時間（PTT）の延長（60 秒以上）は，クマリン製剤の摂取や DIC の場合に最もよく認められる．肝疾患や肝障害が認められる場合には，その延長は比較的短い．

⑲　DIC の併発や外傷歴がない場合には，血小板減少症が腹腔内出血の原因になることはまれである．血小板減少症では一般的には皮膚の出血と打撲，粘膜面からの出血，点状出血，喀血，鼻出血が認められる．特発性の出血では，通常血小板数が 20,000～30,000/μl 以下である．また血小板減少症は過剰出血の原因というよりも結果であるともいえる．しかしこのような状況下では血小板数が 50,000～80,000/μl 以下であることは滅多にない．

⑳　腹腔内出血があって，凝固系の検査では異常はないが，肝疾患や DIC が疑われる場合には，さらに適切な評価が必要となる．腹部の超音波検査は，腹腔内腫瘤（例えば肝，脾，腎の腫瘍）や大きな血管内への浸食性腫瘤（例えば副腎の腫瘍），外傷，脾臓の捻転などを見きわめるのに有用といえる．ときには CT や MRI スキャンなどの画像検査もさらに必要となることがある．さらに基礎にある疾患を見きわめ治療するには，試験開腹が必要になる場合もある．

㉑　滲出液が漿液血液性であったり，漿液性であったり，混濁，不透明あるいは明らかに膿状である場合には，好気性ならびに嫌気性培養や抗菌薬感受性試験を実施する必要がある．特に細胞内微生物の汚染がないと思われる場合には，グラム染色で細菌の予備的同定を実施する必要がある．

㉒　腹腔内滲出液の培養で陽性の結果が出たり，細胞内細菌や組織学的検査で陽性が出た場合には，敗血症性腹膜炎であり，基礎にある原因を探る必要がある．敗血症性腹膜炎では，診断と基礎原因の除去，腹腔洗浄を試みるために，ほとんどの場合診査開腹が示唆される．したがって，それ以降の診断手順を飛び越えて診査開腹の項㉟に進むのが適切である．ただしび漫性の手術不可能な腫瘍などが疑われる場合は別である．

㉓　腸管の栓塞や破裂を見きわめるには，腹部 X 線検査が有用となる．腹腔内体液がなければ，これらの状態を観察することは可能となる．腸管の閉塞は，閉塞部の近位部に過剰なガスと体液による膨大が観察される．X 線不透過性の異物が観察されることもある．閉塞につながる腸管の腫瘍や腸重積，X 線透過性異物の間には大きな違いは通常認められない．腸管の破裂では，腹腔内に遊離ガスが認められる（最もよく認められるのは横隔膜のすぐ後方である）．腹部の貫通傷でも遊離気体が認められ，同時に敗血症性滲出液の形成がみられることもある．しかし貫通傷の場合には，病歴や身体的な状況から証拠となるものがある．最近 7～10 日位前に診査開腹が行われたという場合には，腹腔内に遊離気体がまだ残ってっていることもある．尿路系の破裂を見きわめるためには，腹部造影検査を必要とする場合がある（腎と尿管の傷害には静脈経由の尿路造影，尿道と膀胱には尿道膀胱造影を実施する）．

㉔　膿瘍（前立腺，肝臓，膵臓）や嚢胞（腎臓，前立腺，副前立腺），充実性の組織腫瘤（ほとんどの組織の良性あるいは悪性腫瘍），子宮蓄膿症，胆管系ならびに下部尿路系の外傷，一部の尿路系閉塞などを鑑別するには，腹部超音波検査が有効である．後者の 3 つは超音波検査では明らかにならないこともあり，診断には開腹術や造影検査が必要になる場合もある．さらには，一部の組織に原発する膿瘍の破裂では，境界域がはっきりしないため超音波検査で明らかにならないこともある．

■ 腹　　水 ■

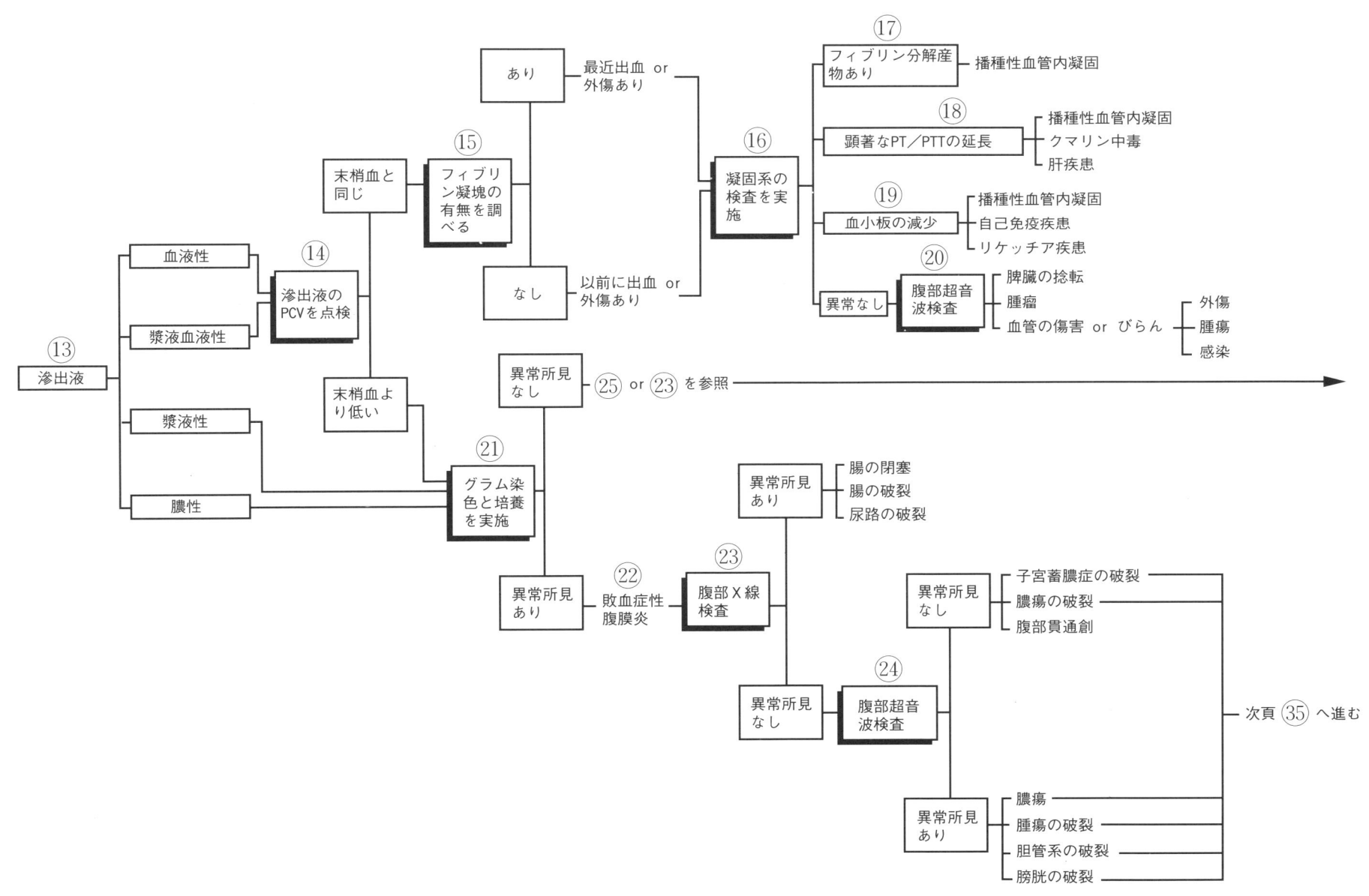

■ 腹　水 ■

㉕　滲出液が出血性あるいは敗血症性のいずれでもない場合には，肉眼所見（乳糜や胆汁）や生化学所見，免疫学的所見，細胞学的所見など，さらに詳しい評価をするために，次の段階に進む．

㉖　乳白色／不透明な体液の場合には，乳糜を疑って進める必要がある．乳糜には多量のカイロミクロンが含まれ，エーテルで透明化する．また体液のトリグリセロイド値は，コレステロール値よりも高い．乳糜性の腹腔滲出液は，腹部リンパ管の破裂あるいは閉塞が原因となる．リンパ管の破裂につながる外傷歴や手術歴をもう一度見直す必要がある．また右側の心疾患では，心臓の後方域が障害され胸管に影響を及ぼすことから，右側の心疾患についても再評価が必要となる．腫瘍を調べるために腹部の超音波検査も重要となる．犬や猫では，いずれもリンパ腫が基礎原因になることがあるが，猫の腹腔内乳糜では腸間膜系の腺癌が特に関与する．いみじくも臨床症状が認められたり，他に乳糜性の腹腔内滲出液の原因が見当たらない場合には，右側の心疾患を評価する目的で心エコー図の検査を実施する．

㉗　これらの検査で原因が分からない場合には，さらに乳糜性滲出液の原因を探るために診査開腹を必要とする場合がある．腹腔内におけるリンパ管排出の異常が最も疑わしい．若い動物では先天性奇形やリンパ管欠損も考えられる．腸リンパ管拡張症では，腸管内へのリンパ液欠損や低アルブミン血症，低蛋白漏出液などが認められるようになる．しかし時には，全身性の炎症／腹腔内リンパ管周囲の肉芽形成が腸リンパ管拡張症の原因になることもある．

㉘　犬と猫では末梢血で高グロブリン血症が認められ，腹腔内滲出液の総蛋白濃度が4.5g/dl以上の場合には，基礎疾患として腫瘍が疑われる．また猫では猫伝染性腹膜炎を疑う必要もある．猫伝染性腹膜炎の場合には，体液は淡黄色を呈しマクロファージと小リンパ球を含む細胞が認められ，発熱および肝，腎，胃腸などの臨床症状が観察される．猫伝染性腹膜炎の力価は決定的ではないが，病歴や臨床症状，細胞学的検査から疑いがもたれる場合には，補助的な診断的価値はある．力価が陽性の場合，猫コロナウイルスへの暴露ならびに免疫学的反応が示唆されるが，必ずしも猫伝染性腹膜炎というわけではない．陰性の場合には暴露あるいは免疫応答のないことが示唆される．何れにしても確定診断には肝臓や腎臓の組織病理学的検査が必要となる（㉟へ進む）．

㉙　原発部位は分からないにしても，腹腔内滲出液内の腫瘍細胞から組織のタイプを同定することは可能である．腹膜内面から剥がれた反応性中皮細胞を腫瘍細胞と間違わないよう注意する必要はある．さらに腹部の画像検査（超音波，CT，MRI検査）によって，腫瘍塊が確認されることもある．

㉚　胆汁性腹膜炎は，胆嚢や肝内／肝外胆管系の破裂（外傷あるいは二次性の炎症／閉塞による）が原因となる．胆嚢の感染（細菌性胆嚢炎）がなくても，緩やかに症状は進行する．おおむね10日ほどで嗜眠状態と進行性の腹部拡張が認められるようになる．腹膜が刺激されることによって，滲出液が形成される．腹腔穿刺を実施すれば，ビリルビンとビリベルジンによる緑色に染まった体液が間違いなく得られる．しかし黄疸による場合もあり，他の原因による高ビリルビン血清の場合の腹腔内体液と区別することはできない．体液の細胞学的検査によって，ビリルビン結晶が認められることもある．ビリルビンの分子は小さいため，腹腔内体液のビリルビン濃度と末梢血中の濃度とは，速やかに平衡状態となる．また糞便中へのビリルビン排泄が欠如するために，時間が経つと血中ならびに体液中のビリルビンは増加する．胆嚢破裂や胆石，腫瘍病変のなかには，超音波検査によって判別できるものもあるが，破裂場所を見きわめたり治療するには手術が必要となる．

㉛　尿性腹膜炎は，膀胱や尿道あるいは尿管末端の破裂に続いて起こる．尿道，尿管ならびに腎臓はおおむね後腹膜腔に囲まれており，傷害されるとその部位に尿が蓄積することになる．後腹膜の破裂によって腹腔の拡張をみることはほとんどなく，挫傷と滲出液の徴候が比較的多く認められる．結石による部分的／完全閉塞や腫瘍があると，いずれの場合にも破裂につながることはあるが，一般的に尿路系の破裂は外傷によるものといえる．膀胱破裂の3〜5日後には腹腔の拡張が認められるようになる．無菌尿の場合には，臨床症状が現れるのに比較的時間が掛かる．体液は変性性漏出液／滲出液で，これは尿の濃度と尿による刺激度合によって決まる．本症では血中尿素窒素（BUN）とクレアチニンの排泄傷害により，後腎性の高窒素血症になる．尿素の分子は小さく，容易に腹膜を通過するため，体液のBUN濃度と血中のBUN濃度は速やかに均衡化される．したがって，尿路系の破裂を診断する場合には，体液のクレアチニン濃度の方が信頼性高い．腹部の超音波検査によって，後腹膜性の腹腔内体液と腫瘍病変，一部の結石などが判別できるし，また破裂を示唆する膀胱の形状の変化も分かる．しかし漏洩部位を見きわめるには，造影検査（尿道膀胱造影や静脈内尿路造影）が必要となる．

㉜　腹腔内滲出液の判別がなされても明確な原因が分からない場合には，悪性あるいは良性腫瘍，膿瘍，嚢胞，横隔膜破裂（この場合組織の捕捉や壊死がなければ，通常は変性性漏出液が認められる），免疫介在性疾患（例えば全身性紅斑性狼瘡），膵炎，その他の脈管炎，脂肪織炎などの鑑別診断が必要となる．通常超音波検査による腹部画像検査が役に立つ．

㉝　膵炎ではアミラーゼとリパーゼ濃度は末梢血よりも体液の方が高くなることがある．また血清トリプシン様免疫活性に上昇が認められれば，膵炎の可能性も高くなる．膵臓の膿瘍や腫瘍でもアミラーゼとリパーゼの濃度は高くなる．したがって，超音波所見に照らしてアミラーゼとリパーゼの濃度の解釈を図る必要がある．

㉞　この時点でアミラーゼとリパーゼの濃度に異常が認められない場合には，脈管炎を疑う必要がある．脈管炎の原因としては，リケッチア疾患（特にロッキー山紅斑熱），猫伝染性腹膜炎，脂肪織炎，全身性紅斑性狼瘡（SLE）などがあげられる．急性のリケッチア疾患では，力価を計測し，3週間後に有意な上昇が認められるか否かを再点検する必要がある．末梢血と腹腔内体液における猫コロナウイルスの力価は感染を示唆するが，確定診断には組織生検が必要となる．脂肪織炎は皮下脂肪と腹腔内脂肪の炎症である．特に猫に認められ，痛み発熱ならびに腹腔内滲出液が観察されることがある．診断には侵されている組織の生検が必要となる．抗核抗体の力価は，全身性紅斑性狼瘡の確定に役立つものではあるが，それを満たすためには他の基準を必要とし，他の免疫介在性疾患が脈管炎の原因になる場合もある．

㉟　これまで述べてきた多くの疾患を診断したり確定診断をするためにも，またすべての基礎原因を除外し，特発性滲出液の診断をするためにも，診査的開腹術と組織生検は必要となる．開腹術は，それが適切と思われればアルゴリズムのどの段階においても実施するべきであろう．

■ 腹　水 ■

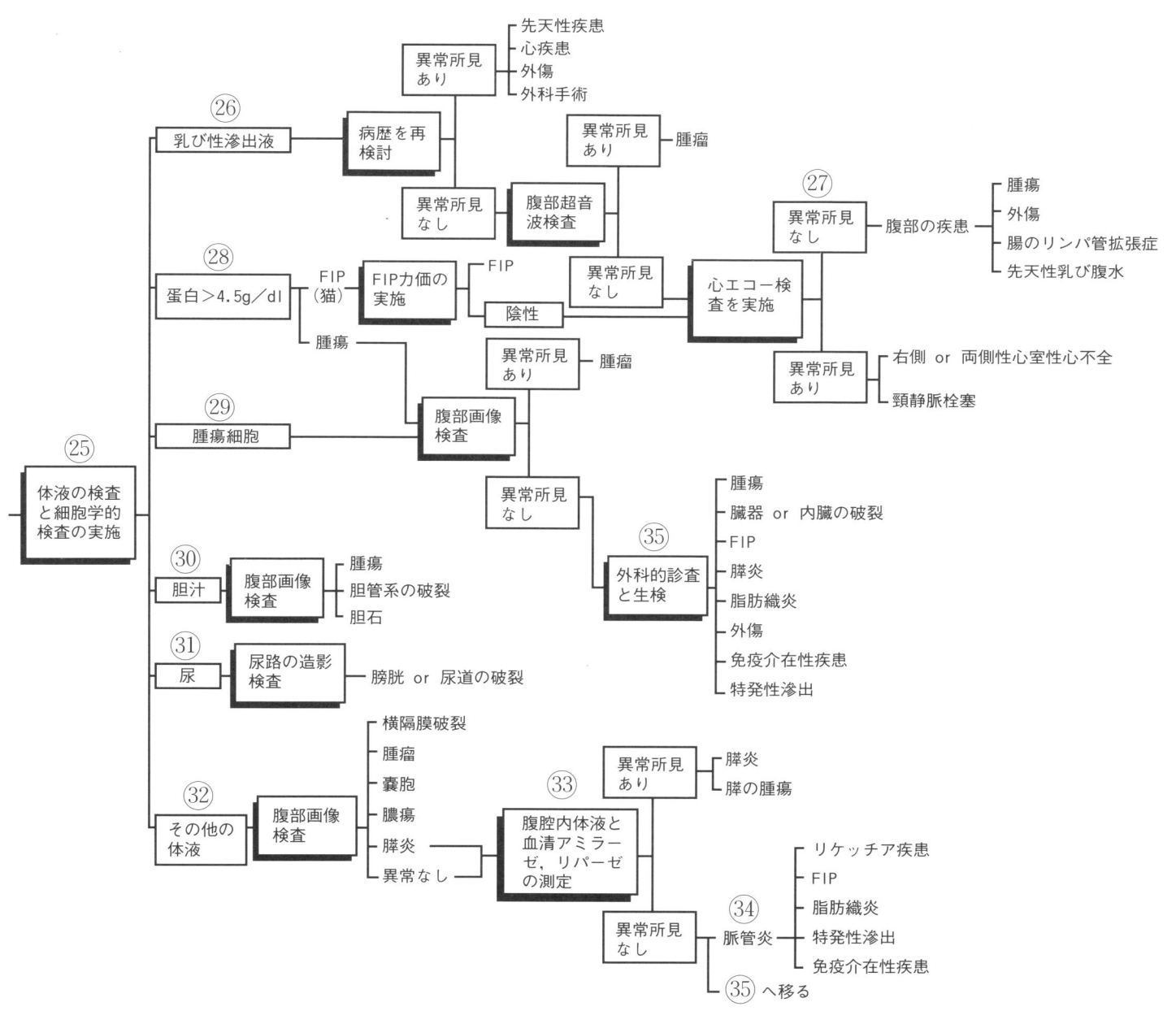

SECTION 2

筋骨格系の疾患

跛　行

① 跛行とは，肢の強張りや歩幅の短縮，体重負荷の異常などを特徴とする異常歩様をいう．これは機構的問題（例えば骨折の不正癒合や肢の屈曲奇形）や痛み（例えば内骨症，免疫介在性多発性関節炎，腫瘍）に対して肢の負重軽減を図ろうとして認められるものといえる．

② 病歴が重要となる．急性で単肢の体重負荷異常は，小さな外傷や筋と腱の運動過多による場合が多く，通常1週間以内に回復する．跛行は薬物誘発性多発性関節炎の一般的症状でもあるため，最近行われた他の疾患の治療も重要となる．サルファ剤やマクロライド系ならびにペニシリン系の抗生物質はいずれも，炎症性の多発性関節炎の原因になるといわれている．脱臼や骨折は比較的著しい外傷に伴って認められ，全く体重負重を掛けない跛行や重度の体重負荷異常による跛行が認められる．全く体重負荷が認められない場合には，速やかにX線検査をすることが望ましい．

③ 跛行の原因は動物の年齢（未成熟：成熟）や患肢（前肢：後肢）によって異なる．若い発育期の犬では，内骨症（汎骨炎）や骨嚢胞，骨幹端骨障害（肥大性骨ジストロフィー）による跛行がよく認められる．一肢に異常を認める大型あるいは超大型の成犬では，骨肉腫を疑う必要がある．大型犬種では股異形成がきわめて頻繁に認められ，一方トイ種では膝蓋骨脱臼が最も多く認められる．若いトイ種や小型犬種では無菌性の大腿骨頭壊死（レッグ・カルヴェ・ペルテス病）が認められることもある．肘関節異形成はロットワイラー，ラブラドール・レトリーバー，バーニーズ・マウンテン・ドッグによく認められる．若い雄のペルシャ猫では骨膜増殖性多発性関節症になることがある．

④ 続いて，身体一般検査を十分に実施する．トゲのある灌木類やいが，サボテン，その他鋭い破片などがある地域を歩かせたという場合には，趾間の異物を点検する必要がある．整形外科的検査を開始し，ゆっくり歩かせて歩様を観察した後，駆け足の歩様を観察する．症例の概要とともに患肢の筋や関節，骨の十分な触診と病歴の聴取が，当初の判別診断に役立つ．特に痛みがあったり狂暴な動物の場合には，鎮静剤によって患肢の観察がさらに十分に行える．跛行の診断がつけば，臨床症状の重症度や発生時期，飼主の懸念や経済性に基づいて，このアルゴリズムを途中で終える場合もある．しかし患肢や患部のX線検査を行うことによって，重要な情報が得られることも多い．

⑤ X線検査で跛行の原因が分からない場合や患肢が複数の場合，あるいは跛行が他の肢に移動する場合や全身症状が観察される場合には，関節疾患を疑い関節穿刺を実施することが望ましい（関節滲出液ならびに疼痛の項のアルゴリズムを参照）．

⑥ 跛行が急性で一肢のみの場合，身体一般検査から全身性の疾患が示唆されない場合，X線検査で異常が認められない，あるいは僅かにしか軟部組織に障害や外傷が認められないといった場合には，動物の運動を制限して5〜7日後に再評価を行う．

⑦ X線検査では異常はないが，慢性あるいは進行性の跛行が観察される場合には，動物のいる環境や以前に訪れた地域によくみられる感染症について調べる必要がある．このような感染症としては，様々なリケッチア病（ボレリア病，ロッキー山紅斑熱，エールリヒア症）が考えられる．関節液の分析結果は関節疾患の判別や炎症性と変性性の分類分けに有効であるため，身体一般検査で明らかに関節痛や滲出液が認められなくても，関節の穿刺を考慮することは重要である．

⑧ 抗核抗体（ANA）力価の検査は，間接的免疫蛍光試験であり，これによって核抗原に特異的な血清抗体の存在が証明される．全身性紅斑性狼瘡（SLE）では，抗核抗体陽性が認められるが，同時にその他の免疫介在性疾患にも認められる．

⑨ 全身性紅斑性狼瘡（SLE）の犬の約75％で，この病気の期間中の一時期に多発性関節炎が認められるといわれている．全身性紅斑性狼瘡になった犬の平均年齢は約6歳である．好発種としてはシェットランド・シープドッグ，コリー，アフガン・ハウンド，ビーグル，アイリッシュ・セッター，オールド・イングリッシュ・シープドッグ，プードルならびにジャーマン・シェパードなど数多くの犬種があげられる．細胞学的検査では，細胞数の増加を認め，主に非変性性好中球と一部の単核細胞が観察され，細菌は見当たらない．関節液の粘稠度は減少する．全身性紅斑性狼瘡の診断には，炎症性非感染性関節滲出液以外の基準が必要となる．その基準には，抗核抗体の力価ならびに他の臓器（例えば皮膚，赤血球，血小板，腎臓）との関係の実証があげられる．分離性免疫介在性多発性関節炎も跛行の原因となり，細胞学的に炎症性の関節炎を呈する．この場合には全身性紅斑性狼瘡の診断基準以外の基準はない．

⑩ これまでの診断的検査から臨床症状を解釈するための骨や関節疾患の示唆が得られない場合には，跛行に対する神経学的検査を検討する必要がある．神経学的検査によって脊髄反射の変化や痛覚異常過敏の部位，特定の筋群の萎縮などが分かり，これらは何れも神経に関与する疾患であることを示唆するものといえる．時には筋の炎症が跛行の原因になることもある．したがって血清クレアチン・キナーゼ（CK）の評価を忘れてはならない．

⑪ 全身的な神経学的検査で異常が認められなくても，局所的な神経学的跛行が原因する可能性はある．肢に沿って神経が走行する部位を注意深く触診すれば，疼痛や不快を示す部位が観察される場合がある．末梢神経にかかわる診断には特殊な画像検査が最終的には必要となることがある．前肢では神経鞘の腫瘍が最もよく認められ，数ヵ月にわたって比較的重度な慢性的跛行が認められるようになる．

⑫ X線検査やより高度の画像検査で異常部位が判明したら，次の段階では外科的診査と異常組織の生検を実施する．

■ 跛 行 ■

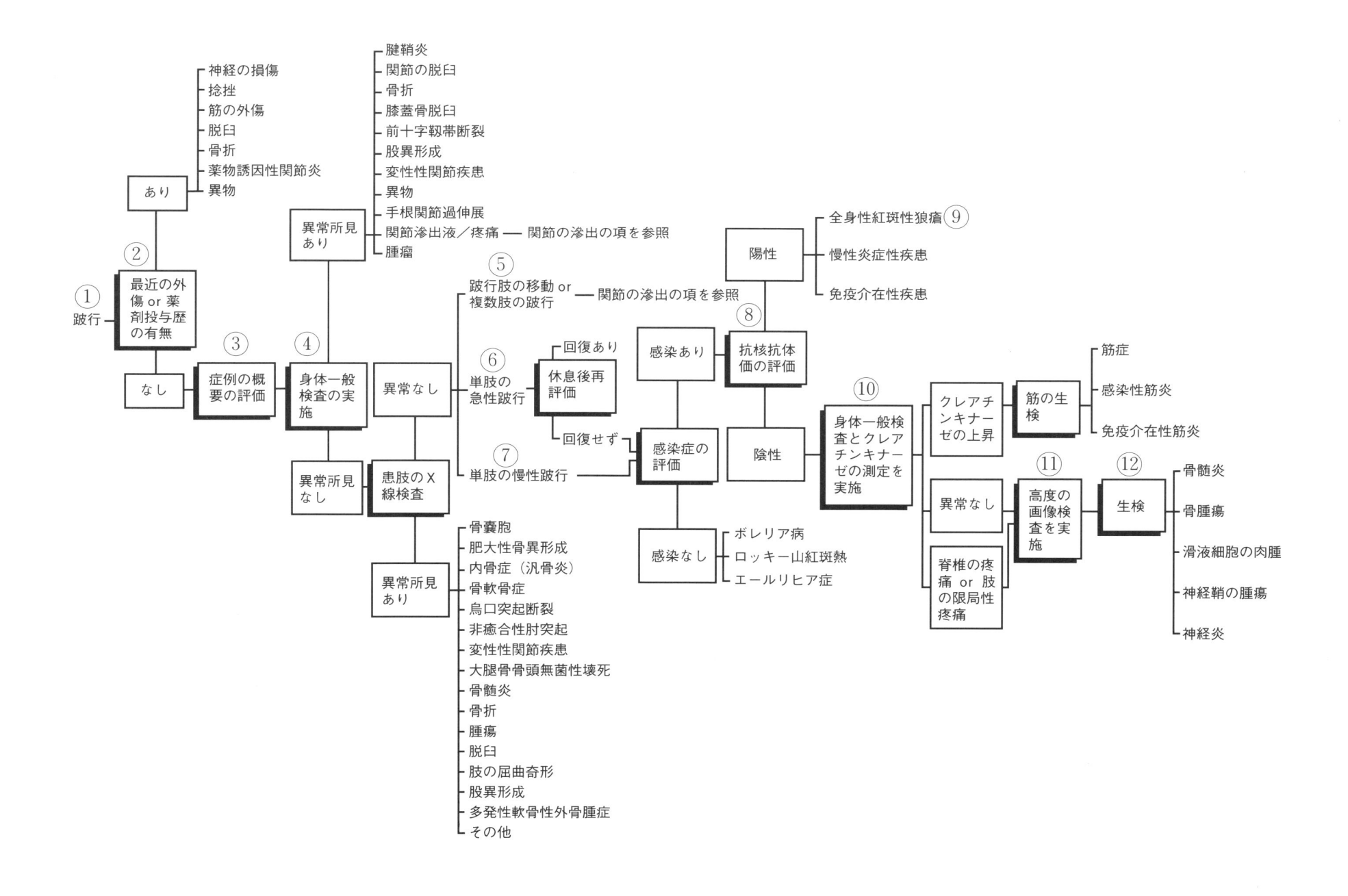

① 跛行

② 最近の外傷 or 薬剤投与歴の有無
- あり
  - 神経の損傷
  - 捻挫
  - 筋の外傷
  - 脱臼
  - 骨折
  - 薬物誘因性関節炎
  - 異物
- なし → ③ 症例の概要の評価

③ → ④ 身体一般検査の実施
- 異常所見あり
  - 腱鞘炎
  - 関節の脱臼
  - 骨折
  - 膝蓋骨脱臼
  - 前十字靭帯断裂
  - 股異形成
  - 変性性関節疾患
  - 異物
  - 手根関節過伸展
  - 関節滲出液／疼痛 —— 関節の滲出の項を参照
  - 腫瘤
- 異常なし → 患肢のX線検査
  - 異常所見あり
    - 骨嚢胞
    - 肥大性骨異形成
    - 内骨症（汎骨炎）
    - 骨軟骨症
    - 烏口突起断裂
    - 非癒合性肘突起
    - 変性性関節疾患
    - 大腿骨骨頭無菌性壊死
    - 骨髄炎
    - 骨折
    - 腫瘍
    - 脱臼
    - 肢の屈曲奇形
    - 股異形成
    - 多発性軟骨性外骨腫症
    - その他
  - 異常なし
    - ⑥ 単肢の急性跛行 → 休息後再評価
      - 回復あり
      - 回復せず → 感染症の評価
    - ⑦ 単肢の慢性跛行 → 感染症の評価
    - 跛行肢の移動 or 複数肢の跛行 —— 関節の滲出の項を参照

感染症の評価
- 感染あり
  - ボレリア病
  - ロッキー山紅斑熱
  - エールリヒア症
- 感染なし → ⑧ 抗核抗体価の評価
  - 陽性
    - 全身性紅斑性狼瘡 ⑨
    - 慢性炎症性疾患
    - 免疫介在性疾患
  - 陰性 → ⑩ 身体一般検査とクレアチンキナーゼの測定を実施
    - クレアチンキナーゼの上昇 → 筋の生検
      - 筋症
      - 感染性筋炎
      - 免疫介在性筋炎
    - 異常なし → ⑪ 高度の画像検査を実施 → ⑫ 生検
    - 脊椎の疼痛 or 肢の限局性疼痛 → ⑪ 高度の画像検査を実施 → ⑫ 生検
      - 骨髄炎
      - 骨腫瘍
      - 滑液細胞の肉腫
      - 神経鞘の腫瘍
      - 神経炎

関節の滲出と疼痛

① 関節の滲出とは，関節の炎症（関節炎）とその周囲組織の炎症によって起こる関節嚢の拡張をいう．患部の関節を触診すると通常熱感と疼痛ならびに可動域の減少が観察される．犬の方が猫よりも頻繁に認められる．関節炎は，通常非炎症性と炎症性に分類される．非炎症性関節疾患は，関節軟骨の変性性変化が認められ，滑膜あるいは滑液には炎症はなく，白血球増多や発熱などの全身症状は認められないというのが特徴である．炎症性関節疾患は，感染性（敗血症性）か免疫介在性のいずれかが原因となる．滑膜や滑液の炎症性変化と白血球増多や発熱などの全身症状を認めるのが特徴である．免疫介在性関節炎は，関節軟骨の破壊とX線検査で確認できる骨のびらんの有無によって，さらにびらん性と非びらん性に分けられる．1つの関節が侵される場合を単関節炎といい，複数の関節が侵される場合は多発性関節炎という．

② 新生仔や未成熟動物，免疫無防備状態の動物では，感染による炎症性関節炎が比較的多く認められる．成熟動物や高齢動物，特に肥満動物では変性性関節疾患に伴う非炎症性の関節の滲出を認めることがある．免疫介在性関節炎は年齢にかかわらず認められる．びらん性関節炎は猫と若齢から中齢の小型犬種に最も多く認められる．一方特発性多発性関節炎は仔犬と若齢の大型犬種に認められる．マダニとの接触，貫通傷や外傷，全身性の皮膚病，薬物の投与（サルファ剤，マクロライド系ならびにペニシリン系抗菌剤）に関する病歴を調べることが重要となる．犬や猫では薬物誘発性の多発性関節炎はまれであるが，トリメトプリム・スルファジアジンの投与で最もよく認められることが報告されている．基礎の病因にかかわらず，免疫介在性の関節炎では周期性の発熱，倦怠，食欲不振ならびに一肢から他肢に移動する跛行といった症状を認めることが多い．

③ 関節滲出の原因を探る最も重要な診断手法は，関節穿刺と滑液の分析である．1つの関節から採取したサンプルでは，診断が得られないこともあるため，複数の関節を穿刺することを勧める．全身性，感染性あるいは免疫介在性の疾患が疑われたり，発熱や跛行肢の移動が認める病歴がある場合には，特に複数の関節穿刺が必要である．滲出が認められる場合，疼痛を伴うことが多いため，穿刺時には鎮静や麻酔の処置を講ずることを勧めるが，時にはこうした処置をしなくても関節穿刺ができることもある．剪毛と外科的準備をした後，低用量の注射筒に25ゲージあるいは23ゲージの針を装着し，患肢の関節から吸引する．細胞学的評価で炎症性であることが分かったら，関節液を細菌培養に回す必要がある．

④ 滑膜細胞の肉腫が原因で関節の拡張を認めることがある．腫瘍細胞の疑いがある場合には，関節のX線検査を実施する（⑦へ進む）．

⑤ 非炎症性関節疾患には，変性性関節疾患と出血性関節症がある．変性性関節疾患の場合，滑液は僅かに混濁し，有核細胞数は1,000〜5,000個/dlである．出血性関節症では，赤血球のために赤色を呈し，有核細胞の数は3000〜10,000個/dlで，この内多形核細胞数が50〜70％を占める．出血性関節症は外傷と凝固障害に伴って認められる（出血/凝固障害の項を参照）．

⑥ 有核細胞数が5,000個/dl以上の場合には，感染性か免疫介在性疾患のいずれかが関係する．このような場合関節液の細菌培養を必ず実施する必要があり，敗血症や心内膜炎が疑われる場合には，血液培養を考慮することも重要である．感染性の関節炎のその他の原因としては，リケッチアとスピロヘーターが考えられる．免疫介在性多発性関節疾患には，リウマチ様関節炎や全身性紅斑性狼瘡に伴う関節症，猫の骨膜増殖性（慢性進行性）関節炎，特発性多発性関節炎などがある．

⑦ びらん性と非びらん性疾患の判別や腫瘍性の評価には，まず当該関節のX線検査を実施する．X線撮影は穿刺の前でも後でもよい．

⑧ びらん性の変化は，犬ではリウマチ様関節炎に付随して認められ，猫では骨膜増殖性多発性関節炎に伴って認められる（特に1.5〜4.5歳齢の雄猫）．この骨膜増殖性多発性関節炎はFeLV陽性の猫に認められるとされているため，必ずFeLVの検査を実施する必要がある．骨膜増殖性多発性関節炎の猫は，いずれも免疫学的にもウイルス学的にも猫合胞体形成ウイルス（FeSFV）陽性である．

⑨ 30ヵ月以下のグレイハウンドに認められる半びらん性関節炎では，近位指関節，腕関節，足根関節，肘関節，膝関節が最も頻繁に侵される．末梢のリンパ節が腫脹し活性化することもある．

⑩ 非びらん性関節炎は感染疾患や免疫介在性疾患によるものが最も多いと思われる．

⑪ 子犬や子猫でワクチン接種後2〜4週間に認められる発熱や動きを嫌う行動，疼痛，跛行肢の移動は，ワクチン誘発性多発性関節炎の可能性がある．この疾患は副腎皮質ホルモン剤に反応する．時にはこれらの症状は髄膜炎の症状（発熱，疼痛，動きを嫌う行動）に比較的よく似ているように思われる．

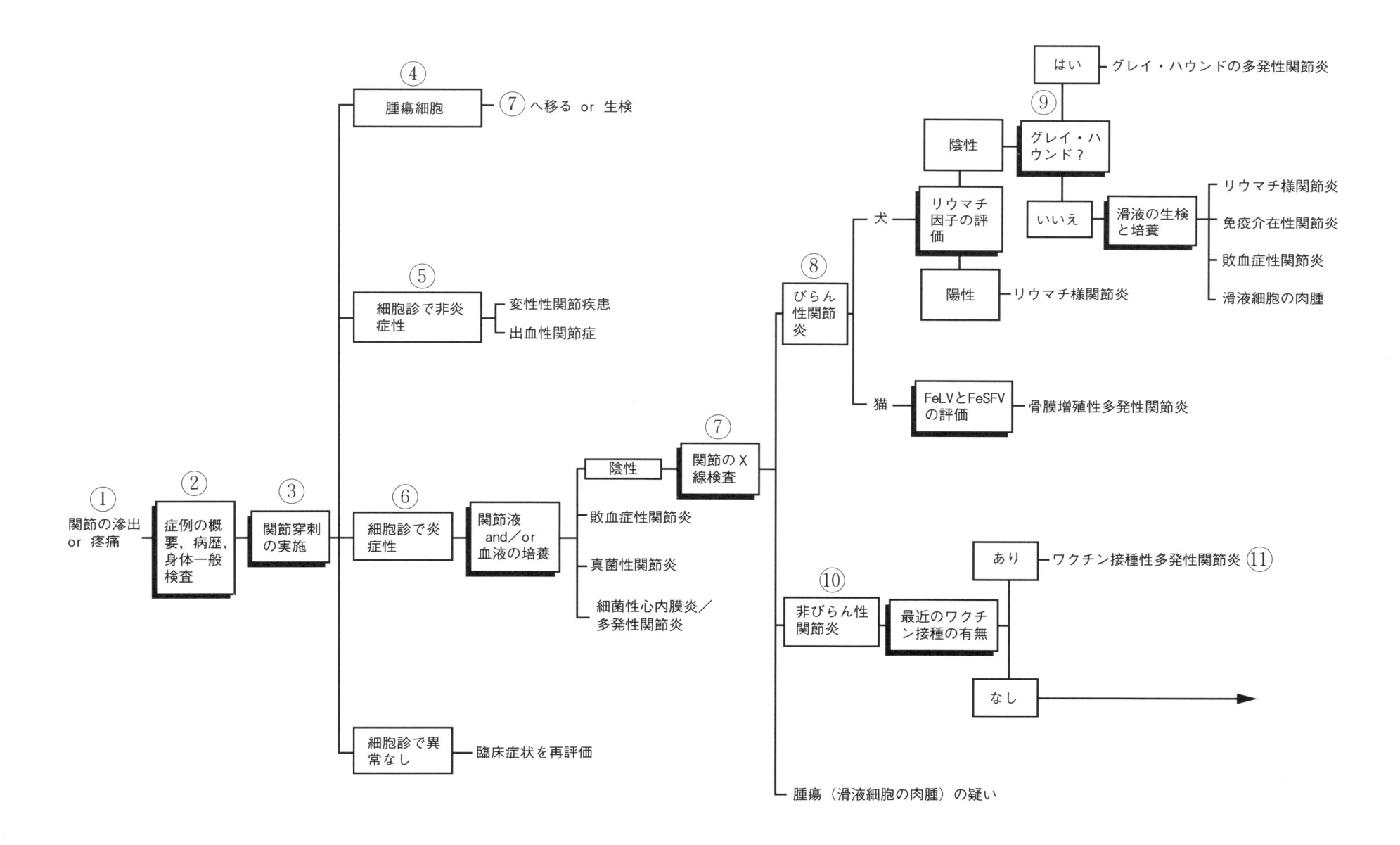

■ 関節の滲出と疼痛 ■

① 関節の滲出 or 疼痛
② 症例の概要，病歴，身体一般検査
③ 関節穿刺の実施

④ 腫瘍細胞 → ⑦へ移る or 生検

⑤ 細胞診で非炎症性
- 変性性関節疾患
- 出血性関節症

⑥ 細胞診で炎症性 → 関節液 and/or 血液の培養
- 敗血症性関節炎
- 真菌性関節炎
- 細菌性心内膜炎／多発性関節炎

陰性 → ⑦ 関節のX線検査

⑧ びらん性関節炎
- 犬 → リウマチ因子の評価
  - 陰性 → ⑨ グレイ・ハウンド？
    - はい → グレイ・ハウンドの多発性関節炎
    - いいえ → 滑液の生検と培養
      - リウマチ様関節炎
      - 免疫介在性関節炎
      - 敗血症性関節炎
      - 滑液細胞の肉腫
  - 陽性 → リウマチ様関節炎
- 猫 → FeLVとFeSFVの評価 → 骨膜増殖性多発性関節炎

⑩ 非びらん性関節炎 → 最近のワクチン接種の有無
- あり → ワクチン接種性多発性関節炎 ⑪
- なし →

腫瘍（滑液細胞の肉腫）の疑い

細胞診で異常なし → 臨床症状を再評価

■ 関節の滲出と疼痛 ■

⑫ 最近ワクチン接種歴がない場合には，生活域や旅行域から風土病的な感染症を考慮してみる．犬糸状虫症やボレリア病，全身性真菌症，ロッキー山紅斑熱，エールリヒア病，リーシュマニア病などの血清学的検査やその他の検査を実施してみるのもよい．

⑬ 鑑別診断で感染症が除外されれば，抗核抗体の力価を調べてみる．多くの炎症性疾患では核抗原にさらされるため，抗核抗体陽性であっても全身性紅斑性狼瘡（SLE）に特異的ではない．しかし抗核抗体陽性によって，適切な免疫支持療法に反応する免疫介在性疾患であることが分かる．全身性紅斑性狼瘡（SLE）は雌犬で比較的よく報告されており，またジャーマン・シェパード，コリー，シェットランド・シープドッグ，ビーグル，プードルでもよく報告されている．好発年齢はない．全身性紅斑性狼瘡の犬では，多発性関節炎と同時に蛋白喪失性腎症や溶血性貧血，血小板減少症，脈管炎などが認められる．非びらん性多発性関節炎と抗核抗体陽性の犬で，これらの病状の何れかが診断されれば全身性紅斑性狼瘡が強く疑われる．

⑭ 抗核抗体が陰性の場合には，血清クレアチン・キナーゼ（CK）を評価する．非びらん性多発性関節炎と同時にクレアチン・キナーゼ（CK）の上昇はスパニール種で最もよく認められ，多発性関節炎-多発性筋炎症候群（polyarthritis-polymyositis syndrom）といわれている．多発性筋炎を証明するには複数の筋の生検が必要となる．

⑮ 様々な基礎疾患が多発性関節炎に伴って認められる．なかには犬種が関与するものもある（⑰と⑲～㉑）を参照）．犬種のなかには髄膜炎や筋炎の併発が認められ，重複するため他の症候群と区別がつかなくなることもある．

⑯ 特発性多発性関節炎は，免疫介在性多発性関節炎の犬で最もよく認められる疾患である．基礎的な原因や基礎疾患が確定されないため，特発性と称されている．1～6歳齢の純血種で最もよく認められる．病歴では多くの場合，跛行，強張り，倦怠，食欲不振に併せて周期性の発熱が観察される．リンパ節の腫脹が認められ，きわめて重症になると好中球増多に伴う白血球増多と高フィブリノゲン血症を認めることがある．

⑰ リウマチ様関節炎は，2～6歳齢の小型犬種に最もよく認められる．慢性，進行性，変形性の多発性関節炎で比較的遠位の負重関節（腕関節，足根関節）がまず侵され，最も重症度が高い．この疾患の初期では，X線学的症状や全身的症状は認められない．通常起きたり歩いたりすると不快感や疼痛が観察され，関節を触ると熱感や疼痛が認められる．病気が進むにつれて，リンパ節の腫脹や脾腫，周期性の発熱，筋肉の消耗が認められるようになることがある．関節のX線検査では，著しい関節のびらん（侵食）や破壊が認められる．びらん性多発性関節炎の犬の約70%がリウマチ様因子陽性であるが，偽陽性もあり特に他の炎症関節炎（例えば全身性紅斑性狼瘡や特発性多発性関節炎，リンパ球性・プラズマ細胞性関節炎）ではこれが認められる．

⑱ シェーグレン症候群はまれにみる免疫介在性疾患であり，乾性角結膜炎，口内乾燥症ならびにびらん性あるいは非びらん性の多発性関節炎が観察される．

⑲ 大型犬種（例えばワイマラナー，ジャーマン・ショートヘアード・ポインター，バーニーズ・マウンテン・ドッグ，ボクサー）と猫では，多発性関節炎と髄膜炎が併発することがある．若い犬が侵されることが多い．多くが副腎皮質ホルモンに反応するが，この疾患の治療には，長期にわたる減量離脱法が必要となる場合がある．再発はよくある．

⑳ チャイニーズ・シャーペイでは，間欠熱と関節の腫脹（特に飛節）が複数の臓器のアミロイド沈着に併発して認められる．関節炎の自発性回復が認められるが，症状の再発はある．

㉑ 秋田犬には遺伝性の多発性関節炎があり，末梢のリンパ腺炎や発熱，多発性関節炎，嗜眠などが認められ予後は芳しくない．髄膜炎も報告されている．

㉒ 結節性多発性動脈炎では，一般的な徴候として多発性関節炎が認められるが，最もよくみられるのは髄膜炎であり，これは特にビーグルで観察される．このため別名ビーグル疼痛症候群（beagle pain syndrome）とか壊死性脈管炎（necrotizing vasculitis）ともいわれている．ビーグルのなかには，アスピリンやプレドニゾンに反応するものもあるが，一般的には再発が多い．最終的な診断は患部組織の組織学的検査による．

㉓ 非びらん性関節炎は，亜急性の細菌性心内膜炎，子宮蓄膿症，椎間板脊椎炎，急性のアクチノミセス属感染症，慢性サルモネラ症，犬糸状虫症，尿路感染症，歯根膜炎などに付随して認められる．通常侵されるのは1つか2つの関節であり，好発部位は腕関節と足根関節である．初期の段階では，滑膜の生検による微生物の同定は不可能であるため，おそらくこの疾患の原因は免疫介在性のものと思われる．

㉔ 腸疾患性関節炎は，大腸炎と腸炎に関連して認められる．慢性の進行性肝炎や肝硬変の犬では肝疾患性関節炎が報告されている．

㉕ 腫瘍のある犬と猫ではいずれにも，無菌性多発性関節炎を時に認めることがある．症状は腫瘍の診断がなされる以前に認められることもあれば，診断後に観察されることもある．

■ 関節の滲出と疼痛 ■

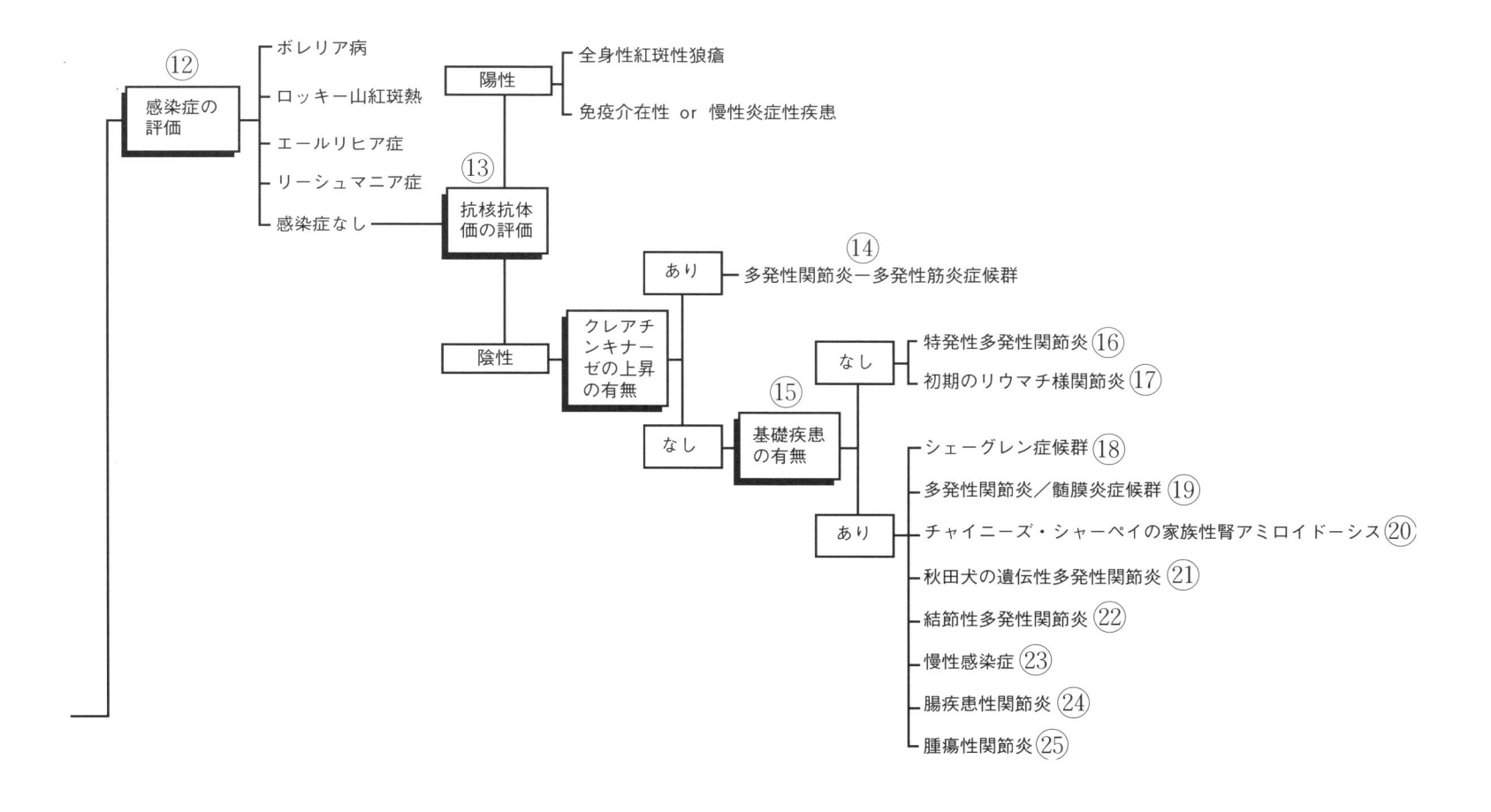

⑫ 感染症の評価
- ボレリア病
- ロッキー山紅斑熱
- エールリヒア症
- リーシュマニア症
- 感染症なし ― ⑬ 抗核抗体価の評価
  - 陽性
    - 全身性紅斑性狼瘡
    - 免疫介在性 or 慢性炎症性疾患
  - 陰性 ― クレアチンキナーゼの上昇の有無
    - あり ― 多発性関節炎―多発性筋炎症候群 ⑭
    - なし ― ⑮ 基礎疾患の有無
      - なし
        - 特発性多発性関節炎 ⑯
        - 初期のリウマチ様関節炎 ⑰
      - あり
        - シェーグレン症候群 ⑱
        - 多発性関節炎／髄膜炎症候群 ⑲
        - チャイニーズ・シャーペイの家族性腎アミロイドーシス ⑳
        - 秋田犬の遺伝性多発性関節炎 ㉑
        - 結節性多発性関節炎 ㉒
        - 慢性感染症 ㉓
        - 腸疾患性関節炎 ㉔
        - 腫瘍性関節炎 ㉕

SECTION 3

神経学的疾患

痙攣発作

① 発作，痙攣あるいは痙攣発作は，脳細胞の一過性の律動異常であり，突然に始まって自然に終焉する．痙攣発作は大脳，特に前頭葉と側頭葉の器質的あるいは機能的傷害が原因で起こる．痙攣発作の臨床症状は，部位や律動異常の重症度によって，それぞれ異なる．全身性の痙攣発作には，意識の変化や喪失：強直性，間代性あるいは強直-間代性の肢の動き（四肢のバタつき）：腸と膀胱のコントロールの喪失などが伴う．部分的な痙攣発作では，体の片側性の異常運動を示すことが多い．痙攣発作と失神を判別するためには，正確な稟告の聴取が重要となる．一般に失神では自律性の徴候（例えば排尿排便）や過剰な不随意運動（肢をバタつかせる行動）は認められない．失神に伴って低酸素症が余りにも長く続く場合には，排尿や排便あるいは肢のバタつきを認めることもあり，失神と痙攣発作を見分けるのは難しい．

② 痙攣発作の原因が頭部の外傷によるものか否かを見きわめるためには，病歴と身体一般検査（骨折，強膜の出血，全身性の擦過傷などの有無）が重要となる．病歴の聴取（駆虫剤の投与，異物を噛むなど）や身体一般検査（被毛からの化学臭）を十分に行うことによって，毒物への接触の可能性を引き出せる場合が結構ある．多病巣性疾患やび漫性疾患の進行過程を示唆するその他の神経学的徴候を探すには，神経学的検査が重要となる（⑪へ進む）．

③ 若い動物で，ドーム型の頭部や泉門開口部が触知されるといった場合には，先天性の水頭症の疑いが強くなる．しかし小型犬種では，その他の疾患で痙攣発作が起こる場合があることも忘れてはならない（例えば，門脈系のシャント，若年性低血糖）．先天性の水頭症は泉門部から側頭室の超音波検査を実施すれば，多くの場合診断がつく．

④ 老齢犬や老齢猫で初めて痙攣発作をみたという場合には，主に頭蓋内腫瘍が考えられるため，このような症例では速やかに⑭に進む必要がある．

⑤ 1～7歳齢のパグで痙攣発作が認められる場合には，パグ脳炎が主として考えられる．この疾患では脳炎に付随する脳波と脳脊髄液に変化を認めることが多い．したがって最初の診断的評価は，脳波と脳脊髄液の検査となる．脳脊髄液の検査に先立って，CTスキャンやMRIスキャンを実施するのもよい．

⑥ 頭部の外傷によって速やかに痙攣発作を起こすこともあれば，それによって脳が損傷を受け，これが異常な電気活動の病巣に発展し，痙攣発作につながることもある．ヒトでは受傷後2年に及んで痙攣発作をみる場合もあるという．

⑦ 猫ではノミ駆除剤の製品にさらされることによって，中毒による二次性の痙攣発作をみることがきわめて多い．自由に出歩く動物では，多くの毒物に遭遇する可能性がある．これらの痙攣発作では，毒物の使用を中止しあるいは回収し，支持療法を行えば多くの場合うまく治療することができる．有機リンや鉛中毒は血液検査で容易に確認できる．診断がつけば，何れの場合も治療は可能となる．

⑧ 著しい心臓性不整脈や肺疾患の所見が認められる場合には，こうした疾患が脳の傷害を引き起こし，痙攣発作や低酸素症ならびに痙攣発作様状況を認める可能性があるため，注意を要する．

⑨ 特に1歳齢以下のトイ犬種の場合には，門脈系のシャントや先天性水頭症とともに，痙攣発作の原因として若年性低血糖症を疑う必要がある．大切なのは痙攣発作時の血清の糖濃度である．トイ種では臨床的に正常でも，発作時以外の時にも血清の糖濃度が結構低い場合があることを頭に入れておく必要がある．

⑩ 血液像と血清化学検査によって，低カルシウム血症や低血糖症，腎不全，赤血球増多症，高脂血症など多くの頭蓋外の原因を排除したり確認したりすることができる．ミニチュアシュナウザーと猫では，著しい高脂血症によって痙攣発作やその他の神経学的症状を認めることが報告されている．BUNが低かったり，低アルブミン血症や低血糖症が認められる場合には，肝疾患が疑われる．しかし肝疾患を診断するには，肝機能検査（BSP停滞試験，食前食後の胆汁酸，絶食時の血清アンモニウム濃度）と可能であれば肝の生検が必要となる．痙攣発作が起こっている最中のサンプルでない限り，たとえ血糖値が正常であっても痙攣発作の原因として低血糖を除外することはできない．5歳齢以上の犬の場合，インスリン分泌性腫瘍（通常，膵臓や肝臓）が低血糖や脱力，痙攣発作の原因になることがある．絶食時の血糖値を数回実施することによって，低血糖に対する診断の機会が増えると考えてよい．

⑪ いずれの場合も痙攣発作が完全に治まった後（つまり発作と発作の間）に，神経学的検査を実施する必要がある．神経学的検査所見の異常は，中枢神経系の機能的疾患（例えば原発性の癲癇や代謝性あるいは中毒疾患）よりも器質的疾患（腫瘍，外傷，感染）の場合の方によく認められるものと思われる．

⑫ この時点で痙攣発作の原因がつかめない場合には，もう一度身体一般検査と神経学的検査を実施する．もし検査所見に異常が認められず，その後痙攣発作がない場合には，一過性と考え，飼主にその他の症状や発作など様子を見てもらうようにする．もし検査所見で異常が観察された場合には，器質的な脳疾患の存在を疑って診断的アルゴリズムをさらに進める．

⑬ 中年齢あるいは高年齢で，以前に痙攣発作の経験がない場合には，可能性として頭蓋内あるいは頭蓋外の腫瘍が考えられる．多くの場合，脳の評価よりも，まず比較的容易で侵襲の少ない胸部ならびに腹部の評価を行う．左右の側位と腹背位のX線検査を行い，脳に転移する可能性がある転移性あるいは原発性の肺腫瘍を除外する．肝臓や腎臓，脾臓の腫瘍性腫瘤を見分けるには腹部超音波検査が有効である．これも脳に転移する可能性がある．時には超音波検査で膵臓の腫瘤（インスリン分泌性β細胞性腫瘍では低血糖性の痙攣発作が認められる）が見つかることもある．

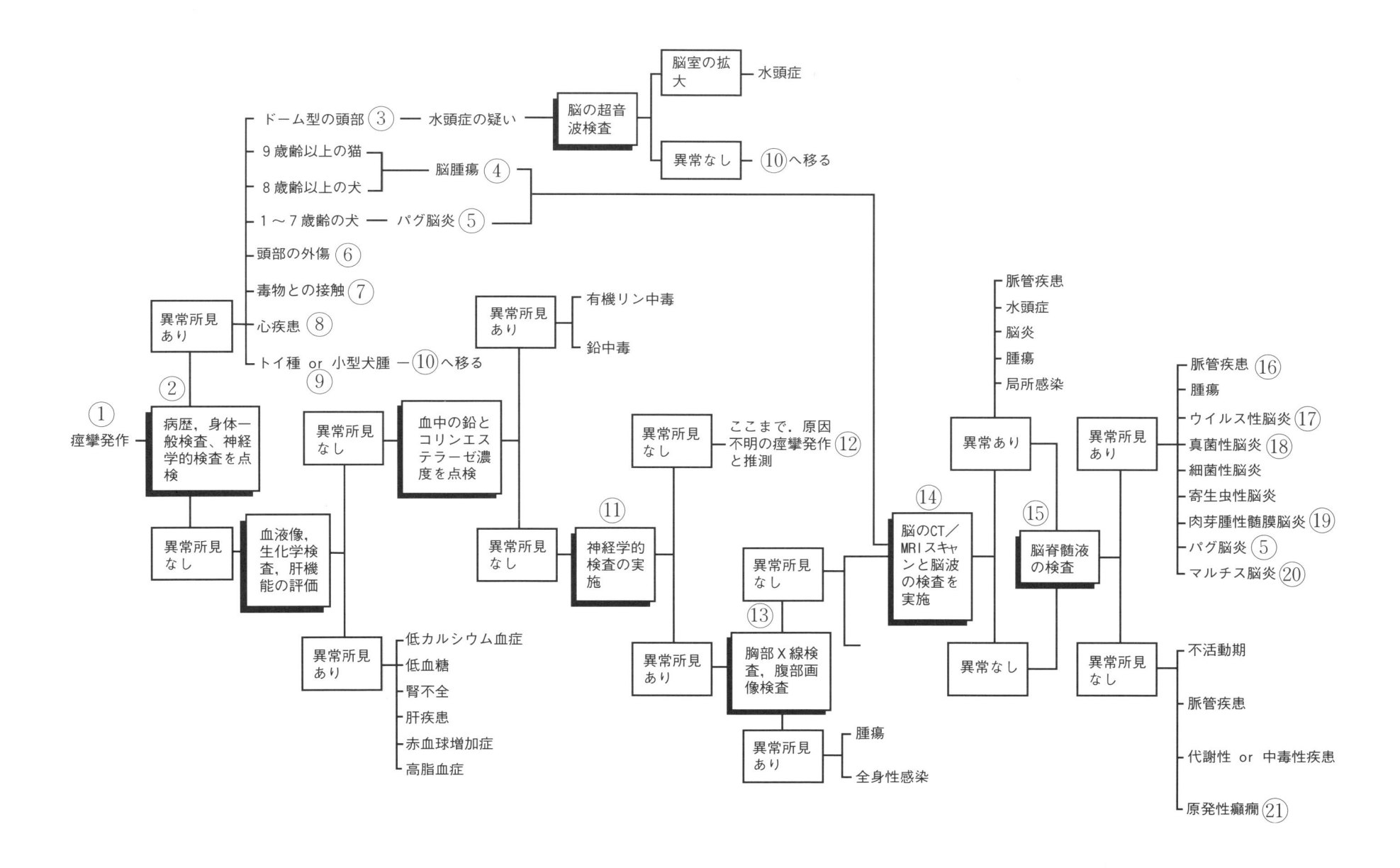

■ 痙攣発作 ■

- ① 痙攣発作
  - ② 病歴，身体一般検査，神経学的検査を点検
    - 異常所見あり
      - ③ ドーム型の頭部 — 水頭症の疑い — 脳の超音波検査
        - 脳室の拡大 — 水頭症
        - 異常なし — ⑩へ移る
      - 9歳齢以上の猫
      - 8歳齢以上の犬 — ④ 脳腫瘍
      - 1〜7歳齢の犬 — ⑤ パグ脳炎
      - ⑥ 頭部の外傷
      - ⑦ 毒物との接触
      - ⑧ 心疾患
      - ⑨ トイ種 or 小型犬腫 — ⑩へ移る
    - 異常所見なし
      - 血液像，生化学検査，肝機能の評価
        - 異常所見あり
          - 低カルシウム血症
          - 低血糖
          - 腎不全
          - 肝疾患
          - 赤血球増加症
          - 高脂血症
        - 異常所見なし
          - 血中の鉛とコリンエステラーゼ濃度を点検
            - 異常所見あり
              - 有機リン中毒
              - 鉛中毒
            - 異常所見なし
              - ⑪ 神経学的検査の実施
                - 異常所見あり
                - 異常所見なし — ⑫ ここまで，原因不明の痙攣発作と推測
                  - ⑬ 胸部X線検査，腹部画像検査
                    - 異常所見あり
                      - 腫瘍
                      - 全身性感染
                    - 異常所見なし
                      - ⑭ 脳のCT／MRIスキャンと脳波の検査を実施
                        - 異常あり
                          - 脈管疾患
                          - 水頭症
                          - 脳炎
                          - 腫瘍
                          - 局所感染
                        - 異常なし
                          - ⑮ 脳脊髄液の検査
                            - 異常所見あり
                              - ⑯ 脈管疾患
                              - 腫瘍
                              - ⑰ ウイルス性脳炎
                              - ⑱ 真菌性脳炎
                              - 細菌性脳炎
                              - 寄生虫性脳炎
                              - ⑲ 肉芽腫性髄膜脳炎
                              - ⑤ パグ脳炎
                              - ⑳ マルチス脳炎
                            - 異常所見なし
                              - 不活動期
                              - 脈管疾患
                              - 代謝性 or 中毒性疾患
                              - ㉑ 原発性癲癇

⑭　血液検査やX線検査で，痙攣発作の原因が分からない場合には，さらに非侵襲的な方法をとるか，それとも中断して様子を見る（⑫）というのも重要である．どちらを選ぶかは，年齢や種類，病気の経過を見て判断するのが最も望ましい．1〜4歳齢のラブラドール・レトリーバー，アイリッシュ・セッター，ジャーマン・シェパード，プードル，コッカースパニールあるいは原発性（特発性あるいは遺伝性）の癲癇の傾向があるその他の犬種であれば，⑫でしばらく様子をみるのがよい．しかし今まで痙攣発作の経験がない12歳齢以上の猫や犬では，頭蓋内の腫瘍の可能性が比較的高い．確かに飼主の懸念と経済性も，速やかにCT/MRIスキャンに進むか否かの決定要因となる．脳のCTスキャンやMRIスキャンでは全身麻酔が必要となる．したがって，まず血液像と生化学検査を点検することも重要である．CT/MRIスキャンによって必ずしも診断が特定されるわけではないが，器質的な脳の疾患の有無を見きわめることはできる．例えば，頭蓋内の腫瘍が判別できたとしても，その腫瘍が腫瘍なのか肉芽腫なのかは，病変部の組織病理学的評価が必要となる．もうひとつ痙攣発作に有効な検査として脳波の検査がある．これは非対称性の脳活動をみつけたり，脳炎の疑いを高めるのに役に立つ．

⑮　脳脊髄液穿刺のリスクと利益については，それぞれの症例によって決める必要がある．CTやMRIスキャンで腫瘤（鎌状移動，脳浮腫）という結果が得られたら，脳脊髄液穿刺のリスクの方がその利益よりも上回ることになる．CTやMRIスキャンが正常であれば，炎症性疾患を見きわめるために脊髄液の分析が必要となる．脳脊髄液の分析によって，診断の特定が可能となる場合もある（クリプトコッカス性髄膜炎）．しかし多くの疾患では，脳脊髄液の検査で同じ結果が得られ，診断の特定は難しい．

⑯　犬よりも猫の方が，脈管中枢神経系の疾患（猫虚血性脳症）が比較的よく認められる．この疾患は特発性か *Cuterebra* 属（ウサギヒフバエ属）の幼虫の迷入移行に伴って認められることがある．特に夏よく外にでる猫で，突然行動的変化が認められ，痙攣発作や非対称性の神経学的異常が観察される場合には，この疾患の疑いが強い．

⑰　ウイルス性の脳炎では，犬のジステンパーウイルスと猫の伝染性腹膜炎ウイルスによるものが最も一般的である．しかし脳に感染し痙攣発作を起こすウイルスはそれ以外に数多くある．しかし残念ながら，ほとんどのウイルス性脳炎の診断は，剖検時の特徴的な病理組織学的所見に基づくものである．一部のウイルス性疾患では，脊髄液の力価から評価が可能な場合もある．しかし血液脳関門が壊れていたり，脊髄液の採取時に末梢血が混入した場合には，結果の解釈が難しくなる．

⑱　脳の真菌感染では，クリプトコッカスが最も多い（通常は猫）．脊髄液でもみつかることがある．時にはその他の真菌もみつかる．

⑲　肉芽腫性髄膜脳炎は，犬の脳にみられる非化膿性の炎症である．原因は不明である．種差，年齢差はない．病巣は大きくなることがあり，CTやMRIスキャンでは腫瘍様に見える．顕微鏡で限局性に認められる場合もあれば多病巣性でび漫性に認められることもある．したがって，CTやMRIスキャン上では腫瘍や脳炎のように見える．生前に肉芽腫性髄膜脳炎の疑いを高めるには，脊髄液の分析と症例の概要ならびに病歴が役立つ．

⑳　マルチーズの脳炎は，パグ脳炎と症状ならびに組織病理学的所見がよく似ている．原因については不明である．

㉑　一回だけ痙攣発作を認めたという病歴の犬や猫では，原発性(特発性)癲癇は診断できない．しかし最初の発作から数ヵ月以内にまた痙攣発作を認めた場合，年齢，種類が一致する場合，発作と発作の間に異常は認められず神経学的検査でも異常がない場合，他の診断的検査に異常が認められない場合には，除去法からみて，原発性の癲癇と診断される．

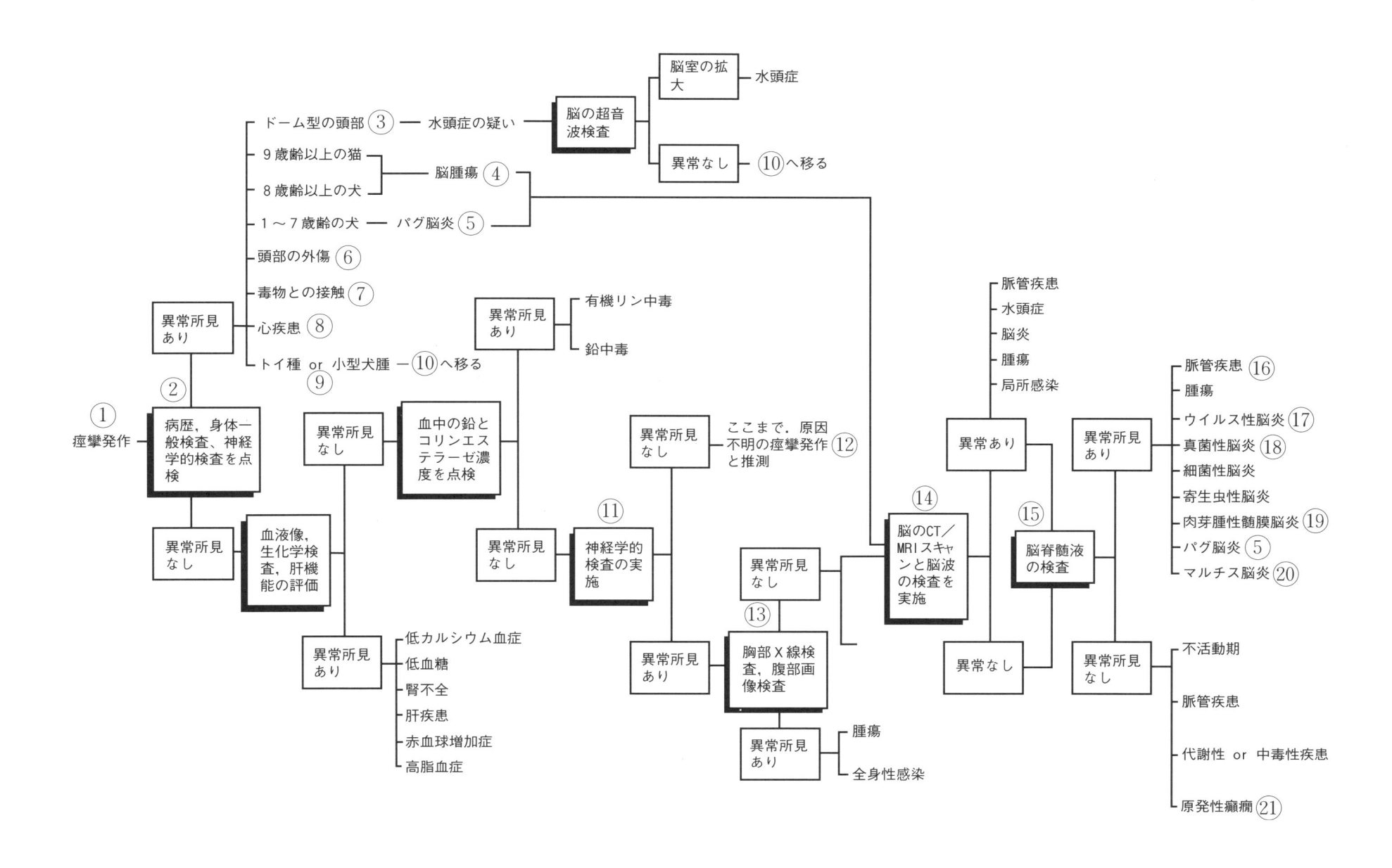

■ *痙攣発作* ■

① 痙攣発作

② 病歴，身体一般検査，神経学的検査を点検
- 異常所見あり
  - ③ ドーム型の頭部 → 水頭症の疑い → 脳の超音波検査
    - 脳室の拡大 → 水頭症
    - 異常なし → ⑩へ移る
  - 9歳齢以上の猫 / 8歳齢以上の犬 → ④ 脳腫瘍
  - 1～7歳齢の犬 → ⑤ パグ脳炎
  - ⑥ 頭部の外傷
  - ⑦ 毒物との接触
  - ⑧ 心疾患
  - ⑨ トイ種 or 小型犬腫 → ⑩へ移る
- 異常所見なし → 血液像，生化学検査，肝機能の評価
  - 異常所見あり
    - 低カルシウム血症
    - 低血糖
    - 腎不全
    - 肝疾患
    - 赤血球増加症
    - 高脂血症
  - 異常所見なし → 血中の鉛とコリンエステラーゼ濃度を点検
    - 異常所見あり
      - 有機リン中毒
      - 鉛中毒
    - 異常所見なし → ⑪ 神経学的検査の実施
      - 異常所見あり → ⑫ ここまで，原因不明の痙攣発作と推測
      - 異常所見なし → ⑬ 胸部X線検査，腹部画像検査
        - 異常所見あり
          - 腫瘍
          - 全身性感染
        - 異常所見なし → ⑭ 脳のCT／MRIスキャンと脳波の検査を実施
          - 異常あり
            - 脈管疾患
            - 水頭症
            - 脳炎
            - 腫瘍
            - 局所感染
          - 異常なし → ⑮ 脳脊髄液の検査
            - 異常所見あり
              - ⑯ 脈管疾患
              - 腫瘍
              - ⑰ ウイルス性脳炎
              - ⑱ 真菌性脳炎
              - 細菌性脳炎
              - 寄生虫性脳炎
              - ⑲ 肉芽腫性髄膜脳炎
              - ⑤ パグ脳炎
              - ⑳ マルチス脳炎
            - 異常所見なし
              - 不活動期
              - 脈管疾患
              - 代謝性 or 中毒性疾患
              - ㉑ 原発性癲癇

昏迷 / 昏睡

① 意識は主に脳幹の上向性網様体賦活系（RAS）によってコントロールされている．意識に影響を及ぼす疾患の部位には大脳（代謝性疾患，中毒）あるいは網様体賦活系が含まれる．多くの場合，突然意識に変化をきたすが，徐々に進行する場合もある．最も顕著な変化は，昏迷と昏睡である．昏迷は意識が薄弱し，激しい刺激や不快な刺激によって戻ることができる状態をいう．昏睡は不快刺激を与えても覚醒することはない．予後に関しては昏睡の方が昏迷よりも要注意となる．

② 昏迷や昏睡の大きな原因として頭部の外傷を疑う場合には，病歴ならびに身体一般検査が重要となる．病歴の聴取によって内科的な既往症（腎疾患，肝疾患，心疾患，糖尿病，甲状腺機能低下症）を判別することができる．薬物によっては意識レベルが影響を受けるものがあるため，薬物投与歴（鎮静剤，鎮咳剤，抗ヒスタミン剤，鎮痙剤）を確かめることは重要である．

③ 昏迷や昏睡状態の動物では，いずれの場合も血液像，血清生化学検査，尿検査をする必要がある．すぐに検査結果が得られない場合には，貧血や尿毒症，過粘稠症，赤血球増多症，低血糖，高血糖を調べるために簡易迅速テスト（PCV，総蛋白値，血糖値，アゾスティック，ウロスティック）を実施する．

④ 精神活動に異常のある著しい高コレステロール血症の犬では，重度の甲状腺機能低下症（粘液水腫性昏睡）を強く疑う必要がある．その他の臨床症状としては，低体温症，徐脈，低血圧，顕著な末梢性浮腫などが認められる．血清中の甲状腺ホルモン濃度を調べ，速やかに経口あるいは静脈内投与による補充療法を開始することが重要となる．

⑤ 糖尿病で過剰のインスリンを投与された場合には，低血糖が発現し昏睡状態に陥ることがある．同様に糖尿病性ケトアシドーシスでも高浸透圧症のために昏迷や昏睡を示すことがある．

⑥ 脳のエネルギー源は主に糖で賄われている．したがって低血糖が動物の意識レベルに影響を及ぼす．若い小型種の低血糖の原因には，若年性低血糖症や肝疾患，重度の鉤虫寄生などがあげられる．中高年齢の犬では，インスリン分泌性腫瘍が最も疑われる．猫では低血糖症によって混迷や昏睡状態になることはまれといえる．

⑦ 腎疾患の末期や乏尿による急性腎不全が昏迷の原因になることもあり，時には昏睡に陥る場合もある．

⑧ 特に腫瘍の危険性の高い老齢動物では，胸部X線検査が役に立つ場合がある．様々な全身性の腫瘍（例えば血管肉腫）は脳に転移することがあり，これによって脳内圧が上昇し，中脳や脳幹の髄質レベルでの脳組織のヘルニアが起こり，昏睡状態となることがある．このような脳が侵された時点でも，悪液質や触診による臓器腫大，腹腔内腫瘤など全身性腫瘍の身体的症状が必ずしも現れているわけではない．通常脳の腫瘍が中枢神経系の外に広がることはない．腫瘍や感染の過程で覆っている骨が侵されていない場合や外傷による二次骨折がない場合には，頭蓋骨のX線検査から得られるものは比較的少ない．

⑨ 重度の肝疾患によって昏迷や昏睡に陥ることがある．肝が機能不全となり肝によって胃腸の蛋白分解による毒性物質（例えばアンモニア）が分解されなくなると，こうした毒性物質は循環系に入り，脳に到達する．先天性の門脈シャントや肝硬変ならびに後天性のシャントでは，肝酵素に異常を認められないことがよくある．肝性脳症を診断するためには肝機能検査（食前食後の胆汁酸濃度，絶食後のアンモニア値とアンモニア負荷試験，BSP残留試験）が有効となる．若い犬や猫では通常先天性のシャントが認められ，老齢の動物では後天性のシャントや肝硬変が疑われる．

⑩ 病歴や身体一般検査所見，検査室検査，胸部ならびに頭蓋部X線検査で，代謝性，外傷性あるいは腫瘍性の疑いが除外された場合には，CTあるいはMRIによるスキャンが必要となる．

⑪ MRIとCTスキャンの出現によって以前に比べて脳血管の疾病がより多く診断されるようになってきた．臨床症状は突然に始まり，時間が経つと改善されることがある．特異的な症候群である猫虚血性症候群（FIE）が猫では報告されている．これはCuterebra属（ウサギヒフバエ属）の幼虫の迷入移行に伴って認められることがある．犬では，脳血管系疾患の原因として全身性の疾患と転移性の腫瘍を調べる必要がある．動脈管奇形もスキャンによって見つけることができる．

⑫ 頭蓋内腫瘤は外科的処置や放射線療法で治癒あるいは軽減できる．しかし昏迷や昏睡が認められる場合には，予後はかなり厳しい．症例によっては腫瘤自体が昏迷や昏睡の原因にはならないが，二次的に頭蓋内圧の上昇や脳幹のヘルニアあるいはその両者が認められることによって症状が現れる．

⑬ 脳のスキャンによって診断のための情報が得られない場合には，脳脊髄液穿刺を考慮する必要がある．特にスキャンによって鎌状膜の移動が認められたり，頭蓋内圧の上昇が疑われる場合には，脳脊髄液の穿刺によって起こる脳幹ヘルニアの危険性について，飼主と話し合っておくことも大切である．腫瘍や細菌性脳炎，ウイルス性脳炎，真菌性脳炎あるいは肉芽種性髄膜脳炎（GME）の診断には脳脊髄液の分析が有効となるが，診断の特定には到らないこともある．

⑭ 脳のスキャンと脳脊髄液の結果に異常が認められない場合には，毒物との接触を疑う必要がある．毒物による病因を示唆する情報を得るために，もう一度病歴を洗う必要がある．

⑮ まれに重度の甲状腺機能低下症が精神的抑うつと昏睡を招くことがある．血清生化学検査でトリグリセライドとコレステロールの上昇が認められることもあるし，他の病歴や身体的徴候が認められることもある．血清の甲状腺ホルモン濃度を調べることも重要となる．

⑯ 脳炎（感染性ならびに炎症性）には，多くの様々な原因が存在する．脳の炎症によって頭蓋内圧の上昇と精神的抑うつが起こる．その結果脳のヘルニアによって昏迷や昏睡に陥ることもある．肉芽種性髄膜脳炎（GME）と真菌性脳炎は，炎症による昏睡の原因となることが比較的多い．

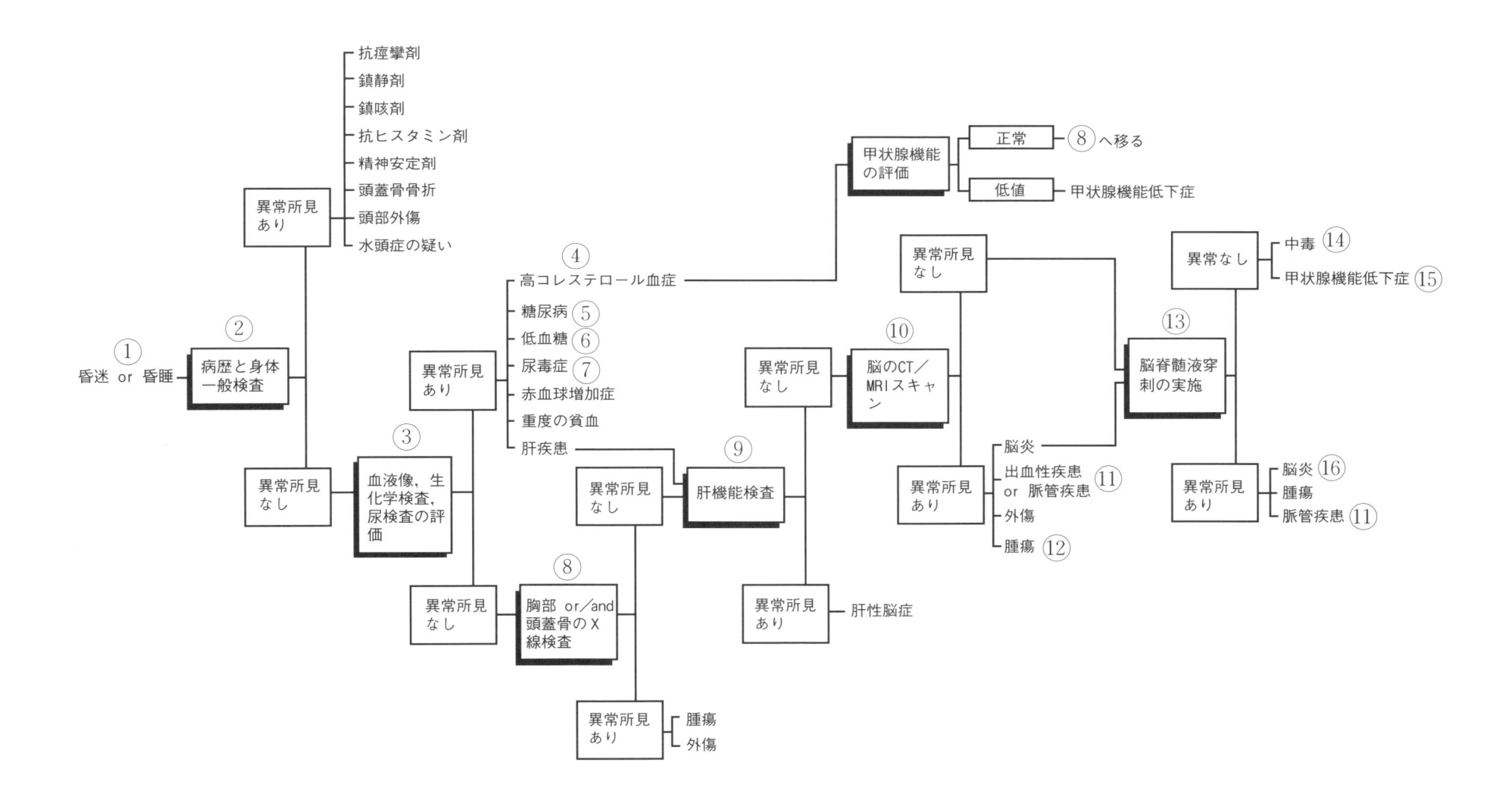

■ *昏迷/昏睡* ■

- 昏迷 or 昏睡 ①
  - 病歴と身体一般検査 ②
    - 異常所見あり
      - 抗痙攣剤
      - 鎮静剤
      - 鎮咳剤
      - 抗ヒスタミン剤
      - 精神安定剤
      - 頭蓋骨骨折
      - 頭部外傷
      - 水頭症の疑い
    - 異常所見なし
      - 血液像，生化学検査，尿検査の評価 ③
        - 異常所見あり
          - 高コレステロール血症 ④
            - 甲状腺機能の評価
              - 正常 → ⑧へ移る
              - 低値 — 甲状腺機能低下症
          - 糖尿病 ⑤
          - 低血糖 ⑥
          - 尿毒症 ⑦
          - 赤血球増加症
          - 重度の貧血
          - 肝疾患
            - 肝機能検査 ⑨
              - 異常所見なし
              - 異常所見あり — 肝性脳症
        - 異常所見なし
          - 胸部 or/and 頭蓋骨のX線検査 ⑧
            - 異常所見あり
              - 腫瘍
              - 外傷
            - （異常所見なし）
              - 脳のCT/MRIスキャン ⑩
                - 異常所見なし
                  - 脳脊髄液穿刺の実施 ⑬
                    - 異常なし
                      - 中毒 ⑭
                      - 甲状腺機能低下症 ⑮
                    - 異常所見あり
                      - 脳炎 ⑯
                      - 腫瘍
                      - 脈管疾患 ⑪
                - 異常所見あり
                  - 脳炎
                  - 出血性疾患 or 脈管疾患 ⑪
                  - 外傷
                  - 腫瘍 ⑫

斜頸 / 眼振

① 斜頸（耳が床方向を指す状態）や眼振（特発性の目の痙攣運動）を伴った頭部の回転では，前庭系の機能不全が示唆される．通常侵された側に，傾いたり，旋回したり，転倒したりする．眼振は特発性の（望診している間中認められる）場合もあれば，方位性の（頭や体を例えば横臥位などにすると認められる）場合もある．眼振には水平方向や垂直方向，転回が認められる．垂直方向の眼振は，多くの場合中枢性（脳幹）の病変に付随して認められる．

② 病歴を十分に聴取すれば，斜頸や眼振の原因として，外傷や耳の疾患，聴器毒性をもつ薬剤の全身あるいは局所投与によるもの等の可能性が除外できる．

③ ストレプトマイシン，ゲンタマイシン，トブラマイシンは，投与経路にかかわらず，前庭機能に影響を及ぼす可能性がある．薬剤を止めると，症状が改善することもあれば，改善しないこともある．プロピレン・グリコールなどの賦形剤をはじめとする局所製剤の多くは，聴器毒性があり，（鼓膜破裂などがあって）中耳構造に触れると前庭疾患症状を示す可能性がある．

④ メトロニダゾールは脳血液関門を容易に通過するため，66mg/kg/日以上の投与量では確実に中毒症状を示す．中枢神経系中毒の機序についてはまだ分かっていない．メトロニダゾール誘発性中毒の症状としては，運動失調や脱力，痙攣発作，斜頸，眼振などが認められる．

⑤ 未治療の甲状腺機能低下症では，中枢性あるいは末梢性の前庭疾患症状を認めることがある．本疾患の犬では，肥満や被毛の菲薄，寒がり，嗜眠，高コレステロール血症など典型的な示す場合もあれば示さないこともある．

⑥ 特に流行域でダニの季節やダニにさらされた経歴がある犬が，前庭疾患症状を示す場合には，リケッチア感染についての評価が必要となる．リケッチアの力価の結果が出るのを待つ間に，適切な薬剤（ドキシサイクリン，テトラサイクリン，フルオロキノロン系）を使って治療を開始しないと，臨床症状が急速に悪化する場合がよくある．

⑦ 外耳炎や中耳炎がある場合には，診断には耳の検査が必要となる．中耳炎によって頭部の回転や斜頸が認められるが，眼振が認められる場合には，同時に耳の内部に感染が広がっていることが疑われる．水平の眼振が見られる場合には中耳の疾患が疑われ，垂直の眼振と意識の固有受容感覚欠如がある場合には内耳の疾患が考えられる．中耳炎の症状のひとつに変色した鼓膜や腫れた鼓膜，あるいは鼓膜破裂が認められる．猫では鼻咽頭ポリープが中耳に広がったり，中耳から発生したりして，中耳疾患や内耳疾患の症状を示すようになる．

⑧ 前庭疾患の症状が，末梢性（脳以外）か中枢性（脳内）かを見きわめるには，神経学的検査が必要となる．いずれの部位の症状でも，傾きや運動失調，眼振を認めるのが普通である．中枢部位に病変があると，肢の脱力や意識の固有受容感覚欠損，頭部の企図振戦（訳者註；何かをしようとすると，それ以上に振戦が増加する状態），測定過大（訳者註；移動が意図する目標を越えてしまう運動失調），多発性の頭部の神経異常が認められる．甲状腺機能低下やリケッチア性脈管炎などの疾患では，末梢性と中枢性の前庭疾患症状がいずれも認められる．リケッチア性脈管炎では矛盾するような奇異的な前庭疾患を示すことがある．

⑨ 末梢症状が認められ外耳道検査で異常がない場合には，症例の概要をもう一度評価し直す．高齢犬では突然顕著な前庭症状を発症することがあり，犬の高齢性前庭疾患（old dog vestibular disease）といわれている．原因は不明であるが，臨床症状は通常数日以内に改善され，ほとんどの場合数週間以内に完治する．同じように，猫でも年齢に関係なく前庭症候群（vesitbular syndrome）なるものが起こる．おそらく猫虚血性脳症（FIE）の発症徴候であろうと思われる．

⑩ 神経学的検査で，末梢性前庭疾患が疑われた場合には，中耳と内耳の疾患（感染と腫瘍）を考える必要がある．診断には中耳（鼓室胞）のX線検査かCTスキャンを必要とする場合がある．良質のX線像を得るには全身麻酔が必要である．

⑪ 鼓室胞のX線検査やCTスキャンでは，中耳腔内に中耳炎を疑わせる硬化像や体液像が観察される．X線像よりもCTスキャンの方が鮮明である．

⑫ 中耳と内耳の骨周囲に骨破壊や骨増殖あるいはその両者が認められれば腫瘍性が疑われる．しかし確定診断には外科的診査と生検が必要である．

⑬ 比較的若い猫（1〜5歳齢）に鼻咽頭ポリープを認める傾向がある．しかし特に上部呼吸器疾患の既往症がある場合には，年齢にかかわらず可能性がある．X線検査では鼻咽頭部や中耳腔に丸い軟組織様のデンシティーが認められる．

⑭ 中枢性の前庭症状が認められる場合には，血液像（血小板数を含めて）と血清生化学検査の評価を実施する．このような検査によって前庭症状の確定診断がつくことはまれであるが，麻酔やさらなる検査を進める場合には予め実施しておくことは重要である．これらの検査でまれには別の疾患が分かり，その疾患が前庭症状の診断を進める際に影響することもある．

⑮ 犬で日常の検査室検査の結果から，高コレステロール血症が認められた場合には，甲状腺機能亢進症を強く疑う必要がある．次の段階では，血清T_4濃度や一連の甲状腺ホルモンのプロフィール（平衡透析による遊離T_4など）の評価が重要となる．

⑯ 流行域でダニのシーズン中に中枢性あるいは前庭症状が認められ，血小板数が正常値よりもやや低いか低値を示す場合には，ロッキー山紅斑熱あるいはもしかするとエールリヒア症が強く疑われる．前庭症状とボレリア病の相関性についてはほとんど分かっていない．確定診断のための力価の結果が出る間に，リケッチア感染を予測して速やかに治療を開始する必要がある．犬のなかにはリケッチア感染が陰性の場合もあるが，テトラサイクリンやドキシサイクリンに反応しておれば，甚急性感染（3週時のリケッチア力価）か，あるいは基礎原因としてまだ分かっていないリケッチア感染が疑われる．

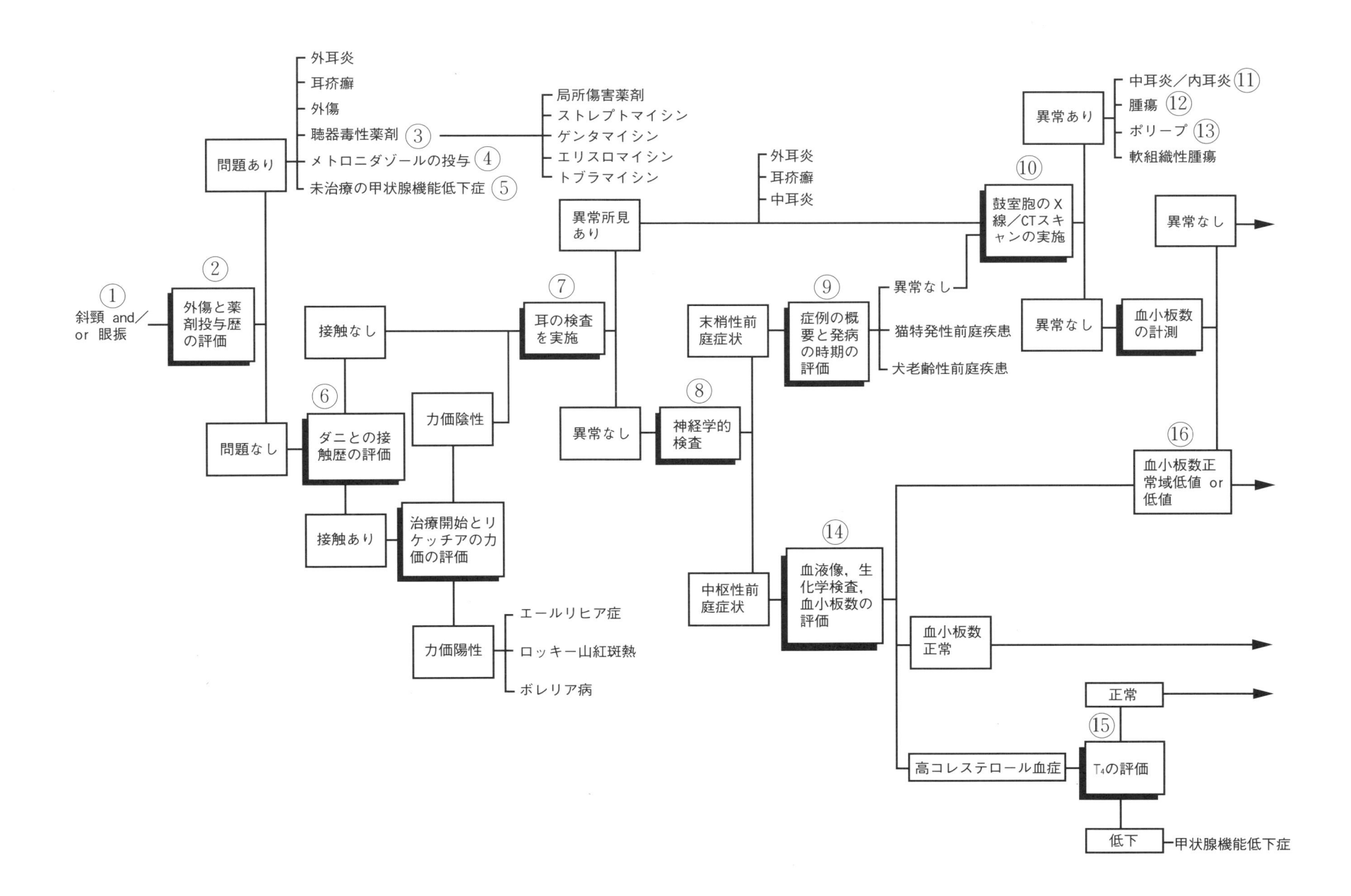

■ *斜頸／眼振* ■

① 斜頸 and/or 眼振

② **外傷と薬剤投与歴の評価**
- 問題あり
  - 外耳炎
  - 耳疥癬
  - 外傷
  - ③ 聴器毒性薬剤
    - 局所傷害薬剤
    - ストレプトマイシン
    - ゲンタマイシン
    - エリスロマイシン
    - トブラマイシン
  - ④ メトロニダゾールの投与
  - ⑤ 未治療の甲状腺機能低下症
- 問題なし

⑥ **ダニとの接触歴の評価**
- 接触なし → ⑦ **耳の検査を実施**
  - 異常所見あり
    - 外耳炎
    - 耳疥癬
    - 中耳炎
    - ⑩ **鼓室胞のX線／CTスキャンの実施**
      - 異常あり
        - 中耳炎／内耳炎 ⑪
        - 腫瘍 ⑫
        - ポリープ ⑬
        - 軟組織性腫瘍
      - 異常なし
  - 異常なし → ⑧ **神経学的検査**
    - 末梢性前庭症状 → ⑨ **症例の概要と発病の時期の評価**
      - 異常なし
      - 猫特発性前庭疾患
      - 犬老齢性前庭疾患
    - 中枢性前庭症状
- 接触あり → **治療開始とリケッチアの力価の評価**
  - 力価陰性
  - 力価陽性
    - エールリヒア症
    - ロッキー山紅斑熱
    - ボレリア病

⑭ **血液像，生化学検査，血小板数の評価**
- 異常なし →
- ⑯ 血小板数正常域低値 or 低値 →
- 血小板数正常 →
- 高コレステロール血症 → ⑮ **T₄の評価**
  - 正常 →
  - 低下 — 甲状腺機能低下症

※ **血小板数の計測**

■ 斜頸／眼振 ■

⑰ 中耳炎／内耳炎では，必ずしもすべてにX線検査や，ましてCTスキャンでも異常所見がみられるわけではない．感染が疑われる場合には，中耳に浸透性の強い抗生物質（セファロスポリンやエンロフロキサシン）の長期投与を試みる必要がある．反応がなければ，鼓室胞の外科的診査を考える．

⑱ 前庭蝸牛神経の腫瘍が診断されることは滅多にない．しかしCTやMRIが広く使われるようになってから，剖検以前に末梢神経の腫瘍が比較的頻繁に見つかるようになってきている．高齢の犬や猫で末梢性の前庭症状が認められる場合には，神経鞘の腫瘍を頭に入れておく必要がある．

⑲ 中枢性の前庭症状があって診断がつかない症例では，脳の画像検査（CTあるいはMRIスキャンのいずれか）が必要となる．脳幹の前庭部位は小さく，尾側窩に位置し，この部位の骨陰影は不明瞭で微細性を欠き，またCTスキャンで異常を見つけるのは容易ではない．この部位の画像検査にはMRIスキャンが最も優れている．

⑳ 腫瘍が疑われる小脳橋角の病変は，一部CTスキャンでも見つけることができるが，MRIスキャンであればほとんど見つけることができる．脳幹の腫瘍で最もよく見られる初期症状として，急性ならびに進行性の前庭症状があげられる．この部位の髄膜腫は実質性の腫瘍（例えば星状細胞腫）や転移性の腫瘍（例えば血管肉腫）などに比べて生存期間が長いという傾向がある．小脳橋角の腫瘤病変では，矛盾するような奇異性の症状を示すことがある．奇異性の前庭症候群では，腫瘤のある側と反対方向に斜頸と旋回あるいはそのいずれかが認められる．また症状が対側に移動する場合もある．通常腫瘤は体の側位に位置し，意識の固有受容感覚異常や脱力が認められる．

㉑ 肉芽腫性髄膜脳炎は，通常1〜8歳齢の多くの犬種に認められる炎症性の中枢神経系疾患である．好発種は雌のトイ種である．非化膿性の炎症病変が脳や脊髄内のどの部位にも発生するが，大脳と小脳橋角が好発部位と思われる．病変は巣状，多巣状あるいはび漫性に認められることがある．CTやMRI所見に基づいて診断できないこともあるが，上記の情報をもとに推測することは可能である．脊髄液の白血球数と蛋白量が増加しておれば，肉芽腫性髄膜脳炎の疑いは強い．細胞学的評価では，脊髄液に約60〜80％のリンパ球が認められる．なかには退化したような単核細胞が認められ，この病気の診断的所見とも考えられる．また脊髄液の蛋白濃度も上昇し，同時に電気泳動でIgGの著しい上昇が観察される．確定診断は生検によるか剖検かである．免疫抑制剤（プレドニゾン）や脳の放射線療法を実施しても，進行性の傾向が見られることから，予後は一般的に厳しい．

㉒ 脳のCTやMRIスキャンで，脳の実質にび漫性あるいは多巣性の陰影が認められた場合には，脳炎が疑われる．中枢神経系の炎症の診断には，組織生検に加えて脊髄液の分析が選択肢となる．

㉓ 脳脊髄液の穿刺は，脳周辺部，時には脳内の炎症に対する最もよい診断方法といえる．脊髄穿刺は，小脳延髄槽か腰部下方域で行う．部位は必ず剪毛と外科的準備を行い，無菌的な方法でサンプルを採取することが重要である．

㉔ 犬ジステンパーウイルスと真菌（特に*Cryptococcus neoformans*）によって小脳橋角が侵され，前庭症示すことがよくある．脊髄液の培養が重要となり，犬ジステンパーウイルスとクリプトコッカスの力価は末梢血と脊髄液のサンプルで分かる．

㉕ 小脳ならびに前庭症状は，ガングリオシドーシスなど蓄積疾患で認められることがある．脊髄液の蛋白量が増加することがある．診断は生検あるいは剖検による．通常3〜5歳齢にみられ，臨床症状は進行性である．

㉖ 腫瘍では脳脊髄液の蛋白濃度が上昇する．脳腫瘍（特に髄膜腫と脈絡叢の腫瘍）の大多数は，炎症性の脳脊髄液反応と白血球数増多が認められる．腫瘍細胞が脊髄液で（中枢神経系リンパ腫で認められるように）観察されない限り，脳脊髄液穿刺による腫瘍の特異的診断方法はない．

㉗ 前庭症状の基礎的原因がつかめず，またこれまでに血清の甲状腺ホルモン濃度が測定されていない場合には，この時点で計測する必要がある．甲状腺機能低下症は治療可能な疾患である．斜頸と眼振を示す症例のごく一部には，甲状腺機能低下症によるものもあり，この疾患を見落とさないよう注意する必要がある．

㉘ 中枢神経系の脈管損傷には，様々な基礎原因が考えられ，腫瘍，中枢神経系の感染，動脈瘤，アテローム性動脈硬化症，奇形，心臓性栓塞，血管痙攣，心房性細動，僧帽弁狭窄，血液学的疾患，赤血球増多症，過粘稠度症候群，播種性血管内凝固，脈管炎などがある．脈管炎は，パルボウイルスやリケッチア，犬糸状虫感染によって二次的に認められることもある．これらの疾患のほとんどは，全身的な異常や検査室検査での異常が認められる．斜頸や眼振を認めず，健康そうに見えても，動静脈奇形が存在することもある．臨床症状が発現した直後に，脳の画像検査や脳脊髄液の穿刺を実施すれば，思いがけない脳の血管傷害が診断されることもある．

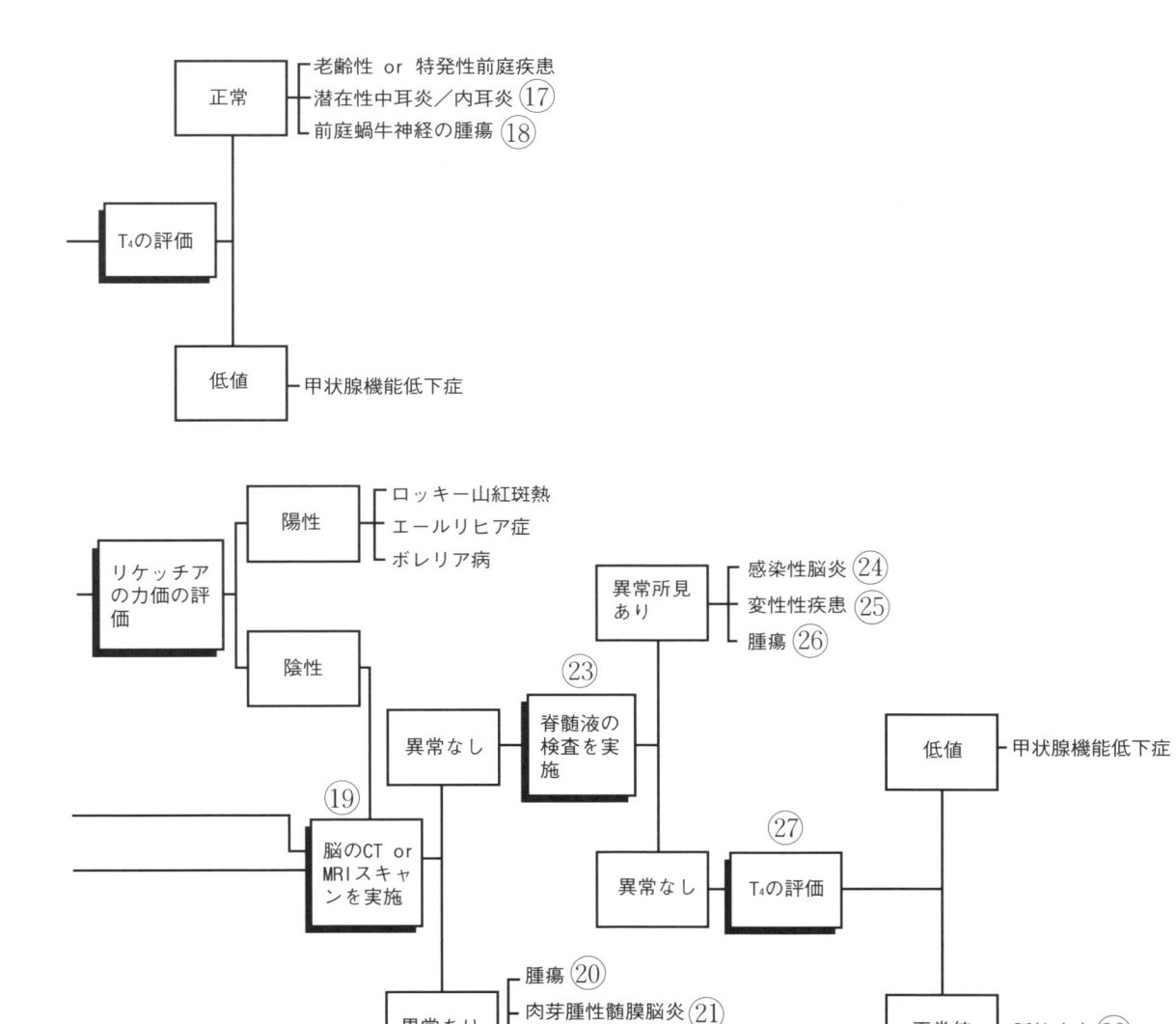

■ 斜頸／眼振 ■

```
                   ┌─ 老齢性 or 特発性前庭疾患
         ┌─ 正常 ──┼─ 潜在性中耳炎／内耳炎 ⑰
         │        └─ 前庭蝸牛神経の腫瘍 ⑱
T₄の評価 ─┤
         │
         └─ 低値 ── 甲状腺機能低下症
```

```
                            ┌─ ロッキー山紅斑熱
              ┌─ 陽性 ──────┼─ エールリヒア症
              │              └─ ボレリア病
              │                                          ┌─ 感染性脳炎 ㉔
リケッチア     │                           ┌─ 異常所見 ──┼─ 変性性疾患 ㉕
の力価の       │                           │   あり       └─ 腫瘍 ㉖
評価          │                           │      ㉓
              │              ┌─ 異常なし ─ 脊髄液の
              │              │              検査を実施                       ┌─ 低値 ── 甲状腺機能低下症
              └─ 陰性 ───────┤                                              │
                             │                           ┌─ 異常なし ── T₄の評価 ─┤
    ─────────── 脳のCT or     │                                           ㉗ │
                 MRIスキャ    │                                              └─ 正常値 ── 脈管疾患 ㉘
              ⑲ ンを実施     │
                             │              ┌─ 腫瘍 ⑳
                             │              ├─ 肉芽腫性髄膜脳炎 ㉑
                             └─ 異常あり ───┼─ 脳炎 ㉒ － ㉓ へ移る
                                            └─ 脈管疾患
```

運動失調

① 運動失調は感覚器の機能不全を示す徴候であり、'よろめき'や四肢、頭部、体幹の協調不能が認められるようになる。運動失調が認められるのは通常中枢神経系の疾患であるが、全身性の疾患や内分泌疾患、心血管系疾患、代謝性疾患でも運動失調を認めることがある。運動失調は3つのタイプに分けられる。すなわち、感覚器（固有感覚器）性、前庭性ならびに小脳性である。これら3つのタイプのいずれでも、肢の協調性に異常を認めるが、前庭性ならびに小脳性の運動失調では頭部と頸部の協調性に異常を認めることがある。

② 病歴の聴取によって、外傷や毒物あるいは薬物との接触、既往症、その他の臨床症状の可能性を見きわめる必要がある。心臓や呼吸器性の減弱化が明らかになれば、運動失調は中枢神経系の酸素飽和の減少による可能性がある。発熱、体重減少、心雑音や不整脈、脱毛、粘膜の蒼白などの身体一般検査所見が得られれば、運動失調の原因は非神経学的なものであることが分かる。頭部の振戦、体部の振戦、異常運動、眼振、斜頸があれば、運動失調は神経学的な原因によるものであることが分かる。

③ 外耳炎は、身体一般検査で比較的よく見られる所見であり、運動失調に関与することはない。しかし外耳炎が中耳や内耳に広がると前庭性の運動失調を示すようになる。

④ 飼主から毒物との接触の可能性を十分に聴取しておく必要がある。ノミ駆除剤や鉛、エチレングリコールは毒性が強い。その他の全身症状や神経症状を認めることが多い。エチレングリコール中毒の初期症状には、運動失調、痙攣発作、抑うつが認められることを頭に入れておく必要がある。

⑤ 運動失調の原因となる既往症には、うっ血性心疾患や肝性脳症、インスリノーマによる低血糖症やトイ種の絶食性低血糖などがある。

⑥ 鎮静剤やトランキライザー、鎮痙剤は運動失調の原因になる。メトロニダゾールは前庭症状を発現し、後肢の脱力や痙攣発作を招くことがある。薬剤の投与を中止すれば、運動失調は通常回復する。

⑦ 神経症状があって、運動失調が小脳性あるいは前庭性、神経筋性に原因している場合には神経学的検査を進める。異常所見が認められなかったり、全身性の疾患が疑われる場合や運動失調や振戦だけが認められる場合には、血液像と生化学検査（クレアチン・キナーゼを含めて）を実施し、代謝性疾患の有無を調べる。

⑧ 小脳性の運動失調の徴候には、頭部と体部の振戦あるいはその何れかの振戦、強直性振戦、体位性眼振、脅迫反射の欠如などがある。CTスキャンでも異常部位を知ることはできるが、MRIスキャンの方がもっと部位を確定できるし、アーチファクトもない。

⑨ 小脳の低形成は、先天性の小脳の発育不良である。子犬や子猫が歩き始めるようになると症状が現れるが進行性ではない。基礎原因には汎白血球減少症ウイルスの胎盤感染もあげられる。

⑩ 小脳栄養障害やリソソーム蓄積病では、通常初期は正常であるが、時間とともに小脳症状が進行する。治療法はない。

⑪ 小脳が侵される感染症には、犬ジステンパーウイルス、猫伝染性腹膜炎ウイルス、トキソプラズマ、リッケチアならびに真菌などの感染があげられる。診断には脳の画像検査と脳脊髄液の検査が行われる。

⑫ 肉芽腫性髄膜脳炎は原因不明の炎症性疾患で、脳と脳幹にび漫性あるいは巣状性の病変が認められる。

⑬ 腫瘍、真菌性肉芽腫、肉芽腫性髄膜脳炎ならびに膿瘍では、大脳に腫瘤が認められる。

⑭ 一方側によろけたり、傾いたり、旋回したり、あるいは斜頸や眼振などは、前庭性の運動失調の際によくみられる特徴である（斜頸の項を参照）。

⑮ 筋の脱力では、運動失調性の歩様が認められる。脊髄反射の減退が観察され、筋の萎縮が認められる。全肢にこのような症状が認められた場合には、全身性の筋の障害か神経の障害が疑われ、血清のクレアチン・キナーゼと甲状腺副腎皮質ホルモンの濃度を調べる必要がある。

⑯ クレアチン・キナーゼの上昇が認められる場合には、感染症と免疫介在性疾患の検索を進める必要がある。感染症では、その部位を検査する。免疫性の場合には、抗核抗体価の検査が有効的である。

⑰ 甲状腺機能低下症では、筋の脱力や前庭症状が認められるため、運動失調を示すことがある。

⑱ 猫の甲状腺機能低下症では、機序については十分解明されていないが、筋の脱力が認められる。一般に運動失調と頸部の腹側屈曲が認められる。

⑲ 筋あるいは神経の疾患が疑われた場合には筋の生検を行うか、さらに筋電図（EMG）や神経伝導試験（NCS）など電気的診断検査をするために専門家に依頼することが重要である。

⑳ 筋の萎縮や運動失調が後肢に認められる場合には、腰部下部の脊髄か腰部神経根／腰部末梢神経が侵されている可能性がある。この部位の脊柱X線検査を始めることになる。重要な疾患には、椎間板ヘルニア、外傷、腫瘍、椎間板脊椎炎、腰仙部脊椎症などがある。

㉑ 脊柱のX線検査で異常が認められず、運動失調だけが観察される場合には、休養させて一連の神経学的検査を実施する。症状が進行性の場合には、該当するアルゴリズム（例えば不全対麻痺の項）を参考に適切な診断的検査を進める。症状が非進行性の場合には、椎間板ヘルニアや線維軟骨性栓塞などの可能性が考えられる。

㉒ 門脈系のシャントがある場合には、これに続く主な症状として間欠性の運動失調が認められる。1歳齢以下の犬や猫で間欠性の運動失調が認められる場合やBUNやアルブミンが低い場合には、肝疾患を評価するために肝機能検査（例えば胆汁酸など）を実施する。

㉓ 血清コレステロールやトリグリセライドが上昇している成犬で運動失調が観察される場合には、甲状腺機能低下症の有無を検討することが示唆される。

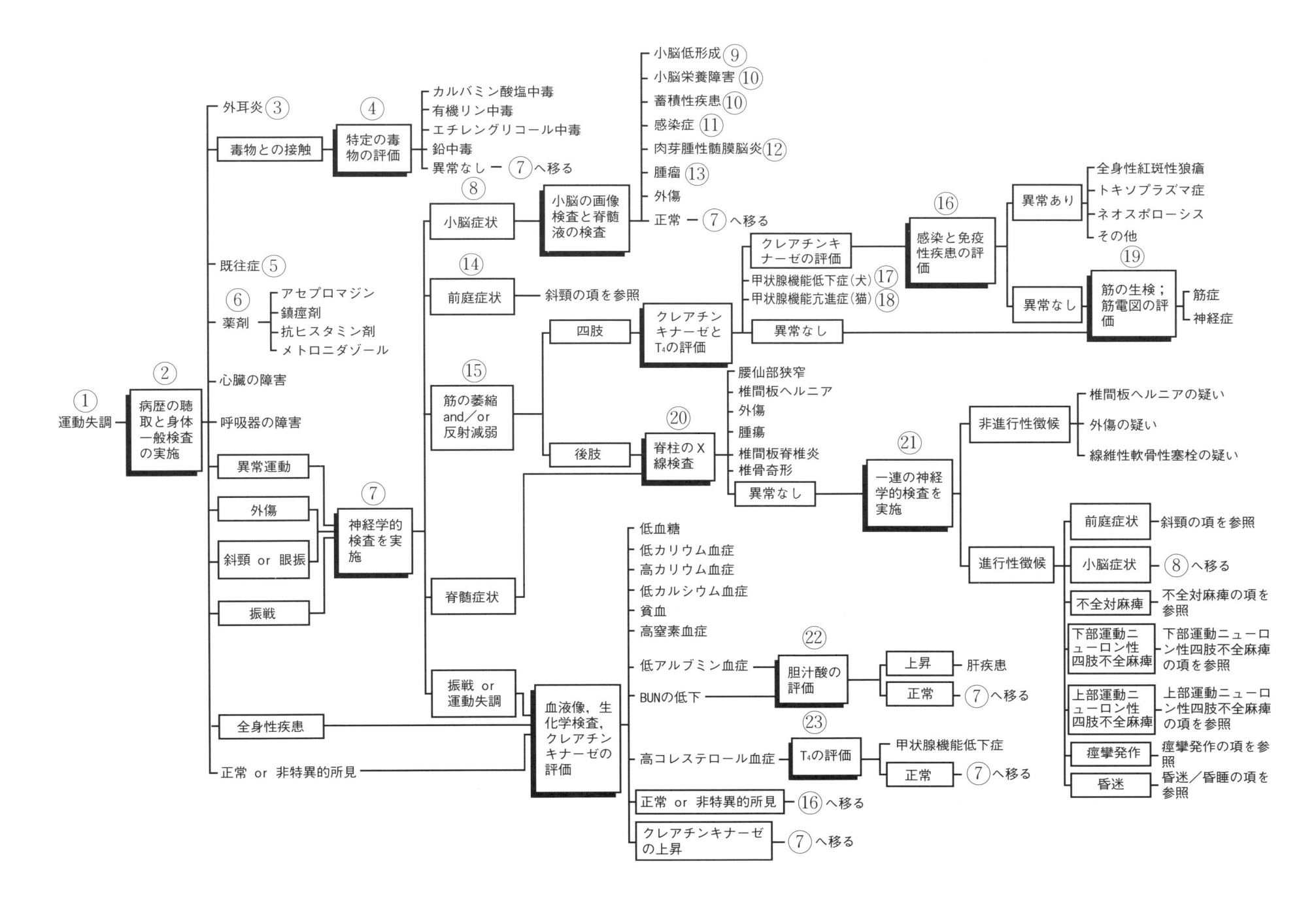

■ *運動失調* ■

- ① 運動失調 → ② 病歴の聴取と身体一般検査の実施
  - 外耳炎 ③
  - 毒物との接触 → ④ 特定の毒物の評価
    - カルバミン酸塩中毒
    - 有機リン中毒
    - エチレングリコール中毒
    - 鉛中毒
    - 異常なし ― ⑦へ移る
  - 既往症 ⑤
  - ⑥ 薬剤
    - アセプロマジン
    - 鎮痙剤
    - 抗ヒスタミン剤
    - メトロニダゾール
  - 心臓の障害
  - 呼吸器の障害
  - 異常運動 ┐
  - 外傷   ├→ ⑦ 神経学的検査を実施
  - 斜頸 or 眼振 │
  - 振戦   ┘
  - 全身性疾患
  - 正常 or 非特異的所見

- ⑦ 神経学的検査を実施
  - ⑧ 小脳症状 → 小脳の画像検査と脊髄液の検査
    - 小脳低形成 ⑨
    - 小脳栄養障害 ⑩
    - 蓄積性疾患 ⑩
    - 感染症 ⑪
    - 肉芽腫性髄膜脳炎 ⑫
    - 腫瘍 ⑬
    - 外傷
    - 正常 ― ⑦へ移る
  - ⑭ 前庭症状 ― 斜頸の項を参照
  - ⑮ 筋の萎縮 and/or 反射減弱
    - 四肢 → クレアチンキナーゼとT₄の評価
      - クレアチンキナーゼの評価 → ⑯ 感染と免疫性疾患の評価
        - 異常あり
          - 全身性紅斑性狼瘡
          - トキソプラズマ症
          - ネオスポローシス
          - その他
        - 異常なし → ⑲ 筋の生検；筋電図の評価
          - 筋症
          - 神経症
      - 甲状腺機能低下症（犬）⑰
      - 甲状腺機能亢進症（猫）⑱
      - 異常なし
    - 後肢 → ⑳ 脊柱のX線検査
      - 腰仙部狭窄
      - 椎間板ヘルニア
      - 外傷
      - 腫瘍
      - 椎間板脊椎炎
      - 椎骨奇形
      - 異常なし → ㉑ 一連の神経学的検査を実施
        - 非進行性徴候
          - 椎間板ヘルニアの疑い
          - 外傷の疑い
          - 線維性軟骨性塞栓の疑い
        - 進行性徴候
          - 前庭症状 ― 斜頸の項を参照
          - 小脳症状 ― ⑧へ移る
          - 不全対麻痺 ― 不全対麻痺の項を参照
          - 下部運動ニューロン性四肢不全麻痺 ― 下部運動ニューロン性四肢不全麻痺の項を参照
          - 上部運動ニューロン性四肢不全麻痺 ― 上部運動ニューロン性四肢不全麻痺の項を参照
          - 痙攣発作 ― 痙攣発作の項を参照
          - 昏迷 ― 昏迷／昏睡の項を参照
  - 脊髄症状
  - 振戦 or 運動失調 → 血液像，生化学検査，クレアチンキナーゼの評価
    - 低血糖
    - 低カリウム血症
    - 高カリウム血症
    - 低カルシウム血症
    - 貧血
    - 高窒素血症
    - 低アルブミン血症
    - BUNの低下 → ㉒ 胆汁酸の評価
      - 上昇 ― 肝疾患
      - 正常 ― ⑦へ移る
    - 高コレステロール血症 → ㉓ T₄の評価
      - 甲状腺機能低下症
      - 正常 ― ⑦へ移る
    - 正常 or 非特異的所見 ― ⑯へ移る
    - クレアチンキナーゼの上昇 ― ⑦へ移る

47

上部運動ニューロン性四肢不全麻痺

① 上部運動ニューロン（UMN）性四肢不全麻痺あるいは四肢麻痺では，脱力や完全な随意運動の欠如が全肢それぞれに認められる．この疾患では歩行は可能である．重度に侵されることはない．上部運動ニューロンの病変による四肢不全麻痺は，過度の脊髄反射があること，前肢の筋の緊張には異常が認められないことなどから，下部運動ニューロン（LMN）性四肢不全麻痺とは区別することができる．時には脊髄病変よりも脳病変によって，上部運動ニューロン（UMN）性四肢不全麻痺が認められることもある（⑮）．

② 緩徐の圧迫病変（タイプⅡの椎間板ヘルニア，頸椎奇形，一部の腫瘍）によって，遅発性の脱力が発現する．外傷やタイプⅠの椎間板ヘルニア，線維軟骨性塞栓ならびに一部の腫瘍では急発性の症状が認められる．

③ 脊髄反射が正常か過度に認められる場合や原発性の脳疾患症状がない場合は，神経学的検査によって頸部に脱力部位が認められる．脊髄反射の抑制あるいは欠如が認められる場合には，下部運動ニューロン性四肢不全麻痺が示唆される．痙攣発作の病歴やその他の脳症状（痴呆，行ったり来たりする行動，曲がり角で迷う行動，不適切な行動）がある場合には，脳疾患が考えられる．一般的に脳疾患では脱力は軽度である．頭部の神経の異常（斜頸，顔面麻痺，瞳孔散大，舌の弛緩）は，脳幹の病変を示唆する．多くの場合，著しい抑うつや昏迷，昏睡が認められる．

④ 頸部の病変が疑われる場合には，次の段階として脊柱のX線検査を実施する．正確な部位を設定するためには，鎮静あるいは全身麻酔が必要となる．X線検査によって，椎間板脊椎炎，骨腫瘍，環椎・軸椎の亜脱臼，脊椎骨折，脱臼などが分かる．椎間板の鉱質化と，時には椎間板物質が脊柱管に認められることがある．

⑤ 環椎軸椎亜脱臼は小型犬で最もよく認められ，軸椎の歯突起の奇形/骨折が原因となる．頸部の疼痛，測定過大，固有受容感覚の欠如，脱力が通常認められる．損傷の悪化を低減させるため，頸部の触診は避ける必要がある．

⑥ 大型犬（特にドーベルマン・ピンシェルとグレートデン）で最もよく認められる頸部の奇形には，頸椎奇形/関節奇形（ウォブラー，頸部狭窄）症候群がある．症状は慢性かつ進行性の場合と急性の場合がある．急性症状の場合には，通常椎間板ヘルニアが症候群の一部として併発する．X線検査では，尾側頸椎頭側位の背側傾斜像，関節切子面の増殖像，脊椎腔の狭窄を認めることがある．しかし，病変部位の確定や圧迫のタイプや範囲を見きわめるには脊髄造影検査が必要となる．

⑦ 椎間板脊椎炎は，椎間板と隣接の椎骨終板の細菌（まれに真菌）感染である．脊椎の疼痛や発熱，体重減少，食欲不振を伴うこともある．X線学的症状は，臨床症状に遅れて数週間から数ヵ月後に認められる．いずれの場合も *Brucella canis* の感染の有無を調べる必要はあるが，通常最もよく分離されるのは *Staphylococcus* と *Streptococcus* 属である．

⑧ 脊髄炎は様々な微生物（通常犬では犬ジステンパーウイルス，猫では猫伝染性腹膜炎ウイルス）による炎症である．これは脊髄液検査と血清/脊髄液の力価ならびに培養によって診断される．

⑨ 脊髄液の細胞学的検査によって，リンパ腫が認められることもまれにある．

⑩ 脊柱のX線検査と脊髄液の検査で異常が認められなかった場合には，次の段階として脊椎の画像検査（脊髄造影検査，CT/MIRスキャン）を実施する．

⑪ 線維軟骨性塞栓症では，脱力/麻痺が突然現れるが進行することはない．症状は多くの場合非対称性である．頸部の疼痛は認められないか軽度である．脊髄の腫脹は最低1, 2日で回復する．深い痛覚がそのまま残る場合でも，ほとんどの症例は時間とともに回復する．線維軟骨性塞栓症の原因は不明であるが，脊髄の血液供給を妨げる物質には椎間板物質の特徴をもっている．

⑫ 頸部の腫瘍は，骨や脊髄神経根あるいは頸部のいかなる軟組織構造にも影響を及ぼす．骨が侵されてない場合には，腫瘤を見きわめるために脊髄の画像検査が必要となる．

⑬ 脊髄の画像検査で異常が認められない場合には，脳幹/大脳病変か脊髄実質内の病変の2つが可能性として残る．これを調べるにはまずCT/MIRスキャンが必要となる（⑮へ進む）．脊髄の実質に関しては，急性に発症した場合には，外傷と線維軟骨性塞栓症が考えられる．発症が緩やかで進行性の場合には，変性性脊髄異常が考えられる．

⑭ 頸部の変性性脊髄症はまれであり，診断には脊髄の組織病理学的検査が必要となる．本症はしばしば種特異性がみられる（例えばロットワイラーの脳軟化，ミニチュアプードルの脱髄性脊髄症）．

⑮ 脳疾患が疑われる場合（頭部神経異常，痙攣発作，行動の変化）には，脳のCT/MIRスキャンが必要となる．脳が侵される疾患では多くの場合，神経学的検査で非対称性の脱力が認められる．

⑯ 先天性の水頭症では，歩様の異常や測定過大，運動失調，軽度の脱力が認められる．

⑰ 頭蓋内クモ膜嚢胞とはクモ膜に包まれ液体で満たされた嚢胞．脳の多くの部位に起こるが，偶然見つかるということがある．

⑱ 変性性の脳疾患には，リソソーム蓄積症と先天性機能不全症候群がある．これらはまれな疾患で，四肢の不全麻痺を認め，ほとんどの場合歩様の異常というよりも，もっと明白な中枢神経系の症状が認められる．

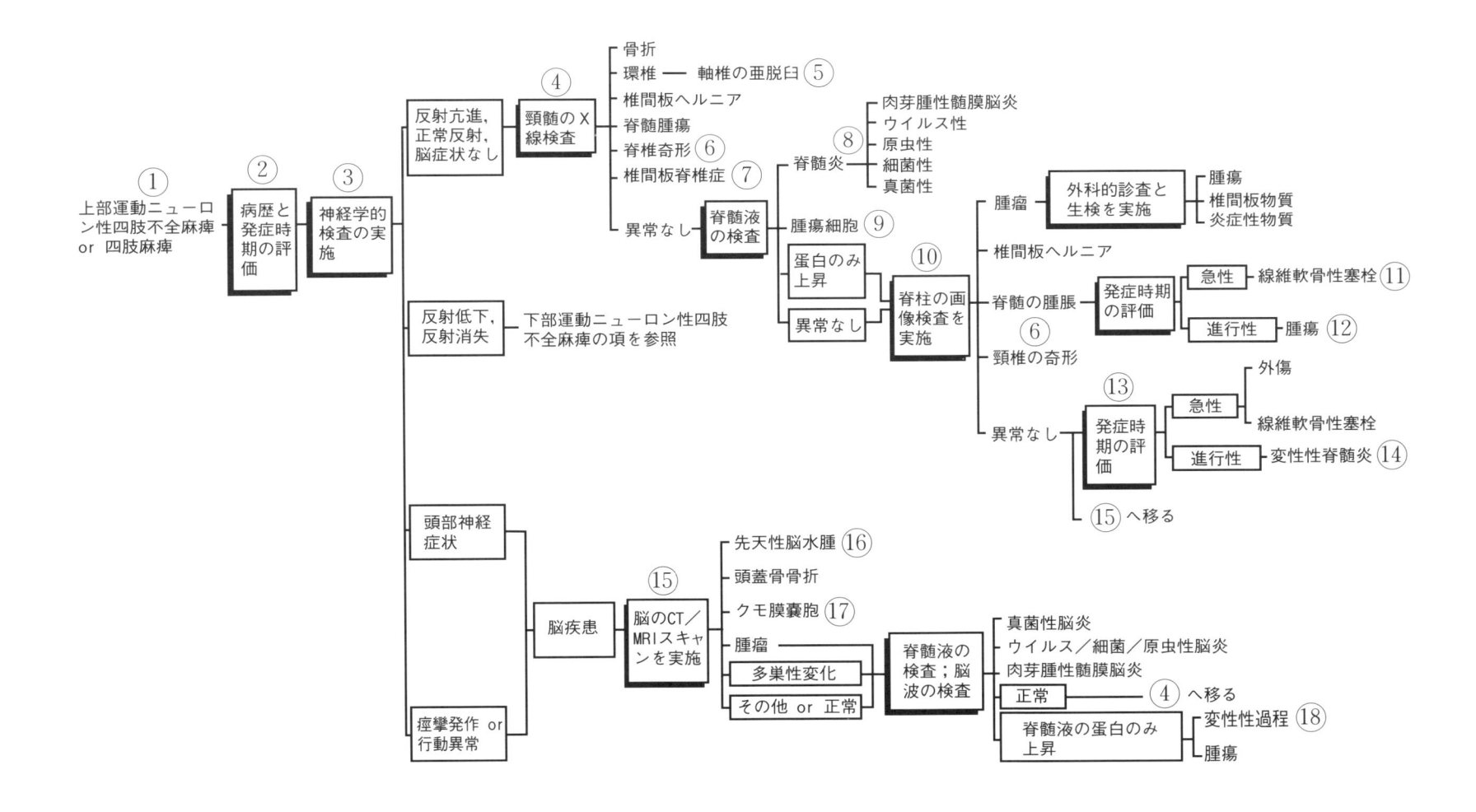

■ *上部運動ニューロン性四肢不全麻痺* ■

- ① 上部運動ニューロン性四肢不全麻痺 or 四肢麻痺
- ② 病歴と発症時期の評価
- ③ 神経学的検査の実施
  - 反射亢進，正常反射，脳症状なし
    - ④ 頸髄のX線検査
      - 骨折
      - 環椎 ── 軸椎の亜脱臼 ⑤
      - 椎間板ヘルニア
      - 脊髄腫瘍
      - 脊椎奇形 ⑥
      - 椎間板脊椎症 ⑦
      - 異常なし
        - 脊髄液の検査
          - 脊髄炎 ⑧
            - 肉芽腫性髄膜脳炎
            - ウイルス性
            - 原虫性
            - 細菌性
            - 真菌性
          - 腫瘍細胞 ⑨
          - 蛋白のみ上昇
          - 異常なし
            - ⑩ 脊柱の画像検査を実施
              - 腫瘤
                - 外科的診査と生検を実施
                  - 腫瘍
                  - 椎間板物質
                  - 炎症性物質
              - 椎間板ヘルニア
              - 脊髄の腫脹
                - 発症時期の評価 ⑥
                  - 急性 ── 線維軟骨性塞栓 ⑪
                  - 進行性 ── 腫瘍 ⑫
              - 頸椎の奇形
              - 異常なし
                - ⑬ 発症時期の評価
                  - 急性
                    - 外傷
                    - 線維軟骨性塞栓
                  - 進行性 ── 変性性脊髄炎 ⑭
                - ⑮ へ移る
  - 反射低下，反射消失 ── 下部運動ニューロン性四肢不全麻痺の項を参照
  - 頭部神経症状
  - 痙攣発作 or 行動異常
    - 脳疾患
      - ⑮ 脳のCT／MRIスキャンを実施
        - 先天性脳水腫 ⑯
        - 頭蓋骨骨折
        - クモ膜嚢胞 ⑰
        - 腫瘤
        - 多巣性変化
        - その他 or 正常
          - 脊髄液の検査；脳波の検査
            - 真菌性脳炎
            - ウイルス／細菌／原虫性脳炎
            - 肉芽腫性髄膜脳炎
            - 正常 ── ④ へ移る
            - 脊髄液の蛋白のみ上昇
              - 変性性過程 ⑱
              - 腫瘍

下部運動ニューロン性四肢不全麻痺

① 下部運動ニューロンによって随意運動が起こる．しかもこの随意運動は下部運動ニューロンとその軸索を介してのみ作動する．下部運動ニューロンや軸索，受容体（例えば筋肉）が傷害されると，脱力や強度の減退が現れる．さらに脊髄反射が減退し消失する．また反射弓の効果器側が適切に機能しなくなるため，筋の緊張が低減する．このような臨床的症状を下部運動ニューロン徴候という．

② 下部運動ニューロンに原因する神経学的脱力と全身疾患による脱力とは異なるため区別する必要がある．この違いを知るには，病歴と身体一般検査，神経学的検査が重要となる．幼若動物と成熟動物とでは，下部運動ニューロン性四肢不全麻痺の原因が異なる．一般に幼若動物では，先天性あるいは遺伝性の筋，神経疾患が認められ，成熟動物ではおおむね代謝性ならびに内分泌性疾患が認められる．全身性疾患（腫瘍，内分泌疾患，炎症性疾患）による四肢不全麻痺では，多尿，多渇，脱毛，体重減少，咳嗽，嘔吐，下痢，リンパ腺症，発熱，腹部腫瘤などを認めることがある．

③ 神経学的検査で脊髄反射と筋の緊張度を調べることによって，下部運動ニューロン性と上部運動ニューロン性四肢不全麻痺を判別する．

④ 脊髄反射と筋の緊張性が低下している場合には，下部運動ニューロン性四肢不全麻痺が疑われる．急性の下部運動ニューロン性四肢不全麻痺と慢性あるいは進行性の下部運動ニューロン性四肢不全麻痺では原因が異なるため，臨床症状の進み具合を見きわめる必要がある．

⑤ 下部運動ニューロン性の脱力が急激に悪化する場合には，重症筋無力症，ダニ寄生，ボツリヌス中毒，トキソプラズマ性筋神経症，急性多発性神経根炎の類症鑑別を行う．

⑥ 成熟動物で慢性，進行性の下部運動ニューロン性徴候が認められる場合には，全身性疾患の可能性を見きわめるために，日常の検査室検査を実施する必要がある．まず，血液像，生化学検査，クレアチン・キナーゼを調べる．中毒性の場合には慢性の多発性神経症を認めることが多いため，動物の環境を調べることも重要となる．

⑦ 病歴で，休むと回復するという間欠性の運動誘発性脱力が聴取された場合には，重症筋無力症が原因として強く疑われる．筋肉内のアセチルコリン受容体に対する抗体を調べるために血清の検査を実施する．テンシロン試験（塩化エンドロフォニウムの静脈投与による）も実施する．一部の多発性筋炎では，エンドロフォニウムによって改善を認めることがある．したがって，この薬剤に反応したというだけでは診断基準にはならない．

⑧ ダニによって麻痺が認められることもあるため，吸血充満している雌ダニ（*Dermacentor* 属）の有無を注意深く点検することも重要である．アメリカでは，ダニが（手や殺虫スプレーあるいはスポット剤で）除去されれば，改善され正常に服す．しかしこれは他の地域（オーストラリアなど）では当てはまらない．この地域のダニ麻痺を発現させるダニ（例えば *Ixodes* 属）では，進行性の重篤な臨床症状を認め，死亡する場合が多い．

⑨ 腐った肉や腐った食べ物には *Clostridium botulinum* による毒性物質が含まれている可能性があるため，飼主からの注意深い聴取が重要である．この毒性物質は神経筋接合部でアセチルコリンの放出を妨げる作用がある．臨床症状としては，散瞳，尿と糞便の停滞，顔面ならびに食道，咽頭の筋組織の脱力などが認められる．

⑩ 筋肉痛や発熱，胃腸症状が認められる場合には，猫の糞便や鼠類，未調理の肉類を口にすることから感染するトキソプラズマが疑われるため，飼主からその可能性を聞き出すことも重要である．猫の場合，無症候性を示すこともある．

⑪ 狩猟犬の場合や急性の下部運動ニューロン性四肢不全麻痺徴候の発症1～2週間前にアライグマに噛まれるとか接触があったという場合には，多発性神経根神経炎やクーンハウンド麻痺が疑われる．脱力が後肢に始まり前肢に到るというのが典型的な症状である．犬ではほとんどの場合，随意的に尾を振る行動や排尿，排便行動には異常は認められない．通常触感過敏を示すことはない．免疫介在性の脱力と軸索障害が最も起こりやすいが，ひき金になる要因については分かっていない．臨床ではアライグマに接触したことがない犬に認められるケースがあり，原因として他にも抗原刺激があるようにも思われる．一般的には6～8週間で臨床症状が改善されるが，完全に回復するには数ヵ月かかることもある．

⑫ 針筋電図，運動神経伝導速度（MNCV）ならびに神経，筋機能の減衰反応試験（DR）を専門病院か専門医に依頼する．

⑬ 糖尿病誘因性多発神経症は犬よりも猫に比較的多く認められる．最もよく侵されるのは後肢で，飛節（足根関節）の着地を認めることが多い．

⑭ 症例の概要（大型成犬の生活環境など）や病歴（嗜眠，温かい所を求める行動，体重増加など），身体一般検査（対称性の脱毛，被毛の菲薄，肥満など）ならびに検査室所見（高コレステロール血症など）から，甲状腺機能低下症が疑われる場合には，甲状腺ホルモン濃度の評価が必要となる．甲状腺ホルモン濃度が正常値よりも低い場合には，ホルモン補充療法を行う前にその他の甲状腺機能検査を行って，甲状腺機能低下症の可能性を探ることが重要となる．

⑮ 脱力が徐発性，進行性で，同時にアルカリホスファターゼの上昇が認められる場合には，副腎皮質機能亢進症（太鼓腹，脱毛，多尿，多渇，多食）を評価する必要がある．この疾病の診断にはACTH反応試験やその他のスクリーニングテストが使われる．針筋電図では，筋緊張性の放電を認めることがある．

⑯ 力価の結果からトキソプラズマへの暴露が分かることがよくある．臨床症状が顕性感染によるものであれば，数日以内に良い治療結果が得られる．

⑰ 中年齢層や高齢層の動物では，腫瘍随伴性の神経症／筋症が考えられる．腫瘤を見きわめるには，胸部X線検査と腹部超音波検査が有効である．

⑱ 若齢動物では，先天性あるいは遺伝性，非炎症性の筋や神経の疾患の可能性が考えられる．

⑲ 筋と神経の疾患では，電気的診断法と神経と筋の生検やそのいずれかの生検を実施することによって確かめられ，確定診断が可能となる．

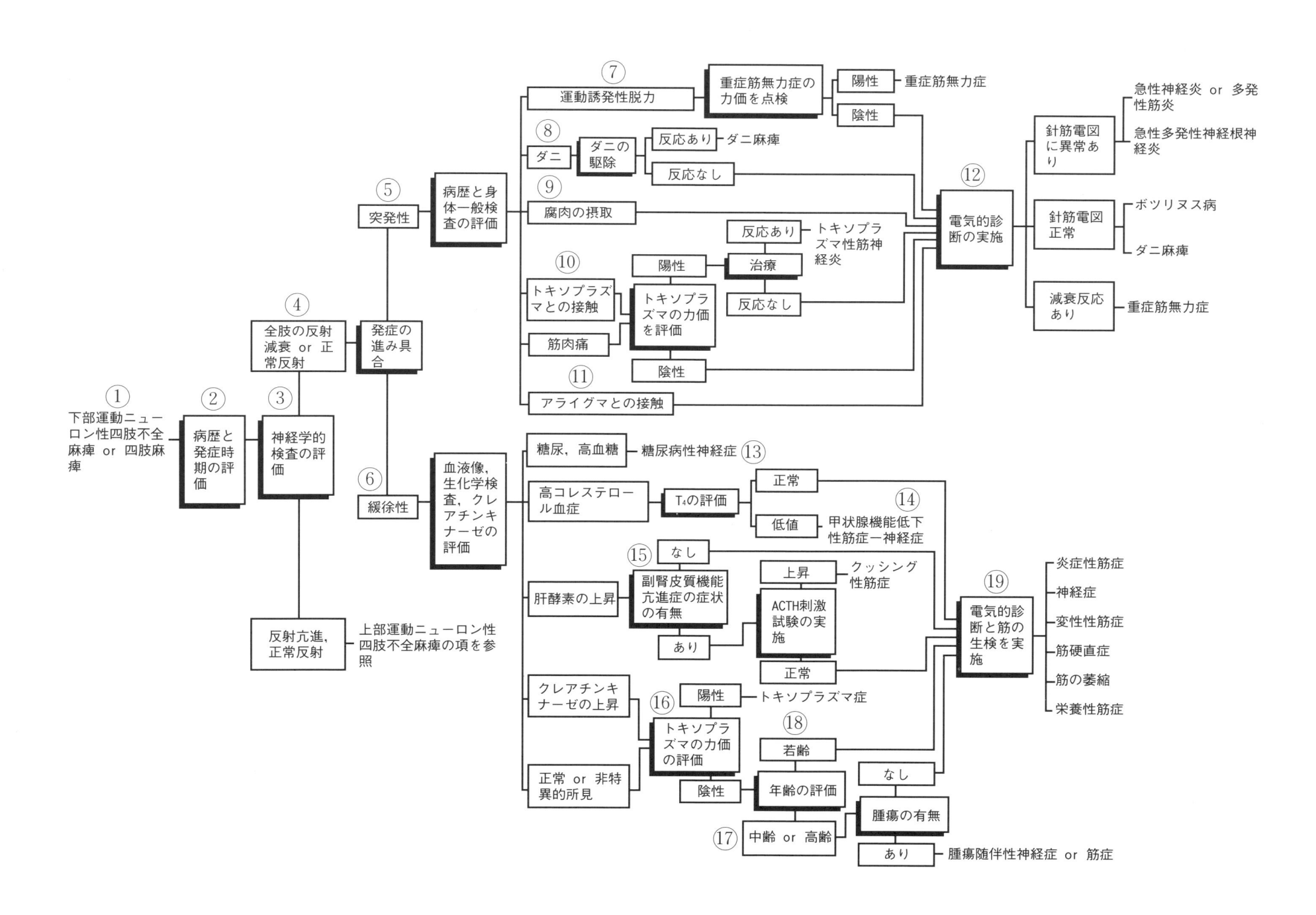

■ **下部運動ニューロン性四肢不全麻痺** ■

① 下部運動ニューロン性四肢不全麻痺 or 四肢麻痺
② 病歴と発症時期の評価
③ 神経学的検査の評価
④ 全肢の反射減衰 or 正常反射
　　反射亢進, 正常反射 — 上部運動ニューロン性四肢不全麻痺の項を参照
⑤ 突発性 → 病歴と身体一般検査の評価
⑥ 緩徐性 → 血液像, 生化学検査, クレアチンキナーゼの評価

⑤ 病歴と身体一般検査の評価
　⑦ 運動誘発性脱力 → 重症筋無力症の力価を点検
　　　陽性 — 重症筋無力症
　　　陰性 →（⑫へ）
　⑧ ダニ → ダニの駆除
　　　反応あり — ダニ麻痺
　　　反応なし →（⑫へ）
　⑨ 腐肉の摂取 →（⑫へ）
　⑩ トキソプラズマとの接触／筋肉痛 → トキソプラズマの力価を評価
　　　陽性 → 治療
　　　　反応あり — トキソプラズマ性筋神経炎
　　　　反応なし →（⑫へ）
　　　陰性 →（⑫へ）
　⑪ アライグマとの接触 →（⑫へ）

⑫ 電気的診断の実施
　　針筋電図に異常あり — 急性神経炎 or 多発性筋炎／急性多発性神経根神経炎
　　針筋電図正常 — ボツリヌス病／ダニ麻痺
　　減衰反応あり — 重症筋無力症

⑥ 血液像, 生化学検査, クレアチンキナーゼの評価
　糖尿, 高血糖 — 糖尿病性神経症 ⑬
　高コレステロール血症 → T₄の評価
　　正常 →（⑲へ）
　　低値 — 甲状腺機能低下性筋症—神経症 ⑭
　肝酵素の上昇 → ⑮ 副腎皮質機能亢進症の症状の有無
　　なし →（⑲へ）
　　あり → ACTH刺激試験の実施
　　　上昇 — クッシング性筋症
　　　正常 →（⑲へ）
　クレアチンキナーゼの上昇／正常 or 非特異的所見 → ⑯ トキソプラズマの力価の評価
　　陽性 — トキソプラズマ症
　　陰性 → ⑱ 年齢の評価
　　　若齢 →（⑲へ）
　　　中齢 or 高齢 ⑰ → 腫瘍の有無
　　　　なし →（⑲へ）
　　　　あり — 腫瘍随伴性神経症 or 筋症

⑲ 電気的診断と筋の生検を実施
　　炎症性筋症
　　神経症
　　変性性筋症
　　筋硬直症
　　筋の萎縮
　　栄養性筋症

51

対不全麻痺

① 対不全麻痺は後肢の脱力が認められ，対麻痺は後肢の動きが欠如する．対不全麻痺では歩行は可能であるが，随意的な動きに脆弱化が認められる．比較的重度の場合には歩行はできなくなるが，後肢の随意的な動きは可能である．さらに重度になると随意的な動きが欠如する．したがって随意に排尿することもできなくなる．対不全麻痺／対麻痺がきわめて重度の症例ではその由来は神経系にある（脊髄疾患や末梢神経疾患）．代謝性，筋性，心血管系の疾患では，軽度の対不全麻痺が認められることもある．

② 臨床症状の発現速度や進行具合を知ることが，類症鑑別に役立つ．一般的には突然脱力が認められるのは，外傷性や脈管系の疾患，腫瘍性の疾患である．緩徐の発現や進行性の症状は，炎症性，感染性，変性性，腫瘍性の原因が疑われる．神経系にみられる炎症性ならびに感染性疾患は，若い動物に認められるのが最も一般的であり，一方，腫瘍性の疾患は中年齢から高齢の動物に認められる．椎間板ヘルニアは，通常3歳齢以上の犬の対不全麻痺や対麻痺の原因となり，症状は急性（軟骨形成異常の犬種）あるいは緩徐性である．

③ 身体一般検査によって，心血管系疾患や代謝性疾患あるいは全身性疾患が分かる．高齢犬で，後肢の脱力と口腔粘膜の蒼白が認められた場合には，腹腔内の血管肉腫の破裂による腹腔内出血の疑いが考えられる．対不全麻痺で点状出血が認められる場合には，脈管炎（ロッキー山紅斑熱，エールリヒア症）あるいは凝固不全（DIC）を疑う必要がある．低血糖と低カルシウム血症では，後肢の振戦や脱力あるいはその両方を認めることがある．したがって，対不全麻痺の動物では，日常の検査室所見を調べることが重要となる．猫では大動脈血栓症が対不全麻痺や対麻痺の原因になることがよくあるため，いかなる場合も股動脈拍動を調べておく必要がある．この疾患は犬ではまれである．

④ 代謝性疾患による対不全麻痺では，ほとんどの場合血液像と血清生化学検査によって，除外あるいは確認することができる．このような疾患で対不全麻痺が起こることはまれである．

⑤ 原虫との接触が考えられる場合やクレアチン・キナーゼの上昇が認められる場合には，トキソプラズマ症とネオスポローシスの血中力価を調べる．このような疾患が強く疑われる場合には，治療を開始し，検査結果を待つ．

⑥ 歩行不能や麻痺が認められる場合には，機能障害の部位を確認するために完全な神経学的検査が必要となる．前肢は正常で後肢に麻痺が認められる場合には，脊椎T2以下の部位に病変がある．後肢に脱力を認めるがまだ歩行が可能な場合には，脊髄に沿ったどこかの部位に病変のある可能性があり，筋あるいは末梢神経が関与しているものと思われる．

⑦ 対不全麻痺や麻痺を認める動物に，精神的な異常や頭部神経症状あるいは痙攣発作が観察される場合には，び漫性の中枢神経疾患が考えられる．主な原因としては，感染（犬ジステンパーウイルス，真菌性あるいは原虫性脳脊髄炎，猫伝染性腹膜炎，リケッチア性脈管炎），変性性疾患（リソソーム蓄積症），び漫性腫瘍（リンパ腫）などがあげられる．

⑧ 脊髄や末梢神経系の異常部位を特定するには，脊髄反射の評価が必要となる．反射を正確に見きわめるためには，動物をリラックスさせることが重要となる．脊髄反射の評価の際に，筋の緊張度と腫瘤を調べる．後肢の筋の大きさに異常がなく，筋の緊張度も正常であれば，下部運動ニューロン性の病変がT3からL3の部位にあると思われる（ただし前肢は正常という条件下で）．さらに後肢に過剰な脊髄反射が認められ，交差性伸筋反射陽性，あるいはバビンスキー徴候陽性の場合には，T3からL3の部位に上部運動ニューロン性の病変のあることが強く疑われる．後肢の著しい萎縮や脊髄反射の低下消失が認められた場合には，下部運動ニューロン性疾患が示唆される．後肢の下部運動ニューロン性の徴候は，下部腰部の脊髄，後肢の末梢神経，あるいは後肢の筋肉の疾患に原因して認められることがある．実際には，下部腰部の脊髄と脊椎のX線学的評価（⑩）の方が，筋ならびに神経の評価よりも一般的に容易である．後肢の反射に異常がなければ，病変は上部運動ニューロンか下部運動ニューロンのいずれかであり，L4部位より遠位のX線学的検査はもちろんのこと，T3-L4のX線学的検査を実施する．

⑨ 脊髄のX線学的検査では，鎮静あるいは麻酔が必要となる．脊髄のX線検査で判明可能なT3-L3の疾患には，先天性脊柱奇形，骨折，脱，一部の椎間板ヘルニア，椎間板脊椎炎，脊椎腫瘍などがある．

⑩ 脊髄のX線学的検査で分かる下部腰髄疾患には，⑨に羅列した疾患と腰仙狭窄がある．

⑪ T3-L3脊髄の病変が疑われ，X線検査で異常が認められなかった場合には，さらに麻痺や対不全麻痺が見られる動物に対して脊髄画像検査の実施を勧める．しかし脊髄造影検査やCT/MIRスキャンを実施する前に，脳脊髄液の検査で髄膜炎や脊髄炎，一部の腫瘍（リンパ腫）を除外しておく必要がある．圧迫性，外傷性，変性性ならびに炎症性過程では，多くの場合，正常な細胞数と非特異的な脳脊髄液の蛋白上昇が認められる．

⑫ 椎間板ヘルニアや腫瘤による脊髄の圧迫を評価するには，脊髄造影検査が最も優れている．脊髄の実質や神経根の情報を得るには，CTやMIRスキャンの方がよい．

⑬ 腰仙狭窄の徴候には，対不全麻痺や坐骨神経支配の筋の萎縮，糞便あるいは尿の失禁，尾の脱力，肛門反射の減弱，尾の背屈痛，腰仙部の触診痛などがある．これらの徴候は，CT/MIRスキャンや硬膜外腔造影による脊髄画像で検証される．こうした検査ができなくても，証拠が十分であれば，椎弓切除術による外科的診査によって診断し，同時に病変部の治療を図る．

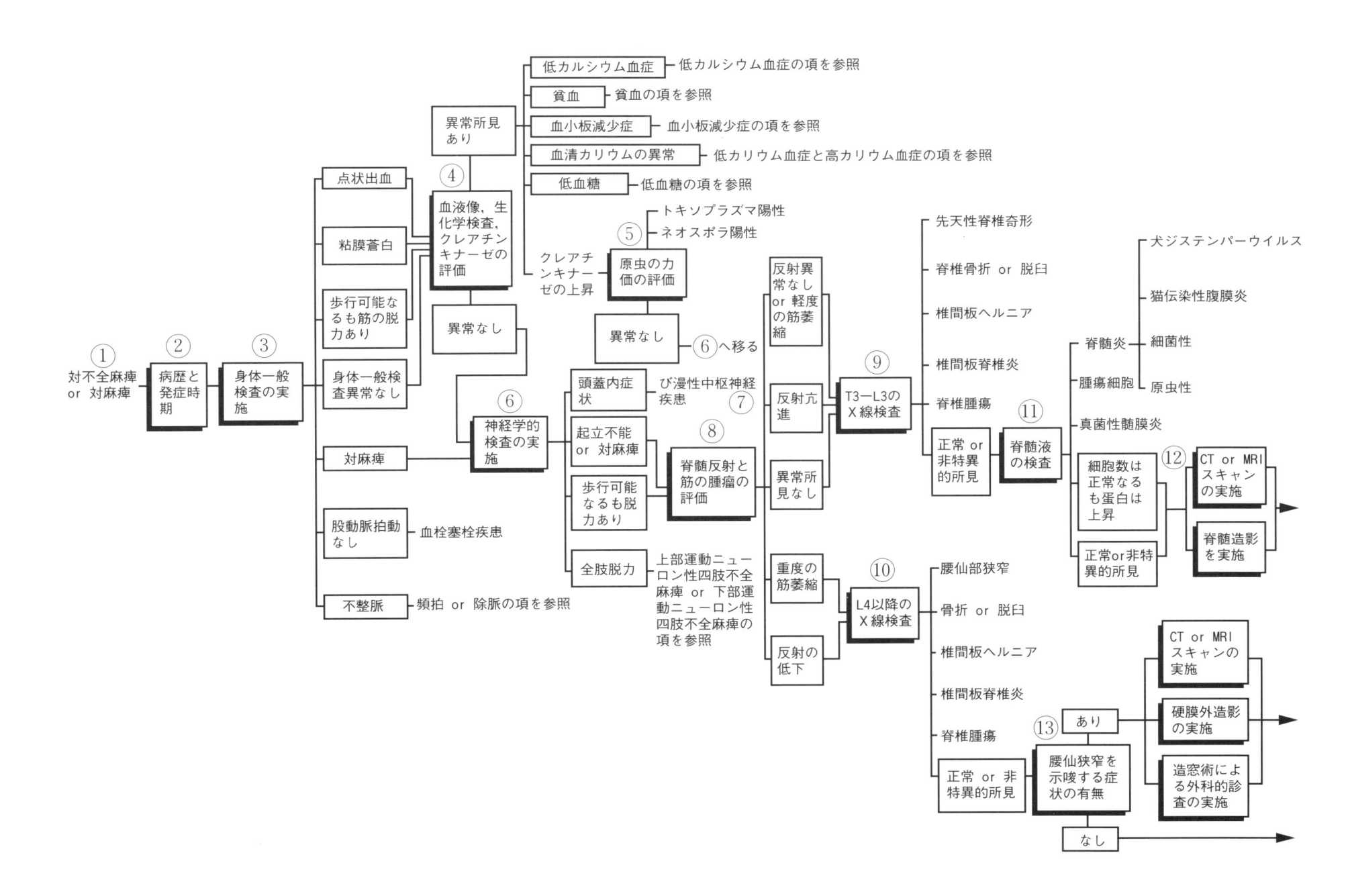

■ 対不全麻痺 ■

① 対不全麻痺 or 対麻痺
② 病歴と発症時期
③ 身体一般検査の実施

- 点状出血
- 粘膜蒼白
- 歩行可能なるも筋の脱力あり
- 身体一般検査異常なし
- 対麻痺
- 股動脈拍動なし — 血栓塞栓疾患
- 不整脈 — 頻拍 or 徐脈の項を参照

④ 血液像,生化学検査,クレアチンキナーゼの評価

異常所見あり:
- 低カルシウム血症 — 低カルシウム血症の項を参照
- 貧血 — 貧血の項を参照
- 血小板減少症 — 血小板減少症の項を参照
- 血清カリウムの異常 — 低カリウム血症と高カリウム血症の項を参照
- 低血糖 — 低血糖の項を参照

クレアチンキナーゼの上昇

⑤ 原虫の力価の評価
- トキソプラズマ陽性
- ネオスポラ陽性
- 異常なし → ⑥へ移る

異常なし

⑥ 神経学的検査の実施
- 頭蓋内症状 — び漫性中枢神経疾患
- 起立不能 or 対麻痺
- 歩行可能なるも脱力あり
- 全肢脱力 — 上部運動ニューロン性四肢不全麻痺 or 下部運動ニューロン性四肢不全麻痺の項を参照

⑦ 脊髄反射と筋の腫瘤の評価

⑧ 脊髄反射と筋の腫瘤の評価
- 反射異常なし or 軽度の筋萎縮
- 反射亢進
- 異常所見なし

⑨ T3—L3のX線検査
- 先天性脊椎奇形
- 脊椎骨折 or 脱臼
- 椎間板ヘルニア
- 椎間板脊椎炎
- 脊椎腫瘍
- 正常 or 非特異的所見

⑩ L4以降のX線検査
- 重度の筋萎縮
- 反射の低下
- 腰仙部狭窄
- 骨折 or 脱臼
- 椎間板ヘルニア
- 椎間板脊椎炎
- 脊椎腫瘍
- 正常 or 非特異的所見

⑪ 脊髄液の検査
- 脊髄炎 — 犬ジステンパーウイルス / 猫伝染性腹膜炎 / 細菌性 / 原虫性
- 腫瘍細胞
- 真菌性髄膜炎
- 細胞数は正常なるも蛋白は上昇
- 正常 or 非特異的所見

⑫ CT or MRIスキャンの実施 / 脊髄造影を実施

⑬ 腰仙狭窄を示唆する症状の有無
- あり → CT or MRIスキャンの実施 / 硬膜外造影の実施 / 造窓術による外科的診査の実施
- なし →

■ 対不全麻痺 ■

⑭ 脊髄の画像診断で腫瘤が影響している場合には，外科的診査を実施して，組織病理学的評価のために生検と，腫瘤のできる限りの除去や部位の減圧を図り，臨床症状を緩和させることを勧める．

⑮ 肉芽腫性髄膜脳炎は，原因不明の非化膿性髄膜脳脊髄炎である．脊髄や神経根には通常認められない．この疾患は小型犬種（ミニチュアプードル，テリア種）で最もよく認められる．原因は不明である．組織生検か剖検以外に確定診断はない．

⑯ 脊髄腫瘍は原発性あるいは転移性のものである．原発性の神経腫瘍には星状細胞腫，神経膠腫，上衣細胞腫，神経上皮腫，悪性神経鞘腫瘍，髄膜腫，リンパ腫などがある．周囲組織（骨，軟骨，脊椎骨）を原発とする硬膜外腫瘍が，脊髄を圧迫する場合もある．猫の脊髄腫瘍で最も一般的に認められるのはリンパ腫である．

⑰ 線維軟骨性塞栓症は急性に発現し，その結果虚血性脊髄症を呈する．脊髄の動脈と静脈あるいはその何れかに栓塞が発現する．素因については不明である．年齢にかかわらず大型から超大型犬種に認められる．多くの場合，重度の対不全麻痺を認めるが，疼痛はなく，最初の12時間以降は非進行性となる．臨床症状は病巣部位によって異なる．診断は，他の脊髄症を除外することによって決まる．脊髄X線検査と脳脊髄液の検査では，正常あるいは非特異的である．脊髄造影で，軽度の脊髄腫脹を認めることがある．

⑱ 緩徐な進行性の運動失調や後肢の対不全麻痺，意識の固有感覚欠如は，変性性の脊髄症に認められる特徴である．脊髄の白質全体に脱髄が認められ，特に胸部分節にみられる．神経学的検査ではT3-L3の間で脊髄症が示唆される．基礎原因については不明である．ジャーマン・シェパードでの発生が多いことから，遺伝性の素因が示唆されている．臨床症状や犬の年齢，種類によって診断される．脊髄X線所見では異常は認められず，脊髄造影でも顕著な異常は見られない．効果的な治療法の報告はない．

⑲ 下部腰域の画像検査で狭窄や腫瘤，椎間板ヘルニアが診断されない場合には，次の段階として脊髄液の検査を実施する．CTやMRIによる画像検査が終了した後で，脊髄液の分析を行うのがよい．ただし，造影剤のなかには蜘蛛膜下腔に造影剤が達する場合があり，脊髄造影の前に脳脊髄液の検査をするのが最もよい．

⑳ 脳脊髄液の検査で脊髄炎や腫瘍，真菌性髄膜炎が診断されない場合には，針筋電図検査を行い，最初に考えていた以上に全身に病気が進行しているのか，あるいは下部腰髄に病変があるのかを見きわめるとよい．針筋電図で後肢の筋肉に異常が認められない場合には，疾病の進行部位がL4より頭側にある可能性が考えられる．脊髄造影やCT/MRIスキャンでL4上の脊髄の画像検査を実施する．

㉑ 水脊髄症（脊髄の中心管の拡張）と脊髄空洞症（脊髄の空洞化）が併発あるいは単独で起こることがあり，先天性疾患の場合もあれば後天性の場合もある．臨床所見は対不全麻痺で，通常進行性であるが初期には急性の場合もある．

㉒ これまでの検査で診断が特定されなければ，臨床症状の発症時期の状況を再検討する必要がある．線維軟骨性塞栓症は突然発症するものであるが，飼主はその後の筋の削痩を進行性の症候と勘違いして訴えることもある．飼主のなかには，ゆっくり進行する後肢の脱力を股異形成のせいにすることもあるし，進行性と訴える場合もある．変性性の脊髄症では，脊髄神経根が侵され，下部運動ニューロン徴候を示す．最後に，検査の結果，回答が得られない場合には，脳脊髄液の検査で軽度あるいはごく僅かの変化しか認められないこともあるため，目立たない脊髄症ということも考えられる．

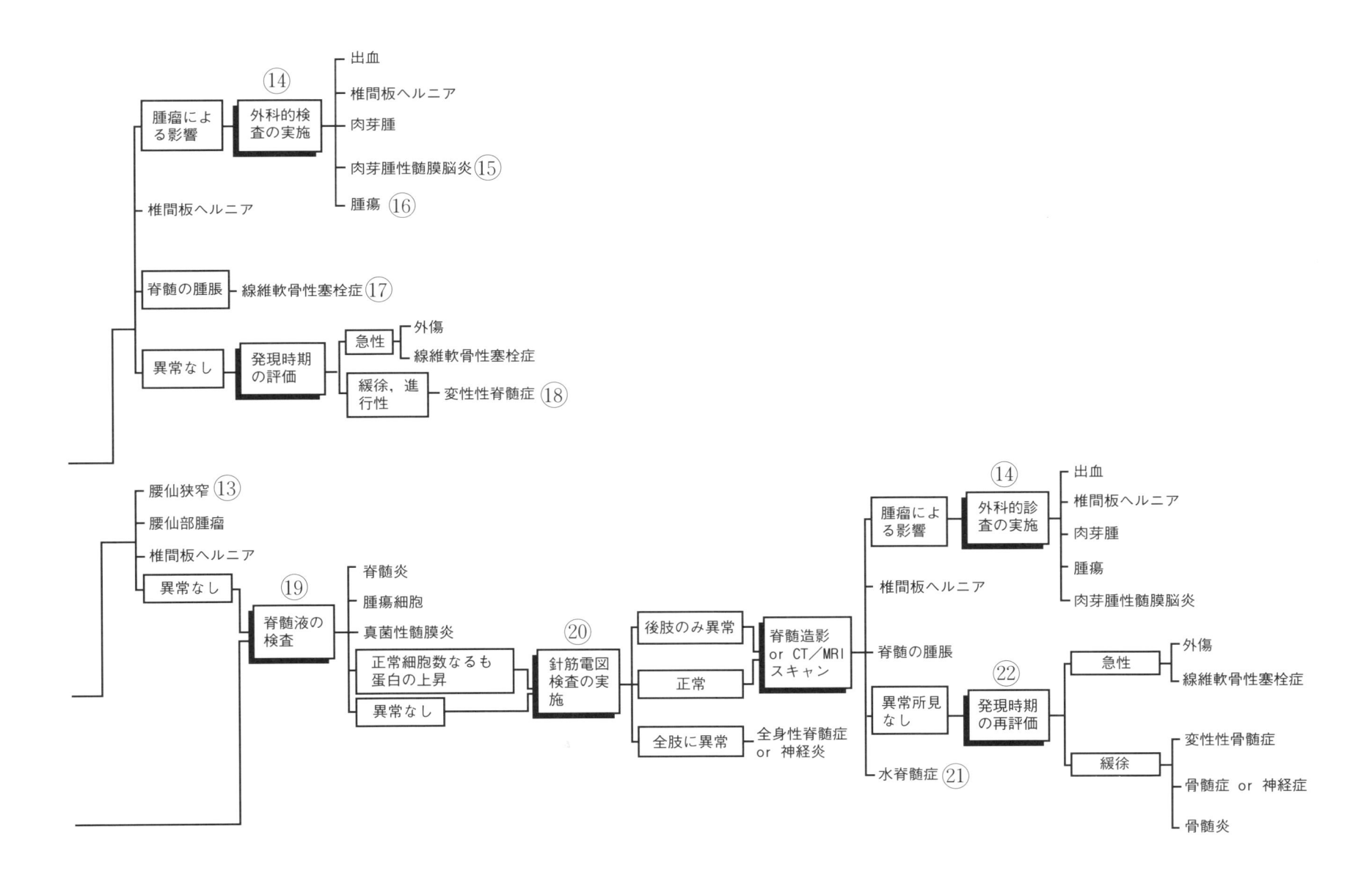

■ 対不全麻痺 ■

- 腫瘤による影響 ― ⑭ 外科的検査の実施
  - 出血
  - 椎間板ヘルニア
  - 肉芽腫
  - 肉芽腫性髄膜脳炎 ⑮
  - 腫瘍 ⑯
- 椎間板ヘルニア
- 脊髄の腫脹 ― 線維軟骨性塞栓症 ⑰
- 異常なし ― 発現時期の評価
  - 急性
    - 外傷
    - 線維軟骨性塞栓症
  - 緩徐，進行性 ― 変性性脊髄症 ⑱

- 腰仙狭窄 ⑬
- 腰仙部腫瘤
- 椎間板ヘルニア
- 異常なし ― ⑲ 脊髄液の検査
  - 脊髄炎
  - 腫瘍細胞
  - 真菌性髄膜炎
  - 正常細胞数なるも蛋白の上昇
  - 異常なし
  → ⑳ 針筋電図検査の実施
    - 後肢のみ異常 / 正常 → 脊髄造影 or CT／MRI スキャン
      - 腫瘤による影響 ― ⑭ 外科的診査の実施
        - 出血
        - 椎間板ヘルニア
        - 肉芽腫
        - 腫瘍
        - 肉芽腫性髄膜脳炎
      - 椎間板ヘルニア
      - 脊髄の腫脹
      - 異常所見なし ― ㉒ 発現時期の再評価
        - 急性
          - 外傷
          - 線維軟骨性塞栓症
        - 緩徐
          - 変性性骨髄症
          - 骨髄症 or 神経症
          - 骨髄炎
      - 水脊髄症 ㉑
    - 全肢に異常 ― 全身性脊髄症 or 神経炎

尿 失 禁

① 尿失禁とは，排尿が随意にコントロールできなくなった状態をいう．神経性と非神経性に分けられる．原因が神経性の場合には，通常神経学的疾患を示唆する病歴や神経学的所見（運動失調，虚脱歩様，尾の下降，便の失禁）が認められる．非神経学的疾患では，下部尿路の解剖学的あるいは生理学的異常（異所性尿管，膀胱炎，腫瘍，尿結石，前立腺疾患など）が観察される．

② 飼主から十分な聞き取り調査をせずに尿失禁の診断をしないよう注意する必要がある．飼主は多尿や尿淋瀝と失禁を混同することがある．水分の摂取量に増加が認められないかを聞き出すことも重要である．水分摂取量に増加が認められる場合には，多渇による多尿と'切迫性失禁'が考えられる．水の摂取量が不明の場合には，24時間の摂取量を飼主に測って貰う．猫の場合には，猫の下部尿路系疾患（FLUTD）を疑ってみる必要がある．この疾患は，猫では尿失禁よりも僅かに多く認められるものである．猫の下部尿路系疾患では，不適切な場所に排尿する場合が多い．屋内で大量の排尿が観察された場合には，失禁というよりも多尿あるいは不適切な排尿の方が疑われる．尿失禁では，歩行中や睡眠中に尿が滴るといった徴候が観察される．一般的には排尿姿勢をとらずに尿が滴る状態が認められる．

③ 膀胱の大きさや緊張度，膀胱壁の厚さを調べるために，また尿石を確認するために，膀胱の触診を実施する．手で膀胱を圧迫してみることも重要である．膀胱の緊張度が乏しく，簡単に排尿されるようであれば，神経学的異常を疑う必要がある．圧迫しても排尿が認められない場合には，健康か筋の反射失調あるいは尿道閉塞の可能性がある．雄犬ではいずれの場合も，前立腺を触診する必要がある．

④ 神経の機能不全が失禁の原因である場合には，神経学的検査を詳しく行う．大脳や小脳あるいは脊髄の異常によって神経性の尿失禁をみることがある．大脳や小脳の異常で尿失禁を認めることはまれであり，一般的には主要な徴候ではない．脊髄疾患，特にL4-S3では尿失禁を認めるのが普通である．肛門周囲反射の低下や肛門/尾の筋緊張度の低下，腰仙部の痛覚異常亢進，固有感覚の欠如，便の失禁などの所見が認められる場合には，L4-S3の部位に病変があると考えられる．

⑤ 神経学的検査で異常がなければ，失禁の原因となる下部尿路系疾患の検索を実施する．膀胱穿刺によって採取した尿サンプルの分析を始める．

⑥ 尿中に糖とケトンあるいはそのいずれかが認められた場合には糖尿病による多尿が考えられる．

⑦ 細菌尿や膿尿が認められた場合には，尿路感染症（UTI）が考えられるが，これが尿失禁の一次性の原因なのか，二次性に併発したものかを見きわめるのは難しい（ほとんどの場合，尿失禁が原因で尿路感染症を認めるというのが普通である）．尿を培養するか，尿路に高濃度に浸透する抗生物質で経験的に治療を開始する．抗生物質に反応しなければ，必ず尿培養を実施する．抗生物質に反応しても，臨床徴候が再発する場合には，尿路感染は基礎疾患に併発したものと考えられる．

⑧ 尿培養で陽性が示された場合には，一次性あるいは二次性の尿路感染が疑われる．一次性の感染症では，基礎疾患はない．二次性の感染では，尿結石（腎臓あるいは膀胱）や腫瘍，膀胱憩室，尿管/尿道狭窄など構造的な異常が関与する．画像検査以外には，構造的異常を見きわめる方法はない．適切な治療で症状が改善されないとか治療後再発するという場合以外は画像検査の必要はない．

⑨ 尿検査で異常がなく，多渇が除外され，この動物が避妊手術を受けているという場合には，ホルモン反応性尿失禁が疑われる．適切な薬物療法（フェニールプロパノラミンや低用量のエストロゲン）に反応しなければ，構造的疾患を除外するために下部尿路の画像検査が必要となる．

⑩ 猫白血病ウイルス陽性の猫で，休息中に尿の間欠的淋瀝をみることが報告されている．何故そうなるかについては分かっていない．

⑪ 脊髄疾患の徴候がある動物では，脊髄のX線検査で脊椎の外傷や椎間板ヘルニア，腰仙狭窄，椎間板脊椎炎，脊椎腫瘍，仙椎後部の奇形などが確認されることが多い．しかし脊髄疾患のなかには，X線検査や脊髄造影，CT/MRIスキャンで診断が困難なものもある．

⑫ 線維軟骨性塞栓症では，突然尿失禁を起こすことがある．疼痛はないがその他の神経欠損を認め，多くの場合症状は非対称性である．脊髄造影とCT/MRIスキャンでは異常を認めないこともあり，また特に数日以内に検査すれば，脊髄の腫脹が認められることがある．神経学的症状は非進行性で，改善することもある．

⑬ 猫は車に轢かれたり，ドアやその他のものに挟まれることがある．引っ張られて尻尾や肛門，膀胱の神経が伸びたり外傷を受けると，これらの部位が麻痺することがある．傷害後，2週間以内に肛門部位に痛覚を認めない場合には，尿失禁の回復に関しては予後は厳しいといえる．

⑭ 自律神経障害は特発性の交感神経ならびに副交感神経（自律神経系）の多発性神経症で，尿失禁あるいは便の失禁を認めることがある．手で膀胱を圧迫すると容易に排尿させることができる．この疾患の他の症状としては，粘膜の乾燥，瞳孔散大，巨大食道症などが認められる．

⑮ 尿培養の結果が陰性であったり，尿路感染症が再発する場合には，腹部のX線検査や超音波検査が必要となる．尿結石や膀胱あるいは尾側腹腔の軟組織の腫瘤が尿失禁の原因になることもある．

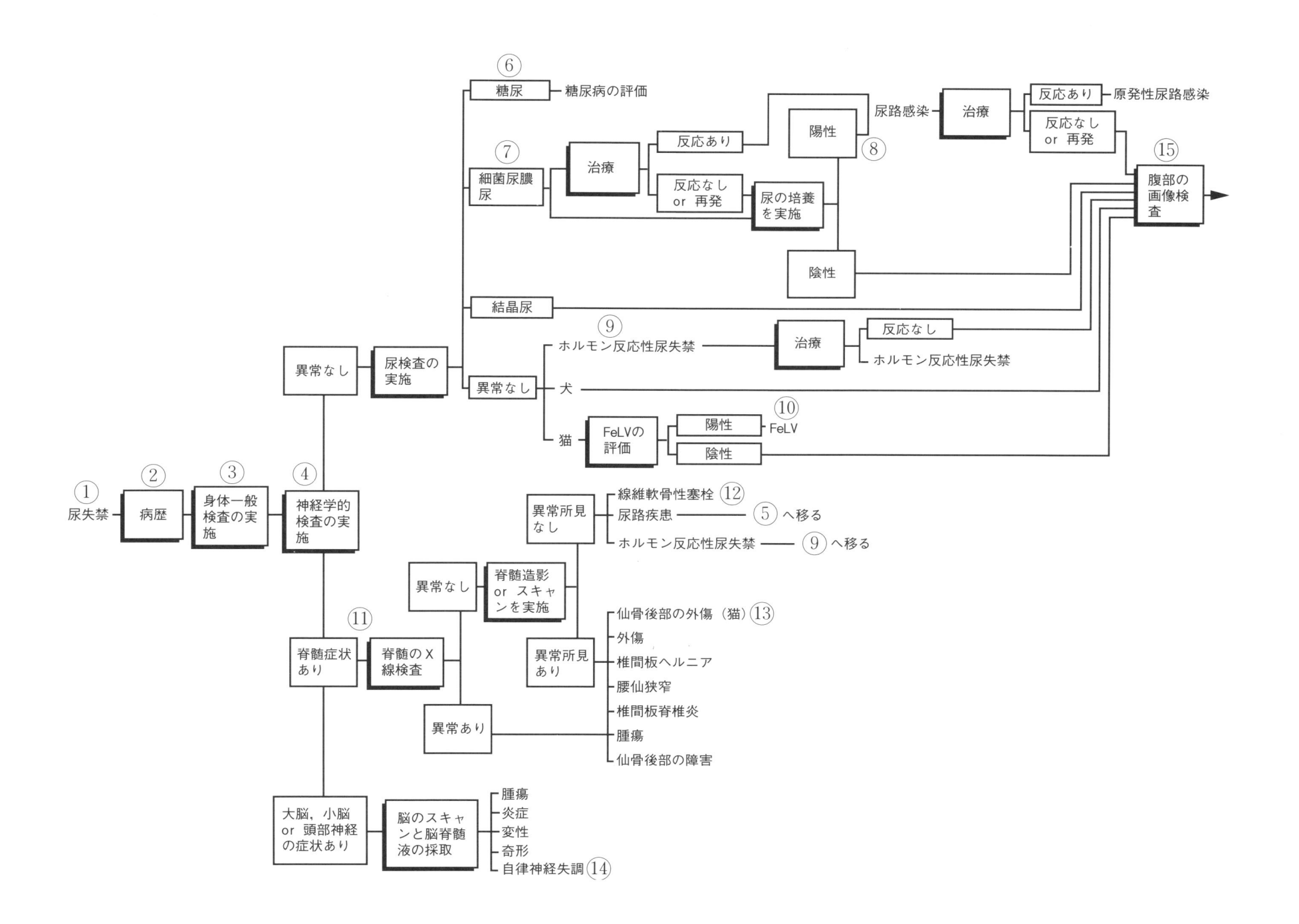

■ 尿 失 禁 ■

```
①尿失禁 → ②病歴 → ③身体一般検査の実施 → ④神経学的検査の実施
```

- 異常なし → 尿検査の実施
  - ⑥糖尿 — 糖尿病の評価
  - ⑦細菌尿膿尿 → 治療
    - 反応あり → 陽性 ⑧ → 尿路感染 → 治療
      - 反応あり — 原発性尿路感染
      - 反応なし or 再発 → ⑮腹部の画像検査
    - 反応なし or 再発 → 尿の培養を実施
      - 陽性 ⑧ → 尿路感染（上記へ）
      - 陰性 → ⑮腹部の画像検査
  - 結晶尿 → ⑮腹部の画像検査
  - 異常なし
    - ⑨ホルモン反応性尿失禁 → 治療
      - 反応なし — ホルモン反応性尿失禁
    - 犬 → ⑮腹部の画像検査
    - 猫 → FeLVの評価
      - 陽性 — FeLV ⑩
      - 陰性 → ⑮腹部の画像検査

- ⑪脊髄症状あり → 脊髄のX線検査
  - 異常なし → 脊髄造影 or スキャンを実施
    - 異常所見なし
      - 線維軟骨性塞栓 ⑫
      - 尿路疾患 —— ⑤へ移る
      - ホルモン反応性尿失禁 —— ⑨へ移る
    - 異常所見あり
      - 仙骨後部の外傷（猫）⑬
      - 外傷
      - 椎間板ヘルニア
      - 腰仙狭窄
      - 椎間板脊椎炎
      - 腫瘍
      - 仙骨後部の障害
  - 異常あり（同上の異常所見あり項目へ）

- 大脳，小脳 or 頭部神経の症状あり → 脳のスキャンと脳脊髄液の採取
  - 腫瘍
  - 炎症
  - 変性
  - 奇形
  - 自律神経失調 ⑭

■ 尿 失 禁 ■

⑯ 当初実施した腹部画像検査で異常が認められない場合や確定的でない場合には，X線造影検査が必要となる．腎盂と尿管（この部位は尿管と尿道に異常吻合がない限りは，尿失禁には関与しない所と思われる）のX線検査は，下行性尿路造影で行う．尿道と膀胱の検査では，陽性膀胱尿道造影か膣尿道造影ならびに二重膀胱造影が使われる．尿道膀胱造影によって，尿道結石や膀胱憩室，膀胱あるいは尿道の腫瘍，尿道狭窄などが分かる．これらの疾患の多くは，排尿障害や尿の淋瀝を起こすが，なかには尿失禁を認めるものもある（きわめて重度の異所尿管と尿道結石）．

⑰ 造影検査で異常が認められない場合には，もう一度神経学的検査を実施して，臨床症状が進行性の神経系疾患によるものか否かを調べる．その他の神経異常によって起こることもあり，これらは以下の検査で見きわめることができる．

⑱ 二度目の神経学的検査で異常が認められない場合には，尿道不全が疑われる．これは犬では最も一般的な排尿障害で，休息時に間欠的に尿失禁が認められるという特徴がある．これは前立腺疾患や尿道の炎症性疾患あるいは浸潤性疾患，先天性の解剖学的異常（異所性尿管，膣狭窄や膣紐）に伴って認められ，これらの多くは，この⑱以前の段階で，身体一般検査あるいは尿路の画像検査で見きわめられる．尿失禁と排尿障害を示す最後の疾患としては，ホルモン反応性失禁がある．これは不妊去勢術を受けた雌犬，雄犬に認められる．不妊手術を受けた雌犬では，きわめて発症率が高い（20％以上）．この高い発症率の要因には，犬の大きさ，肥満，遺伝因子，尿道の長さ，膀胱の位置，膣奇形の共在などが関与する．尿道不全は尿道圧を測定することで確認できるが，この検査は大学病院など専門病院以外では日常的なものではない．αアドレナリン作動薬や繁殖用のホルモン補充療法などによる薬理学的手法を使えば，通常臨床症状は抑えられる．

⑲ 排尿反応と膀胱充満容量の評価には尿力学検査が使われる．これらの検査によって膀胱と尿道の圧や容量，流量が測定される．これらの検査には，膀胱内圧測定と尿道圧測定がある．尿道内圧測定によって尿失禁が確認される（⑱を参照）．

■ 尿 失 禁 ■

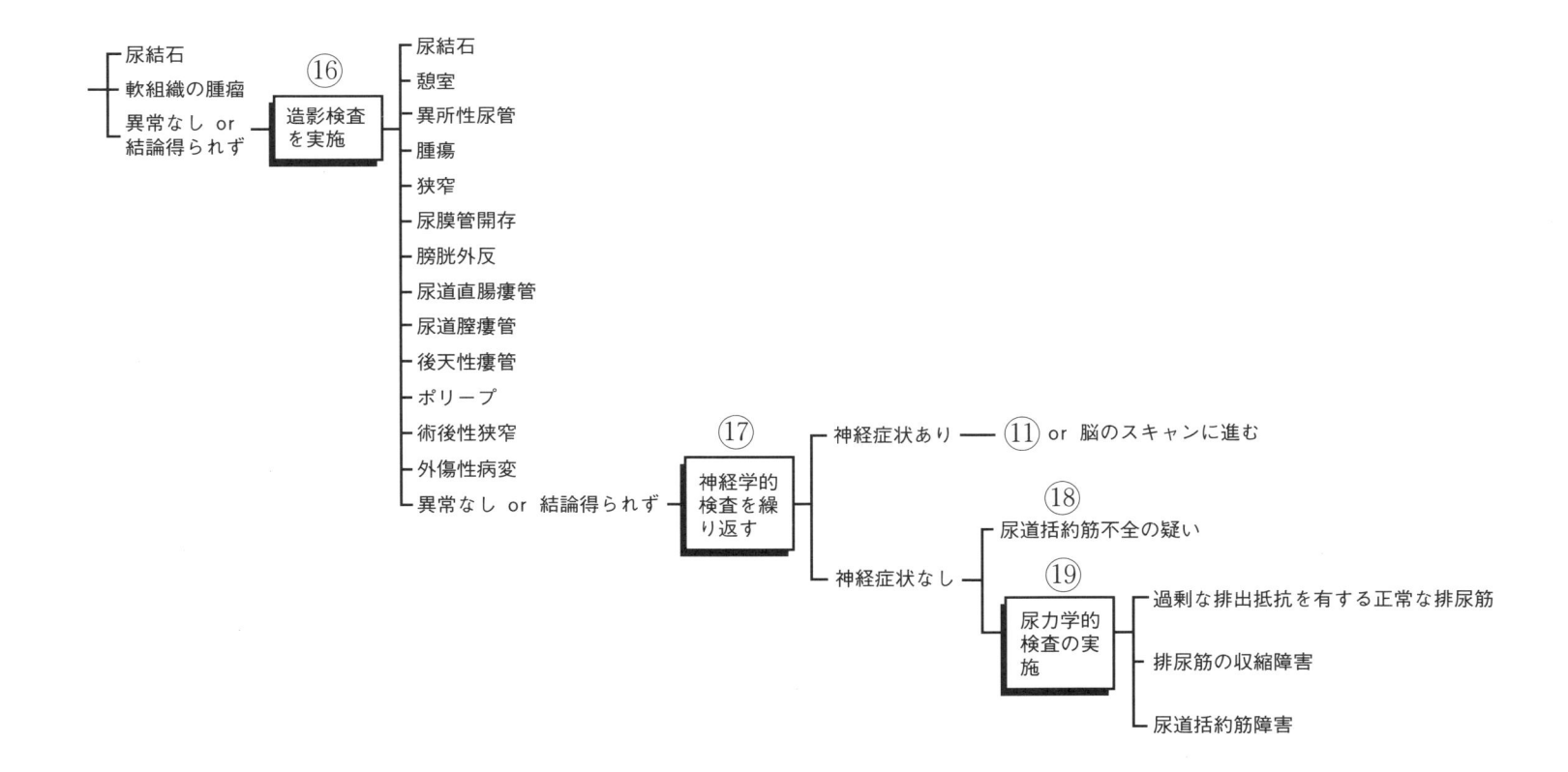

```
                                    ┌─ 尿結石
                                    ├─ 憩室
      ┌─ 尿結石              ⑯      ├─ 異所性尿管
      ├─ 軟組織の腫瘤      ┌─────┐  ├─ 腫瘍
      ├─ 異常なし or     │造影検査│ ├─ 狭窄
      └─ 結論得られず ──│を実施  │─┼─ 尿膜管開存
                        └─────┘  ├─ 膀胱外反
                                    ├─ 尿道直腸瘻管
                                    ├─ 尿道膣瘻管
                                    ├─ 後天性瘻管
                                    ├─ ポリープ
                                    ├─ 術後性狭窄          ⑰
                                    ├─ 外傷性病変      ┌─────┐   ┌─ 神経症状あり ── ⑪ or 脳のスキャンに進む
                                    └─ 異常なし or   │神経学的│   │
                                       結論得られず─│検査を繰│──┤                        ⑱
                                                    │り返す  │   │                  ┌─ 尿道括約筋不全の疑い
                                                    └─────┘   │                  │          ⑲
                                                                │                  │      ┌─────┐  ┌─ 過剰な排出抵抗を有する正常な排尿筋
                                                                └─ 神経症状なし ──┴───│尿力学的│──┤
                                                                                       │検査の実│  ├─ 排尿筋の収縮障害
                                                                                       │施      │  │
                                                                                       └─────┘  └─ 尿道括約筋障害
```

SECTION 4

血液学的疾患

出血ならびに凝固不全

① 特発性あるいは外傷や手術後に長期にわたって起こる出血は，凝固因子の欠損や血管壁の障害，血小板障害が原因で止血障害を起こしていると考えてよい．

② 止血栓子の形成障害が原発性なのか二次性なのかを見きわめるには，十分な病歴聴取と身体一般検査が重要となる．

③ 原発性の止血栓子形成障害としては，(量的あるいは質的な) 血小板の機能障害，フォンヴィレブラント病 (vWD)，一部の脈管疾患などがあげられる．これらの疾患では歯肉や鼻，胃腸管，尿路から原発性の特発性出血が起こる．また点状出血/斑状出血が認められることもある．これらの疾患を評価するには，血小板数と頬側口腔粘膜出血時間の検査が使われる．

④ 二次性の止血栓子形成障害 (凝固不全) は，後天性/先天性の凝固因子の欠損である．症状には，特発性の長期にわたる遅発性出血や血腫形成，出血性関節症，体腔内あるいは深部組織の内出血などがある．血小板数と活性部分トロンボプラスチン時間 (PTT)，一段プロトロンビン時間 (PT) の評価から，内因性，外因性あるいは一般的な凝固回路の欠如に類別される．

⑤ 血小板数やプロトロンビン時間 (PT)，活性部分トロンボプラスチン時間 (PTT) に異常が認められない場合には，血小板の機能を知るために頬側口腔粘膜出血時間を調べる．血小板減少症では，口腔粘膜出血時間の延長が考えられるため，血小板数が正常な場合にだけこの検査を実施する．この検査は感応性が低く，頬側口腔粘膜出血時間が正常だからといって，血小板機能欠如の可能性を除外することはできない．この検査には頬側の粘膜が通常よく使われる．犬の正常頬側口腔粘膜出血時間は，2.62 ± 0.49 分，猫では 1.9 ± 0.5 分である．

⑥ 頬側口腔粘膜出血時間の延長があれば，血小板の機能不全か脈管壁の欠陥が考えられる．血液像と血清生化学検査から，主な原因となる全身性の基礎疾患 (例えば副腎皮質機能亢進症や敗血症，脈管炎) を窺い知ることができる．フォンヴィレブラント病が疑われる場合には，血漿のフォンヴィレブラント因子抗原 (vWF：Ag) の濃度を調べるとよい．

⑦ 一連の凝固機能検査で異常が認められた場合には，特異的因子の欠損や播種性血管内凝固 (DIC)，抗凝固性殺鼠剤中毒などが考えられる．

⑧ プロトロンビン時間 (PT) と活性部分トロンボプラスチン時間 (PTT) は正常で，血小板に減少が認められるのは，初期の播種性血管内凝固 (DIC) か血小板減少症だけである．プロトロンビン時間 (PT) と活性部分トロンボプラスチン時間 (PTT) あるいはそのずれかに延長が認められる場合には，播種性血管内凝固 (DIC) か出血による二次性の血小板消耗が考えられる．著しい出血があって，血小板減少症以外にも考えられるといった場合や全身性疾患がある場合には，フィブリノーゲン分解産物を調べることによって，播種性血管内凝固 (DIC) の診断がつく．ヘパリンの投与や異常フィブリン血症では，フィブリノーゲン分解産物の評価が不正確になる．

⑨ プロトロンビン時間 (PT) だけに延長が認められる場合には，外因性の凝固回路の欠損がが考えられ，特に第VII因子の欠乏が疑われる．第VII因子の半減期は短く，したがってビタミン K の欠乏や拮抗剤 (抗凝固性殺鼠剤など) に対して敏感に働くことになる．抗凝固性殺鼠剤との接触に関しては，検査所で検査が可能である (ビタミン K 拮抗剤誘導による蛋白試験)．

⑩ ビーグルとアラスカン・マラミュートには，遺伝性の第VII因子欠損がある．このため軽度の出血異常が，特に止血系に (例えば手術や外傷などの) ストレスが加わると認められる．

⑪ 市販のフードを食べている犬や猫では，食事性のビタミン K 欠乏の問題はない．しかし慢性の吸収不良 (脂肪同化異常やリンパ液輸送異常) や胆汁閉塞があるとビタミン K 欠乏になることがある．特に経口による抗生物質では，細菌によるビタミン K の生成が阻害されることにもなる．

⑫ 活性部分トロンボプラスチン時間 (PTT) の延長は内因性の凝固回路 (第VIII，IX，XI，XII因子) の異常を意味する．内因性の凝固回路の評価には，活性化凝固時間 (ACT) も使われる．これは初期評価として，病院で迅速に実施できる検査法である．

⑬ フォンヴィレブラント病は，常染色体上での不完全優性遺伝子として遺伝する．軽度から重度の出血が認められる．プロトロンビン時間 (PT) は正常で，活性部分トロンボプラスチン時間 (PTT) は正常の場合もあれば延長することもある．この疾患を確認するには血漿フォンヴィレブラント因子抗原を検査する．

⑭ 第XIII因子の欠損は X 連鎖の劣性形質として遺伝し，多くの犬種や猫種ならびに雑種に認められる．頬側口腔粘膜出血時間は正常であるが，形成された栓子が接着しないこともあり，再出血が起こる．

⑮ 第IX因子は犬と猫では X 連鎖の劣性形質として遺伝する．後天性の第IX因子欠損はヒトでは腎症候群に付随して認められる．

⑯ 第XI因子の欠損は，スプリンガー・スパニエルとグレート・ピレニーズで認められるという報告がある．頬側口腔粘膜出血時間は正常であるが，最初に形成された栓子が接着されないことがあり，再出血が起こることもある．

⑰ 第XII因子の欠損は猫とプードルにみられ，通常症状が現れない準臨床的経過をとる．

⑱ 血小板数が正常で，プロトロンビン時間 (PT) と活性部分トロンボプラスチン時間 (PTT) に延長が認められる場合には，第 I，II，V，X因子など一般的な凝固回路の異常が考えられる．

⑲ 抗凝固系殺鼠剤との接触では，3〜5 日後にプロトロンビン時間 (PT) の延長が観察される．第IX，X，II因子の欠損が進むに連れて，その後頻繁に出血を認めるようになる．血小板数は正常あるいは僅かに減少するのが普通である．

⑳ 重度の急性肝症 (感染性肝炎，脂肪症リピドーシス) では，プロトロンビン時間 (PT) と活性部分トロンボプラスチン時間 (PTT) に延長が認められる．慢性の部分的な代償性肝症では，活性部分トロンボプラスチン時間 (PTT) は僅かに延長するが，プロトロンビン時間 (PT) は正常である．ほとんどの場合，手術や外傷など刺激がなければ，また血小板の量的質的機能が侵されない限りは，出血はない．

㉑ 播種性血管内凝固 (DIC) は，止血に対する過剰な刺激反応で，血小板と凝固因子が消耗する．血小板減少症に次いでプロトロンビン時間 (PT) と活性部分トロンボプラスチン時間 (PTT) の延長とフィブリン分解産物の増加が典型的所見となる．

㉒ 喀血は血液や血液に染まった痰を吐くことをいうが，多くの場合咳に伴って血液を吐き出すという意味にとられている．

■ *出血ならびに凝固不全* ■

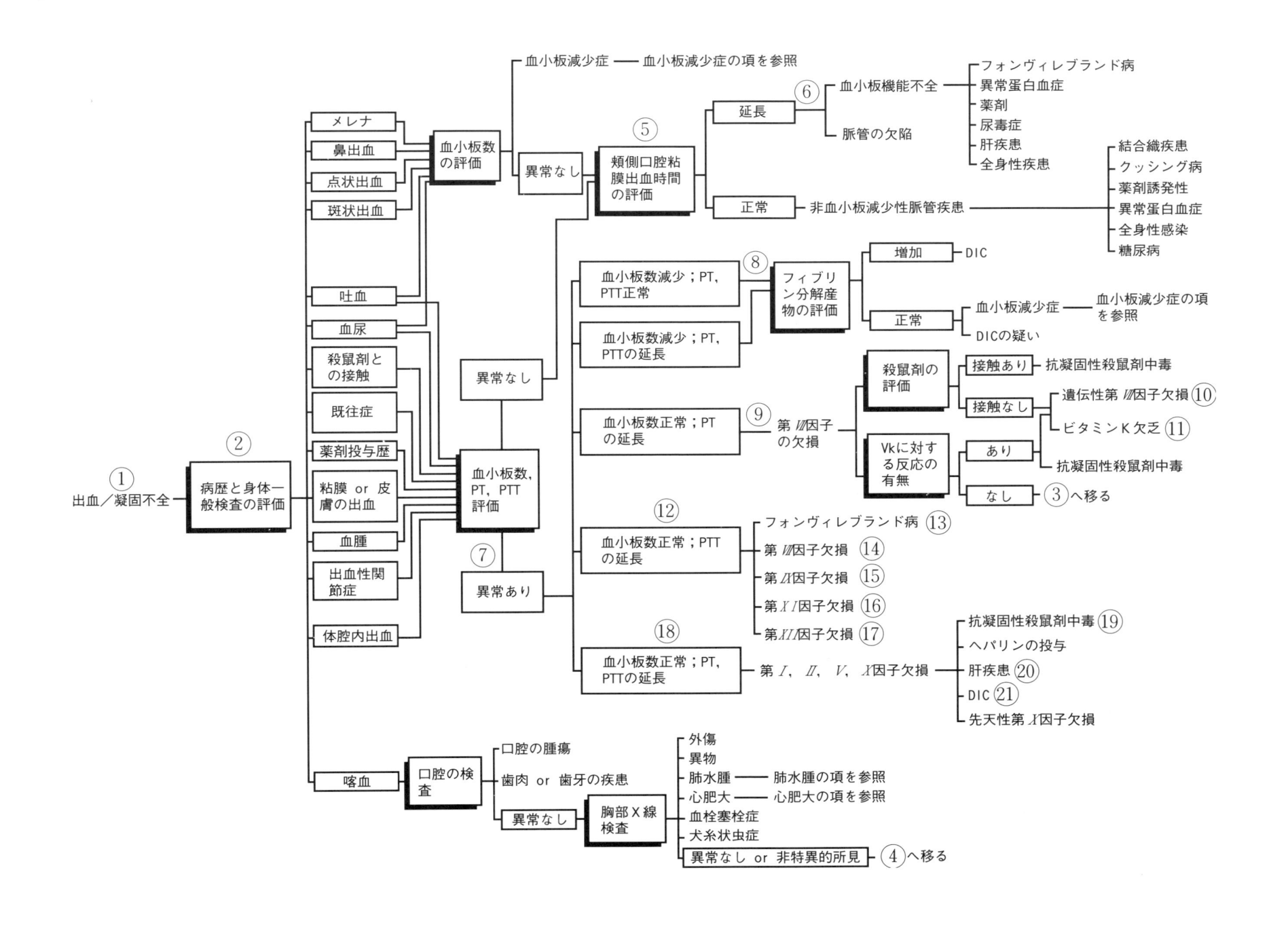

出血／凝固不全 ① → ② 病歴と身体一般検査の評価

症状・所見：
- メレナ
- 鼻出血
- 点状出血
- 斑状出血
- 吐血
- 血尿
- 殺鼠剤との接触
- 既往症
- 薬剤投与歴
- 粘膜 or 皮膚の出血
- 血腫
- 出血性関節症
- 体腔内出血

→ 血小板数の評価
- 血小板減少症 → 血小板減少症の項を参照
- 異常なし → ⑤ 頬側口腔粘膜出血時間の評価
  - 延長 ⑥ → 血小板機能不全
    - フォンヴィレブランド病
    - 異常蛋白血症
    - 薬剤
    - 尿毒症
    - 肝疾患
    - 全身性疾患
  - → 脈管の欠陥
  - 正常 → 非血小板減少性脈管疾患
    - 結合織疾患
    - クッシング病
    - 薬剤誘発性
    - 異常蛋白血症
    - 全身性感染
    - 糖尿病

→ 血小板数，PT，PTT 評価
- 異常なし
- 異常あり ⑦
  - 血小板数減少；PT, PTT正常 → ⑧ フィブリン分解産物の評価
    - 増加 → DIC
    - 正常 → 血小板減少症 → 血小板減少症の項を参照
    - DICの疑い
  - 血小板数減少；PT, PTTの延長
  - 血小板数正常；PTの延長 ⑨ → 第VII因子の欠損
    - 殺鼠剤の評価
      - 接触あり → 抗凝固性殺鼠剤中毒
      - 接触なし → 遺伝性第VII因子欠損 ⑩
    - Vkに対する反応の有無
      - あり → ビタミンK欠乏 ⑪
      - あり → 抗凝固性殺鼠剤中毒
      - なし → ③ へ移る
  - 血小板数正常；PTTの延長 ⑫
    - フォンヴィレブランド病 ⑬
    - 第VIII因子欠損 ⑭
    - 第IX因子欠損 ⑮
    - 第XI因子欠損 ⑯
    - 第XII因子欠損 ⑰
  - 血小板数正常；PT, PTTの延長 ⑱ → 第 I, II, V, X 因子欠損
    - 抗凝固性殺鼠剤中毒 ⑲
    - ヘパリンの投与
    - 肝疾患 ⑳
    - DIC ㉑
    - 先天性第 X 因子欠損

- 喀血 → 口腔の検査
  - 口腔の腫瘍
  - 歯肉 or 歯牙の疾患
  - 異常なし → 胸部X線検査
    - 外傷
    - 異物
    - 肺水腫 → 肺水腫の項を参照
    - 心肥大 → 心肥大の項を参照
    - 血栓塞栓症
    - 犬糸状虫症
    - 異常なし or 非特異的所見 → ④ へ移る

リンパ節症

① リンパ節症は，末梢あるいは内部リンパ節の限局性あるいはび漫性腫脹をいう．リンパ節の腫大は，正常細胞の増殖（反応性リンパ節症）あるいは炎症細胞（リンパ腺炎）や腫瘍細胞（原発性リンパ様腫瘍あるいは転移性腫瘍）の浸潤が原因する．本症は良性の場合もあれば悪性の場合もある．

② 一部の感染症（例えば，リーシュマニア症，サケ中毒，ペスト，真菌症など）では，地理的分布状態から見きわめる．したがって旅行歴が重要となる．さらにリンパ節症を示す一部の疾患（例えばロッキー山紅斑熱）では季節性の分布を示すものがある．猫や犬のなかにはワクチン接種直後に全身性の活性リンパ節症を示すものもいる．皮膚病や局所性感染（膿瘍や歯根膜疾患，爪周囲炎）では，活性リンパ節過形成が起こる．子犬で特に頭や頸のリンパ節から膿性の排出が認められる場合には，リンパ節炎（幼犬腺疫）を疑う必要がある．これはステロイド反応性の疾患で，免疫介在性が疑われている．リンパ節症に併せて著しい臨床症状が認められる場合には，リンパ腫よりも全身性の感染症の方が疑われる．

③ あらゆる体表リンパ節を触診することによって，リンパ節症の特徴が限局性なのか領域性なのか全身性なのかが分かる．領域性あるいは限局性のリンパ節症では，原発病巣はおそらく侵されたリンパ節から排出する領域にあると思われる．深部（腹腔内あるいは胸腔内）の孤立性あるいは領域性リンパ節症は，一般的には転移性腫瘍か全身性感染症である．犬と猫の全身性リンパ節症では，ほとんどの場合全身性の真菌感染症かリケッチア感染症あるいは造血性腫瘍，特発性リンパ節過形成が認められる．著しいリンパ節症（リンパ節が通常の大きさの5〜10倍）では，閉鎖的なリンパ節炎ならびにリンパ腫がおおむね認められる．リンパ節炎でのリンパ節は，柔らかく，脆く，熱感を帯び，周囲組織に密着していることがあり，したがって固定されたリンパ節症といえる．

④ 診断の第一歩は，腫脹した1つあるいは複数のリンパ節の針吸引である．体表リンパ節の吸引はさほど難しいものではない．腹腔内リンパ節や胸腔内リンパ節の針吸引では，外科的準備と適切な保定（通常は鎮静）が必要となる．一般的には超音波誘導が勧められる．22〜25ゲージの針を使って，吸引の際に数回リンパ節内に差し込む．リンパ節から針を抜く際には吸引はしないよう注意する．注射器から針を外して，空気を6〜8ml吸ってから再度針を装着し，綺麗なスライドグラスの上に空気を押し出しながら細胞を乗せる．スライドを風乾し，染色した後細胞学的評価に付し，活性リンパ節症，炎症性リンパ節症，腫瘍性リンパ節症の判別をする．吸引前にグルココルチコイドの投与を行うとリンパ腫の診断が比較的難しくなるため注意する必要がある．

⑤ 当初の吸引で診断が得られなかった場合には，再度吸引を図るか，⑥に進む．

⑥ 特に全身性のリンパ節症では，血液像と血清生化学検査によって，炎症性疾患の徴候か腫瘍性疾患の徴候かの評価が可能となる．好中球性白血球増加や左方移動，単球増加症など全身性炎症を示唆する変化が血液像から一部得られることもある．時には，血液やバフィーコートの塗沫から感染微生物（ヒストプラズマ，トリパノゾーマ，バベシア）が見つかることもある．リンパ節症に付随して高カルシウム血症が認められる場合には，犬ではリンパ腫やごくまれではあるが多発性骨髄腫，良性の上皮小体腫瘍，ブラストミコーシスが考えられる．また猫ではリンパ腫や扁平上皮癌，線維肉腫，ごくまれに骨髄腫，良性上皮小体腫瘍が考えられる．血清生化学的検査で高グロブリン血症が認められる場合には，それが単クローン性なのか多クローン性なのかを見きわめる必要がある．もし単クローン性であれば，多発性骨髄腫や慢性リンパ球性白血病，リンパ腫，エールリヒア症（犬），リーシュマニア症が考えられる．高グロブリン血症が多クローン性であれば，全身性の真菌症，猫伝染性腹膜炎（FIP），エールリヒア症，リンパ腫などの可能性がある．猫のリンパ節症では少なくとも，猫白血病ウイルスと猫免疫不全ウイルスの状況を調べておく必要がある．

⑦ 特発性リンパ腺症症候群（特異的末梢リンパ節過形成）が，一部の猫白血病ウイルス陽性猫と猫免疫不全ウイルス陽性猫に認められることが報告されている．猫によって，リンパ節症以外に臨床症状を示さないものもあれば，様々な臨床症状を示すものもある．症状が改善されても再発をみる場合もあれば，リンパ腫に進行する場合もある．

⑧ 血液像と生化学的検査の結果が正常あるいは特定されない場合や軽度の貧血あるいは血小板減少が認められる場合には，地域流行性の感染症について検討する．これらの感染症としては，エールリヒア症，ロッキー山紅斑熱，ブラストミセス症，コクシジオイデス症，ヒストプラズマ症，クリプトコッカス症などがある．症例によっては血清学的検査が有効となる．一部の疾患では，組織病理学的検査や細胞学的検査，特殊培養検査が重要となる．

⑨ 感染症が評価されない場合や高カルシウム血症，高グロブリン血症，リンパ球増加症が認められる場合には，リンパ節の生検（⑧）と骨髄の吸引，あるいはその何れかを実施し，造血性腫瘍や全身性感染症（エールリヒア症）を検討する．リンパ節の生検と骨髄の吸引の選択は，臨床症状に応じて行う．骨髄吸引の際，犬によっては鎮静剤投与と局所麻酔下で実施することになる．

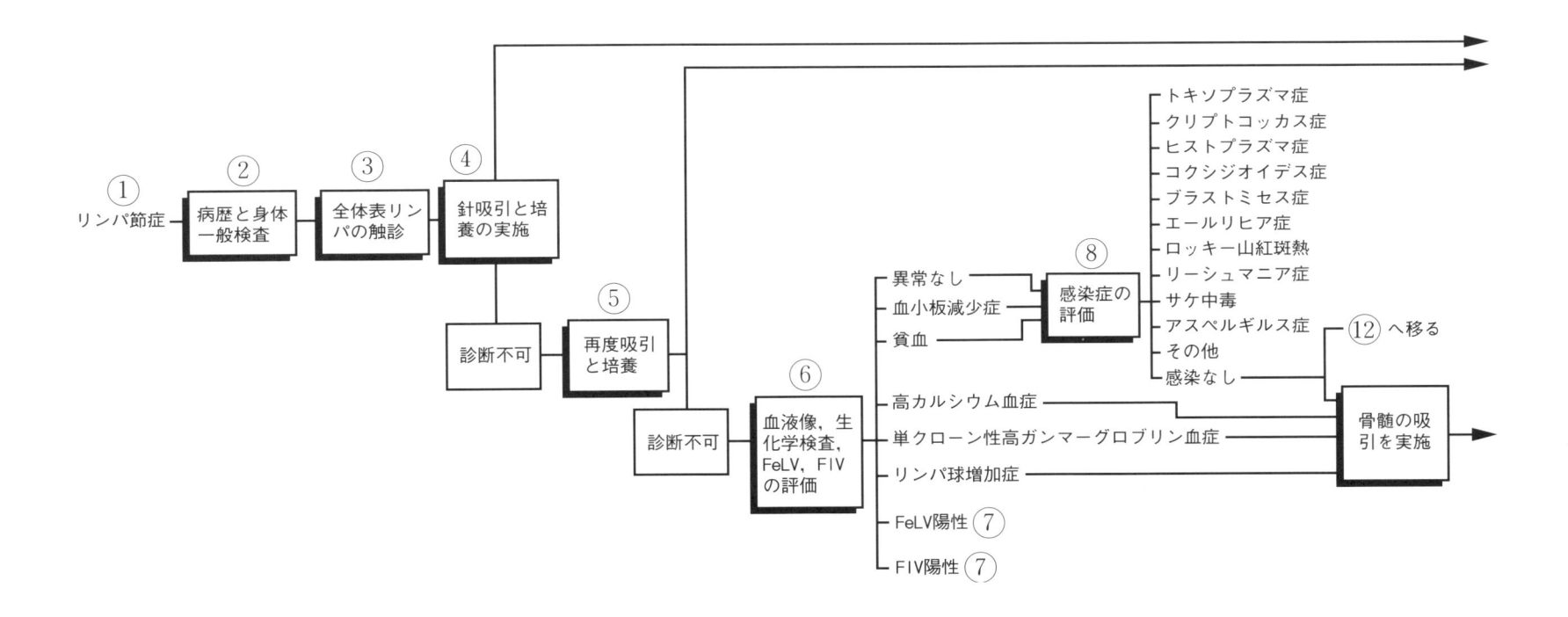

■ リンパ節症 ■

① リンパ節症
② 病歴と身体一般検査
③ 全体表リンパの触診
④ 針吸引と培養の実施
　→ 診断不可 → ⑤ 再度吸引と培養
　　→ 診断不可 → ⑥ 血液像，生化学検査，FeLV，FIVの評価
　　　- 異常なし ┐
　　　- 血小板減少症 ┤→ ⑧ 感染症の評価
　　　- 貧血 ┘
　　　　- トキソプラズマ症
　　　　- クリプトコッカス症
　　　　- ヒストプラズマ症
　　　　- コクシジオイデス症
　　　　- ブラストミセス症
　　　　- エールリヒア症
　　　　- ロッキー山紅斑熱
　　　　- リーシュマニア症
　　　　- サケ中毒
　　　　- アスペルギルス症
　　　　- その他
　　　　- 感染なし → ⑫ へ移る
　　　- 高カルシウム血症
　　　- 単クローン性高ガンマーグロブリン血症
　　　- リンパ球増加症
　　　　→ 骨髄の吸引を実施
　　　- FeLV陽性 ⑦
　　　- FIV陽性 ⑦

■ リンパ節症 ■

⑩ 造血性腫瘍の診断は，骨髄吸引による細胞学的検査かリンパ節の生検によってなされる．この造血性腫瘍には，白血病，リンパ腫，多発性骨髄炎，悪性組織球増加症，全身性肥満細胞腫などがある．

⑪ 骨髄吸引やリンパ節生検によって，造血性腫瘍よりもむしろ炎症過程が示唆された場合には，地方性の感染症や旅行先で認められる風土病についての検査を実施する．この検査としては，血清学的検査（コクシジオイデス症，クリプトコッカス症，エールリヒア症，ロッキー山紅斑熱，バベシア病，トキソプラズマ病などに最適）やリンパ節の組織病理学的検査，特殊な微生物に対する特殊組織染色（例えば，異型ミコバクテリア，ノカルジア属，アクチノミセス属，），特殊培養検査などが実施される．

⑫ まず骨髄吸引による細胞学的検査と感染症に対する検査を実施して異常がなければ，次の段階としてリンパ節の生検を行う．リンパ節の構造を残すためには，針生検などよりも問題のあるリンパ節を切除して調べる方が望ましい．全身性のリンパ節症であれば，膝下リンパ節は採りやすいため，通常この部位を切除する．

⑬ ウイルスによる犬のリンパ節症はまれであるが，犬伝染性肝炎やヘルペスウイルス，ウイルス性腸疾患などで認められる．猫では猫伝染性腹膜炎ウイルスや猫免疫不全ウイルス，猫白血病ウイルスがリンパ節症の原因として知られている．

⑭ 限局性のリンパ節症では，限局性細菌感染（蜂巣炎）が原因する場合が多い．これは適切な治療が施されれば回復する．

また，細菌感染によって全身性のリンパ節症を起こすことがある（腺疫）．その他リンパ節症の原因となる細菌には，コリネバクテリア属，ブルセラ属，ミコバクテリア属，アクチノミセス属（放線菌），ノカルジア属，ペスト菌（*Yersinia pestis*, 猫），野兎病菌（*Francisella tularensis*）などがある．

⑮ 叢状性血管新生は，3〜14歳齢の猫の頸リンパ節や鼠徑リンパ節に孤立性にみられるまれな疾患である．通常リンパ節の腫脹以外には臨床症状はない．組織学的には，濾胞内組織が細毛細血管溝の叢状増殖によって置き換えられてリンパ節の萎縮が認められるという特徴がある．

■ リンパ節症 ■

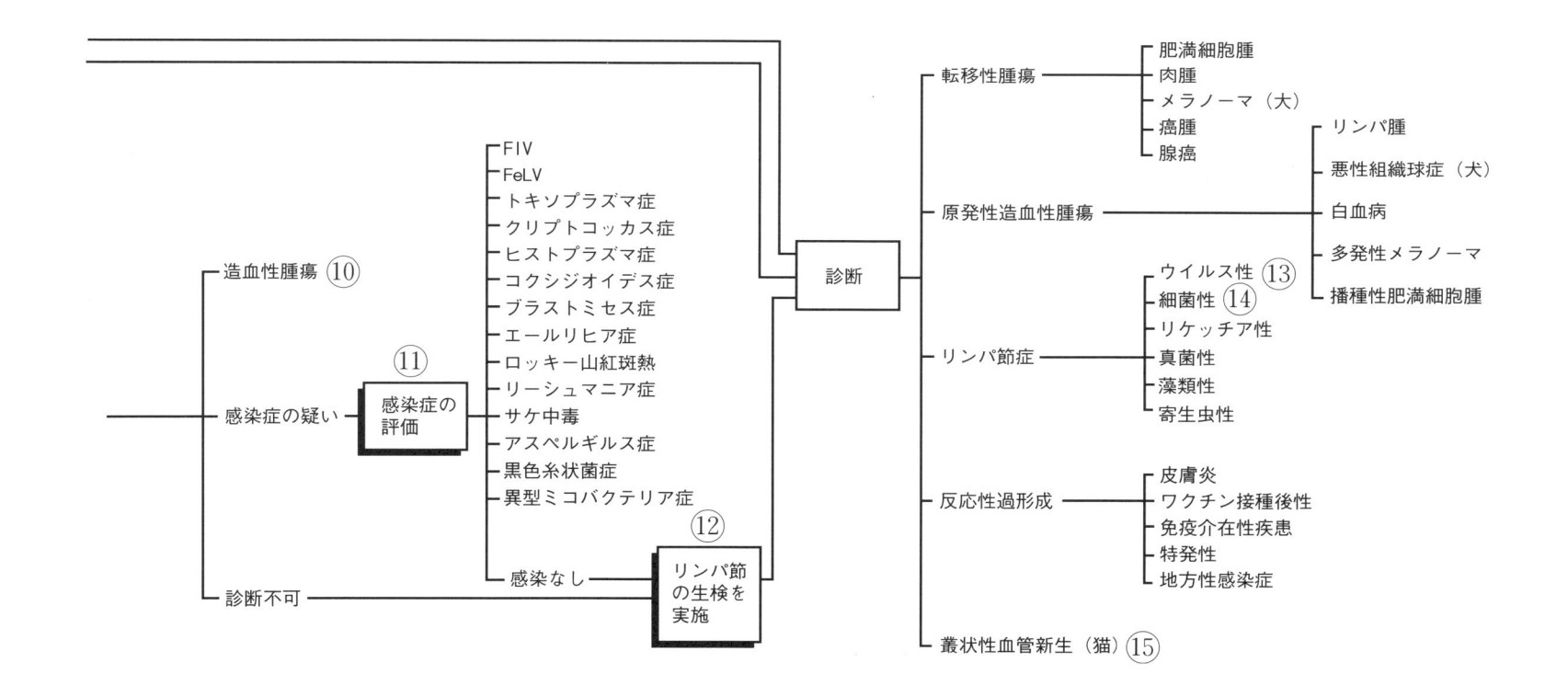

- 造血性腫瘍 ⑩
- 感染症の疑い ── 感染症の評価 ⑪
  - FIV
  - FeLV
  - トキソプラズマ症
  - クリプトコッカス症
  - ヒストプラズマ症
  - コクシジオイデス症
  - ブラストミセス症
  - エールリヒア症
  - ロッキー山紅斑熱
  - リーシュマニア症
  - サケ中毒
  - アスペルギルス症
  - 黒色糸状菌症
  - 異型ミコバクテリア症
  - 感染なし ── リンパ節の生検を実施 ⑫
- 診断不可

診断
- 転移性腫瘍
  - 肥満細胞腫
  - 肉腫
  - メラノーマ（大）
  - 癌腫
  - 腺癌
- 原発性造血性腫瘍
  - リンパ腫
  - 悪性組織球症（犬）
  - 白血病
  - 多発性メラノーマ
  - 播種性肥満細胞腫
- リンパ節症
  - ウイルス性 ⑬
  - 細菌性 ⑭
  - リケッチア性
  - 真菌性
  - 藻類性
  - 寄生虫性
- 反応性過形成
  - 皮膚炎
  - ワクチン接種後性
  - 免疫介在性疾患
  - 特発性
  - 地方性感染症
- 叢状性血管新生（猫）⑮

脾　腫

① 脾腫とは，脾臓の腫大を意味し，限局性（脾臓内部の腫瘤）の場合もあれば，び漫性（髄外造血による腫大）の場合もある．犬では限局性脾腫（通常は腫瘤病変）が比較的よく認められ，猫ではび漫性疾患で比較的多く認められる傾向がある．脾腫は多くの疾患の過程で，その結果として認められることもあるが，また一方では正常なものとしてそれぞれの動物で認められることもある．一部の動物（フェレット）や犬種（バセット・ハウンド）では，隆起した脾臓を認めるものもある．当然脾臓が大きくなり過ぎれば腹部の膨満や体壁を通して腫瘤部位に触れることもあるが，脾腫が目立って分かるということは滅多にない．

② 身体一般検査や腹部画像検査で脾腫を認める動物では，嗜眠，脱力，食欲不振，多尿多渇，下痢などの不特定症状を示す傾向がある．これは原発性の脾臓疾患（腫瘤や捻転）でも全身性疾患（自己免疫性溶血性貧血，敗血症，白血病，子宮蓄膿症）による二次性の脾臓腫大でも認められる．全身性疾患による脾腫の臨床症状は，基礎疾患によって異なる．病歴を再検討することによって，薬物に起因すると思われる脾腫が浮かび上がってくることがある．薬物によっては脾臓の静脈を拡張させうっ血を起こす場合がある．

③ 脾腫を起こす薬剤には，麻酔に使われるバルビツレイト（チオペンタール）や鎮痙剤（フェノバルビタール）鎮静剤（フェノチアジン）などがある．何れの薬剤も脾臓の血管を拡張させ血液を貯留させる働きがある．

④ 病歴を再検討することによって，脾腫の原因や脾腫をもたらす既往症が分かってくることがある（自己免疫性溶血性貧血，心内膜炎，赤血球寄生疾患，白血病）．

⑤ 身体一般検査によって，脾腫が見つかることがよくあり，また限局性肥大とび漫性の肥大を見分けることができる．これは必ずしもすべての動物に当てはまるわけではない（例えば肥満した動物やきわめて胸の深い犬では，脾臓のほとんどが胸郭内に位置するため）．また身体一般検査によって腹腔内体液が見つかることがある．この場合には脾臓の腫瘤が破裂していることが示唆される．診断機器や飼主の経済性に限界がある場合には，この身体一般検査は重要となる．腫瘤の触知によって，検査室所見と胸部Ｘ線検査に続く外科的診査が示唆されることになる．また身体一般検査によって，脾腫をもたらす全身性疾患（自己免疫性溶血性貧血や赤血球寄生性疾患での粘膜の蒼白や黄疸，様々な感染性疾患に伴う発熱，椎間板脊椎炎による背痛，細菌性心内膜炎による心雑音など）がさらに明らかになる．

⑥ び漫性の脾腫の場合には，検査室所見や超音波所見，その他の画像検査所見，可能であれば脾臓穿刺吸引による細胞学的所見などによって，基礎疾患をさらに幅広く評価する必要がある．

⑦ 一般状態やその他の臓器の関与性，手術の適応性を見きわめるために，この時点で最低限の情報（血液像，生化学検査所見，猫では猫白血病ウイルス／猫免疫不全ウイルス検査所見）を得ておく必要がある．得た情報が直接診断に結びつかないことも多い．しかし時には，血液像が診断に結びつくこともある（例えば，末梢血の塗沫標本で腫瘍細胞や赤血球寄生性疾患が見つかることがある）．複数の原因によって脾腫が起こることもあるため注意が必要である（例えば猫白血病ウイルス陽性の猫では，脾臓に造血性あるいは腫瘍性浸潤が認められ，同時に免疫抑制のために赤血球内に *Haemobartonella felis* が認められるということもある）．また生化学検査所見からも脾腫の基礎原因に関する情報がさらに得られる可能性がある．例えば貧血の有無いかんにかかわらず，高ビリルビン血症とビリルビン尿が認められる場合には，免疫介在性溶血性貧血やその他の赤血球破壊要素あるいは脾臓の腫瘤や脾捻転などが，脾腫の主要な基礎原因として示唆される．このような場合には，Ｘ線検査や腹部の超音波検査が必要となる．

⑧ 腹部の画像検査によって，脾臓の腫大が限局性なのかび漫性なのか，腹腔内体液の有無，他に問題（例えば他所の腫瘤，胃捻転の併発など）がないのか，といったことが分かる．Ｘ線検査では多くの場合，び漫性の脾臓腫大や限局性の腫瘤，同時に脾臓の捻転を見きわめることができる．脾臓の実質を調べるには超音波検査が必要となる（例えば外側の皮膜に歪みを示さないような脾臓内の腫瘤や超音波で浸潤性疾患を疑わせる変化が見られるようなび漫性の脾臓腫大の場合）．腹部の超音波検査も腹腔内の他の臓器の異常（脾臓の腫瘤から転移した肝臓病変，リンパ節症，少量の腹腔内体液など）の有無を見きわめるには有効である．脾臓全体の捻転や部分捻転を調べるには，腹部超音波検査の方がＸ線検査よりも分かりやすい．

⑨ 脾捻転の診断は，Ｘ線検査でも超音波検査でも難しい．臨床的にはかなり非特異的症状が認められ，病状によっては突然死の危険性がある．したがって，症例の概要がそれに合致する場合（例えば大型あるいは超大型犬種）やその他の脾腫の原因が除外された場合には，その他の診断的検査をする意味で，腹部の外科的診査が勧められる．

⑩ 限局性の腫瘤病変がある場合には，組織学的検査のために脾臓切除と組織の針吸引による組織病理学的評価が勧められる．脾臓の腫瘤は，うまく剥脱されていないことが多いため，確定診断（血腫や肉芽腫，膿瘍などの良性病変と血管肉腫や線維肉腫，平滑筋肉腫などの悪性病変を確認する場合）には切除生検の方が望ましい．また，吸引の際に腫瘍細胞が腹腔内に脱落し転移につながる危険性を少なくする意味でもよい．

⑪ 腹腔内に遊離体液がある場合には，腹腔穿刺が必要となる．血液が観察されたら，血管肉腫の破裂やその他の脾臓の悪性腫瘍が考えられる．外科的開腹術が必要となる．

⑫ 限局性の異常部位を吸引する際や確実に脾臓を吸引するために，脾臓の針生検では超音波による誘導を必要とする場合がある．特にび漫性の脾臓腫大や明らかに腫瘤や空洞形成がない場合には，脾臓の針生検での禁忌はほとんどない．血小板減少症と明らかな出血傾向が認められる場合には，注意を要する．細い（22～25ゲージ）針の使用を勧める．

■ 脾　　腫 ■

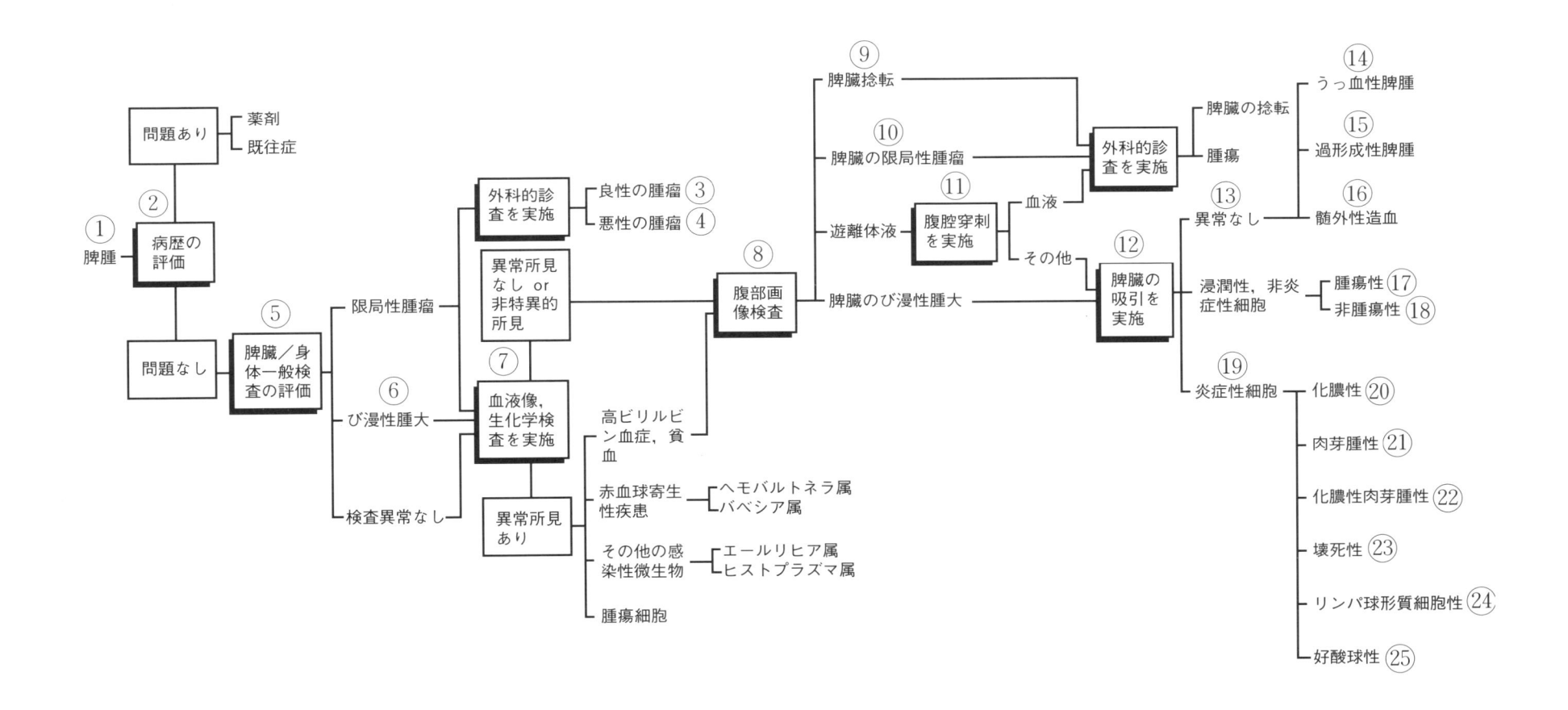

- ① 脾腫
- ② 病歴の評価
  - 問題あり
    - 薬剤
    - 既往症
  - 問題なし
- ⑤ 脾臓／身体一般検査の評価
  - 限局性腫瘤
    - 外科的診査を実施
      - 良性の腫瘤 ③
      - 悪性の腫瘤 ④
    - 異常所見なし or 非特異的所見
  - ⑥ び漫性腫大
  - 検査異常なし
- ⑦ 血液像，生化学検査を実施
  - 高ビリルビン血症，貧血
  - 異常所見あり
    - 赤血球寄生性疾患
      - ヘモバルトネラ属
      - バベシア属
    - その他の感染性微生物
      - エールリヒア属
      - ヒストプラズマ属
    - 腫瘍細胞
- ⑧ 腹部画像検査
  - ⑨ 脾臓捻転
  - ⑩ 脾臓の限局性腫瘤
    - 外科的診査を実施
      - 脾臓の捻転 → うっ血性脾腫 ⑭
      - 腫瘍 → 過形成性脾腫 ⑮
  - 遊離体液
    - ⑪ 腹腔穿刺を実施
      - 血液
      - その他
  - 脾臓のび漫性腫大
    - ⑫ 脾臓の吸引を実施
      - ⑬ 異常なし → 髄外性造血 ⑯
      - 浸潤性，非炎症性細胞
        - 腫瘍性 ⑰
        - 非腫瘍性 ⑱
      - ⑲ 炎症性細胞
        - 化膿性 ⑳
        - 肉芽腫性 ㉑
        - 化膿性肉芽腫性 ㉒
        - 壊死性 ㉓
        - リンパ球形質細胞性 ㉔
        - 好酸球性 ㉕

■ 脾　腫 ■

⑬　脾臓の吸引によって細胞学的な異常が認められない場合や細胞成分の過形成塊が認められた場合には，脾臓内の血液貯留（うっ血）や過形成，髄外造血などが考えられる．

⑭　脾臓のうっ血の原因には，薬剤や脾臓の捻転，門脈圧亢進（後天性の肝硬変に続発するもの，あるいは先天性の肝性短絡によるもの），脾静脈塞栓症，心疾患などがある．

⑮　脾臓の過形成は，（慢性心内膜炎，椎間板脊椎炎，ブルセラ症，溶血性疾患，全身性紅斑性狼瘡などに付随して），循環系内での血液－骨抗体反応と抗原－抗体複合体形成反応の結果として起こると考えられている．抗原と抗原抗体複合体によって，細胞内に異物を含む細胞や細胞表面に抗原をもつ細胞の貪食作用など脾臓の活性化が亢進的に刺激されることになる．場合によっては，脾臓の吸引標本で脾臓の大食細胞に赤血球が貪食されている像が認められることがある．脾臓の吸引標本では，網内系のリンパ様成分や細胞の増加が観察されることは比較的多い．

⑯　髄外造血は，残存していた脾臓の造血機能が再び活動した場合に観察され，これは赤血球産生の要求が過剰になったときや骨髄に機能不全が起こったときのいずれかに認められ，脾臓が赤血球と白血球ならびに血小板を作り始める．これは猫よりも犬でよく認められるものである．

⑰　犬と猫では，非腫瘍性の脾臓浸潤よりも腫瘍性の浸潤の方が多い．これは犬でも猫でもび漫性の脾腫の原因として最もよく認められるものである．腫瘍性の浸潤性疾患は，原発性の腫瘍による場合もあれば，比較的全身性の腫瘍に伴う浸潤（例えば肥満細胞症やプラズマ細胞性骨髄腫，悪性組織細胞症，急性白血病，慢性白血病，リンパ腫など）によって起こる場合もある．脾臓が転移性腫瘍の場になることはまれである．

⑱　非腫瘍性浸潤は，リンパ腫様肉芽腫症（犬），過好酸球増加症候群（猫）ならびにアミロイドーシスなどで認められる．

⑲　限局性の膿瘍や肉芽腫は別として，炎症性浸潤でもび漫性の脾臓腫大を認めることがある．一般的に炎症性浸潤を起こす疾患は，感染症か肉芽腫性疾患かの何れかである．病気の期間（急性，亜急性，慢性）によって分類されることもあれば，主となる浸潤細胞によって分けることもある．

⑳　化膿性の浸潤は好中球性で，通常急性症状を示す．脾臓の化膿性浸潤の原因は，全身性の感染症であり，敗血症や細菌性心膜炎，犬の急性アデノウイルス感染（犬伝染性肝炎），トキソプラズマ，異物などがある．

㉑　脾臓の肉芽腫性浸潤では，大食細胞やリンパ球，多核巨細胞が細胞学的検査で観察され，慢性炎症を示す場合が最も多い．ヒストプラズマ症やミコバクテリア感染症，リーシュマニア症などが原因となる．

㉒　脾臓の化膿性肉芽腫性浸潤では，好中球性炎症と肉芽腫性炎症の併発が細胞学的検査で認められ，これらはブラストミセス症やスポロトリックス症，猫伝染性腹膜炎ウイルス感染症などで観察される．

㉓　脾臓の細胞学的検査で，壊死組織と細胞残屑が優先的に認められる場合には，基礎疾患として脾捻転，中心部に壊死巣をもつ脾臓の大きな腫瘍，急性犬アデノウイルス感染症，サルモネラ感染症などの症状に一致する．

㉔　慢性犬アデノウイルス感染症や慢性エールリヒア症，子宮蓄膿症，ブルセラ症，ヘモバルトネラ症ではリンパ球とプラズマ細胞が認められる．

㉕　好酸球性胃腸炎／肝炎と過好酸球増加症候群（猫）では，好酸球の浸潤が観察される．

■ 脾　腫 ■

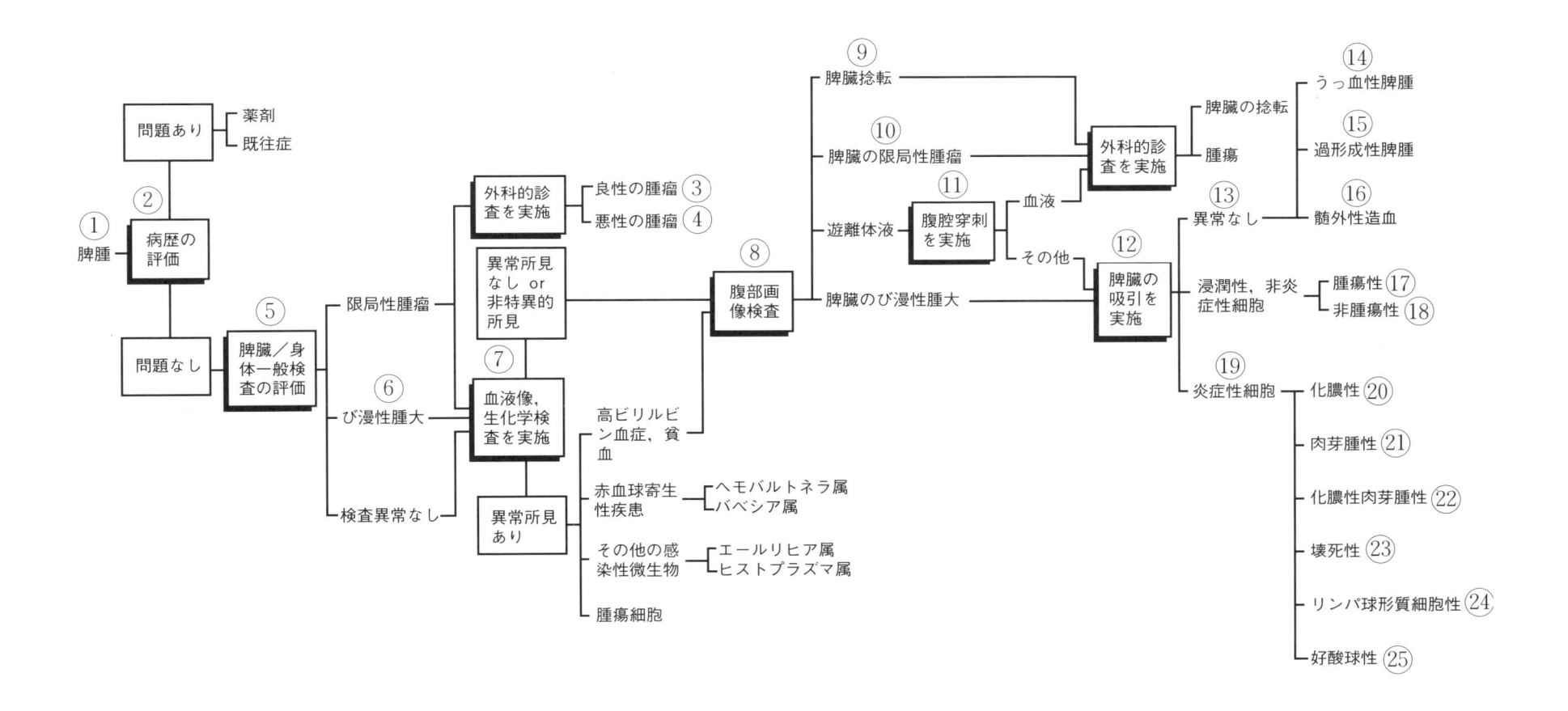

- ① 脾腫
- ② 病歴の評価
  - 問題あり
    - 薬剤
    - 既往症
  - 問題なし
- ⑤ 脾臓／身体一般検査の評価
  - 限局性腫瘤
    - 外科的診査を実施
      - 良性の腫瘤 ③
      - 悪性の腫瘤 ④
    - 異常所見なし or 非特異的所見
  - ⑥ び漫性腫大
  - 検査異常なし
- ⑦ 血液像, 生化学検査を実施
  - 高ビリルビン血症, 貧血
  - 赤血球寄生性疾患
    - ヘモバルトネラ属
    - バベシア属
  - その他の感染性微生物
    - エールリヒア属
    - ヒストプラズマ属
  - 腫瘍細胞
- ⑧ 腹部画像検査
  - ⑨ 脾臓捻転
  - ⑩ 脾臓の限局性腫瘤
    - 外科的診査を実施
      - 脾臓の捻転
      - 腫瘍
  - 遊離体液
    - ⑪ 腹腔穿刺を実施
      - 血液
      - その他
  - 脾臓のび漫性腫大
    - ⑫ 脾臓の吸引を実施
      - ⑬ 異常なし
        - ⑭ うっ血性脾腫
        - ⑮ 過形成性脾腫
        - ⑯ 髄外性造血
      - 浸潤性, 非炎症性細胞
        - 腫瘍性 ⑰
        - 非腫瘍性 ⑱
      - ⑲ 炎症性細胞
        - 化膿性 ⑳
        - 肉芽腫性 ㉑
        - 化膿性肉芽腫性 ㉒
        - 壊死性 ㉓
        - リンパ球形質細胞性 ㉔
        - 好酸球性 ㉕

再生性貧血

① 貧血の特徴としては，充填赤血球容積（PCV）と赤血球数，ヘモグロビン濃度の減少があげられる．これによって血液の酸素運搬能が低下することになる．まず初めに，補正された網状赤血球数と網状赤血球産生指数（RPI）の計算値ならびに赤血球の形態学的評価をもとに，貧血が再生性か非再生性かを見きわめる必要がある．

② 再生性貧血の特徴は，網状赤血球数が60,000～500,000/μlとされている．網状赤血球の百分率に赤血球数を乗じると網状赤血球数が計算できる．正常の網状赤血球百分率は総赤血球数の1%である．再生性貧血ではこの値は増加するため，もし貧血状態であれば補正する必要がでてくる．補正は，網状赤血球産生指数（RPI）と網状赤血球の成熟状態ならびに骨髄からの放出時間に基づいて行われる．網状赤血球産生指数（RPI）は，網状赤血球百分率×PCV（Hb）値÷平均PCV（あるいはHb）値で得られた数値を補正係数で割って求める．

　　　PCVが45%＝補正係数1
　　　PCVが35～44%＝補正係数1.5
　　　PCVが25～34%＝補正係数2
　　　PCVが15～24%＝補正係数2.5

犬で網状赤血球産生指数（RPI）が2.5以上の場合には，再生性と考えられる．猫ではこの値は低い（RPIは1～1.5）．多染性赤血球と平均赤血球容積（MCV），平均赤血球ヘモグロビン濃度（MCHC）は，再生性の徴候としてはやや信頼性が低い．

③ 非再生性貧血では，網状赤血球数は60,000/μl以下であり，網状赤血球産生指数（RPI）は2.5以下である．非再生性貧血は，骨髄で赤血球が適正に産生されていないことを示している．他の細胞成分（血小板，好中球）にも異常を認めることがある．

④ 再生性貧血の場合には，血液の喪失（出血）あるいは溶血の何れかが原因となる．次の段階では，血漿中の蛋白濃度を調べる．溶血性疾患では，赤血球の選択的破壊があり，血漿蛋白濃度には異常はない．脈管腔から血液が失われた場合には，循環容量を回復させようとして数時間のうちに体液の置換が起こる．したがって血漿蛋白は希釈されることになる．内出血にくらべ，外出血の方が比較的重度の低蛋白血漿になることが多い．

⑤ 重度の低リン酸血症（< 2mg/dl）では，血管内溶血を認めることがある．低リン酸血症はまれではあるが，糖尿病性ケトアシドーシスの治療や全非経口的栄養，リン酸塩結合剤の過剰使用などに伴って認められる．

⑥ 赤血球が破壊されると，ヘモグロビン血症（通常は血管内溶血），ヘモグロビン尿，高ビリルビン血症を認めることがある．高ビリルビン血症は溶血と内出血の両方で起こることがあり，ヘモグロビン異化率が肝の色素処理能力を越えることになる．ヘモグロビン異化作用は，内出血よりも溶血性疾患の方が一般的に高い．したがって溶血の方が高ビリルビン血症になりやすい．

⑦ 溶血が認められる場合には，赤血球を形態学的に観察し，球状赤血球，ハインツ小体，赤血球大小不同症などを調べる．

⑧ ヘム鉄の完全な酸化によってメトヘモグロビンが産生され，赤血球の酸素運搬が阻害されたり減少したりする．こうなると歯肉のチアノーゼや呼吸困難が認められ，血液が空気（酸素）に触れると褐色化する．猫ではベンゾカインを含むクリーム剤やスプレー剤，アセトアミノフェン（チレノール），フェナゾピリジン（尿路鎮痛剤）などによって，数分から数時間のうちに重度のメトヘモグロビン血症が起こる．

⑨ 細管異常疾患（血管肉腫，脾機能亢進症，播種性血管内凝固）では，それに伴って赤血球の断片や分裂赤血球を認めることがよくある．血管内溶血では赤血球の剪断破壊が認められる．

⑩ 赤血球の寄生性疾患では，細胞の生存期間が短縮される．血液塗沫で寄生性微生物が認められることがある．バフィーコート内やその直下の赤血球あるいはヘマトクリット管で採取した血液塗沫を検査することによって，寄生性微生物を見つける確率が増える．

⑪ 球状赤血球や赤血球凝集があれば，免疫介在性溶血性貧血（IMHA）が疑われる．球状赤血球は，部分貪食や赤血球の崩壊によるものである．これらの球状赤血球では　中心の蒼白部分がない小赤血球として認められる．犬で球状赤血球が数多く認められる場合には，免疫介在性溶血性貧血（IMHA）が考えられる．もちろん他の疾患（低リン酸塩血症，亜鉛中毒，細管異常による溶血）でも少数認められることはある．猫では一般的に赤血球が小さく，中央の蒼白部分がないため，球状赤血球を見分けるのは難しい．EDTAで処理した試験管に血液が触れると自己凝集が認められることもある．また染色した血液塗沫や生食で湿らせたスライド上では，赤血球の凝集塊として自己凝集が起こる．凝集と連銭形成（赤血球の表面同士が互いに積み重なる状態）とは異なる．猫では，この連銭形成は決して異常なものではない．

⑫ 犬や猫で溶血性貧血を起こす薬剤や毒物の多くは，"酸化剤"であり，細胞膜に傷害を及ぼしたり，ヘモグロビンを変質（ハインツ小体を形成）させたり，ヘム鉄を酸化（メトヘモグロビンを産生）させたりするものである．ハインツ小体溶血性貧血の原因には，玉葱，メチレンブルー，D,L-メチオニン，ビタミンKなどがある．

⑬ 亜鉛を含むナットやボルト，アメリカの1セント硬貨，酸化亜鉛を含む軟膏などは，溶血性貧血の原因となる．亜鉛加物質はX線検査で確認が可能であるし，また血清の亜鉛濃度の計測も可能である．

⑭ 外部出血による血液の喪失や溶血の徴候がなくて，再生性貧血が認められる場合には，内部出血による喪失（例えば，血管肉腫の破裂など）が考えられる．腹部画像検査の後，注意深く腹部の触診をすれば確認される．特にラブラドール種やゴールデン・レトリーバー種，ジャーマン・シェパードの中高齢犬で，通常認められる．胸腔内の出血もあり得るが，ほとんどの場合呼吸困難を伴うはずである．

⑮ 溶血や内部出血あるいは明らかな外部出血による血液喪失が認められない場合には，鉤虫やその他の寄生虫検査をする必要がある．若い動物では，これらの寄生虫によって通常再生性の著しい貧血をみることがある．

⑯ 尿の検査で，尿路からの血液喪失がないことを確かめることも重要である．

⑰ 血液喪失の源を排除した後，赤血球の形態と血液像の別の指標となるものを再評価する．

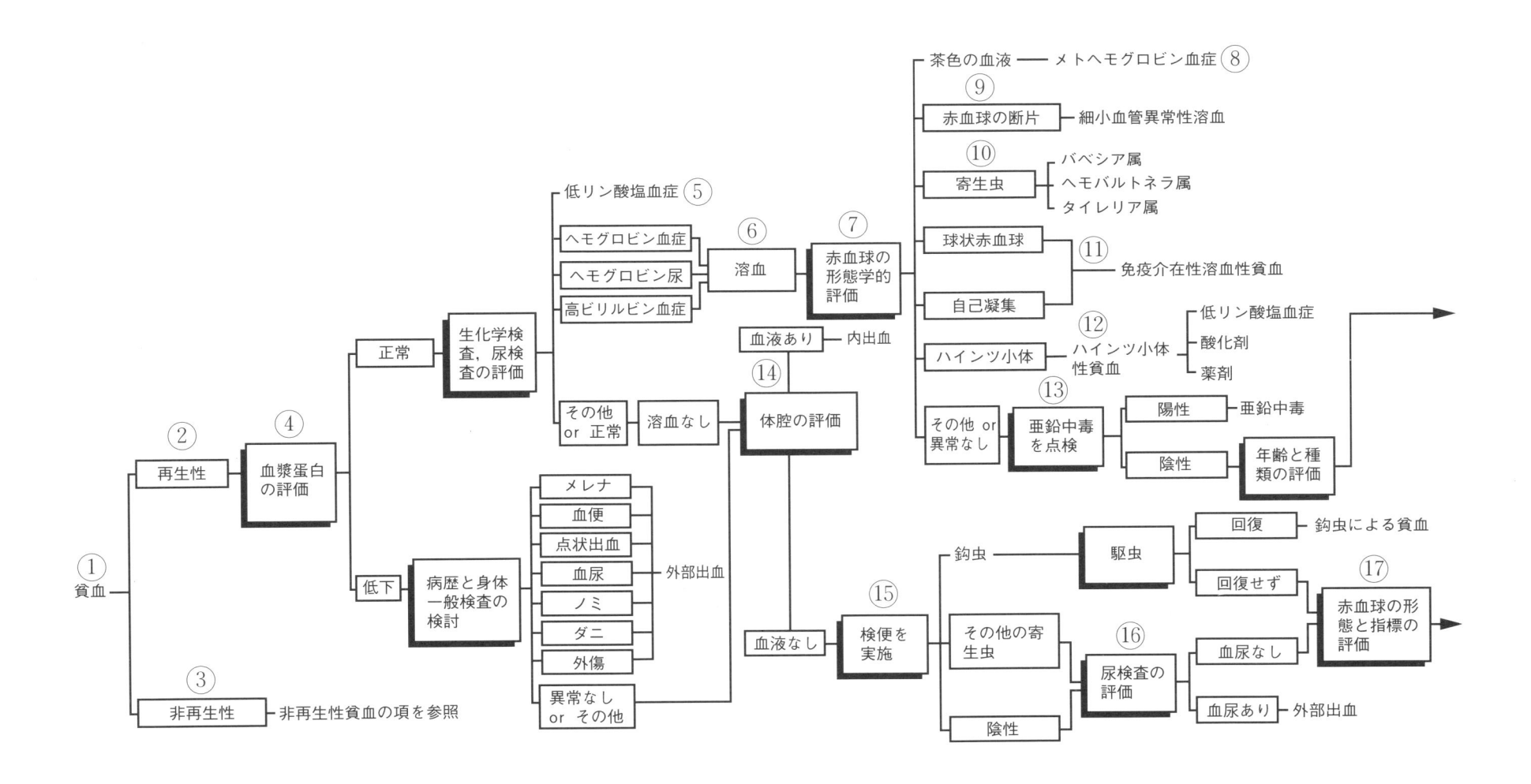

■ 再生性貧血 ■

- ① 貧血
  - ② 再生性
    - ④ 血漿蛋白の評価
      - 正常 → 生化学検査，尿検査の評価
        - 低リン酸塩症 ⑤
        - ヘモグロビン血症
        - ヘモグロビン尿
        - 高ビリルビン血症
          → ⑥ 溶血 → ⑦ 赤血球の形態学的評価
            - 茶色の血液 — メトヘモグロビン血症 ⑧
            - ⑨ 赤血球の断片 — 細小血管異常性溶血
            - ⑩ 寄生虫
              - バベシア属
              - ヘモバルトネラ属
              - タイレリア属
            - 球状赤血球 ⑪ — 免疫介在性溶血性貧血
            - 自己凝集
            - ハインツ小体 ⑫ — ハインツ小体性貧血
              - 低リン酸塩症
              - 酸化剤
              - 薬剤
            - その他 or 異常なし → ⑬ 亜鉛中毒を点検
              - 陽性 — 亜鉛中毒
              - 陰性 — 年齢と種類の評価 →
        - その他 or 正常 → 溶血なし → ⑭ 体腔の評価
          - 血液あり — 内出血
          - 血液なし → ⑮ 検便を実施
            - 鉤虫 → 駆虫
              - 回復 — 鉤虫による貧血
              - 回復せず → ⑰ 赤血球の形態と指標の評価 →
            - その他の寄生虫 → ⑯ 尿検査の評価
              - 血尿なし
              - 血尿あり — 外部出血
            - 陰性
      - 低下 → 病歴と身体一般検査の検討
        - メレナ
        - 血便
        - 点状出血
        - 血尿
        - ノミ
        - ダニ
        - 外傷
          — 外部出血
        - 異常なし or その他
  - ③ 非再生性 — 非再生性貧血の項を参照

■ 再生性貧血 ■

⑱ 銅中毒では，著しい血管内溶血とメトヘモグロビン血症が認められる．ベトリントン・テリアでは銅貯蔵性疾患による劇症肝不全が認められている．

⑲ 数種類の犬種と猫では，ピルビン酸キナーゼの欠損が報告されている．この場合，著しい再生を伴う溶血性貧血が認められている．これは常染色体劣性の遺伝である．血色素多様性（多染性）が認められ，PCV が 10 〜 33%，MCV の著しい上昇，網状赤血球数が 20 〜 60% と高い値が観察される．骨髄の細胞学的検査と生検では，骨髄線維症と骨硬化症が認められる．長骨も X 線検査では，骨硬化症が観察される．

⑳ ホスホフルクトキナーゼの欠損は，スプリンガー・スパニエルとアメリカン・コッカー・スパニエルにみられる常染色体劣性の遺伝性疾患である．また雑種犬でも報告されている．臨床徴候としては，誘発性の溶血発症と軽度の筋症，血色素尿などが認められる．運動と呼吸促迫によって代謝性アシドーシスが起こり，溶血が誘発される．

㉑ プードルにみられる遺伝性の非球状赤血球性溶血性貧血はまれではあるが，常染色体性の遺伝で，大赤血球性，低色素血症性貧血が認められる．

㉒ 猫の溶血性貧血では，たとえ末梢血の塗抹でヘモバルトネラ（H.felis）が見つからなくても，ヘモバルトネラを常に頭に入れておく必要がある．血液サンプルを EDTA 処理した試験管に採った場合や既に治療を始めてしまった場合には，ヘモバルトネラは見つからないものと思われる．適切なヘモバルトネラ症の治療に反応すれば，ここで終わりになる．ヘモバルトネラ（H.felis）の検出には，ポリメラーゼ鎖反応が使われる．

㉓ 数頭のシャム猫とアメリカン・ショートヘアーの猫で，先天性のポルフィリン症が診断されている．これは常染色体優性の遺伝性疾患で，貧血と歯牙の変色が認められる．

㉔ 赤血球の同種抗体は正常の赤血球抗原に対して直接作用するものであり，これによって同種内の血液型が分かる．猫では元々同種抗体が認められる．犬ではほとんどの場合，不適合輸血で感作されると同種抗体ができる．したがって母犬が以前に不適合な血液製剤を輸血されていない限りは，犬では新生子の同種溶血現象（NI）は問題とならない．しかし B 型の初産猫から生まれた A 型と AB 型の子猫では問題になる．

㉕ 抗赤血球抗体価や濃度が低すぎて特発性の自己凝集を起こす場合には，直接クームス試験によって，抗体や犬の赤血球表面の補体を検出することができる．血液塗抹で球状赤血球がかなりの数見つかれば，免疫介在性溶血性貧血（IMHA）の診断が確定されるため，直接クームス試験をする必要はない．直接クームス試験では，免疫介在性溶血性貧血（IMHA）が原発性のものか，二次性（薬剤あるいは基礎疾患に伴う）のものかを判別することはできない．

㉖ 犬でクームス試験陰性の場合には，溶血性貧血の原因を再度検討する必要がある．

㉗ 著しい鉄欠乏による貧血では，特徴として低色素血症性貧血，小赤血球性貧血が認められる．これはヘモグロビン合成の低下や細胞成熟の遅延，骨髄の有糸分裂段階での異常が原因となる．この貧血では軽度から中等度に網状赤血球増加症が観察される．血清中の鉄濃度は，正常では 60 〜 230 μg/dl であるのに対して，5 〜 60 μg/dl と低くなる．血清中の鉄濃度は，溶血や最近受けた輸血，鉄補給など様々な要因によって影響を受ける．したがって得られた数値の解釈には十分注意を払う必要がある．

㉘ 鉄欠乏性貧血（㉗）や播種性血管内凝固（DIC），輸血後では，赤血球片が観察される．播種性血管内凝固（DIC）の確定診断には，一連の凝固検査が必要となる．血小板数の減少が認められ，プロトロンビン時間（PT）と部分トロンボプラスチン時間（PTT）が正常であれば，初期の播種性血管内凝固（DIC）が考えられる．したがって臨床症状と一連の凝固系検査の監視が重要となる．血小板数の減少とプロトロンビン時間（PT），部分トロンボプラスチン時間（PTT）の延長が認められる場合には，播種性血管内凝固（DIC）か出血による二次性の血小板消費が考えられる．フィブリン分解産物が見つかれば，播種性血管内凝固（DIC）が強く疑われる．ヘパリンが投与されていたり，異常フィブリノーゲン血症では，フィブリン分解産物の増加が見られ，見誤ることがある．

㉙ 鉛中毒では通常軽度の貧血が認められる．形態学的には有核赤血球と赤血球斑点状好塩基性変性という特徴がみられる．ほとんどの検査所では，血中の鉛の濃度を検査することができる．鉛との接触は，古い含鉛塗料を塗った木材を犬が噛むといった形で認められるのが普通である．

㉚ 重度の肝疾患 / 線維症ならびに後天性や先天性の門脈シャントでは鉄蓄積能の不全が起こる．この初期には，小赤血球症と低色素血症が認められ，貧血を示す場合と示さない場合がある．超音波検査や超音波誘導による肝の吸引や生検，肝機能検査（食前食後の胆汁酸や絶食後のアンモニア濃度あるいは BSP 残留試験）を実施して肝の評価を行う必要がある．基礎疾患によっては，貧血が再生性の場合もあれば非再生性（慢性疾患による貧血）の場合もある．

㉛ この時点でも診断がつかない場合には，再度基礎的な検査を実施し，また先に行った血液像から手掛かりをつかむ．

㉜ 外部出血や内部出血による失血が疑われるが見つからない場合には，次の段階で胃腸管の内視鏡検査や外科的診査で生検を実施し，失血が内部出血によるものか外部出血によるものかを見きわめる．

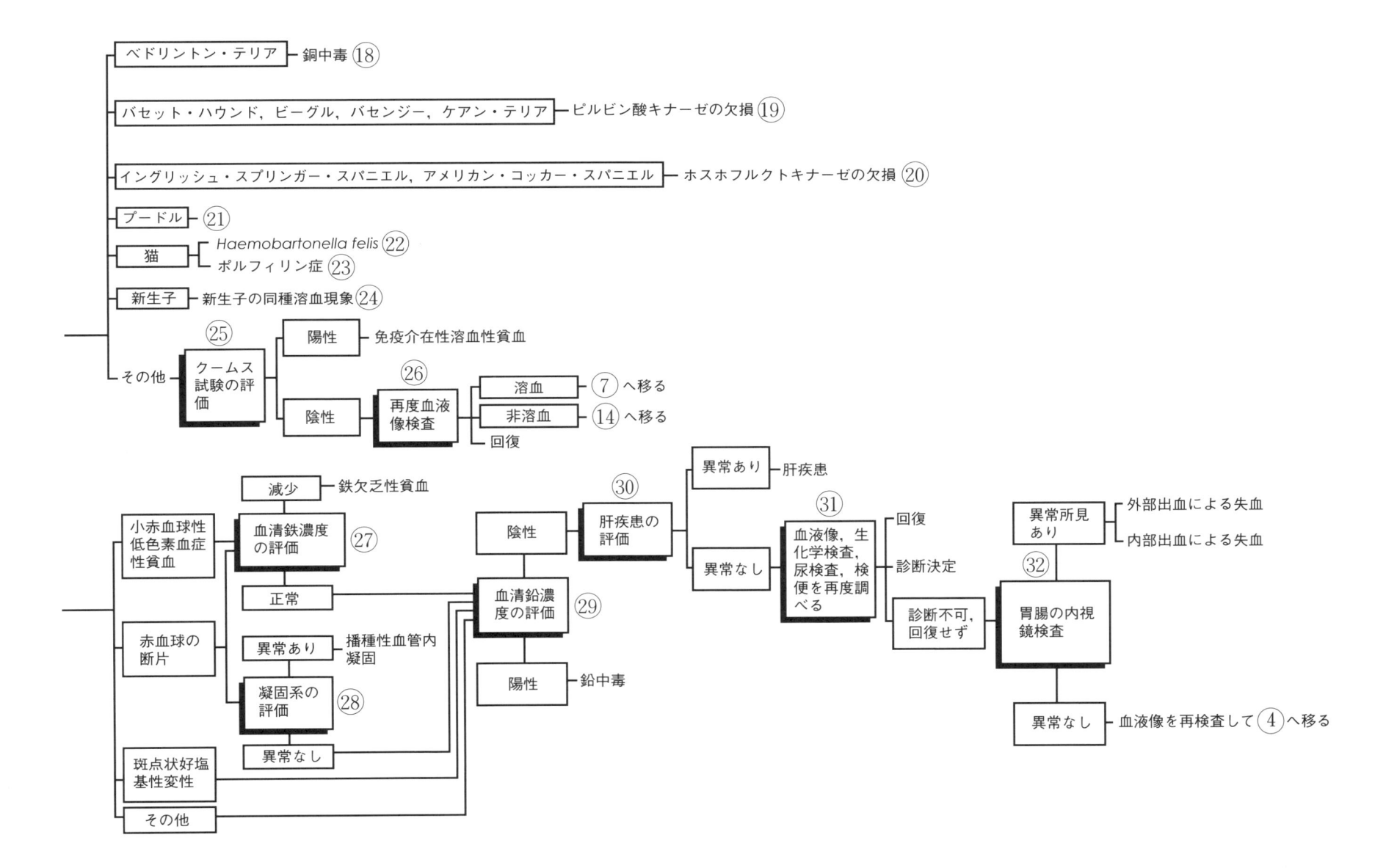

■ *再生性貧血* ■

```
├─ ベドリントン・テリア ─── 銅中毒 ⑱
├─ バセット・ハウンド, ビーグル, バセンジー, ケアン・テリア ─── ピルビン酸キナーゼの欠損 ⑲
├─ イングリッシュ・スプリンガー・スパニエル, アメリカン・コッカー・スパニエル ─── ホスホフルクトキナーゼの欠損 ⑳
├─ プードル ㉑
├─ 猫 ┬ Haemobartonella felis ㉒
│     └ ポルフィリン症 ㉓
├─ 新生子 ─ 新生子の同種溶血現象 ㉔
└─ その他 ─ クームス試験の評価 ㉕ ┬ 陽性 ─ 免疫介在性溶血性貧血
                                   └ 陰性 ─ 再度血液像検査 ㉖ ┬ 溶血 ─ ⑦へ移る
                                                              ├ 非溶血 ─ ⑭へ移る
                                                              └ 回復
```

```
├─ 小赤血球性低色素血症性貧血 ─ 血清鉄濃度の評価 ㉗ ┬ 減少 ─ 鉄欠乏性貧血
│                                                   └ 正常 ─┐
├─ 赤血球の断片 ─ 凝固系の評価 ㉘ ┬ 異常あり ─ 播種性血管内凝固
│                                 └ 異常なし ─┤
├─ 斑点状好塩基性変性 ─────────────────────┤
└─ その他 ─────────────────────────────────┴ 血清鉛濃度の評価 ㉙ ┬ 陰性 ─ 肝疾患の評価 ㉚ ┬ 異常あり ─ 肝疾患
                                                                 └ 陽性 ─ 鉛中毒            └ 異常なし ─ 血液像, 生化学検査, 尿検査, 検便を再度調べる ㉛ ┬ 回復
                                                                                                                                                          ├ 診断決定
                                                                                                                                                          └ 診断不可, 回復せず ─ 胃腸の内視鏡検査 ㉜ ┬ 異常所見あり ┬ 外部出血による失血
                                                                                                                                                                                                      │              └ 内部出血による失血
                                                                                                                                                                                                      └ 異常なし ─ 血液像を再検査して④へ移る
```

非再生性貧血

① PCVと赤血球数，ヘモグロビンの減少が貧血の特徴である．貧血によって血液の酸素運搬能が減少する．まず第一段階として，貧血が再生性か非再生性かを見きわめる．非再生性貧血では網状赤血球産生指数は犬で2.5以下とされている（猫では，この値はさらに低い）．再生性，非再生性を判別する他の所見としては，赤血球の形態学的所見と特徴的な染色がある．

② 非再生性貧血では，一般的に正赤血球性であり正色素性である．形態学的にも赤血球の異常は認められない．非再生性貧血は多くの場合，軽度から中等度のものであり，全身性疾患に伴って認められる．

③ 非再生性貧血の原因がすぐに分からない場合には，病歴と身体一般検査所見を注意深く検討することが重要となる．動物の生活環境や旅行歴，薬剤や毒物との接触の有無，便の色などを聴取し，また外部寄生虫や全身性疾患の徴候を調べる．

④ 犬と猫の非再生性貧血の原因として，最も一般的なものは"慢性疾患による貧血"である．感染症や腫瘍，その他の消耗性疾患—例えば甲状腺機能低下症や慢性肝疾患，副腎皮質機能低下症などに付随して認められる．このタイプの貧血では，その重症度は軽度〜中等度であり，少なくとも2〜3週間掛けて緩やかに進行する．ヘマトクリット値が25%以下になることは滅多にない．猫の赤血球の寿命は犬よりも短いため，ヘマトクリット値がある程度まで比較的速やかに下がることがある．貧血は通常正赤血球性で正色素性であるが，症例によっては小赤血球性で低色素性の場合もあり，鉄不足による貧血と見分けがつかなくなることもある．慢性腎疾患では，病気の期間によって軽度から重度の非再生性貧血をみることがある．

⑤ 血清エストロゲン濃度が上昇すると，幹細胞の分化が侵され形成異常性貧血や汎血球減少症を認めるようになる．エストロゲン分泌過多は睾丸腫瘍（通常セルトリー細胞腫であるが時にはセミノーマや間質細胞腫）のある雄犬で見られる．このような雄犬では多くの場合，雌性化徴候が認められる．また妊娠を妨げるエストラジオール・シクロペンチルプロピオネート（ECP）と尿失禁に使用するジエチルスチルベステロールを雌に投与すると，エストロゲン中毒を認めることがある．

⑥ 最近遭遇した外傷による外部失血では，明らかに非再生性貧血が起こる．出血後約3日間で網状赤血球数の増加を伴う再生が進み，出血後5日で網状赤血球増加は最高となる．

⑦ エストロゲン以外の様々な薬剤によっても，骨髄障害や非再生性貧血が起こる．犬では，キニジンやスルフォンアミド，フェニールブタゾン，メクロフェナメート，クロラムフェニコール，セファロスポリン，フェノバルビタール，プリミドン，フェニトイン，様々な化学療法剤，チアセトアルサミド，フェノチアジンなどがあげられる．猫では，化学療法剤，クロラムフェニコール，グリセオフラビン，プロピルチオウラシル，アルベンダゾール，フェンベンダゾール，メチマゾールなどがある．

⑧ ノミによって，慢性の外部失血が起こる．幼若動物や哺乳中の動物では（乳汁中には鉄分がきわめて少ないため），鉄不足による貧血が起こり，非再生性貧血になることがあるが，それ例外では通常この場合には再生性貧血である．

⑨ 次いで便の検査（主に鉤虫卵の検出）と便の潜血反応試験を実施する．鉤虫は血液を吸い，小腸からの点状出血も起こるため，慢性の失血性貧血につながる（最初は再生性であるが後には非再生性貧血となる）．その他，慢性の消化管失血の原因としては，消化管の腫瘍と潰瘍を誘発する薬剤（グルココルチコイド，サリチル酸類，非ステロイド性抗炎症剤）がある．メレナを認めることもあるが，失血の度合いが低いとはっきりしないことがある．便の潜血反応試験で血液を認めることもあるが，この検査については議論の余地がある．もし検査前3〜4日間，肉の入っている食餌を与えていたら，偽陽性になる可能性がある．血液が便に均一に入っていない場合やビタミンC補充剤が投与されている場合には，偽陰性になることがある．

⑩ 一連の血清生化学検査所見や尿検査は，甲状腺機能低下症や肝疾患，慢性腎疾患，副腎皮質機能低下症などの基礎疾患の診断につながることが多い．

⑪ 猫では猫白血病ウイルス感染を末梢血で調べておく必要がある．このウイルスは通常，重度の非再生性貧血を起こす．このウイルスは赤血球の形成異常を起こすこともある．猫で網状赤血球の増加がなく，大赤血球性の貧血が認められた場合には，常に猫白血病ウイルス感染症を疑う必要がある．

⑫ 腎皮質の管周囲の内皮細胞は，エリスロポエチン産生の主要な部位とされている．このホルモンは赤血球造血を促す重要なホルモンである．腎の正常組織の喪失による慢性腎障害では，エリスロポエチンの産生が低下するだけでなく，赤血球の寿命が短縮する．したがって慢性の腎疾患では貧血は大きな問題となる．貧血は一般的には正常赤血球性ならびに正色素性であり，網状赤血球はほとんどないか全くない．本症では高窒素血症を呈し，尿比重の変動はみられない．

⑬ 肝疾患では，一般的な所見として非再生性貧血が認められる．ほとんどの場合，正常赤血球性で正色素性である．また肝疾患では標的細胞と変形性赤血球も観察される．これは全身の貯蔵鉄分が十分に利用されないためと思われる．

⑭ 犬の慢性エールリヒア症では，重度の血小板減少による出血や溶血を伴わない貧血でない限り，非再生性貧血が一般的である．

⑮ 猫のヘモバルトネラ症は通常再生性貧血を呈する．免疫抑制や衰弱によって日和見感染がある場合には，時として非再生性貧血をみることがある．こうした場合には必ず猫白血病ウイルスの検査を実施する必要がある．

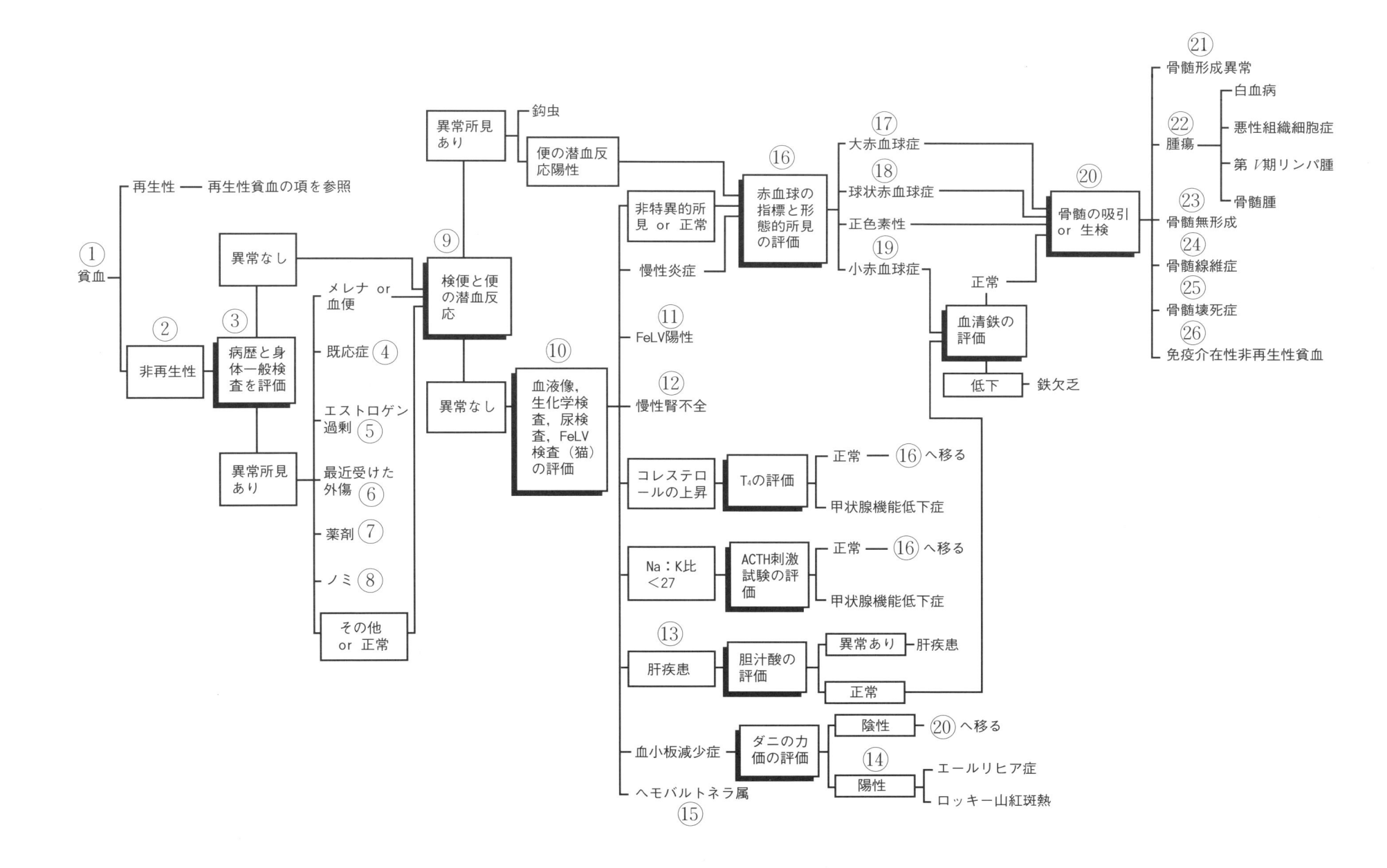

■ *非再生性貧血* ■

① 貧血
② 非再生性
　　再生性 ── 再生性貧血の項を参照
③ 病歴と身体一般検査を評価
　　異常なし
　　異常所見あり
　　　メレナ or 血便
　　　④ 既応症
　　　⑤ エストロゲン過剰
　　　⑥ 最近受けた外傷
　　　⑦ 薬剤
　　　⑧ ノミ
　　　その他 or 正常

⑨ 検便と便の潜血反応
　　異常所見あり
　　　鉤虫
　　　便の潜血反応陽性
　　異常なし

⑩ 血液像，生化学検査，尿検査，FeLV検査（猫）の評価
　　非特異的所見 or 正常
　　慢性炎症
　　⑪ FeLV陽性
　　⑫ 慢性腎不全
　　コレステロールの上昇 ── T₄の評価 ── 正常 ── ⑯へ移る
　　　　　　　　　　　　　　　　　　　　　　甲状腺機能低下症
　　Na：K比 <27 ── ACTH刺激試験の評価 ── 正常 ── ⑯へ移る
　　　　　　　　　　　　　　　　　　　　　　甲状腺機能低下症
　　⑬ 肝疾患 ── 胆汁酸の評価 ── 異常あり ── 肝疾患
　　　　　　　　　　　　　　　　正常
　　血小板減少症 ── ダニの力価の評価 ── 陰性 ── ⑳へ移る
　　　　　　　　　　　　　　　　　　　　⑭ 陽性 ── エールリヒア症
　　　　　　　　　　　　　　　　　　　　　　　　　ロッキー山紅斑熱
　　⑮ ヘモバルトネラ属

⑯ 赤血球の指標と形態的所見の評価
　　⑰ 大赤血球症
　　⑱ 球状赤血球症
　　正色素性
　　⑲ 小赤血球症 ── 血清鉄の評価 ── 正常
　　　　　　　　　　　　　　　　　　低下 ── 鉄欠乏

⑳ 骨髄の吸引 or 生検
　　㉑ 骨髄形成異常
　　㉒ 腫瘍 ── 白血病
　　　　　　　悪性組織細胞症
　　　　　　　第Ⅴ期リンパ腫
　　　　　　　骨髄腫
　　㉓ 骨髄無形成
　　㉔ 骨髄線維症
　　㉕ 骨髄壊死症
　　㉖ 免疫介在性非再生性貧血

■ 非再生性貧血 ■

⑯ 非再生性貧血は，典型的な正赤血球性ならびに正色素性である．しかし時には赤血球指数によって，細胞の大きさが正常よりも大きいか小さいかの何れかが示唆される場合もある．

⑰ 骨髄に異常（骨髄形成異常）があると，大赤血球症を認めることが多い．猫免疫不全ウイルス感染や猫白血病ウイルス感染では，大血球性非再生性貧血をみることがあり，非再生性貧血になりやすい．まれには，大赤血球性，正色素性赤血球から，（吸収不良などによる）葉酸あるいはコラバミン欠乏が示唆されることもある．

⑱ 網状赤血球増加症に到る前に，球状赤血球性の非再生性貧血から，急性の溶血性貧血が示唆されることもある．再生性の徴候は3〜4日以内に現れるはずである．もし網状赤血球増加症に進まない場合には，骨髄内での赤血球前駆体破壊を認める免疫介在性貧血の可能性がある．

⑲ 小血球性貧血では，鉄分の不足が原因で起こるのが普通である．鉄分不足による貧血のなかには，再生性のものもあるが，特に鉄分補給には不適切な食餌であったり，幼若ならびに哺乳期の動物では，慢性の失血によって鉄分の低下や再生性不能に陥ることもある．鉄不足による貧血ではほとんどの場合，小赤血球性，低色素性であり，軽度の網状赤血球増加（1〜5％），血小板増加，血清鉄濃度の低下，トランスフェリン濃度の低下，血清フェリチン濃度の低下，骨髄中の鉄貯蔵低下などが認められる．先天性門脈系シャントなど肝疾患のなかには，小赤血球性非再生性貧血が認められるものもある．

⑳ 非再生性貧血で髄外性の原因が除外されれば，低増殖性貧血を見きわめるために，通常骨髄の吸引と生検を実施する．低増殖性貧血は，腫瘍や炎症，骨髄の異形成疾患に伴う二次的なものである．このような場合には，腫瘍によって骨髄内の正常な赤血球前駆体が押し出されるか，炎症細胞（骨髄瘍），赤血球造血不全あるいは赤血球成熟停止の何れかが存在する．

㉑ 骨髄形成異常は，骨髄の前癌状態の疾患といえる．骨髄は一部の細胞系で成熟が停止するため，通常は細胞過多状態にある．異常細胞は，成熟過程が終了しなければ髄内で死滅する．その結果，髄内で可染性の鉄が増加することになる．細胞の分化過程で，成熟停止がどの程度起こるかによって，含まれる細胞系の数が左右される．通常，赤血球の巨大赤芽球化が認められる．骨髄形成異常は猫ではよく見られるもので，おそらく骨髄内の猫白血病ウイルス感染が関与しているものと思われる．次第に白血病に進行することもある．犬では骨髄形成異常はまれである．

㉒ 腫瘍によって骨髄が侵され，正常の赤血球前駆体が押し出されることがある．

㉓ 骨髄形成異常は，骨髄の生検や吸引で脂肪だけが回収されることによって診断される．骨髄には幹細胞は残っておらず，あらゆる細胞系が侵されているのが普通である．

㉔ 骨髄線維症では，正常な骨髄組織が線維性組織に置き変わった状態が認められる．これはおそらく骨髄障害の最終段階を示すもので，基礎原因を判別することが難しい場合もある．この状態から元に戻ることはない．

㉕ 重度の全身性疾患（敗血症や内毒素中毒）や薬物誘因性骨髄障害，ウイルス感染などによって二次的に骨髄壊死が起こることがある．支持療法と基礎原因の除去によって，病状が回復することもある．

㉖ 骨髄中の赤血球前駆体が，免疫介在性の攻撃によって壊されることがある．骨髄内の赤血球前駆体が免疫介在性の攻撃に遇うと，貧血は非再生性となり純粋の赤血球異形成が認められる．時には循環血液中に球状赤血球が認められることもあり，クームス試験で陽性になることもある．

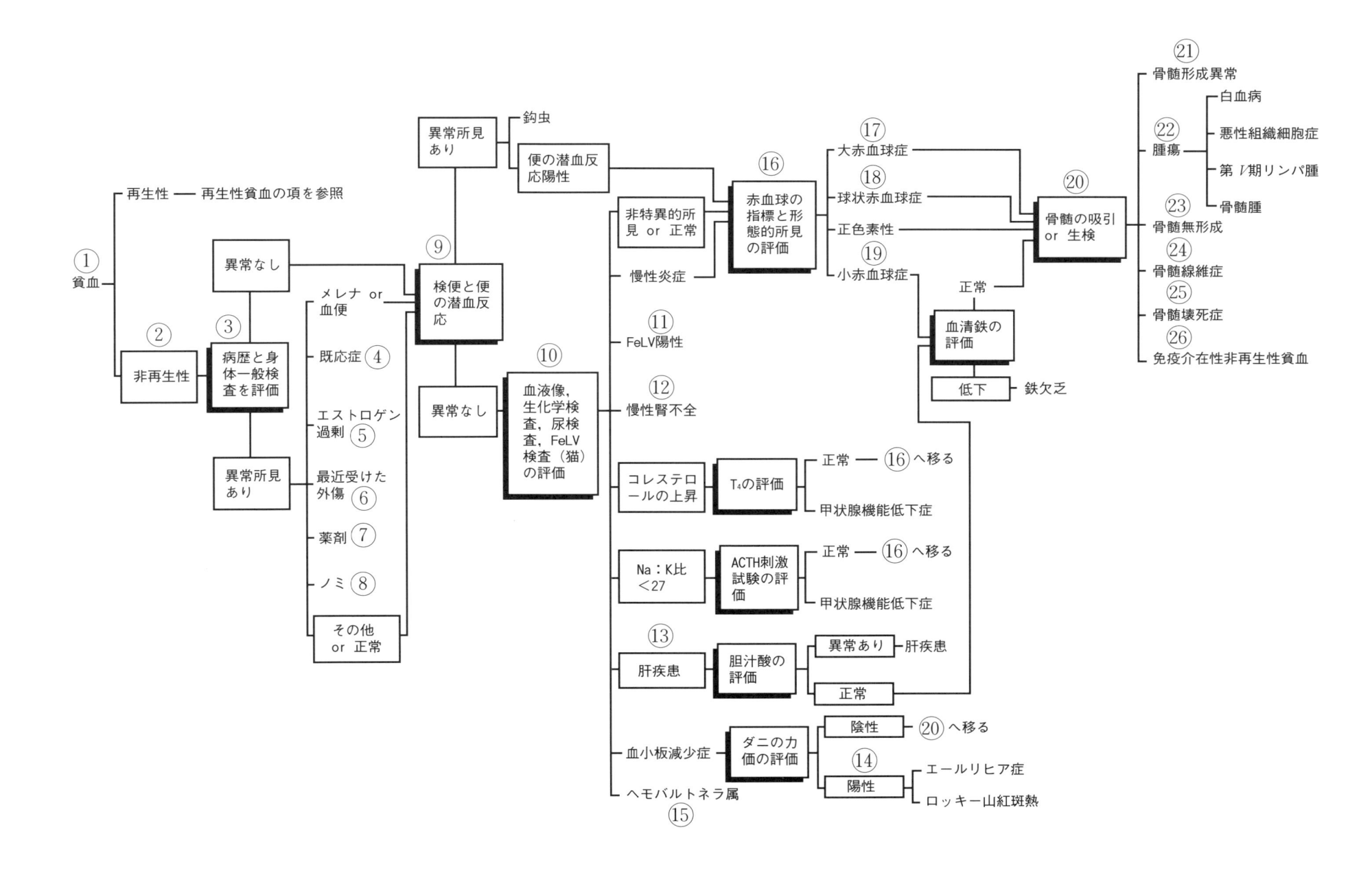

■ *非再生性貧血* ■

```
① 貧血 ─┬─ 再生性 ── 再生性貧血の項を参照
        │
        └─ ② 非再生性 ── ③ 病歴と身体一般検査を評価
                            ├─ 異常なし ─┐
                            └─ 異常所見あり ─┬─ メレナ or 血便 ─┐
                                             ├─ 既応症 ④
                                             ├─ エストロゲン過剰 ⑤
                                             ├─ 最近受けた外傷 ⑥
                                             ├─ 薬剤 ⑦
                                             ├─ ノミ ⑧
                                             └─ その他 or 正常
```

⑨ 検便と便の潜血反応
- 異常所見あり ─┬─ 鈎虫
              └─ 便の潜血反応陽性
- 異常なし ── ⑩ 血液像, 生化学検査, 尿検査, FeLV検査（猫）の評価
    ├─ 非特異的所見 or 正常
    ├─ 慢性炎症
    ├─ ⑪ FeLV陽性
    ├─ ⑫ 慢性腎不全
    ├─ コレステロールの上昇 ── T₄の評価 ─┬─ 正常 ── ⑯へ移る
    │   └─ 甲状腺機能低下症
    ├─ Na：K比＜27 ── ACTH刺激試験の評価 ─┬─ 正常 ── ⑯へ移る
    │   └─ 甲状腺機能低下症
    ├─ ⑬ 肝疾患 ── 胆汁酸の評価 ─┬─ 異常あり ── 肝疾患
    │   └─ 正常
    ├─ 血小板減少症 ── ダニの力価の評価 ─┬─ 陰性 ── ⑳へ移る
    │   └─ ⑭ 陽性 ─┬─ エールリヒア症
    │   └─ ロッキー山紅斑熱
    └─ ヘモバルトネラ属 ⑮

⑯ 赤血球の指標と形態的所見の評価
- ⑰ 大赤血球症
- ⑱ 球状赤血球症
- 正色素性
- ⑲ 小赤血球症 ── 血清鉄の評価 ─┬─ 正常
                                └─ 低下 ── 鉄欠乏

⑳ 骨髄の吸引 or 生検
- ㉑ 骨髄形成異常
- ㉒ 腫瘍 ─┬─ 白血病
          ├─ 悪性組織細胞症
          ├─ 第Ⅴ期リンパ腫
          └─ 骨髄腫
- ㉓ 骨髄無形成
- ㉔ 骨髄線維症
- ㉕ 骨髄壊死症
- ㉖ 免疫介在性非再生性貧血

赤血球増加症

① 赤血球増加症は，循環血液中の赤血球数が増加した状態をいう．基礎原因としては，生理的な場合（脱水，脾臓の拘縮，低酸素症）と病理学的な場合（エリスロポエチン産生性腎腫瘍に継発，骨髄障害）が考えられる．赤血球数に対する血清血漿量の減少によって起こる赤血球増加症を相対的赤血球増加症という．脱水や脾臓の拘縮によらない赤血球増加症を絶対的赤血球増加症という．絶対的赤血球増加症は原発性の場合（真性赤血球増加症，まれに骨髄障害）もあれば二次性の場合（低酸素症や腎疾患などでエリスロポエチン産生の増加によるもの）もある．このような場合には基礎疾患による臨床症状（例えば嘔吐と下痢による脱水，呼吸器疾患による呼吸困難といった症状）や赤血球過多による影響（多渇，多尿，精神的錯乱，粘膜の充血／鮮紅色など）が認められる．

② まず初めに赤血球増加の状態を確認する．PCVが65％以上であれば，赤血球増加症が疑われる．一般的には赤血球数と循環血液中のヘモグロビン濃度が相対的に増加することになる．PCV値は，相対的赤血球増加症（60〜75％）の方が絶対的赤血球増加症（75〜82％）よりも低い．しかしそれぞれの増加症でPCV値にかなりの重複域が認められるため，数値だけで診断できないこともある．

③ 病歴ならびに身体一般検査所見を検討する．エリスロポエチンやアンドロゲン，グルココルチコイドなどの薬剤によって，軽度の赤血球増加を認めることがある．かなり標高の高い所に生活している場合や心臓に右側から左側に向かうシャント（動脈管開存）がある場合，また重度の呼吸疾患や過度の肥満がある場合には，組織が低酸素状態になるためエリスロポエチンの過剰産生が促され，その結果二次性の絶対的赤血球増加症を示すことになる．このような場合には，低酸素状態にあることを動脈血のガス分析によって確認し，診断することが重要であり，さらにこれ以上の詳しい評価は必要ないものと思われる．消化管症状（嘔吐，下痢）や高体温症の病歴（熱射病や発熱）あるいは臨床的に脱水が認められる（例えば口腔内粘膜の乾燥，眼球陥没，摘まみ上げた皮膚が戻らない）場合には，まずは脱水による相対的赤血球増加症が考えられる．脱水が疑われ病歴ならびに身体一般検査で顕著な所見が認められなかった場合には，さらに診断的検査を進める前に，一連の血清生化学的検査所見を検討し，再水和の反応を見きわめることが重要となる．

④ 脱水を確認するには，一連の血清生化学検査（電解質も含めて）と尿検査を実施する．血清蛋白とアルブミンの上昇，NaとClの上昇，窒素血症，濃縮尿（犬では尿比重が1.035，猫では1.045）などが認められる．二次性の絶対的赤血球増加症の基礎原因のなかには（腎腫瘍と腎盂腎炎など），赤血球増加を示すものもあるが，尿の凝縮能が低下している場合もあるため，尿検査による評価は特に重要となる．検査室所見で分かったそれ以外の疾患によって，脱水が起こっている場合（糖尿病，肝疾患，腎不全）もあるし，血液凝縮が起こっていることもある．

⑤ 赤血球増加症を認める動物では，輸液による利尿が治療的にも診断的な検査にも役立つ．基礎に心臓疾患をもつ動物の水和には注意が必要となる．うっ血性の心不全になりやすい心疾患や高浸透圧性ケトアシドーシス性糖尿病，潜在性の無尿性腎疾患，高血圧などが基礎にある場合には，このような動物の水和には注意する必要がある．しかし水和に対する絶対的な禁忌はきわめて少なく，水和の速度は動物の状態と添加剤の問題によって異なる．

⑥ 輸液療法で赤血球増加症が改善され，所見から基礎的問題として脱水が判明した場合には，相対的赤血球増加症と診断される．診断的評価と治療は，基礎原因に対して直接対処することが重要となる．

⑦ 水和処置によってPCVと赤血球数が適切に減少しない場合には，絶対的赤血球増加症といえる．赤血球増加が原発性か二次性かを見分けるためには，さらにスクリーニング・テストを進めることになる．右側から左側への血液の短絡（動脈管開存やファロー四徴）が分かっている場合や疑われる場合，著しい肥満を認める場合，慢性呼吸器疾患がある場合には二次性の赤血球増加症が考えられる．基礎疾患の証明と動脈血中のガスの測定による呼吸困難の証拠が必要となる．さらに診断を進めることによって他の原因が分かることもある．

⑧ 利用できるか否かは臨床家にもよるが，次の段階では動脈血の低酸素分圧（PaO_2）を調べることになる．動脈の酸素分圧は，血液の酸素飽和度の百分率を評価するパルスオキシメータを使って直接測定することができる．もっと正確な測定法としては，動脈血の酸素ガス内容を計る方法である．これによって正確な酸素分圧が得られる．酸素分圧が低くなると，腎臓でのエリスロポエチン産生が促され，その結果骨髄では体の酸素運搬能を改善しようとして赤血球をさらに産生するようになる．呼吸困難の基礎原因が（肥満や高地に生活しているなどで）すぐに判明しない場合には，胸部X線検査や心エコー図検査，胸部動脈圧の測定などによって探ることになる．また血清エリスロポエチン濃度の上昇の有無を計るために，この計測が必要となる（⑫）．呼吸困難が赤血球増加の基礎刺激になっている場合には，血清エリスロポエチン濃度は上昇しているはずである．

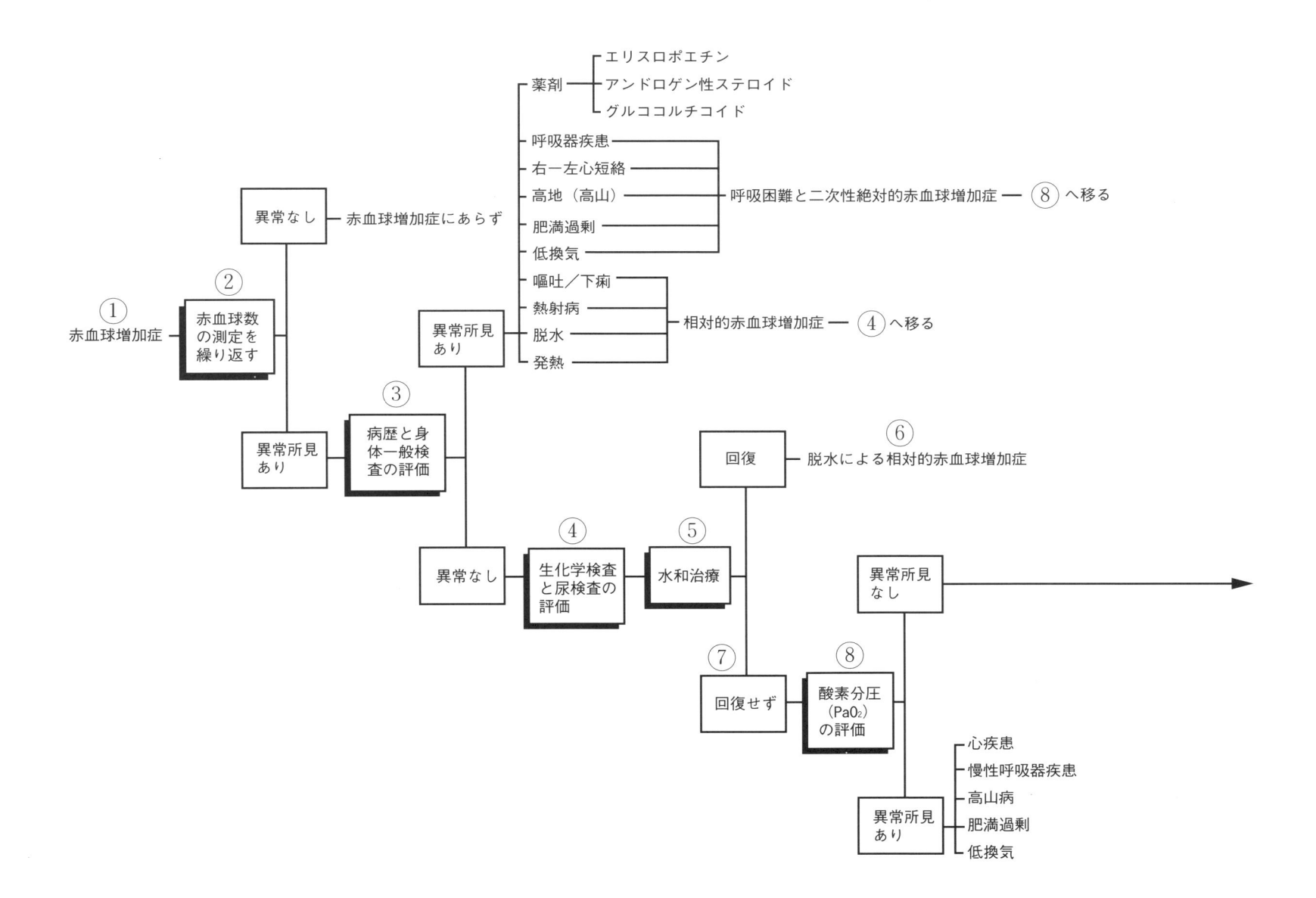

■ *赤血球増加症* ■

① 赤血球増加症

② 赤血球数の測定を繰り返す
- 異常なし ― 赤血球増加症にあらず
- 異常所見あり

③ 病歴と身体一般検査の評価
- 異常所見あり
  - 薬剤
    - エリスロポエチン
    - アンドロゲン性ステロイド
    - グルココルチコイド
  - 呼吸器疾患
  - 右―左心短絡
  - 高地（高山）
  - 肥満過剰
  - 低換気
  ― 呼吸困難と二次性絶対的赤血球増加症 ― ⑧ へ移る
  - 嘔吐／下痢
  - 熱射病
  - 脱水
  - 発熱
  ― 相対的赤血球増加症 ― ④ へ移る
- 異常なし

④ 生化学検査と尿検査の評価

⑤ 水和治療
- ⑥ 回復 ― 脱水による相対的赤血球増加症
- ⑦ 回復せず

⑧ 酸素分圧（PaO$_2$）の評価
- 異常所見なし →
- 異常所見あり
  - 心疾患
  - 慢性呼吸器疾患
  - 高山病
  - 肥満過剰
  - 低換気

⑨　酸素分圧（PaO$_2$）が正常であれば，赤血球増加症のその他の基礎原因を探る必要がある．絶対的赤血球増加症の原因として，次に最も多いのが腎疾患，特に腎腫瘍（癌腫，リンパ腫）である．これらによって，過剰なエリスロポエチンが産生される．ヒトでは他の部位の腫瘍でもエリスロポエチンやエリスロポエチン様物質が産生されることが報告されている．実際に腎盂腎炎など他の腎障害でも赤血球増加症をみとめることが報告されている．この時点で，次に最もよく使われる診断的検査は，ある種の画像検査であろうと思われる．腹部の単純Ｘ線検査によって，腎の異常形態や肥大，石灰化した副腎病変（副腎皮質機能低下症では様々なメカニズムから，軽度の赤血球数の増加を認めることがある）あるいはその他の腹部腫瘤などが分かる場合がある．しかし腎臓や他の臓器内の異常情報を得るには，腹部超音波検査やCTスキャン，MRIスキャンの方が望ましい．これらの検査を使えば，小さな腫瘍や腎盂腎炎を疑わせる腎盂の拡張，副腎の腫大／腫瘤などが強調されて写し出される．超音波診断に長けた人であれば，腎動脈狭窄などまれな赤血球増加症の原因を見分けることが可能な場合もある．しかしこれには専門的な読影が必要となる．もちろん，まれには沈渣の中に腫瘍細胞が見つかる場合もあるが，腎の画像検査では，主に感染に関する尿検査所見と結び付けてみる必要がある．

⑩　内因性ならびに外因性グルココルチコイドとアンドロゲンによる副腎皮質機能亢進症が原因で，赤血球増加症が現れることがある．この２つのホルモンが骨髄に対してごく軽度の刺激を与え，その結果赤血球の増加が起こるわけであるが，通常その増加の程度は決して大きいものではなく，真の赤血球増加症につながることは滅多にない．しかし問題を追求することによって，超音波スキャンで確認された副腎の腫大や多尿，多渇，多食ならびにその他軽度から中等度の赤血球増加を示す副腎皮質機能亢進症の典型的症状が，明らかになることは確かである．確実に臨床病歴を聴取すれば，外因性のグルココルチコイドやアンドロゲンの投与が初期の段階で浮かび上がってくるはずである（③）．エリスロポエチンは直接骨髄を刺激して赤血球の産生を促すため，こうした動物では血清エリスロポエチン濃度は正常か低値を示すことになる．

⑪　腎臓に異常は認められないが，腹腔内の別の部位で腫瘤病変が見つかった場合には，細胞学的評価と病変のタイプを知るために切開あるいは切除生検を実施する必要がある．外科的診査を行えば，腫瘤病変を切除することもできるし，切除後赤血球増加症が回復するか否かを見きわめることもできる．またこの場合，血清エリスロポエチン濃度を計測しておけば役に立つこともある（⑫）．

⑫　臨床症状が複雑な場合や確定診断がつかない場合，あるいは基礎原因が不明の絶対的赤血球増加症の場合には，血清エリスロポエチン濃度を調べておく必要がある．エリスロポエチン濃度が上昇しておれば，基礎原因は未明の絶対的（二次的）赤血球増加症であることが考えられる．この場合にはさらに突っ込んだ検査をする必要がある（例えば，肺高血圧の有無を知るためのSwan-Ganzカテーテルの挿入や腎動脈狭窄を調べるための動脈造影あるいは以前には赤血球増加症とは無関係と考えていたその他の病変の検索など）．

⑬　血清エリスロポエチン濃度が正常か低い場合には，原発性赤血球増加症か真性赤血球増加症が考えられる．真性赤血球増加症はまれな骨髄障害で，この場合にはエリスロポエチンとは関係なく，無規則に赤血球産生が起こる．この疾患は腫瘍性ではないが，後になって赤白血病に転じたり，赤血球無形成に進んだり，骨髄癆を起こしたりすることがある．この場合，骨髄検査を行うと赤血球系の細胞に過形成が認められる．この疾患では，肝脾腫や神経症状（痴呆，行動の変化，痙攣発作），過粘稠（網膜血管の拡張と蛇行，うっ血性心疾患）などを認めることがある．このアルゴリズムの時点で，診断として真性赤血球増加症が最も疑わしいが，血清エリスロポエチン濃度の計測検査で反応しないエリスロポエチン様物質の産生（一般的には，腫瘍細胞によるもの）に関しては，完全に診断から除外することはできない．

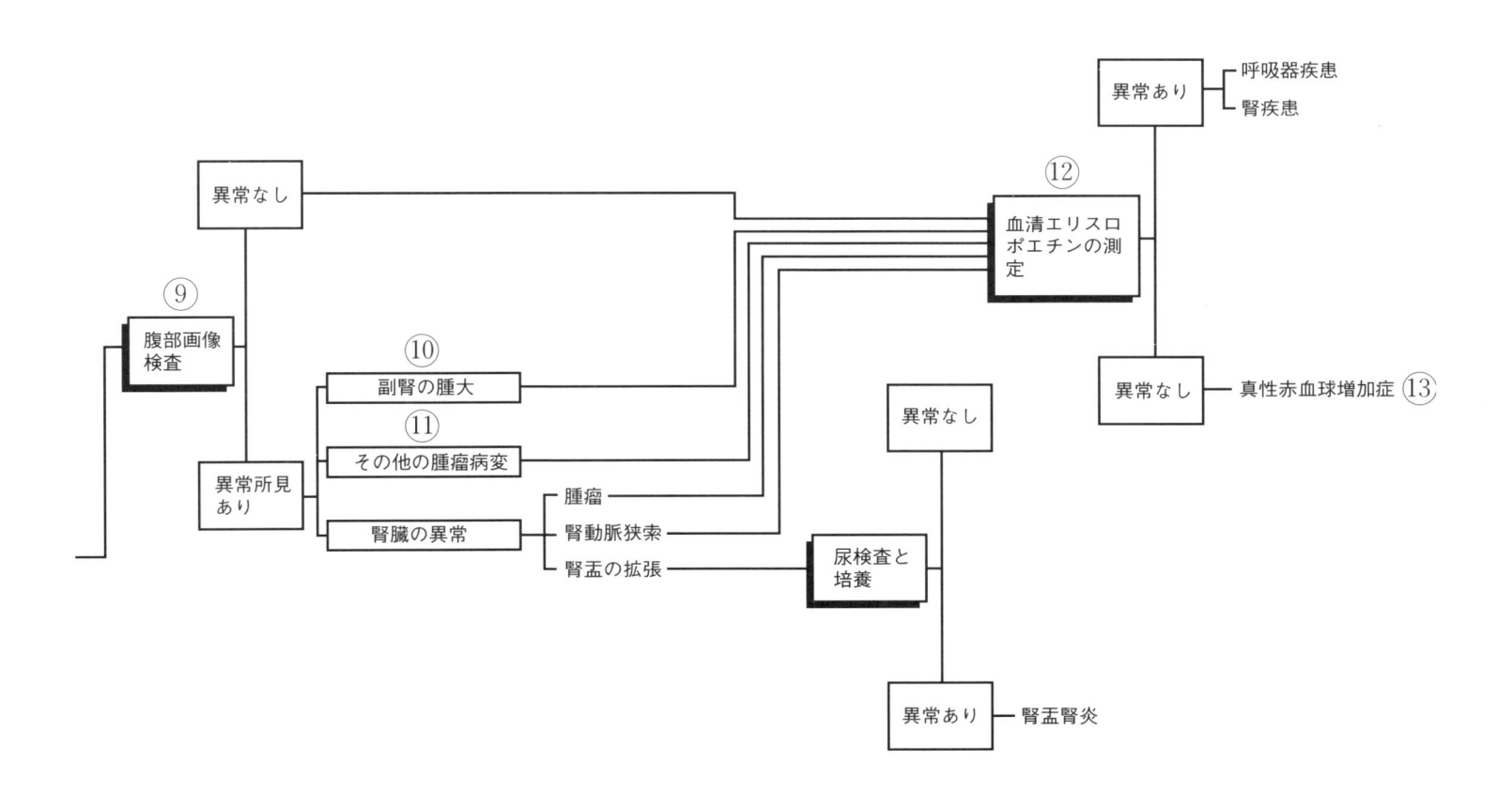

■ *赤血球増加症* ■

```
                                                              ┌─ 呼吸器疾患
                                                   異常あり ──┤
                                                              └─ 腎疾患
                                                      │
               異常なし ──────────────────────┐    ⑫
                                              ├──── 血清エリスロ
          ⑨                                   │     ポエチンの測定
     腹部画像                                  │
     検査                                      │
                    ⑩                         │
               ┌── 副腎の腫大 ─────────────────┤
               │    ⑪                         │     異常なし ── 真性赤血球増加症 ⑬
     異常所見 ─┼── その他の腫瘍病変 ──────────┤
     あり      │                               │
               └── 腎臓の異常 ──┬── 腫瘍 ──────┘
                                ├── 腎動脈狭窄 ─
                                └── 腎盂の拡張 ── 尿検査と
                                                   培養
                                                     │
                                              ┌── 異常なし
                                              │
                                              └── 異常あり ── 腎盂腎炎
```

汎血球減少症

① 汎血球減少症は，末梢血液のあらゆる細胞系（赤血球，白血球，血小板）が減少する状態と定義されている．末梢血中の細胞を侵す多くの病気では，すべての細胞系が侵されるわけでもなく，また同じ比率でこれらが侵されるわけでもない．したがって，ここでは2つの細胞系が減少する減少症（bicytopenia）と1つの細胞系の減少症（monocytopenia）についても当てはめることにする．これは，例えば赤血球は寿命が長いため，貧血が起こる前に急性疾患によって好中球と血小板が侵される場合も考えられるからである．汎血球減少症は，必ず基礎に骨髄疾患があり，これによって引き起こされるものであるため，ほとんどの場合骨髄検査が必要となる．臨床症状としては，点状／斑状出血や血小板減少による鼻出血，脱力，虚脱，貧血による蒼白，同時に好中球減少からくる感染による発熱などが認められる．

② 汎血球減少症／2系統血球減少症では，CBC検査を徹底し，減少細胞数の継続を確認するために，3〜4日後の再度鑑別を繰り返す必要がある．網状赤血球数によって，再生性か非再生成果を判断する．非再生性貧血では，骨髄の幹細胞の活性が障害されているため，通常は汎血球減少症が認められる．骨髄の障害が免疫介在性のものである場合には，まれに再生性貧血を認めることがある．

③ 血球細胞の破損と再生性徴候（網状赤血球，球状赤血球，巨大血小板，赤血球自己凝集）が認められる場合には，免疫介在性が汎血球減少症の原因と考えられる．また少なくとも血小板減少症や貧血，あるいは免疫抑制療法に対する反応の可能性がある．赤血球に対する抗体検査にはクームス試験が適していると思われる．ただし球状赤血球が観察される場合には，この検査は必要ない．免疫介在性疾患の場合には，骨髄の幹細胞に対する抗体が認められ，非再生性であるが，球状赤血球あるいは自己凝集が観察される．

④ 好中球減少症や他の理由で免疫抑制がある動物では，ヘモバルトネラ（H.felis/canis）が寄生している可能性があり，再生性貧血が認められる．血液塗沫を再調査して細胞内寄生生物を見つけることが重要となる．またヘモバルトネラ（H.felis）とバベシア属の力価も必要となる．

⑤ どの薬剤でも骨髄の幹細胞を侵したり，免疫介在性疾患を誘発することはある．汎血球減少症に密接に関与する薬剤としては，化学療法剤（ブスルファン，シクロフォスファミド，クロラムブチル，メルファラン，シタラビン，プラチナ含有複合体，ドキソルビシン，ミトキサントロン，メトトレキセート），トリメトプリム，クロラムフェニコール，セファロスポリン，エストロゲン，フェノバルビタール，プリミドン，フェニトイン，フェニルブタゾン，メクロフェナミン酸，キニジン，アルベンダゾール，フェンベンダゾール，メチマゾール＊，プロピルチオウラシル＊，グリセオフラビン＊，チアセタルサミドがある．＊印を付けた薬剤は特に猫に汎血球減少症を起こさせる（レトロウイルス感染に関係するグリセオフラビンは特に）．ほとんどの化学療法剤は速やかに分裂中の細胞を侵すため，通常投与後5〜10日間で好中球減少症と血小板減少症あるいはその何れかが認められる．ニトロソウレアは幹細胞を侵し遅発性の好中球減少症が認められるが，効果が長く永久的な骨髄傷害の危険性がある．この場合，一部の化学療法剤とフェニルブタゾンでは，これに当てはまらないこともある．しかし犬と猫ではフェニルブタゾンの使用は避けるべきである．

⑥ 毒物としては，ベンゼン誘導体（ガソリン，溶剤），フェノール，有機リン剤，有機塩素剤，タリウムなどがある．

⑦ 放射線暴露による汎血球減少症は，普通の環境であればほとんど考えられない．しかしリンパ腫に対する半身照射では起こる可能性はある．

⑧ 猫で汎血球減少が認められる場合には，レトロウイルスの状態を調べておく必要がある．猫白血病ウイルス（FeLV）や猫免疫不全ウイルス（FIV）陽性が，汎血球減少症の原因につながらないこともあるが，飼主にしてみれば，さらに検査をして追求したいと考える場合もある．猫白血病ウイルス（FeLV）は，直接骨髄抑制（無形成貧血，骨髄形成不全，骨髄腫瘍）に関与するとされている．猫白血病ウイルス（FeLV）陰性の場合には，このウイルスにさらされていなかったとも考えられるし，ウイルスにさらされた結果それを根絶するために適切な免疫反応が始まったとも考えられる．しかしまた猫白血病ウイルス（FeLV）にさらされた結果，部分的な免疫反応が始まり，組織内にウイルスが隔離されたとも考えられる．骨髄はウイルス隔離がよく認められる部位である．猫白血病ウイルス（FeLV）抗原を調べるには骨髄の免疫蛍光検査法が使われる．

⑨ 若齢猫やワクチンを余り接種していない猫あるいはかなりの高齢猫で，汎血球減少症と胃腸症状が認められる場合には，猫汎白血球減少症ウイルス（FePLV）感染の可能性がある．このウイルスに関しては特異的な検査方法はない．

⑩ 若齢犬やワクチンを余り接種していない犬あるいはかなりの高齢で免疫抑制のある犬に，汎血球減少症と胃腸症状が認められる場合には，パルボウイルスと犬ジステンパーウイルスの感染が考えられる．犬パルボウイルス感染は，便の抗体検査で確認される．最近このウイルスに対するワクチンが接種されている場合には，偽陽性の反応を認めることがある．犬ジステンパーウイルスでは，結膜擦過で免疫蛍光検査法が使われるが，この感染の確認は比較的難しい．

⑪ 比較的高齢で未去勢の犬の場合には，睾丸の腫瘤を調べておく必要がある．セルトリー細胞腫と時にセミノーマならびに間質細胞腫では，エストロゲン産生による骨髄抑制をみることがある．腫瘍は腹腔内睾丸の際に比較的よく認められる．血清エストロゲンの上昇が幹細胞の分化に影響を及ぼし，骨髄無形成や汎血球減少症，非再生性貧血が起こる．エストロゲン誘発性貧血／汎血球減少症は，非可逆的経過をとることが多い．大多数の犬で雌性化（雌性化乳房，未去勢雄からの誘惑）が認められる．

⑫ 去勢犬の場合には，手術がつい最近のものなのか，潜伏睾丸では正常なものだけを切除したのかなど調べておくことも大切である．

⑬ 過エストロゲン血症はまれに雌で認められるが，高齢の未去勢の雌では卵巣の腫瘍を調べる必要がある．まれに顆粒膜細胞の腫瘍や卵胞嚢腫によって，エストロゲン濃度が上昇し，骨髄の細胞成分産生が抑制されることがある．

⑭ 去勢歴が明白でない場合や過エストロゲン血症が関与する場合には，超音波検査によって腹腔内腫瘤やエストロゲンと骨髄抑制の源になると思われる卵巣の異常組織を調べる．

⑮ 過エストロゲン血症が関与する場合やエストロゲンの源がはっきりしない場合には，血清エストロゲン濃度を計測する．一般的には別の方法で容易に診断できることもあるし，エストロゲンのすべての型が分析されるわけでもないため，血清エストロゲン濃度の計測は最初から行われるものではない．しかし診査的開腹などさらに侵襲的な検査に進む場合には，その前にエストロゲン濃度を計測しておくことは重要である．

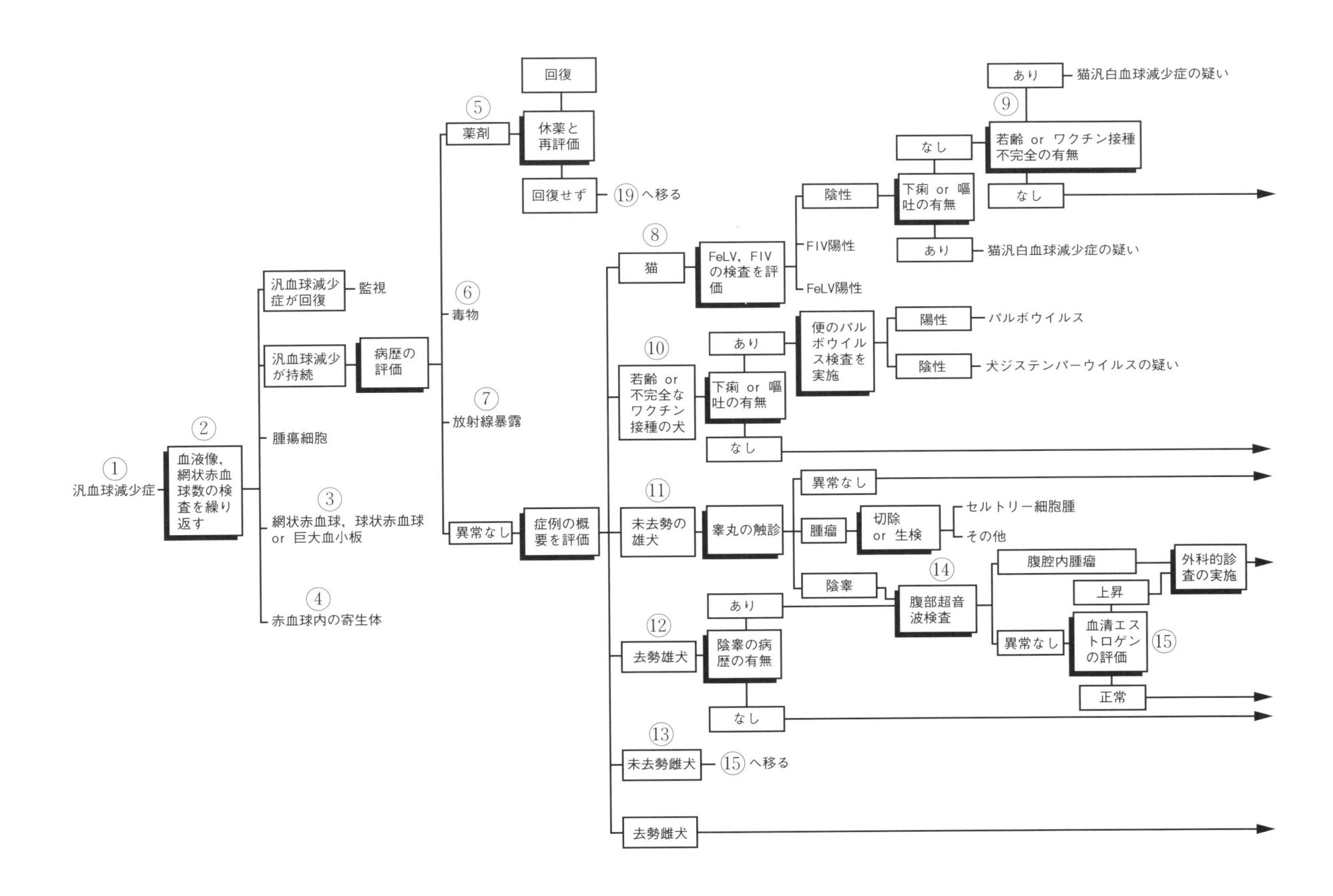

■ *汎血球減少症* ■

```
① 汎血球減少症
    │
    ② 血液像，網状赤血球数の検査を繰り返す
        ├─ 汎血球減少症が回復 ── 監視
        ├─ 汎血球減少が持続 ── 病歴の評価
        │       ├─ ⑤ 薬剤 ── 休薬と再評価
        │       │       ├─ 回復
        │       │       └─ 回復せず ── ⑲へ移る
        │       ├─ ⑥ 毒物
        │       ├─ ⑦ 放射線暴露
        │       └─ 異常なし ── 症例の概要を評価
        │               ├─ ⑧ 猫 ── FeLV，FIVの検査を評価
        │               │       ├─ 陰性 ── 下痢 or 嘔吐の有無
        │               │       │       ├─ なし ── ⑨ 若齢 or ワクチン接種不完全の有無
        │               │       │       │       ├─ あり ── 猫汎白血球減少症の疑い
        │               │       │       │       └─ なし
        │               │       │       └─ あり ── 猫汎白血球減少症の疑い
        │               │       ├─ FIV陽性
        │               │       └─ FeLV陽性
        │               ├─ ⑩ 若齢 or 不完全なワクチン接種の犬 ── 下痢 or 嘔吐の有無
        │               │       ├─ あり ── 便のパルボウイルス検査を実施
        │               │       │       ├─ 陽性 ── パルボウイルス
        │               │       │       └─ 陰性 ── 犬ジステンパーウイルスの疑い
        │               │       └─ なし
        │               ├─ ⑪ 未去勢の雄犬 ── 睾丸の触診
        │               │       ├─ 異常なし
        │               │       └─ 腫瘍 ── 切除 or 生検
        │               │               ├─ セルトリー細胞腫
        │               │               └─ その他
        │               │       └─ 陰睾 ── ⑭ 腹部超音波検査
        │               │               ├─ 腹腔内腫瘍 ── 外科的診査の実施
        │               │               └─ 異常なし ── ⑮ 血清エストロゲンの評価
        │               │                       ├─ 上昇 ── 外科的診査の実施
        │               │                       └─ 正常
        │               ├─ ⑫ 去勢雄犬 ── 陰睾の病歴の有無
        │               │       ├─ あり
        │               │       └─ なし
        │               ├─ ⑬ 未去勢雌犬 ── ⑮へ移る
        │               └─ 去勢雌犬
        ├─ 腫瘍細胞
        ├─ ③ 網状赤血球，球状赤血球 or 巨大血小板
        └─ ④ 赤血球内の寄生体
```

■ 汎血球減少症 ■

⑯ 鑑別診断から過エストロゲン血症が除外されると思われる場合には，次の段階としてダニとの接触歴と可能であればエールリヒア（Ehrlichia canis）の力価を調べる．高グロブリン血症や蛋白喪失性腎症，腎疾患などが認められる場合には，この検査は特に重要となる．しかし，その他の汎血球減少症を引き起こす疾患（免疫介在性疾患と腫瘍）によって，同じような症状が認められることも頭に入れておく必要がある．慢性のエールリヒア（Ehrlichia canis）感染では，骨髄抑制による汎血球減少症や様々な血球減少症が認められる（ただし，骨髄の形質細胞だけは過形成を呈する）．時には，バベシア属の同時感染による溶血性貧血や血小板減少症による失血がこの疾患に併発することもある．エールリヒア（Ehrlichia canis）陽性であれば，適切な治療が必要となる．感染の根絶によって臨床症状が回復し，検査室所見の異常も次第に改善されるはずである．

⑰ 汎血球減少症では多くの場合，身体一般検査では非特異的所見（体重の減少，不健康状態）が認められるか，骨髄抑制（点状出血や斑状出血，血小板減少による鼻出血，脱力，虚脱，頻脈，貧血による粘膜の蒼白，好中球減少による口腔内潰瘍）が現れているかである．なかには診断のための次の段階で，身体一般検査が役にたつことがある．

⑱ リンパ腺症を伴う場合には，リンパ節の針吸引や生検を実施して細胞学的評価／組織病理学的評価を行う．これらの検査で腫瘍が判明し，汎血球減少症の基礎原因が診断され，骨髄吸引の必要がなくなることもある．肝脾腫は腫瘍細胞の組織浸潤による場合もあれば，また骨髄不全に直面して末梢血の細胞を充分に産生しようとする正常な髄外造血反応ということもある．肝臓と脾臓の吸引には超音波による誘導を必要とすることもある（もちろん，猫の場合や吸引に際して腹壁から容易に触れられる場合は別である）．血小板減少症がある場合には針吸引は充分な注意を払う必要がある．針吸引で腫瘍細胞が見つからない場合には，骨髄検査を必要とすることがある．

⑲ 持続性の汎血球減少症と大多数の二細胞系血球減少症では，骨髄検査が最終的な診断検査となる．このアルゴリズム⑲で示唆される以前の診断過程で実施されることもある．汎血球減少症の骨髄検査には，細胞学的検査のために吸引生検とコア生検がある．コア生検は残っている骨髄組織が余りにも小さいために骨髄線維症／骨髄癆が分からなくなる場合や不適切な採取になる可能性がある場合に行われる．骨髄のコア生検の検体分析によってこの問題は解決される．いずれのサンプルでも，適切であれば骨髄腫瘍や骨髄壊死，骨髄形成異常の診断は可能となる．

⑳ 骨髄形成異常は，骨髄の前腫瘍状態といえる．末梢では"血球減少"であるにもかかわらず，一部の細胞系が成熟を停止しているため，骨髄は細胞過多の状態にある．異常細胞は成熟過程を全うせずに骨髄内で死滅する．また赤血球の産生不全のため，骨髄内では可染性鉄の増加も認められる．分化の過程で成熟停止がどの程度起こっているかによって，侵された細胞系の数が決まる．普通は赤血球の巨大赤芽球化が認められる．猫では骨髄形成異常が比較的よく認められるが，おそらく猫白血病ウイルス（FeLV）が関与しているものと思われる．犬も猫も，そのうちには白血病に進行することがある．

㉑ 骨髄線維症では，正常な骨髄組織が線維組織に置き換えられる．この状態はおそらく骨髄不全の最終段階を示すものと思われ，基礎原因を見きわめることができない場合もある．こうなると不可逆的な状態となる．

㉒ 敗血症や内毒素，薬物誘因性骨髄中毒，ウイルス感染など重度の全身性疾患によって，二次的に骨髄壊死が起こることもある．支持療法と基礎原因の除去によって，病状が改善される場合もある．重度でび漫性の場合に限って，汎血球減少症が認められる．

㉓ 骨硬化症や骨の肥厚（骨髄腔内まで広がる状態）は，最終段階と思われ，骨髄が慢性的な病状によって侵された不可逆的な状態と考えられる．骨硬化症はX線所見では，デンシティ（黒化度）の増加が認められる．基礎原因としては，犬のピルビン酸キナーゼ欠損があげられる（これは症例の概要と既往症を評価すれば，アルゴリズムの最初の段階でつかめることもある）．この疾患は，バセンジー，ビーグル，ケアン・テリア，ウェストハイランド・ホワイト・テリア，その他数種類の犬種などで認められることが分かっている．一般的には若齢から中年齢の慢性的な再生性貧血をもつ犬に認められる．ピルビン酸キナーゼの欠損は一部の猫種にも認められるが，骨硬化症にまでは到らない．骨硬化症は猫白血病ウイルス（FeLV）感染の最終段階として認められるものである．

㉔ 骨髄腫瘍で，骨髄がその腫瘍細胞によって満たされると汎血球減少症を示すことがある．これらの細胞は循環血液中に放出される場合もあればされないこともある．骨髄中の芽球細胞の増殖がコントロール不能となり，異常分化と成熟不全が認められるようになる．もう1つの汎血球減少症の理由としては，芽球細胞によって産生される可溶性因子がある．これは造血性前駆体細胞を抑制するといわれている．確かに悪性の細胞増殖が起こる前に抑制現象を認めることがある．汎血球減少症では，一般的に様々な細胞系の急性白血病が同時に認められる．このような場合，循環血液中には芽球細胞が比較的よく認められる．骨髄に侵入して汎血球減少症を起こす髄外性腫瘍には，リンパ腫（ステージV），プラズマ細胞性骨髄腫，悪性組織球腫などがある．

㉕ 骨髄生検で脂肪だけしか採取されなかった場合には，骨髄無形成症あるいは無形成性汎血球減少症と診断される．幹細胞は認められず，骨髄組織は残っていない．この状態は不可逆性のものである．

㉖ 組織標本の免疫蛍光検査から，抗原である猫白血病ウイルス（FeLV）が見つかることがある．骨髄での猫白血病ウイルス陽性は事実上の診断ではないが，猫ではこれによって骨髄形成異常や骨髄無形成，腫瘍ならびに無形成性貧血など多くの疾病が起こる．

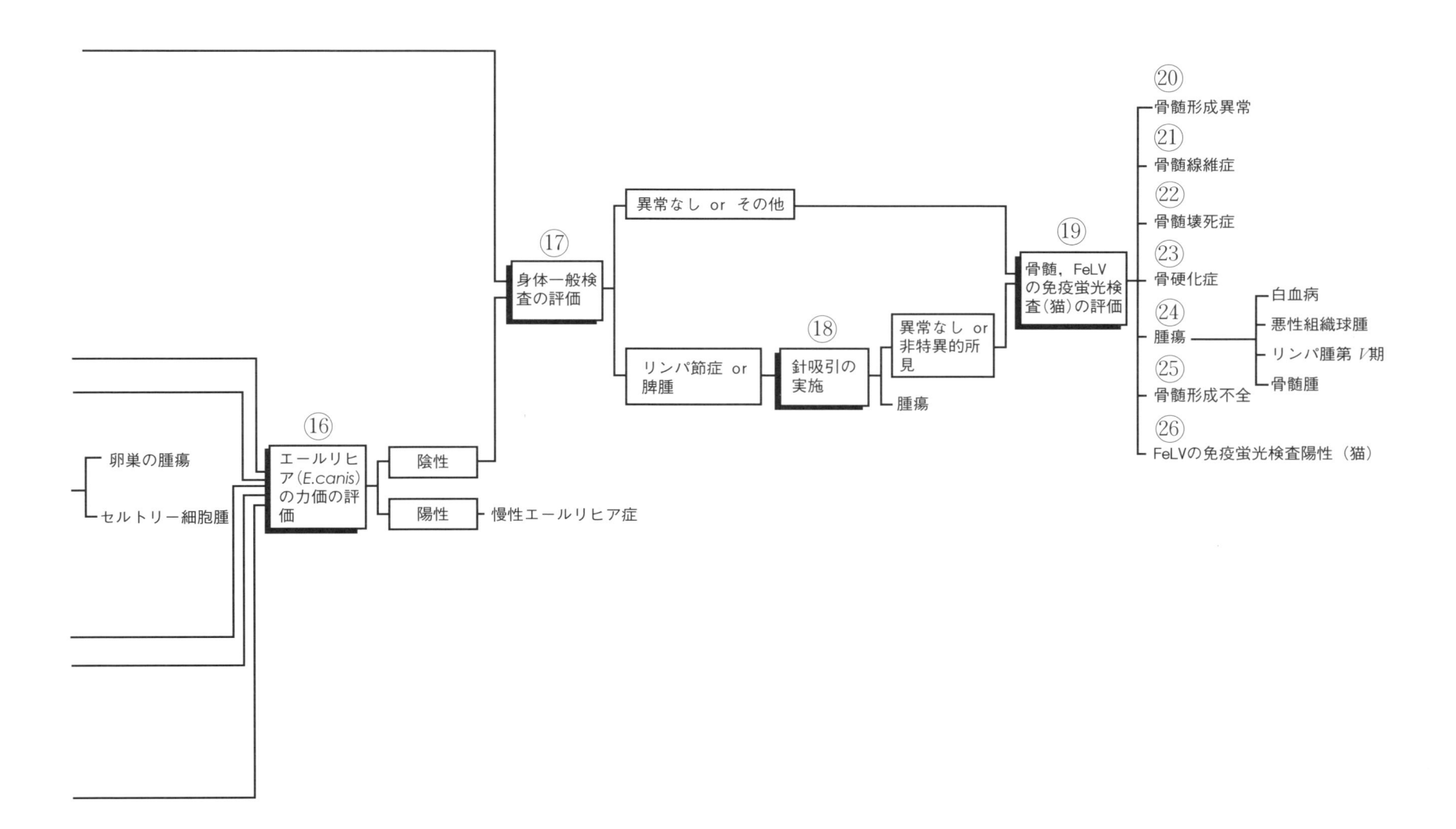

■ 汎血球減少症 ■

```
                                                              ⑳ 骨髄形成異常
                                                              ㉑ 骨髄線維症
                                       異常なし or その他         ㉒ 骨髄壊死症
                                ⑰                        ⑲   ㉓ 骨硬化症
                                身体一般検                  骨髄，FeLV              ─ 白血病
                                査の評価                   の免疫蛍光検             ─ 悪性組織球腫
                                       リンパ節症 or  ⑱    異常なし or  査（猫）の評価 ㉔ 腫瘍 ─ リンパ腫第Ⅴ期
                                       脾腫       針吸引の  非特異的所見              ─ 骨髄腫
                                                実施                     ㉕ 骨髄形成不全
  ─ 卵巣の腫瘍                                          腫瘍
                         ⑯                                               ㉖ FeLVの免疫蛍光検査陽性（猫）
  ─ セルトリー細胞腫       エールリヒ   陰性
                         ア（E.canis）
                         の力価の評価
                                      陽性 ─ 慢性エールリヒア症
```

好中球減少症

① 好中球減少症とは，末梢循環血液中の顆粒球が減少する状態をいう（顆粒球には，好酸球，好塩基球，好中球が含まれる）．中心となる顆粒球は好中球である．血中の好中球は，循環プール（実際には血液像で計測される細胞）と辺縁プール（血管壁に付着し，好中球の組織プール内に変換する）の2つの群に分けられる．犬では循環プールと辺縁プールの大きさはおおむね同じであるが，猫では辺縁プールの方が循環プールよりも2,3倍大きい．好中球減少症それ自体が疾病ではなく，その結果（すなわち好中球の防衛反応不全による局所性/播種性感染の徴候）として現れるか，あるいは基礎にある疾患の徴候として現れるかである．多くの場合，臨床的に影響を受けるというのではなく，血液像を評価する際に付随的に認められる所見が好中球減少症というわけである．好中球は免疫系の固有な役目を果たすものであり，感染や組織の炎症を起こすその他の疾患に対して速やかに反応する．好中球産生異常や骨髄から末梢循環血液中への好中球放出障害（骨髄の形成異常や成熟欠損），好中球の隔離，好中球の辺縁付着化の上昇，組織の好中球要求度の増加などがあると，末梢血中の好中球数は減少する．

② 好中球減少症が認められた場合には，いかなる場合でも24～48時間内に，そして7～10日後に再度検査を実施する必要がある．末梢血での好中球の寿命は，およそ7時間である．犬では最初の幹細胞から増殖し分化するのに7日かかるといわれている．持続性の好中球減少症が認められる場合にはさらに検査を進める必要がある．

③ 薬剤の多くには，骨髄抑制など骨髄障害に関与するものがある．障害の範囲も好中球減少症から汎血球減少症までである．原因が分かって休薬すれば，ほとんどの場合回復する．しかしフェニルブタゾンとエストロゲン投与による好中球減少症や汎血球減少症では，不可逆的になる可能性がある．犬と猫に対してはフェニルブタゾンは使用するべきではなく，エストロゲンや骨髄抑制の強いその他の薬剤が投与されている場合には，投与期間中は充分に監視する必要がある．好中球減少症に関与する薬剤には，エストロゲン（スチルベストロール，エストラジオール），クロラムフェニコール，非ステロイド系抗炎症剤（フェニルブタゾン，メクロフェナミン酸），フェノバルビタール，トリメトプリム・スルファジアジン，キニジン，抗腫瘍剤，チアセタルサミド（犬），メチマゾール（猫），グルセオフラビン（猫）などがある．猫免疫不全ウイルス（FIV）にグリセオフラビンを投与した場合には，特に好中球減少症が問題となる．またグリセオフラビンを投与する前には，いずれの場合にも猫免疫不全ウイルス（FIV）の状態を調べておくことは重要である．なかには骨髄の幹細胞に対する免疫介在性の発症の1つが問題になる場合がある．その他骨髄が直接抑制される場合も考えられる．

④ 好中球減少症の原因として，犬種が特別関与することはごくまれである．ただ，グレー・コリー（被毛の退色）では，常染色体劣性遺伝として周期性好中球減少症（別名，周期性造血）が認められている．グレー・コリーの鼻は黒色というよりも灰色である．周期性の好中球減少とそれに伴う発熱が，10～12日周期で再発する．好中球減少症が最も重度な異常所見として認められるが，網状赤血球の減少に併せて血小板減少症と貧血が認められる場合もある．好中球減少に続いて好中球増加が認められ，その後また好中球が減少するといった具合である．この現象を見きわめるには，数多くの血液像検査が必要となる．再発性の好中球減少症の結果,頻繁に感染しやすくなる．もうひとつの結果としては，感染の繰り返しと免疫系への過剰刺激による免疫複合体疾患（例えばアミロイドーシス）がある．1歳齢以上の生存はごくまれである．

⑤ 猫で慢性の好中球減少症が認められる場合には，年齢にかかわらず，いずれの場合にも猫白血病ウイルス（FeLV）と猫免疫不全ウイルス（FIV）の状態を調べる必要がある．猫の場合，猫白血病ウイルスが骨髄内に隔離されることがあり，循環系のウイルス血症をみることなく骨髄抑制や形成不全が起こる．

⑥ 好中球減少症，特に2種類の細胞系減少症や汎血球減少症ならびに発熱，嘔吐，下痢などの臨床徴候が認められる場合には，猫汎白血球減少症ウイルス（FePLV）の感染が考えられる．この疾患は若齢猫では死に到ることが多い．比較的年齢を重ねた猫では，多くの場合生き残る．胎盤感染の子猫では小脳の形成不全になることがあるが,好中球の減少は認められない．このウイルスに対するワクチン接種には，標準的なワクチン接種プログラムがある．ウイルス感染に対する特異的な検査方法はないが，糞便から電子顕微鏡でウイルスを調べる方法はある．犬のパルボウイルスでは，ELISA法による検査でウイルスが見つかるものと思われる（ただし確立された診断法ではない）．診断は，臨床症状とワクチンの接種歴に基づいて行われるのが普通である．

⑦ 若齢の犬は，骨髄を直接侵す様々なウイルス疾患に特に罹りやすい傾向がある．ワクチンの接種が不十分であったり，不完全な場合には特に罹りやすいといえる．

⑧ 好中球減少症があって，特に嘔吐と下痢を伴う場合には，便のサンプルでパルボウイルスの検査（ELISA法による検査）を実施する必要がある．最近ワクチンを接種した犬では，この検査で陽性にでる可能性がある．パルボウイルスによる好中球減少症は骨髄内の好中球前駆体が破壊されることが原因となる．また貧血と血小板減少が認められることもある．この場合支持療法を行えば，好中球細胞系に再生反応が認められるようになるはずである．

⑨ 犬ジステンパーウイルスも骨髄を抑制し，急性期には好中球減少症が認められる．通常若くてワクチン接種が不完全な場合に認められる．ジステンパーに伴う症状としては，眼と鼻の分泌物，上部ならびに下部気道疾患症状，下痢，痙攣発作などが認められる．急性症の診断には，結膜擦過で採取した検体から免疫蛍光抗体法によってウイルスを同定する方法がある．

⑩ 薬物療法以外で骨髄抑制がある場合（例えば放射線暴露など）には，病歴の聴取が重要となる．身体一般検査では，下降睾丸や鼠径部にある睾丸の腫瘤病変の有無，腹部触診による異常の有無，眼底検査による血管拡張/蛇行（高粘稠と高グロブリン血症による）の有無などを調べる必要がある．また貧血を示唆する口腔粘膜の蒼白の有無，血小板減少症や脈管炎を示唆する皮膚や粘膜の挫傷あるいは斑状出血，点状出血の有無を調べることも重要である．骨髄や原発性骨病変による疼痛の有無を調べるために，骨をひとつ1つ触診することも大切である．また発熱，脱水，その他の著しい全身疾患の徴候の有無を調べ一般的な健康状態を評価することも重要である．

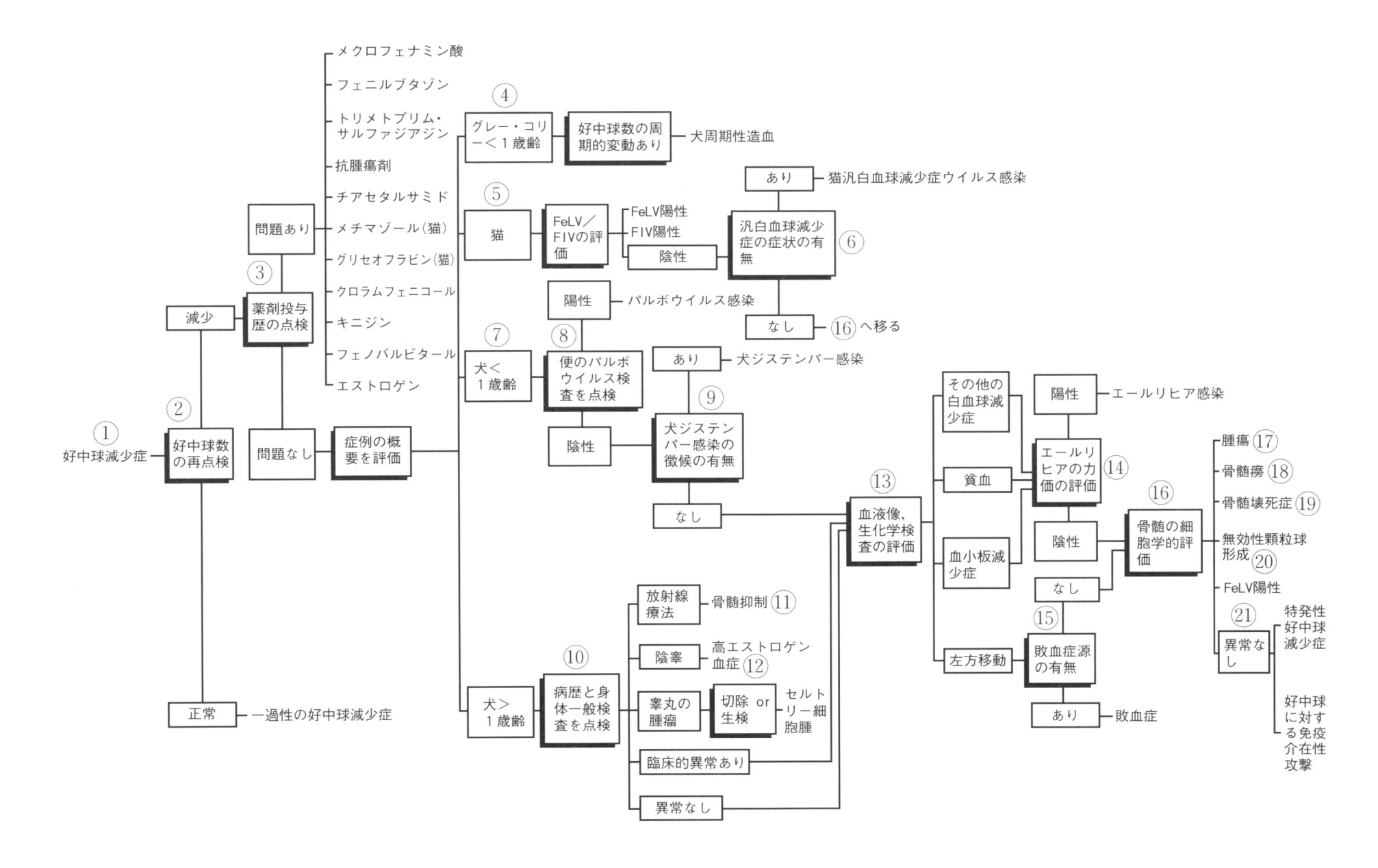

■ *好中球減少症* ■

① 好中球減少症
② 好中球数の再点検
   - 減少
     - ③ 薬剤投与歴の点検
       - 問題あり
         - メクロフェナミン酸
         - フェニルブタゾン
         - トリメトプリム・サルファジアジン
         - 抗腫瘍剤
         - チアセタルサミド
         - メチマゾール(猫)
         - グリセオフラビン(猫)
         - クロラムフェニコール
         - キニジン
         - フェノバルビタール
         - エストロゲン
       - 問題なし → 症例の概要を評価
         - ④ グレー・コリー<1歳齢 → 好中球数の周期的変動あり → 犬周期性造血
         - ⑤ 猫 → FeLV／FIVの評価
           - FeLV陽性
           - FIV陽性
           - 陰性 → ⑥ 汎白血球減少症の症状の有無
             - あり → 猫汎白血球減少症ウイルス感染
             - なし → ⑯へ移る
         - ⑦ 犬<1歳齢 → ⑧ 便のパルボウイルス検査を点検
           - 陽性 → パルボウイルス感染
           - 陰性 → ⑨ 犬ジステンパー感染の徴候の有無
             - あり → 犬ジステンパー感染
             - なし
         - ⑩ 犬>1歳齢 → 病歴と身体一般検査を点検
           - 放射線療法 → 骨髄抑制 ⑪
           - 陰嚢 → 高エストロゲン血症 ⑫
           - 睾丸の腫瘍 → 切除 or 生検 → セルトリー細胞腫
           - 臨床的異常あり
           - 異常なし
     - ⑬ 血液像，生化学検査の評価
       - その他の白血球減少症
       - 貧血
       - 血小板減少症
       - 左方移動
       - ⑭ エールリヒアの力価の評価
         - 陽性 → エールリヒア感染
         - 陰性
         - なし → ⑮ 敗血症源の有無
           - あり → 敗血症
       - ⑯ 骨髄の細胞学的評価
         - 腫瘍 ⑰
         - 骨髄癆 ⑱
         - 骨髄壊死症 ⑲
         - 無効性顆粒球形成 ⑳
         - FeLV陽性
         - ㉑ 異常なし
           - 特発性好中球減少症
           - 好中球に対する免疫介在性攻撃
   - 正常 → 一過性の好中球減少症

■ 好中球減少症 ■

⑪ 放射線療法を受けている場合には，特に（リンパ腫に対する半身照射などで）照射域が広いと，骨髄抑制を起こすことがある．

⑫ 去勢手術の際，潜伏睾丸で去勢手術が行われなかった猫や潜伏睾丸のままで居る猫の場合には，エストロゲン産生性の睾丸腫瘍（通常は，セルトリー細胞腫）になることがある．まれには雌で高エストロゲン血症や骨髄抑制をみることがある．多くの場合，骨髄抑制と高エストロゲン血症が悪化し，非再生性貧血と他の細胞系に異常をきたすことがある．

⑬ 重度の全身性疾患の徴候（例えば慢性ヘモバルトネラ症 H.canis など）や持続性の好中球減少症，他の血液細胞系の内容などを点検する意味で，血液像と血清生化学検査を再検討する必要がある．特に変性性の左方移動など左方移動のある好中球減少症や好中球の毒性変化がみられる場合には，好中球の産生障害というよりも好中球の消費が増加していることが考えられる．

⑭ 非再生性貧血や血小板減少症，その他の症状（体重減少，前ブドウ膜炎，高グロブリン血症）の有る無しにかかわらず，持続性の好中球減少症が認められる場合には，骨髄の検査をする前に血清学的検査でエールリヒア感染（H.canis）の評価が必要となる．

⑮ 左方移動や身体一般検査で細菌血症や敗血症を示唆する播種性疾患の徴候（発熱，心雑音，呼吸器疾患，広範囲の皮膚病変など），あるいは敗血症を示唆する異常検査室所見（低アルブミン血症，低血糖，アルカリホスファターゼの上昇，変性性左方移動ならびにそれに伴う好中球減少症など）が認められた場合には，敗血症の原因を調べる必要がある．敗血症に関与する細菌は通常グラム陰性である．好中球の減少は，組織の要求に応じ過ぎて末梢や骨髄での好中球の蓄えが枯渇することによって起こるのが一般的である．また，その他の細胞系を巻き込んでしまうこともある（例えば初期の播種性血管内凝固（DIC）で認められる血小板減少症）．尿の培養（一般的には播種性の敗血症では尿の細菌培養は陽性となる）と血液培養（24時間間隔で異なる血管部位から3種類の培養．発熱時が最もよい）の評価が重要となる．さらに胸部のX線検査（膿胸を示唆する肺炎や胸水の有無），腹部超音波検査（局所の膿瘍，腎盂腎炎，腹膜炎の有無），下痢便の培養（サルモネラ属の有無），創傷部の培養も必要となる．いずれの検査でも異常を認めないが，なおかつ敗血症が疑われる場合（例えば好中球減少症と変性性の左方移動を認める場合など）には，広範囲の抗生物質の静脈投与を試験的に行うと良い場合がある．非感染性の局所性あるいび漫性組織壊死でも好中球の過剰要求が起こり，血液像で好中球減少症を認めることがある．

⑯ 好中球減少症の持続を認めるが，左方移動はなく，敗血症や炎症の源がない場合には，次の段階として骨髄の検査を実施する．局所性あるいは広範囲性の感染がある場合でも，重度の全身性疾患が原因となるのと同様に，好中球減少症によって敗血症になる場合もあることを頭に入れておく必要がある．骨髄の細胞学的検査は，基礎原因が分からない持続性の好中球減少症の原因究明には有効な手段となる．骨髄の他の細胞系が巻き込まれている場合や体内で好中球の隔離されている部位がはっきりしない持続性の好中球減少症では，特にこの骨髄の細胞学的検査は有効な手段となる．また好中球減少症の基礎原因が確認されている場合（例えば抗腫瘍剤の投与に伴う二次性の好中球減少症など）でも骨髄の細胞学的検査は実施されるが，骨髄の再生能の評価（幹細胞の有無）が必要となる．多分骨髄の吸引は，深い鎮静下か全身麻酔下で行われることになる．理想的には骨髄採取の7～10時間以内に血液像を調べておくとよい．こうすれば基礎状態が完全に把握できるし，骨髄停止や形成異常の評価が可能となり，骨髄でどの細胞系が再生反応を開始し始めているかが分かる．

⑰ 骨髄の腫瘍が，末梢の好中球数を変えてしまうほど広範囲に広がっておれば，多分他の血球の細胞系も侵されており，2種類の血球細胞減少症／汎血球減少症になっているはずである．白血病やリンパ腫，形質細胞性骨髄腫などび漫性の骨髄腫瘍では，広範囲の骨髄が巻き込まれている．

⑱ 骨髄癆は骨髄の幹細胞が線維性組織に置き変わった状態である．これは骨髄の極度の疲労が（慢性の化学療法などによって）原発性あるいは二次性に起こったものともいえる．同様にび漫性の骨髄壊死は，顆粒球／好中球以上の多くの細胞系が侵されたものと考えられる．この骨髄癆は線維症になる前に起こることもある．

⑲ 無効性顆粒球形成（幹細胞から顆粒球への適切な分化が障害された状態あるいは骨髄内での成熟停止）とは，骨髄で好中球／顆粒球になる数が正常の状態から過剰な状態になることによって起こる状態をいう．おそらく細胞は（パルボウイルス感染や一部の薬剤反応で認められるように）骨髄内で破壊されるか，ある成熟段階に達した後停止するものと思われる．顆粒球の幹細胞に免疫介在性の攻撃が加わると分化と好中球産生が障害されると推測されており，ヒトではこれが観察されている．犬での報告は乏しいが，明らかに幹細胞が関連する副腎皮質ホルモン反応性の好中球減少症が犬と猫で報告されている．無効性顆粒球形成では，他の細胞系（例えば赤血球，血小板，単球など）が侵されることはないものと考えられている．

⑳ 細胞学的評価に加えて，猫では隔離ウイルスを見つけるために骨髄の吸引によって猫白血病ウイルスに対する免疫蛍光抗体法が使われることがある．この隔離性ウイルスが持続性のウイルス血症でない猫で見つかることがある．猫白血病ウイルスのオカルト感染が，1つあるいは複数の細胞系を抑制する可能性がある．

㉑ 明らかに正常な骨髄の産生が認められ好中球が放出されているのに，好中球減少症が認められる場合には，末梢の好中球に対する免疫介在性の攻撃が考えられる（まれに犬と猫で報告）．これもまた原因不明の好中球減少症が認められ，犬よりも猫で比較的よく認められることがある（しかし説得性のある説明は⑳を参照されたい）．

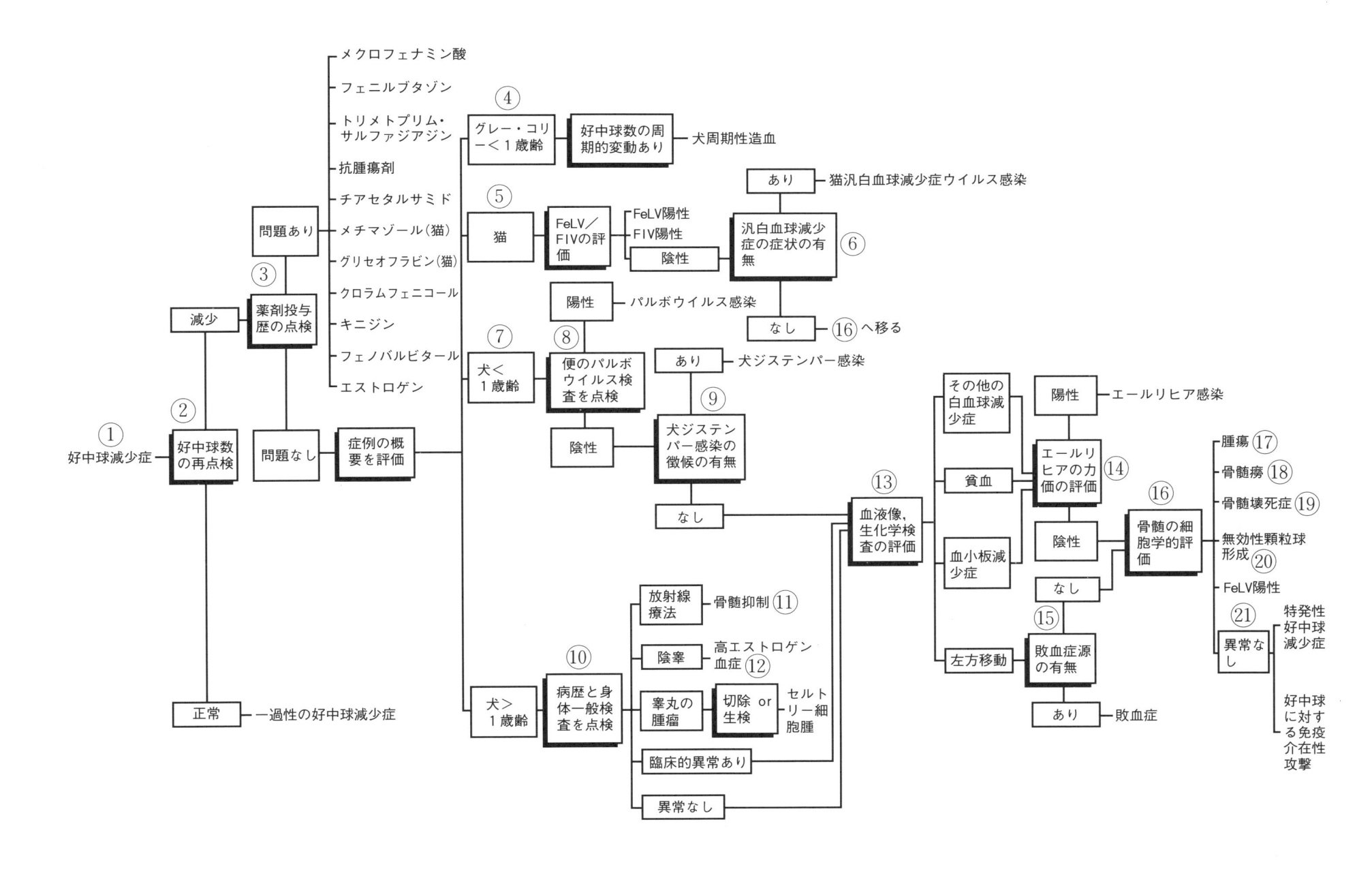

■ *好中球減少症* ■

- ① 好中球減少症
- ② 好中球数の再点検
  - 減少
    - ③ 薬剤投与歴の点検
      - 問題あり
        - メクロフェナミン酸
        - フェニルブタゾン
        - トリメトプリム・サルファジアジン
        - 抗腫瘍剤
        - チアセタルサミド
        - メチマゾール(猫)
        - グリセオフラビン(猫)
        - クロラムフェニコール
        - キニジン
        - フェノバルビタール
        - エストロゲン
      - 問題なし → 症例の概要を評価
        - ④ グレー・コリー<1歳齢 → 好中球数の周期的変動あり — 犬周期性造血
        - ⑤ 猫 → FeLV／FIVの評価
          - FeLV陽性
          - FIV陽性
          - 陰性 → ⑥ 汎白血球減少症の症状の有無
            - あり — 猫汎白血球減少症ウイルス感染
            - なし — ⑯へ移る
        - ⑦ 犬<1歳齢 → ⑧ 便のパルボウイルス検査を点検
          - 陽性 — パルボウイルス感染
          - 陰性 → ⑨ 犬ジステンパー感染の徴候の有無
            - あり — 犬ジステンパー感染
            - なし → ⑬ 血液像，生化学検査の評価
        - ⑩ 犬>1歳齢 → 病歴と身体一般検査を点検
          - 放射線療法 — 骨髄抑制 ⑪
          - 陰睾 — 高エストロゲン血症 ⑫
          - 睾丸の腫瘤 → 切除 or 生検 — セルトリー細胞腫
          - 臨床的異常あり
          - 異常なし → ⑬ 血液像，生化学検査の評価
    - ⑬ 血液像，生化学検査の評価
      - その他の白血球減少症
      - 貧血
      - 血小板減少症
      - 左方移動 → ⑮ 敗血症源の有無
        - あり — 敗血症
      - → ⑭ エールリヒアの力価の評価
        - 陽性 — エールリヒア感染
        - 陰性 → ⑯ 骨髄の細胞学的評価
          - 腫瘍 ⑰
          - 骨髄癆 ⑱
          - 骨髄壊死症 ⑲
          - 無効性顆粒球形成 ⑳
          - FeLV陽性
          - ㉑ 異常なし
            - 特発性好中球減少症
            - 好中球に対する免疫介在性攻撃
  - 正常 — 一過性の好中球減少症

血小板減少症

① 血小板減少症は，血小板数が参考値域より減少している状態をいう．検査室によって参考値の幅はそれぞれ異なるが，一般的には血小板数が 100,000/μl 以下が低値とされている．血小板減少の原因としては，血小板の産生不全（骨髄増殖性疾患），血小板の過剰消費（例えば播種性血管内凝固（DIC），出血，リケッチア性脈管炎，脈管炎を起こす免疫介在性疾患），血小板破壊（免疫介在性血小板減少症（IMT）），肝，脾内への血小板隔離があげられる．血小板隔離と出血では，血小板数が 100,000/μl 以下になることはない．血小板減少症で通常観察される所見としては，皮膚と粘膜に見られる点状出血や斑状出血，鼻出血，消化管粘膜の出血がある．血小板減少症では体腔内に出血をみるとは滅多にない．全身性疾患で二次的に血小板が減少する場合には，多くの場合他の疾患の臨床症状が観察される．

② 病歴の聴取から，薬物療法と免疫介在性血小板減少症の大きな原因となる最近実施されたワクチン接種歴，血小板消費の増加や播種性血管内凝固（DIC）の原因となる腫瘍などの有無を探る必要がある．

③ 循環血液中の血小板数は血液塗抹で，概算することができる．油浸（1000 倍）で塗抹標本の 1 層域に 6, 7 個の血小板が認められれば，1ml 中 100,000 個の血小板数に相当する．したがって油浸で 1 層域に血小板が 3, 4 個以下であれば，臨床的には著しい血小板減少症といえる．もし正常よりも大きい血小板（巨大血小板）が見つかれば，再生性反応のあることが疑われる．

④ 免疫介在性溶血性貧血や失血による二次性の貧血（血清蛋白の同時低下）あるいは骨髄の産生異常（非再生性貧血）を見きわめるには，血液像所見が役に立つ．

⑤ 抗凝固系殺鼠剤が疑われる場合には，基礎的な凝固像（プロトロンビン時間（PT）と部分トロンボプラスチン時間（PTT））を調べる必要がある．播種性血管内凝固（DIC）の診断にはフィブリン分解産物の検査を加えるとよい．

⑥ 播種性血管内凝固（DIC）では，プロトロンビン時間（PT）あるいは部分トロンボプラスチン時間（PTT）の延長とフィブリン分解産物の増加あるいはこれらの所見の組合せが観察される．血小板減少症が異常所見として最初に認められることが多い．猫では，伝染性腹膜炎感染が原発となって血小板減少症をみることもあるし，播種性血管内凝固に続発して二次性に認められることもある．

⑦ 抗凝固系殺鼠剤中毒では，血小板数は正常かやや減少を示し，同時にプロトロンビン時間（PT）と部分トロンボプラスチン時間（PTT）の著しい延長が認められる．プロトロンビン時間（PT）の延長は部分トロンボプラスチン時間（PTT）よりも先に異常として認められることが多い．

⑧ 重度の出血では，血小板数は減少するが，75,000/μl 以下になることは滅多にない．

⑨ 免疫介在性溶血性貧血と血小板減少症が同時に認められる場合には，血液像で再生性貧血や小赤血球，球状赤血球が観察されることがある．この様な状況の場合には，免疫介在性の血小板減少症が疑われる．

⑩ 骨髄に産生異常があると，血小板はもちろんのこと白血球や赤血球が侵されることもある（白血球減少症，非再生性貧血）．

⑪ 犬で血小板減少症を呈する最も一般的な感染体は，リケッチア（Rickettsia rickettsii）とエールリヒア（E.canis, E.platys）である．E.canis 感染の急性期で血小板が消費あるいは隔離される．慢性期では，骨髄抑制によって血小板の産生が低下する．E.platys 感染では，1～2 週間の寄生期間の際に血小板中に桑実胚（封入体）が観察されるという特徴がある．この観察期間の後，血小板が末梢で壊され，血小板減少症の時期となる．その他，犬で血小板減少症の原因となる可能性がある感染体に，ヘモバルトネラ（H.canis），リーシュマニア属，バベシア属，レプトスピラ属，カンジダ（Candida albicans），ヒストプラズマ（Histoplasma capsulatum），アデノウイルス，ヘルペスウイルス，パラミクソウイルスなどの感染がある．猫では，ヘモバルトネラ（H.felis）が血小板減少症の原因としては最も重要となる．その他，猫の血小板減少症の原因として考えられるのは，コロナウイルス（伝染性腹膜炎ウイルス，FIP），トキソプラズマ（T.gondii），Cytoxooan felis である．サルモネラ属と犬糸状虫（Dirofillaria immitis）は，犬と猫で血小板減少症の原因になることがある．よくある風土病的な疾患を見きわめることも重要である．猫の血小板減少症では，猫白血病ウイルス（FeLV）と猫伝染性腹膜炎ウイルス（FIP）の検査は欠かせない（もちろん，コロナウイルスの陽性・陰性の差が問題になることもある）．

⑫ 持続性の血小板減少症の原因が分からない場合や他の細胞系が巻き込まれているいる場合（貧血と好中球減少症あるいはその何れかが観察される場合）には，必ず骨髄の吸引と細胞学的検査が必要となる．

⑬ 骨髄増殖性あるいはリンパ球増殖性疾患では，血球像にも同時に変化を認めることがある（例えば，白血球増加症，白血球減少症，異常芽細胞）．骨髄の細胞学的検査が疾患の細かい分類分けに役立つことになる．

⑭ 薬剤の投与歴を聴取することによって，原因不明の血小板減少症であったものが薬物誘因性として診断され，休薬すればほとんどの場合血小板数が正常に戻ることがある（ただしエストロゲンの骨髄毒性は不可逆的であることを頭に入れておく必要がある）．血小板減少症の原因となる薬剤には，エストロゲン，化学療法剤，抗血小板物質ならびにトリメトプリム・スルファジアジン，クロラムフェニコールなどの抗菌剤がある．プロピルチオウラシルとメチマゾールは猫では血小板減少症をみる．

⑮ 抗巨核球抗体は，骨髄の細胞学的検査で採取したサンプルを免疫蛍光抗体法で直接検査すれば分かるし，これは免疫介在性ときわめてよく相関する．副腎皮質ホルモン療法によって，偽陰性になることがある．

⑯ 様々な炎症性，感染性，自己免疫性ならびに腫瘍性疾患によって，二次性の免疫介在性血小板減少症が発現する場合がある．免疫介在性血小板減少症と同様に，基礎疾患の改善が治療につながることになる．

⑰ 原発性の免疫介在性血小板減少症では基礎原因が分からない．自己の免疫系によって血小板が破壊されているため，免疫抑制による治療が施される．アルゴリズムでこの時点になれば，いみじくも免疫抑制療法が診断的検査ということになる．

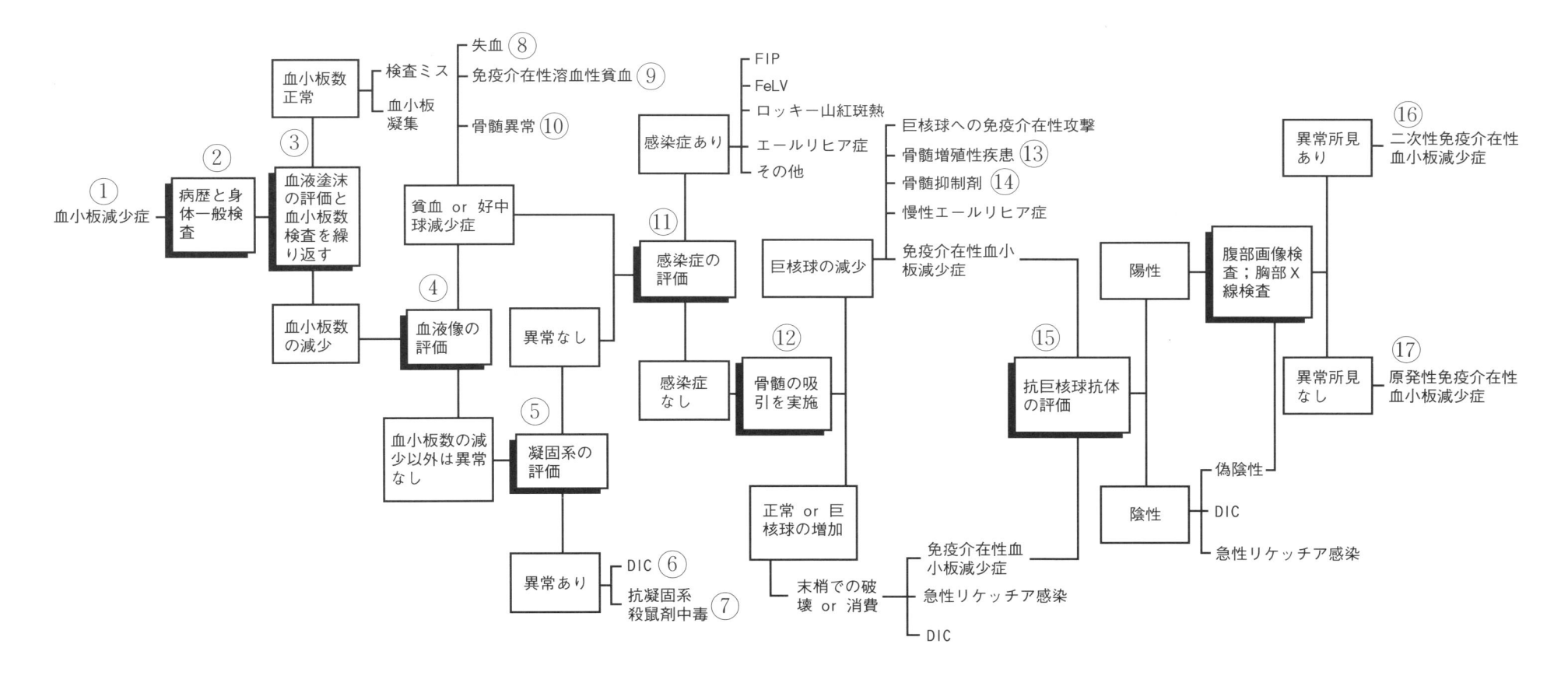

■ *血小板減少症* ■

- ① 血小板減少症
- ② 病歴と身体一般検査
- ③ 血液塗抹の評価と血小板数検査を繰り返す
  - 血小板数正常
    - 検査ミス
    - 血小板凝集
  - 血小板数の減少
- ④ 血液像の評価
  - 血小板数の減少以外は異常なし
    - ⑤ 凝固系の評価
      - 異常あり
        - DIC ⑥
        - 抗凝固系殺鼠剤中毒 ⑦
  - 貧血 or 好中球減少症
    - 失血 ⑧
    - 免疫介在性溶血性貧血 ⑨
    - 骨髄異常 ⑩
    - ⑪ 感染症の評価
      - 感染症あり
        - FIP
        - FeLV
        - ロッキー山紅斑熱
        - エールリヒア症
        - その他
      - 感染症なし
        - ⑫ 骨髄の吸引を実施
          - 巨核球の減少
            - 巨核球への免疫介在性攻撃
            - 骨髄増殖性疾患 ⑬
            - 骨髄抑制剤 ⑭
            - 慢性エールリヒア症
            - 免疫介在性血小板減少症
              - ⑮ 抗巨核球抗体の評価
                - 陽性
                  - 腹部画像検査；胸部X線検査
                    - 異常所見あり
                      - 二次性免疫介在性血小板減少症 ⑯
                    - 異常所見なし
                      - 原発性免疫介在性血小板減少症 ⑰
                - 陰性
                  - 偽陰性
                  - DIC
                  - 急性リケッチア感染
          - 正常 or 巨核球の増加
            - 末梢での破壊 or 消費
              - 免疫介在性血小板減少症
              - 急性リケッチア感染
              - DIC
    - 異常なし

SECTION 5

代謝性 / 電解質性疾患

低アルブミン血症

① 低アルブミン血症は，血清中のアルブミン濃度が低下した状態をいう．低血清アルブミンは，生成不足（肝疾患や吸収不良による蛋白生成の低下）あるいは身体からの喪失の増加（腎性，消化管性，重度の皮膚損傷，真性出血）によって起こる．血清アルブミン濃度の参考値の範囲は各検査室や動物種によって異なるが，一般的には血清アルブミン濃度が 2.2～2.5g/dl 以下であれば低いと考えられている．血清アルブミン濃度が 1.6～1.8g/dl になると血漿の浸透圧が低くなるため，体腔内に低蛋白性漏出液形成が起こる場合がある．心臓への静脈還流の障害（局所性，全身性いずれの場合も）やリンパ液の排泄障害あるいは静脈低抗の上昇（例えば門脈高血圧）など，その他の要因が併発すると，特にこのような状態になる．血清アルブミン濃度が 1.0～1.2g/dl 以下になると，四肢の陥没浮腫や体腔内への低蛋白性漏出液形成，治癒能の低下などを認めることが多い．その他の臨床徴候は，低アルブミン血症の基礎原因によって異なる．重度の肝疾患があると，脳症や食欲不振，吐き気を認めることがある．消化管の蛋白喪失があると，必ずではないが下痢ならびに嘔吐，食欲不振などの消化管徴候がみられる．腎性の蛋白喪失では，体重減少，食欲不振，嘔吐，口腔粘膜の尿毒症性潰瘍など腎障害に伴う臨床徴候が認められる場合もあれば，ない場合もある．消化管性の蛋白喪失と腎性の蛋白喪失がある場合には，抗トロンビンⅢ（ATⅢ）など，その他の微量血清蛋白が失われることもあり，この場合には血栓塞栓疾患になりやすくなる．

② まず症例の概要と病歴，身体一般検査が，診断的検査の第一歩となる．低アルブミン血症になりやすい先天性，家族性あるいは遺伝性異常の好発種を見きわめるには，症例の概要が重要となる．例えば，柔毛のホイーテン・テリアでは家族性の蛋白喪失腎症がある．ヨークシャ・テリアとロットワイラーは，報告された腸のリンパ管拡張症の症例の中では群を抜いている．また若い雌のドーベルマンと一部のアメリカン・コッカースパニエルの系統では，慢性の肝炎/肝症になりやすい傾向があり，最終的には肝硬変と肝障害に進行することがある．病歴を聴取することによって，低アルブミン血症に陥る可能性のある既往症（例えば，消化管出血，炎症性腸疾患，膵臓の外分泌不全）や不適切な食事内容（著しい栄養不良）が分かってくることもある．身体一般検査からは，蛋白の喪失が著しい重度の火傷や外傷性損傷などが分かってくる．また身体一般検査によって，メレナや血便を認めることもあるし，低アルブミン血症の原因となる原発性の消化管疾患が浮かび上がってくることもある．ただし，重度の腎疾患と肝不全によって，消化管の統合性が崩され，消化管失血が起こる場合があることも忘れてはならない．

③ 低アルブミン血症を確認するには，一連の血清生化学的検査が必要となる．さらに尿検査所見との組合せによって，特定の臓器系の機能不全が確認され，低アルブミン血症の元になる臓器系を直接検査（例えば，肝酵素の評価や腎の検査値などを）することになる．

④ 肝機能不全は，アルブミン生成にきわめて著しい障害をもたらすことになる．その結果，ALTやALPなど肝酵素を生成する肝臓の組織がほとんど残っていないという状況になることもある．このような状況のなかで，著しい肝機能不全があるにもかかわらず，肝酵素は正常という場合がある．肝臓で正常に生成される他の物質（例えば，糖やコレステロール，BUNなど）が低値を示し，同時に低アルブミン血症が認められる場合には，重度な肝機能不全が考えられる．

⑤ 火傷や重度の皮膚擦過傷，明白な外部出血が認められないのに，汎低蛋白血症が観察された場合には，消化管による蛋白喪失が疑われる．蛋白喪失性腎症では，糸球体孔の大きさから，低分子の蛋白（アルブミンとアンチスロンビンⅢ）だけが低下する傾向がある．グロブリンは体の他の部位（リンパ球など）でつくられるため，肝障害ではアルブミン（と日常の一連の生化学検査では測定しない凝固系因子）の生成が減少する．しかし腸管からの蛋白喪失では，通常低分子量蛋白と高分子量蛋白の両方が失われる．特に腸のリンパ管拡張があって，乳糜管の破裂があれば腸の管腔内に高蛋白液の喪失が起こり，この両者の蛋白が失われることになる．したがって，汎低蛋白血症がある場合には，蛋白喪失の源として消化管の異常を究明することが重要となる．内視鏡検査や外科的な腸の全層生検を実施する際に麻酔をかける場合には，麻酔の危険性があるため，その前に肝機能不全と腎性の蛋白喪失を見きわめ，除外するのが一般的である．

⑥ 腎臓の検査値（BUN，クレアチン，リン）の上昇と尿比重の低下は腎不全を示し，低アルブミン血症の原因として蛋白喪失性腎症に対する評価が必要となる．

⑦ 重度の肝機能不全による二次性の低アルブミン血症が疑われる場合，特に肝酵素の上昇が認められず，また肝の他の生成物（コレステロール，糖など）に著しい減少が認められない場合には，肝機能検査が有用となる．どの肝機能検査を使うかは，その有用度や低アルブミン血症の程度，体液の貯留によってもたらされる体重の変化などによって異なる．絶食後の血清アンモニウム濃度とBSP残留試験は，使用に多少制約がでてくる．さらに，低アルブミン血症ではBSPの蛋白結合が低下して，色素の排泄が比較的速くなるし，また腹水をもつ動物では脂肪なし体重（体脂肪を差し引いた体重）に比べて体重が重くなるため，この両者よってBSP残留試験が左右されることがある．食欲不振が認められる場合には，絶食後の血清アンモニア濃度は役に立たないし，代償されていた肝性脳症がアンモニア負荷試験によって促されることもある．食欲不振や嘔吐があると食前食後の胆汁酸測定は難しくなるし，この検査の信頼性に関しては検査機関によってかなり差がある．一般的に獣医療では，診断の正確性を期するためには複数の肝機能検査を実施することを勧める．肝機能検査に併せてX線検査や超音波検査，その他の画像検査を行い，肝臓の大きさや形，輪郭，辺縁ならびに血管分布を評価する場合もある．肝機能不全が疑われる場合の最終的な診断手段は肝生検である．

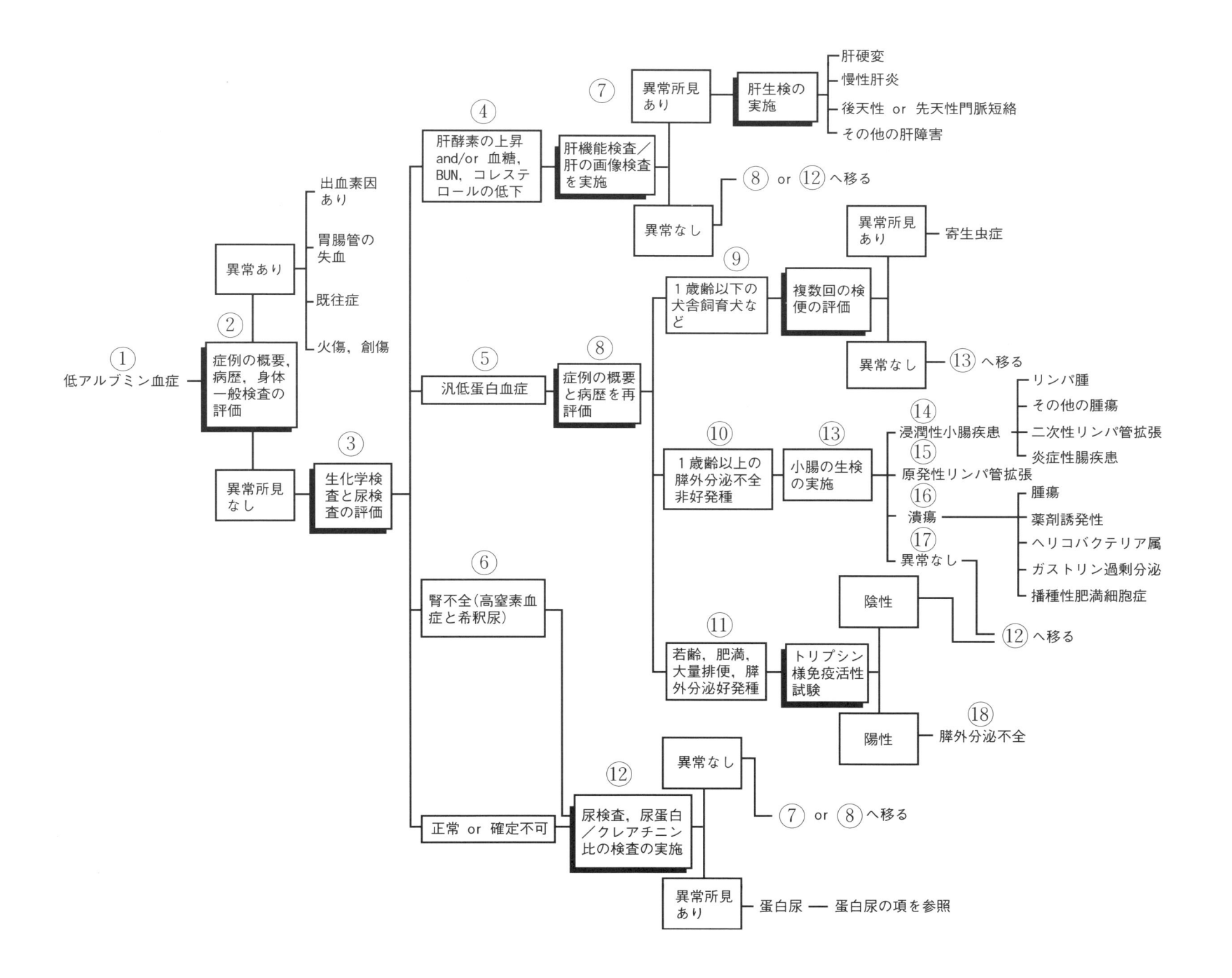

■ 低アルブミン血症 ■

```
① 低アルブミン血症
  │
  └─② 症例の概要，病歴，身体一般検査の評価
      ├─異常あり
      │   ├─出血素因あり
      │   ├─胃腸管の失血
      │   ├─既往症
      │   └─火傷，創傷
      └─異常所見なし
          │
          └─③ 生化学検査と尿検査の評価
              ├─④ 肝酵素の上昇 and/or 血糖，BUN，コレステロールの低下
              │   └─肝機能検査／肝の画像検査を実施
              │       ├─⑦ 異常所見あり─肝生検の実施
              │       │   ├─肝硬変
              │       │   ├─慢性肝炎
              │       │   ├─後天性 or 先天性門脈短絡
              │       │   └─その他の肝障害
              │       └─異常なし → ⑧ or ⑫ へ移る
              │
              ├─⑤ 汎低蛋白血症
              │   └─⑧ 症例の概要と病歴を再評価
              │       ├─⑨ 1歳齢以下の犬舎飼育犬など
              │       │   └─複数回の検便の評価
              │       │       ├─異常所見あり─寄生虫症
              │       │       └─異常なし → ⑬ へ移る
              │       ├─⑩ 1歳齢以上の膵外分泌不全非好発種
              │       │   └─⑬ 小腸の生検の実施
              │       │       ├─⑭ 浸潤性小腸疾患
              │       │       │   ├─リンパ腫
              │       │       │   ├─その他の腫瘍
              │       │       │   ├─二次性リンパ管拡張
              │       │       │   └─炎症性腸疾患
              │       │       ├─⑮ 原発性リンパ管拡張
              │       │       ├─⑯ 潰瘍
              │       │       │   ├─腫瘍
              │       │       │   ├─薬剤誘発性
              │       │       │   ├─ヘリコバクテリア属
              │       │       │   ├─ガストリン過剰分泌
              │       │       │   └─播種性肥満細胞症
              │       │       └─⑰ 異常なし → ⑫ へ移る
              │       └─⑪ 若齢，肥満，大量排便，膵外分泌好発種
              │           └─トリプシン様免疫活性試験
              │               ├─陰性 → ⑫ へ移る
              │               └─陽性 → ⑱ 膵外分泌不全
              │
              ├─⑥ 腎不全（高窒素血症と希釈尿）
              │
              └─正常 or 確定不可
                  │
                  └─⑫ 尿検査，尿蛋白／クレアチニン比の検査の実施
                      ├─異常なし → ⑦ or ⑧ へ移る
                      └─異常所見あり─蛋白尿──蛋白尿の項を参照
```

低アルブミン血症

⑧ 消化管の蛋白消失が疑われる場合には，胃や小腸の生検よりも侵襲の少ない方法で診断できるものから少しずつ除外していくことが重要である．

⑨ きわめて若い動物で，特に不潔な環境や地域で飼われており，絶えず消化管寄生虫の再感染を受けている可能性のある場合や犬舎で飼われている動物では，寄生虫による負荷が重くのしかかっている傾向がある．腸の生検を考える前に，複数回の検便と予防的駆虫の実施が重要となる．

⑩ 1歳齢以上で，清潔な環境で飼われており犬舎飼育でない場合には，下痢の基礎原因を見きわめるために，小腸の生検が必要となる．また，膵臓の外分泌不全になりやすい好発種以外の場合や過剰な量の便や脂肪便が認められない場合にも，小腸の生検が必要となる．

⑪ 激烈な体重減少があるのにその他は健康的に異常がない場合と大量の排便や脂肪便が認められる場合，糞便中に未消化なものが認められる場合には，まず絶食時の血液を採取して，トリプシン様免疫活性試験を実施する．この検査は，膵臓の消化酵素生成不全，すなわち膵外分泌不全の評価に使われるものである．これらの酵素の欠乏によって，脂肪と蛋白の消化不良と吸収不良が起こる．ジャーマン・シェパードは膵外分泌不全の好発種であるが，この疾患はすべての犬種で特異体質として発現し，時には猫にも認められることもある．

⑫ 高窒素血症の動物で，尿の濃縮能の不全を見きわめたり，腎障害を診断するには，尿検査－できれば膀胱穿刺尿での検査－が必要となる．大まかに尿の蛋白喪失を測定するためにも，また尿沈渣での炎症性の有無を評価するためにも，あらゆる尿検査が必要となる．尿の蛋白喪失を定量するには，沈渣で炎症が認められない尿で，尿蛋白／クレアチニン比を計測する必要がある．尿蛋白／クレアチニン比が1以上であれば，異常と判断され（この比が0.5以上であれば蛋白の喪失が示唆される），低アルブミン血症の原因は腎臓の蛋白喪失にあることが分かる．尿沈渣で細菌や尿膿が見つからなくても，尿蛋白／クレアチニン比に異常が認められた場合には，蛋白尿の原因として潜在性の感染の可能性があるため，必ず尿の培養検査を実施する必要がある．尿検査紙で蛋白が明確に認められない場合でも，低アルブミン血症がある場合には希釈尿で尿蛋白／クレアチニン比を調べる必要がある．希釈尿では多量の蛋白が喪失することがあるため，尿試験紙では蛋白尿が陰性あるいは痕跡として認められる場合がある．

⑬ 胃と小腸の生検では，内視鏡を使った生検（粘膜生検）か外科的生検（全層生検）が実施されることになる．口腔からの内視鏡では，胃と近位小腸の粘膜面の検査が行え，危険性のある場合には比較的迅速かつ非侵襲的な生検採取ができる．内視鏡による生検では粘膜と若干の粘膜下織しか採取できないため，場合によっては基礎原因が診断できないこともある．外科的な手段をとれば，全層の生検標本が得られ，腸管の漿膜や腸間膜リンパ管（小腸のリンパ管拡張がある場合には重要）の評価が可能となる．また小腸の全長にわたる評価ができ，蛋白喪失につながる病変が部分的であったり内視鏡が届かない場合に重要となる．しかし，低アルブミン血症では，小腸の全層生検部の治癒能が低減することがあり，腹水がある場合には体液の漏洩や開腹術部の治癒に問題が起こることがある．

⑭ 小腸の生検標本から，小腸内への蜂窩性浸潤（炎症や腫瘍）を認めることがある．このような浸潤が蛋白喪失性腸疾患につながることもあれば，リンパ液の排液とリンパ管拡張を伴う二次的な疾患になることもある．

⑮ 原発性の小腸リンパ管拡張は，小腸壁の非炎症性浸潤を起こす．これは後天性のリンパ管性疾患に原因する場合があり，その結果消化管リンパ液の排液不全になる．また若い動物では，先天性のリンパ管形成不全が原因する場合もある．原発性のリンパ管拡張の診断以前に，リンパ管閉塞／リンパ圧の上昇の遠因となるもの（例えば右側心不全，胸腔内疾患）を除外しておくことが必要となる．

⑯ 消化管の潰瘍が，様々な原因（腫瘍，副腎皮質ホルモンや非ステロイド性抗炎症剤の投与，ガストリンの過剰分泌，ヘリコバクテリア感染など）によって起こることがある．局所性の潰瘍がさらに悪化すると，多量の蛋白滲出や失血が起こり，低アルブミン血症の原因となることも十分考えられる．

⑰ なかには消化管の蛋白喪失が疑われたのに，腸管の生検標本で異常が認められないこともある．これは多分，腸の採取部位が違っていたとか，間違いなく重度の糸球体腎症があって，すべての大きさの蛋白分子が失われたためということも考えられる．場合によっては生検で正常所見が得られても，獣医療における現時点での技術では診断がきわめて難しい消化不良や吸収不良による疾患（例えば刷子縁の酵素欠損など）が基礎にある場合もある．

⑱ 膵外分泌不全では，別々の問題が数多くあって，食物成分の消化不全から吸収不全になる．病状が悪化すれば低アルブミン血症になる場合もある．

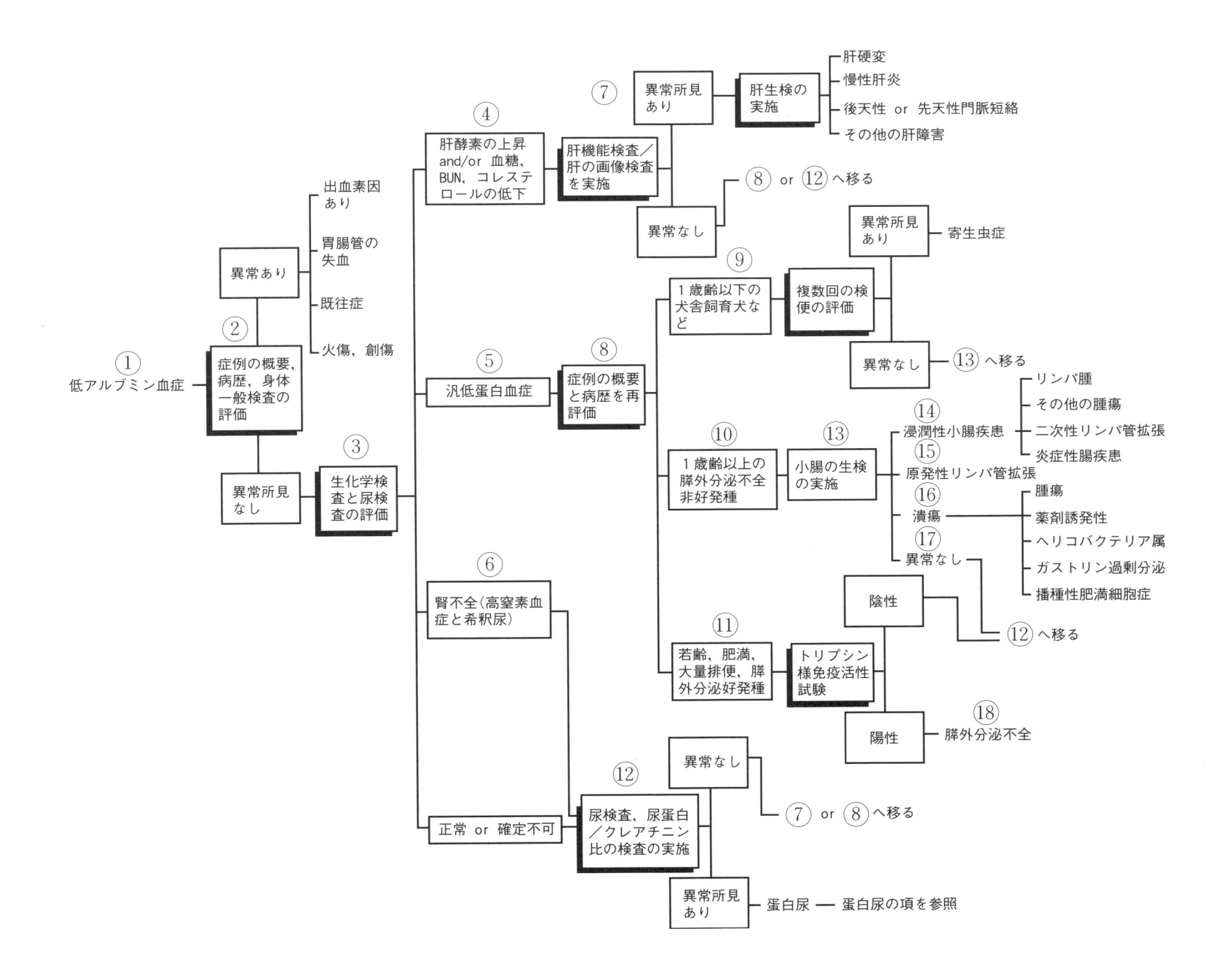

■ **低アルブミン血症** ■

```
① 低アルブミン血症
   │
   ② 症例の概要，病歴，身体一般検査の評価
   │
   ├─ 異常あり ─┬─ 出血素因あり
   │           ├─ 胃腸管の失血
   │           ├─ 既往症
   │           └─ 火傷，創傷
   │
   └─ 異常所見なし
       │
       ③ 生化学検査と尿検査の評価
       │
       ├─ ④ 肝酵素の上昇 and/or 血糖，BUN，コレステロールの低下
       │     │
       │     肝機能検査／肝の画像検査を実施
       │     ├─ ⑦ 異常所見あり ─ 肝生検の実施 ─┬─ 肝硬変
       │     │                                 ├─ 慢性肝炎
       │     │                                 ├─ 後天性 or 先天性門脈短絡
       │     │                                 └─ その他の肝障害
       │     └─ 異常なし ─ ⑧ or ⑫ へ移る
       │
       ├─ ⑤ 汎低蛋白血症
       │     │
       │     ⑧ 症例の概要と病歴を再評価
       │     │
       │     ├─ ⑨ 1歳齢以下の犬舎飼育犬など ─ 複数回の検便の評価
       │     │     ├─ 異常所見あり ─ 寄生虫症
       │     │     └─ 異常なし ─ ⑬ へ移る
       │     │
       │     ├─ ⑩ 1歳齢以上の膵外分泌不全非好発種
       │     │     │
       │     │     ⑬ 小腸の生検の実施
       │     │     ├─ ⑭ 浸潤性小腸疾患 ─┬─ リンパ腫
       │     │     │                     ├─ その他の腫瘍
       │     │     │                     ├─ 二次性リンパ管拡張
       │     │     │                     └─ 炎症性腸疾患
       │     │     ├─ ⑮ 原発性リンパ管拡張
       │     │     ├─ ⑯ 潰瘍 ─┬─ 腫瘍
       │     │     │           ├─ 薬剤誘発性
       │     │     │           ├─ ヘリコバクテリア属
       │     │     │           ├─ ガストリン過剰分泌
       │     │     │           └─ 播種性肥満細胞症
       │     │     └─ ⑰ 異常なし ─ ⑫ へ移る
       │     │
       │     └─ ⑪ 若齢，肥満，大量排便，膵外分泌好発種
       │           │
       │           トリプシン様免疫活性試験
       │           ├─ 陰性 ─ ⑫ へ移る
       │           └─ 陽性 ─ ⑱ 膵外分泌不全
       │
       ├─ ⑥ 腎不全（高窒素血症と希釈尿）
       │
       └─ 正常 or 確定不可
             │
             ⑫ 尿検査，尿蛋白／クレアチニン比の検査の実施
             ├─ 異常なし ─ ⑦ or ⑧ へ移る
             └─ 異常所見あり ─ 蛋白尿 ─ 蛋白尿の項を参照
```

高グロブリン血症

① 高グロブリン血症は，血清中のグロブリン濃度が上昇した状態をいう．これは非免疫性のグロブリン（補体，フィブリノーゲン，α_2 マクログロブリンなどの急性期の蛋白で全身性の炎症の際に肝で生成される），あるいは免疫グロブリン（IgMと IgG などのガンマグロブリンで，抗体にさらされると免疫系が反応し，リンパ球が生成される）の上昇が原因となる場合がある．高グロブリン血症は，炎症や慢性の免疫系への刺激，特定のグロブリン群の 1 つが過剰生成された場合に起きる．血清グロブリン濃度が高くなっても無症状を呈する場合がある．しかし著しい高グロブリン血症では，特に IgM による場合には，過粘稠度の症状が認められ，組織の酸素濃度の減少や凝固異常，血小板機能の阻害などが起こり，鼻出血など異常出血が観察される．神経症状（痙攣発作，抑うつ状態，痴呆）や心臓負荷の上昇によるうっ血性心不全，網膜の異常（拡張性，蛇行性血管，網膜出血，網膜剥離）が認められる場合もある．血清グロブリンの正常範囲は広いが，通常では 2.8～3.8g/dl である．上昇度は，軽度（4～5g/dl），中等度（5～6g/dl），重度（>6g/dl）に分けられる．

② 血清グロブリン濃度の上昇が認められた場合には，脱水状態（嘔吐，下痢，発熱，水分喪失，眼球陥没，口腔粘膜の乾燥）を評価する必要がある．脱水によって，血液の水成分が減少し，血清アルブミン，グロブリン，赤血球の相対的増加が起こる．

③ 高グロブリン血症では，血清アルブミンの低下を調べる必要がある．アルブミンが低下するとグロブリンが軽度に上昇し，血漿浸透圧の維持を図る．しかしグロブリンが上昇すると代償的にアルブミンが減少することもある．さらに，一部のグロブリン減少性疾患では，それに伴ってアルブミン合成の減少（重度の炎症性肝疾患）や喪失（糸球体腎縁）を認める場合がある．

④ 副腎皮質ホルモンなどの薬剤によって，軽度の血清グロブリン濃度の上昇を認めることがある．腫瘍や犬糸状虫症，免疫介在性や皮膚病による慢性炎症などの疾患では，高グロブリン血症をみることがある．

⑤ 不妊去勢がされていない犬で高グロブリン血症が認められ，しかも交配した疑いがある場合には，ブルセラ（Brucella canis）を調べる必要がある．症状としては，ブドウ膜炎や背部の疼痛，骨の疼痛が観察されることがあり，雄では精子の奇形，雌では回帰性の流産を認める場合がある．急いでスクリーニングする場合には，急速スライド凝集試験がある．急速スライド凝集試験で陰性の場合には，感染の疑いはなく，この相関性は高い．この試験が陽性の場合には，確認のために，さらに試験管凝集試験や寒天ゲル免疫拡散試験を実施することもある．子宮蓄膿症でも高グロブリン血症が認められるため，避妊手術を受けていない雌では子宮蓄膿症を調べることも重要である．

⑥ 身体一般検査では，免疫介在性疾患の疑いのある膿皮症や外耳炎，歯牙あるいは歯肉疾患，関節痛の有無を調べる．これらの疾患では何れも高グロブリン血症になる可能性がある．またリンパ節症や皮膚／腹腔内の腫瘍，心雑音ならびに胸腔あるいは腹腔滲出液の有無も調べる．胸腔あるいは腹腔滲出液の有無は，血清蛋白電気泳動検査の前に調べておく必要がある．過粘稠徴候（蛇行性網膜血管，出血）や脈絡網膜炎（一部のウイルス感染（FIP），真菌感染，リケッチア感染（Ehrlichia））を調べるのには眼底検査が有効となる．発熱は重要な身体一般検査所見であるが，感染や腫瘍，自己免疫源（これによって免疫系が刺激されサイトカイン活性と発熱物質の放出が増強される）が原因で体温の上昇が見られる場合もあるため，必ずしも特異的な所見ではない．

⑦ リンパ節の腫脹や皮膚，皮下，腹腔内腫瘍が認められる場合には，細胞学的検査や病理組織学的検査を実施する必要がある．リンパ腫と反応性リンパ節症ではいずれの場合も中等度から重度の高グロブリン血症を伴うことがある．腹腔内腫瘍や腹腔あるいは胸腔に体液貯留が認められる場合には，組織内容を判別するために超音波検査やその他の画像検査（X 線検査，CT スキャン）を実施する必要がある．超音波による誘導で，ほとんどの場合細胞学的な検査のための組織を吸引することができる．生検に際しては一連の凝固系検査と全身麻酔が通常必要となるが，超音波による誘導ですべての生検が可能になるわけではない．

⑧ 犬は，病原性鞭毛原虫であるリーシュマニア属の第一宿主となる．数種類の異なった種類が存在し，ヨーロッパの地中海地域とアメリカ南部，メキシコ，北アメリカに一部固有種として認められるものがある．臨床的には犬の生息地域と旅行歴から推測する．この疾患に罹った犬では，食欲旺盛にもかかわらず体重減少があり，皮膚病変，脾腫，消化器症状，リンパ節炎が観察される．高グロブリン血症は通常，多クローン性であるが，単クローン性高ガンマグロブリン血症も報告されている．診断はライトあるいはギムザ染色で組織内に無鞭毛虫体の検出によってなされる．猫では感染しても通常無症候性か準臨床的疾患である．

⑨ 全身性の真菌感染は，犬にも猫にも認められる．どちらか一方に比較的多く認められる場合もある（例えば，Cryptococcus neoformans と Sporothrix schenckii は猫で頻繁に認められる）．真菌は日和見的病原体であり，群れの動物の 1 頭だけに罹るというのが普通である．皮膚病変や上部気道あるいは全身症状（肺，骨，消化管）を示すことがある．まれに，末梢血の塗抹や骨髄の吸引，関節吸引で全身感染が分かることもある．診断には侵された組織の培養を必要とする場合もある．

⑩ 猫で腹腔内滲出液があり，血清グロブリンが増加している場合には，確定診断がかなり難しいコロナウイルスを検討する必要がある．若齢猫（1 歳齢以下）やコロナウイルス感染の有無が分からない他の猫との接触があった場合が多い．症状としては，発熱と脈絡網膜炎，前ブドウ膜炎，神経症状を認めることがある．異常検査室所見としては，高窒素血症，肝酵素の上昇，貧血，血小板減少症，好中球減少症をみとめることがある．滲出液の検査では高蛋白レベル（5～6g/dl）を示すことが多く，黄色ないしは麦色を呈し，低細胞性（非変性性好中球とリンパ球である）．コロナウイルスとの接触が示唆されるのは，血清の力価が陽性に出た場合だけである．さらには猫伝染性腹膜炎に罹った猫のなかには，コロナウイルスに対する免疫反応がうまく現れず，間違いなく伝染性腹膜炎であるのに力価が低かったり陰性になることがある．猫伝染性腹膜炎の確定診断としては，罹患組織（肝臓，腎臓）の病理組織学的評価しかない．

⑪ グロブリンの増加と発熱あるいは心雑音が認められる場合には，心内膜炎の評価を行う必要がある．

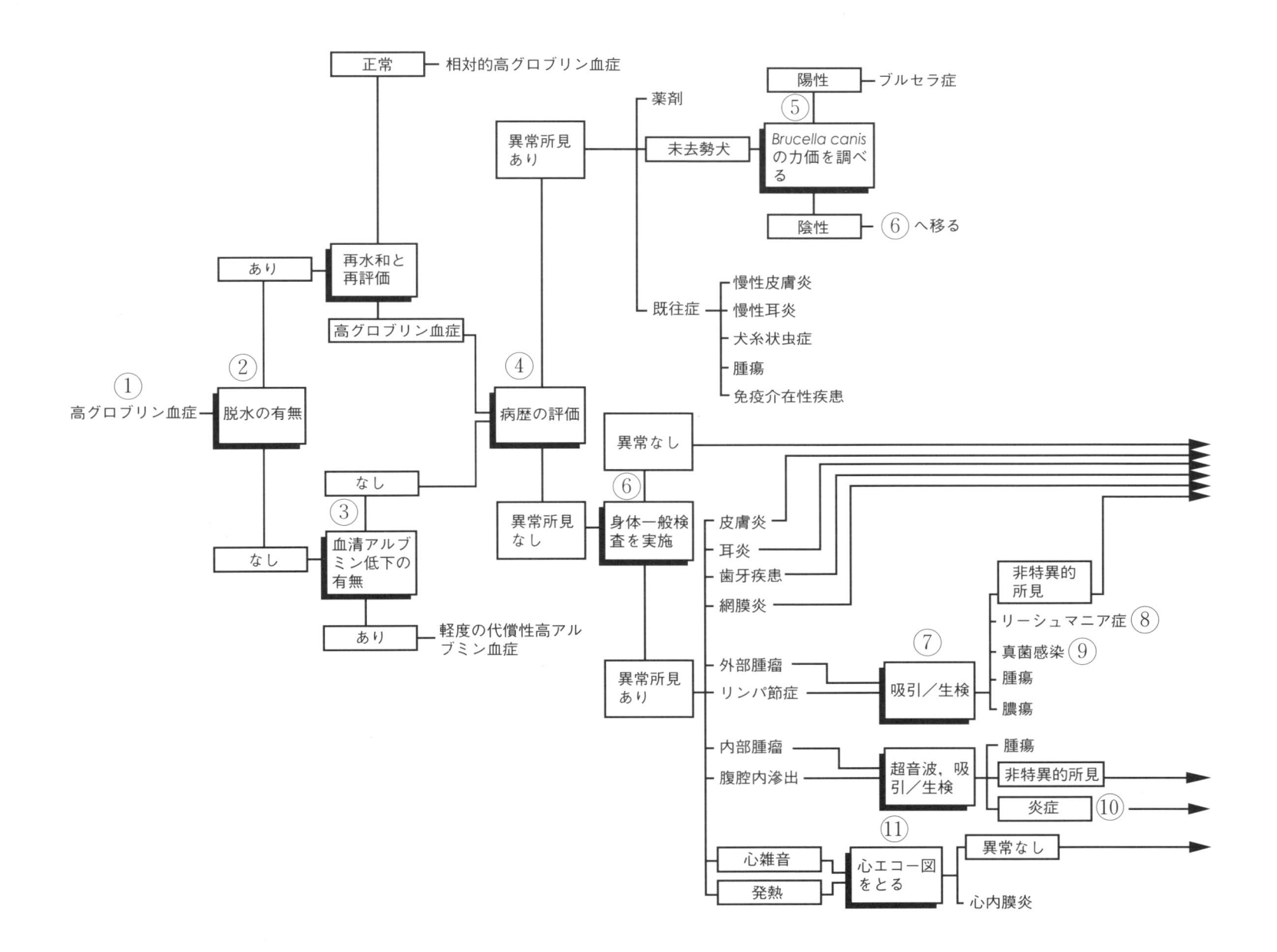

■ 高グロブリン血症 ■

① 高グロブリン血症
  ├─ 正常 ─ 相対的高グロブリン血症
  └─ ② 脱水の有無
      ├─ あり ─ 再水和と再評価
      │   └─ 高グロブリン血症
      └─ なし ─ ③ 血清アルブミン低下の有無
                  ├─ あり ─ 軽度の代償性高アルブミン血症
                  └─ なし ─ ④ 病歴の評価
                              ├─ 異常所見あり
                              │   ├─ 薬剤
                              │   ├─ 未去勢犬 ─ ⑤ Brucella canisの力価を調べる
                              │   │   ├─ 陽性 ─ ブルセラ症
                              │   │   └─ 陰性 ─ ⑥へ移る
                              │   └─ 既往症
                              │   ├─ 慢性皮膚炎
                              │   ├─ 慢性耳炎
                              │   ├─ 犬糸状虫症
                              │   ├─ 腫瘍
                              │   └─ 免疫介在性疾患
                              └─ 異常所見なし ─ ⑥ 身体一般検査を実施
                                                  ├─ 異常なし
                                                  └─ 異常所見あり
                                                       ├─ 皮膚炎
                                                       ├─ 耳炎
                                                       ├─ 歯牙疾患
                                                       ├─ 網膜炎
                                                       ├─ 外部腫瘤／リンパ節症 ─ ⑦ 吸引／生検
                                                       │   ├─ 非特異的所見
                                                       │   ├─ リーシュマニア症 ⑧
                                                       │   ├─ 真菌感染 ⑨
                                                       │   ├─ 腫瘍
                                                       │   └─ 膿瘍
                                                       ├─ 内部腫瘤／腹腔内滲出 ─ 超音波，吸引／生検
                                                       │   ├─ 腫瘍
                                                       │   ├─ 非特異的所見
                                                       │   └─ 炎症 ⑩
                                                       └─ 心雑音／発熱 ─ ⑪ 心エコー図をとる
                                                            ├─ 異常なし
                                                            └─ 心内膜炎

高グロブリン血症

⑫　血清蛋白電気泳動法によって，血清蛋白の分布状態のパターンが分かる．検査室によっては結果が出るまで数日あるいは数週間かかることもあるため，重症の場合には他の検査も同時に行う必要がある．セルロース・アセテート膜の上で血清が分画され，血清中の中心となる4つの蛋白（アルブミンとα，β，γグロブリン）が4つの部分に別れて表示されることで電気泳動図が作成される．正常な電気泳動図では，高くて幅の狭い棘波がアルブミン域に，低いレベルの幅の広い棘波群がα，β，γグロブリン分画として現れる．高グロブリン血症では，γグロブリン域（免疫グロブリン）の上昇を認めることが多く，α，β域（炎症や肝疾患による急性期の蛋白）が上昇することは比較的まれである．時には，βグロブリン分画に腫瘍性の単クローン性棘波を認めることが報告されている．γ分画の上昇は，幅の広いものもあれば（多クローン性）狭いものもあり，かなり高いものもある（単クローン性）．

⑬　多クローン性高γグロブリン血症は，無菌性炎症や慢性の細菌性，ウイルス性，真菌性，寄生虫性感染ならびにエールリヒア（E.canis）感染によって，免疫系が刺激された結果として認められる．犬では皮膚病や犬糸状虫症，エールリヒア症でよく認められる．猫では通常猫伝染性腹膜炎（FIP）で認められる．

⑭　単クローン性高γグロブリン血症は，通常腫瘍細胞によって，免疫グロブリンや免疫グロブリンL鎖が過剰に生成されたものである．最もよくみられるのは，多発性骨髄腫であるが，リンパ腫と髄外性形質細胞腫でも認められることが報告されている．まれには感染（猫伝染性腹膜炎，エールリヒア症，リーシュマニア症）や皮膚疾患（例えば皮膚アミロイド症）に伴って単クローン性高γグロブリン血症が認められることもある．

⑮　猫で顕著な多クローン性の高γグロブリン血症を認めるのは，通常猫伝染性腹膜炎の場合である．時には，単クローン性の複数の棘波が出ることもある．これらの棘波はほとんどの場合，グロブリンと急性期相の蛋白の幅広い上昇線上の頂点に認められるのが常である．確定診断には組織病理学的検査と組織の免疫蛍光抗体法で化膿性肉芽腫性病変と脈管炎の判別が必要となる．コロナウイルスの力価が陽性の場合，これによってこのウイルスにさらされた経験があるということだけは分かるが，猫伝染性腹膜炎であるということではない．また陰性を示したとしても，特に非滲出性の伝染性腹膜炎の場合には，これが無症候性の疾患ではないとはいい切れない．

⑯　猫白血病ウイルスや猫免疫不全ウイルスに感染すると，いずれの場合にも幅の広い高γグロブリン血症が認められるが，感染によって他の感染症や腫瘍，免疫介在性疾患に罹りやすくなる傾向がある．したがって，検査が陽性であるからといって，必ずしもここで終わりというわけではない．

⑰　赤血球に寄生する原虫の慢性あるいは頻回感染によって，高グロブリン血症になることがあり，これは慢性の免疫刺激が原因となる．エールリヒア（E.canis）と一部の真菌が白血球内でも見つかることがある．

⑱　貧血を起こす免疫介在性疾患が，高グロブリン血症の原因になることがある．免疫介在性疾患では，多くの場合基礎疾患を診断する特異的検査法はない．免疫介在性疾患ではほとんどの場合，グロブリンの上昇は軽度である．しかし子宮蓄膿症や外耳炎，腫瘍誘発性免疫過剰活性状態などでは，比較的重度の高グロブリン血症が認められる．抗核抗体（ANA）によって，細胞核の膜に対する抗体を検出することができる．全身性紅斑性狼瘡（SLE）の診断には，抗核抗体価の陽性が有効的な決め手となるが，組織の壊死や炎症でも陽性になることがある．抗赤血球抗原を調べるクームス試験は，免疫介在性溶血性貧血の確定に有効的な検査法である．しかし，球状赤血球症と生食内自己凝集検査陽性であれば，あえてクームス試験をする必要はない．

⑲　血液塗沫で認められる腫瘍細胞はリンパ球の場合が多く，リンパ芽球性白血病とかステージVのリンパ腫（骨髄の併発を伴う）と診断される．まれには他の細胞系に原発する白血病もあり，免疫組織化学検査が診断に必要となる．

⑳　多クローン性高γグロブリン血症に対して，これまでの検査で異常が見つからなかったり，確定できない場合には，さらに検査を進めることになる．ふるい分けの検査では胸部X線検査が有効な手段となる．X線検査で異常が認められた場合には，針穿刺による吸引や気腔鏡，胸腔鏡，胸腔切開による局所の腫瘤/肺組織の細胞学的検査が次の手段として講ぜられることになる．様々な腫瘍や細菌感染，真菌感染，リンパ腫様肉芽腫症など特異性の少ない'肉芽性'疾患が，このような方法で診断されることがある．

㉑　局所性の真菌感染では，抗体反応が刺激されないことがあり，また播種性の真菌感染では免疫系機能が乏しいと真菌の力価は役に立たないことがある．近年使われている血清の力価は，Cryptococcus と Coccidioidomycosis 属にはきわめて有効である．

㉒　腎臓からの蛋白喪失は，非炎症性沈渣の尿や蛋白尿で追跡することができる．単クローン性高γグロブリン血症で認められる蛋白尿は，腎臓からのものであり，これはアルブミンの喪失（免疫介在性糸球体腎炎）や糸球体の重度の傷害に伴うその他の蛋白が原因する場合もあれば腫瘍細胞から免疫グロブリンL鎖が分泌されることが原因になる場合（ベンス・ジョンズ蛋白）もある．ベンス・ジョンズ蛋白は尿検査紙では測定できないが，蛋白沈渣試験を実施すれば分かることもある．多発性骨髄腫の犬や猫では，ベンス・ジョンズ蛋白は比較的まれであるが，この腫瘍の診断基準の1つでもある．尿蛋白の電気泳動検査も可能である．

㉓　単クローン性高γグロブリン血症の場合には，特に中軸骨格（胎盤，脊柱）骨の疼痛の有無を調べる必要がある．これによって溶解病変の有無を調べたり骨髄吸引の部位を知るためのX線検査部位を決めることができる．溶解病変は多発性骨髄腫のもう1つの診断基準でもある．骨のスキャンを実施すれば，微細病変や骨の交替を見きわめることができるが，多くの場合骨髄腫の病変は'冷淡'で，異常なしという結果が出ることもある．これらの基準を満たせば，ほとんどの場合多発性骨髄腫といえるが，骨髄の吸引検査をしないかぎりはリンパ腫やまれな疾患を除外することはできない．

㉔　骨髄の検査で異常が認められない場合には，一部の骨に孤立して認められる腫瘍，あるいはいくぶんまれな疾患（髄外性形質細胞腫や特発性単クローン性高γグロブリン血症）のどちらかが考えられる．腫瘍の部位を見定め，穿刺吸引をするために全身の骨のX線検査を行う．X線所見で異常が認められない場合には，髄外性形質細胞腫（通常は腸管が関与）の部位を見きわめるために，外科的診査を実施する場合もある．その他，特発性の疾患が考えられる場合もある．

㉕　飼主が治療を希望し，いずれも感染による単クローン性高グロブリン血症でないことが強く疑われれば，円形細胞腫に対する複合的化学療法を試みてみるのもよい．治療に反応すれば診断が確定されることになる．

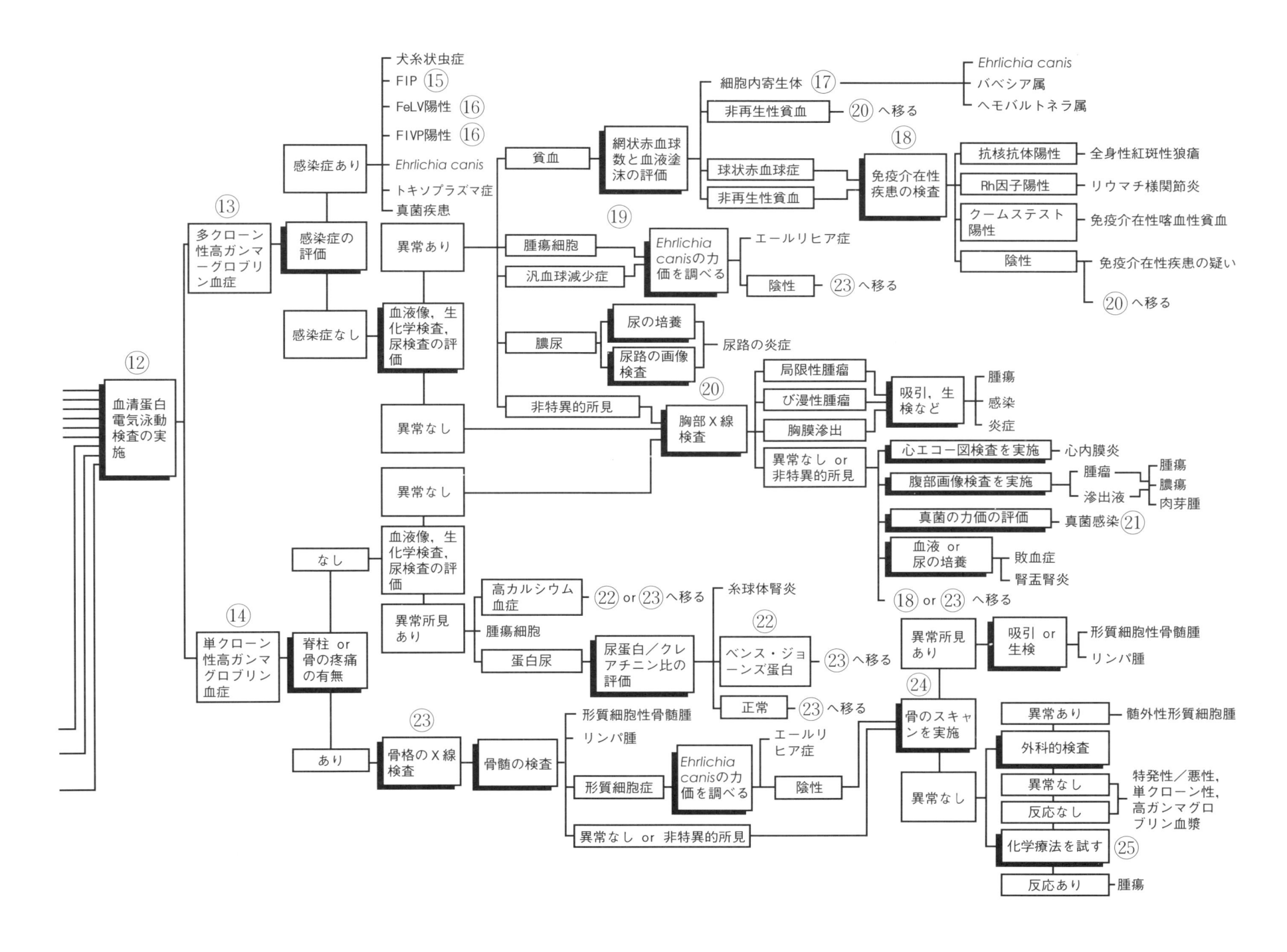

■ 高グロブリン血症 ■

```
血清蛋白電気泳動検査の実施 ⑫
├─ 多クローン性高ガンマーグロブリン血症 ⑬
│   └─ 感染症の評価
│       ├─ 感染症あり
│       │   ├─ 犬糸状虫症
│       │   ├─ FIP ⑮
│       │   ├─ FeLV陽性 ⑯
│       │   ├─ FIVP陽性 ⑯
│       │   ├─ Ehrlichia canis
│       │   ├─ トキソプラズマ症
│       │   └─ 真菌疾患
│       └─ 感染症なし
│           └─ 血液像,生化学検査,尿検査の評価
│               ├─ 異常あり ⑲
│               │   ├─ 貧血 ─ 網状赤血球数と血液塗沫の評価
│               │   │   ├─ 非再生性貧血 → ⑳へ移る
│               │   │   │   └─ 細胞内寄生体 ⑰
│               │   │   │       ├─ Ehrlichia canis
│               │   │   │       ├─ バベシア属
│               │   │   │       └─ ヘモバルトネラ属
│               │   │   ├─ 球状赤血球症
│               │   │   └─ 非再生性貧血
│               │   │       └─ 免疫介在性疾患の検査 ⑱
│               │   │           ├─ 抗核抗体陽性 ─ 全身性紅斑性狼瘡
│               │   │           ├─ Rh因子陽性 ─ リウマチ様関節炎
│               │   │           ├─ クームステスト陽性 ─ 免疫介在性喀血性貧血
│               │   │           └─ 陰性 ─ 免疫介在性疾患の疑い → ⑳へ移る
│               │   ├─ 腫瘍細胞
│               │   ├─ 汎血球減少症
│               │   │   └─ Ehrlichia canisの力価を調べる
│               │   │       ├─ エールリヒア症
│               │   │       └─ 陰性 → ㉓へ移る
│               │   └─ 膿尿
│               │       ├─ 尿の培養
│               │       └─ 尿路の画像検査 ─ 尿路の炎症
│               └─ 異常なし / 非特異的所見
│                   └─ 胸部X線検査 ⑳
│                       ├─ 局限性腫瘤
│                       ├─ び漫性腫瘤       ─ 吸引,生検など ─ 腫瘍 / 感染 / 炎症
│                       ├─ 胸膜滲出
│                       └─ 異常なし or 非特異的所見
│                           ├─ 心エコー図検査を実施 ─ 心内膜炎
│                           ├─ 腹部画像検査を実施 ─ 腫瘤 ─ 腫瘍 / 膿瘍 / 肉芽腫
│                           │                    └─ 滲出液
│                           ├─ 真菌の力価の評価 ─ 真菌感染 ㉑
│                           └─ 血液 or 尿の培養 ─ 敗血症 / 腎盂腎炎
│                               → ⑱ or ㉓へ移る
└─ 単クローン性高ガンマグロブリン血症 ⑭
    └─ 脊柱 or 骨の疼痛の有無
        ├─ なし
        │   └─ 血液像,生化学検査,尿検査の評価
        │       ├─ 異常所見あり
        │       │   ├─ 高カルシウム血症 → ㉒ or ㉓へ移る
        │       │   ├─ 腫瘍細胞
        │       │   └─ 蛋白尿
        │       │       └─ 尿蛋白/クレアチニン比の評価
        │       │           ├─ 糸球体腎炎
        │       │           ├─ ベンス・ジョーンズ蛋白 ㉒ → ㉓へ移る
        │       │           └─ 正常 → ㉓へ移る
        │       └─ 異常なし
        └─ あり
            └─ 骨格のX線検査 ㉓
                ├─ 骨髄の検査
                │   ├─ 形質細胞性骨髄腫
                │   ├─ リンパ腫
                │   └─ 形質細胞症
                │       └─ Ehrlichia canisの力価を調べる
                │           ├─ エールリヒア症
                │           └─ 陰性
                └─ 異常なし or 非特異的所見
                    └─ 骨のスキャンを実施
                        ├─ 異常所見あり ㉔
                        │   └─ 吸引 or 生検
                        │       ├─ 形質細胞性骨髄腫
                        │       └─ リンパ腫
                        └─ 異常なし
                            ├─ 異常あり ─ 髄外性形質細胞腫
                            ├─ 外科的検査
                            ├─ 異常なし ─ 特発性/悪性,単クローン性,高ガンマグロブリン血漿
                            ├─ 反応なし
                            ├─ 化学療法を試す ㉕
                            └─ 反応あり ─ 腫瘍
```

低血糖症

① 低血糖症は，血液中の糖の濃度が低下した状態で，通常は 50～60mg/dl 以下をいう．臨床症状は，糖の低下度の速さと，その動物が低下した血糖濃度にどう上手く対応するかによって，それぞれ異なってくる．血糖値が 45mg/dl 以下にならないと，臨床症状を示さないのが普通である．神経質，振戦，喘ぎ呼吸，頻脈の後，脱力や運動失調，精神的鈍麻，虚脱，昏迷，昏睡，痙攣発作などが引き続いて起こることになる．

② 採血後，30～60 分以内に赤血球と血清や血漿を分離しないと，赤血球の糖代謝によって人為的な原因で低血糖という間違った結果を得ることがある．赤血球と血清あるいは血漿が適切に分離されているか否かが分からない場合には，もう一度採血する必要がある．真の低血糖症を判定するには，絶食後の採血が推奨され，これによって食後に近い時点での血糖値の上昇による影響が避けられる．インスリノーマ（島細胞腫）やその他の理由で間欠的な低血糖が疑われる場合には，低血糖症を見きわめる意味で 24～48 時間の絶食と数回にわたる間欠的な採血が必要になることもある．

③ 適切な採血処理が行われており，人為的な低血糖でないことが確認されたら，病歴や身体一般検査所見を評価し，低血糖症の理由を探ることになる（例えば，1 歳齢以下のトイ種では，グリコーゲンの蓄積不全による若年性低血糖症に進行することがある）．

④ 敗血症の場合には低血糖よりも，発熱，虚脱，ショック，食欲不振を認めるのが普通である．炎症性の白血球像を認める傾向がある．原因菌を同定するには，適切な培養（血液，尿，その他の体液）が必要となる．

⑤ 特に狩猟前に絶食がなされている狩猟犬などで，激しい運動をすると低血糖となり臨床症状を示すことがある．臨床症状を示している間に，血液中の糖を測定すれば診断が確定される．

⑥ 1 歳齢以下の場合には，若年性低血糖症や寄生虫の濃厚感染，不適切な摂食，門脈シャント，敗血症の鑑別診断を実施する．

⑦ 1 歳齢以下の場合，特に鉤虫など腸管寄生虫の濃厚感染があると低血糖症になる可能性がある．検便で異常が認められない場合でも，このような寄生虫の駆虫を考慮する必要がある．

⑧ 検便で寄生虫が陰性の場合には，血液像と一連の生化学検査で，敗血症と肝疾患の有無を点検する．正常な発育中の若い犬では，アルカリホスファターゼの上昇を認めることがある．肝疾患の場合には日常の検査室所見で，小赤血球，正染性の貧血，低アルブミン血症，低コレステロール血症，BUN の低下，肝酵素値の上昇などが観察される．

⑨ 低血糖の動物で，基礎疾患として肝疾患が疑われる場合には，さらに胆汁酸の検査と絶食時の血清アンモニア濃度あるいはアンモニア負荷試験を実施する．

⑩ 一過性の若年性低血糖症は，6 週齢から 1 歳齢のトイ犬種で有意に認められる．拍車をかけるものとしては，不適切な栄養，1 日 1～2 回の食事回数，消化管の寄生虫，寒冷環境などがあげられる．このような場合には，成熟するまで自由採食や 4～6 時間ごとの給餌の実施が推奨される．

⑪ 若い犬や猫では，後天性の肝疾患よりも先天性の門脈短絡が疑われる場合が多い．胆汁酸やその他の検査で，肝不全が疑われる場合には，短絡を画像診断するために超音波検査や CT スキャン，MRI スキャンを実施することもある．単純 X 線検査で分かるのは，小肝症だけである．腹部の血管を描出するために門脈造影が必要になることがある．

⑫ 1 歳齢以上の場合，特に中齢，老齢では，敗血症，犬の副腎皮質機能低下症（アジソン病），インスリン分泌性腫瘍，肝疾患の鑑別診断が必要となる．これらは血液像と一連の生化学検査で分かる．

⑬ 副腎皮質機能低下症では，低血糖はもちろんのこと低ナトリウム，高カリウム血症（Na：K 比 < 27：1），高窒素血症，高カルシウム血症が認められる．非定型性アジソン病では，認められるのはグルココルチコイドの欠損だけである．したがって，ナトリウムやカリウムの異常は認められない．

⑭ 絶食時の採血で中の糖濃度が低下している場合には，併せて血清インスリン濃度を測定する必要がある．低血糖であるのに，血清インスリン濃度が適切でない場合（正常あるいは上昇を認める場合）には，インスリノーマの可能性がある．ただし，島細胞腫瘍形成なのか，膵臓以外の組織のインスリン産生性腫瘍なのかは分からない．

⑮ インスリン分泌性腫瘍が疑われる場合には，病変部や腫瘍転移を知るために超音波検査を実施することもある．しかし，犬のインスリン産生性膵腫瘍では腫瘍がかなり小さい場合が多く，超音波で見つけることは容易ではない．病変部を見つけたり，除去可能な腫瘍か否かを見定めたり，またまれに低血糖を起こすことがある膵臓外（例えば小腸）の腫瘍を探すためには，外科的診査を実施することもある．膵臓のインスリン分泌性腫瘍では，ほとんどの場合が悪性の癌腫である．外科的に切除できない場合には，低濃度の砂糖とプレドニゾロンあるいはジアゾキシドを混ぜた食餌を少量頻回与えてみるのもよい．

⑯ 低血糖があって，血清インスリン濃度が低い場合には，肝疾患の可能性を考え肝機能検査を実施する．通常肝疾患では，最終段階にならない限り低血糖になることはなく，低アルブミン血症や低コレステロール血症，BUN の低下あるいは凝固機能不全が認められるはずである．

⑰ 異型のグルココルチコイド欠損症（非定型的アジソン病）を除外するのは，ACTH 試験を実施することになる．

⑱ 時には明確な理由がなく，絶食時に低血糖（55～65mg/dl）を示すことがある．他に疾患がいずれも認められない場合には，正常なものとしてこのような状態を考慮に入れておく必要がある．しかし潜在性の腫瘍も頭の片隅に入れておくことは必要である．

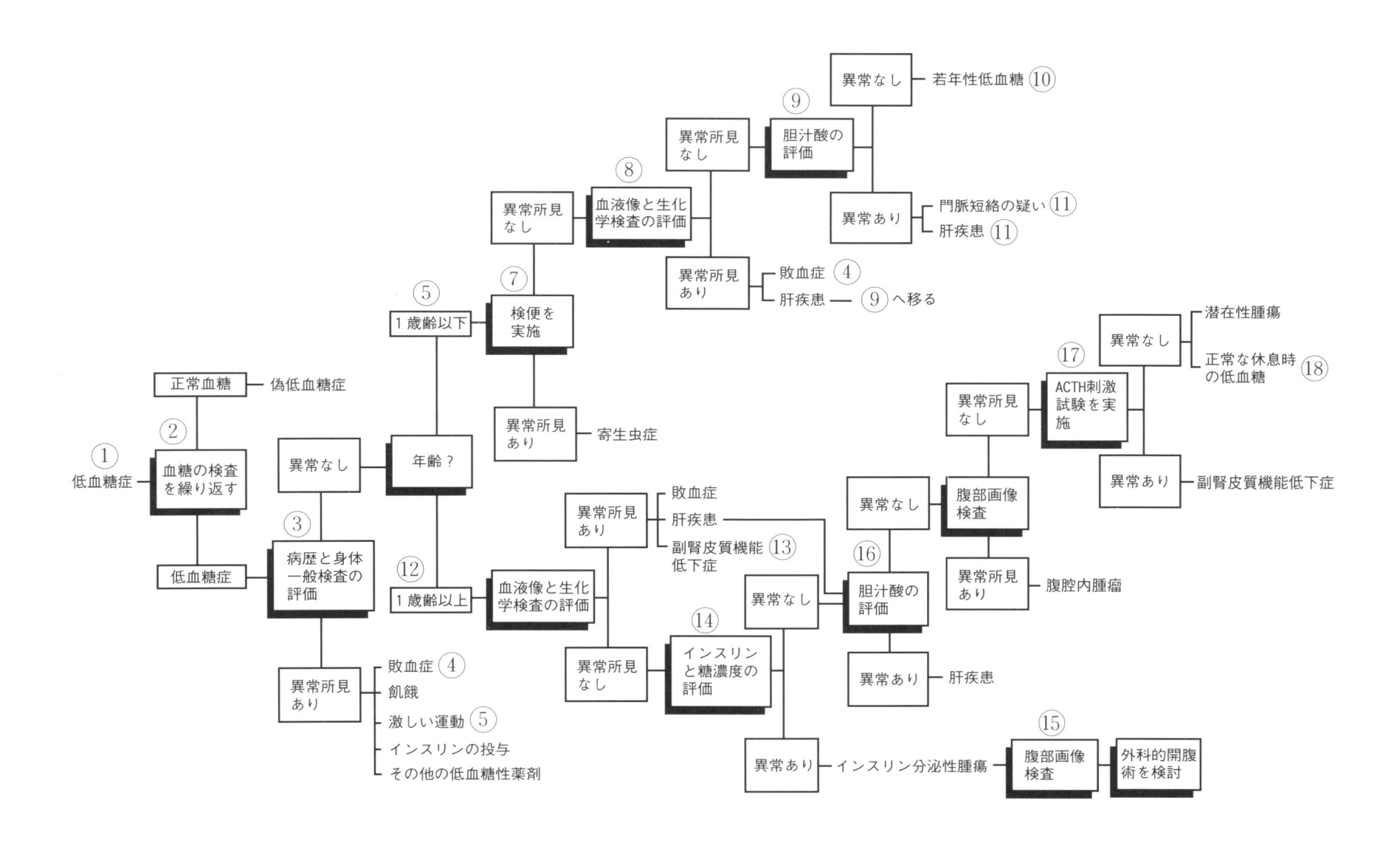

■ 低血糖症 ■

① 低血糖症

② 血糖の検査を繰り返す
- 正常血糖 — 偽低血糖症
- 低血糖症

③ 病歴と身体一般検査の評価
- 異常なし
- 異常所見あり
  - 敗血症 ④
  - 飢餓
  - 激しい運動 ⑤
  - インスリンの投与
  - その他の低血糖性薬剤

年齢？
- ⑤ 1歳齢以下 → ⑦ 検便を実施
  - 異常所見なし → ⑧ 血液像と生化学検査の評価
    - 異常所見なし → ⑨ 胆汁酸の評価
      - 異常なし — 若年性低血糖 ⑩
      - 異常あり — 門脈短絡の疑い ⑪ / 肝疾患 ⑪
    - 異常所見あり — 敗血症 ④ / 肝疾患 — ⑨へ移る
  - 異常所見あり — 寄生虫症

- ⑫ 1歳齢以上 → 血液像と生化学検査の評価
  - 異常所見あり — 敗血症 / 肝疾患 / 副腎皮質機能低下症 ⑬
  - 異常所見なし → ⑭ インスリンと糖濃度の評価
    - 異常あり — インスリン分泌性腫瘍 → ⑮ 腹部画像検査 → 外科的開腹術を検討
    - 異常なし → ⑯ 胆汁酸の評価
      - 異常なし → 腹部画像検査
        - 異常なし → ⑰ ACTH刺激試験を実施
          - 異常所見なし — 潜在性腫瘍 / 正常な休息時の低血糖 ⑱
          - 異常あり — 副腎皮質機能低下症
        - 異常所見あり — 腹腔内腫瘍
      - 異常あり — 肝疾患

高 血 糖

① 血糖値の正常範囲は検査室によってある程度の幅がある。一般的には130〜180mg/dlであれば、軽度の上昇と考えられている。この程度であれば有意に高いというわけではない。しかし多尿や多渇、嘔吐、疼痛、あるいはその他の疾病の症状を伴う場合には、この範囲の血糖値は有意性があると考えてよい。血糖値が180mg/dl以上であれば、著しい上昇ということになる。持続性の絶食時高血糖の原因には、相対的インスリン欠乏性（糖尿病）とインスリン抵抗性がある。血糖値がきわめて高い（500〜600mg/dl）場合には、嗜眠や昏迷、昏睡などの中枢神経症状を認めることがある。中枢神経機能が阻害される病因については未だ完全には分かっていないが、おそらく高浸透圧によるものと考えられている。腎の糸球体で濾過された糖は尿細管で再吸収されるが、犬で血糖値が180〜200mg/dl以上になると、尿細管細胞の糖の再吸収能が追いつかなくなり、その結果尿糖を認めることになる。正常な猫の尿細管の平均域値（腎域値）は高い（290mg/dl）と報告されている。尿糖により浸透圧性利尿と多尿が発現する。代償性の多渇によって脱水は避けられるが、尿糖のためにカロリーの喪失を認め、体重が減少することになる。

② 病歴や薬剤投与歴、身体一般検査所見を調べれば、高血糖の理由が分かることもある。血中の糖濃度を上昇させる薬剤には、副腎皮質ホルモン剤やチアジド系利尿剤、酢酸メジェステロールなど数多くのものがある。

③ 発生機序については分かっていないが、重度の頭部外傷や他の脳傷害によって一過性の高血糖が認められている。

④ グルココルチコイドは、ブドウ糖新生の増加作用とインスリン効果への拮抗作用があるため、血中の糖濃度が上昇する。グルココルチコイドによって、糖の合成を促す肝酵素の合成が刺激され、肝のグリコーゲン合成が促進される。

⑤ 酢酸メジェステロールによって、成長ホルモンの過剰分泌が誘発される。この成長ホルモンは強い糖尿病原性のホルモンで標的となる組織でインスリン抵抗性を示す。糖尿病の危険性があるため、酢酸メジェステロールの投与歴がある場合には、尿検査を行って尿糖やケトン尿の有無を調べる必要がある。グルココルチコイドの投与を受けている場合にも若干これが該当する。

⑥ 特に水分を含む柔らかい食餌の摂取では、食後2時間までに軽度の高血糖を示すことがある。この場合には、絶食をさせて血清の糖濃度を再評価する必要がある。

⑦ ストレスが問題になる場合がある。ストレスは必ずしも認識されないことがあり、犬や猫によってそれぞれ場当たり的に認められるものである。猫が入院させられると、ストレス誘因性の高血糖（300〜400mg/dlもの上昇）が認められることは多い。しかし血糖の上昇は一過性であるため、それに伴って尿糖が認められることはまれである。

⑧ 尿糖と血糖の併発の併発の有無を診れば、ストレスが関与する高血糖と糖尿病を見分けることができる。

⑨ 糖尿病は、尿糖と持続性の高血糖の併発ならびに臨床症状や病歴など（多尿、多渇、体重の減少、多食、感染の罹患率の上昇）を元に診断される。

⑩ 尿糖が認められない猫の高血糖はおおむねストレスによるものと考えてよい。猫では原発性の糖尿病以外に高血糖の原因として考えられるものには、末端肥大症と膵炎があげられる。この2つの疾患は、インスリン拮抗による高血糖が原因であるため、尿糖が認められる。

⑪ 犬では原発性の糖尿病以外に高血糖を認めるものには、膵炎と副腎皮質機能亢進症ならびに発情静止期があげられる。このような状態の場合には、インスリン拮抗、糖尿病、尿糖が起こる。重度のストレスでも、高血糖を起こすことがある。

⑫ 症状が認められる場合には、あらゆる血清生化学検査を実施して、永続性の糖尿病のいかんにかかわらず、高血糖につながる基礎疾患を究明する必要がある。

⑬ 壊死性の膵炎やその他のタイプの膵炎では高血糖を認めることがある。これは高グルカゴン血症とストレスが関与するカテコラミン、コルチゾール濃度の上昇が原因となる。膵臓のインスリン産生性β細胞の傷害によって、高血糖が発現することもある。この場合には、膵炎の回復後に糖尿病になることもある。

⑭ 発情静止期には、黄体からのプロゲステロンの分泌が最大限となる。プロゲステロンは成長ホルモンの過剰分泌を誘発する。これがインスリン抵抗の原因となって、その後高血糖が認められるようになる。発情静止期では、2ng/mlの血清プロゲステロン濃度が継続する。

⑮ 未だに高血糖の原因がつかめない場合には、血清の糖検査を繰り返すか、高血糖が永続性か否かを繰り返し調べる。もし永続性であることが分かったら、原因は初期の糖尿病か外分泌性の膵臓の腫瘍、クロム親和細胞腫（犬）、末端肥大症（犬よりも猫に多い）の可能性が考えられる。

⑯ 末端肥大症の猫では、おおむねインスリン拮抗による糖尿病が併発する。末端肥大症の確定診断には、血清中の成長ホルモン濃度の上昇を実証する必要があるが、猫では分析する手段がない。脳下垂体のスキャン（CT, MRIによる）を行えば、脳下垂体の腫瘍を確認することができる。

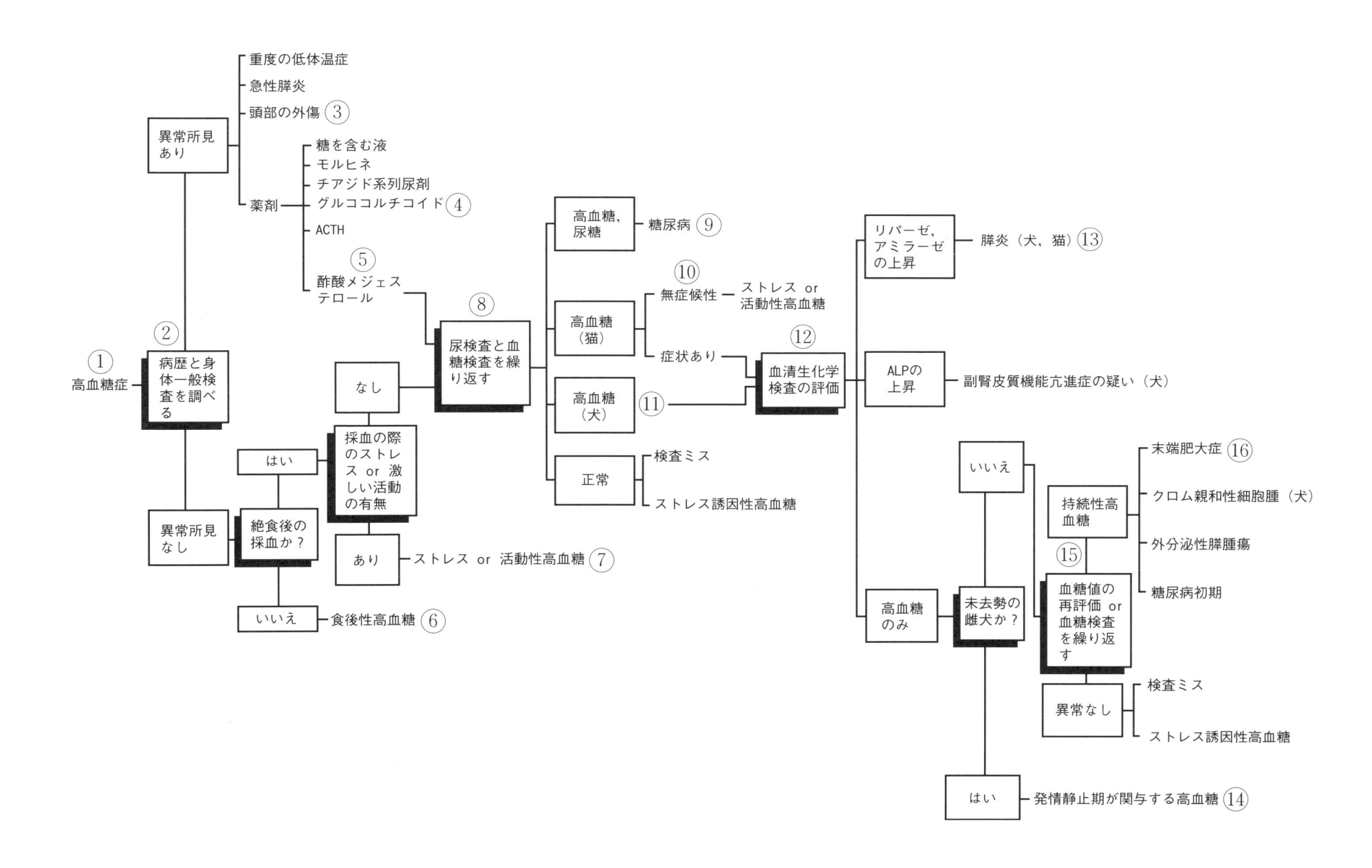

■ 高 血 糖 ■

- ① 高血糖症
- ② 病歴と身体一般検査を調べる
  - 異常所見あり
    - 重度の低体温症
    - 急性膵炎
    - 頭部の外傷 ③
    - 薬剤
      - 糖を含む液
      - モルヒネ
      - チアジド系列尿剤
      - グルココルチコイド ④
      - ACTH
      - 酢酸メジェステロール ⑤
  - 異常所見なし
    - 絶食後の採血か？
      - はい → 採血の際のストレス or 激しい活動の有無
        - あり → ストレス or 活動性高血糖 ⑦
        - なし → ⑧ 尿検査と血糖検査を繰り返す
      - いいえ → 食後性高血糖 ⑥

⑧ 尿検査と血糖検査を繰り返す
- 高血糖, 尿糖 → 糖尿病 ⑨
- 高血糖（猫） ⑩
  - 無症候性 — ストレス or 活動性高血糖
  - 症状あり → ⑫ 血清生化学検査の評価
- 高血糖（犬）⑪ → ⑫ 血清生化学検査の評価
- 正常
  - 検査ミス
  - ストレス誘因性高血糖

⑫ 血清生化学検査の評価
- リパーゼ, アミラーゼの上昇 → 膵炎（犬, 猫）⑬
- ALPの上昇 → 副腎皮質機能亢進症の疑い（犬）
- 高血糖のみ → 未去勢の雌犬か？
  - いいえ → 持続性高血糖
    - 末端肥大症 ⑯
    - クロム親和性細胞腫（犬）
    - 外分泌性膵腫瘍
    - 糖尿病初期
    - ⑮ 血糖値の再評価 or 血糖検査を繰り返す
      - 異常なし
        - 検査ミス
        - ストレス誘因性高血糖
  - はい → 発情静止期が関与する高血糖 ⑭

低カリウム血症

① 低カリウム血症は血清のカリウム（K⁺）濃度が 3.5mEq/l 以下になった状態をいう．原因としては，摂食量の減少，消化管性の喪失，細胞透過性移動，腎性の喪失があげられる．多くの場合，血清のK⁺濃度が 3mEq/l 以下にならないと症状は現れない．認められる症状は，主に神経筋系症状（筋肉の脱力，頸部前屈）と心血管系症状（心拍出量の減少，不整脈）である．低カリウム血症の症状や発現は，犬よりも猫でよく認められる．

② 薬剤の投与歴と食事歴を調べる必要がある．多くの薬剤や治療によって，低カリウム血症になることがある．

③ 静脈による補液の際に，医原性の低カリウム血症を起こすことがよくあり，特に維持性補液の場合よりも補充性補液の際に認められる．ラクトリンゲルなどの補充性補液剤には，K⁺はほとんど，あるいは全く含まれていない．糖や重炭酸塩を含む補液剤でも，K⁺の細胞透過性移動（細胞内にK⁺が駆出される状態）が起こることがある．

④ K⁺の細胞透過性移動は，非経口的総合栄養補給液や部分的栄養補給液の投与，K⁺を含まない透析液の腹膜透析，重炭酸塩の投与などの際にも起こる．

⑤ 糖尿病性ケトアシドーシスの際にインスリンを投与すると，細胞内へのK⁺の移動が起こり，低カリウム血症になることがある．一般的にこのような場合，浸透圧性利尿や摂食の減少，消化管性喪失などによって，全身のK⁺が枯渇状態になる．前腎性高窒素血症とインスリン欠乏ならびに低浸透圧のため，当初の血清K⁺濃度は正常であることが多い．インスリンの投与後に限って，低カリウム血症が起こり，問題となる．

⑥ ループ利尿剤とチアジド利尿剤は，ネフロンの遠位曲尿細管への流量増加によって腎性のK⁺喪失を起こさせる．

⑦ 急性疾患の際のカテコラミン放出やテルブタリンなどのβ₂作動薬の投与によって，血清K⁺濃度が急激に低下することがある．

⑧ K⁺不足の食事と高蛋白，高酸性食によって，慢性の尿細管間質性腎炎が起こり，その結果猫では低カリウム性腎症となる．

⑨ もう1つ，犬と猫で低カリウム血症の一般的な原因となるものに，嘔吐と下痢に伴うK⁺の過剰喪失がある．幽門の排出性閉塞と胃内容の嘔吐によって，低カリウム血症と代謝性アシドーシスが起こる．低塩素血症と低ナトリウム血症によって，さらに腎性のK⁺喪失が増大する．下痢もまた低カリウム血症の原因となる．

⑩ 衰弱や重度の食欲不振がない限りは，K⁺の経口的摂取量の減少だけでは，通常低カリウム血症にはならない．

⑪ ここ数日以内に尿路閉塞が認められた場合には，この低カリウム血症は閉塞後利尿（訳者註：閉塞解除後に見られる利尿作用）による腎性のK⁺喪失が原因と思われる．

⑫ 若いバーミーズ種の猫で，急性の再発性脱力と血清クレアチン・キナーゼの上昇を伴う低カリウム血症が報告されている．K⁺の細胞内移動が考えられている．この疾患はヒトに認められる低カリウム性周期性麻痺に類似している．特定の家系に生まれていることから本症は家族性，遺伝性が疑われる．

⑬ ここまでで，低カリウム血症の明確な原因がつかめなかった場合には，生化学検査所見を再検討する．

⑭ K⁺は主に腎の分泌によって排泄される．糸球体の限外濾過部には大量のK⁺が認められるが，正常に機能している腎臓では遠位尿細管に到達するまでに，ほとんどのK⁺が再吸収される．猫では低カリウム血症の原因として，多尿性の慢性腎不全（CRF）を認めることが多く，犬ではまれである．猫の慢性腎不全では，高窒素血症（血清クレアチニンとBUNの上昇）と尿比重の低下が観察される．また猫の慢性腎不全では，遠位尿細管でのK⁺の分泌増加によって，残存するネフロンがK⁺の均衡を維持する．慢性腎不全では消化管性のK⁺の分泌も増加するものと思われる．

⑮ アルカローシスでは，K⁺が細胞内に移動するため，低カリウム血症となる．

⑯ 犬や猫では，低マグネシウム血症は通常認められないが，これによってアルドステロンの分泌が促され，低カリウム血症が起こる．マグネシウムが補充されないと，重度の持続性低カリウム血症になることがある．

⑰ 高ナトリウム血症と低カリウム血症，代謝性アルカローシスが観察されれば，原発性の高アルドステロン血症（原発性鉱質コルチコイド過剰）が強く疑われる．これは副腎腺腫や腺癌が原因で起こることが多い．球状帯層の異常組織によってアルドステロンが過剰に産生される．このため，ナトリウムの貯留，細胞外液の膨大，体内の総ナトリウム量の増加が起こる．さらにK⁺が枯渇し，代謝性アルカローシスとなる．原発性の高アルドステロン血症はまれな疾患であるが，犬でも猫でも報告されている．脱力状態が，一般的に認められる症状である．血清アルドステロンの上昇が観察されるが，副腎の腫瘤を摘出すれば正常に戻ることもある．

⑱ 肝酵素の上昇に併せて，多尿，多渇，多食などの病歴と身体一般検査で腹部下垂や皮膚の菲薄化，腹部腹側血管の隆起，肝肥大などが観察された場合には，副腎皮質機能亢進症が強く疑われる．内因性のグルココルチコイドの過剰産生による鉱質コルチコイドの影響によって，軽度の低カリウム血症が起こることもある．

⑲ アシドーシスや高塩素血症が観察されれば，尿のpHを点検する．pHが6.0以下であれば，尿細管アシドーシスが疑われる．これは獣医療ではまれな腎疾患である．尿細管アシドーシスでは，重炭酸の再吸収低下や糸球体の濾過率が正常であるのに酸の分泌が欠乏することによって高塩素血症性の代謝性アシドーシスを認めるという特徴がある．

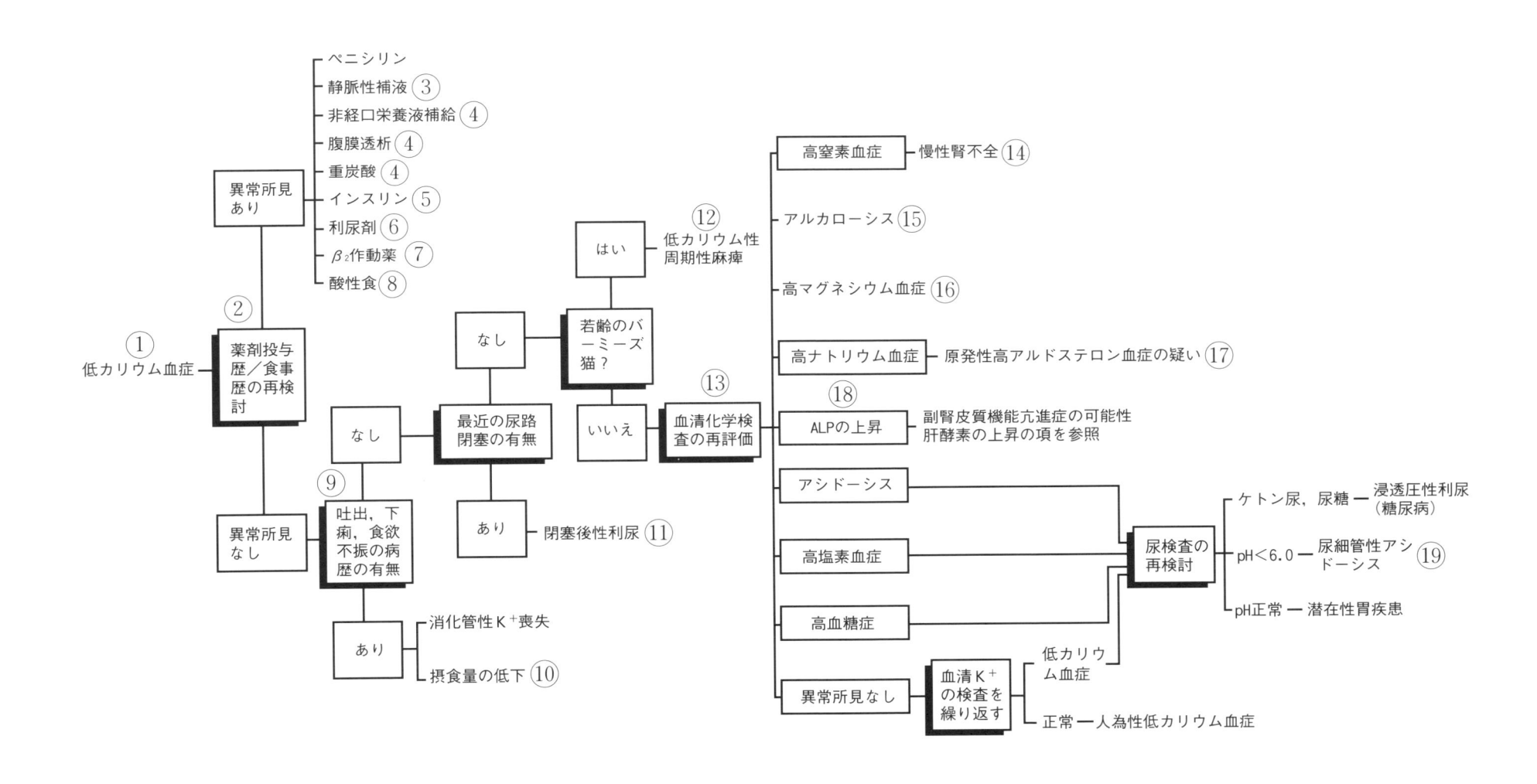

■ 低カリウム血症 ■

- ① 低カリウム血症
  - ② 薬剤投与歴／食事歴の再検討
    - 異常所見あり
      - ペニシリン
      - 静脈性補液 ③
      - 非経口栄養液補給 ④
      - 腹膜透析 ④
      - 重炭酸 ④
      - インスリン ⑤
      - 利尿剤 ⑥
      - β_2作動薬 ⑦
      - 酸性食 ⑧
    - 異常所見なし
      - ⑨ 吐出, 下痢, 食欲不振の病歴の有無
        - なし → 最近の尿路閉塞の有無
          - なし → 若齢のバーミーズ猫？
            - はい → ⑫ 低カリウム性周期性麻痺
            - いいえ → ⑬ 血清化学検査の再評価
              - 高窒素血症 — 慢性腎不全 ⑭
              - アルカローシス ⑮
              - 高マグネシウム血症 ⑯
              - 高ナトリウム血症 — 原発性高アルドステロン血症の疑い ⑰
              - ⑱ ALPの上昇 — 副腎皮質機能亢進症の可能性 肝酵素の上昇の項を参照
              - アシドーシス ┐
              - 高塩素血症 ┤→ 尿検査の再検討
              - 高血糖症 ┘
                - ケトン尿, 尿糖 — 浸透圧性利尿（糖尿病）
                - pH＜6.0 — 尿細管性アシドーシス ⑲
                - pH正常 — 潜在性胃疾患
              - 異常所見なし → 血清K⁺の検査を繰り返す
                - 低カリウム血症
                - 正常 — 人為性低カリウム血症
          - あり → 閉塞後性利尿 ⑪
        - あり
          - 消化管性K⁺喪失
          - 摂食量の低下 ⑩

高カリウム血症

① 高カリウム血症は，血清中のK$^+$が5.5mEq/lを越えた場合をいう．高カリウム血症は，内部のK$^+$の恒常性の崩壊（細胞内に貯留していたものが細胞外液に放出されること）や外部のK$^+$調節の不均衡（摂取の増加のいかんにかかわらず分泌が減少すること），あるいはその両者が同時に認められる場合に起こる．筋の脱力と心臓の異常が最も一般的な症状であるが，吐き気や嘔吐，イレウス，腹痛を認めることもある．K$^+$が軽度に上昇（5.6～7.0mEq/l）すると，嗜眠と抑うつが認められる．K$^+$が7.0 mEq/l かそれ以上になると，筋の脱力と心臓の異常（徐脈，脈弱，）が認められ，生命にかかわることにもなる．血清のK$^+$が8～9 mEq/l を越えると心臓の伝導系が阻害され心ブロックや心室固有の症候群，心室逸脱拍動が認められ，最終的には心室細動や心停止となる．高カリウム血症の臨床症状は，低ナトリウム血症や低カルシウム血症，アシドーシスの併発によってさらに悪化する．

② 秋田犬の赤血球ではK$^+$の濃度が他の犬種に比べて高い．採血した血液を適切に分離しないとK$^+$の濃度が人為的に上昇することがある．

③ 薬剤の併用が高カリウム血症の重要な原因になることがある．薬剤誘因性の高カリウム血症によって，臓器の機能不全が基礎疾患として浮かび上がってくることが多い．健康な場合には，通常薬剤によってK$^+$濃度が5.6mEq/l以上になることはないが，腎不全や副腎の疾患があると認められる．

④ K$^+$が非経口的に0.5mEq/kg/時間の速さで投与されると，心毒性の危険性が増す．さまざまな形の栄養補助剤やその他のK$^+$増加剤が投与されたり，潜在性の腎疾患や副腎の疾患がある場合には，いかなるK$^+$補助剤でも高カリウム血症になる可能性がある．

⑤ 比較的時間の経った血液を輸血すると，赤血球が壊れ，ここから多量のK$^+$放出されて高カリウム血症になることがある．

⑥ K$^+$塩を含む薬剤（例えばカリウム・ペニシリンG）のなかには，静脈投与によって高カリウム血症を起こすものがある．

⑦ ジギタリスの経口あるいは静脈による過剰投与によって，Na$^+$-K$^+$アデノシントリホスファターゼが阻害され，高カリウム血症になることがある．

⑧ リソドレン（o, p'-DDD）によって副腎皮質が壊され，その結果副腎皮質機能低下症と高カリウム血症を起こすことがある．

⑨ 非ステロイド性抗炎症剤（NSAIDs）によってレニンの分泌が阻害され，また尿の流量が低下するため，アルドステロンの産生が阻害される．

⑩ K$^+$保持性利尿剤は，遠位尿細管の細胞でアルドステロンの作用を妨げたり，Na$^+$が遠位尿細管と集合管に入らないようにする働きがある．健康な場合には，血清中のアルドステロン濃度は比較的低い．心不全の犬ではアルドステロン濃度は上昇する．したがって心不全がある場合には，K$^+$保持性利尿剤のK$^+$への影響は，さらに大きくなることがある．

⑪ プロスタグランジン阻害剤にはK$^+$を再分布させる働きがある．

⑫ β遮断薬には，エピネフリンのβアドレナリン作用を阻害する働きがある．エピネフリンはK$^+$の濃度を低下させる働きがある．

⑬ サクシニルコリンは，特に繰り返し投与したり腹腔内感染や火傷，上部運動ニューロンの損傷があると，筋肉からのK$^+$の流出が起こる．

⑭ カピトプリルやエナラプリルなどのアンギオテンシン変換酵素（ACE）阻害剤は，高カリウム血症を併発する作用が強い．これは，この阻害剤による糸球体濾過の著しい減少とアルドステロン放出の低減が原因となる．K$^+$保持性利尿剤を投与している犬にアンギオテンシン変換酵素（ACE）阻害剤を使用する場合には，要注意となる．

⑮ 大きな細胞性傷害があると，細胞内にあるK$^+$が急速に細胞外液に放出される．細胞性傷害の大きな原因としては，圧挫傷や全身性動脈血栓塞栓症，広範囲感染，熱射病，腫瘍溶解性症候群，広範囲にわたる手術，著しい痙攣発作などがあげられる．横紋筋の変性を伴う場合には，クレアチン・キナーゼの上昇やミオグロビン尿，あるいはその両者がみつかる可能性がある．

⑯ 腎臓が体内からのK$^+$の主な排泄経路となるため，乏尿や無尿，尿の流出閉塞があれば血清K$^+$の上昇をみることがある．尿の流出閉塞では，尿淋瀝や排尿困難，頻尿，大きく膨張した膀胱などの徴候が認められる．膀胱が小さいとか正常であれば，血清生化学検査によって腎不全の可能性の有無を調べる必要がある．

⑰ 血液採取の際，白血球や赤血球に異常（例えば溶血した血液サンプルや著しい白血球増加症（＞100,000/mm^3）あるいは血小板増加症（1,000,000/mm^3））があると，仮性高カリウム血症を示すことがある．仮性高カリウム血症は，凝血の際に赤血球や白血球からK$^+$の放出が増加することによって起こる．代謝性アシドーシスや呼吸性アシドーシスがあると何れの場合でも，K$^+$の再分布が起こり高カリウム血症となる．特に急性の腎不全では，K$^+$の排泄が減少し，高カリウム血症となるのが普通である．高カリウム血症があって血清ナトリウム（Na$^+$）が低い場合には，副腎皮質機能低下症を疑い，ACTH刺激試験を実施してその有無を調べる必要がある．

⑱ 副腎皮質機能低下症では，典型的な症状として精神的な抑うつや全身性の脱力，消化管症状（嘔吐，下痢，食欲不振など）が観察される．電解質の異常に伴って高窒素血症が頻繁に認められる．

⑲ ACTH刺激試験で異常が認められない場合には，血清K$^+$の計測を繰り返し試み，またサンプルが溶血していないかを確かめる．結果に異常が認められず，臨床症状もない場合には，検査ミスによる高カリウム血症と思われる．二度目のサンプルで高カリウム血症が認められ，他の原因がすべて排除された場合には，高カリウム性周期性麻痺が疑われる．

⑳ 高カリウム性周期性麻痺は，運動や寒さ，K$^+$の投与によって突然発現するまれな疾患である．これは他の高カリウム血症の原因となるものが排除されることで診断される．経口的なK$^+$の負荷によって臨床症状の悪化を認めることが多い．

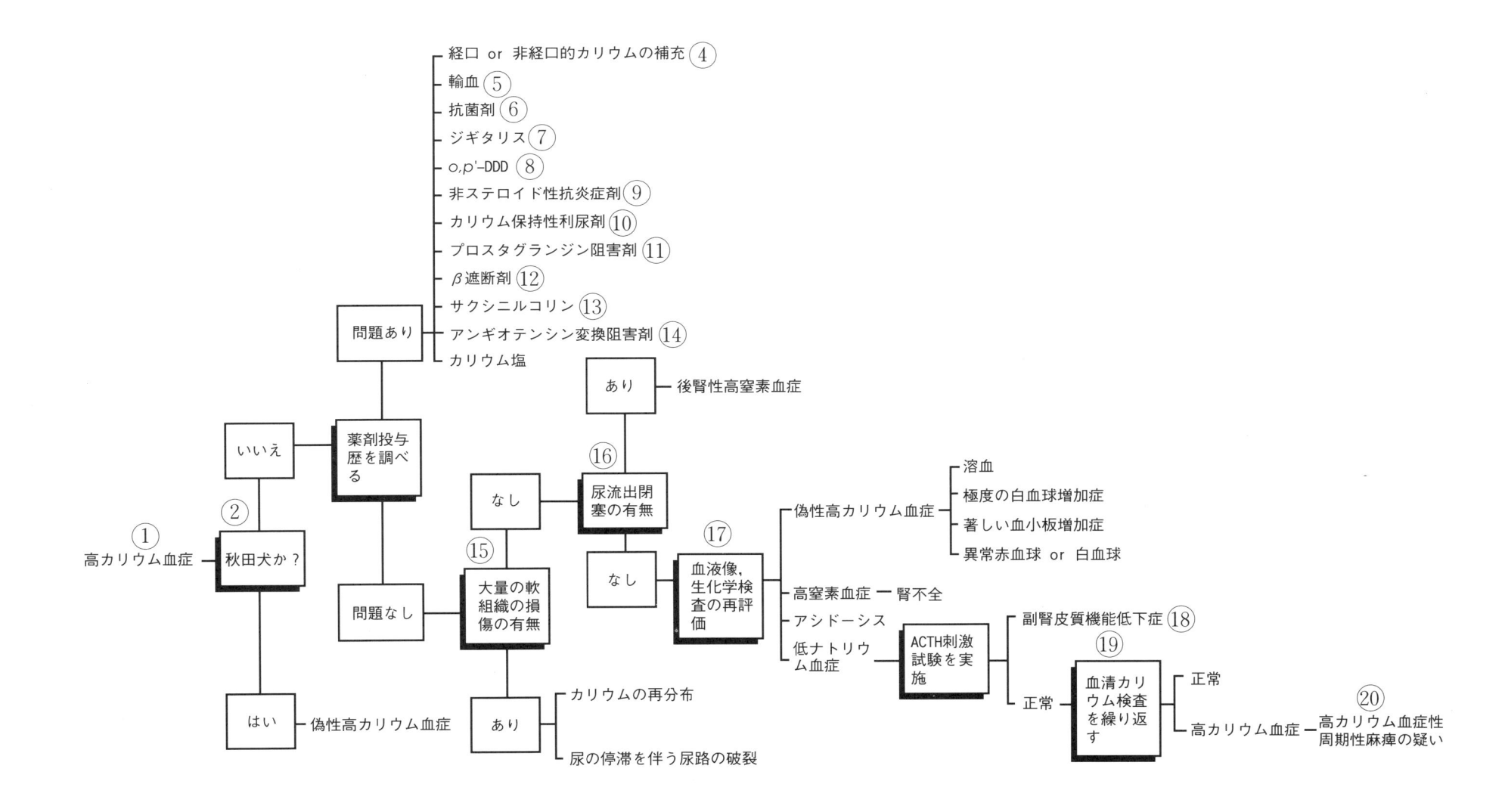

■ 高カリウム血症 ■

- 経口 or 非経口的カリウムの補充 ④
- 輸血 ⑤
- 抗菌剤 ⑥
- ジギタリス ⑦
- o,p'-DDD ⑧
- 非ステロイド性抗炎症剤 ⑨
- カリウム保持性利尿剤 ⑩
- プロスタグランジン阻害剤 ⑪
- β遮断剤 ⑫
- サクシニルコリン ⑬
- アンギオテンシン変換阻害剤 ⑭
- カリウム塩

① 高カリウム血症 → ② 秋田犬か？
- いいえ → 薬剤投与歴を調べる
  - 問題あり（上記薬剤リストへ）
  - 問題なし → ⑮ 大量の軟組織の損傷の有無
    - あり
      - カリウムの再分布
      - 尿の停滞を伴う尿路の破裂
    - なし → ⑯ 尿流出閉塞の有無
      - あり → 後腎性高窒素血症
      - なし → ⑰ 血液像, 生化学検査の再評価
        - 偽性高カリウム血症
          - 溶血
          - 極度の白血球増加症
          - 著しい血小板増加症
          - 異常赤血球 or 白血球
        - 高窒素血症 — 腎不全
        - アシドーシス
        - 低ナトリウム血症 → ACTH刺激試験を実施
          - 副腎皮質機能低下症 ⑱
          - 正常 → ⑲ 血清カリウム検査を繰り返す
            - 正常
            - 高カリウム血症 — ⑳ 高カリウム血症性周期性麻痺の疑い
- はい → 偽性高カリウム血症

低カルシウム血症

① ほとんどの検査室では、血清カルシウム（Ca^{2+}）が8.5〜9mg/dl以下を正常より低いと考えている。犬では、血清Ca^+濃度と血清アルブミン濃度とは密接に関連している。低アルブミン血症が認められる場合には、真の低カルシウム血症か否かを見きわめるために、血清Ca^{2+}の補正が必要となる。低カルシウム血症の臨床症状は、運動や興奮によって突然悪化する神経筋の障害が一般的である。症状としては、落ち着きのなさや喘ぎ呼吸、神経質な行動、筋の不規則な軽度の痙攣、強烈な痒みがあるかのように顔を擦りつける行動などが観察される。また慢性の疼痛を認めることもある。血清Ca^{2+}が低下するに連れて、筋の振戦、運動失調、筋の硬縮、ぎこちない歩行、痙攣発作、著しい筋の強直性痙攣といった臨床症状が認められるようになる。低カルシウム血症による痙攣発作では、鎮静剤で一時的に筋の痙縮は軽減されるが、鎮痙剤には反応しないという傾向がある。著しい臨床症状として最もよく認められるのは、産褥痙攣（子癇）と原発性の甲状腺機能低下症の場合であり、また医原性の低カルシウム血症の場合（増殖性の上皮小体腺腫の除去後や甲状腺摘出術の際、偶発的に上皮小体を切除してしまった場合）にも認められる。低カルシウム血症と低アルブミン血症が認められる場合には、低カルシウム血症でみられる臨床症状は認められないのが普通である（このような症例では、ほとんどの場合イオン化されたCa^{2+}濃度は正常であるためと考えられる）。腎不全（腎性の二次性上皮小体機能亢進症）や膵炎、栄養性の二次性上皮小体機能亢進症ならびに腸疾患でも、一般的に低カルシウム血症は軽度（Ca^{2+}は7mg/dl以上）であるため、低カルシウム血症の臨床症状を認めること滅多にない。

② 低カルシウム血症を示す一般的な原因としては、検査ミス、EDTAを含む採血管、低アルブミン血症がある。血清Ca^{2+}は低いが臨床症状はないといった場合には、同時に血清アルブミン濃度を測定し補正した上で再評価する必要がある。補正してもなお血清Ca^{2+}が低い場合もあることを頭に入れておく必要がある。したがって低アルブミン血症があるからといって、必ずしも血清Ca^{2+}が低いとは考えない方がよい。いみじくも低カルシウム血症の臨床症状を示さない症例では、イオン化されたカルシウムを測定すれば、多分正常値がでるはずであるため、自分のところで（血液ガスの機器で）検査できる場合には、イオン化されたカルシウムを測定するのが有効的である。イオン化されたCa^{2+}濃度は、実際に体で使われるCa^{2+}を示している。

③ 身体一般検査によって、哺乳期中（子癇が示唆される）とか下痢（腸疾患を示唆）あるいは口腔内潰瘍、粘膜の蒼白、衰弱（これらは腎不全を示唆）などが見つかることがある。既往症（腎不全）や甲状腺、上皮小体、頸部の最近の手術の有無、食事内容（特に若齢動物への不適切な食事や家庭食などの有無）、子犬子猫の存在の有無や激しい哺乳の有無、エチレングリコールとの接触の有無、併用薬剤などについて、飼主から聞きだすことも重要である。

④ 比較的Ca^{2+}が欠乏している食事やリン濃度の高い（例えば、骨/骨髄を含まない肝臓、肉を中心とした）食事を与えている犬や猫では、栄養性の二次性上皮小体機能亢進症になることがある。若齢の犬や猫に対して欠乏食やこうした食事を慢性的に与えている場合には、Ca^{2+}とリンの比率が低いと特に問題が生じてくる。この場合低カルシウム血症は軽度か一過性であるため、一般的には低カルシウム血症そのものが原因で問題が生じてくることはない。しかし、欠乏食であっても体の方は二次的に血清Ca^{2+}を正常範囲に維持しようする。血清上皮小体ホルモン（PTH）濃度が上昇すると、Ca^{2+}とリンが骨から遊離する。血清Ca^{2+}濃度は維持され、リンが排泄されることになるが、その結果骨に貯留されていたCa^{2+}とリンは排出され、無機質脱落や骨の疼痛が認められるようになり、脆弱化が進んで最終的には病的骨折を起こすことになる。確定診断には骨の画像検査が有効となる（X線検査や骨のスキャンによって骨の入れ代わりの頻度が分かる）。また同時に血清上皮小体ホルモン濃度やイオン化Ca^{2+}、ビタミンDの測定も役に立つ。

⑤ 最近行われた上皮小体の摘出術（原発性上皮小体機能亢進症のために実施）や甲状腺摘出術が原因で低カルシウム血症になることもある。原発性の上皮正体機能亢進症では、異常な上皮小体様の腺（腺腫）を一時的に切除することによって、上皮小体ホルモンの主な源を取り除き、これによって血清カルシウム濃度が維持される。残っている正常な腺は異常組織によって慢性的に抑制され、これらの腺の機能回復には3〜4ヵ月かかる。回復期の間は、ビタミンDの補充が必要となり、時にはカルシウムの補充も必要となる。甲状腺の摘出術、特に甲状腺の腫瘍や腺腫性過形成で両側が摘出された場合には、手術の際に4つの上皮小体をすべて失うことがあり、その結果永久的な上皮小体機能低下症となり、生涯にわたってビタミンDとカルシウムの補充が必要となる。このような症例では著しい低カルシウム血症による臨床症状が認められ、術後1〜7日間はさらに症状の進行が認められる。

⑥ 治療に使われる数多くの薬剤が、低カルシウム血症の原因になることが知られている。およそ投与の可能性のある順にあげると、グルココルチコイド、鎮痙剤、リン酸塩を含む浣腸剤、リン酸カリウム（注射用）、クエン酸を含む液（注射用）、重炭酸ナトリウム（注射用）、カリウムEDTA（注射用）ミトラマイシン、サーモン・カルシトニンなどがある。リン酸塩を含む浣腸剤は、特に猫、なかでも脱水や巨大結腸症がある場合に問題となる。

⑦ エチレングリコールとCa^{2+}のキレート化合物の代謝産物によっても、低カルシウム血症が起こる。多くの場合、エチレングリコールの摂取後すぐに筋の振戦や痙攣発作などの神経症状が起こる。12〜24時間のうちに高窒素血症を発症し、病状が悪化する前に回復することもある。エチレングリコールを摂取した疑いがある場合には、できるだけ早く血液検査を実施する必要がある。12〜24時間以内に、高窒素血症が起こる前に治療を始めれば治る可能性があるため、たとえ摂取したかどうかはっきりしない場合でも、血液検査は実施しておく必要がある。摂取の可能性がない（例えば室内飼い、エチレングリコールの購入なし、常に一緒といった）場合には、次の段階に進む。エチレングリコールを含有する液では、多くの場合尿に蛍光を発する染料が含まれているため、尿が得られたら紫外線（ウッド・ランプ）による検査を実施するとよい。

⑧ 産褥痙攣あるいは子癇は、急性の生命にかかわる疾患であり、特に母乳を大量に必要とする同胎子の多い授乳中の母犬や母猫に認められる。最もよく認められるのは小型犬種である。哺乳期の犬や猫で神経筋の症状が認められた場合には、他の原因が証明されない限りは、産褥痙攣によるものと考えた方がよい。

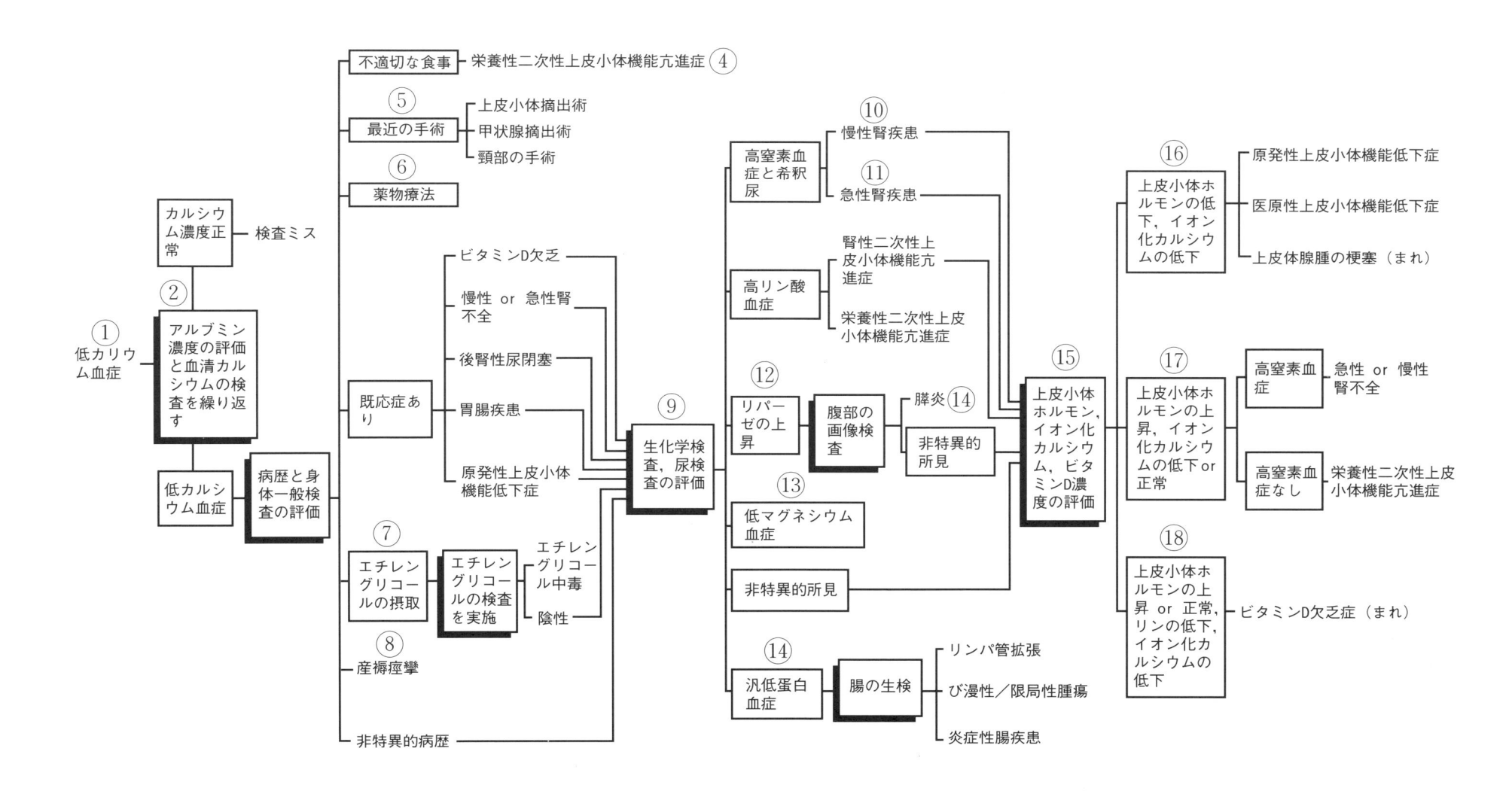

■ 低カルシウム血症 ■

- ① 低カリウム血症
- ② アルブミン濃度の評価と血清カルシウムの検査を繰り返す
  - カルシウム濃度正常 — 検査ミス
  - 低カルシウム血症 → 病歴と身体一般検査の評価
    - 不適切な食事 — 栄養性二次性上皮小体機能亢進症 ④
    - ⑤ 最近の手術
      - 上皮小体摘出術
      - 甲状腺摘出術
      - 頸部の手術
    - ⑥ 薬物療法
    - 既応症あり
      - ビタミンD欠乏
      - 慢性 or 急性腎不全
      - 後腎性尿閉塞
      - 胃腸疾患
      - 原発性上皮小体機能低下症
    - ⑦ エチレングリコールの摂取 → エチレングリコールの検査を実施
      - エチレングリコール中毒
      - 陰性
    - ⑧ 産褥痙攣
    - 非特異的病歴
  - ⑨ 生化学検査, 尿検査の評価
    - 高窒素血症と希釈尿
      - ⑩ 慢性腎疾患
      - ⑪ 急性腎疾患
    - 高リン酸血症
      - 腎性二次性上皮小体機能亢進症
      - 栄養性二次性上皮小体機能亢進症
    - ⑫ リパーゼの上昇 → 腹部の画像検査
      - 膵炎 ⑭
      - 非特異的所見
    - ⑬ 低マグネシウム血症
    - 非特異的所見
    - ⑭ 汎低蛋白血症 → 腸の生検
      - リンパ管拡張
      - び漫性／限局性腫瘍
      - 炎症性腸疾患
  - ⑮ 上皮小体ホルモン, イオン化カルシウム, ビタミンD濃度の評価
    - ⑯ 上皮小体ホルモンの低下, イオン化カルシウムの低下
      - 原発性上皮小体機能低下症
      - 医原性上皮小体機能低下症
      - 上皮体腺腫の梗塞（まれ）
    - ⑰ 上皮小体ホルモンの上昇, イオン化カルシウムの低下or正常
      - 高窒素血症 — 急性 or 慢性腎不全
      - 高窒素血症なし — 栄養性二次性上皮小体機能亢進症
    - ⑱ 上皮小体ホルモンの上昇 or 正常, リンの低下, イオン化カルシウムの低下 — ビタミンD欠乏症（まれ）

■ 低カルシウム血症 ■

⑨ 診断過程の初期の段階で，検査室での最小限のデータは得られていると思われるので，これを元にすれば低カルシウム血症の発症原因が浮かび上がってくるはずである．この時点からどういった診断的検査をするかを見きわめるには，検査室所見に併せて身体一般検査所見（例えば下痢や腹部疼痛の有無など）を調べる必要がある．

⑩ 慢性腎不全の場合，低カルシウム血症が特別よく認められるというわけではないが，犬や特に猫では，慢性腎不全の頻度が高く，総体的にはこれによって低カルシウム血症が起こることが比較的よくある．この場合の低カルシウム血症は，一般的には軽度であり，慢性の二次性の腎性上皮小体機能亢進症が原因で骨の喪失や病的骨折が起こらない限りは，臨床症状を伴うことは滅多にない．

⑪ 急性の腎不全の場合には，この疾患や代償機構の鈍化に伴って血清リン濃度が劇的かつ急激に上昇するため，ことさら著しい低カルシウム血症を呈することがある．特に後腎性の尿閉塞など急性の生命にかかわる疾患では，低カルシウム血症が観察される．このような疾患では急性かつ劇的な高リン酸血症や高カリウム血症，高窒素血症ならびに低カルシウム血症が発現する．またこのような疾患では，痙攣発作を示すようになることもあるが，それが低カルシウム血症だけによるものなのか，それとも著しい代謝障害の組合せによるものなのかを見きわめることは難しい．

⑫ 生化学検査で血清リパーゼの上昇が観察される場合には，膵炎を見きわめるために病歴ならびに身体一般検査所見をもう一度点検する必要がある．最近思慮を欠いた食事が与えられていなかったか，膵炎の原因になる薬剤（L-アスパラギナーゼ，アザチオプリン，グルココルチコイド）の投与の有無，嘔吐や食欲不振，発熱，腹痛，異常疼痛などの有無を調べてみる必要がある．また検査室所見では，白血球増加症やアミラーゼの上昇（これはきわめて非特異的所見である）の有無，ビリルビンとアルカリホスファターゼの上昇の有無を点検する．これらに上昇が認められれば，膵臓の腫脹による二次性の胆汁閉塞が疑われる．膵炎が原因する場合には，通常軽度から中等度の低カルシウム血症が認められ，神経学的症状や神経筋の症状を伴うことはない．低カルシウム血症になる明確なメカニズムについては不明であるが，理論的には炎症化した膵臓の周囲にある脂肪が鹸化し，それによって二次的に起こるカルシウム沈着が関与しているものと思われる．

⑬ 低マグネシウム血症があると，上皮小体ホルモンに対する無反応性や合成の低下によって低カルシウム血症になるとがある．最近動物での発症は証明されていないが，血清生化学検査で特にマグネシウムが低い場合には, 思い出してみるとよい．

⑭ 血清総蛋白が低下している場合（汎低蛋白血症）には，基礎に胃腸疾患があり，その結果腸の粘膜を通して蛋白が喪失していることが考えられる．低血清アルブミンに対する血清 Ca^{2+} の補正値が，正常範囲の Ca^{2+} 値よりも高くない場合がある．胃腸疾患では低カルシウム血症による臨床症状を認めることは滅多にないが，リンパ管拡張症を伴うことが報告されている．リンパ管拡張があると，閉塞した乳糜管から乳糜が漏れ，腸管内に蛋白と脂肪（カイロミクロン）が喪失する結果となる．リンパ管拡張症では，閉塞して炎症を起こした乳糜管の周囲組織に Ca^{2+} 沈着が起こることが推測され，膵炎での脂肪の鹸化によるカルシウム沈着と同じ理論が成り立つ．さらに蛋白喪失性の腸疾患を見きわめるためには，口腔からの内視鏡検査と外科的診査が必要となる．

⑮ 最小限の一般検査から特定の結果が得られない場合や栄養性あるいは腎性の二次性上皮小体機能亢進症などの疾患を疑うも，確証がつかめない場合には，上皮小体ホルモン濃度やイオン化された Ca^{2+} 濃度，ビタミンD濃度を測定すれば低カルシウム血症の診断に役立つ．

⑯ イオン化 Ca^{2+} 値が低く，上皮小体ホルモン濃度が低い場合には，原発性の上皮小体機能低下症（あるいはいみじくも手術歴があれば医原性の上皮小体機能低下症）が確定される．犬と猫の原発性上皮小体機能低下症はまれである．報告されている発症年齢域は広い（犬では3週齢から13歳齢，猫では6ヵ月齢から7歳齢）．原発性の上皮小体機能低下症によって，急性の低カルシウム血症が発現したという症例報告はきわめてまれである．これは上皮小体腺腫の梗塞と急性壊死が原因と推測されている．

⑰ イオン化 Ca^{2+} 濃度が低いか正常で，血中上皮小体ホルモン濃度が高い場合には，腎性あるいは栄養性二次性上皮小体機能亢進症が疑われる．

⑱ 若齢でビタミンDの欠乏した食餌を与えられ，日光が当たらない環境で育てられた場合にはビタミン欠乏症（クル病）が起こる．クル病と骨軟化症は，犬と猫ではきわめてまれな疾患である．若い発育期の動物ではX線検査によって，軸椎と橈骨の成長板肥厚ならびに骨幹端隣接の陥凹形成など，特徴的な骨格異常が分かる．その他骨減少症や骨幹の彎曲所見が認められる．この疾患では跛行や歩行を嫌う行動が観察されることがある．骨軟骨接合部の腫脹や骨幹端の張開を認めることもある．

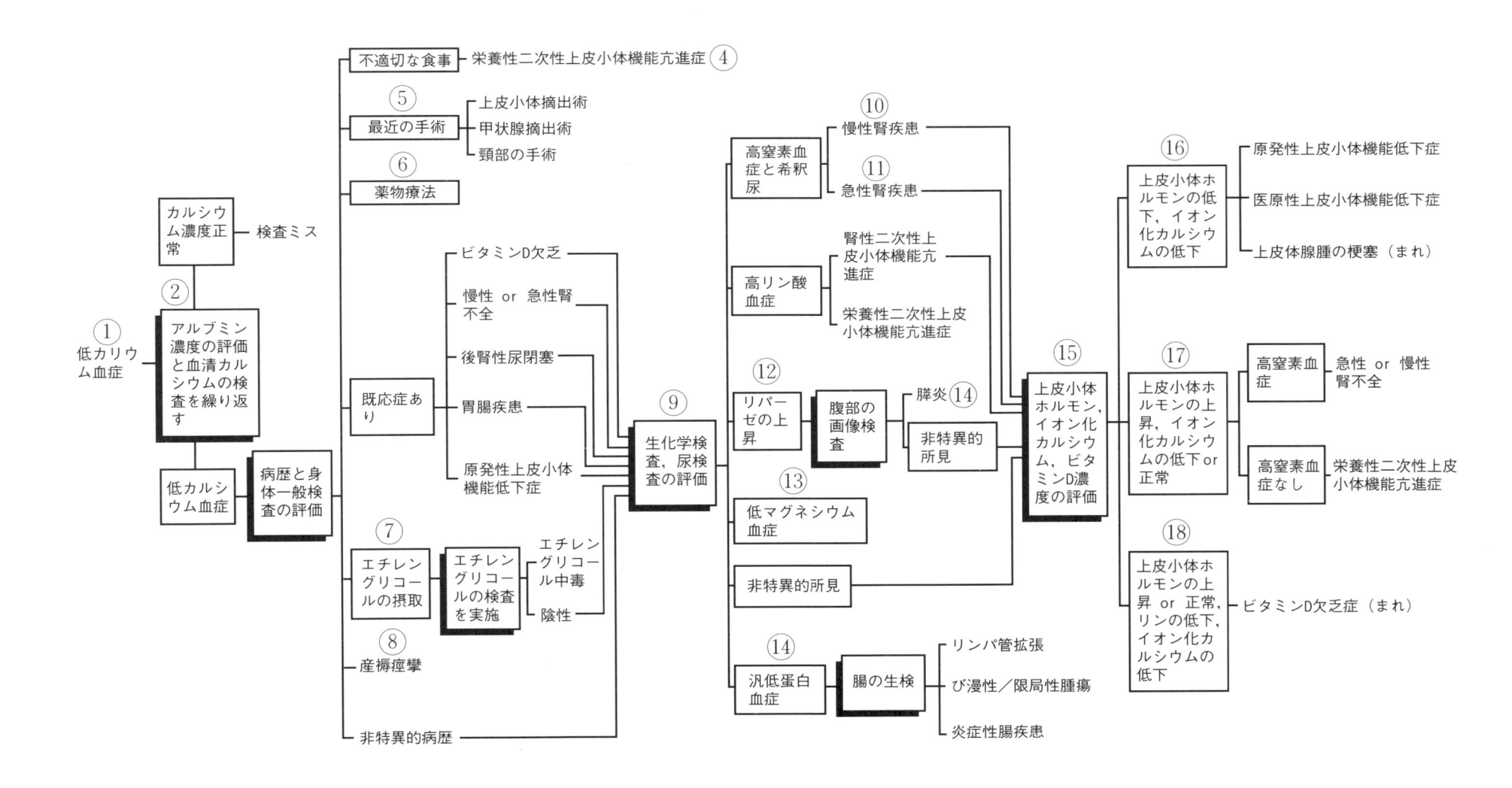

■ 低カルシウム血症 ■

- ① 低カリウム血症
- ② アルブミン濃度の評価と血清カルシウムの検査を繰り返す
  - カルシウム濃度正常 — 検査ミス
  - 低カルシウム血症 → 病歴と身体一般検査の評価
    - 不適切な食事 — 栄養性二次性上皮小体機能亢進症 ④
    - ⑤ 最近の手術
      - 上皮小体摘出術
      - 甲状腺摘出術
      - 頸部の手術
    - ⑥ 薬物療法
    - 既応症あり
      - ビタミンD欠乏
      - 慢性 or 急性腎不全
      - 後腎性尿閉塞
      - 胃腸疾患
      - 原発性上皮小体機能低下症
    - ⑦ エチレングリコールの摂取 → エチレングリコールの検査を実施
      - エチレングリコール中毒
      - 陰性
    - ⑧ 産褥痙攣
    - 非特異的病歴

→ ⑨ 生化学検査, 尿検査の評価
  - 高窒素血症と希釈尿
    - ⑩ 慢性腎疾患
    - ⑪ 急性腎疾患
  - 高リン酸血症
    - 腎性二次性上皮小体機能亢進症
    - 栄養性二次性上皮小体機能亢進症
  - ⑫ リパーゼの上昇 → 腹部の画像検査
    - 膵炎 ⑭
    - 非特異的所見
  - ⑬ 低マグネシウム血症
  - 非特異的所見
  - ⑭ 汎低蛋白血症 → 腸の生検
    - リンパ管拡張
    - び漫性／限局性腫瘍
    - 炎症性腸疾患

→ ⑮ 上皮小体ホルモン, イオン化カルシウム, ビタミンD濃度の評価
  - ⑯ 上皮小体ホルモンの低下, イオン化カルシウムの低下
    - 原発性上皮小体機能低下症
    - 医原性上皮小体機能低下症
    - 上皮体腺腫の梗塞（まれ）
  - ⑰ 上皮小体ホルモンの上昇, イオン化カルシウムの低下 or 正常
    - 高窒素血症 — 急性 or 慢性腎不全
    - 高窒素血症なし — 栄養性二次性上皮小体機能亢進症
  - ⑱ 上皮小体ホルモンの上昇 or 正常, リンの低下, イオン化カルシウムの低下 — ビタミンD欠乏症（まれ）

高カルシウム血症

① 体内のCa²⁺の貯蔵は，上皮小体ホルモンの拮抗作用とカルシトニンによって調整されている．血清Ca^{2+}が減少すると，これに反応して上皮小体の腺から上皮小体ホルモンが産生され，骨からの遊離や腸からの吸収，腎の遠位曲細管の再吸収が図られて，Ca^{2+}濃度が上昇する．通常Ca^{2+}濃度が上昇すると，上皮小体での上皮小体ホルモン産生に負のフィードバックがかかる．ほとんどの検査室では，Ca^{2+}が11～12mg/dl以上になると高いと判断している．犬では，血清Ca^{2+}とアルブミンとの間に関連性があるため，高アルブミン血症の犬では補正が必要となる（〔3.5g/dl－真の血清アルブミン値〕＋計測した血清Ca^{2+}値＝真の血清Ca^{2+}値）．猫の場合とアルブミンが正常範囲あるいは高値の場合には，補正は行わない．血清Ca^{2+}濃度が上昇している場合には，基礎原因に関連した症状（例えばリンパ腫に伴う末梢性リンパ節症，肛門嚢の腫瘤によるしぶり）が認められたり，あるいは嘔心や食欲不振，体重減少など非特異的症状が認められる場合がある．食欲不振の原因としては，原発性の腸のリンパ腫，高カルシウム血症，高カルシウム血症による二次性腎不全が考えられる（特にCa^{2+}×リンが70を越える場合）．輸液利尿はCa^{2+}を減少させるための効果的な方法であり，これによって基礎疾患の診断が邪魔されることはない．

② Ca^{2+}とアルブミンを再度点検し，必要があれば補正する．脂肪血症がある場合には人為的なCa^{2+}の上昇が認められるため，脂肪血症の有無を評価する．Ca^{2+}は正常であるが高カルシウム血症の病歴があったり，いみじくも臨床症状や基礎疾患が認められた場合には，Ca^{2+}の検査を複数回実施して評価をする必要がある．これは腫瘍のなかには，間欠的に上皮小体ホルモン関連性のポリペプチド（PTHrP）を分泌するものや高カルシウム血症の原因となるその他の因子（インターロイキン，腫瘍壊死因子）を産生するものがあるためである．

③ 病歴に関しては，既往症や毒物との接触，薬剤投与の有無などを検討する必要がある．高カルシウム血症を呈する薬剤には，テストステロンやその他の蛋白同化ホルモン，プロゲステロン，エストロゲン，ビタミンD，経口リン酸塩結合剤などがある．コレカルシフェロール含有の殺鼠剤では，ビタミンD中毒や食欲不振，嗜眠，脱力，吐血，メレナなどが観察される．検査室所見では，高リン酸血症と高カルシウム血症が観察され，萎縮性の組織鉱質化と急性腎不全を認めるようになる．この疾患を確認するために，ビタミンDとその代謝産物ならびにイオン化Ca^{2+}の測定が必要となる．高カルシウム血症の原因となる既往症としては，腎不全や腫瘍，副腎皮質機能低下症ならびに種々の肉芽腫性疾患などがあげられる．高カルシウム血症の基礎原因となるものの多くは，腫瘍（リンパ腫，形質細胞性骨髄腫，肛門腺嚢アポクリン腺腺癌）であるため，身体一般検査では腫瘍の有無を点検する．これらの腫瘍は，上皮小体ホルモン関連性のポリペプチドとその他の液性作用物を放出することによって高カルシウム血症を起こす．原発性の骨腫瘍が高カルシウム血症の原因になることは滅多にないが，多発性骨転移性の腫瘍（乳腺癌）では骨溶解が起こり高カルシウム血症となる．形質細胞性骨髄腫や骨髄性リンパ腫，骨の癌性転移は身体一般検査だけでは診断は難しい．発熱や高粘稠性，限局性疼痛などの非特異的症状が認められることもある．

④ 脱水や血液濃縮があると，軽度の高カルシウム血症を呈することがある．水分喪失や熱射病の有無など病歴の聴取が役に立つ．水和後にCa^{2+}の再評価が重要となる．

⑤ 腫瘍転移のスクリーニングには胸部の三方向X線検査と腹部超音波検査，骨のX線検査を実施する．

⑥ 腫瘍性腫瘤の場合には，可能であれば1つの腫瘤を切開生検する．腫瘍性組織の摘出後，Ca^{2+}濃度が下がったり正常範囲に低下した場合には，すべての腫瘍の摘出が示唆される．Ca^{2+}濃度の上昇が続いている場合には，腫瘍の残留と別に高カルシウム血症の原因のあることが示唆される．

⑦ 末梢のリンパ節症（1つあるいは複数のリンパ節症）や造血臓器（肝臓，脾臓）の腫大がある場合には，針吸引と細胞診を実施する．細胞診によってリンパ腫以外の腫瘍であることが分かった場合には，⑤に戻る．リンパ節内に腫瘍細胞が見つかった場合には，そのリンパ節領域を点検する必要があり，その腫瘍は領域的に転移したものと考えるべきである．

⑧ リンパ腫と診断された場合には，体内の腫瘍組織の広がり方を見きわめて予後判定を行う．病期の判定には，他のリンパ節の評価，胸部X線検査，腹部超音波検査，骨髄の吸引検査を実施する．猫白血病ウイルス／猫免疫不全ウイルスの状態によって予後が変わるため，これらの検査を実施する．比較的短い寛解期に高カルシウム血症を認めることがある．

⑨ この時点で検査に異常が認められない場合には，検査室所見をもう一度評価し直す必要がある．リン濃度が低いか正常の場合には，悪性の高カルシウム血症か上皮小体機能亢進症である．リン濃度が上昇している場合には腎不全か骨融解が考えられる．時に血液像で循環血液内に腫瘍細胞が見つかることがある（ステージVのリンパ腫やリンパ芽球性白血病におけるリンパ芽球や時には比較的まれな白血病で見られる他の細胞型）．血液像では骨髄抑制（これは腫瘍によって正常な細胞の産生が低下し，循環血液中に入ってこなくなるため）と再生性貧血（これは骨髄内で鉄が隔離されるため赤血球の産生が阻害されることによる）が比較的よく認められる．血清グロブリンの上昇は，炎症や慢性の抗原性刺激，腫瘍が原因となる．血清蛋白の電気泳動が診断に役立つこともある（高グロブリン血症の項を参照）．Na^+の上昇とK^+ならびに塩素の低下／正常が認められる場合には，副腎皮質機能低下症が疑われる．低カルシウム血症が起こるのはグルココルチコイドであって鉱質コルチコイドの欠乏によるものではないことを覚えておく必要がある．したがって，他の電解質に異常がなくても起こる可能性がある．高カルシウム血症と胃腸症状あるいは脱力と虚脱がある場合にはACTH刺激試験を実施する必要がある．希釈尿を伴う高窒素血症が認められる場合には，腎不全と診断される．腎不全は急性（高カルシウム血症による二次性）の場合もあれば，慢性（高カルシウム血症を起こす可能性がある）の場合もある．腎不全では高リン酸血症が認められ，二次性の腎性の上皮小体機能亢進症による高カルシウム血症が観察される．高カルシウム血症では通常慢性腎不全を伴うことはない（慢性腎不全の症例の10～20％）．

⑩ 尿検査を実施すれば，糸球体からのアルブミンや分子量の小さい蛋白の喪失が分かる．分子量の小さい蛋白の喪失は，腫瘍性あるいは免疫介在性疾患によって糸球体に免疫複合体が沈着することが原因となる．もし分光光度法（尿の蛋白／クレアチニン比の測定）で蛋白が検出された場合，特に蛋白陽性で尿試験紙では陰性の場合には，ベンス・ジョンス蛋白血症が疑われる場合がある（犬や猫ではまれ）．この疾患は電気泳動で単クローン性の棘波が見つかることで確認される．多発性骨髄腫の診断基準（ベンス・ジョンス蛋白尿，血清蛋白泳動で単クローン性の棘波，骨の疼痛，溶解性骨病変）に適合する場合には，骨髄吸引を速やかに実施する必要がある．

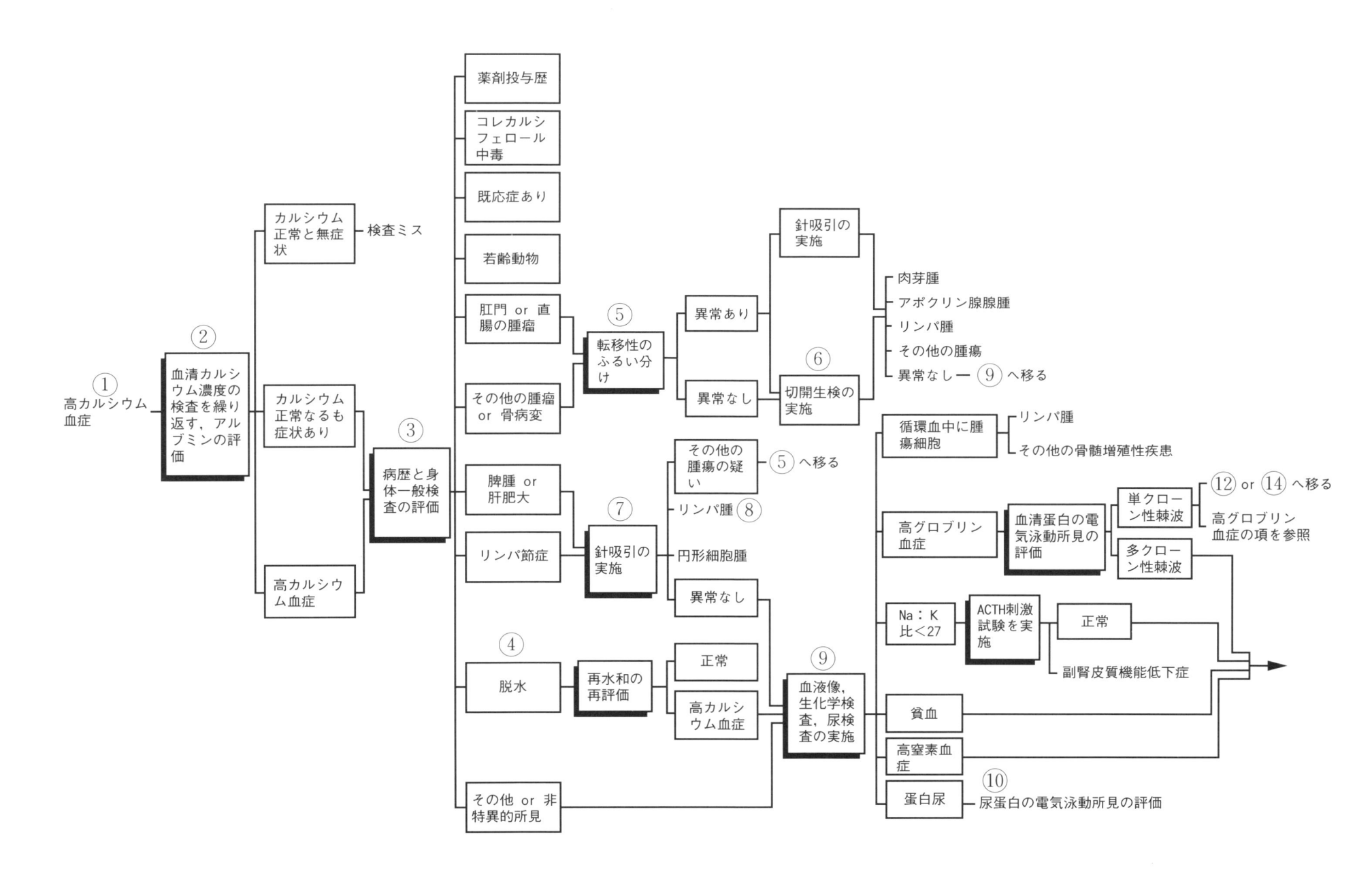

■ 高カルシウム血症 ■

①高カルシウム血症
→ ②血清カルシウム濃度の検査を繰り返す，アルブミンの評価
  - カルシウム正常と無症状 → 検査ミス
  - カルシウム正常なるも症状あり → ③病歴と身体一般検査の評価
  - 高カルシウム血症 → ③病歴と身体一般検査の評価

③病歴と身体一般検査の評価
  - 薬剤投与歴
  - コレカルシフェロール中毒
  - 既応症あり
  - 若齢動物
  - 肛門 or 直腸の腫瘤
  - その他の腫瘤 or 骨病変
    → ⑤転移性のふるい分け
      - 異常あり → 針吸引の実施
        - 肉芽腫
        - アポクリン腺腺腫
        - リンパ腫
        - その他の腫瘍
        - 異常なし → ⑨へ移る
      - 異常なし → ⑥切開生検の実施
  - 脾腫 or 肝肥大
  - リンパ節症
    → ⑦針吸引の実施
      - その他の腫瘍の疑い → ⑤へ移る
      - リンパ腫 ⑧
      - 円形細胞腫
      - 異常なし → ⑨
  - ④脱水 → 再水和の再評価
    - 正常
    - 高カルシウム血症 → ⑨
  - その他 or 非特異的所見 → ⑨

⑨血液像，生化学検査，尿検査の実施
  - 循環血中に腫瘍細胞
    - リンパ腫
    - その他の骨髄増殖性疾患
  - 高グロブリン血症 → 血清蛋白の電気泳動所見の評価
    - 単クローン性棘波 → ⑫ or ⑭へ移る
    - 多クローン性棘波 → 高グロブリン血症の項を参照
  - Na：K比＜27 → ACTH刺激試験を実施
    - 正常
    - 副腎皮質機能低下症
  - 貧血
  - 高窒素血症
  - 蛋白尿 → ⑩尿蛋白の電気泳動所見の評価

■ 高カルシウム血症 ■

⑪　イオン化 Ca^{2+} が低下あるいは正常であって，血清 Ca^{2+} が上昇しているというのは，副腎皮質機能低下症か腎疾患の場合だけである．

⑫　高カルシウム血症と非特異的検査室所見あるいは腎疾患が認められる場合には，高カルシウム血症の基礎原因を見きわめるために，血清上皮小体ホルモンと上皮小体ホルモン関連性ポリペプチドの評価が必要となる（上皮小体ホルモン関連性ポリペプチドー PTHrP は一部の悪性細胞によって産生される）．これらのホルモン等の検査分析には，期日も 5 〜 10 日間かかり，温度にも敏感で，100％正確というわけでもなく，また高窒素血症にも影響されるため，結果が出るまでの間，さらに検査を実施するのが望ましい．この検査は原発性の上皮小体機能亢進症の確定診断にはきわめて有効である．同時に実施するべきものとしては，腎臓の画像検査（特に超音波検査）があり，これによって肉眼的態と構造的変化を評価する．腎皮質の超音波濃度が高カルシウム血症によって二次的に上昇する場合がある．

⑬　上皮小体ホルモン値の低下と上皮小体ホルモン関連性ポリペプチドー PTHrP の上昇が認められる場合には，高カルシウム血症の基礎原因として悪性のものが考えられ，再評価をするために③と④から始めて骨髄の評価に進む必要がある．

⑭　上皮小体ホルモンと上皮小体ホルモン関連性ポリペプチドの検査ならびにこれまで実施した検査結果から，骨髄に限局する多発性骨髄腫やリンパ腫が疑われた場合には，骨格の X 線検査（脊椎と骨盤から始めて，その後に長骨の X 線検査）を実施する．ただし，ベンス・ジョンズ蛋白尿と単クローン性血清蛋白棘波が検出されない限りは，溶解性の骨病変があるからといって診断が確定されたというわけではない．ジョンズ蛋白尿と単クローン性血清蛋白棘波が検出された場合には，おおむね多発性骨髄腫と診断することができる．

⑮　X 線検査で骨融解像が見つからない場合には，骨髄の評価に進むことになる．確認のために上皮小体ホルモンと上皮小体ホルモン関連性ポリペプチドを再点検することも必要である（高カルシウム血症では，ほとんどの場合腫瘍が基礎疾患であるため通常は必要ない）．骨交替の上昇部位を判別するには，骨のスキャン（核シンチグラフィー）を実施する．すべての腫瘍が骨髄全域に広がることはないので，骨髄評価のために骨髄部位を探るだけであれば，X 線検査か骨のスキャンが行われる．

⑯　骨髄吸引は全身麻酔あるいは鎮静下で実施する（鎮静下で実施する場合には相応しい鎮静剤が必要となる．小型犬や猫には推奨しない）．

⑰　'隠れ' 骨髄腫では，骨融解病変がある場合もあれば X 線病変が明確でないものもあり，骨のスキャンでは異常が認められない（骨交替の証拠がない）．

⑱　慢性の肉芽腫性疾患では高カルシウム血症になることは滅多にない．これらの疾患は，胸部 X 線検査や腹部超音波検査あるいはその他の画像検査でふるい分けることができる．

⑲　ビタミン D 中毒／高ビタミン D 血症では，上皮小体ホルモン／上皮小体ホルモン関連性ポリペプチドの上昇を伴わない高カルシウム血症が認められる．この中毒は，コレカルシフェロール含有の殺鼠剤やビタミン D の過剰補充，ジャスミン（*Cestrum diurnum*）やナス科の植物（*Solanum malacoxylon*），カニツリグサ属の植物（*Trisetum flavescens*）などの植物の摂取が原因となる．これらは病歴の聴取やビタミン D ならびにその代謝産物を測定することによってさらに明確となる．

⑳　限局性の骨病変では骨融解のために高カルシウム血症を示すことがある．この場合上皮小体ホルモン値の低下と正常な上皮小体ホルモン関連性ペプチド値が観察される．これは高カルシウム血症の原因としてはきわめてまれである．この場合には，単一の骨病変（腫瘍，骨髄炎）の有無や若い犬では肥大性骨異栄養症の有無を評価する必要がある．時には 6 〜 12 ヵ月齢の大型犬種で，血清カルシウムの上昇を認める場合がある．まれに不使用性骨粗鬆症に付随して高カルシウム血症を認めることがある．

㉑　まれではあるが，真菌感染（ブラストミコーシス，コクシジオイドミコーシス）で高カルシウム血症が観察されている．この場合，骨には大きな異常は認められていない．

㉒　高窒素血症が認められる場合には，高カルシウム血症の原因として腎疾患を評価する必要がある．これは腎の超音波検査や糸球体濾過の状態を調べる検査（クレアチニン，イヌリンあるいはイオヘキソールークリアランス試験）によって評価することができる．

㉓　腎機能が正常と思われる場合や腎不全が急性，すなわち腎が原因というよりも高カルシウム血症による二次性の腎不全と思われる場合は，原発性の上皮小体機能亢進症が考えられる．この疾患は通常 10 歳齢以上の犬に認められ，またプードル種とキースホンド種に多いとされている．いみじくも症例がこれらの概要に当てはまる場合には，頸部の超音波検査や外科的診査によって上皮小体を評価する必要がある．超音波検査は理想的な侵襲性の少ない検査法であるが，上皮小体を正確に見きわめるには，技倆と経験が必要となる．外科的診査では，高窒素血症を呈している場合には麻酔によって腎機能がさらに悪化することもあるが，比較的確実な方法といえる．上皮小体のすべての腺が肥大しておれば，腎疾患が高カルシウム血症の基礎原因として考えられる．1 つの腺が肥大している場合には，原発性の上皮小体機能亢進症が疑われ，通常は良性の腺腫によるものである．この腫瘍は外科的に切除し，術後血清カルシウムをモニターしながら，組織病理学的検査に供する必要がある．

■ 高カルシウム血症 ■

```
                                                                    ┌─ 異常あり ┬─ 原発性骨病変 ─┐
                                                                    │          └─ 二次性骨病変 ─┤─ 生検
                                              ┌─ リンパ腫         ┌─ 骨のスキャンを実施
                        ⑬              ⑭    │                    │
                    上皮小体       骨格のX線検査├─ 多発性骨髄腫      │
                    ホルモン    ─ の評価        │          ⑭        │         ⑰
       全身性の      関連性ポリ                  │                    └─ 異常なし ─ "かくれ"骨髄 ─ ⑯へ移る
       悪性疾患      ペプチドの                  └─ 正常 or 診断                    腫の疑い
                    上昇                            なし              ⑮
                    異常なし                                     上皮小体ホルモン, 上皮小体ホル
                    or 上皮小体        ┌─ イオン化カルシウム正常      モン関連ポリペプチドの再評価
                    ホルモンの低下     ├─ 脱水
                                        ├─ 慢性疾患肉芽腫性疾患 ⑱
                    上皮小体            ├─ コレカルシフェロールとその他の中毒 ⑲         ⑯
                    ホルモン関連性      ├─ 限局性骨病変 ⑳                         ┌─ 骨髄増殖性疾患
                    ポリペプチド正常   └─ 真菌感染 ㉑                  骨髄の吸引 ┤
         ⑫                                                                       └─ 異常なし ─ ⑨へ移る
      上皮小体
      ホルモン
      と上皮小体                                                    ┌─ 異常なし ┬─ 異所性上皮小体組織
      ホルモ                                                       │            └─ ⑨へ移る
  上昇 ン関連性          上皮小体      ㉒     ┌─ あり ─ 腎不全      ⑳
      ポリペプ      ─   ホルモン  ─ 腎疾患の │                  上皮小体 ┤
      チドの評              上昇      有無    │                  の画像検 ├─ 多発性上皮小体腫大 ─ 腎疾患の評価
      価                                      └─ なし            査 or 外 │
                                                                 科的診査 └─ 単一の上皮小体の腫大 ─ 原発性上皮小体機能亢進症
イオン化
カルシウ ┤
ムの評価
      ⑪
  正常/低下
         └─ 副腎皮質機能低下症？ ─ ACTH刺激試験の実施
```

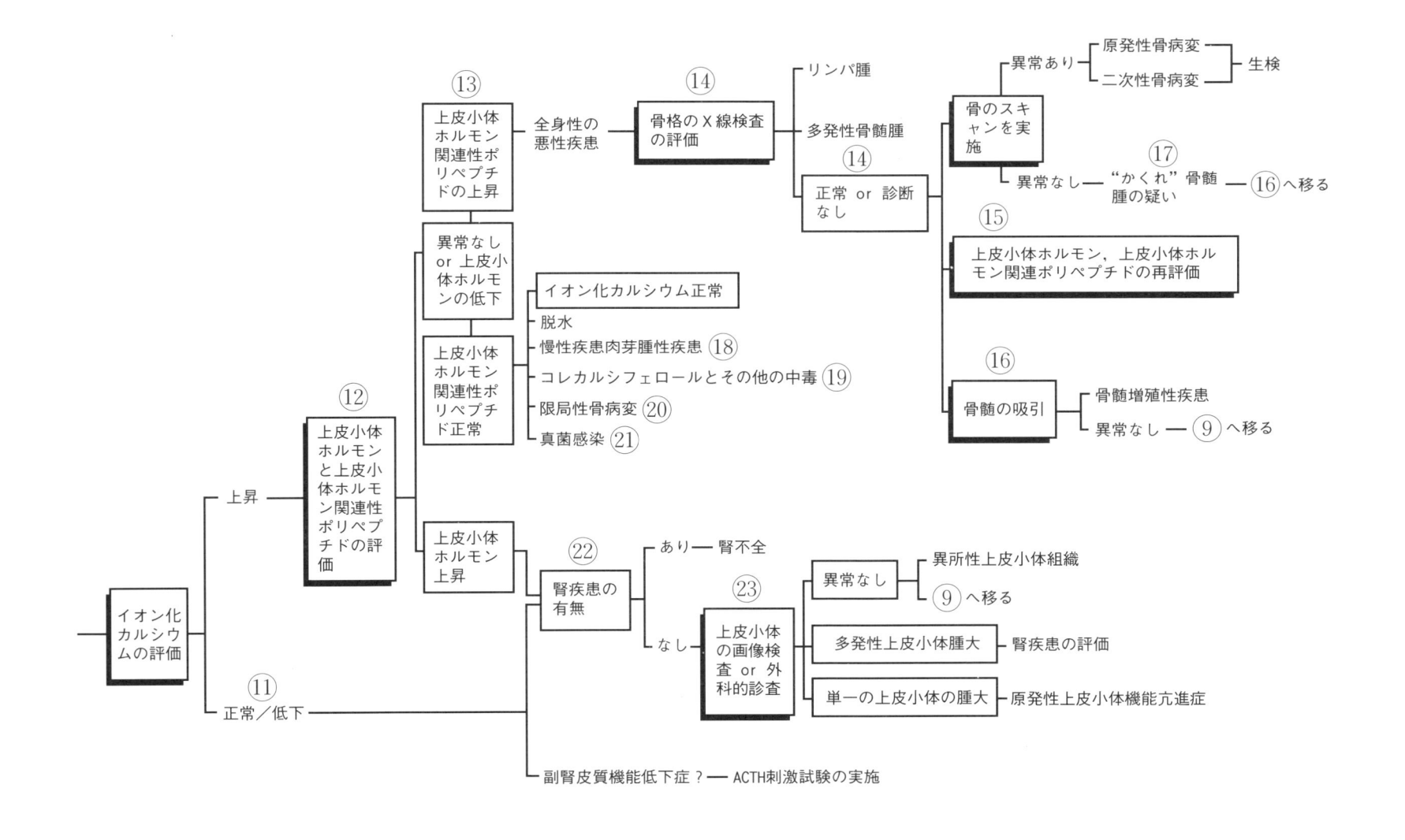

119

高脂血症

① 高脂血症とは，血液中の脂質が増加した状態をいう．脂質には，カイロミクロン（トリグリセライド，コレステロール，リン脂質複合体），超低密度リポ蛋白（VLDLs），低密度リポ蛋白（LDLs），高密度リポ蛋白（HDLs）のタイプがある．犬と猫で優勢に認められるのは高密度リポ蛋白であり，このリポ蛋白には低密度リポ蛋白関連性コレステロールの上昇とアテローム性動脈硬化症に対する低減作用がある．著しい脂質性血症が認められる場合には，トリグリセライドが増加しているのが普通である．高トリグリセライド血症では，やや混濁した段階（トリグリセライド＞300mg/dl）から正に牛乳色の段階（トリグリセライド＞2500mg/dl）まで血清の透明度に変化をもたらすことがある．血清コレステロールの上昇では，極度に著しくない限りは，血清の不透明度（乳白度）に影響を及ぼすことは滅多にない．最もよく認められる高脂肪症は，代謝性疾患が基礎となる二次性のものである．様々な病態（例えば糖尿病）によってリポ蛋白の状態はそれぞれ異なる．症状を認めない場合があり，日常の検査室所見によって異常が発見される．ただし，トリグリセライドとコレステロールが著しく上昇すると，中枢神経の抑制や行動の変化，痙攣発作を起こすことがある．こうした症状は，原発性の高脂血症の場合に最もよく認められるものである．また末梢神経に異常を認めることもあり，これは黄色腫（脂質とコレステロールの沈着）によって，それぞれの神経，特に頭骨孔と脊髄孔周囲の神経が圧迫されることが原因となる．また黄色腫が外傷部の皮膚に認められるようになる場合もある．高脂血症のその他の徴候としては，非特異的な腹痛や膵臓の炎症と糖尿病（高脂血症が原因なのか，膵臓の炎症が原因なのかを見分けるのは難しい），インスリン抵抗性，糖不耐性，高血圧などがあげられる．高脂血症を内在する原発疾患の臨床症状が認められる場合もある．これらの症状としては，糖尿病や副腎皮質機能亢進症であれば多尿，多渇ならびに多食であり，副腎皮質機能亢進症であれば筋の削痩や体重増加，甲状腺機能低下症であれば体重の増加と寒冷不耐性，糖尿病であれば体重減少と末梢の神経症，膵炎であれば嘔吐と発熱といったものがあげられる．さらには，角膜混濁や眼球の脂質浸潤，眼房水と眼の血管内に脂質が肉眼的に観察されるといった眼の異常を認めることもある．

② 血清の乳濁や血清トリグリセライドとコレステロール濃度の上昇を認める場合には，何れの場合も，まず検査に際してその動物が絶食しているか否かを見きわめる必要がある．もし絶食していなければ，12〜18時間絶食させてから検査室所見を再度点検することが重要となる．著しい高脂血症では，ビリルビンの上昇やコレステロール，塩素，アミラーゼ，リパーゼの低下など人為的な異常値が認められることがあるし，ヘモグロビンと血清蛋白の測定機器に影響を及ぼすこともある．

③ 確実な高脂血症をつくろうとすれば，極度の高脂肪食を食べさせる必要がある．しかし脂肪としてのカロリーが67％の食事（これに対して代表的な維持食では脂肪としてのカロリーは16％）を与えた犬でも，著しい高脂血症を示し，またリポ蛋白が低密度リポ蛋白へ移動するという現象が認められる．臨床症状を示す高脂血症の動物に，きわめて高い脂肪食を与えている場合には（例えばソリ用の犬などで），低脂肪食に切り換えて，約1ヵ月後に再評価する必要がある．原発性の高脂血症が疑われる場合には，低脂肪高繊維食にして1ヵ月後に再評価する．

④ 二次的に高脂血症を発症する疾患の多くは（例えば，副腎皮質機能亢進症や甲状腺機能低下症，糖尿病，肝疾患による胆汁分泌停止など），中齢時や高齢時に認められるが，先天性あるいは家族性に認められる疾患では若齢時に認められることがある．犬に比べて猫では，副腎皮質機能亢進症と甲状腺機能低下症はごくまれであるが，糖尿病と胆汁の分泌が停止する肝疾患は犬にも猫にもかなりよく認められる．ミニチュア・シュナウザーとビーグルは原発性の高脂血症になる素因があるが，二次的に高脂血症を発症する疾患が診断されることもよくある．これらの可能性を除外するには，さらなる検査を必要とする場合がある．

⑤ 犬も猫もグルココルチコイドの投与によって，ステロイド性肝症や軽度の胆汁のうっ滞を起こすことがある．またコルチコステロイドによって脂肪分解が促され，血清コレステロール値が軽度ないし中等度に上昇する．メジェステロールなどプロゲストーゲンを含む薬剤は，主として糖尿病発現性があるため，高脂血症になることがある．

⑥ 血清生化学検査と尿検査は，例えば糖尿病や肝・胆汁機能不全，膵炎など，二次性に高脂血症を起こす原疾患を診断するのに役立つ．またこれらの検査によって，甲状腺機能低下症や副腎皮質機能亢進症，腎疾患，膵臓の炎症などの疑いがさらに強まり，また高脂血症の状態やかかわっているのはトリグリセライドなのかコレステロールなのか，あるいはその両者なのかといったことも分かる．

⑦ 糖尿病は持続性の高血糖（腎細管の閾値は犬で180〜220mg/dl，猫で290mg/dl）と尿糖の併発を見定めることによって診断される．糖尿病は重度の高トリグリセライド血症と中等度の高コレステロール血症の一般的な原因となる．酵素リポ蛋白リパーゼの正常な産生と活性にはインスリンが必要となる．糖尿病になると，リポ蛋白の正常な分布に変化が起こる場合がある．持続性の高脂血症によって，膵臓の炎症と一過性の糖尿病になることがある．したがって異常が原発性のものなのか二次性のものなのかを検査で厳しく追求することも重要となる．

⑧ 病歴や臨床症状（例えば発熱，嗜眠，抑うつ，嘔吐，下痢，上腹部の疼痛），血液像での白血球増加が認められる場合には，一連の血清生化学検査が膵炎の確定診断に役立つことがある．絶食後の血清生化学検査によって血清リパーゼ（およびアミラーゼ），高トリグリセライド血症や高コレステロール血症が見つかることがある．しかし，犬と特に猫では，膵炎の確定診断が難しい場合のあることを頭に入れておく必要がある．いくつかの臨床症状と先に述べた検査室所見を示すのは，膵炎に罹った動物の1％に過ぎない．確定診断には，腹部のX線検査や超音波検査，組織生検のための外科的診査など，さらなる評価が必要になるはずである（アミラーゼとリパーゼの上昇の項を参照）．さらには高脂血症そのものが膵炎になる素因となる．これは高カイロミクロン血症によって，膵臓の虚血と壊死が起こるためである．膵炎が回復した後，高脂血症の継発の有無を十分に調べておくことも重要となる．

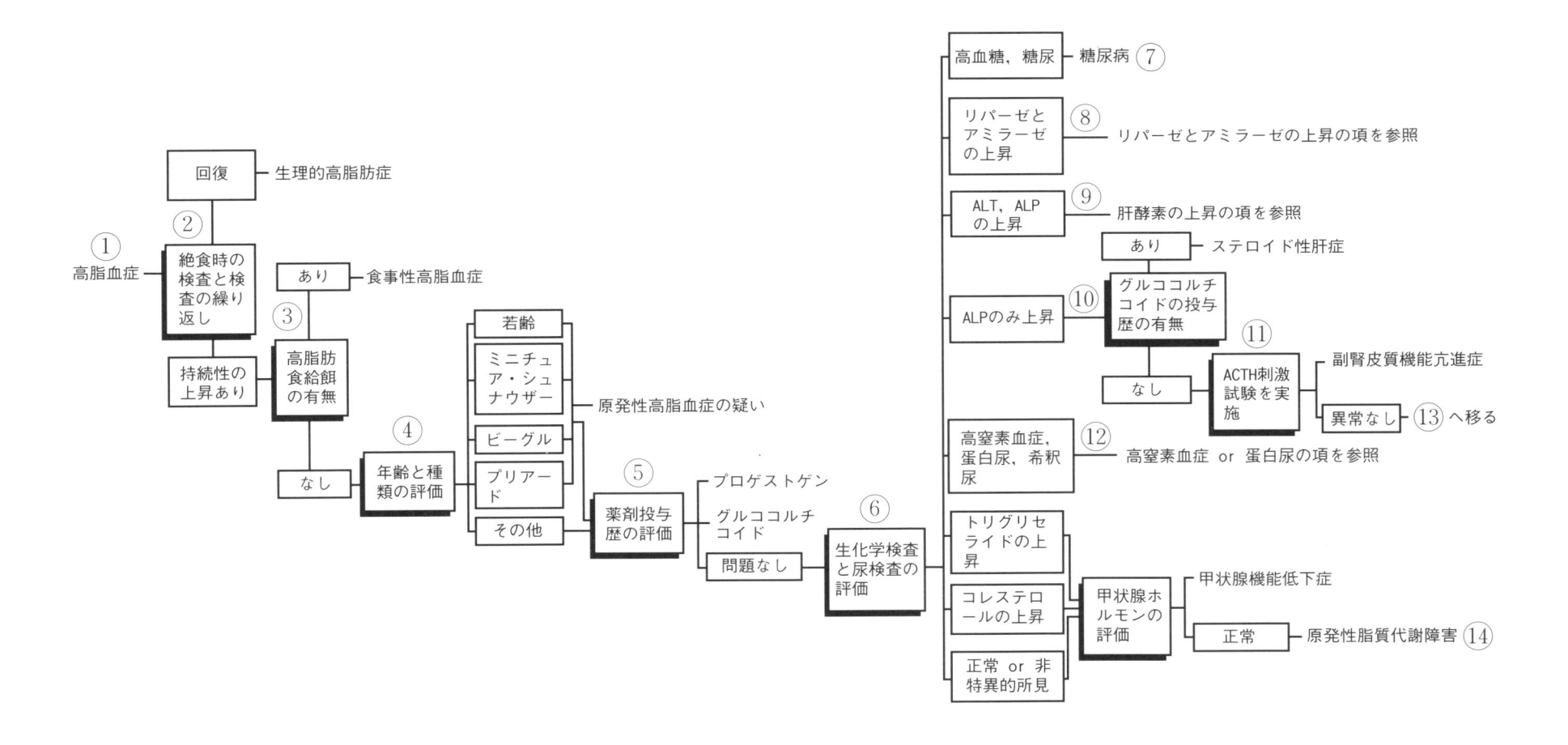

■ 高脂血症 ■

- ① 高脂血症
  - ② 絶食時の検査と検査の繰り返し
    - 回復 — 生理的高脂肪症
    - 持続性の上昇あり
      - ③ 高脂肪食給餌の有無
        - あり — 食事性高脂血症
        - なし
          - ④ 年齢と種類の評価
            - 若齢
            - ミニチュア・シュナウザー
            - ビーグル
            - プリアード
            - その他
          - 原発性高脂血症の疑い
            - ⑤ 薬剤投与歴の評価
              - プロゲストゲン
              - グルココルチコイド
              - 問題なし
                - ⑥ 生化学検査と尿検査の評価
                  - 高血糖, 糖尿 — 糖尿病 ⑦
                  - リパーゼとアミラーゼの上昇 ⑧ — リパーゼとアミラーゼの上昇の項を参照
                  - ALT, ALP の上昇 ⑨ — 肝酵素の上昇の項を参照
                  - ALPのみ上昇
                    - ⑩ グルココルチコイドの投与歴の有無
                      - あり — ステロイド性肝症
                      - なし
                        - ⑪ ACTH刺激試験を実施
                          - 副腎皮質機能亢進症
                          - 異常なし ⑬へ移る
                  - 高窒素血症, 蛋白尿, 希釈尿 ⑫ — 高窒素血症 or 蛋白尿の項を参照
                  - トリグリセライドの上昇
                  - コレステロールの上昇
                    - 甲状腺ホルモンの評価
                      - 甲状腺機能低下症
                      - 正常 — 原発性脂質代謝障害 ⑭
                  - 正常 or 非特異的所見

■ 高脂血症 ■

⑨ おおむね肝疾患が高脂血症の原因となる．胆汁のうっ滞を起こす疾患が，高コレステロール血症の主な原因となる．胆汁のうっ滞には肝内性（肝細胞の炎症と腫脹によって毛細胆管が閉塞されるため），と肝外性（胆嚢ならびに総胆管内でのうっ滞）がある．血清肝酵素濃度の上昇は，胆汁うっ滞とその他の肝疾患を警告する合図といえる．血清アルカリホスファターゼは胆管系の内膜細胞に由来するものであるため，この上昇を認めることが多い．しかし胆管系の疾患によって肝細胞が二次的に侵されたり，原発性の肝細胞傷害や二次性の肝内性胆管うっ滞のために，アラニン–アミノトランスフェラーゼ（ALT）が上昇することもある．また著しい肝胆管閉塞があると血清ビリルビンの上昇を認めることもある．犬や猫で高脂血症につながる一般的な肝疾患としては，猫の肝リピドーシス，急性肝炎，肝壊死があげられる．肝胆管疾患には，腸管や膵臓あるいは胆管系の腫瘍性腫瘤による肝外性胆管支樹の部分的あるいは完全閉塞や膵臓の炎症，免疫介在性あるいは化膿性胆管肝炎，まれに胆石などがある．肝胆管の疾患をさらに検査し診断するには，肝機能検査や超音波検査，その他の画像検査，肝生検を実施する（肝酵素の上昇の項を参照）．

⑩ アルカリホスファターゼとコレステロール値の上昇はあるが，肝胆管疾患を示唆するものが他に認められない場合（例えばビリルビン，ALT が正常といった場合）には，薬剤の投与歴を調べ，外因性のグルココルチコイドの投与歴の有無をもう一度見きわめる必要がある．診断的検査を進める前に，可能であれば，いかなる外因性のグルココルチコイドも休薬し，数週間から 1 カ月後に検査を実施して，再評価を図るとよい．

⑪ 外因性のグルココルチコイドの投与歴がない場合には，病歴ならびに身体一般検査から内因性グルココルチコイドの過剰産生の有無を探る必要がある．示唆される所見としては，多尿や多渇，多食，体重の増加，筋の喪失，体型の変化（太鼓腹），被毛の質の低下，脱毛，皮膚の菲薄化，皮膚のカルシウム沈着，コメド（面皰），肝腫大，過剰な喘ぎ呼吸，行動の変化などがあげられる．適切なスクリーニング検査（例えば ACTH 刺激試験，尿コルチゾール／クレアチニン比，低用量デキサメサゾン抑制試験，副腎の大きさや形態評価のための腹部超音波検査など）によって副腎皮質機能亢進症の有無を見きわめることも重要となる．副腎皮質機能亢進症であれば，高脂血症を認めるのが普通であり，これはインスリン抵抗性とリポ蛋白リパーゼの機能の変化が原因と思われる．猫では副腎皮質機能亢進症はきわめてまれな疾患である．

⑫ 臨床症状を示さない腎疾患で，持続性の希釈尿だけを認める場合がある．この場合にはさらなる診断的検査（例えば糸球体濾過率の測定や腎生検など）が必要となる．腎疾患が比較的明瞭な場合には，高窒素血症と希釈尿が観察される．ネフローゼ症候群（糸球体腎炎やアミロイドーシスに続発する）では，高コレステロール血症（軽度から中等度）と蛋白尿，低アルブミン尿，高窒素血症を認めるようになることがある．血清アルブミン濃度と血清コレステロール濃度は，逆比例で相関する．ネフローゼ症候群における高コレステロール血症は，低アルブミン血症による肝臓での超低密度リポ蛋白（VLDL）産生の促進，リポ蛋白代謝の低下，尿内の低分子量蛋白の相対的喪失など多くの要因が原因するものと思われる．蛋白制限食は脂肪分が比較的高いため，腎不全の動物に蛋白制限食を与えることによる高コレステロール血症への可能性も頭に入れておく必要がある．

⑬ 臨床症状（例えば体重増加，脱毛，皮膚疾患，嗜眠，寒冷不耐性など）と高コレステロール血症あるいは高トリグリセライド血症が認められる犬や検査室所見から他に特異的なものが認められない犬では，甲状腺機能低下症の有無を調べる必要がある．甲状腺機能低下症が併発している場合には，総チロキシン（T_4）とトリヨードサイロニン（T_3）濃度が抑制されるため，平衡透析による遊離 T_4 と甲状腺刺激ホルモン濃度，できれば T_3 と T_4 の自己抗体を調べる必要がある．猫では甲状腺機能低下症はきわめてまれである．放射線ヨード療法や甲状腺機能亢進症で摘出された場合でも，甲状腺機能低下症の臨床症状を示すことは滅多にない．

⑭ かなり若い動物で高脂血症が認められる場合や原発性の高脂血症が報告されている種類あるいは高脂血症の基礎原因が他に見つからない場合には，原発性の特発性高脂血症や脂質代謝異常によるその他の多くの疾患を頭に置いて検討する必要がある．時には種類によって疾患が示唆されることもある．ミニチュア・シュナウザーとビーグルに見られる原発性の特発性高脂血症では，中等度から重度の血清トリグリセライドの上昇（時には高コレステロール血症）が認められ，食事療法に反応しないことがある．高コレステロール血症のブリアード犬では，血清コレステロールが軽度から中等度に上昇するが，高トリグリセライド血症は認められない．その他の犬種や猫では，脂質代謝異常を認める場合があり，トリグリセライドとコレステロール，あるいはその何れかが上昇する．猫では原発性の遺伝性高脂血症とその他の遺伝性の脂質代謝疾患が報告されている．前述のこうした症例に適合するか否かを見きわめるためには，血清中の脂質とリポ蛋白の分布状態をリポ蛋白電気泳動法で調べるとよい．

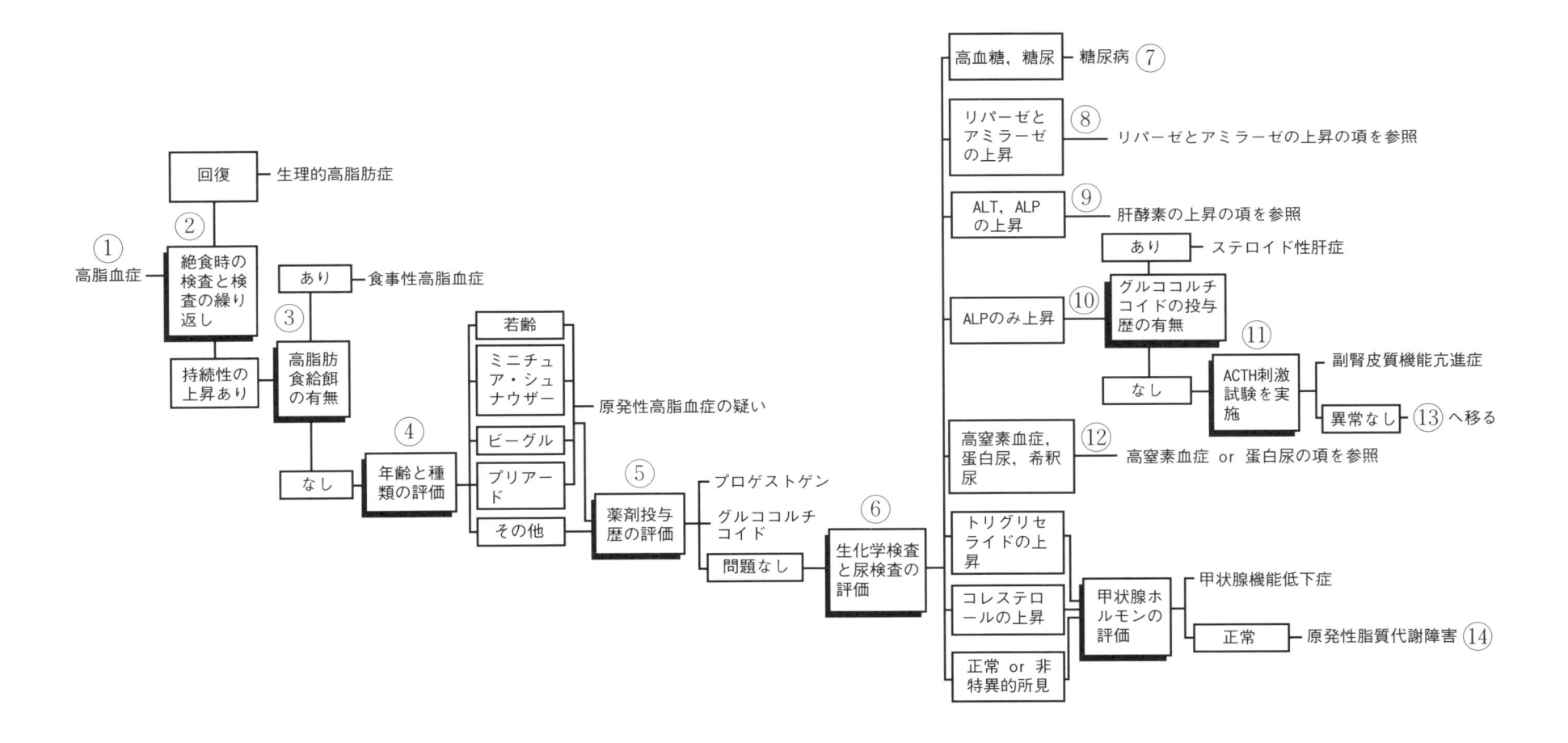

■ 高脂血症 ■

- ① 高脂血症
- ② 絶食時の検査と検査の繰り返し
  - 回復 — 生理的高脂肪症
  - 持続性の上昇あり
- ③ 高脂肪食給餌の有無
  - あり — 食事性高脂血症
  - なし
- ④ 年齢と種類の評価
  - 若齢
  - ミニチュア・シュナウザー
  - ビーグル
  - プリアード
  - その他
  → 原発性高脂血症の疑い
- ⑤ 薬剤投与歴の評価
  - プロゲストゲン
  - グルココルチコイド
  - 問題なし
- ⑥ 生化学検査と尿検査の評価
  - 高血糖，糖尿 — 糖尿病 ⑦
  - リパーゼとアミラーゼの上昇 ⑧ — リパーゼとアミラーゼの上昇の項を参照
  - ALT，ALPの上昇 ⑨ — 肝酵素の上昇の項を参照
  - ALPのみ上昇
    - ⑩ グルココルチコイドの投与歴の有無
      - あり — ステロイド性肝症
      - なし
        - ⑪ ACTH刺激試験を実施
          - 副腎皮質機能亢進症
          - 異常なし — ⑬ へ移る
  - 高窒素血症，蛋白尿，希釈尿 ⑫ — 高窒素血症 or 蛋白尿の項を参照
  - トリグリセライドの上昇
  - コレステロールの上昇
    - 甲状腺ホルモンの評価
      - 甲状腺機能低下症
      - 正常 — 原発性脂質代謝障害 ⑭
  - 正常 or 非特異的所見

リパーゼとアミラーゼの上昇

① アミラーゼとリパーゼは膵臓で産生される外分泌性酵素であり，小腸での消化（リパーゼは脂肪，アミラーゼは炭水化物の消化）を助ける．リパーゼは膵臓の比較的特異的な酵素であるが，犬では胃粘膜でも産生される．膵臓や腸，肝臓に疾患があるとアミラーゼが上昇する．腎臓からの排泄が減少すると，いずれの酵素の血清濃度も上昇する．したがって，特に猫では，これらの酵素が膵臓疾患に対して高い感受性を示すというわけではない．これらの酵素の上昇度と膵臓の炎症の重症度とは相関しない．ただし，5～10倍の上昇が認められる場合には間違いなく膵臓の疾患が疑われ，極度に高い上昇では膵癌を伴うことが考えられる．

② リパーゼとアミラーゼを上昇させる薬剤としては，L-アスパラギナーゼ，アザチオプリン，カルシウム，エストロゲン，フロセミド，チアジド剤，グルココルチコイド剤，テトラサイクリン，メトロニダゾール，アズルフィジン，スルフォンアミド剤などがあげられる．ヘパリン投与によってもリパーゼが上昇する．L-アスパラギナーゼとアザチオプリンだけは，犬に繰り返し投与すると膵炎を起こすことが報告されている．これらの薬剤が何れの場合にも，犬や猫に確実に膵炎を起こさせるというわけではないが，膵炎を認める際には当然禁忌となる．膵臓の炎症が病理組織学的に認められなくても，デキサメサゾンによって，軽度から重度の5倍に及ぶアミラーゼとリパーゼの上昇を認めることがある．

③ 高脂肪食や人の残した食べ物，残飯漁りによって膵炎になる恐れはある．しかし膵炎になる素因をもつ動物では，低脂肪高線維食であっても膵炎になる．

④ 特に嘔吐を伴う異物の摂取があって，アミラーゼあるいはリパーゼが上昇している場合には，胃腸に原因のあることが示唆される．

⑤ メレナ（黒色便）が認められる場合には，腸の上位部に出血のあることが示唆され，この部位がリパーゼやアミラーゼの原因となっていることが疑われる（異物，出血性潰瘍，腫瘍）．しかし，重度の膵炎のために，胃潰瘍になることもある．

⑥ アミラーゼとリパーゼは腎臓によって排出されるため，糸球体濾過率が低下すると酵素が軽度ないしは中等度に上昇することがある．腎不全で発熱や黄疸，嘔吐，腹部頭側の疼痛などが認められない場合には，この腎不全が原因でアミラーゼとリパーゼが上昇したものと考えられる．また，胃/十二指腸潰瘍や胃の腫瘍があることが分かっている場合には，これらの酵素の上昇を追求する必要はないものと思われる．今までに副腎皮質機能亢進症や高脂血症を起こすその他の疾患が認められている場合には，膵炎が強く疑われる．高脂血症は膵臓の壊死の原因になることもあるし，膵壊死に影響を及ぼすこともある．

⑦ 発熱や吐き気，触診による上腹部の疼痛が認められる場合には，膵炎が疑われる．このような症状は異物による閉塞や腹膜炎でも認められる可能性がある．小型犬や猫では腫脹した膵臓を触知できる場合がある．ただし膵臓の腫脹と膵臓の腫瘤，膵臓の偽性嚢胞，他の組織から発生した腫瘤などとを見分けることはできない．膵臓の疾患以外の疾患（例えば小腸内の異物や腫瘤など）を見きわめるには，身体一般検査がきわめて有用となる．

⑧ 小腸内の異物が触知された場合には，腹部X線検査によってX線不透過性物質の位置や閉塞した腸内ガスのパターン，異物の輪郭を示唆する腸のこぶ状形態，腸破裂による腹腔内の遊離ガスなどを調べることを勧める．一連のバリウム造影によって，閉塞の部分的な位置や異物の形態を知ることができるが，穿孔のおそれがある場合にはバリウム造影は避けるべきである．この場合には腸内の異物を取り除き，腸を切除する手術が必要となる．

⑨ 腫瘤が膵臓外にある場合には，腹部画像検査や針吸引，外科的診査などによってさらに検査を進めることになる．アミラーゼとリパーゼの上昇を伴う腫瘤病変は，主に腸と肝臓で観察される．

⑩ 腹腔内体液のあることが分かった場合には，凝固系に異常がない限りは，腹腔穿刺を実施する必要がある．体液の評価に際しては，細胞数と細胞型，蛋白組成，異物の有無（腸の穿孔が示唆される），リパーゼとアミラーゼの濃度ならびに細菌の有無を調べる．

⑪ 混合細菌叢，変性性好中球ならびに異物が確認されれば，腸の破裂が疑われる．症例が安定したら速やかに外科的処置を図る必要がある．血清あるいは体液のアミラーゼとリパーゼが上昇している場合には，腸の損傷か敗血症性の腹腔内滲出液による二次性膵炎が原因と思われる．

⑫ 病勢が十分進行していない時期の滲出液（例えば変性性好中球と食細胞外に中等度の数の細菌が認められるとか，少量の細菌が食細胞に貪食されているといった状態）が認められる場合には，敗血症や腸の穿孔，感染性膵膿瘍の破裂が疑われる．原因を見きわめるには腹部画像検査を実施する．

⑬ 無菌性の炎症性滲出液が認められる場合には，通常中等度/重度の膵炎である．体液は一般的には滲出液であり，出血性の漿液血液性，混濁性ならびに膿性から透明性まで様々な段階の性状が認められる．体液の肉眼的ならびに顕微鏡的所見から，膵炎とその他の腹腔内疾患とを判別することは難しい．腫瘍細胞が観察された場合には，腹部の画像検査を実施した方がよい．外科的適応の判断と体液を滲出する組織を見きわめるためには，最小限の一般検査が必要となる（⑮）．

⑭ アミラーゼとリパーゼ濃度は腹腔内体液で計測できる．清浄な滲出液であれば直接測定することが可能である．出血性/混濁性体液の場合には，遠心する必要がある．体液中のアミラーゼとリパーゼの濃度が高い場合には，膵臓疾患か腸の穿孔が強く疑われる．膵臓疾患の場合には，末梢血よりも腹腔内体液のリパーゼ，アミラーゼ値の方がかなり高くなっていることがある．

⑮ 膵炎の場合，最小限の一般検査では，白血球増加症（左方移動の有無にかかわらず）と同時に，膵臓によって総胆管が閉塞されることによる二次性のアルカリホスファターゼならびにビリルビン値の上昇を認めることがある．この所見は膵炎特有のものではなく腸の穿孔や閉塞あるいは腫瘍の場合にも観察されることがある．

⑯ 高窒素血症を認めるも尿は適切に濃縮されているといった場合には，基礎疾患による二次性の脱水が考えられる．高窒素血症があって希釈尿が認められる場合には，腎不全であり，多分リパーゼとアミラーゼにも軽度から中等度の上昇が認められるはずである．これは特に臨床症状や検査室所見に異常のない膵炎/近位胃腸疾患の場合に認められる．膵炎によって二次性の腎不全が起こることを頭に入れておく必要がある．

⑰ 膵臓は画像検査が難しい臓器であるが，腹部X線検査と超音波検査によって，血清アミラーゼとリパーゼが上昇する他の疾患を判別できることもある．

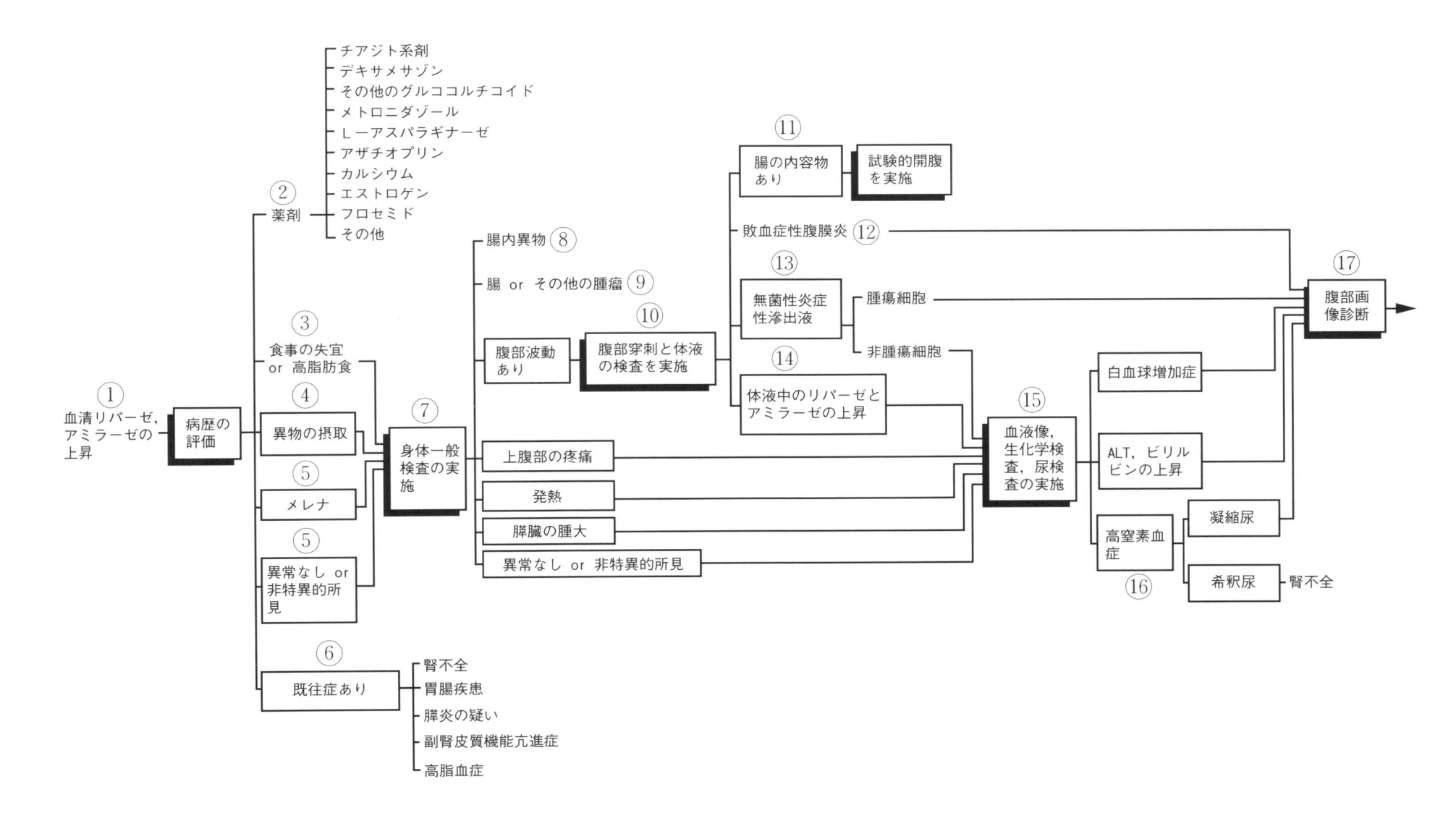

■ リパーゼとアミラーゼの上昇 ■

- ① 血清リパーゼ，アミラーゼの上昇 → 病歴の評価
  - ② 薬剤
    - チアジト系剤
    - デキサメサゾン
    - その他のグルココルチコイド
    - メトロニダゾール
    - L－アスパラギナーゼ
    - アザチオプリン
    - カルシウム
    - エストロゲン
    - フロセミド
    - その他
  - ③ 食事の失宜 or 高脂肪食
  - ④ 異物の摂取
  - ⑤ メレナ
  - ⑤ 異常なし or 非特異的所見
  - ⑥ 既往症あり
    - 腎不全
    - 胃腸疾患
    - 膵炎の疑い
    - 副腎皮質機能亢進症
    - 高脂血症

- ⑦ 身体一般検査の実施
  - ⑧ 腸内異物
  - ⑨ 腸 or その他の腫瘤
  - ⑩ 腹部波動あり → 腹部穿刺と体液の検査を実施
    - ⑪ 腸の内容物あり → 試験的開腹を実施
    - ⑫ 敗血症性腹膜炎
    - ⑬ 無菌性炎症性滲出液
      - 腫瘍細胞
      - 非腫瘍細胞
    - ⑭ 体液中のリパーゼとアミラーゼの上昇
  - 上腹部の疼痛
  - 発熱
  - 膵臓の腫大
  - 異常なし or 非特異的所見

- ⑮ 血液像，生化学検査，尿検査の実施
  - 白血球増加症
  - ALT，ビリルビンの上昇
  - ⑯ 高窒素血症
    - 凝縮尿
    - 希釈尿 － 腎不全

- ⑰ 腹部画像診断

■ リパーゼとアミラーゼの上昇 ■

⑱ 腹部のX線検査で遊離体液が認められた場合には、まだ腹腔穿刺が実施されていなければ、腹腔穿刺をする必要がある。遊離性のガスが観察される場合には胃腸の穿孔や腹部の貫通創、まれにはガスを産生する臓器にできた膿瘍の破裂が考えられる。遊離性のガスが認められる場合には外科的診査が必要となる。X線検査で、腫瘤（この場合、多分膵臓との関連性はないものと思われる）やX線不透過性の腸内異物、一部のX線透過性物質（特に胃内）、一連の腸管閉塞などが観察されることがある。腹部の右側1/4区画や十二指腸係蹄部（腹背像で腹部右側1/4区画に認められるCの形態を呈する十二指腸部位）に薄い陰影や限局性の体液が認められる場合には、膵臓の炎症が疑われることがある。

⑲ 超音波検査によって、膵臓の腫瘤や膿瘍あるいは偽性嚢包を見分けることができる場合もある。これらはいずれも予後が異なるし、治療方法が違うものもある。超音波濃度の増加像が、特に腹部右側1/4区画や十二指腸と総胆管周囲に認められる場合には、膵炎が疑われる。その他、膵臓の炎症が強く疑われる像としては、この部位のすべての組織に認められる擦りガラス様像、限局性あるいは全身性の体液の貯留像、超音波による膵臓の肥厚像、総胆管の閉塞ならびに蛇行像などがあげられる。総胆管の閉塞ならびに蛇行像は、おそらく原発性の胆管閉塞が原因で、膵臓の炎症による二次性のものではないと思われる。時には超音波で膵臓内に腫瘤病変や膿瘍を疑わせる限局性の病巣を認めることがある。膵臓の偽性嚢胞ではかなり大きなものが認められ、比較的超音波透過性の液体が充満している場合が多い。また超音波検査によっても、リパーゼとアミラーゼの上昇の原因となる腸や胃あるいは肝臓の腫瘤を判別することができる場合もある。腸管には気体が充満していることが多く、気体によって超音波が邪魔されるため、胃腸壁の肥厚や腫瘤を映し出すには必ずしも有用というわけではない。

⑳ 膵臓の腫脹や炎症、腫瘤を判別したり、アミラーゼとリパーゼの上昇原因となる他の腹腔内疾患との鑑別には、腹部のCTあるいはMRIスキャンは、最も正確かつ侵襲性の少ない方法といえる。獣医療では何れの場合も全身麻酔が必要となり、麻酔がこのような疾病のすべてに使えるとは限らない。しかもCTやMRIスキャンがすぐに使えるとも限らない。

㉑ 血清トリプシン様免疫活性の測定による膵炎の判別は、犬や猫の場合にはまだ議論の余地がある。膵臓に炎症がある場合には、血清トリプシン濃度が正常範囲以上に上昇すると考えられており、これは多分炎症組織から血中内に漏れるためと思われる。これまで述べてきた他の検査と同様に、診断の一助になるというだけである。血清トリプシン濃度が正常あるいは低いからといって膵炎や他の膵臓疾患が除外されたわけではない。それでも膵臓疾患の疑いが消えない場合には、その他の診断方法として、適切な治療をした後その反応を評価するとか、CTやMRIによる画像検査あるいは外科的診査を実施するという手段がある。その他、最近犬で評価されている血液検査としては、血清ホスホリパーゼA_2とトリプシン活性性ペプチドの測定がある。膵炎の唯一の確定診断は、膵臓の組織病理学的検査による診断以外にはない。他の理由で外科的診査が必要でない限りは、多くの場合臨床で最初の段階から膵臓の組織病理学的検査を実施することは適切とはいえない。膿瘍が疑われる場合や偽性嚢胞に対して経皮的排液処置ができない場合、排液後再発が認められた場合、適切な内科療法に膵炎が反応しない場合、疑っていた腫瘤が確定された場合などには、外科的介入と膵臓の生検を考える必要がある。

㉒ 上手く膵臓に到達できるようであれば、膵臓の腫瘤や偽性嚢胞、もしかすると膿瘍も超音波誘導の元で吸引することが可能となる。組織感染の可能性がある場合には、吸引によって膿瘍破裂と腹膜炎を起こす危険性があり、一方、腫瘍組織の可能性がある場合には、腹腔全体に腫瘍をばらまくことになる危険性がある。

㉓ 膵臓の酵素を上昇させる膵臓の腫瘍は、腺癌が一般的であり、リンパ腫の場合もまれにある。予後は悪い。

㉔ 膵臓の膿瘍は無菌性の場合もあれば感染性の場合もある。いずれの場合も抗菌剤による治療をしても、自然回復はないものと思われる。ほとんどの場合外科的な排液法が必要であり、術後に腹腔の開放性排液を図る場合もあれば、しない場合もある。予後は必ずしもよいとはいえず、手術による生存率はおよそ50％である。

㉕ 膵炎の臨床症状があって、膵臓に嚢包様の構造物が付着していることが確認された場合や来院6週間位前に中等度から重度の膵炎が認められたという病歴がある場合には、膵臓の偽性嚢胞が疑われる。この構造物から無細胞性の液体が排液され、時にはアミラーゼやリパーゼが高濃度に認められれば、この診断はまず間違いないものといえる。膵臓の偽性嚢胞は、嚢胞構造内に膵臓の分泌液が貯留している状態であり、これは炎症によって二次的に膵臓の腺房が壊されることで形成されたものである。鑑別診断には、他の腹腔内組織（例えば胆管系）から派生した嚢胞と嚢胞性腫瘍がある。経皮的な導排液法によって、臨床症状が改善されることもあり、外科的処置を行う前に排液を試みることも重要である。

㉖ 膵臓が他の疾患によって侵されているとは思えない場合、特に胃や小腸の疾患が疑われる場合には、原発性の胃腸疾患によって血清リパーゼとアミラーゼが上昇することがあるため、胃腸疾患をを評価する目的で、口腔からの内視鏡検査や外科的診査を実施するとよい。これは膵臓の疾患を確認する唯一最後の手段でもある。

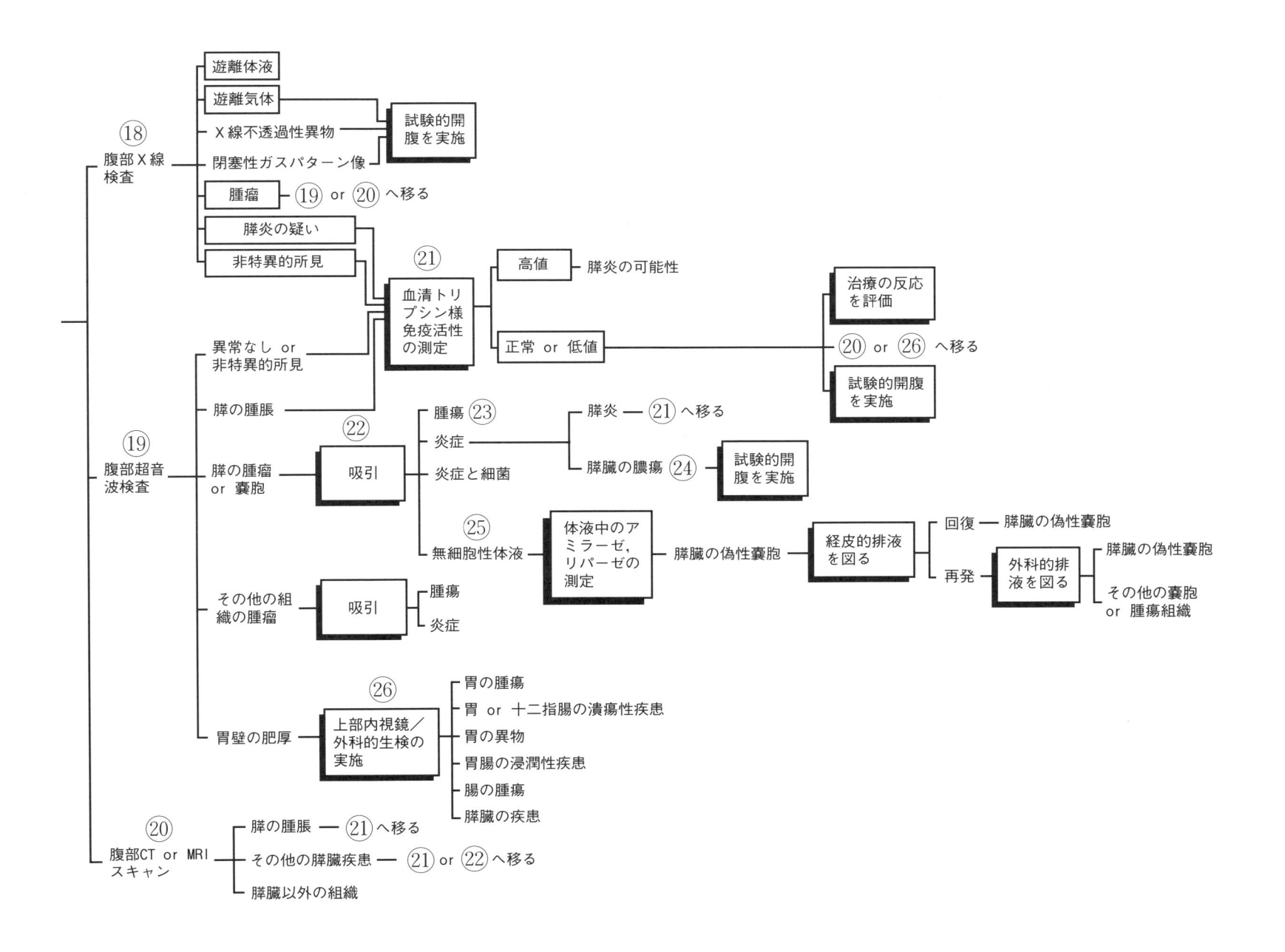

■ リパーゼとアミラーゼの上昇 ■

⑱ 腹部X線検査
- 遊離体液 ─┐
- 遊離気体 ─┤
- X線不透過性異物 ─┤─ 試験的開腹を実施
- 閉塞性ガスパターン像 ─┘
- 腫瘤 ─ ⑲ or ⑳ へ移る
- 膵炎の疑い ─┐
- 非特異的所見 ─┤─ ㉑ 血清トリプシン様免疫活性の測定
  - 高値 ─ 膵炎の可能性
  - 正常 or 低値 ─ ⑳ or ㉖ へ移る
    - 治療の反応を評価
    - 試験的開腹を実施

⑲ 腹部超音波検査
- 異常なし or 非特異的所見 ─ ㉑へ
- 膵の腫脹 ─ ㉑へ
- 膵の腫瘤 or 嚢胞 ─ ㉒ 吸引
  - 腫瘍 ㉓
  - 炎症
    - 膵炎 ─ ㉑へ移る
    - 膵臓の膿瘍 ㉔ ─ 試験的開腹を実施
  - 炎症と細菌
  - ㉕ 無細胞性体液 ─ 体液中のアミラーゼ,リパーゼの測定 ─ 膵臓の偽性嚢胞 ─ 経皮的排液を図る
    - 回復 ─ 膵臓の偽性嚢胞
    - 再発 ─ 外科的排液を図る
      - 膵臓の偽性嚢胞
      - その他の嚢胞 or 腫瘍組織
- その他の組織の腫瘤 ─ 吸引
  - 腫瘍
  - 炎症
- 胃壁の肥厚 ─ ㉖ 上部内視鏡／外科的生検の実施
  - 胃の腫瘍
  - 胃 or 十二指腸の潰瘍性疾患
  - 胃の異物
  - 胃腸の浸潤性疾患
  - 腸の腫瘍
  - 膵臓の疾患

⑳ 腹部CT or MRIスキャン
- 膵の腫脹 ─ ㉑へ移る
- その他の膵臓疾患 ─ ㉑ or ㉒へ移る
- 膵臓以外の組織

SECTION 6

肝臓の疾患

肝 腫 大

① 肝腫大とは肝臓が腫大した状態をいう．身体一般検査と腹部X線検査の際に見つかるのが，最も一般的である．肝腫大では臨床症状を認めないのが普通である．臨床症状を示すとすれば，多くの場合，肝疾患（食欲不振，体重減少，嘔吐，下痢，黄疸，多尿，多渇，脳症，発熱）や右心不全，全身性の非肝性疾患で認められる症状ということになる．猫の肝疾患（胆管肝炎，肝リピドーシス，アミロイドーシス，腫瘍，肝硬変，うっ血性疾患）ではほとんどの場合，著しい肝の腫大を認めるようになる．

② 正常な大きさの肝臓は，肋骨弓内に収まっており，触知できないのが普通である．肋骨の最遠位縁で肋骨以外のものが触知されれば，肝臓が腫大しているといえる．X線検査と超音波検査は，腫大した肝臓や脾臓，腹部頭側の腫瘤を見分けるのに役立つことがある．肝全体が腫大している場合，X線検査所見では，肝臓が肋骨弓の外側にまで広がっている像や胃の後方軸転／変位像あるいは肝臓辺縁が丸みを帯びた像などが観察される．臨床症状を示さない軽度の肝腫大の場合が重要な問題となる．

③ 薬剤のなかには，肝腫大を起こすものがあり，最もよく知られているのが副腎皮質ホルモンと鎮痙剤（例えば，フェノバルビタール）である．これらの鎮痙剤は長期投与によって肝不全が起こらない限りは，肝腫大以外の症状を示すことは滅多にない．フェノバルビタールは肝細胞の小器官と内質の網状体を腫大させる．

④ 時には他の薬剤によって，急性の肝傷害や肝腫大が起こる場合がある．このような薬剤には，アセトアミノフェン，ハロタン，メトキシフルラン，ケトコナゾール，イトラコナゾール，メベンダゾール，グリセオフラビン，チアセタルサミド，フェニルブタゾン，強化スルフォンアミド，ジアゼパム（猫），アザチオプリン，オキシベンダゾール，カルプロフェン，テトラサイクリン，L-アスパラギナーゼなどがある．

⑤ 薬剤投与歴で問題が見つからなければ，病歴と身体一般検査から心疾患，特に右心不全の有無を調べる必要がある．右心不全があると肝のうっ血と腫大が起こることがある．右心不全の症状としては，運動不耐性，食欲不振，体重減少，頻脈，脱力，心雑音，不整脈などがある．このような症状が認められる場合には，胸部X線検査，犬糸状虫の検査，心電図検査，心エコー図検査を行って診断する．

⑥ 心疾患の症状がない場合には，検査室検査（血液像，一連の生化学検査，尿検査）を実施して，さらの肝腫大の原因を探る必要がある．猫では猫免疫不全ウイルスや猫白血病ウイルスの検査で陽性の結果がでると飼主はこれ以上の検査を望まないこともあるため，これらの検査は重要となる．犬糸状虫の検査は症状が認められなくても，犬では必要となる．

⑦ 副腎皮質機能亢進症の犬では，以下のような異常検査室所見の一部あるいはすべてが認められる．すなわち，成熟性の好中球増加症，好酸球減少症，リンパ球減少症，ALPの上昇，僅かなALTの上昇，高コレステロール血症，軽度から中等度の糖の上昇，蛋白尿，細菌尿，低張尿が観察される．中齢あるいは高齢の小型犬で肝腫大があって同時にALPの上昇が認められる場合には，副腎皮質機能亢進症が疑われる．その他の臨床症状としては，多尿，多渇，両側性の対称性非可能性脱毛，腹部下垂，多食，皮膚の石灰沈着，皮膚の菲薄化などがあげられる．

⑧ 肝臓ならびに副腎の超音波スキャンは副腎皮質機能亢進症の診断には役立つが，確定診断にはACTH刺激試験で陽性を示すことが必要条件となる．低用量デキサメサゾン抑制試験は，必ずしも確定的なものではない．これらの検査で異常が認められない場合には，肝腫大を評価する次の段階として腹部の超音波検査を実施することになる．

⑨ 糖尿病で認められる肝腫大は，様々な代謝障害が原因して肝細胞内に脂質とグリコーゲンが貯留することによって起こる．絶食時の高血糖とそれに伴う尿糖が，糖尿病の診断所見となる．ケトン尿を伴うこともあるが，必ずしもすべてに認められるわけではない．猫は静脈切開術によるストレスで高血糖を示すことがあるため，病院の環境に馴らしたあと検査を繰り返すか，採血用のカテーテルを静脈内に留置することによって，持続性の高血糖を見きわめる必要がある．尿糖の有無を調べるためには，家庭で飼主に尿を採取してもらうようにする．

⑩ 真菌や原虫，リケッチア，ウイルス，細菌などの感染による全身性疾患が原因で，肝腫大を認めることがある．しかしこうした疾患の主要な臨床症状になるということは滅多にない．このような疾患に罹った場合には，明らかに具合が悪そうで，発熱，頻脈，嗜眠，食欲不振を示すのが普通である．左方移動を伴った著しい好中球増加症や好中球減少症が認められた場合には，細菌血症や敗血症を疑って，血液培養や腹部の超音波検査，胸部X線検査で感染源を突き止める必要がある．

⑪ 肝腫大に併せて貧血や血小板減少が認められる場合には，肝腫大だけではなくむしろこうした疾患を突き詰めることが最も重要となる．免疫介在性溶血性貧血や肝臓での赤血球と血小板の破壊による血小板減少症が原因で肝腫大を認める場合がある．エールリヒア症やロッキー山紅斑熱などダニによる疾患でも肝腫大を認めることがある．

⑫ 猫白血病ウイルスや猫免疫不全ウイルス陽性猫で肝腫大を認めるときは，ウイルスが直接関与している場合もあれば，腫瘍や感染などの二次的疾患が関与していることもある．飼主の考え方や猫の総体的な健康状態に応じて，この時点で検査を中止することもあるし，肝臓の超音波検査に進むこともある．

⑬ ここまでのアルゴリズムで，心疾患や薬剤による影響，副腎皮質機能亢進症，糖尿病，全身性疾患，ダニによる疾患，骨髄の機能不全，免疫介在性の溶血性貧血／血小板減少症などが肝腫大の基礎原因として除外されるはずである．肝臓の超音波検査によって腫瘍や嚢胞，胆石を見分けることができる．また超音波検査によって，疾患が限局性なのかび漫性なのかといった特徴をつかめるし，また肝臓の実質が正常か異常か，胆管系が開放されているか閉塞しているかを見きわめることができる．

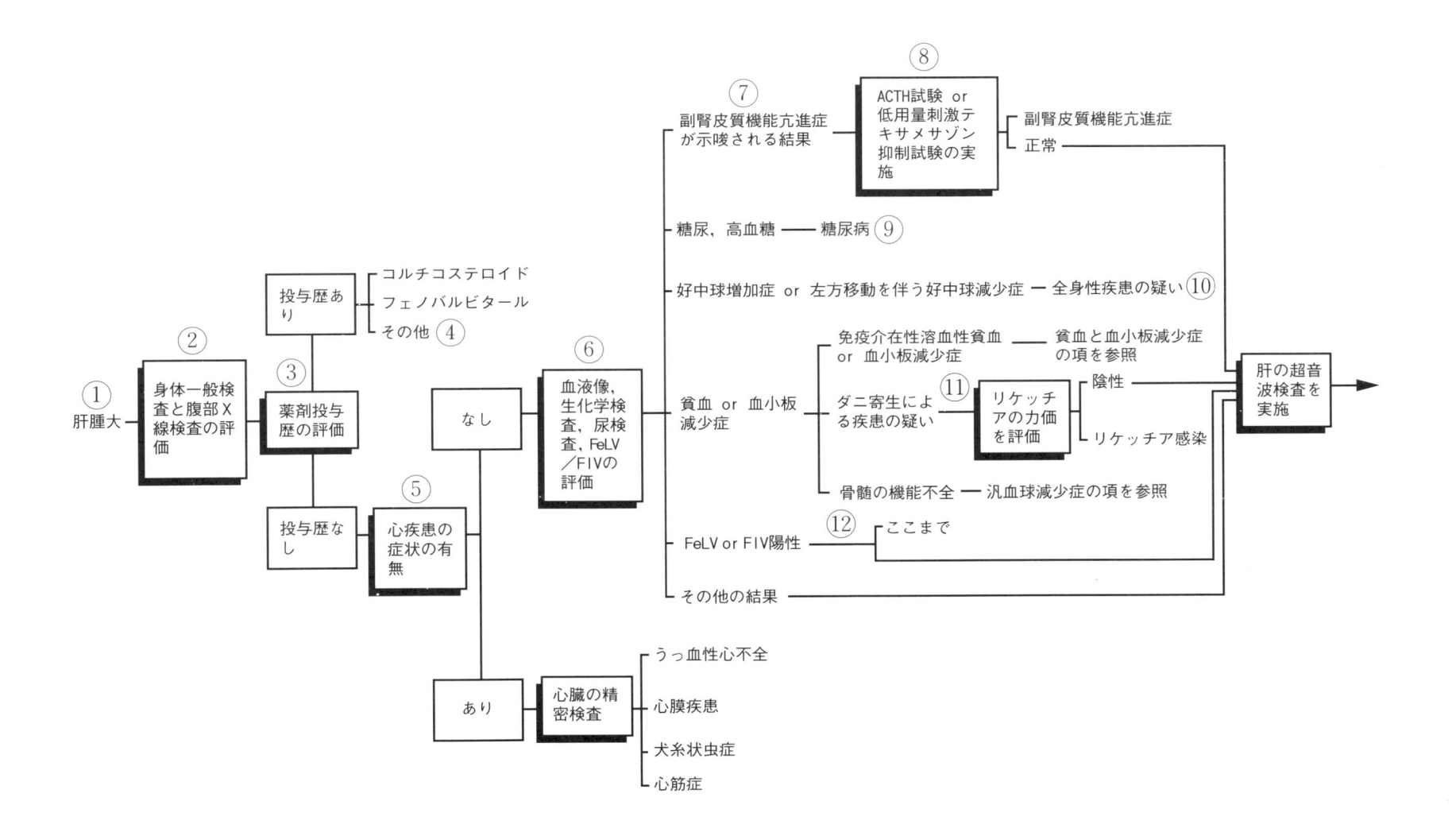

■ 肝腫大 ■

① 肝腫大
② 身体一般検査と腹部X線検査の評価
③ 薬剤投与歴の評価
　投与歴あり
　　　コルチコステロイド
　　　フェノバルビタール
　　　その他 ④
　投与歴なし
⑤ 心疾患の症状の有無
　なし
⑥ 血液像，生化学検査，尿検査，FeLV/FIVの評価
　　⑦ 副腎皮質機能亢進症が示唆される結果
　　　⑧ ACTH試験 or 低用量刺激テキサメサゾン抑制試験の実施
　　　　副腎皮質機能亢進症
　　　　正常
　　糖尿，高血糖 — 糖尿病 ⑨
　　好中球増加症 or 左方移動を伴う好中球減少症 — 全身性疾患の疑い ⑩
　　貧血 or 血小板減少症
　　　免疫介在性溶血性貧血 or 血小板減少症 — 貧血と血小板減少症の項を参照
　　　ダニ寄生による疾患の疑い ⑪ リケッチアの力価を評価
　　　　陰性
　　　　リケッチア感染
　　　骨髄の機能不全 — 汎血球減少症の項を参照
　　FeLV or FIV陽性 ⑫ ここまで
　　その他の結果
　　→ 肝の超音波検査を実施
　あり
　　心臓の精密検査
　　　うっ血性心不全
　　　心膜疾患
　　　犬糸状虫症
　　　心筋症

131

■ 肝 腫 大 ■

⑭ 肝外胆管の閉塞を見きわめる場合，超音波検査は非侵襲的な方法といえる．肝外胆管閉塞は膵炎や胆石，胆汁濃縮，胆管系あるいは膵臓の腫瘍が原因となる場合がある．肝外胆管閉塞の超音波所見としては，胆嚢の拡張像や胆管（胆嚢胆管，総胆管あるいは肝内胆管）の拡張像／捻転像が認められる．このような場合には原因を見きわめ閉塞を解除する目的で開腹術が必要になることもある．

⑮ 超音波検査で肝臓の実質に異常が認められず，またその他の臨床症状もない場合には，慎重に様子をみて，後のデータで再評価をする．3ヵ月後あるいは症状が現れた時点で速やかに再評価を図る必要がある．

⑯ 超音波検査で肝臓の実質には異常はないが，他に臨床症状が認められる場合には，これらの症状を突き止めるか，通常局所にあると思われる感染性疾患の有無をもう一度点検することも重要である．考えられる疾患としては，トキソプラズマ症や酵母菌症，ヒストプラズマ症，コクシジオイデス症，ネオスポロ症，猫伝染性腹膜炎，犬伝染性肝炎，犬ジステンパー，サケ中毒，エールリヒア症，ロッキー山紅斑熱，レプトスピラ症などがある．

⑰ 超音波検査で肝臓の実質に異常があると思われる場合には，次の段階として吸引による細胞学的検査か生検による組織病理学的検査を実施する．肝臓は多くの凝固因子を生成する場所でもあり，また重度の肝疾患によって凝固不全が起こることが多いため，生検（外科的あるいは超音波誘導による）を実施する前に一連の凝固系の検査をする必要がある．凝固時間の測定も，肝不全の重症度の間接的指標となる．プロトロンビン時間（PT）や部分トロンボプラスチン時間（PTT）の延長を認める場合には，動物が安定するまでは吸引と生検は避けた方がよい．

⑱ 肝臓の異常な実質部位を吸引する際には，異常部位に直接到達するためにも，また血液の充満した部位や胆管系を避けるためにも，超音波による誘導のもとで実施するのが最も望ましい．吸引による細胞学的検査は，最初の肝腫大の評価には役立つものといえるが，組織病理学的診断に代わるものではない．しかし一部の疾患（例えば猫の肝リピドーシス）では，吸引によって診断できる場合もある．もし診断結果が得られない場合には，肝の生検が推奨される．

⑲ 肝臓の生検によって，肝腫大の基礎原因を組織病理学的に診断することはできるが，正確な診断を下すためには，局所にある病変部から正確に適切量を採取し，肝の組織病理学に造詣の深い専門家による正しい組織病理学的解釈が重要となる．肝生検での組織の採取方法としては，超音波誘導や目測あるいは小孔を開けて病変部に接近し，楔型に組織を採取する方法と試験開腹によって局所病変を楔型に採取あるいは切除して摘出する手法が採られる．び漫性の肝病変では，正確を期するために複数の組織を採取する必要がある．採取した組織は10％緩衝ホルマリン液で通常通り固定する．銅の蓄積貯留による中毒性素因のある犬種（ベトリントン・テリア，ウエストハイランド・ホワイトテリア，ドーベルマン，その他の一部の犬種）では，含銅色素に対する染色法を依頼することも重要である．検査室によっては，肝組織中の銅濃度を計測できるところもある．

⑳ 血色素症（肝臓内の鉄の過負荷と過剰蓄積）はまれな疾患である．

㉑ グリコーゲン貯蔵病は遺伝性の疾患で，正常なグリコーゲン代謝に必要な特殊酵素の欠損が原因となる．酵素欠損のために，グリコーゲンの動員とその後の腹腔内グリコーゲン貯蔵が阻害される．犬では酵素の分析から3つのタイプのグリコーゲン貯蔵病が確認されている．大量のグリコーゲン沈着による肝腫大は，タイプⅠとタイプⅡで一貫して認められる所見である．

㉒ 一部の疾患（糖尿病，甲状腺機能低下症，高脂血症など）では，当然の結果として肝臓に脂質の蓄積が起こるが，明確な肝不全や肝腫大になることはない．脂質の蓄積によって肝臓が侵されると，肝リピドーシスになり臨床症状が現れる．特に雌の中齢の猫で認められるのが普通である．肝腫大は必ずしも一貫した所見というわけではない．

㉓ アミロイドーシスは，不溶性の線維性蛋白が細胞外に沈着する進行性の全身性疾患である．この疾患では肝臓，脾臓，腎臓，副腎に機能不全が起こる．オリエンタル種の猫やシャム猫では，肝不全の臨床症状や生化学的異常が頻繁に認められ，アビシニアン猫とシャーペイ犬ではいくぶんその頻度は落ちる．肝臓は蒼白で腫大し脆くなり，出血や血腫，皮膜の断裂が認められる．

㉔ 小肝症は肝硬変の犬では，一般的なX線検査所見として小肝症が認められる．これは肝実質が線維組織に置換されることによって起こる．猫の胆汁性肝硬変では反対に肝腫大が認められる．

㉕ 髄外性造血によって肝腫大が起こることがある．髄外性造血の原因としては，骨髄機能不全，重度の慢性失血，赤血球寄生虫血症などがあげられる．

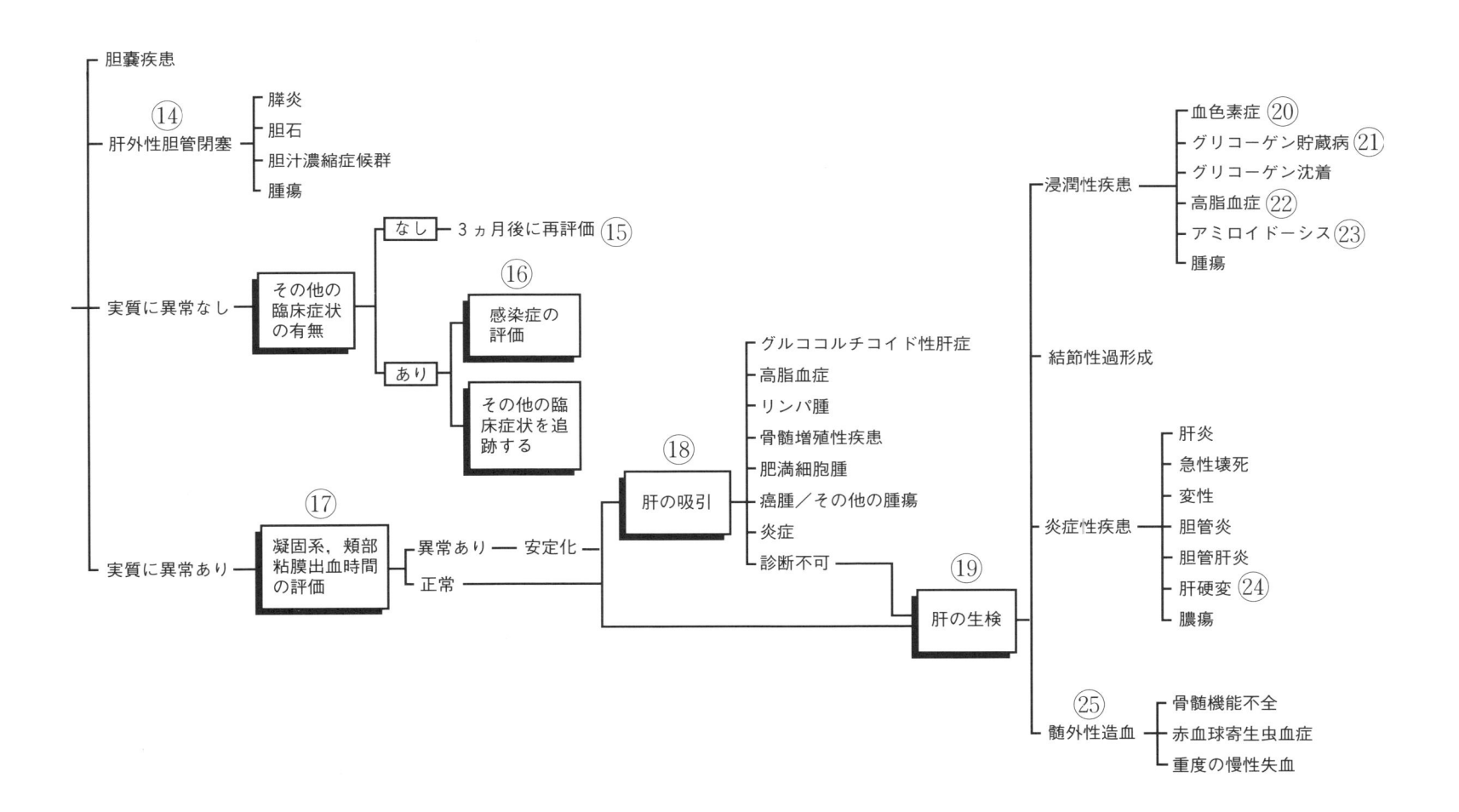

■ 肝 腫 大 ■

- 胆嚢疾患
- 肝外性胆管閉塞 ⑭
  - 膵炎
  - 胆石
  - 胆汁濃縮症候群
  - 腫瘍
- 実質に異常なし — その他の臨床症状の有無
  - なし — 3ヵ月後に再評価 ⑮
  - あり ⑯
    - 感染症の評価
    - その他の臨床症状を追跡する
- 実質に異常あり — 凝固系，頬部粘膜出血時間の評価 ⑰
  - 異常あり — 安定化
  - 正常
- 肝の吸引 ⑱
  - グルココルチコイド性肝症
  - 高脂血症
  - リンパ腫
  - 骨髄増殖性疾患
  - 肥満細胞腫
  - 癌腫／その他の腫瘍
  - 炎症
  - 診断不可 → 肝の生検 ⑲

- 浸潤性疾患
  - 血色素症 ⑳
  - グリコーゲン貯蔵病 ㉑
  - グリコーゲン沈着
  - 高脂血症 ㉒
  - アミロイドーシス ㉓
  - 腫瘍
- 結節性過形成
- 炎症性疾患
  - 肝炎
  - 急性壊死
  - 変性
  - 胆管炎
  - 胆管肝炎
  - 肝硬変 ㉔
  - 膿瘍
- 髄外性造血 ㉕
  - 骨髄機能不全
  - 赤血球寄生虫血症
  - 重度の慢性失血

黄疸

① 黄疸は，ビリルビン貯留による血漿／組織の黄色性変色をいう．ビリルビンはヘモグロビンの破壊産物である．黄疸は赤血球の破壊産物が過剰になり，血液あるいは胆管系から排出されたビリルビンが肝臓で処理できなくなったために起こる現象である．

② PCV検査で貧血の有無を調べ，総蛋白の検査で貧血が出血性（総蛋白量が低下）のものか溶血性（総蛋白量が正常）のものかを調べる．軽度のPCVの低下は慢性疾患か軽度の失血が原因となる．PCVの低下（猫で20％以下，犬で25％以下）が認められる場合には，血液像や網状赤血球数，その他の検査によって，赤血球の破壊状況を調べる必要がある．

③ 血液像と網状赤血球数によって，再生性が評価される（犬で補正網状赤血球数が1〜2％以上，猫で補正網状赤血球数が1％以上）．再生性貧血では，赤血球の喪失か破壊が示唆される．貧血の初期の段階では，骨髄が再生反応を示さない場合がある．24〜48時間後に再度調べる必要がある．

④ 尿検査や検便（メレナ），その後のPCV／総蛋白の検査などから，失血の有無を見きわめる必要がある．PCVの低下があり，総蛋白に低下が認められない場合には，赤血球の破壊による貧血が考えられる．失血の場合には貧血と総蛋白の低下が認められる．

⑤ 飼主から薬剤や食べ物，毒物などの情報を得て，赤血球の破壊の原因を探る必要がある．溶血の原因となるものには，亜鉛，玉葱，にんにく，アセトアミノフェン，メチレンブルー，プロピレングリコール，ナフタリン，ベンゾカイン，メチオニンなどがある．一部の薬剤（セファロスポリン）には，免疫介在性の赤血球破壊を起こすものもあり，また別の薬剤では，特異体質的に溶血を起こさせるものもある．アメリカの南部／南西部では，赤血球の寄生虫を調べることも重要である．ノミの駆除剤，室内・室外の飼育状況，最近のワクチン接種の有無，犬糸状虫感染，腫瘍，人工弁装着の有無などから貧血の原因を見きわめることも重要である．

⑥ ヘマトクリットが正常あるいは極軽度の貧血が認められる場合には，一連の血清生化学検査から肝疾患（原発性肝疾患や後肝性閉塞）あるいは黄疸を起こすその他の疾患（膵炎，肝後性黄疸の原因となる胆管系の炎症／閉塞など）を見きわめる．肝で産生される物質（アルブミン，BUN，糖，コレステロール）の低下があれば，原発性の肝疾患が疑われる．肝酵素値間の割合の変化をみることによって黄疸の基礎原因を見分けることもできる．ALPに比べてALTが著しく上昇している場合には，原発性の肝疾患が考えられる．ALPの方が上昇している場合には，胆管系の疾患（肝内性／肝後性）が疑われる．猫のALPは半減期が短いため，猫では犬と違って，各肝酵素値の比較は役に立たない．

⑦ 現在肝毒性の薬剤を摂取している場合を除き，病歴と身体一般検査による評価から，黄疸の基礎原因が確定診断される可能性は低い．コッカー・スパニエルやドーベルマン（特に雌），ウエストハイランド・ホワイトテリアとベトリントン・テリアでは，犬種が関与する肝症の危険性があるため，犬では種類が重要となる．ゴールデン・レトリーバーとラブラドールでは肉芽腫性肝炎になると，カルプロフェン誘発性の肝性中毒症になる危険性が高くなる．高齢になればなるほど腫瘍ができる可能性は高くなる．8歳齢以上の猫や甲状腺が触知できる猫では，特に軽度の黄疸とALTが上昇している場合には，甲状腺ホルモン濃度を計測する必要がある．猫は環境や食事，飼主側の変化などによって，食欲不振になったり二次性の肝リピドーシスになることがあるため，最近のこれらの情報を知ることも重要となる．肥満の猫では，高脂血症になる可能性が高い．屋内／屋外飼育の状況や伝染病（犬ではアデノウイルス感染とレプトスピラ症，猫では猫白血病ウイルス，猫免疫不全ウイルス，猫伝染性腹膜炎およびトキソプラズマ症）を考える上で，最近新しく動物を飼ったかどうかを調べることも重要である．外傷も忘れてはならない．猫の肝硬変をはじめほとんどの肝疾患では，身体一般検査で肝腫大を認めることがある．腹部の触診で腫瘤が触知されれば，原発性あるいは転移性の肝腫瘍か肝後性腫瘍の疑いがある．

⑧ 肝毒性があるとされている薬剤が判明した場合には休薬し，支持療法と観察を続ける．明らかに肝毒性があるという薬剤としては，ケタコナゾール，イトラコナゾール（軽度），トリメトプリム（犬），テトラサイクリン，ジアゼパム（猫），グリピジドなどの高血糖剤（猫），グリセオフラビン，鉄補充剤の過剰投与，非ステロイド系抗炎症剤（犬で特にカルプロフェン）などがあげられる．薬剤には体質的に肝毒性を示すものが多い．可能であれば，休薬することが望ましい．鎮痙剤（フェノバルビトール，フェントイン），オキシベンダゾール・ジエチルカルバマジン（フィラリビッツ）ならびに多分カルプロフェン（リマダイル）などでは，比較的長期肝毒性がある．グルココルチコイドはアルカリホスファターゼのイソエンザイムを刺激するため，アルカリホスファターゼの上昇があったからといって必ずしも肝胆管系疾患が疑われるわけではない．

⑨ おおよそ症例の概要や病歴，身体一般検査から得られた所見は，単に黄疸の基礎原因を示唆しているに過ぎない．次の段階では肝臓の画像検査を実施することになる．腹部のX線検査を実施すれば，限局性の腫瘤やX線不透過性の胆石（まれ），時には他の胆嚢の疾患を見分けることができる．しかし，超音波検査の方が，肝実質や腫瘤，胆管系，膵臓，近位小腸などの構造や組織に関する情報量は多い．さらに肝胆管系の評価には腹部のCT/MRIスキャンもよい．

⑩ 赤血球の破壊が進んでいる場合には，末梢血の塗沫で球状赤血球（赤血球膜の傷害によって，丸く盛り上がった中央の蒼白部のない小型の赤血球）の有無を診断する．球状赤血球は免疫介在性赤血球破壊の特異的徴候であり，確定診断にはさらなる検査が必要となる．血液塗沫から赤血球大小不同症（大きさの異なった赤血球）や多染性，細胞内寄生体（バベシア属，ヘモバルトネラ属など）も分かる．赤血球内寄生虫を見きわめるには，特殊染色（ヘモバルトネラ属ではメチレンブルー）が必要になることもある．また血液塗沫によって，ハインツ小体（タマネギやメチレンブルー中毒などの際に現れる）を見つけることができる猫では正常な場合にも小型のハインツ小体が観察されることがある．

■ 黄　疸 ■

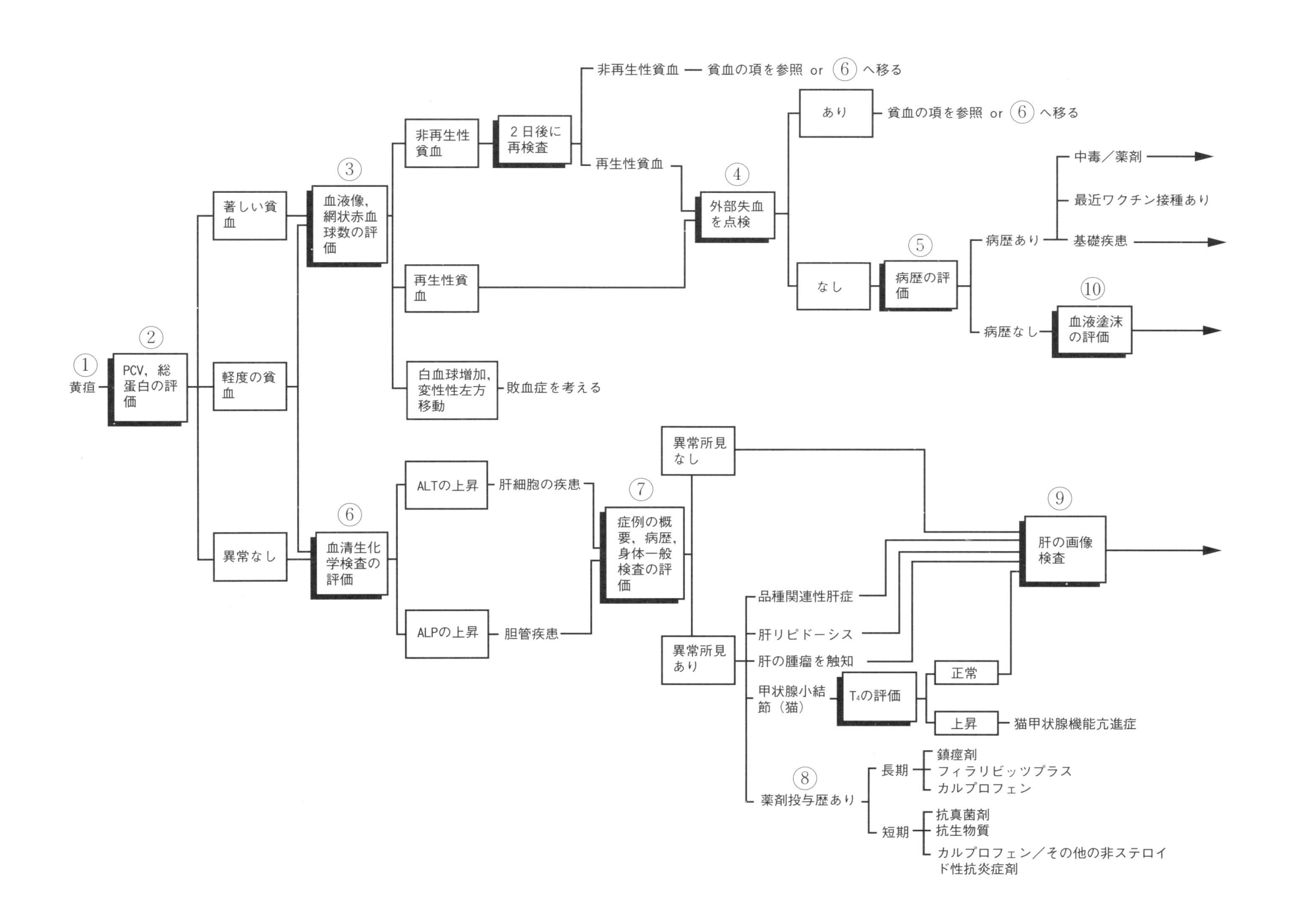

① 黄疸 → ② PCV，総蛋白の評価

- 著しい貧血 → ③ 血液像，網状赤血球数の評価
  - 非再生性貧血 → 2日後に再検査
    - 非再生性貧血 → 貧血の項を参照 or ⑥ へ移る
    - 再生性貧血 → ④ 外部失血を点検
  - 再生性貧血 → ④ 外部失血を点検
    - あり → 貧血の項を参照 or ⑥ へ移る
    - なし → ⑤ 病歴の評価
      - 病歴あり
        - 中毒／薬剤 →
        - 最近ワクチン接種あり
        - 基礎疾患 →
      - 病歴なし → ⑩ 血液塗沫の評価 →
  - 白血球増加，変性性左方移動 → 敗血症を考える
- 軽度の貧血
- 異常なし → ⑥ 血清生化学検査の評価
  - ALTの上昇 → 肝細胞の疾患
  - ALPの上昇 → 胆管疾患
  → ⑦ 症例の概要，病歴，身体一般検査の評価
    - 異常所見なし → ⑨ 肝の画像検査 →
    - 異常所見あり
      - 品種関連性肝症
      - 肝リピドーシス
      - 肝の腫瘤を触知
      - 甲状腺小結節（猫）→ T₄の評価
        - 正常
        - 上昇 → 猫甲状腺機能亢進症
      - ⑧ 薬剤投与歴あり
        - 長期
          - 鎮痙剤
          - フィラリビッツプラス
          - カルプロフェン
        - 短期
          - 抗真菌剤
          - 抗生物質
          - カルプロフェン／その他の非ステロイド性抗炎症剤

■ 黄　疸 ■

⑪　腹部の X 線検査によって，金属性の異物の可能性や亜鉛中毒の危険性がすぐに分かる．硬貨（1983 年以降に鋳造された 1 セント硬貨）やボルトは亜鉛中毒を起こすし，傷口や炎症部に塗った含酸化亜鉛軟膏を舐めて摂取した場合にも認められる．

⑫　赤血球内寄生虫が疑われた場合には，バベシア属の力価を測定したり，*Haemobartonella felis* ではポリメラーゼ鎖反応の検査を実施する．大静脈症候群（による赤血球破壊）の疑いがある場合には，犬糸状虫の検査を実施する．

⑬　免疫介在性疾患（免疫介在性溶血性貧血など）の疑いがある場合には，クームス試験によって赤血球表面にある '抗犬' 抗体の有無を調べる．球状赤血球が観察された場合にはクームス試験は必要ない．多臓器系が関与する場合には，抗核抗体の力価を調べることになる．

⑭　超音波検査で異常がある場合には，胆嚢壁の肥厚像/反射増加像（炎症の疑い）や胆汁の濃縮像が観察される．いずれの所見も著しい臨床症状を伴わないことがあるが，このような所見がある場合には，ALP の方が ALT よりも高いはずである．胆石は犬や猫ではまれであり，通常閉塞を起こすことはない．しかし基礎に肝疾患のある可能性があり，胆石が感染病巣になることも考えられる．もし他に黄疸の原因がつかめず，対症療法にも反応しない場合には，肝生検や胆石の除去が推奨される．超音波検査によって胆嚢の腫瘤を見つけることができる．時には胆嚢が映らない場合がある．これは，腫瘤や胆汁濃縮，胆嚢破裂によって像がかき消されている場合である．胆嚢破裂が起これば，進行性の腹腔内体液の貯留が認められるはずである．ときには虚脱した胆嚢が映し出されることもあるが，見えない場合が多い．胆嚢の腫瘤や破裂があれば，原発疾患の治療と肝生検のために，一連の凝固系検査と外科的開腹術を実施することになる．

⑮　4mm 以上の胆管系の拡張がある場合には，肝後性閉塞の疑いがある．猫では閉塞が解除された後でも，胆管系に 4mm ほどの拡張部が残る場合がある．閉塞の原因としては，限局性病変（胆管系や膵臓あるいは肝臓の腫瘤，胆石）とび漫性疾患（膵炎，胆管系の炎症，胆泥化）が考えられる．限局性の腫瘤が映し出された場合には，細胞学的検査のために吸引することがある．膵炎の証拠がなく閉塞が悪化する場合には，さらに画像検査（できれば CT/MRI）を勧めるか，外科的開腹術を実施することになる．外科的開腹術に際しては，肝臓と膵臓の組織を生検し，胆汁の培養と胆管系にカテーテルを挿入して閉塞の有無や治療を実施する必要がある．必要があれば，胆管系のルート変更を実施することも重要となる．

⑯　腫瘤が肝臓や膵臓，その他の部位に認められた場合や，肝の実質部にび漫性の高エコーあるいは低エコー像が観察された場合には，腫瘍や高脂血症，び漫性感染（ヒストプラズマ症），炎症性浸潤などを診断するために，組織の針吸引を実施する必要がある．剥離しない腫瘍（多くの肉腫）や肝線維症，肝硬変，胆管系の過形成などは，細胞学的検査による診断は難しい．炎症性の浸潤が必ずしも基礎疾患に相関しているというわけでもない（例えば線維症であっても，炎症性成分が観察されることもある）．

⑰　猫の肝リピドーシスは，病歴や身体一般検査，検査室所見，肝実質の吸引などから診断されることが多い．細胞学的検査では，膨張した肝細胞や肝細胞の核の空胞化，非炎症像が観察される．

⑱　細胞学的検査で異常が認められないとか疑わしい場合あるいは治療に反応しない場合には，肝生検が望ましい．特に超音波による誘導で経皮的に肝生検を実施する場合には，生検に先立って一連の凝固系検査が重要となる．もし肝臓が小さいとか著しい凝固異常があるといった場合や経皮的な方法では病変部には届かないといった場合には，外科的な生検が必要となる．び漫性の肝疾患では，経皮的生検が便利である．

⑲　重度の炎症性腸疾患や腫瘍があると，総胆管乳頭周囲の十二指腸壁が肥厚し，その結果肝後性胆管閉塞をみることがある．

⑳　まれに猫では胆管吸虫によって，胆管閉塞を認めることがある．カリブ海地方やフロリダ，ハワイでは，猫に *Platynosomum fastosum* の感染が認められる．これはヒキガエルやトカゲを食べることによって罹る．

㉑　肝臓はどのような傷害に対しても，反応の仕方はごく限られている．したがって，炎症の原因は多くても，同じような組織病理学的変化が認められる．慢性肝炎は，犬種好発性（⑦）や銅貯蔵病（ベドリントン・テリア，ウェストハイランド・ホワイトテリア，ドーベルマン・ピンシェル）薬剤，感染症（犬アデノウイルス，レプトスピラ）などが原因となる．特発性の慢性肝炎ならびに線維症は，免疫疾患として推測されている．小葉性離断性肝炎は 1 歳齢以下の犬で認められる慢性肝炎で，様々な傷害による二次性のものである．猫の慢性肝炎は，胆管肝炎に続発することが多い（何れも化膿性で小腸からの上向性感染あるいはリンパ球性−形質細胞性で免疫介在性）．

㉒　肉芽腫性の肝の炎症像があれば，診断として猫伝染性腹膜炎が確定される．

㉓　微小血管形成不全症は犬の先天性疾患である．多くの臨床症状や検査室所見の結果は，先天性門脈短絡の場合とよく似ている．最初は無症状であるが，最終段階では肝疾患と黄疸を認めることがある．

㉔　黄疸があっても肝生検で異常が認められない場合には，試験的開腹術によってさらに肝と胆管系の検査を進めることになる．重度の全身性感染症では，黄疸を認めることがあるため，敗血症に関する再評価が必要となる．敗血症になると，発熱や虚脱，ショック状態，黄疸を起こすことがよくある．また下痢，嘔吐，心雑音，出血性疾患，前ブドウ膜炎を認めることもある．検査室所見では，白血球増加症（好中球増加がみられ，変性性の左方移動を伴うことが多い）や ALP の上昇，血清アルブミンと糖の低下が認められる．通常このような所見があれば，黄疸の初期の診断過程で，敗血症を見きわめることができる．

■ 黄　疸 ■

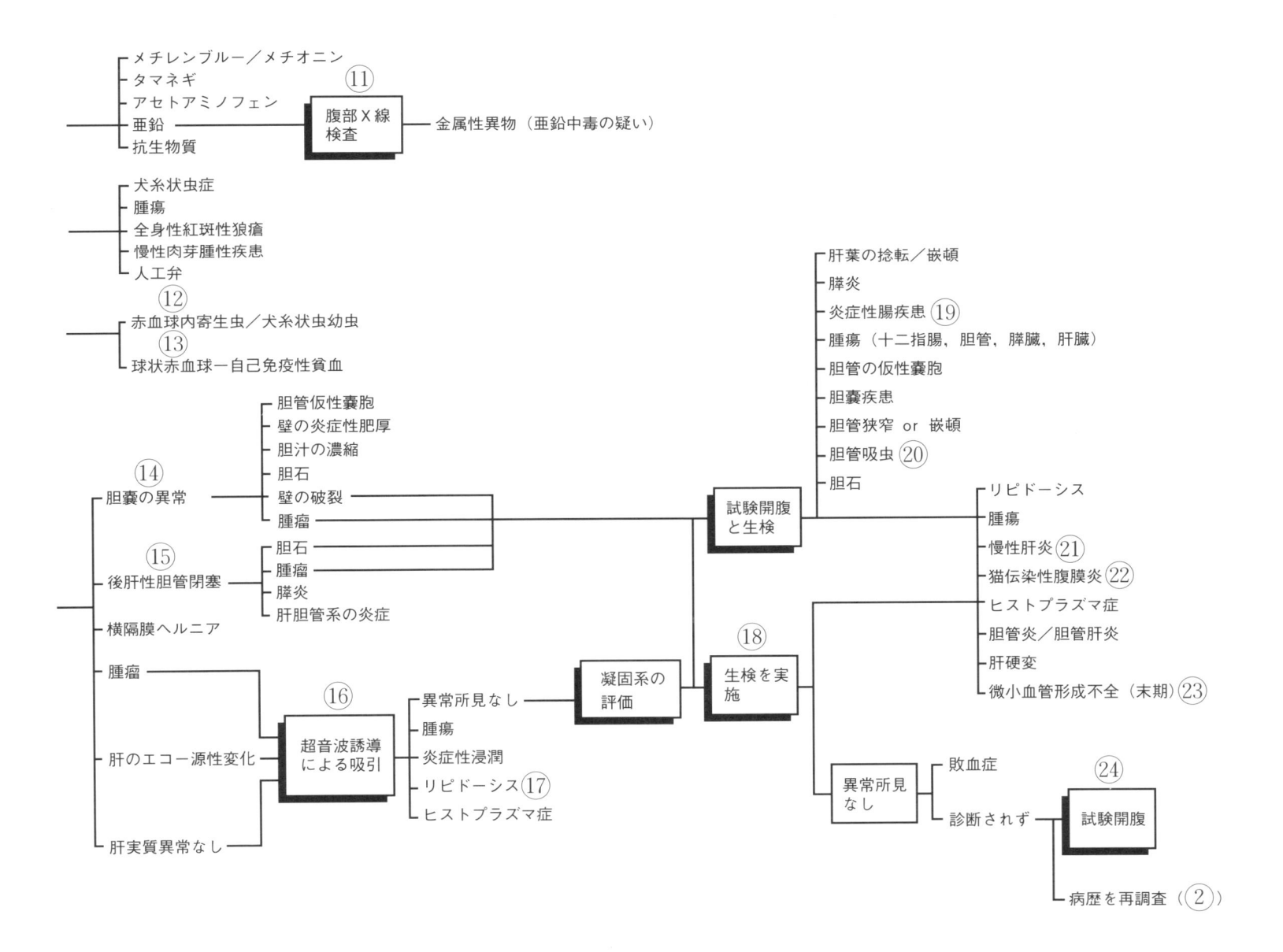

- メチレンブルー／メチオニン
- タマネギ
- アセトアミノフェン
- 亜鉛
- 抗生物質
  → ⑪ 腹部X線検査 → 金属性異物（亜鉛中毒の疑い）

- 犬糸状虫症
- 腫瘍
- 全身性紅斑性狼瘡
- 慢性肉芽腫性疾患
- 人工弁
  ⑫ 赤血球内寄生虫／犬糸状虫幼虫
  ⑬ 球状赤血球－自己免疫性貧血

- ⑭ 胆嚢の異常
  - 胆管仮性嚢胞
  - 壁の炎症性肥厚
  - 胆汁の濃縮
  - 胆石
  - 壁の破裂
  - 腫瘤
- ⑮ 後肝性胆管閉塞
  - 胆石
  - 腫瘤
  - 膵炎
  - 肝胆管系の炎症
- 横隔膜ヘルニア
- 腫瘤
- 肝のエコー源性変化
- 肝実質異常なし

⑯ 超音波誘導による吸引
- 異常所見なし
- 腫瘍
- 炎症性浸潤
- ⑰ リピドーシス
- ヒストプラズマ症

凝固系の評価 → ⑱ 生検を実施

試験開腹と生検
- 肝葉の捻転／嵌頓
- 膵炎
- ⑲ 炎症性腸疾患
- 腫瘍（十二指腸，胆管，膵臓，肝臓）
- 胆管の仮性嚢胞
- 胆嚢疾患
- 胆管狭窄 or 嵌頓
- ⑳ 胆管吸虫
- 胆石

生検を実施
- リピドーシス
- 腫瘍
- ㉑ 慢性肝炎
- ㉒ 猫伝染性腹膜炎
- ヒストプラズマ症
- 胆管炎／胆管肝炎
- 肝硬変
- ㉓ 微小血管形成不全（末期）

異常所見なし
- 敗血症
- 診断されず → ㉔ 試験開腹
- 病歴を再調査（②）

肝酵素の上昇

① 肝酵素活性の上昇は通常よく認められるものであるが，必ずしも臨床的に著しい肝疾患を伴うというわけではない．また肝酵素活性によって肝臓機能に関する情報が得られるわけでもない．症例のなかには，肝酵素濃度が正常であったり軽度の上昇しか示していないのに，著しい肝不全を認める場合もある．それでも，肝臓疾患や内分泌疾患あるいは感染症など多くの疾患では，それに伴って肝酵素の上昇が観察される．数多くの肝酵素が存在するが，犬や猫の肝胆管系疾患の評価にはALTとALPが最もよく使われる．一般的には肝細胞の傷害や変性があるとALTの上昇が認められ，胆汁のうっ滞やステロイド使用，骨増殖や骨疾患，多くの薬剤使用ではALPの上昇が認められる．猫ではALPの半減期が短く，総肝臓含有量は犬に比べて50％低い．コルチコステロイド誘因性のALPのイソエンザイムは，猫にはない．したがって，いかなる場合にも猫にALPの上昇が認められれば，重症と考えて原因を追求する必要がある．猫で臨床的にALPがきわめて上昇するのは，肝内性あるいは肝外性の胆汁うっ滞の場合であり，特に肝リピドーシスや胆管肝炎，総胆管閉塞で認められる．

② 7ヵ月齢までの若い発育中の犬では，破骨細胞が活性化しているため，血清ALP濃度は僅かに上昇していることが多い．

③ 骨髄炎や骨肉腫で骨溶解がある場合には，ALP濃度が2〜5倍も高くなることがある．ただし，骨由来のイソエンザイムの半減期は短い．

④ 低酸素症や低血圧によって，ALTの上昇や時には軽度のALPの上昇をみることがある．低酸素症を伴う疾患としては，うっ血性心不全，急性の著しい失血，癲癇状態，敗血症性ショック，循環性ショック，副腎皮質機能低下症などがある．

⑤ 右心不全による肝の受動的うっ血によって，ALPならびにALTに軽度の上昇を認めることがある．

⑥ 多くの薬剤によって，ALPやALTあるいはその両者が上昇することがある．犬ではグルココルチコイドによって，特有の肝ALPのイソエンザイムの産生が促される．グルココルチコイドの休薬後も長期にわたって，上昇が続く．またグルココルチコイドは，肝臓のALT産生を促すとともに病理学的変化（ステロイド性肝症）を起こさせ，肝細胞からALTが漏洩することがある．鎮痙剤，特にフェノバルビタール，プリミドン，フェニトイン，カルバマゼピンは，ALPとALTの上昇を招くことが多い．猫ではジアゼパムによって肝壊死とALT，ALPの上昇を認めることがある．その他，肝酵素の上昇を招く薬剤としては，グリセオフラビン，フェニルブタゾン，チアセトアルサミド，ケトコナゾール，メベンダゾール，オキシベンダゾールなどがある．

⑦ 肝毒素には，アフラトキシン，四塩化炭素，砒素，クロルデン，塩化炭化水素，水銀，きのこ類，テトラクロロエチレン，その他多くのものがある．

⑧ 肝臓に限局する感染症や全身性に進行する過程の一部で認められる感染症には，犬伝染性肝炎や犬ヘルペスウイルス，猫伝染性腹膜炎，ヒストプラズマ症，トキソプラズマ症，レプトスピラ症，チザー病（Bacillus piliformis）がある．

⑨ 猫の白血病ウイルスや免疫不全ウイルスによって肝臓が侵されることもあり，また肝酵素の上昇について飼主がどの程度追求したがっているかにも関わることから，これらのウイルスの有無を評価することは重要となる．

⑩ 猫の甲状腺機能亢進症で，最も一般的に認められる異常検査室所見は，血清ALT濃度の上昇であり，ALPの上昇も時に認めることがある．尿毒症や高血糖，高リン酸血症，高ビリルビン血症も，たまに認められることがある．猫の甲状腺機能亢進症の平均年齢はおおよそ13歳齢であるが，8歳齢以上の猫でALTとALPの上昇が認められる場合には，甲状腺機能亢進症の有無を見きわめておく必要がある．肝の変性と壊死の原因についてはまだ分かっていないが，肝機能不全が併発することは滅多にない．

⑪ 臨床的に不調を示す犬で，肝酵素の上昇が認められる場合や肝酵素値が健康犬の正常値の2.5倍以上ある場合には，すべての血清生化学検査所見と尿検査所見を点検する必要がある．犬が健康で，正常の1.5〜2倍以内であれば，2〜3週間後に再評価を行う．同じような酵素値が続いて認められる場合には，犬が健康であれば3〜12ヵ月ごとに検査をするか，さらに一連の血清生化学検査を実施する．

⑫ 糖尿病がある場合には，犬と猫ではALTの上昇が認められ，犬ではALPの上昇も認められる．糖尿病の猫では，普通ALPの上昇を認めることはない．

⑬ 膵炎があると，ALTとALPの上昇が認められる．これは肝の虚血や肝毒素との接触，膵炎による炎症性門脈排出，総胆管の肝後性閉塞が原因となる．腹部全域の画像検査が必要となる．

⑭ 高カルシウム血症に伴ってALTとALPの上昇あるいはその何れかに上昇が認められる場合には，腫瘍特にリンパ腫が強く疑われる．

⑮ 赤血球数が正常にもかかわらず高ビリルビン血症が認められる場合には，ビリルビンの不適切な取り込みや抱合（肝細胞の疾患）あるいは不適切なビリルビンの排泄（胆管疾患），もしくはその両者が示唆される．抱合型（直接）ビリルビンや非抱合型ビリルビンの比率，あるいはウロビリノーゲンの計測は，いずれも肝内性あるいは肝外性高ビリルビン血症の判別には役立たない．

⑯ コレステロールの上昇は，肝臓での合成と胆管系からのコレステロールの排泄低下，あるいはその何れかが関与して起こる．

⑰ 犬では副腎機能低下症でも，副腎機能亢進症でも肝酵素の上昇が認められる．

⑱ 肝疾患に伴って低アルブミン血症が認められる場合には，慢性の重度の肝機能不全が考えられる．高アンモニア血症や腹水で希釈されることによってアルブミンの放出が阻害され，これによって血清アルブミン濃度がさらに低下することがある．グリコーゲンの貯蔵，ブドウ糖の新生ならびにインスリンの分解が阻害されることによって，低血糖になることがある．またまれには，腫瘍に伴う肝疾患が原因で低血糖をみることもある．肝不全や肝臓の腫瘤あるいは門脈系の短絡があると，BUNの低下が認められる．これらに異常が認められたら，何れの場合にも，肝機能検査を実施してさらに原因を探る必要がある．

⑲ 免疫グロブリンは肝臓では合成されないが，慢性の炎症性疾患があると増加することがある．胆管肝炎の猫では，その約半数に高γグロブリン血症が認められている．

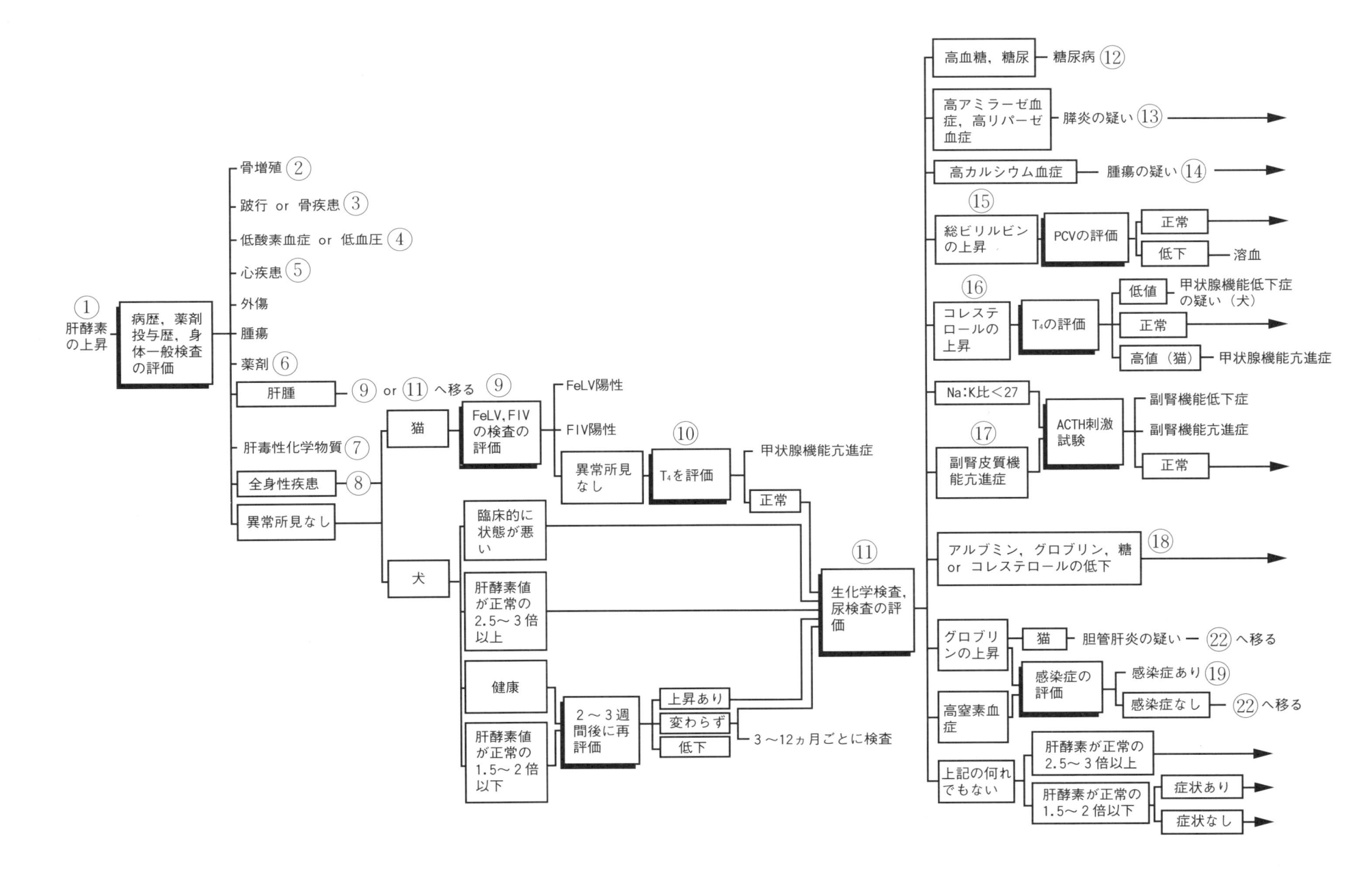

■ 肝酵素の上昇 ■

- ① 肝酵素の上昇 → 病歴，薬剤投与歴，身体一般検査の評価
  - 骨増殖 ②
  - 跛行 or 骨疾患 ③
  - 低酸素血症 or 低血圧 ④
  - 心疾患 ⑤
  - 外傷
  - 腫瘍
  - 薬剤 ⑥
  - 肝腫 → ⑨ or ⑪ へ移る
  - 肝毒性化学物質 ⑦
  - 全身性疾患 ⑧
  - 異常所見なし

- ⑨ 猫 → FeLV, FIV の検査の評価
  - FeLV陽性
  - FIV陽性
  - 異常所見なし → ⑩ T₄を評価
    - 甲状腺機能亢進症
    - 正常

- 犬
  - 臨床的に状態が悪い
  - 肝酵素値が正常の2.5～3倍以上
  - 健康
  - 肝酵素値が正常の1.5～2倍以下
  - → 2～3週間後に再評価
    - 上昇あり
    - 変わらず → 3～12ヵ月ごとに検査
    - 低下

- ⑪ 生化学検査，尿検査の評価
  - 高血糖，糖尿 → 糖尿病 ⑫
  - 高アミラーゼ血症，高リパーゼ血症 → 膵炎の疑い ⑬
  - 高カルシウム血症 → 腫瘍の疑い ⑭
  - ⑮ 総ビリルビンの上昇 → PCVの評価
    - 正常
    - 低下 → 溶血
  - ⑯ コレステロールの上昇 → T₄の評価
    - 低値 → 甲状腺機能低下症の疑い（犬）
    - 正常
    - 高値（猫） → 甲状腺機能亢進症
  - ⑰ 副腎皮質機能亢進症（Na:K比＜27）→ ACTH刺激試験
    - 副腎機能低下症
    - 副腎機能亢進症
    - 正常
  - ⑱ アルブミン，グロブリン，糖 or コレステロールの低下
  - グロブリンの上昇 → 猫 → 胆管肝炎の疑い → ㉒へ移る
  - 高窒素血症 → 感染症の評価
    - 感染症あり ⑲
    - 感染症なし → ㉒へ移る
  - 上記の何れでもない
    - 肝酵素が正常の2.5～3倍以上
    - 肝酵素が正常の1.5～2倍以下
      - 症状あり
      - 症状なし

肝酵素の上昇

⑳　肝機能検査としては，食前/食後の血清胆汁酸の測定か絶食後/負荷後の血清アンモニア濃度の測定がある．臨床の現場では，血清胆汁酸濃度の検査は，肝細胞や胆管系ならびに門脈循環系の機能の指標として実用的であり，感度の高い検査といえる．血清胆汁酸の検査では，12時間の絶食後に採血して，胆汁酸濃度を計測する（食前胆汁酸）．食事を与えて胆汁の流出と胆嚢の収縮を促し，食後2時間後にもう一度採血する（食後胆汁酸）．肝臓の血流異常を判別するには，血清胆汁酸の絶食後の食前検査と食後の検査は，特に重要となる．しかし胆汁酸によって必ずしも重度の肝不全が判別できるわけではない．絶食後の血清アンモニア濃度も，肝臓ならびに門脈の循環機能検査には，かなり感度の高い検査である．しかし指示通りに慎重な処理をしないと，偽陽性の結果となる．原因の分からない重度の脳症患者の評価を急ぐ場合には，血清アンモニア濃度は，とっておきの検査といえる．経口あるいは経腸による塩化アンモニウムの投与（アンモニア負荷試験）も肝機能の評価に役立つ．しかしこの負荷試験は，重症患者では脳症を起こすことから，注意して実施する必要がある．

㉑　肝機能検査の結果，肝不全の疑いがなく症状も認められていない場合には，臨床症状の進み具合をみながら，様子をみるのも決して悪いことではない．肝酵素の上がり下がりをみるために，定期的に検査することは重要である．肝酵素が経時的に上昇する場合には，次の段階として㉒に進む．

㉒　肝臓の超音波検査は（単純X線検査と違って），肝臓の構造に関する情報をより多く提供してくれるものといえる．超音波検査で分かる一般的な異常所見としては，び漫性あるいは限局性の肝実質性疾患，肝臓の大きさや辺縁部の変化，嚢胞性病変，脈管疾患，胆嚢の拡張や異常内容物，胆管の閉塞や炎症，肝臓周囲の疾患，腫瘍，腹腔内滲出液などがある．通常の超音波検査では，肝胆管疾患の有無を見きわめることはできない．もちろん症例によっては超音波像の変化と組織学的所見の間には強い相関性が認められるものもあるが（特に犬の肝細胞癌や猫の肝リピドーシスなど），超音波検査だけで確定診断を下すことはできない．超音波検査は，計画的に生検する場合や外科的に血管異常が修復できるか否かを見きわめる場合あるいは胆汁うっ滞の原因が肝内性か肝外性かを判別する場合に，主として使われる．

㉓　胆嚢が拡張している場合や食欲不振の際によく認められる胆汁の泥化がある場合には，超音波検査による肝外胆管閉塞の診断には若干苦慮させられる．さらにまた，特に猫の場合，慢性の胆管閉塞が解除された後，持続性の胆管拡張が観察されることがある．

㉔　肝実質の異常が疑われる場合には，細胞学的検査のために肝の吸引を実施する．凝固因子の多くは肝臓で生成されるため，吸引をする場合には事前に一連の凝固系の検査が必要となる．

㉕　超音波誘導による吸引の利点としては，比較的非侵襲的手法であり随意に病変部の採取ができること，主胆管や血管構造の不注意な穿刺が回避されること，び漫性の肝胆管疾患では典型的な材料が採取できることなどがあげられる．炎症や胆汁うっ滞，壊死，肝細胞過形成あるいは変性といった細胞学的所見は診断名ではないが，肝疾患の客観的証拠を示してくれる．細針吸引では，これによって時には腫瘍（特に円形細胞腫や癌腫の確定診断）や感染が確認されるといった利点がある．腫瘍が腹腔内や針孔に沿ってばら蒔かれる可能性があるため，外科的切除を考えている場合には，孤立性の肝腫瘍の吸引は勧められない．

㉖　肝の吸引によって，肝酵素の上昇の原因がつかめなかった場合には，臨床症状を考慮した上で肝生検を実施することになる．肝生検が示唆されるのは，肝酵素の上昇が持続して認められる，肝機能に異常がある，超音波検査で肝臓に変化が認められるといった場合である．通常行われる肝生検の手法には，針生検（経皮的に当たりを付けて穿刺する方法，あるいは超音波誘導により経皮的に穿刺する方法，小孔部から穿刺する方法，腹腔鏡の視野下で穿刺する方法）と外科的生検（外科的開腹術を要する）がある．一般的には，原発性ならびにび漫性の実質性疾患では，針生検が使われる．小動物では経皮的な生検でも，全身麻酔を必要とすることが多い．針生検による合併症には，出血と胆汁による腹膜炎がある．小肝症や重度あるいは修復不可能な凝固異常，大量の腹水（止血が阻害され，腹水内で肝葉が過剰に動く），肝嚢胞，肝膿瘍，血管性の腫瘍，主胆管に隣接した病変部などがある場合には，針生検は禁忌となる．このような際には外科的生検を実施する．その他，開腹術が示唆されるものとしては，単一の切除可能な肝の腫瘍，肝外胆管の機械的閉塞，先天性の血管奇形が疑われる場合，敗血症性胆管肝炎，以前に実施した針生検での診断失宜などの場合がある．経皮的生検法に比べて，開腹術を実施すれば，腹部全体の評価ができる，出血に対して予防ならびに対処ができる，培養のための胆汁採取ができる，圧力測定や門脈造影ができる，疾患によっては矯正（例えば腫瘍の切除や門脈系短絡の結紮）ができるといった利点がある．しかし慢性の重度の肝不全では多くの場合，比較的不安定な代償状態にあり，手術によって完全に参ってしまうこともある．

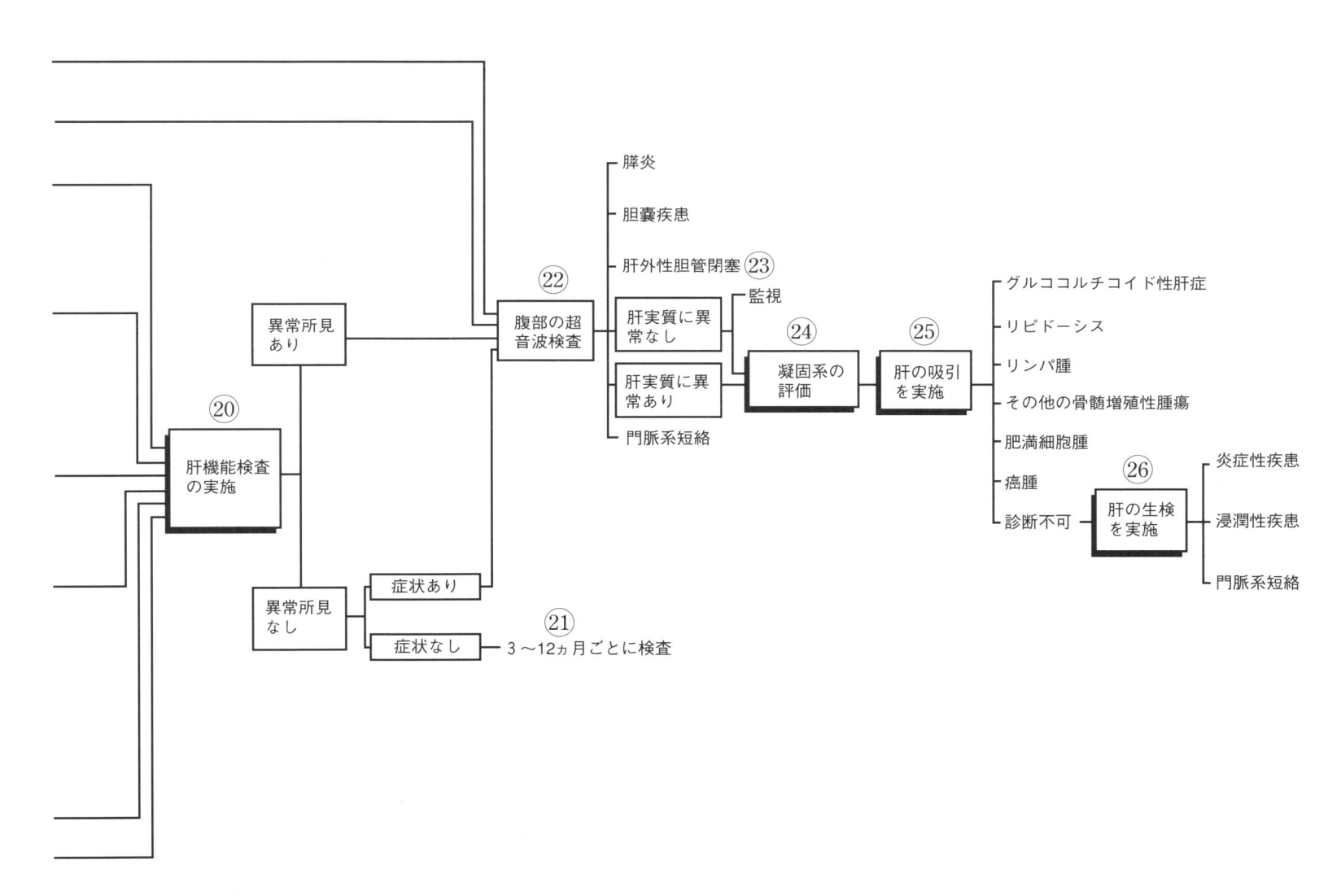

■ *肝酵素の上昇* ■

- 膵炎
- 胆嚢疾患
- 肝外性胆管閉塞
- 門脈系短絡

⑳ 肝機能検査の実施
→ 異常所見あり → ㉒ 腹部の超音波検査
→ 異常所見なし
  - 症状あり
  - 症状なし → ㉑ 3〜12ヵ月ごとに検査

㉒ 腹部の超音波検査
- ㉓ 肝実質に異常なし → 監視
- 肝実質に異常あり → ㉔ 凝固系の評価 → ㉕ 肝の吸引を実施

㉕ 肝の吸引を実施
- グルココルチコイド性肝症
- リピドーシス
- リンパ腫
- その他の骨髄増殖性腫瘍
- 肥満細胞腫
- 癌腫
- 診断不可 → ㉖ 肝の生検を実施
  - 炎症性疾患
  - 浸潤性疾患
  - 門脈系短絡

── 3〜12ヵ月ごとに検査

SECTION 7

胃腸疾患

口 内 炎

① 口内炎は口腔粘膜の炎症をいい，時には舌にまで広がることがある．基礎疾患に応じてびらん，潰瘍，炎症あるいは増殖性状態を認めることがある．原因の多くは，動物種特異性，時には種特異性の場合が多い．口内炎は局所性の疾患が原因する場合もあれば，比較的重度の全身性疾患が関与する場合もある．猫では，感染や衰弱による二次性の口内炎が比較的よく認められる．口内炎によって，食欲不振や流涎，嚥下困難，咀嚼時の不快感が起こる．身体一般検査では，口腔粘膜の充血，脆弱，増殖形成，水疱，腫瘍病変，歯垢，びらん，潰瘍などが観察されることがある．疾病に対して特異的に認められるというものは滅多にない．犬や猫で水疱が認められる場合には，免疫介在性疾患が強く疑われ，猫ではカルシウイルス感染の疑いもある．

② 毒物や腐食性物質（刺激性のある化学物質，タリウム，水銀，殺鼠剤，除草剤，シロガスリソウ，ポインセチア，ヒイラギなど）との接触も病歴として重要となる．また最近行われた薬物療法やワクチン接種，食事，口腔内潰瘍を起こすと考えられている既往症などの病歴も重要である．猫に比べて犬の方が，毒物や腐蝕性物質，口腔粘膜を直接刺激するような異物などを口にする場合が多いものと思われる．身体一般検査では，外傷徴候（歯牙の破損），異物，重度の歯周病などの有無や，局所性か限局性（リンパ節の腫脹）あるいは全身性（発熱，点状出血，体重減少，全身性リンパ節症）かを，よく診る必要がある．

③ 薬物療法によって，口腔粘膜（びらん／腐肉形成）や皮膚（中毒性表皮壊死症）を巻き込む反応が現れる場合がある．中毒性表皮壊死症に関与する薬剤としては，セファロスポリン，ペニシリン，スルフォンアミド，レバミゾールなどがある．診断には生検を必要とする場合もあるが，薬剤療法を初めて2週間以内に病変が現れ，休薬したら治ったという場合には，薬による反応が強く疑われる．

④ 若いキャバリア・キングチャールズ・スパニエルでは壊死性の好酸球性口内炎が認められる．マルチーズでは潰瘍性口内炎が報告されている．表皮水疱症（ごく若いコリー，シェットランド・シープドッグ，シャム猫等々の）は，口腔に水疱／びらんを起こす皮膚症である．コリーとシェットランド・シープドッグも皮膚筋炎になり，口腔内潰瘍を認めることがある．診断には生検が必要となる．

⑤ 家庭食を与えている場合によっては，ビタミンA，D，Eが欠乏し粘膜の統合性が損なわれることがある．

⑥ 猫や犬が電気のコードを噛めば，感電によって硬口蓋や歯肉，口腔域に火傷や壊死が起こる．また感電によって非心原性の肺水腫をみることがある．

⑦ 好中球減少症が認められる場合には，粘膜の免疫低下による口内炎を認めることがある．アレルギーが関与する口腔内病変（例えば好酸球性肉芽腫）では，末梢血に好酸球増加が認められる場合がある．一連の生化学検査や尿検査で腎臓疾患がある場合には，唾液中の細菌の代謝で尿素からアンモニアが産生されるため粘膜に潰瘍が起こる．また糖尿病が診断された場合には，糖尿病による免疫不全の結果，粘膜表面に感染が起こり口内炎をみることがある．猫白血病ウイルスや猫免疫不全ウイルスによって，直接口内炎が起こったり，腫瘍化しやすくなったり，免疫抑制の結果粘膜の感染が起こることもあるため，これらのウイルスも検査しておく必要がある．

⑧ 麻酔下で歯全体を検査することにより，歯の全面を評価することができ，外傷や歯石，歯周部の病変などが分かる．これらは何れも口内炎に密接な関係がある．

⑨ 基礎原因を確認するには，ほとんどの場合組織病理学的検査が必要となる．採取した組織は培養検査，組織学的検査，免疫蛍光抗体検査にまわすことになる．免疫蛍光抗体検査は免疫介在性疾患やウイルス疾患が関与する場合には重要となる．

⑩ 猫ではリンパ球性形質細胞性口内炎が比較的よく認められ，免疫介在性が疑われる疾患である．もちろんこの場合，上部気道ウイルスと細菌による二次感染が関与していることは確かである．症状は軽度から重度にわたり，増殖性から潰瘍性／びらん性まで様々な病変を認めることがある．また同時に歯肉病変を認めることもある．

⑪ 好酸球性肉芽腫症候群は，猫の皮膚，粘膜疾患の一群であり，アレルギー性の皮膚疾患（ノミアレルギー皮膚炎，アトピーなど）を認めることがある．最もよく認められるのは皮膚病変（線状肉芽腫）である．口の病変には上唇部の好酸球性潰瘍や肉芽腫などが認められる．

⑫ 限局性の腫瘍は通常腫瘍病変であり，容易に見分けることができる．び漫性の腫瘍疾患には，上皮親和性のリンパ腫と口部肥満細胞腫があり，口内炎と間違うことがある．したがって基礎原因がはっきりしない場合には病変部をすべて生検する必要がある．

⑬ 猫の上部気道疾患（ヘルペスウイルス，カルシウイルス，クラミジア属）では，小疱や口腔の潰瘍を認めることがよくある．最も一般的なのは，カルシウイルスとクラミジア属である．この場合上部呼吸器の典型的な症状（眼と鼻の排泄物，発熱，リンパ腺症など）が認められるが，口内炎だけしか認められない場合もある．口腔部の病変を生検することが重要となる．これによってウイルスの封入体を認めることがある．検査室による免疫蛍光抗体法やウイルスの分離によって，感染微生物が確認される．時にはその他のウイルスが犬や猫の口腔病変の原因になることもある（犬ではパルボウイルスやジステンパーウイルス，猫では猫伝染性腹膜炎ウイルスや猫白血病ウイルス，猫免疫不全ウイルス，猫合胞体ウイルスなど）．一般的には全身性の免疫抑制や好中球減少症による，二次的な病変といえる．

⑭ 犬や猫では口腔部の真菌感染はまれであり，著しい免疫抑制がある場合に二次的に認められるものと思われる．細胞学的検査や組織病理学的検査によって微生物が判別されるが，確定診断には培養を必要とすることもある．

⑮ 全身性紅斑性狼瘡や一部の天疱瘡群など免疫介在性疾患によって，口部病変を認めることがある．水疱は脆く長続きするわけではないため，びらんや潰瘍として認められるのが普通である．水疱内に認められる有棘細胞は，免疫介在性疾患を証明するものであり，この細胞の有無によって他の原因（特に薬剤の反応）による口腔の水疱や潰瘍を見分けることができる．免疫蛍光抗体検査は，組織内の抗原・抗体複合体のパターンを確認するのに必要であり，これによって特異的な免疫介在性疾患が診断される．

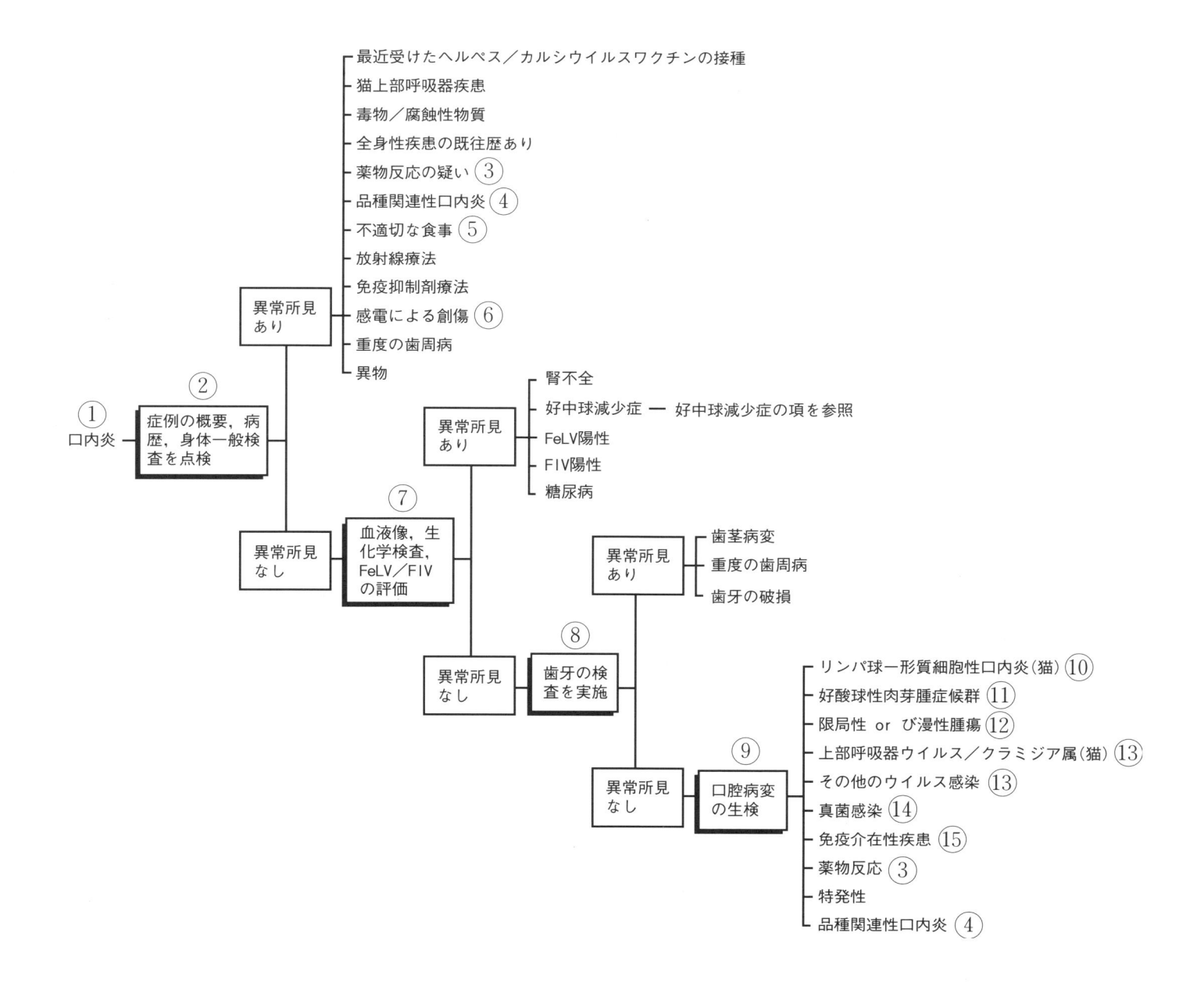

■ 口　内　炎 ■

① 口内炎 → ② 症例の概要, 病歴, 身体一般検査を点検

異常所見あり:
- 最近受けたヘルペス／カルシウイルスワクチンの接種
- 猫上部呼吸器疾患
- 毒物／腐蝕性物質
- 全身性疾患の既往歴あり
- 薬物反応の疑い ③
- 品種関連性口内炎 ④
- 不適切な食事 ⑤
- 放射線療法
- 免疫抑制剤療法
- 感電による創傷 ⑥
- 重度の歯周病
- 異物

異常所見なし → ⑦ 血液像, 生化学検査, FeLV／FIVの評価

異常所見あり:
- 腎不全
- 好中球減少症 ― 好中球減少症の項を参照
- FeLV陽性
- FIV陽性
- 糖尿病

異常所見なし → ⑧ 歯牙の検査を実施

異常所見あり:
- 歯茎病変
- 重度の歯周病
- 歯牙の破損

異常所見なし → ⑨ 口腔病変の生検
- リンパ球―形質細胞性口内炎(猫) ⑩
- 好酸球性肉芽腫症候群 ⑪
- 限局性 or び漫性腫瘍 ⑫
- 上部呼吸器ウイルス／クラミジア属(猫) ⑬
- その他のウイルス感染 ⑬
- 真菌感染 ⑭
- 免疫介在性疾患 ⑮
- 薬物反応 ③
- 特発性
- 品種関連性口内炎 ④

吐出／巨大食道症

① 吐出は食道から咽頭部に向かって食べ物や水が受動的に逆流し，咽頭部で嘔吐反射が誘発され，その結果内容物が駆出される状態をいう．口腔咽頭部の嚥下障害や嘔吐，時には病歴や観察を熱心にする余り認められる喀出とは分けて考える必要がある．口腔咽頭部の嚥下障害では，口から食べ物や水が食道に入る前に，飲み込もうとする行動が繰り返される．喀出は，その前に咳嗽が起こる．吐出と嘔吐は，嚥下直後に認められる場合もあれば食後24時間して遅れて認められる場合もある．食べ物が食道に停滞する時間が長いほど，ますます'消化された'食べ物ように見え，吐物の様な感が認められる．嘔吐では悪心を伴うため，頻繁に飲み込もうとする行動や唇を誉める行動，むかつき，腹部の攣縮が観察されるはずである．病歴や観察結果から吐出と嘔吐の見分けが付かない場合には，尿検査紙で吐物のpHを測るとよい．pHが低ければ，酸性の胃内容物であることが疑われ，嘔吐ということになる．胆汁も嘔吐を示唆するものといえる．胃の中に入っていないものは唾液によってアルカリ性が示されることになる．

② 離乳前や離乳直後に吐出が認められる場合には，先天性の巨大食道症と血管輪の奇形が関与していることになる．今まで異常がなかったのに急に吐出が始まったという場合には，食道内異物が疑われる．食道内異物を摘出して5～14日後に吐出があったり，全身麻酔が長引いた後やひとしきり著しい嘔吐があった後で吐出が認められる場合には，これによって食道狭窄が起こることがある．全身性の脱力や運動誘因性の脱力が認められる犬では，重症筋無力症や多発性神経症による二次性の巨大食道症を考える必要がある．吐出の発生以前に呼吸器症状の病歴がある場合には，食道腔外異物の可能性が考えられる．また吐出の後で呼吸器症状が認められた場合には，巨大食道症による二次性の誤嚥性肺炎が疑われる．

③ 頻繁に吐出を認める動物では，病歴として体重の減少や削痩が観察される．頸部を触診すると疼痛を訴えることがあり，この場合には食道炎や異物が疑われる．拡張した食道が触知されることもある．口腔の検査でびらんが観察される場合には，熱いものや腐蝕性の物質を摂取して食道炎を起こしていることが考えられる．胸部の聴診で握雪音や喘鳴音が聴取された場合には誤嚥性の肺炎が疑われる．猫で呼吸困難や消音性の低い呼吸音が聴取された場合には，頭側縦隔リンパ腫や食道腔外閉塞の可能性が考えられる．

④ 食道疾患を診断する場合，まず胸部のX線検査が重要となる．食道腔内に気体や食べ物，液体が存在しない限りは，食道が写し出されることはない．巨大食道症では，食道全体に拡張が認められる．狭窄や異物，食道腔外閉塞あるいは血管輪奇形では，局所性の拡張が観察される．食道拡張が全く認められない場合には，縦隔拡張や気管の変位（腹側／右側変位）の有無を調べる必要がある．吐出の一般的な合併症である誤嚥性肺炎では，特に頭側／中央の肺葉の腹側位に気管支周囲や肺胞に陰影が観察される．頭側縦隔の腫瘍や心肥大によって，食道腔外閉塞が起こる場合がある．

⑤ 胸部X線検査で診断が得られなかった場合には，神経学的疾患を疑って神経学的検査を実施する．重症筋無力症は，吐出／巨大食道症を起こす最も一般的な特異的神経疾患である．その他，多神経炎と甲状腺機能低下による神経症が可能性として考えられる．神経学的検査で異常が認められない場合には，食道疾患をさらに追求する．

⑥ バリウム液を食べ物に混ぜて与える食道造影は，食道の大きさや粘膜傷害，運動性を評価するのに適した方法といえる．透視によるX線造影検査は，微細な運動を調べるにはきわめて優れた方法といえるが，まずはX線撮影による検査から始めるのがよい．食道穿孔が疑われる場合には，バリウムによって著しい縦隔炎を起こす可能性があるためバリウムの投与は避ける．その場合には水性ヨードを含む造影剤を代わりに使用する．

⑦ X線造影検査で診断が下せなかったり，確定されない場合には，次の段階として食道の内視鏡検査を実施する．これによってほとんどの場合，食道の異物は診断が付くし除去も可能となる．また狭窄も診断が可能であり，適正なバルーン・カテーテルで拡張することもできる．食道炎や食道腔内の腫瘤など食道腔粘膜のさらに細かい状態も，目で見て確認することができる．

⑧ 神経学的検査で異常として認められる所見には，下部運動ニューロン性あるいは上部運動ニューロン性疾患がある．下部運動ニューロン疾患では，筋の削痩，運動誘発性脱力，脊髄反射の正常から抑制などの症状が認められる．通常意識は正常である．運動の際に脱力を認める場合には，まず重症筋無力症と多発性神経炎の判別が必要となる．生後数週間以内に吐出が認められれば，後天性のものというよりも先天性の重症筋無力症が疑われる．上部運動ニューロン性疾患では，脊髄反射の亢進と脱力の症状が観察され，この場合には筋の削痩はほとんどあるいは全く認められない（もちろん，慢性的な症状や食事が十分摂取されていない場合は別である）．

⑨ 時には，原発性の脳幹疾患が原因で巨大食道症を認めることがある．ここまでの検査結果で異常が認められない場合，特に頭側の神経症状を認める場合には，CT/MRIによる脳のスキャンが必要となる．上部運動ニューロンによる巨大食道症では，ほとんどの場合脳幹の病変が原因しているため，非対称性の脱力症状とその他の頭部神経欠損の症状が明白に認められる．

⑩ 巨大食道症が全体的に認められ，内視鏡で異常が観察されない場合には，'重症筋無力症の力価'を調べる必要がある．血清で抗コリンエステラーゼ受容体抗体を調べる．これによって後天性の重症筋無力症を確認することができる．しかし筋無力症の犬の約15％では，この抗体の上昇が認められず，筋の組織を採取して免疫学的検査を実施し診断することになる．先天性の重症筋無力症では末梢血による抗体の上昇は認められない．これは免疫介在性の受容体破壊というよりもアセチルコリン受容体が先天的（多分遺伝的）に欠損していることが原因となる．

■ *吐出 / 巨大食道症* ■

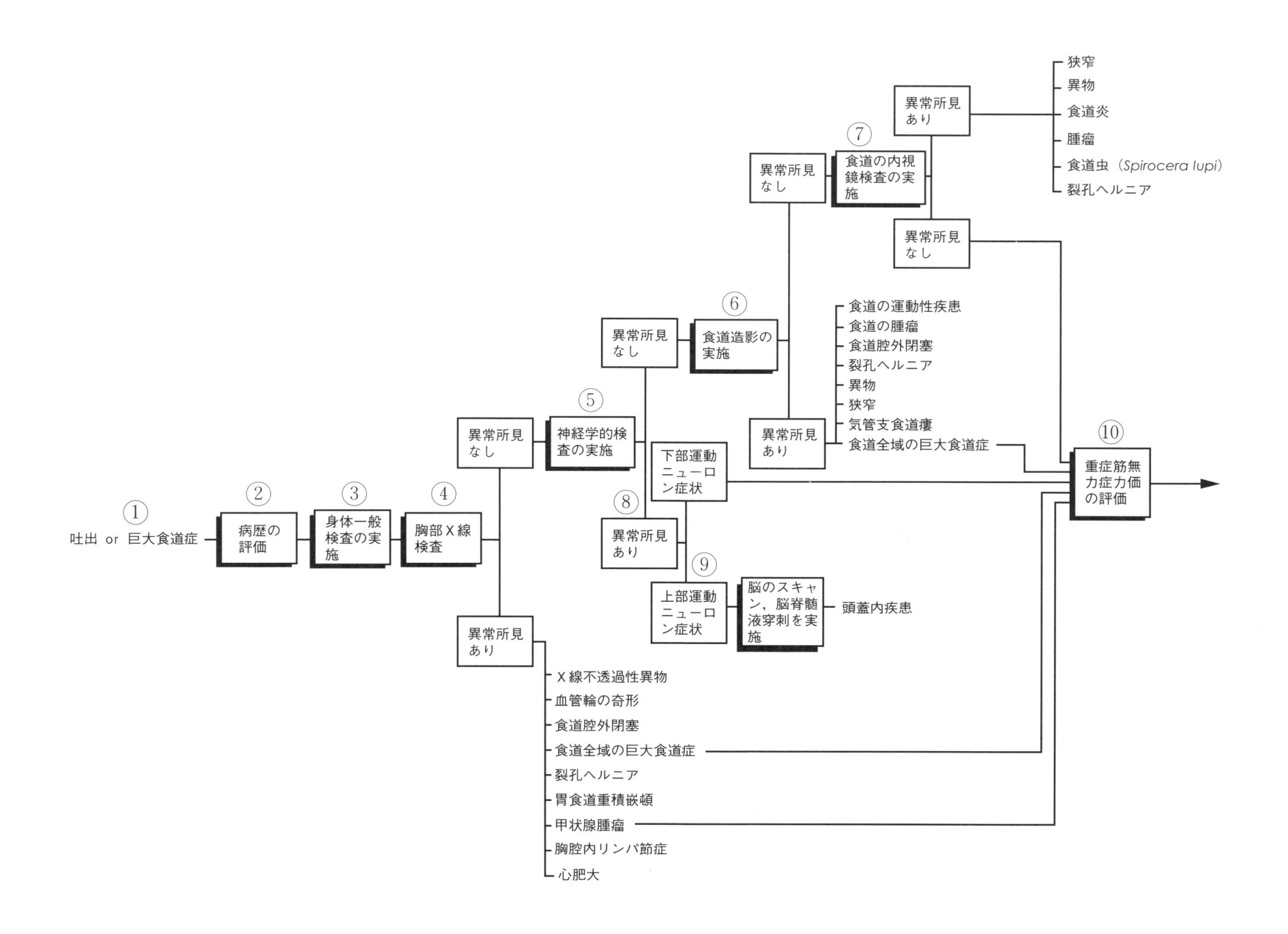

```
① 吐出 or 巨大食道症
② 病歴の評価
③ 身体一般検査の実施
④ 胸部X線検査
```

異常所見なし →
  ⑤ 神経学的検査の実施
    異常所見なし →
      ⑥ 食道造影の実施
        異常所見なし →
          ⑦ 食道の内視鏡検査の実施
            異常所見あり:
              - 狭窄
              - 異物
              - 食道炎
              - 腫瘍
              - 食道虫 (Spirocera lupi)
              - 裂孔ヘルニア
            異常所見なし → ⑩ 重症筋無力症力価の評価
        異常所見あり:
          - 食道の運動性疾患
          - 食道の腫瘍
          - 食道腔外閉塞
          - 裂孔ヘルニア
          - 異物
          - 狭窄
          - 気管支食道瘻
          - 食道全域の巨大食道症 → ⑩ 重症筋無力症力価の評価
    異常所見あり:
      - 下部運動ニューロン症状 → ⑩ 重症筋無力症力価の評価
      - ⑧ 異常所見あり
      - ⑨ 上部運動ニューロン症状 → 脳のスキャン, 脳脊髄液穿刺を実施 → 頭蓋内疾患

異常所見あり:
  - X線不透過性異物
  - 血管輪の奇形
  - 食道腔外閉塞
  - 食道全域の巨大食道症 → ⑩ 重症筋無力症力価の評価
  - 裂孔ヘルニア
  - 胃食道重積嵌頓
  - 甲状腺腫瘍 → ⑩ 重症筋無力症力価の評価
  - 胸腔内リンパ節症
  - 心肥大

■ 吐出／巨大食道症 ■

⑪ クレアチン・キナーゼ（CK）を始めとする一連の血清生化学検査では，副腎皮質機能低下症と多発性筋炎の有無を点検する．高カリウム血症と低ナトリウム血症が同時に認められる場合には，巨大食道症の基礎原因として副腎皮質機能低下症が1つの可能性として疑われる．クレアチン・キナーゼの上昇が認められる場合には，多発性筋炎を疑う必要がある．感染や免疫介在性といった原因が様々考えられるが，最も一般的なのは特発性であろうと思われる．変性性筋症のなかには，クレアチン・キナーゼの上昇を認めるものもあるが，変性性筋症によって巨大食道症が認められることは普通はない．

⑫ 副腎皮質機能低下症によって巨大食道症になることはきわめてまれである．しかし血清生化学検査で $Na^+:K^+$ 比が27以下の場合には，ACTH刺激試験を使って，さらに調べる必要がある．

⑬ 血清クレアチン・キナーゼが上昇している場合には，変性性多発性筋症か多発性筋炎が疑われる．次に考えられる診断的検査としては，食道筋よりも採取しやすい線状筋（および／または神経）の生検を実施する．

⑭ 生化学検査と血清クレアチン・キナーゼ濃度に異常が認められない場合には，免疫介在性疾患の疑いが強ければ血清の抗核抗体検査を実施する．また休息時の血清甲状腺ホルモン濃度や平衡透析による遊離 T_4 ならびに甲状腺刺激ホルモン濃度など一連甲状腺ホルモン濃度，そして血清鉛濃度の測定などの検査をさらに実施する．鉛濃度の検査と甲状腺の検査によって，きわめてまれな巨大食道症の原因，すなわち鉛中毒と甲状腺機能低下症を見きわめることができる．甲状腺機能低下症と巨大食道症の関係については，まだ分かっていないしまれではあるが，治療するからには調べておく価値はある（もちろん，巨大食道が改善されることはないと思われる）．どちらかといえば免疫介在性疾患によって，食道の機能不全やその他の神経学的機能不全が起こることが考えられている．抗核抗体が陽性であれば，免疫介在性疾患と診断されることになるが，何がひき金になったかということについては明らかにならないものと思われる．

⑮ 大学病院や専門病院では，除神経電位や筋の炎症の有無を調べるために，針電極による筋電図検査を実施することになる．いずれの場合も筋電図検査は，神経／筋の生検を実施する前に行うべきものである．筋や神経の組織病理学的検査によって，その組織の状態は把握できるが，異常をもたらす原因については見つからないことが多い．炎症があれば，考えられるのは感染，腫瘍，免疫介在性疾患である．血清を調べれば，トキソプラズマとネオスポラの力価は分かる．高齢動物では基礎疾患として腫瘍が考えられるため，胸部X線検査と腹部の超音波検査を実施し検討する必要がある．

⑯ 臨床徴候が巨大食道症しか見つからず，鑑別診断で他に考えられるものがない場合には，特発性巨大食道症と診断されることになる．基礎原因として断然多いのが，この食道全域にみられる特発性巨大食道症である．おそらく80〜90％の症例が特発性のものと思われる．

■ 吐出／巨大食道症 ■

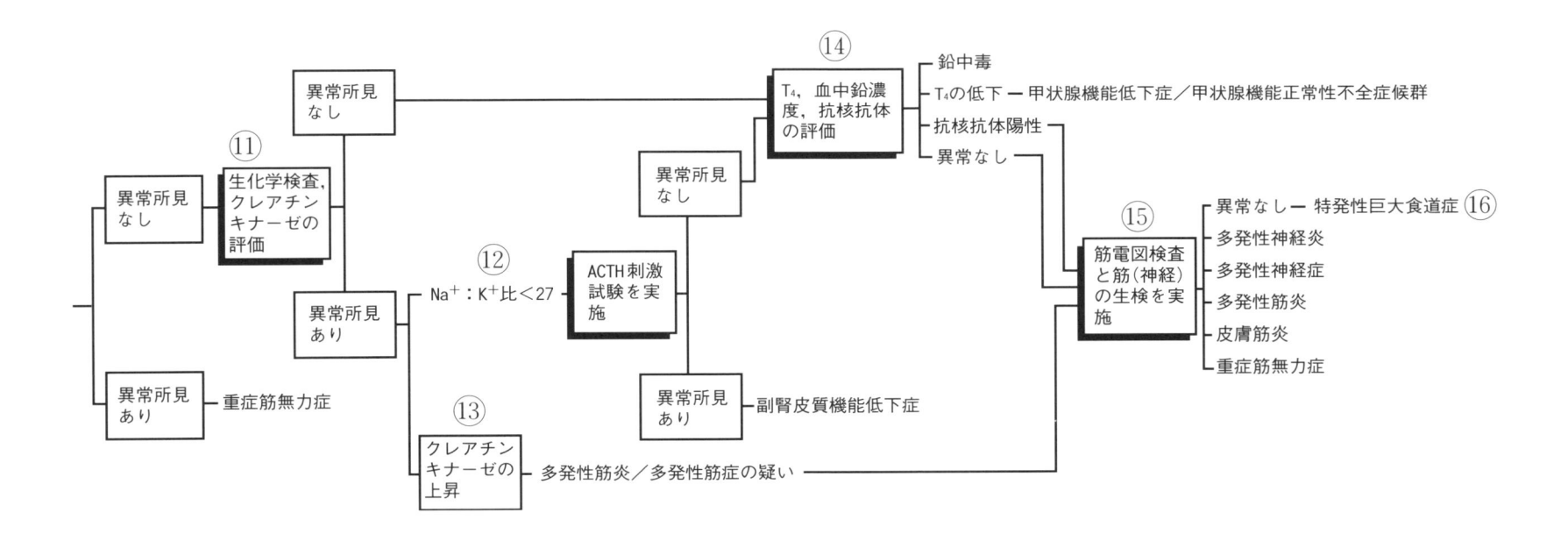

- 異常所見なし → ⑪ 生化学検査，クレアチンキナーゼの評価
  - 異常所見なし → 異常所見なし → ⑭ T₄，血中鉛濃度，抗核抗体の評価
    - 鉛中毒
    - T₄の低下 ― 甲状腺機能低下症／甲状腺機能正常性不全症候群
    - 抗核抗体陽性
    - 異常なし → ⑮ 筋電図検査と筋（神経）の生検を実施
      - 異常なし ― 特発性巨大食道症 ⑯
      - 多発性神経炎
      - 多発性神経症
      - 多発性筋炎
      - 皮膚筋炎
      - 重症筋無力症
  - 異常所見あり → Na⁺：K⁺比＜27 → ⑫ ACTH刺激試験を実施
    - 異常所見なし
    - 異常所見あり ― 副腎皮質機能低下症
  - ⑬ クレアチンキナーゼの上昇 ― 多発性筋炎／多発性筋症の疑い →（⑮へ）
- 異常所見あり ― 重症筋無力症

急性嘔吐

① 嘔吐とは体内から胃の内容物が強制的に駆出される状態をいう．通常では，能動的な腹部の攣縮，むかつき，消化様の嘔吐物，食べ物や液体に黄色の胆汁が混入されている状態が観察される．このような特徴から，吐出とは異なる．しかし嘔吐も吐出も，食べた直後に起こる場合もあれば時間が経ってから認められる場合もあり，悪心と不快感が認められる．これらの症状は基礎原因が明確に異なり，当初の診断的検査でも重複するところはないため，嘔吐か吐出かをまず最初に見きわめることが重要となる．もし何なのか怪しい場合には，入院させて観察する必要がある．最後の手段としては，尿検査紙やリトマス試験紙を吐物に当てて，中性（吐出による吐物）か酸性（嘔吐物）かを見分ければよい．嘔吐であることがはっきりしたら，慢性か急性かならびにその重症度を見きわめる必要がある．嘔吐の基礎原因を見きわめたり，当初の診断的検査を選ぶ際に，急性嘔吐と慢性嘔吐を見分けることが多くの場合重要となる．一方嘔吐が命にかかわるものなのか否かを見きわめることによって，さらに進める検査も違ってくる．急性の命にかかわらない嘔吐は，胃炎か食べ物の失宜によるもので，必要なのは支持療法だけということになる．しかし急性の著しい嘔吐の場合には，毒物の摂取や腸の閉塞，無尿性腎疾患が関与していることもあり，速やかに診断的検査と治療を開始する必要がある．急性嘔吐は，ここ2週間以内の間に嘔吐が認められている場合，あるいはこの間嘔吐が続いている場合と定義されている．著しい嘔吐が認められない場合には，取り合えず診断的検査の必要はない．当初の原因を排除して，24〜48時間絶食させればよい．この間，静脈あるいは皮下による補液が必要になる場合もある．食事を再開する際には，刺激の少ない食事を与える必要がある．当初に比較的著しい臨床症状が認められたり，治療期間中に嘔吐がみられる場合には，さらに診断的検査を積極的に進める必要がある．

② 若齢の場合や犬猫の胃腸ウイルスに対するワクチン接種が完全に終了していない場合には，臨床症状（発熱，嘔吐，下痢，嗜眠など）から感染を疑わせる他の動物と接触がなかったか否かを見きわめる必要がある．老齢動物では，急性の嘔吐の原因として前立腺膿瘍や前立腺炎あるいは子宮蓄膿症などが疑われることから，避妊去勢の有無を知ることも重要となる．

③ 犬では，嘔吐の原因となるウイルス性疾患の確定診断は比較的容易である．パルボウイルスの検査は，糞便を使ってELISA法で調べることができる．検査が陽性であれば，正に感染しているか，あるいは最近生ワクチンを接種したかの何れかが考えられる．

④ ELISA法による犬ジステンパーウイルスの検査法はない．急性感染では，上部呼吸器症状と神経症状が中心となる．しかし骨髄と胃腸系が侵される場合もあり，眼鼻の分泌物や嘔吐，下痢が認められる場合には，免疫蛍光抗体法で眼結膜の掻爬組織を調べ，犬ジステンパーウイルスの封入体を確認する必要がある．若い犬で嘔吐と下痢が認められる場合には，他にも様々な胃腸に関与するウイルス（ロタウイルス，アデノウイルス，コロナウイルスなど）があることを忘れてはならない．標準的なワクチン接種プログラムではこれらすべてが含まれているわけではないし，組織生検以外にはこれらのウイルスを確認することは容易ではない．

⑤ 若い猫やワクチン接種が完全でない猫の場合，急性嘔吐の原因ウイルスを確定診断することは比較的難しい．猫汎白血球減少症ウイルス感染では，嘔吐と下痢を認めることがある．また全身性の疾患や発熱，低体温症，白血球減少症なども観察される．猫白血病ウイルスと猫免疫不全ウイルスは何れも検査が可能であり，嘔吐が認められる猫でこれまでに検査が行われていない場合には，少なくともELISAの複合検査を実施する必要がある．

⑥ 比較的年齢のいった犬や猫では，それがかなりの高齢であったり，合併症や薬物療法による免疫抑制がない場合には，感染で急性嘔吐を認めることは少ないものと思われる．ただし最初の病歴聴取時に，嘔吐や下痢を示す動物との接触の有無を調べておくことは重要である．年齢が高くなればなるほど，臓器の機能不全や腫瘍，薬剤による嘔吐の可能性は高くなるものと思われる．

⑦ 病歴の聴取では，薬剤や胃腸を刺激するもの，毒物などに関する情報を得る必要がある．薬剤によって，胃腸粘膜や脳の化学受容器引金帯（CTZ）が刺激され，その結果嘔吐を認めることがある．一般的に嘔吐を起こす薬剤としては，非ステロイド系抗炎症剤（NSAID），グルココルチコイド，抗菌剤（例えば，エリスロマイシン，セファロスポリン，テトラサイクリン），強心配糖体，化学療法剤などがあげられる．薬剤を投与すれば比較的速やかに嘔吐が誘発されるというのがほとんどの場合である．しかし非ステロイド系抗炎症剤（NSAID）とグルココルチコイドでは，慢性的な投与によって累積的に胃腸が刺激され嘔吐を発現する場合がある．他の臨床徴候と同時に急性の胃腸症状を示す毒物には，植物アルカロイド，ソラニン，マシュルーム，殺虫剤（アミトラズ，メタアルデヒド，ナフタリン，ニコチン，ピレトリン），重金属（鉛，亜鉛，鉄）などがあげられる．生ごみに含まれる強力な毒物（生ごみによる中毒）には，細菌のエンテロトキシン，真菌毒素，醗酵産物などがある．

⑧ 病歴の聴取で薬剤や毒物との接触が認められない場合には，最近の食事内容の変更や食事の失宜の有無を調べる．食事内容が変わることによって胃腸症状が現れる場合もある．この場合，食べ物の成分に対する感受性や脂肪と蛋白の内容の変化あるいは真の食物アレルギーが原因で，胃腸症状が現れるという可能性が考えられる．その他，不適切な食べ物（食事の残り物）や生ごみ漁り，その他の不適切なものの摂取などによって胃腸症状が現れることもある．このような場合には，さらに検査を進める前に，できれば24〜48時間絶食させて，これまで与えてきた食事内容に切り換えることも重要となる．また病歴の聴取に際して，腸閉塞や腸を刺激する可能性のある消化不能な異物の摂取の有無を確かめておくことも大切である．

⑨ 病歴の聴取で，薬剤の投与や毒物，異物の摂取，最近の食事内容の変更，不適切な食事などの疑いがない場合には，身体一般検査で嗜眠や抑うつ，発熱，黄疸，腹部膨満，腹水，腹腔内腫瘤，異物，腹痛などの有無を詳しく調べる必要がある．異常所見が認められる場合には，特異的な異常所見と非特異的な異常所見が観察されるはずである（前者の場合にはさらに診断的検査を進めて治療することになるが，後者では病態は分かるが，必ずしも特定の診断の進め方が示唆されるというわけではない）．

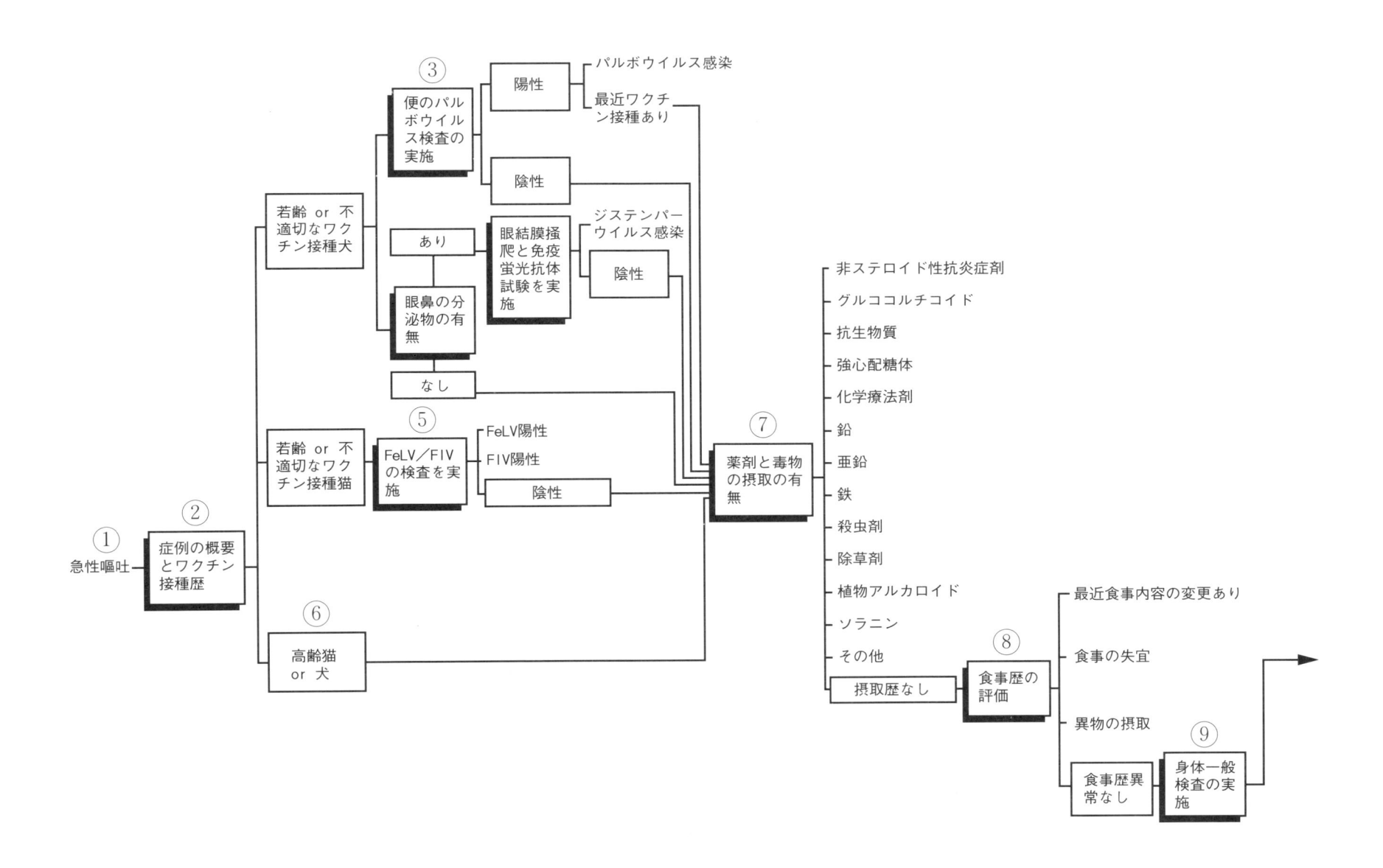

■ 急性嘔吐 ■

① 急性嘔吐 — ② 症例の概要とワクチン接種歴

- 若齢 or 不適切なワクチン接種犬
  - ③ 便のパルボウイルス検査の実施
    - 陽性
      - パルボウイルス感染
      - 最近ワクチン接種あり
    - 陰性
  - あり
    - ④ 眼結膜掻爬と免疫蛍光抗体試験を実施
      - ジステンパーウイルス感染
      - 陰性
  - 眼鼻の分泌物の有無
  - なし
- 若齢 or 不適切なワクチン接種猫
  - ⑤ FeLV／FIVの検査を実施
    - FeLV陽性
    - FIV陽性
    - 陰性
- ⑥ 高齢猫 or 犬

⑦ 薬剤と毒物の摂取の有無
- 非ステロイド性抗炎症剤
- グルココルチコイド
- 抗生物質
- 強心配糖体
- 化学療法剤
- 鉛
- 亜鉛
- 鉄
- 殺虫剤
- 除草剤
- 植物アルカロイド
- ソラニン
- その他
- 摂取歴なし

⑧ 食事歴の評価
- 最近食事内容の変更あり
- 食事の失宜
- 異物の摂取
- 食事歴異常なし

⑨ 身体一般検査の実施 →

■ 急性嘔吐 ■

⑩ 特異的な異常所見としては，腫瘍や体液あるいはガスを充満した内臓による腹部の膨満や触知可能な腹腔内腫瘤，重積嵌頓，腸内異物，前立腺炎や前立腺膿瘍を疑わせるような腫大した疼痛性の前立腺あるいは開放性の子宮蓄膿症が疑われる膣の分泌物などがあげられる．これらの所見ではいずれの場合も，次の段階として腹部画像検査による診断を進めることになる．

⑪ ガス充満性の内臓（例えば胃の膨満や胃の膨満捻転，腸閉塞，腸捻転，腸重積嵌頓など）の鑑別には，X線検査が最も有用な手段となる．胃や腸の部分的な閉塞を鑑別するには，造影検査を必要とする場合がある．しかし嘔吐がある場合には造影剤の投与が難しいこともある．腸の穿孔が疑われる場合には，水溶性のヨード系造影剤を使う必要がある．腫瘍病変（の構造や由来組織，密度）や腸重積嵌頓，子宮蓄膿症，前立腺肥大（が限局性の膿瘍か，前立腺全体の肥大か，炎症か感染か）を判別する場合には，腹部超音波検査の方が有用性が高い．また超音波検査によって，他の組織（例えば肝臓や膵臓）の膿瘍様構造や膵臓全体の炎症像あるいは腎盂腎炎や閉塞を疑わせる腎盂の拡張などが分かることもある．これまで示した疾患の多くは，腹部の画像検査で推測はできるが，確定診断には当該組織の細胞学的検査や培養検査，組織病理学的検査が必要になることはいうまでもない．

⑫ その他身体一般検査で認められる異常所見には，毒物との接触や前庭病変を疑わせる急性の神経症状の発現がある．前庭病変では，乗り物酔い症候群による嘔吐が認められる．急性前庭徴候の基礎原因としては，脳幹病変（特に腫瘍と内耳疾患）と中耳疾患（感染や耳の洗浄による傷害，鼓膜破裂，アミノグリコシドなどの聴器毒性薬剤の投与）などがあげられる．

⑬ 身体一般検査で認められる特異性の低い異常所見としては，発熱，黄疸，口腔内潰瘍，脱力，体重減少，腹部疼痛などがある．非特異的な異常所見を認める場合や異常所見が認められない場合には，最低限の一般検査（血液像，一連の生化学検査，尿検査）を実施して，嘔吐の全身的な原因（例えば胃腸系以外の原因）を見きわめる必要がある．このような疾患としては，腎不全や副腎皮質機能低下症，糖尿病性ケトアシドーシス，肝炎などがある．もし画像検査をまだ実施していない場合には，腹部の画像検査（例えば超音波検査）を行って，これらの疾患をさらに確認しておくことも必要である．その他の疾患では，確定診断のために細胞学的検査や組織病理学的検査が必要になることもある．

⑭ 副腎皮質機能低下症では，急性の嘔吐や下痢，心血管系の虚脱，徐脈や低体温症，電解質の不均衡に伴うショックが現れることもある．ミネラルコルチコイドの欠乏によって副腎皮質機能低下症の特徴でもある典型的な電解質不均衡が起こるが，一方ではグルココルチコイドの欠乏によって胃腸症状が起こることも頭に入れておく必要がある．したがって，嘔吐や下痢など非特異的徴候を示し，グルココルチコイドの欠乏しか認められないという可能性もある（慢性嘔吐の項を参照）．猫では医原性の場合は別として，副腎皮質機能低下症はきわめてまれな疾患である．

⑮ 犬で嘔吐や血液性の下痢などの著しい臨床症状が認められる場合や重度の血液濃縮（PCVが55〜70％で，総血清蛋白が著しく高い状態）が認められる場合には，出血性の胃腸炎に罹っていることがある．出血性胃腸炎の本当の原因は分かっていない．病因学的には，クロストリジウム属の腸内毒素と腸内毒素源性の *Escherichia coli* が考えられている．中齢の小型犬にみられ，臨床経過が短い（72時間）という典型的な報告がなされており，適切で積極的な輸液療法と抗菌療法が確立されている．

⑯ 敗血症（内毒素血症，敗血症性血症）の場合には，全身性の著しい病状や胃粘膜の傷害あるいは他の臓器（肝臓や腎臓）の機能不全などによる症状として，嘔吐を認める場合がある．このような場合，他にも著しい全身症状を認めるのが普通であり，診断を進める際にはこうした症状が役立つことになる．敗血症にかかわる微生物の確定には，血液培養（24時間内に3回採血し，できれば発熱時に採血するのが望ましい）と尿の培養を必要とすることもある．

⑰ ここまできても，急性嘔吐と下痢の原因がつかめない場合には，胃腸の寄生虫を調べるために少なくとも24時間間隔で3回，硫酸亜鉛浮遊法による糞便検査を行い，同時に便の直接塗抹による検査を実施する．胃腸に寄生する虫のなかには，特に若い動物で，嘔吐を誘発するものもある．嘔吐の原因となる寄生虫には，犬猫の腸内回虫の濃厚感染，犬の *Physaloptera* 属（旋尾虫科の線虫），猫の *Ollulanus tricuspis*（Ollulannus科の線虫）がある．犬糸状虫が寄生する猫の約1/3に急性嘔吐や慢性嘔吐（こちらの方が一般的）が認められるため，流行地域の猫では *Dirofillaria immitis* の抗原ならびに抗体検査を実施するのが望ましい．

⑱ 急性嘔吐で，口からの内視鏡検査や試験的開腹術あるいは胃と小腸の生検等が必要になることは滅多にない．おそらく急性嘔吐で，口からの内視鏡検査が必要になるのは，すでに胃内異物が分かっている場合か疑われる場合である．手術が必要となるのは，小腸の閉塞（この場合異物や腫瘍，重積嵌頓など多くの原因がある）と胃ならびに小腸の捻転の場合である．胃と小腸の捻転では，助けようとすればきわめて短時間（来院後30〜60分以内）のうちに手術をする必要がある．また内視鏡検査は，急性吐血の際に胃と十二指腸の病変部の範囲を見きわめるためにも重要となる．*Helicobacter* 属による胃炎が急性嘔吐の原因になることがある．しかしこの細菌による胃の炎症では，慢性嘔吐になる傾向の方が強い．内視鏡や外科手術，胃腸の生検を必要とする急性嘔吐では多くの場合，この時点に到るまでには慢性的な問題を抱えてしまうようになるものと思われる（慢性嘔吐の項を参照）．

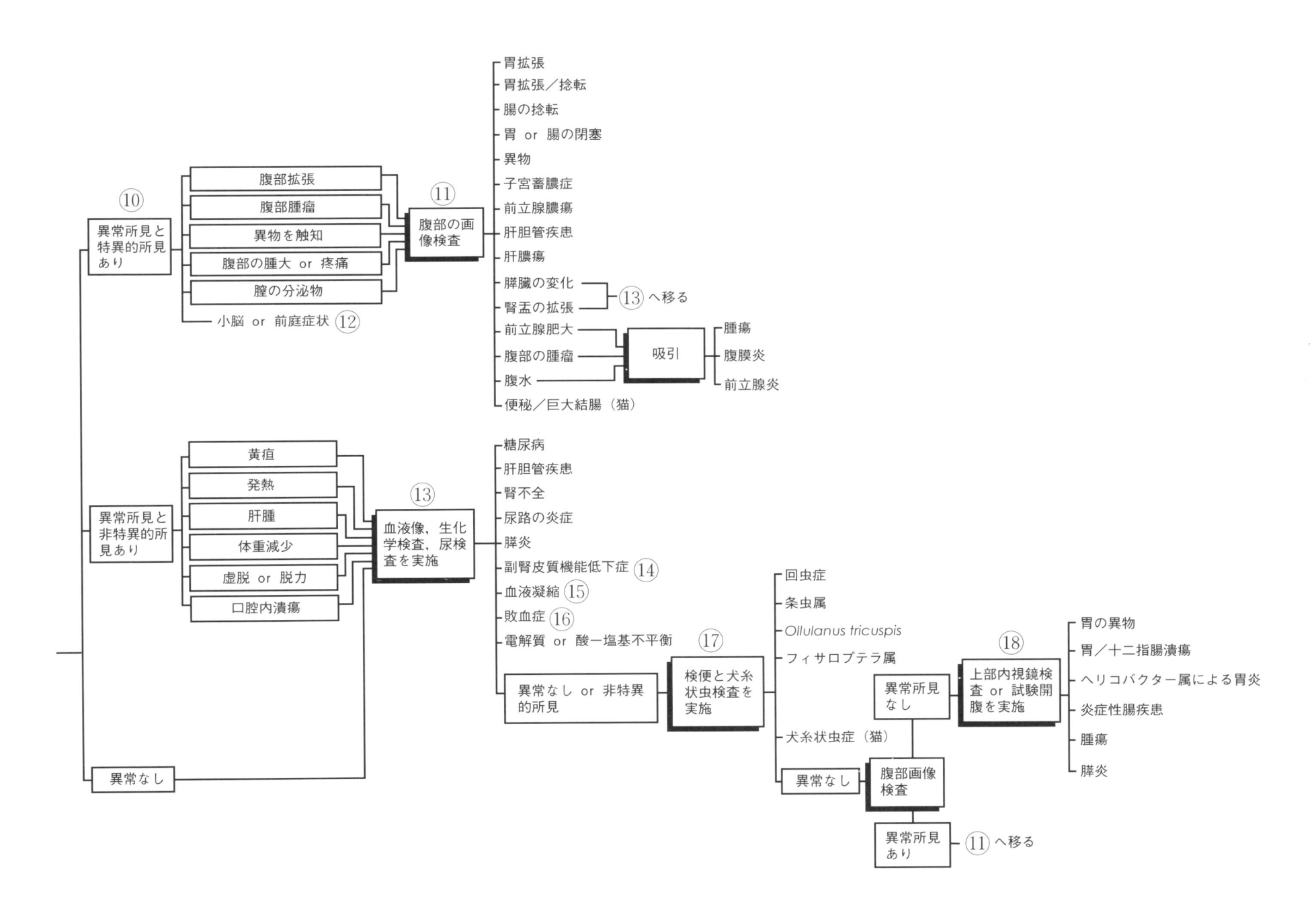

■ 急性嘔吐 ■

```
                                   ┌─ 胃拡張
                                   ├─ 胃拡張／捻転
                                   ├─ 腸の捻転
                  ┌─ 腹部拡張 ─┐    ├─ 胃 or 腸の閉塞
                  ├─ 腹部腫瘤 ─┤    ├─ 異物
         ⑩       ├─ 異物を触知┤⑪  ├─ 子宮蓄膿症
     ┌─ 異常所見と ┼─ 腹部の腫大 or 疼痛 ─ 腹部の画像検査 ┤── 前立腺膿瘍
     │  特異的所見 └─ 膣の分泌物 ─┘    ├─ 肝胆管疾患
     │  あり                           ├─ 肝膿瘍
     │                                 ├─ 膵臓の変化    ┐
     │                                 ├─ 腎盂の拡張    ┴─ ⑬へ移る
     │                                 ├─ 前立腺肥大 ┐         ┌─ 腫瘍
     │          └─ 小脳 or 前庭症状 ⑫  ├─ 腹部の腫瘤 ┼─ 吸引 ┼─ 腹膜炎
     │                                 ├─ 腹水       ┘         └─ 前立腺炎
     │                                 └─ 便秘／巨大結腸（猫）
     │
     │           ┌─ 黄疸 ─┐
     │           ├─ 発熱 ─┤          ┌─ 糖尿病
     │           ├─ 肝腫 ─┤ ⑬       ├─ 肝胆管疾患
     ├─ 異常所見と ┼─ 体重減少 ─ 血液像，生化学検査，尿検査を実施 ┤── 腎不全
     │  非特異的   ├─ 虚脱 or 脱力 ─┤  ├─ 尿路の炎症
     │  所見あり   └─ 口腔内潰瘍 ─┘   ├─ 膵炎
     │                                 ├─ 副腎皮質機能低下症 ⑭
     │                                 ├─ 血液凝縮 ⑮
     │                                 ├─ 敗血症 ⑯
     │                                 ├─ 電解質 or 酸─塩基不平衡
     │                                 │                    ⑰           ┌─ 回虫症
     │                                 └─ 異常なし or 非特異的所見 ─ 検便と犬糸状虫検査を実施 ┤── 条虫属
     │                                                                    ├─ Ollulanus tricuspis
     │                                                                    ├─ フィサロプテラ属
     │                                                                    │          ┌─ 異常所見なし ─ ⑱ 上部内視鏡検査 or 試験開腹を実施 ┐
     │                                                                    │          │                                                          ├─ 胃の異物
     │                                                                    │          │                                                          ├─ 胃／十二指腸潰瘍
     │                                                                    │                                                                     ├─ ヘリコバクター属による胃炎
     │                                                                    ├─ 犬糸状虫症（猫）                                                  ├─ 炎症性腸疾患
     │                                                                    └─ 異常なし ─ 腹部画像検査 ┐                                        ├─ 腫瘍
     │                                                                                                   └─ 異常所見あり ─ ⑪へ移る              └─ 膵炎
     │
     └─ 異常なし
```

慢性嘔吐

① 慢性嘔吐は，4週間以上間欠的あるいは持続的に嘔吐が認められる場合と定義されている．急性嘔吐と慢性嘔吐の間には，時間的にはどっち付かずの部分はある．急性に始まった嘔吐（例えば炎症性の腸疾患や Helicobacter spp. による胃炎，異物による部分閉塞などによる嘔吐）は，そのうちには慢性的になる可能性はある．慢性嘔吐を示す動物では，健康そうで体重の減少や全身性疾患の徴候が認められないこともある．このような状況が認められるのは，胃腸，特に胃に原発する場合が最も多いものと思われる（例えば良性の腫瘍による部分的な胃の流出性閉塞，幽門肥大，運動性障害，胆汁性嘔吐，Helicobacter spp. による胃炎）．嘔吐を伴って比較的重度の胃腸症状（下痢，食欲廃絶，体重減少）が認められる症例というのは，胃腸全体が侵されている重度の疾患かあるいは全身性疾患（例えば慢性腎不全，肝疾患）の場合である．慢性嘔吐ではいかなる場合でも，初めに食事歴を詳しく聴取することは重要であるが，急性嘔吐の場合と同様に，当初の鑑別診断に際しては必ずしも役に立つというわけではない．ただし炎症性の腸疾患が診断されたり，食事性アレルギーが疑われた場合には，低アレルギー食を与えるかどうかを決める際には役に立つものといえる．

② 慢性嘔吐では，薬剤や毒物の摂取の有無をまず最初に調べる必要がある．薬剤の投与では多くの場合，急性嘔吐を認めるのが普通であるが，薬剤（非ステロイド性抗炎症剤，プレドニゾン，アザチオプリン）によっては，慢性胃炎やびらん，潰瘍，比較的長期にわたる徴候を認めることがある．このような症例では最終的には確定診断や治療のために口からの内視鏡や試験開腹術を必要とする場合もあるが，可能な限り休薬して臨床症状の改善の有無を確かめるのが妥当である．比較的重度の臨床結果をもたらすことなく，慢性嘔吐を示すという毒物は，少ないものと思われる．しかし鉛と砒素の場合には，いずれも少量を慢性的に摂取すれば，慢性の胃腸症状を示すようになるはずである．

③ 慢性嘔吐の診断では，症例の概要は重要な要素となる．例えば幽門肥大をあげてみると，シャム猫では先天性の疾患として認められるし，老齢の小型犬やトイ種では後天性の疾患として認められるように思われる．また種類によっては，リンパ腫になりやすいとか腸内細菌が過剰に増殖しやすいといった素因をもつものもある．慢性疾患や下痢とか体重減少の有無を知るためには，病歴の聴取が必要となる．身体一般検査は，口腔内潰瘍やリンパ節症，網膜炎，身体一般状態の悪化の有無を見分けるのに重要となる．また腹腔内腫瘤や皮膚の腫瘤があれば，比較的重度の全身性疾患が疑われ，この全身性疾患が原因で嘔吐を認めることもあるし，（特に猫では結腸は触知しやすいため）嘔吐にもつながる結腸の拡張／難治性便秘の有無を知る意味でも，身体一般検査は重要となる．

④ 小型犬（ミニチュア・プードル，ビション・フリーゼ，シェットランド・シープドッグ）では，胆汁性嘔吐症候群になりやすい傾向がある．これらの犬種では，特に次の食事の直前（夜半や明け方）に胃が空っぽになると嘔吐が認められる．この嘔吐は，胃の消化過程が終了して，幽門が弛緩している際に，空っぽになった胃のなかに小腸からアルカリ性の胆汁が過剰に逆流するために起こる．アルカリ性の胆汁によって胃粘膜が刺激されると，胃粘膜は酸で対抗するため過度のアルカリ性にはならない．治療法としては，日中と夜半に何回かに分けて少量づつの食事を与えれば，胃が空っぽになることはなく，胃酸が存在するため，いかなる場合も逆流してきたアルカリ性の胆汁は中和されることになる．

⑤ 肥満細胞が認められる場合にはたとえ小さくても，皮膚病変部や皮下病変部を吸引して細胞学的評価を行う必要がある．肥満細胞腫が全身に広がると，循環血液中のヒスタミンが増加し，胃粘膜内の H_2 受容体と結びついて胃酸の産生が煽られ，その結果胃が刺激されたり潰瘍になりやすくなる．

⑥ 皮膚あるいは皮下の腫瘤が腫瘍性の肥満細胞か否かを見きわめるためには，（末梢血から白血球の濃縮標本をつくる際に行う）バフィーコートを調べて循環血液中の肥満細胞を見つけたり，腹部超音波検査や肥満細胞の浸潤性を調べるための脾臓やその他の臓器の細胞学的検査ならびに骨髄検査あるいはその何れかを実施する必要がある．これらすべての結果から腫瘍が全身性に広がっているかどうかが分かる．時には，肥満細胞腫とは関係のない重度の胃腸炎によって，循環血液中の肥満細胞数が増加し，播種性肥満細胞症を併発していることがあるため，診断には注意を要する場合がある．

⑦ 8歳齢以上の猫で慢性嘔吐が認められる場合には，甲状腺機能亢進症の有無を調べる必要がある．甲状腺機能亢進症の猫では，必ずというわけではないが，一般的には食欲が正常か亢進し，体重減少と便の形状に異常（下痢からやや嵩張った便，未消化便）が認められる．検査室所見では，肝酵素，特にALTの上昇を認めることも多い．

⑧ 病歴や身体一般検査では特異的所見は認められなかったり，あるいは体重減少しか認められないのに慢性的な嘔吐が観察される場合には，少なくとも3回は便の硫酸亜鉛浮遊試験を実施する必要がある．寄生虫の大量感染（極若齢期の回虫症）や胃の特定寄生虫（Physaloptera 属，Ollulanus tricuspis）では，慢性の嘔吐を認めることがある．若い動物は寄生虫が大量感染しやすかったり，普通は摂取しないような中間宿主を食べる傾向があるため，こうしたことは通常よく認められる．

⑨ この時点で診断検査がいずれも異常なしという場合には，代謝性の原因を押さえておく意味で，最小限の一般検査（血液像，一連の生化学検査，尿検査）結果を評価する必要がある．この場合きわめておく必要があるものは，様々な種類の肝胆管系疾患とホルモン異常，腎疾患，腎の感染症であり，これらはいずれも慢性嘔吐につながるものである．原因が代謝性であることが分かった場合には，画像検査（腹部超音波検査）や，さらなる検査（例えば膵炎によるものか膵臓の腫瘤によるものかを判別するための検査など）が必要となることもある．

⑩ 猫で慢性嘔吐の基礎原因が，この時点で見つからない場合には，血清抗体—抗原検査を実施して犬糸状虫の感染の有無を調べる必要がある．猫はこの寄生虫の第一宿主ではないが，流行地域の外猫であったり，時には他の地域の外猫であっても感染する可能性がある．犬糸状虫症の猫の1/3には，臨床症状として嘔吐だけが認められるといわれている．

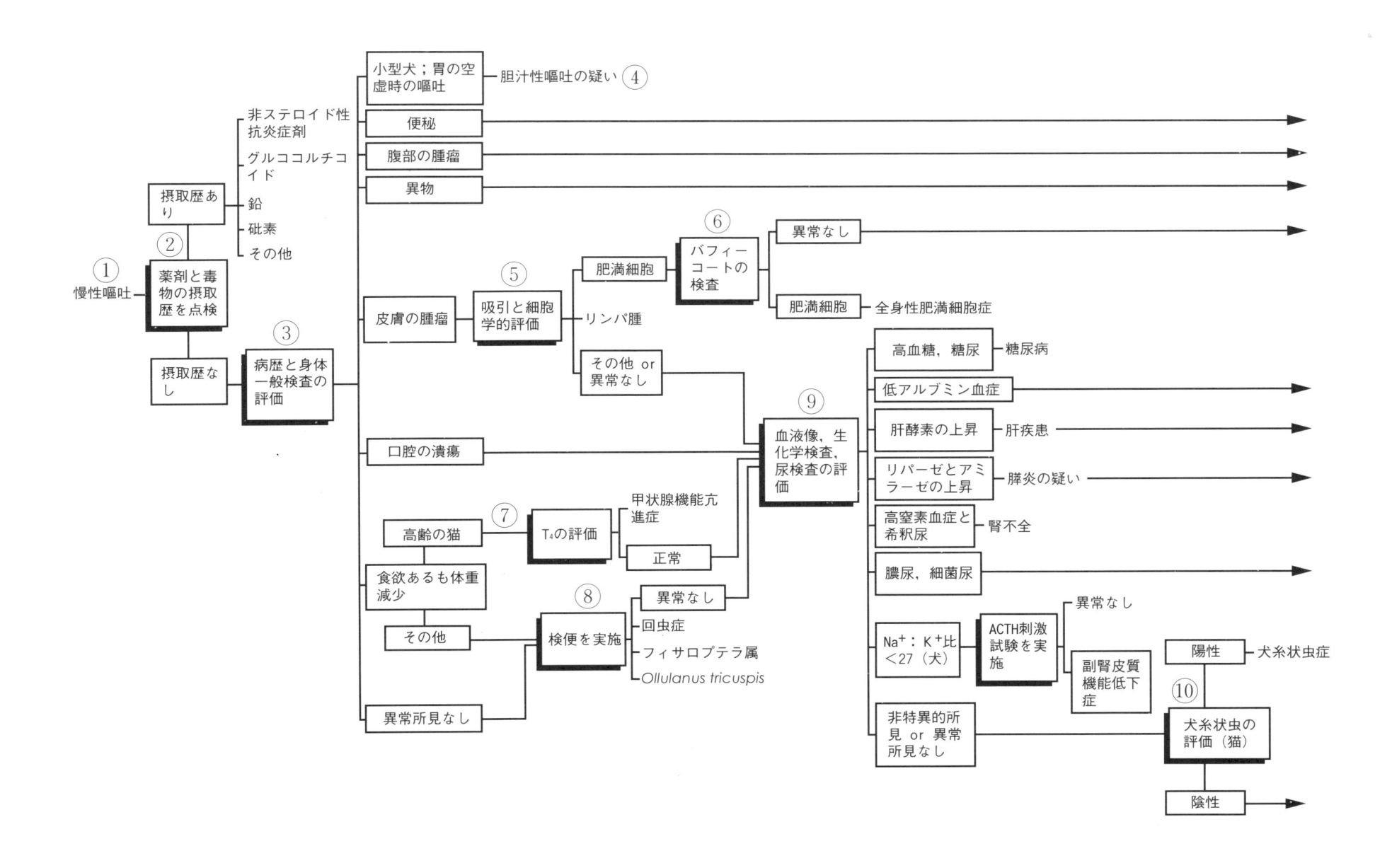

■ *慢性嘔吐* ■

①慢性嘔吐 → ②薬剤と毒物の摂取歴を点検
- 摂取歴あり
  - 非ステロイド性抗炎症剤
  - グルココルチコイド
  - 鉛
  - 砒素
  - その他
- 摂取歴なし → ③病歴と身体一般検査の評価
  - 小型犬；胃の空虚時の嘔吐 → ④胆汁性嘔吐の疑い
  - 便秘 →
  - 腹部の腫瘤 →
  - 異物 →
  - 皮膚の腫瘤 → ⑤吸引と細胞学的評価
    - 肥満細胞 → ⑥バフィーコートの検査
      - 異常なし →
      - 肥満細胞 → 全身性肥満細胞症
    - リンパ腫
    - その他 or 異常なし → ⑨血液像，生化学検査，尿検査の評価
  - 口腔の潰瘍 → ⑨
  - 高齢の猫 → ⑦T₄の評価
    - 甲状腺機能亢進症
    - 正常
  - 食欲あるも体重減少
  - その他 → ⑧検便を実施
    - 異常なし
    - 回虫症
    - フィサロプテラ属
    - *Ollulanus tricuspis*
  - 異常所見なし

⑨血液像，生化学検査，尿検査の評価
- 高血糖，糖尿 → 糖尿病
- 低アルブミン血症
- 肝酵素の上昇 → 肝疾患
- リパーゼとアミラーゼの上昇 → 膵炎の疑い
- 高窒素血症と希釈尿 → 腎不全
- 膿尿，細菌尿 →
- Na⁺：K⁺比 <27（犬） → ACTH刺激試験を実施
  - 異常なし
  - 副腎皮質機能低下症
- 非特異的所見 or 異常所見なし → ⑩犬糸状虫の評価（猫）
  - 陽性 → 犬糸状虫症
  - 陰性 →

■ 慢性嘔吐 ■

⑪ 腹腔内腫瘍や異物，重積嵌頓，結腸の拡張/難治性便秘などが認められる場合には，腹部画像検査を実施する必要がある．腸の完全閉塞やX線不透過性異物，便秘，巨大結腸症などの鑑別には，X線検査による検索が有効的である．部分閉塞やX線透過性異物，運動性障害の場合には，造影検査を必要とする場合もある．腹部超音波検査によって，腸の腫瘤や重積嵌頓，他の臓器の病変部を診断することができるし，腎盂腎炎や胆嚢の炎症/部分閉塞，小副腎症なども鑑別できることがある．

⑫ 慢性嘔吐があるが，最低限の一般検査では異常が認められなかったり，非特異的所見しか認められないといった場合には，おそらく原発性の胃腸疾患であろうと思われる．この場合には口からの内視鏡検査や試験的開腹によって，さらに追求することになる．口からの内視鏡検査は，比較的速やかに実施することができ，非侵襲的であるという利点があり，胃や近位の腸粘膜を直接に目視して評価することができる．欠点としては，小腸の近位部までしか評価できないこと，腸の外面の評価ができないことである．内視鏡による肉眼的検査では，幽門肥大，胃腔内のポリープ，その他の胃/十二指腸の腫瘤病変，術後の胃と幽門部の解剖学的変化，胃の線虫，胃十二指腸の潰瘍/びらん，胃十二指腸逆流の状態などが診断できる．腫瘤病変が良性か悪性か，リンパ球形質細胞性炎症性腸疾患や好酸球性炎症性腸疾患の有無あるいは肉芽腫性胃炎の有無を知るには，組織病理学的検査が必要となる．Helicobacterによる胃炎の診断には，組織病理学的検査とキャンピロバクター様微生物検査が必要となる．幽門肥大の確定診断には病理の専門家による組織病理学的検査を必要とする場合がある．

⑬ 最もよく認められるのは，大きな限局性の胃十二指腸潰瘍で，これは薬剤（非ステロイド性抗炎症剤あるいはプレドニゾン）と腫瘍が原因となる．比較的まれな原因としては，播種性肥満細胞症やガストリノーマ/その他の神経分泌性腫瘍ならびにストレスがある．小さな潰瘍やびらんが認められる場合には，薬物療法と浸潤性腫瘍，播種性肥満細胞症，腐蝕性物質の摂取，Helicobacter属，炎症性腸疾患などが原因として考えられる．まれに原因の分からない胃炎がある．萎縮性胃炎では胃粘膜の菲薄化と酸の分泌低下が認められ，おそらく免疫介在性のものと思われる．バッセンジーとラサ・アプソやミニチュア・プードル，マルチーズなどの小型犬では，肥大性胃炎や胃粘膜の過剰な菲薄化，肥満細胞症やアミン前駆体取り込み

および脱カルボキシル化細胞腫（amine precursor uptake and decarboxylation tumor, APUDoma）などを認めない様々なタイプの炎症細胞性浸潤が観察されている．この疾患は多分遺伝性の免疫介在性疾患であろうと思われる．

⑭ 胃内にHelicobacter属が認められたからといって，必ずしもこれが嘔吐の原因であるとは限らない．犬と猫では，Helicobacter属とこれに関連する螺旋様微生物は，胃の正常細菌叢として存在する場合がある．嘔吐に併せてHelicobacter属が認められるが，胃の炎症はない．しかしHelicobacter感染に対して特定の治療をすると反応が認められたという報告がある．

⑮ 炎症性腸疾患では，小腸と胃の粘膜にリンパ球性浸潤と形質細胞性浸潤あるいはその何れかが認められるのが普通である．この疾患は，腸腔内の摂取蛋白と細菌性抗原に対して免疫系が不適切あるいは過剰に反応した結果起こるものと考えられている．好酸球浸潤も多分同じ理由と考えられるが，寄生虫感染もかなり影響しているものと思われる．好酸球性浸潤では閉塞を起こす傾向が比較的高く，免疫抑制や低アレルゲン食には余り反応しない場合がある．猫にみられる腸の好酸球性浸潤は，過好酸球性症候群として認められることがある．この場合には多数の臓器が侵され，末梢性の好酸球増加症が観察され，治療は困難となる．

⑯ 肉芽腫性胃炎はまれな疾患であり，限局性の腫瘤や顕微鏡下でのび漫性肉芽腫が特徴として認められる．この疾患は，好酸球性浸潤や真菌感染，猫伝染性腹膜炎，寄生虫，腫瘍などに併発して認められることが報告されている．

⑰ 幽門肥大では，胃からの流出性閉塞と嘔吐が認められ，多くの場合噴出性嘔吐が観察される．閉塞の原因は，幽門部の筋層とその上を覆う粘膜あるいはその何れかが肥大するためと考えられる．これは後天性（高齢の雄の小型犬とまれに猫）に認められる場合もあれば，ボストン・テリアやボクサー，シャム猫などでは，先天性（特に筋層）に認められる場合もある．

⑱ 胃や十二指腸に潰瘍があって，特に重度でうまく治療に反応しない場合には，アミン前駆体取り込みおよび脱カルボキシル化細胞腫（amine precursor uptake and decarboxylation tumor, APUDoma）を疑って調べる必要がある．膵臓に認められるのがほとんどの場合であるが，他の神経分泌系組織に認

められることもある．これらの組織はガストリンなどの物質を分泌し，胃酸過多と潰瘍形成を刺激する．絶食後の血清ガストリン濃度の上昇を認めるのが普通であるが，時には過剰ガストリン産生を促す誘発試験（カルシウムかセクレチンの注射）を実施して確定診断をしなければならないこともある．病変部を鑑別したり，摘出する前に病変部の範囲を見きわめるためには，腹部の超音波検査やCTスキャン，MRIスキャンが役に立つ場合もある．

⑲ 犬と猫で嘔吐の基礎原因がつかめず，著しい腸の炎症性浸潤は認められないとか，治療にうまく反応しないといった場合には，真正の食事アレルギーを疑って調べる必要がある．今まで与えていた食事内容を点検し，これまで口にしたことのない蛋白を含む純正の低アレルゲン食を与えてみるとよい．この低アレルゲン食の成功不成功を見きわめるには，少なくとも10週間続ける必要がある．良い反応が得られたら，その食事に個々の蛋白を加え，食べても構わないものを広げてゆき，嘔吐が再発する蛋白を判別する．

⑳ この時点で原因が分からない場合には，嘔吐の隠れた原因として小腸内細菌の過剰繁殖を疑ってみる必要がある．この疾患の主症状は，下痢と体重減少であるが，嘔吐につながることもある．これは特にジャーマン・シェパードで認められる疾患である．これに伴って小腸の炎症性浸潤を認めることは少ないものと思われる．診断は，病歴，症例の概要，臨床症状，十二指腸液の培養，適切な治療に対する反応などを元に行う．

㉑ ここまできても，基礎原因が判明しない場合には，運動性障害を疑って掛かる必要がある．特にガスの充満が認められたり，X線検査で腸の異常なガスパターンが認められたり，ガスを満たす腹腔内臓器の位置に異常がある場合には，運動性障害を疑う必要がある．運動障害の判別には，水性のバリウムとバリウムを満たした球状物あるいはその何れかを使った造影法で経時的X線撮影か透視検査を行うのが有効的である．しかし神経質な性格の動物では，造影剤投与によるストレスと繰り返し行われる腹部のX線検査によって，胃の空虚化が遅れる場合もあることを頭に入れておく必要がある．

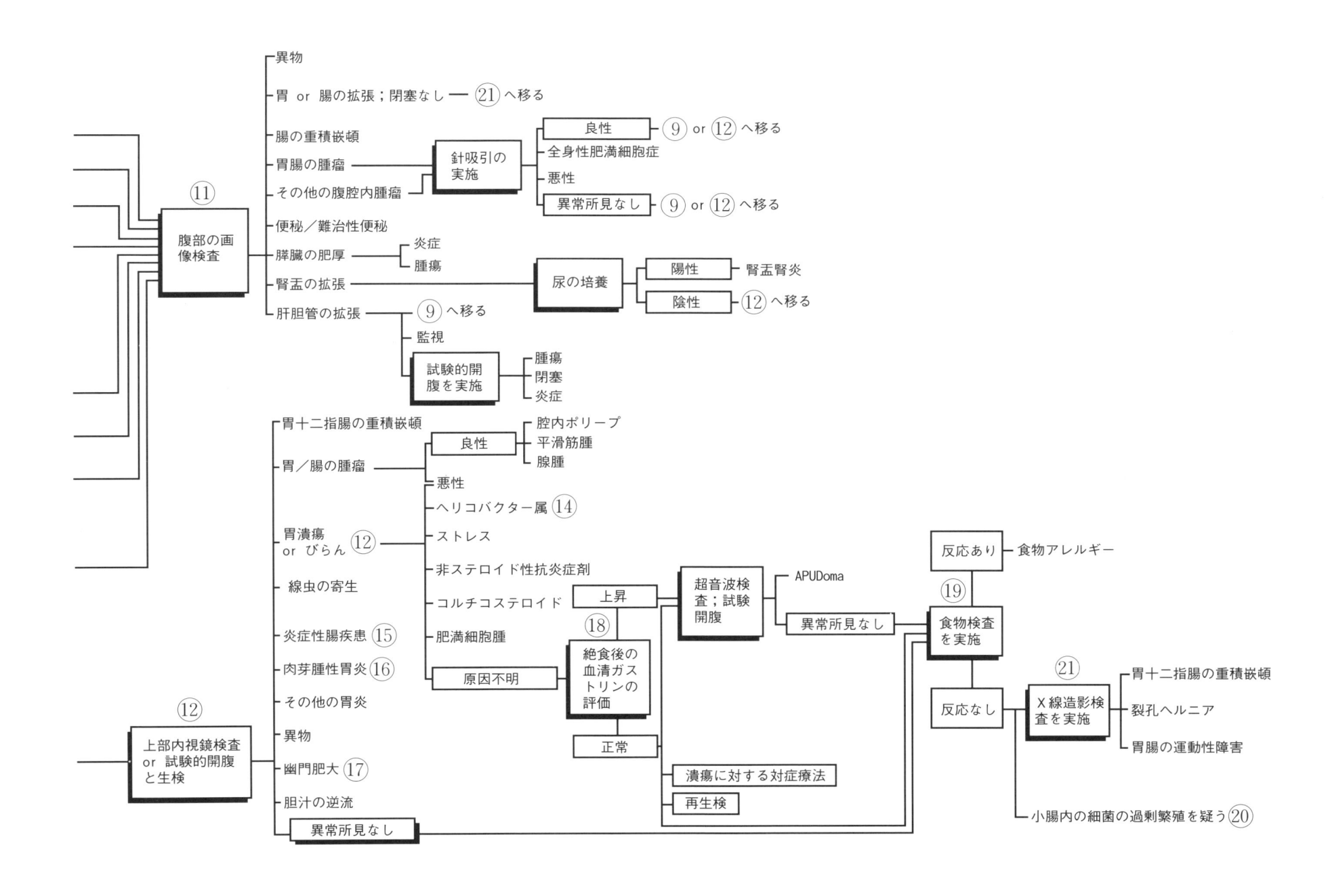

■ *慢性嘔吐* ■

```
                                    ┌─ 異物
                                    │
                                    ├─ 胃 or 腸の拡張；閉塞なし ── ㉑へ移る
                                    │
                                    │                          ┌─[良性]── ⑨ or ⑫ へ移る
                                    ├─ 腸の重積嵌頓           │
                                    ├─ 胃腸の腫瘤    ─[針吸引の├─ 全身性肥満細胞症
                                    │                  実施] │
                                    ├─ その他の腹腔内腫瘤      ├─ 悪性
                                    │                          └─[異常所見なし]── ⑨ or ⑫ へ移る
                                    ├─ 便秘／難治性便秘
                                    │                   ┌─ 炎症
                     ⑪              ├─ 膵臓の肥厚 ──────┤
                ┌─────────┐         │                   └─ 腫瘍
                │ 腹部の画│         │                                    ┌─[陽性]── 腎盂腎炎
────────────────┤ 像検査  ├─────────┤─ 腎盂の拡張 ──────[尿の培養]──────┤
                │         │         │                                    └─[陰性]── ⑫ へ移る
                └─────────┘         │
                                    │                   ┌─ ⑨ へ移る
                                    └─ 肝胆管の拡張 ────┤─ 監視
                                                        │              ┌─ 腫瘍
                                                        └─[試験的開腹 ──┼─ 閉塞
                                                            を実施]    └─ 炎症

                                    ┌─ 胃十二指腸の重積嵌頓
                                    │                               ┌─ 腔内ポリープ
                                    │                  ┌─[良性]─────┼─ 平滑筋腫
                                    ├─ 胃／腸の腫瘤 ───┤              └─ 腺腫
                                    │                  └─ 悪性
                                    │                          ┌─ ヘリコバクター属 ⑭
                                    │                          │                                      ┌─[反応あり]── 食物アレルギー
                                    │                          ├─ ストレス                            │
                                    ├─ 胃潰瘍     ⑫          │                        ┌─ 上昇 ──[超音波検査；試験── APUDoma
                                    │  or びらん              ├─ 非ステロイド性抗炎症剤  │              開腹]     └─ 異常所見なし ──┐
                                    │                          ├─ コルチコステロイド       │                              ⑲         │
                                    ├─ 線虫の寄生             │                       ⑱ │                      ┌────────┐        │
                                    │                          ├─ 肥満細胞腫          ┌──┴──┐                  │食物検査│◀───────┘
                                    ├─ 炎症性腸疾患 ⑮        │                      │絶食後の│                │を実施  │
                                    ├─ 肉芽腫性胃炎 ⑯        └─ 原因不明 ───────────┤血清ガス├                └────────┘
            ⑫                      │                                                 │トリンの│                     │       ┌─ 胃十二指腸の重積嵌頓
       ┌────────────┐              ├─ その他の胃炎                                   │評価    │                     │   ⑳ ├─ 裂孔ヘルニア
       │上部内視鏡検査│              ├─ 異物                                           └────────┘                     ├──[X線造影検├─ 胃腸の運動性障害
───────┤or 試験的開腹 ├──────────────┤                                                      │                        │   査を実施]
       │と生検        │              ├─ 幽門肥大 ⑰                                         └─ 正常                  │
       └────────────┘              │                                                         ┌─ 潰瘍に対する対症療法│
                                    ├─ 胆汁の逆流                                             └─ 再生検               │
                                    └─[異常所見なし]─────────────────────────────────────────────────────────────────┘
                                                                                                                       │
                                                                                                                       └─ 小腸内の細菌の過剰繁殖を疑う ⑳
```

157

吐血とメレナ（黒色便）

① 吐血は嘔吐物に血液が含まれている場合をいう．血液の状態は鮮血（真っ赤な血液の固まり）の場合もあれば，消化された状態の血液（黒色あるいは挽いたコーヒーのような色）の場合もある．メレナは暗褐色/黒色のタール状の便で消化された血液が含まれている．吐血とメレナはいずれの場合も，上部胃腸管（食道，胃小腸）内に中等度ないし重度の出血が起こっていることを示している．少量の失血の場合には，慢性の鉄欠乏性貧血のように見えることがある．出血は，（例えば非ステロイド性抗炎症剤や肥満細胞腫，重度の肝疾患，腎不全，膵臓のガストリノーマなどで）胃腸粘膜が壊れることにより限局性あるいは瀰漫性に認められることがある．また基礎疾患に凝固不全があると，明らかに正常な粘膜面からでも出血が起こるという場合もある．胃の潰瘍は，犬では比較的よく認められるが，猫では少ない．

② まず病歴の聴取が重要となる．潰瘍を誘発する薬剤（非ステロイド性抗炎症剤，グルココルチコイド，アザチオプリン）の投与歴，肝不全や腎不全の既往歴，全身性肥満細胞症の有無，異物の摂取，'ストレス性潰瘍形成'などを調べる．犬と猫のストレス潰瘍は，（例えば頭部や脊椎の外傷，敗血症，血液量減少症，低血圧などによる）胃粘膜への血流の変化が原因で起こる場合がある．

③ 身体一般検査もメレナや吐血の診断に役立つことがある．皮膚や粘膜の表面に点状出血や斑状出血が観察される場合には，血小板障害（欠損/機能障害）が疑われることが多く，このために胃腸の粘膜に出血が起こる．脈絡網膜炎があれば，播種性あるいは胃腸の真菌感染（*Histplasma capsulatum*）などの全身性疾患が疑われる

④ 口や鼻，咽頭などの病変部から出血があると，血液を嚥下することがあり，メレナや吐血が認められる．出血病変の原因としては，腫瘍や外傷，真菌，異物，凝固不全などが考えられる．

⑤ 皮膚腫瘍の細胞学的検査によって肥満細胞腫の診断がつく．肥満細胞腫が明らかになれば，全身転移の有無を調べる必要がある．局所のリンパ節を触診し吸引することも重要である．循環血液中の肥満細胞を見つけるには，血液のバフィーコートの検査を実施する．肥満細胞の浸潤を見きわめるためには，超音波誘導によって肝臓や脾臓，骨髄の吸引検査を行う．全身性の肥満細胞症でなくても胃腸に炎症があると，末梢血中の肥満細胞が増加することもあるため，注意が必要である．播種性の肥満細胞症では，腫瘍細胞が腹部臓器や骨髄に浸潤するようになることがある．肥満細胞の脱顆粒によってヒスタミンが放出され，その結果胃酸過多と胃の H_2 受容体の働きによる潰瘍形成が起こる．また肥満細胞の顆粒にはヘパリンが含まれているため，血液凝固に影響を及ぼすこともある．

⑥ 咳嗽と吐血あるいはメレナが認められる場合には，胃腸系以外に失血源が存在する可能性がある．例えば，凝固不全や原発性/転移性腫瘍，異物，膿瘍，血管を浸食した肉芽腫などによって，気道内に出血した血液が入る場合がある．動物がこの血液を喀出し嚥下した後，嘔吐したり消化したりすることになる．

⑦ 食道に問題があると，吐き気を催したり，吐きそうな様子をすることがある．この場合の出血は胃酸に触れていないため鮮血として認められる．また食道の病変部から胃に入った血液が胃を刺激するため消化された血液を吐いたり，メレナとなることもある．X線検査を実施すれば，X線不透過性の異物や限局性の食道腫瘍あるいは（血色食道虫，*Spirocercalupi* による）小結節の有無が分かる場合もある．また腫瘍や異物の嵌入，食道炎，運動性障害が原因して起こる食道拡張が見つかることもある．食道造影や食道鏡を使えば，一部の腫瘍やX線透過性の異物，食道炎を見つけることができる．

⑧ 若い犬でメレナが認められる場合には，パルボウイルス性腸炎を疑って検査をする必要がある．嘔吐による二次性の重度の食道炎がない限りは，吐血をみることはない．免疫抑制状態やワクチン接種がされていない場合，免疫抑制剤を投与されている場合，パルボウイルスに感染していると思われる犬に接触した経験がある場合には，年齢の高い犬でも検査をしておくことはやぶさかではない．

⑨ 胃腸の出血の基礎原因がすぐに分からない場合には，最低限の一般検査を実施すれば血小板減少症や粘膜の統合性を乱す代謝性疾患が見つかることもある．代謝性の異常があれば，胃腸に潰瘍ができている可能性も考えられ，代謝異常の重症度を見きわめたり，臨床症状の原因としてそれを確認するためには，さらなる検査が必要となる．腎不全があって吐血やメレナが認められる場合には，それ以上調べる必要ない．しかし吐血やメレナがあって，肝酵素だけが上昇しているという場合には，腹部の超音波検査を実施して，腫瘍の有無と同時に肝臓の構造や大きさを調べる必要がある．肝臓疾患の重症度を見きわめるためには肝機能検査が必要であり，併せて肝の細胞学的検査や組織病理学的検査も必要となる．好中球減少症が認められた場合には，敗血症や骨髄疾患，ウイルス感染（犬ジステンパーウイルス，パルボウイルス，猫汎白血球減少症ウイルス），サルモネラ症などが疑われる．電解質異常が観察される場合には，副腎皮質機能低下症が疑われることもある．ただし胃腸症状に伴って副腎皮質機能低下症が認められる場合には，グルココルチコイドが関連しており，ミネラルコルチコイドの欠損は関係ないため，電解質異常を認めないこともある．著しい嘔吐と下痢によって電解質異常が起こることもあり，副腎皮質機能低下症と紛らわしい場合もある．

⑩ 腸の寄生虫では，大量感染や直接粘膜が壊されない限り，また幼虫が腸壁内移行しない限りは，上部小腸系に大量の出血が起こることは普通はない．犬では十二指腸虫が血液を摂取するため著しい失血性貧血が起こるが，十二指腸虫が腸壁から離れて，その吸着部位から大量の出血がなければメレナを認めることはない．理想的には，硫酸亜鉛浮遊試験を3回と便の直接塗抹検査を実施し，予防的に駆虫するのが望ましい．細菌感染によってメレナだけが起こることはないものと思われる．したがってこの時点で便の培養が示唆されることは滅多にない．

⑪ 吐血やメレナがあって，最低限の一般検査で異常が認められなかったり，非特異的異常（例えば汎低蛋白血症など）が観察された場合には，そのほとんどが原発性の胃腸病変が原因であるため，腹部画像検査や口からの内視鏡検査あるいは試験的開腹を実施して検査を進めることになる．内視鏡検査と試験開腹は何れもいくぶん侵襲的な検査であり，全身麻酔が必要となる．さほど多いわけではないが，なかには凝固異常（DIC，抗凝固性殺鼠剤との接触，肝不全による二次性の凝固異常）が認められる場合もある．麻酔に耐えられないほど著しい病状であったり，病歴から凝固不全が強く疑われる場合には，一連の凝固系検査を実施するのが望ましい．さもなければ，これらの検査は避けた方がよい．

■ 吐血とメレナ（黒色便）■

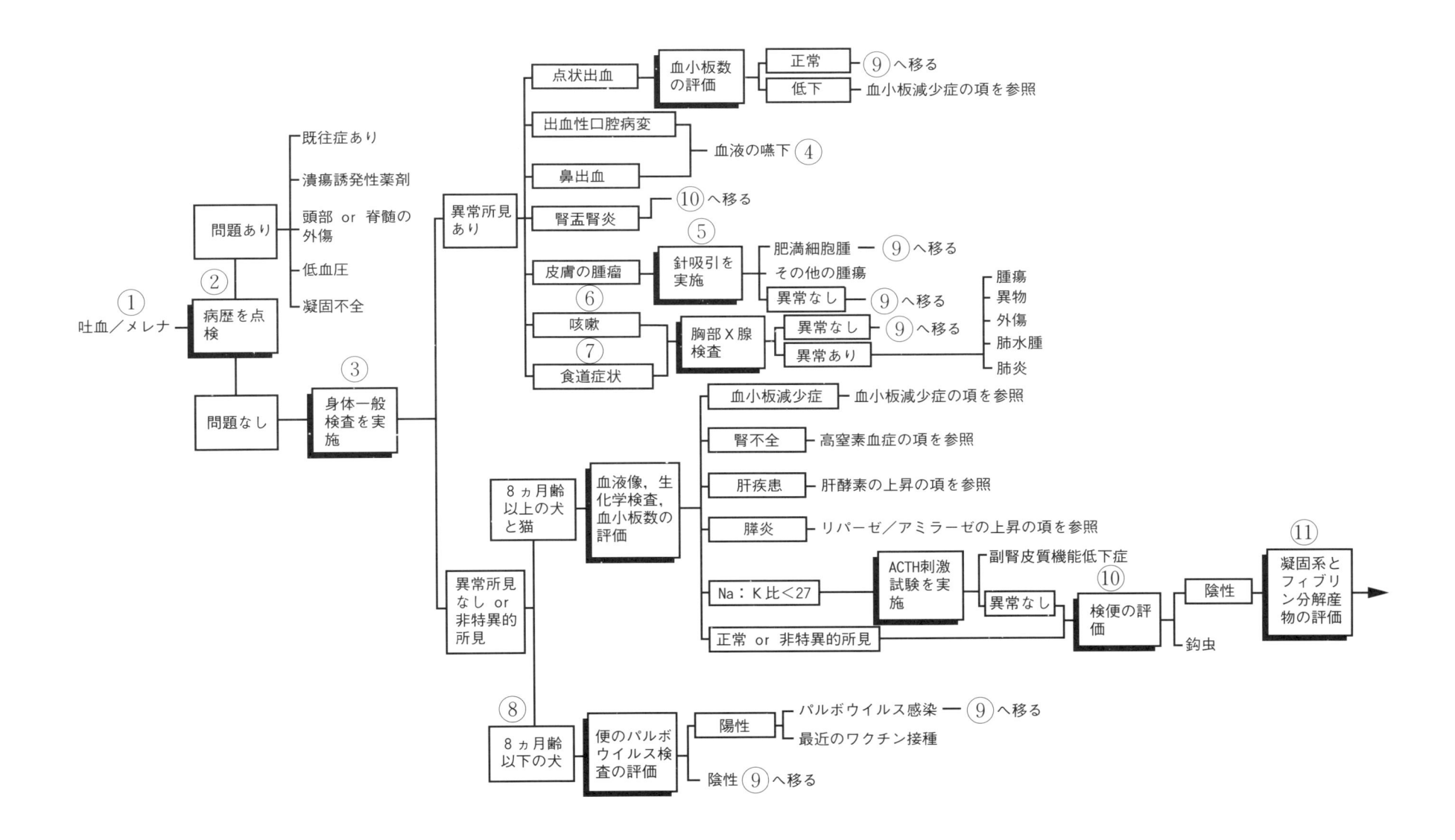

```
吐血/メレナ ①
    │
    ▼
病歴を点検 ②
    ├─ 問題あり
    │    ├─ 既往症あり
    │    ├─ 潰瘍誘発性薬剤
    │    ├─ 頭部 or 脊髄の外傷
    │    ├─ 低血圧
    │    └─ 凝固不全
    │
    └─ 問題なし
         │
         ▼
    身体一般検査を実施 ③
         │
         ├─ 異常所見あり
         │    ├─ 点状出血 ─ 血小板数の評価
         │    │                ├─ 正常 ─ ⑨へ移る
         │    │                └─ 低下 ─ 血小板減少症の項を参照
         │    ├─ 出血性口腔病変 ┐
         │    │                ├─ 血液の嚥下 ④
         │    ├─ 鼻出血       ┘
         │    ├─ 腎盂腎炎 ─ ⑩へ移る
         │    ├─ 皮膚の腫瘤 ⑥ ─ 針吸引を実施 ⑤
         │    │                ├─ 肥満細胞腫 ─ ⑨へ移る
         │    │                ├─ その他の腫瘍
         │    │                └─ 異常なし ─ ⑨へ移る
         │    ├─ 咳嗽 ⑦      ┐
         │    │                ├─ 胸部X線検査
         │    └─ 食道症状     ┘    ├─ 異常なし ─ ⑨へ移る
         │                         └─ 異常あり ─ 腫瘍／異物／外傷／肺水腫／肺炎
         │
         └─ 異常所見なし or 非特異的所見
              ├─ 8ヵ月齢以上の犬と猫
              │    └─ 血液像, 生化学検査, 血小板数の評価
              │         ├─ 血小板減少症 ─ 血小板減少症の項を参照
              │         ├─ 腎不全 ─ 高窒素血症の項を参照
              │         ├─ 肝疾患 ─ 肝酵素の上昇の項を参照
              │         ├─ 膵炎 ─ リパーゼ／アミラーゼの上昇の項を参照
              │         ├─ Na：K比＜27 ─ ACTH刺激試験を実施
              │         │         ├─ 副腎皮質機能低下症
              │         │         └─ 異常なし ─ ⑩ 検便の評価
              │         └─ 正常 or 非特異的所見 ─────────┘
              │                                           ├─ 陰性 ─ ⑪ 凝固系とフィブリン分解産物の評価 →
              │                                           └─ 鉤虫
              │
              └─ 8ヵ月齢以下の犬 ⑧
                   └─ 便のパルボウイルス検査の評価
                        ├─ 陽性
                        │    ├─ パルボウイルス感染 ─ ⑨へ移る
                        │    └─ 最近のワクチン接種
                        └─ 陰性 ─ ⑨へ移る
```

■ 吐血とメレナ（黒色便）■

⑫ 口からの内視鏡検査や試験開腹を実施する前に，胃腸系の画像検査を実施するのが望ましい．画像検査には，腹部単純X線検査，造影検査，腹部超音波検査から特殊な胆管系画像検査，CT，MRIスキャン，困難であったり不明瞭な場合には核シンチグラフィースキャンまで様々な段階がある．しかし画像検査は，胃腸の出血の原因を特定的に診断してくれるものではない．例えば，バリウムによる胃腸の検査では，造影剤の付着によって胃腔の肥厚部分やおそらく失血源と思われる潰瘍は画像として写る．しかし，その潰瘍が非ステロイド性抗炎症剤によるものなのか，ストレス要因によるものなのか，ヘモバクター属や腫瘍組織によって胃粘膜が傷つけられているのかといったことは見きわめられないであろう．画像検査は，病変部に狙いを定める際に，内視鏡でいったらよいのか外科的にいったらよいのかを見きわめるときには役に立つものである．病変部が内視鏡では届かない部位にある場合や影響している構造物が胃腸管の外側にある場合あるいは基礎疾患が手術で治せる場合には，外科的手法が必要となる．腹部単純X線検査では，一部の腸の腫瘤や重積嵌頓，腹腔内体液，X線不透過性異物，腸の拡張などは判別できる．腹腔の造影検査は，潰瘍，閉塞，X線透過性異物，腫瘤，運動性障害などが診断目的となる．ただし嘔吐が認められる場合には造影検査は難しいこともある．腸腔にはガスの存在することが多く，このガスによって超音波が妨げられることがよくあるため，原発性の胃腸疾患では，超音波検査が必ずしも有効的であるとはいえない．また腸の内容物によって，診断が煩わされることもある．しかし腸の外側にある組織，特に膵臓や胆嚢の病変や肝臓の大きさ，構造を評価するには，超音波検査は有用性がある．また超音波検査は腸壁の厚さや腸の限局性の腫瘤を計測したり，病変部がどの程度下方にあるかを見きわめたりするのには役に立つ．さらに複雑な画像検査手法を使えば，膵臓や胆管系など難しい部位が分かるし，内視鏡や試験開腹をする前に関連組織の状態を評価することもできる．

⑬ 食道の異常が疑われる場合，口からの内視鏡検査，特に食道鏡を使えば，縦隔や胸膜腔が邪魔をしていない限りは，その異常を見きわめることができる．胸膜腔が邪魔をしている場合には外科的介入が必要であり，予後はきわめて悪い．食道鏡を使えば，食道炎や狭窄，腫瘤病変の診断が可能となるし，異物の摘出は手術よりも危険性がきわめて少なくて済む．

⑭ 吐血やメレナが認められる疾患のなかには，外科的な検査や内視鏡検査を行えば速やかに診断できるものもある．これらによって胃腸管への失血部位が分かるし，血色食道虫（Spirocerca lupi）による食道の小結節や原発性あるいは二次性の食道炎，上部胃腸管の異物，なんらかの閉塞疾患や部分閉塞，粘膜の統合性を乱す潰瘍などが分かる．

⑮ び漫性の腫瘍や限局性の腫瘍を見分けたり，感染性疾患や炎症性の腸疾患を見きわめるには組織病理学的検査が必要となる．腺癌は主として胃と小腸で認められる原発性の腫瘍である．リンパ腫と肥満細胞腫は，原発性疾患として胃腸管を侵すこともあるし，これらの腫瘍が全身性に影響を及ぼすと二次的に腸の統合性が侵される場合もある．白血病があると，他の多くの臓器に併せて腸にも浸潤が起こり障害がでてくることもある．腸に腫瘍が転移することは滅多にない．組織病理学的検査と生検による押捺標本によって，Helicobacter属（Helicobacter spp.）やヒストプラズマ（H.capsulatum）が確認されることがある．

⑯ 胃の生検標本（通常，銀染色）で，Helicobacter属が見つかり，併せてリンパ球性の浸潤や明白な粘膜のびらん/潰瘍が認められた場合には，この細菌が吐血やメレナはの原因であろうと思われる．ただしこれらの細菌は無症状性の正常な胃内細菌叢であることも頭に入れておく必要がある．胃や近位十二指腸に潰瘍がある場合には，ウレアーゼ産生検査（キャンピロバクター様微生物検査）をすることによってHelicobacter属がさらに確認されるため，組織病理学的検査に併せて生検材料でこれらの検査することも重要である．

⑰ 内視鏡検査や外科的生検で異常が認められなかったり，吐血やメレナの原因がつかめず併せて下痢が観察される場合には，糞便の培養検査を実施するとよい．培養検査によって主に特定の細菌（例えば，Salmonella, Campylobacter, Shigella, 一部のE.coli）の過剰増殖の有無が分かる．様々な細菌の増殖培養が観察された場合には，正常な腸の細菌叢であろうと思われる．病原性の腸内細菌は，遠位小腸と結腸に障害をもたらすため，消化された血液を含む腸の下痢と鮮血を含む下痢が同時に認められるはずであるから，病原性の腸内細菌によってメレナだけが起こるということはないはずである．

⑱ 糞便の培養検査もさることながら，副腎皮質機能低下症を示唆するNa/K比に異常がない限りはACTH刺激試験もさほど収穫のある検査ではない．しかし単独のグルココルチコイド欠乏では，下痢の有無にかかわらず吐血やメレナを起こすことがまれにある．

⑲ 絶食後の血清ガストリン濃度の上昇と一部の神経内分泌性腫瘍（アミン前駆体取り込みおよび脱カルボキシル化細胞腫：amine precursor uptake and decarboxylation tumor, APU-Doma）が，同時に認められる場合がある．この神経内分泌性腫瘍（通常はガストリノーマ）は多くの場合，膵臓に由来するが，他の神経内分泌組織にできることもある．これらの腫瘍は継続的にガストリンを分泌することが多く，その結果胃酸過多や食道炎，潰瘍形成，吐血，下痢，メレナ，粘膜襞の肥大などが認められるようになる．診断を進め，これらの腫瘍を治療するためには，腹部画像検査や内視鏡検査，試験的開腹が必要になることもある．H_2遮断剤の過剰投与と胃の流出性閉塞を起こす疾患でも絶食後の血清ガストリン濃度に上昇を認める場合があることを頭に入れておく必要がある．神経内分泌性腫瘍によるガストリンの過剰分泌が間欠的に起こる場合もあるため，この場合にはセクレチンやカルシウムによる刺激試験が必要となる．

⑳ 血清ガストリン濃度に異常が認められず，先に実施した検査が内視鏡検査であった場合には，試験的開腹を試みる必要がある．メレナを起こす病変部が小腸のさらに先であったり，腸壁内であれば，内視鏡では分からないこともある．その他，（大量出血があって外科的処置が施された場合には考えられないが）病変部を見落としてしまった場合とか，特発性胃腸潰瘍の場合（この特発性潰瘍は報告されているが，この診断がつく場合には十分な投薬歴の再評価とその他の要因が必要となる）がある．また神経内分泌性腫瘍があってガストリン以外のもの（例えば，膵臓のポリペプチドや潰瘍誘発性ホルモンなど）が分泌されているという場合もある．

■ 吐血とメレナ（黒色便） ■

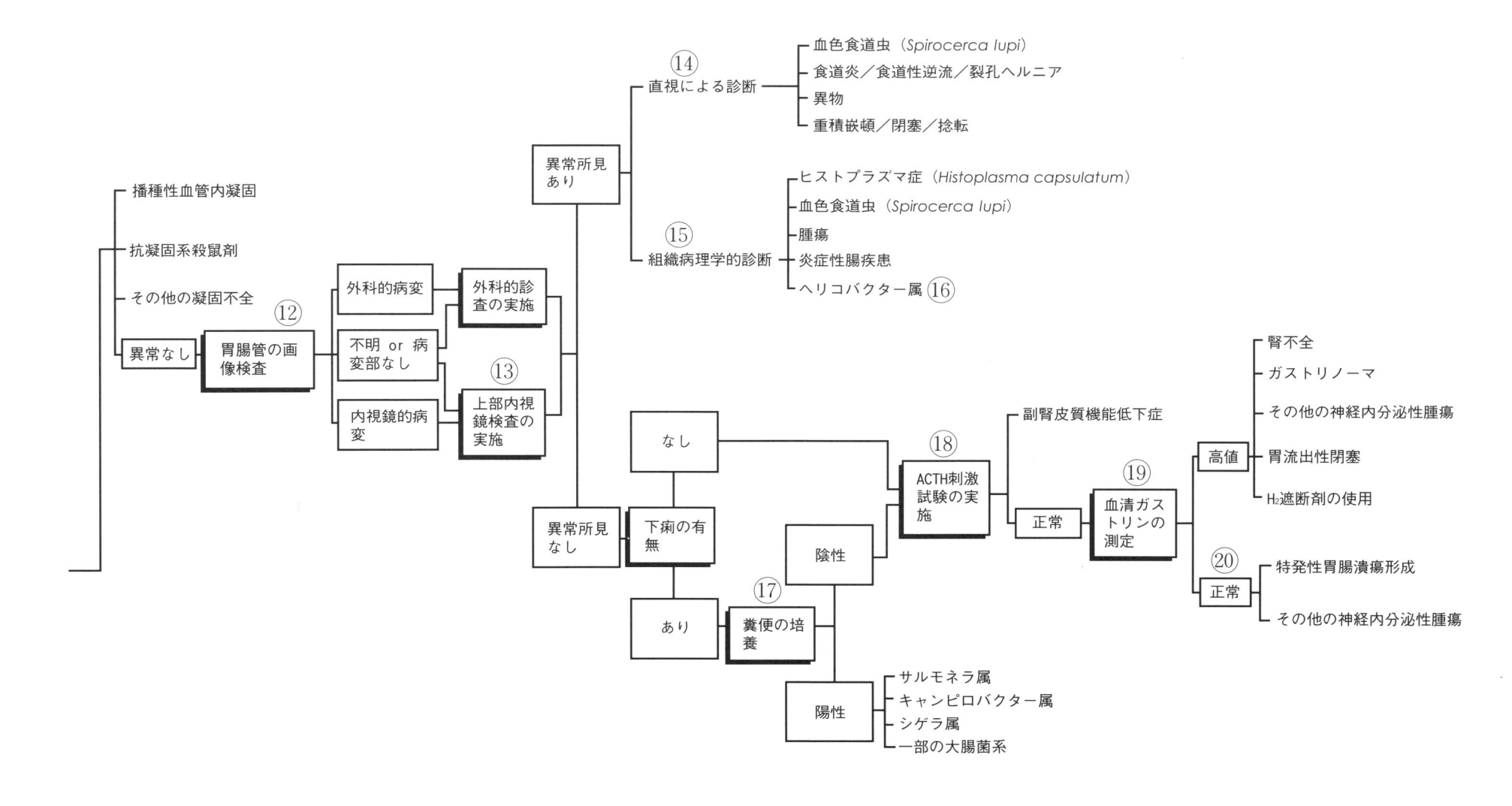

- 播種性血管内凝固
- 抗凝固系殺鼠剤
- その他の凝固不全
- 異常なし → 胃腸管の画像検査 ⑫
  - 外科的病変 → 外科的診査の実施
  - 不明 or 病変部なし
  - 内視鏡的病変 → 上部内視鏡検査の実施 ⑬
    - 異常所見あり
      - ⑭ 直視による診断
        - 血色食道虫（*Spirocerca lupi*）
        - 食道炎／食道性逆流／裂孔ヘルニア
        - 異物
        - 重積嵌頓／閉塞／捻転
      - ⑮ 組織病理学的診断
        - ヒストプラズマ症（*Histoplasma capsulatum*）
        - 血色食道虫（*Spirocerca lupi*）
        - 腫瘍
        - 炎症性腸疾患
        - ヘリコバクター属 ⑯
    - 異常所見なし → 下痢の有無
      - なし → ACTH刺激試験の実施 ⑱
        - 副腎皮質機能低下症
        - 正常 → 血清ガストリンの測定 ⑲
          - 高値
            - 腎不全
            - ガストリノーマ
            - その他の神経内分泌性腫瘍
            - 胃流出性閉塞
            - H₂遮断剤の使用
          - ⑳ 正常
            - 特発性胃腸潰瘍形成
            - その他の神経内分泌性腫瘍
      - あり → 糞便の培養 ⑰
        - 陰性
        - 陽性
          - サルモネラ属
          - キャンピロバクター属
          - シゲラ属
          - 一部の大腸菌系

下 痢

① 下痢とは糞便の硬さが正常とは異なり，形はあるがいくぶん柔らかいもの，形はないがいくぶん硬さがあるもの（牛糞様），さらにはきわめて水様性のものまでをいう．原発性の胃腸疾患や二次的に胃腸管を侵す全身性疾患（例えば腎不全，猫コロナウイルス感染，敗血症など）が下痢の原因となる．急性の場合もあれば慢性の場合もあり，また自然に治癒することもあれば生命にかかわることもある．初診時に下痢を訴えて来院した場合には，これらの違いを見きわめることが重要となる．例えば急性の下痢で全身性の障害がない場合や支持療法だけでうまく反応しそうな場合には，急性の自然治癒が望める疾患と考えてよい．このような場合には，症状が再発しなければ，それ以上の検査や治療は必要ないものと思われる．持続性の下痢や再発性の下痢の場合には，全身性疾患の有無にかかわらず，さらに突っ込んだ評価が必要となる．

② 下痢の発生は小腸の場合もあれば大腸の場合もある．小腸性の下痢と大腸性の下痢の特徴の違いは，当初の病歴と動物を観察することによって判別する．両方の要素が混在する場合もある（大腸小腸性下痢）．本項では，まず小腸性下痢と大腸性下痢に分け，それぞれの中で急性と慢性に分けて述べることにする．炎症性腸疾患やリンパ腫はいずれも小腸と大腸の両方が侵されるものと思われるため，それぞれのアルゴリズムのどちらにもこれらの疾患は出てくる．またこれらの疾患は小腸大腸混合性の下痢が認められる．

③ 小腸性の下痢の特徴としては，体重の減少（これは消化吸収不全や小腸の輸送時間の低下が原因となる），糞便量の増加，顕著な水様性下痢，排便回数が正常あるいは若干の増加（1日1～3回）が認められる．なかには未消化便が認められる場合もある．時には嘔吐や食欲不振，基礎疾患によっては多食症，メレナ（血液が消化された状態）などの全身症状が認められる場合もある．まれには，腹部の違和感や腹鳴，口臭，腹水（小腸の蛋白喪失が原因）などが主訴として聴取される場合もある．小腸が正常に機能している場合には，胃で始まった消化過程がさらに進められ栄養が吸収される．小腸性の下痢は小腸の機能を変えてしまう疾患が原因となる．例えば小腸の運動性の変化（運動性低下性下痢）や栄養，水分，電解質などの吸収不全（浸透圧性下痢），粘膜や粘膜下の炎症による小腸への過剰分泌（分泌性下痢）などがある．その他，吸収に必要な小腸表面部の欠損や（刷子縁や膵臓などによる）局在性の分泌不全，腸内容の不適切な醗酵につながる小腸細菌叢の過剰繁殖，腸の浸透力障害などがある．

④ 大腸性の下痢の特徴には，排便回数の増加（1日6回以上），差し迫った排便行動，結腸と直腸が刺激されることによるしぶり，便内あるいは便周囲の鮮血，粘液，放屁の増加などが認められる．比較的著しい全身症状が認められない限りは，体重の減少もなく臨床的な異常を認めないのが普通である．猫のなかには下痢など結腸の症状に併せて嘔吐を認めることもある．糞便を溜めて便からの水分を吸収することが大腸の主な機能であるため，これらの機能が障害されると，糞便の蓄積が阻害され軟便や水様便を排泄することになる．大腸の分泌性下痢や浸透圧性下痢では，胆汁塩などの小腸内容物が大腸を通過することによって起こる場合もある．このような通過物によって，粘膜面が刺激されることになる．大腸の粘膜はこのような通過物を処理するようには造られていない．また結腸の細菌による醗酵に対しても並外れた力を発揮するわけではない．

■ 下　痢 ■

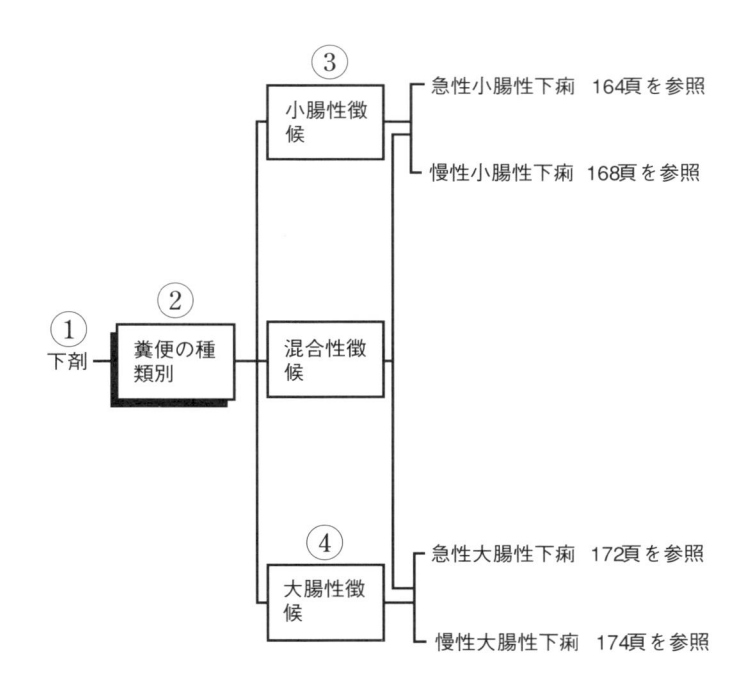

① 下剤 ― ② 糞便の種類別
- ③ 小腸性徴候
  - 急性小腸性下痢　164頁を参照
  - 慢性小腸性下痢　168頁を参照
- 混合性徴候
- ④ 大腸性徴候
  - 急性大腸性下痢　172頁を参照
  - 慢性大腸性下痢　174頁を参照

急性の小腸性下痢

① 小腸性の下痢は，急性の場合もあれば慢性の場合もある．急性の小腸性下痢は，一般的には2週間以内の期間中に継続して下痢が認められる場合あるいは4週間以内の期間中に間欠的に認められる場合をいう．急性の小腸性下痢に当てはまるすべての原因を示したいところではあるが，ここでは急性症状を呈し，臨床経過が短い疾患についてのみ取り上げることにする．この場合，支持療法や所定の治療法で速やかに回復するものもあれば，あっという間に危機状態に陥るものもある（猫汎白血球減少症ウイルス感染や犬ジステンパーウイルス感染，急性腎不全，腹膜炎などのように）．急性の小腸性下痢と慢性の小腸性下痢の原因には，かなり重複するものもあり，急性症状を示す犬パルボウイルス感染症などの疾患では，甚だしく衰弱し，腸管が構造的に傷害されるため，後々には比較的慢性症状を示すようになる．

② 急性小腸性下痢を呈する場合，評価の第一段階としては，病歴を詳しく聴取することである．病歴を聴取することによって，間違いなく急性であり小腸に由来しているかが分かる．さらには，最近食事の内容が変わったか，異物（ゴミ，不潔な食べ物，チョコレート，腸閉塞を起こすような物）の摂取がなかったかなどを確認する．また病歴の聴取によって，勝手にうろついて異物や残飯などを飼主の知らないうちに摂取していなかったかどうかを確認することができる．

③ 病歴では，薬物投与に関する聴取が重要となる．特に最近始めた薬剤療法で急性の小腸性下痢が起こったかどうかを調べる必要がある．急性の小腸性下痢の原因となる薬剤には，緩下剤（ヒマシ油，ビサコジル，スルホ琥珀酸ジオクチルナトリウム）と運動性調節剤（抗コリン剤はイレウスを起こす，シサプリドなどの運動調節剤は通過時間を著しく速める）がある．急性小腸性下痢を起こすその他の原因としては，多くの抗菌剤があり，小腸内の細菌叢が変わったり，なかには胃腸の運動性を高めたりするものもある（エリスロマイシン）．その他急性小腸性下痢を起こす薬剤には，抗真菌剤，強心配糖体，抗不整脈剤，アンギオテンシン変換酵素阻害剤，非ステロイド性抗炎症剤などがある．

④ 病歴聴取の際には，同じ動物種で同様の症状を示すものと接触がなかったかを聴取することも重要である．これは，若い動物で衰弱が認められる場合や免疫抑制疾患に罹っている場合，免疫抑制剤を投与されている場合，多頭飼育や不衛生な環境で飼育されている場合，ワクチン摂取が不十分な場合などでは特に重要となる．小腸性下痢の感染原因と接触したと思われる場合，その検査方法は疑われる感染によってそれぞれ異なる．多分接触した動物の群れに病気が発生していたという場合には，既知の疾患であろうと思われるから，それを確認する検査が行われることになる．臨床症状も役に立つことがある．例えばパルボウイルス感染に接触があったという場合には，嘔吐から始まって次第に抑うつ，脱水，出血性下痢などさらに重度の症状が現れるようになる．急性の犬ジステンパー感染で下痢を伴う場合には，粘液膿性の眼や鼻の分泌物を認めることが多く，神経症状を示すようになることがある．感染性の下痢の場合，なかには（例えば犬のアデノウイルス感染など）疑わしい原因を調べる特異的非侵襲的検査法がなく，病歴や現症ならびに生検や剖検標本からウイルスの封入体を見つけることで，臨床的に推察することもある．採取した材料を上手く運ぶ手立てがあれば，糞便や小腸の生検材料からウイルスを走査電子顕微鏡で鑑別することは可能である．

⑤ 犬や猫の場合，サルモネラ属や大腸菌属（E.coli）などの病原性細菌によって急性の小腸性下痢を起こすことは比較的少ない．このような疾病に罹った動物と接触して感染したことが分かった場合や小腸性あるいは混合性の下痢があって発熱が認められた場合，メレナや吐血がある場合，重度な全身性感染の症状が認められる場合には，いつもよりも早めに糞便の培養を実施した方がよい．糞便の培養では，糞便の正常細菌叢と思われる様々な細菌を認めるのが普通である．細菌学的検査によって，特定の細菌が過剰に増殖していることが分かる場合がある．サルモネラ属やキャンピロバクター属の純粋繁殖が判明した場合には，病原性の細菌であろうと思われる．大腸菌属（E.coli）は，糞便の正常細菌叢の一部であるため，これが見つかった場合には必ずしもこれが原因であるとは限らないし，この大腸菌属が腸内毒素を出す系統なのか腸病原性をもつ系統なのかを見分けるには，培養だけでは不十分である．

⑥ 猫免疫不全ウイルスと猫白血病ウイルス感染の検査結果が陽性であれば，小腸性下痢はこれらのウイルスが原因といえる場合もあるし，感染に対する潜在的感受性はあると解釈できる場合もあれば，小腸性下痢の原因は他にあるといいえる場合もある．

⑦ 猫コロナウイルス感染に関しては血清学的検査があるが，その解釈が問題となる．ワクチン接種によって，力価が上がる．猫コロナウイルスにさらされれば，力価が陽性に出ることもあるが，臨床的な疾患として現れないことがある．このウイルスの感染によってきわめて著しい症状を示す猫のなかには，全く力価が上がらないものもある．

⑧ 病歴の聴取によって特定の感染にさらされていないことが分かった場合には，さらに詳しい検査を実施して，（全く健康的なのか臨床的にみて加減が悪そうではないか，脱水はないか，内毒素による症状はないかなど）身体の状態を見きわめる必要がある．検査では，腫瘍や異物，重積嵌頓，不快部位などの有無を触診する．また口腔や直腸検査を行って異物の有無を探ることも重要である．

⑨ 特に猫では舌下を調べる必要がある．紐や縫い糸，カセットテープなどが舌の下に絡まって腸にまで入っていることがある．これによって腸の皺壁形成や部分閉塞，最終的には穿孔を起こす場合がある．

⑩ 下痢があって臨床的に加減が悪そうな場合には，最低限の検査室所見を調べる必要がある（血液像，一連の血清生化学検査，尿検査，猫では猫免疫不全ウイルスや猫白血病ウイルスの検査）．これらの検査によって代謝異常があれば，下痢の基礎原因（例えば腎不全，肝疾患）が分かるし，重度の脱水や生命にかかわる電解質異常などの疾患が浮かび上がってくる．このような電解質異常の場合には，速やかな治療が必要となる．

⑪ 腹部の触診で異常が認められたり，臨床的には加減が悪そうだが特に代謝系には異常が観察されない場合には，腹部の画像検査を実施する必要がある．様々な画像診断法があり，何を使うかは場合によって異なる．ほとんどの場合，まずは腹部X線検査を実施することになる．腸に関係する疾患には最もよい検査法といえる．X線検査は，X線不透過性あるいは一部の透過性異物，閉塞性の腸パターン，腸の皺壁形成，捻転，重積嵌頓には有効的である．多くの臓器に由来する腫瘤病変も写し出せる場合がある．腹部超音波検査は，実質性臓器の内部構造を評価するには優れた方法といえるが，腸内ガスによって超音波が邪魔されるため，腸壁や閉塞性疾患では必ずしも最高とはいえない．超音波検査は，腫瘤の範囲や腫瘤の構造を見分ける

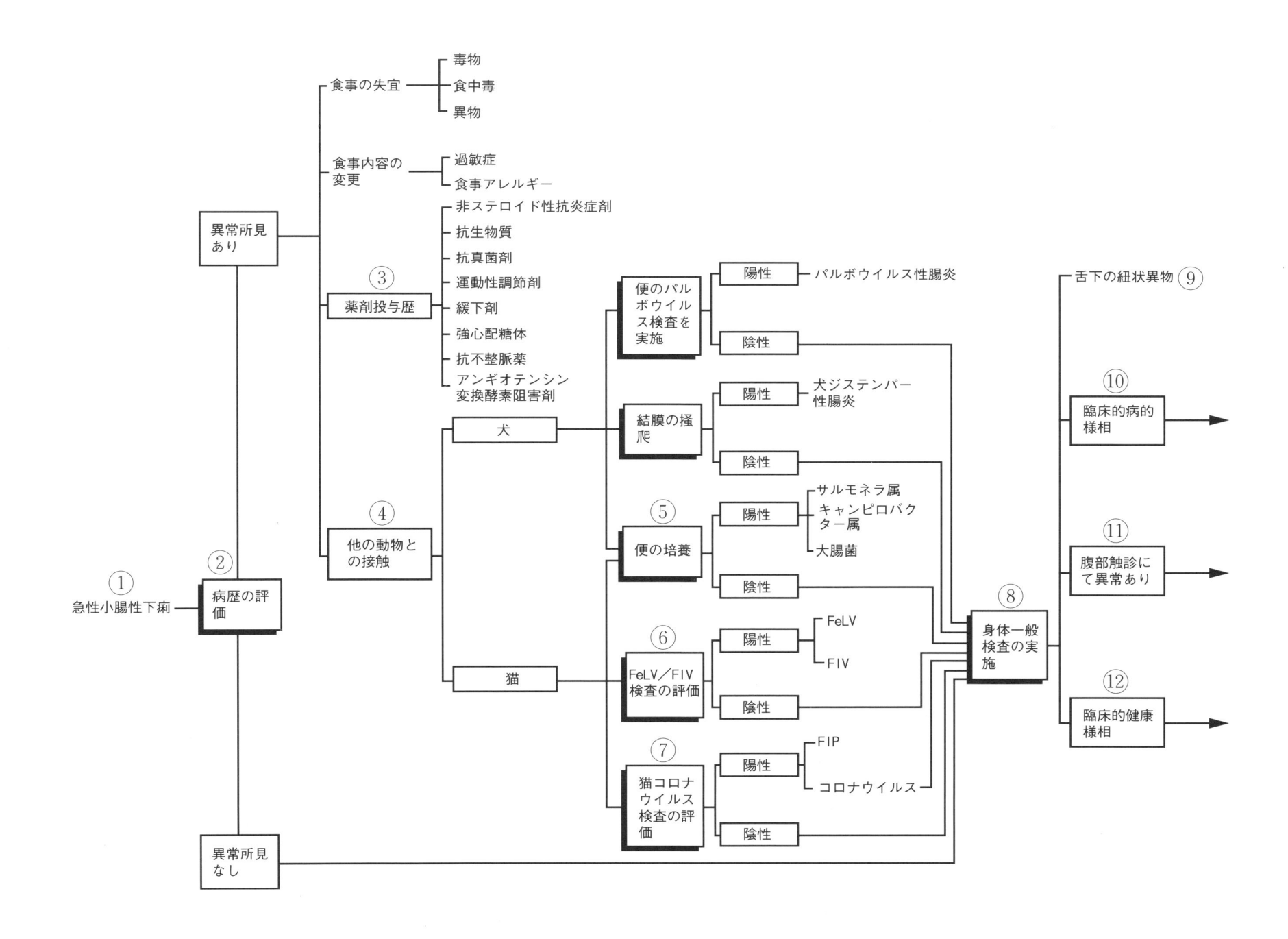

■ 急性の小腸性下痢 ■

① 急性小腸性下痢

② 病歴の評価

異常所見あり
- 食事の失宜
  - 毒物
  - 食中毒
  - 異物
- 食事内容の変更
  - 過敏症
  - 食事アレルギー
- ③ 薬剤投与歴
  - 非ステロイド性抗炎症剤
  - 抗生物質
  - 抗真菌剤
  - 運動性調節剤
  - 緩下剤
  - 強心配糖体
  - 抗不整脈薬
  - アンギオテンシン変換酵素阻害剤
- ④ 他の動物との接触
  - 犬
    - 便のパルボウイルス検査を実施
      - 陽性 → パルボウイルス性腸炎
      - 陰性
    - 結膜の掻爬
      - 陽性 → 犬ジステンパー性腸炎
      - 陰性
    - ⑤ 便の培養
      - 陽性 → サルモネラ属／キャンピロバクター属／大腸菌
      - 陰性
  - 猫
    - ⑥ FeLV／FIV検査の評価
      - 陽性 → FeLV／FIV
      - 陰性
    - ⑦ 猫コロナウイルス検査の評価
      - 陽性 → FIP／コロナウイルス
      - 陰性

異常所見なし

⑧ 身体一般検査の実施
- ⑨ 舌下の紐状異物
- ⑩ 臨床的病的様相 →
- ⑪ 腹部触診にて異常あり →
- ⑫ 臨床的健康様相 →

165

■ 急性の小腸性下痢 ■

には便利な機器といえる．超音波検査によって，液体を含んだ内臓（前立腺膿瘍，子宮内の液体物）や腫大した臓器（前立腺肥大），腎盂拡張（これによって腎盂腎炎が疑われる），膵臓の肥厚，炎症を疑わせる組織の超音波濃度の上昇などが分かる．また超音波検査によって，X線検査では見えない少量の腹腔内液の位置が分かるし，X線検査でははっきり写らない液体内の構造を見きわめることができる．

⑫ 急性の小腸性下痢以外には臨床的に元気そうである場合には，糞便の硫酸亜鉛浮遊試験を3回実施する．この場合糞便の採取は最低24時間あける必要がある．これによって，間欠的にしか卵を生まない寄生虫も含めて寄生虫感染による小腸性下痢の診断がつく．ジアルジア属（*Giardia* spp.）を調べるには，糞便塗沫を水で湿らせて行う方法が必要となる．

⑬ 犬や猫のウイルス感染では，白血球減少症を特徴とするものがいくつかあり，これらのウイルスは骨髄の幹細胞を攻撃する．犬や猫のウイルス感染のなかには（犬パルボウイルス，犬ジステンパーウイルス，猫汎白血球減少症ウイルスなど），骨髄の幹細胞を攻撃するものがいくつかあり，その特徴として白血球減少症が認められる．また重度の全身感染や腹膜炎，急性の手に負えない細菌性敗血症，なかにはサルモネラ菌症を伴うものもある．

⑭ 血液濃縮（ヘマトクリットと蛋白の上昇）は脱水とともに起こる．急性の出血性下痢に伴って著しい血液凝縮が起こるのが，出血性胃腸症の特徴である．この疾患は特に小型犬で認められ，基礎原因は不明である．食べ物に対する急性の過敏性か *Clostridium perfringens* による腸内毒素が，基礎原因であろうと思われる．急性の腹部疼痛や嘔吐，抑圧，ショックといった著しい症状が認められる．胃腸管への著しい体液の移動と急性の出血を認めることがある．診断は臨床症状と55～65％というPCVの上昇に基づいて行われる．積極的な支持療法を行えば，一般的に反応はきわめてよい．

⑮ 急性の著しい小腸性下痢とメレナがあって，検査室所見で Na^+ の低下と K^+ の上昇（Na^+：K^+ 比 < 27：1）が認められた場合には，副腎皮質機能低下症（アジソン病）を疑って検査する必要がある．この場合脱水による尿毒症が認められる場合もあるし，グルココルチコイドの欠乏による高カルシウム血症が観察される場合もある．また著しいストレスがあるにもかかわらず循環血中にリンパ球や好酸球が認められることもある．腸の統合性と正常な食欲を維持し，嘔吐や下痢を阻止するのは，グルココルチコイドであることを頭に入れておく必要がある．したがって，電解質異常がなくても単独のグルココルチコイド欠乏で臨床症状の発現を呈する可能性はある．

⑯ 重度の感染症のなかには，病歴聴取時に接触歴を詳細に聞かなければならない場合がいくつかある．このような疾患はあっという間に死に到ることがあるため，比較的まれな疾患とはいえ，アルゴリズムの初期の段階で押さえておく必要がある．

A）サケ中毒は，2つのリケッチア様病原体が原因する疾患であり，この病原体は太平洋北西域のサケに寄生する吸虫（*Nanophyetus salmincola*）に認められる．犬は生のサケを摂取することで感染し，*Neorickettiia* 属によって出血性下痢や嘔吐，発熱，リンパ節症，眼や鼻の分泌物，著しい嗜眠などが現れる．この疾患はパルボウイルス感染と間違えられることがあるが，適切な治療をしないと死亡率は高い．診断には，生魚の摂取歴やリンパ節の吸引検査，検便による吸虫卵の陽性所見が必要となる．

B）どの血清型のレプトスピラ属に感染した場合でも，おおむね肝疾患と腎疾患あるいはその何れかが認められる．敗血症や腎/肝不全によって急性の著しい下痢を認めることもある．病歴の聴取の際には流行地域での生活の有無や淀んだ水（池，湖，流れの緩やかな川）の飲水歴，鼠など齧歯類との接触の有無や同じ環境に居たかどうかなどを聞く必要がある．*L.icterohamorrhagia* と *L.canicola* のワクチン接種が行われている場合には，これらによる発病はないが，他の血清型のレプトスピラもあるため，すべての血清型のレプトスピラを検査する必要がある．

C）青緑色の藻類が池や湖に水の華のように繁殖することがあり，犬がこの水を飲むことによって，急性の致命的な胃腸炎や肝/腎不全，神経症状が起こる．診断には，接触歴と藻の鑑定が必要となる．

D）齧歯類から *Bacillus piliformis* が感染する場合がまれにある．子犬や子猫では急性の致命的な（48時間以内）小腸性下痢が起こる（Tyzzer氏病）．また肝壊死も起こる．剖検時に診断されるのが普通である．

⑰ 切除可能な腫瘤病変が見つかった場合や卵巣子宮摘出術を受けていない雌で子宮に液体様の貯留物があり加減が悪そうな場合，腸内にX線不透過性異物や閉塞性のガス像が観察された場合には，外科的開腹術を実施するのが望ましい．小腸に中等度～重度の拡張が認められた場合には閉塞か小腸の捻転が疑われる．小腸の捻転は急に発現し，著しい腹痛とショック状態，血様性下痢が認められる．急速に進行し，あっという間に致命的経過をとるのが普通である．

⑱ 超音波検査で，膵臓の肥厚や腫瘤が見つかった場合には，さらに（アミラーゼ値，リパーゼ値，トリプシン様免疫活性値など）を調べて膵臓の炎症を見きわめる必要がある．細胞学的検査のために，針生検で特定の異常部を吸引する場合もある．また膵炎を疑って治療をしたり，進行過程の再評価や診査的開腹が実施されることもある．

⑲ はっきりしない病変や腫瘍の転移が認められる場合あるいは原因組織から予後を判定する場合には，針吸引による細胞学的検査の実施が望ましい．

⑳ 腎盂の拡張が観察される場合には，尿の培養や腎盂から採取した液体の培養，腎の生検を行い，同時に腎盂腎炎を疑って抗菌剤による治療を試みるのもよい．

㉑ 糞便検査で異常が認められない場合には，検査室所見の評価を行い，他には臨床症状を示さない（例えば，一部の腎不全，非定型的アジソン病など）全身性疾患を探すことになる．最近食事内容を変えたという場合には，もう一度元の食事内容に戻すことも大切である．食事による過敏性が疑われる場合には，除外食を試みることも重要である．その他，対症療法や支持療法を実施することもある（経口食を与えないで静脈あるいは皮下による補液を行い，徐々に柔らかい食事に戻しながら与え，必要なら抗菌剤や運動性調節剤を投与する）．反応が認められない場合には，口からの内視鏡検査や他の検査を実施する．この時点では，次の慢性小腸性下痢の項を参考にすることになる．

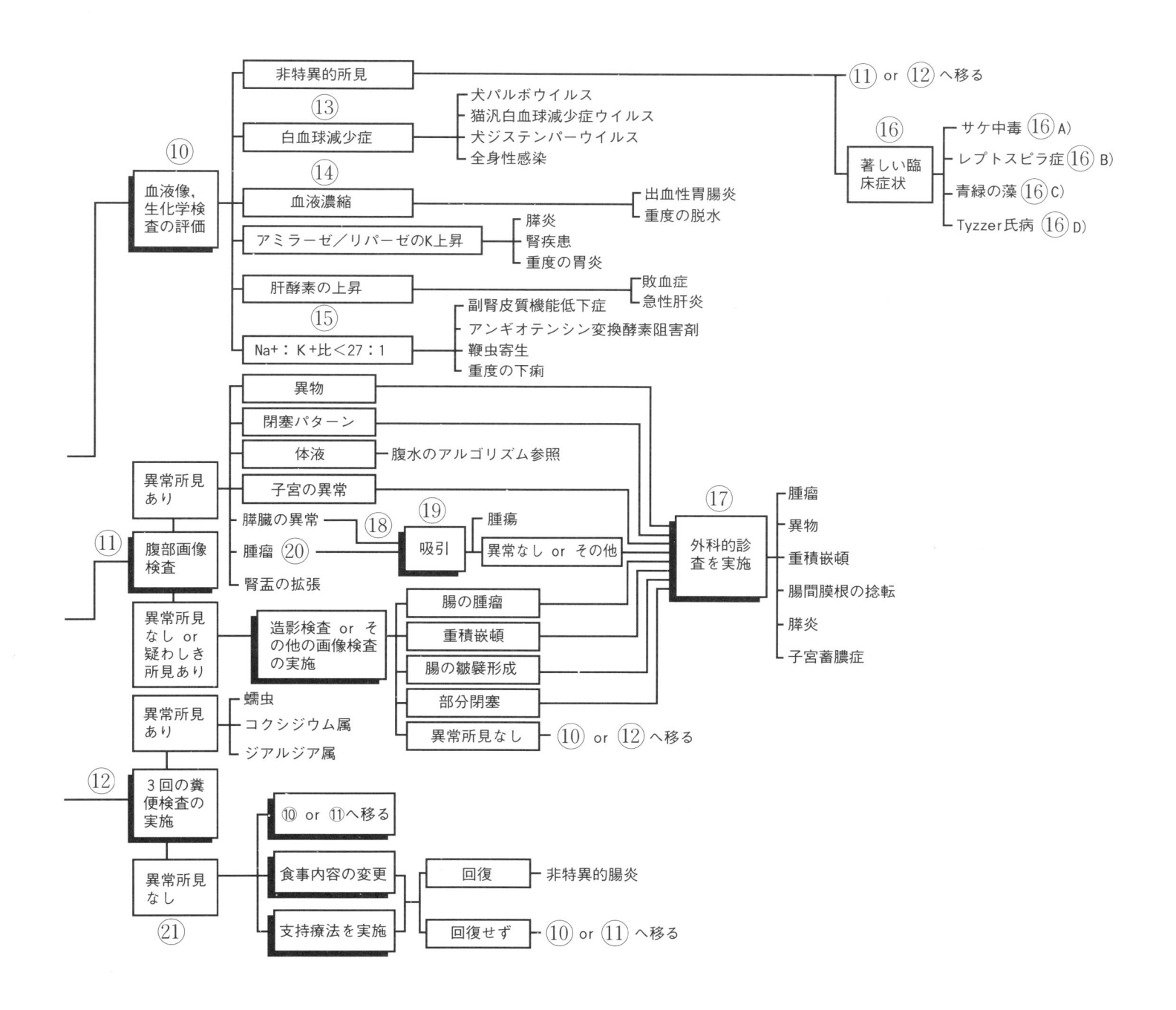

■ 急性の小腸性下痢 ■

```
⑩ 血液像，生化学検査の評価
├─ 非特異的所見 ──────────────── ⑪ or ⑫ へ移る
├─ ⑬ 白血球減少症
│   ├─ 犬パルボウイルス
│   ├─ 猫汎白血球減少症ウイルス
│   ├─ 犬ジステンパーウイルス
│   └─ 全身性感染
├─ ⑭ 血液濃縮
│   ├─ 出血性胃腸炎
│   └─ 重度の脱水
├─ アミラーゼ／リパーゼのK上昇
│   ├─ 膵炎
│   ├─ 腎疾患
│   └─ 重度の胃炎
├─ 肝酵素の上昇
│   ├─ 敗血症
│   └─ 急性肝炎
└─ ⑮ Na⁺：K⁺比＜27：1
    ├─ 副腎皮質機能低下症
    ├─ アンギオテンシン変換酵素阻害剤
    ├─ 鞭虫寄生
    └─ 重度の下痢

⑯ 著しい臨床症状
├─ サケ中毒 ⑯ A)
├─ レプトスピラ症 ⑯ B)
├─ 青緑の藻 ⑯ C)
└─ Tyzzer氏病 ⑯ D)
```

⑪ 腹部画像検査

- 異常所見あり
  - 異物
  - 閉塞パターン
  - 体液 ── 腹水のアルゴリズム参照
  - 子宮の異常
  - 膵臓の異常 ⑱
  - 腫瘤 ⑳ ── ⑲ 吸引
    - 腫瘍
    - 異常なし or その他
  - 腎盂の拡張
- 異常所見なし or 疑わしき所見あり ── 造影検査 or その他の画像検査の実施
  - 腸の腫瘍
  - 重積嵌頓
  - 腸の皺襞形成
  - 部分閉塞
  - 異常所見なし ── ⑩ or ⑫ へ移る

⑰ 外科的診査を実施
- 腫瘍
- 異物
- 重積嵌頓
- 腸間膜根の捻転
- 膵炎
- 子宮蓄膿症

⑫ 3回の糞便検査の実施
- 異常所見あり
  - 蠕虫
  - コクシジウム属
  - ジアルジア属
- 異常所見なし ㉑
  - ⑩ or ⑪ へ移る
  - 食事内容の変更
    - 回復 ── 非特異的腸炎
  - 支持療法を実施
    - 回復せず ── ⑩ or ⑪ へ移る

慢性の小腸性下痢

① 慢性の小腸性下痢は，2〜4週間持続的あるいは間欠的に下痢が認められているもので，対症療法／支持療法に反応を示さなかったものとされている．急性の小腸性下痢を示す疾患のなかには，慢性経過をとるようになるものがある（食事性アレルギー／食事性過敏症，寄生虫感染）．

② 病歴の聴取では，下痢が起こる前の食事内容の変更の有無，日常の食事内容（食事に含まれる蛋白質に慢性的に触れると過敏性になる），監視が行き届いているか否か，感染動物との接触の有無，慢性的な薬剤投与歴の有無，その他の病的状況などを聞く必要がある．特に生活環境の聴取は重要であり，毒物との接触の有無，水源地の有無，殺鼠剤の有無，腐肉や生ごみの有無を聞く必要がある．毒物に触れることによって，継続的に慢性の小腸性下痢が起こることもある（有毒性の飼料袋が今でも使われている）．生活環境が汚いと細菌感染や寄生虫感染の危険性が高まるため，その有無を聴取することも必要となる．

③ 慢性的な薬物投与によって，小腸性下痢を起こすことがある．抗止瀉剤に含まれる抗コリン作動薬は運動性に異常をもたらしたり，イレウスを起こし，そのために下痢を認めることもある．抗菌剤によっても正常な細菌叢が変化し病原性細菌が増殖するため，小腸性下痢が起こる．犬では，レボチロキシンの補充が過剰になると下痢が起こる．この場合には投与後，4〜6時間経って血清T_4濃度を計測し判別する．

④ 右側心不全があると，腸壁のうっ血／浮腫が起こり下痢が認められる．心臓薬（アンギオテンシン変換酵素阻害剤，ギゴキシン）でも下痢を認める場合がよくある．

⑤ 肝硬変／肝不全があると，腸の機能が障害されたり，血液内の内毒素の除去能が低下したり，門脈圧の上昇による腸の浮腫が起こったりすることで，小腸性の下痢を認めることになる．

⑥ 神経に異常（脊椎の外傷，手術，び漫性の神経疾患）があると，腸の神経支配が障害される．他に自律神経系機能に異常（全身性の自律神経障害や膀胱の併発）があると，この障害が起こりやすくなる．

⑦ 腹部の広範囲にわたる手術がなされていたり，腹腔内の広範囲にわたる炎症（例えば腹膜炎）があると，小腸のイレウスが部分的あるいは全体的に起こり，下痢が認められるようになる．このような状態は馬や人に比べると，犬や猫では少ない．小腸の2/3以上が切除されると，腸短縮症候群を認めることがあり，十分な腸の長さがなくなるため水分の吸収や消化が不完全になり慢性の下痢が起こる．残った腸がかなり順応性を示すようになるため，このような症状は一過性に終わることもある．

⑧ 犬種によっては小腸性下痢を起こしやすい素因をもつものがある．犬種だけで診断はできないが，検査の際当たりを付ける意味では役に立つ．特異的な胃腸疾患を示す犬種としては，バッセンジー（免疫増殖性リンパ球性形質細胞性腸炎），ジャーマン・シェパード（特発性抗菌剤反応性下痢／小腸の細菌の過剰繁殖，膵外分泌不全，真菌感染性素因）），ヨークシャーテリア，ロットワイラー（リンパ管拡張症），アイリッシュセッター（グルテン過敏症）などがある．

⑨ 身体一般検査をすれば，当初どの程度積極的に検査を実施すればよいかが分かってくる．状態が芳しくない（発熱，他の臓器系の合併症，ショック，虚脱，メレナ，点状出血などの）場合には，支持療法を開始しながら，検査室所見，できれば糞便の培養，ACTH刺激試験，腹部画像検査，外科的開腹術，口からの内視鏡検査が必要となる．臨床的に健康そうであれば，最初は（便の浮遊検査など）数種類の検査だけでよい．

⑩ 状態が芳しくない場合には，血液像，一連の血清生化学検査，尿検査，猫ではこれらに併せて猫白血病ウイルス／猫免疫不全ウイルスの検査を実施する．これによって特定の診断（腎不全，肝疾患）や一部の疾患（低コレステロール，低アルブミンを伴うリンパ球減少症，リンパ管拡張を示唆する膿性あるいは腹膜性滲出液など）の目安がつけられる．好中球減少症が観察されれば，ウイルス感染や敗血症の疑いがある．小赤血球性貧血が認められれば，慢性失血が疑える．コレステロールやアルブミン，BUN，糖の低下とビリルビン値の上昇があれば，肝不全が考えられる．まれではあるが，K^+の上昇とNa^+の低下があれば，重度の胃腸疾患や鞭虫感染が疑われる．この場合さらに副腎皮質機能低下症も考えられる．このような際にはACTH刺激試験によって，判別することになる．慢性でうまくコントロールされていない糖尿病では胃腸の運動性が侵され，小腸性下痢を起こすことがある（一般的には軽い胃アトニーと嘔吐が観察される）．

⑪ 最小限の一般検査で異常が認められないとか非特異的所見しかみられないが，加減が悪そうな場合には，さらに進めて腹部画像検査や内視鏡検査あるいは試験的開腹術を実施することになる．

⑫ 点状出血やメレナ，発熱がある若い動物や他の感染動物との接触が分かっている場合には，糞便の培養が必要になることもある．慢性の下痢や削痩に関与する細菌は，数種類に過ぎない（猫の*Yersinia pseudotuberculosis*と*Actinomyces*属）．これらの細菌は増殖率が低く，正常細菌叢が過剰増殖するため，通常の糞便培養では発育しない可能性がある．

⑬ 慢性の小腸性下痢はあるが臨床的には健康そうな場合には，24時間間隔で採便して3回の浮遊検査を実施する必要がある．また新鮮便の塗沫で寄生虫卵の検査を実施する．回虫（*Toxocara canis/cati*, *Toxascaris leonina*）や鈎虫（*Ancylostoma*属，*Unicinaria*属），さなだ虫（主に*Dipylidium caninum*，様々な条虫属），コクシジウム（*Isospora*属，*Cryptosporidium*属，*Balantidium*属），ジアルジア属の検査であれば塗沫便で十分である．ジアルジア属の検査には糞便抗原試験があるが，診断的には3回浮遊検査と変わらない．

⑭ 直腸の細胞学的検査は，大腸性下痢では比較的有用性がある．この検査によって，ジアルジア属，キャンピロバクター属，真菌（*H.capsulatum*），藻類（*Prototheca*属），異常細菌叢が分かる（1つのタイプの細菌が優勢に見られたら糞便培養の必要性を示している）．

⑮ 腹部の触診で異常（腹痛や腫瘤／異物の触知）が認められたり，病状が芳しくない場合には，腹部画像検査（X腺検査，超音波検査）が必要となる．最初の画像検査ではっきりしない場合には，X線造影検査が必要となる．これらの検査によって，部分閉塞や腫瘤，一部の潰瘍，機能的イレウスによる腸通過時間の延長などが分かる．水溶性造影剤とバリウムを含ませたポリエチレン球あるいはその何れかが使われる．造影検査は，潰瘍や炎症域などの検査では実際には余り役立たないが，水溶性の造影剤が潰瘍部や炎症部に付着することは確かである．ストレスがあると造影剤の胃腸管通過速度が遅くなることがある．したがって正常な通過時間には役立つが，通過時間が遅延している場合にはストレスが原因のこともあれば，胃腸管の運動性に問題があって，そのために下痢が起こっているということも考えられる．

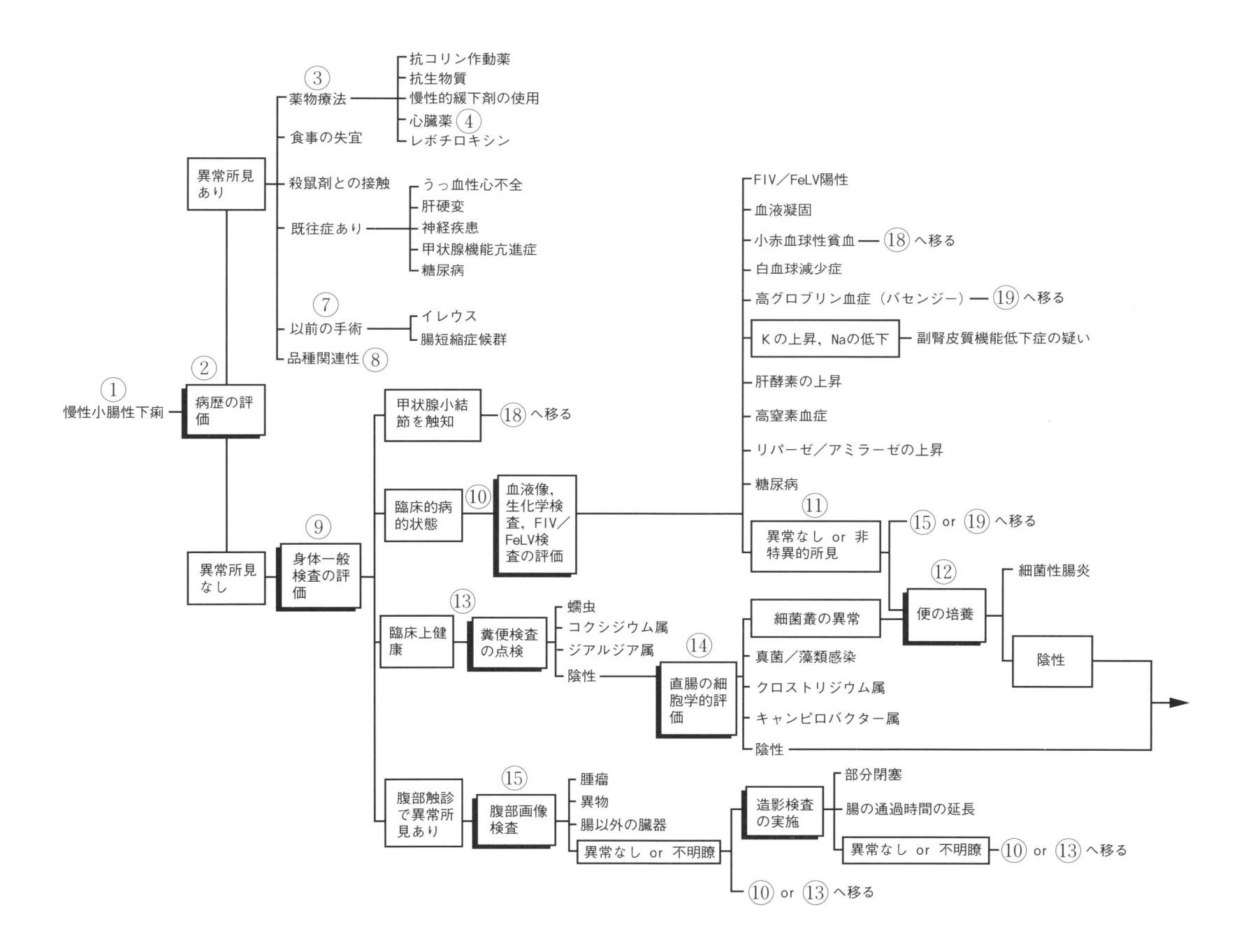

■ *慢性の小腸性下痢* ■

```
①慢性小腸性下痢 — ②病歴の評価
                    ├─ 異常所見あり
                    │   ├─ ③薬物療法
                    │   │   ├─ 抗コリン作動薬
                    │   │   ├─ 抗生物質
                    │   │   ├─ 慢性的緩下剤の使用
                    │   │   ├─ 心臓薬 ④
                    │   │   └─ レボチロキシン
                    │   ├─ 食事の失宜
                    │   ├─ 殺鼠剤との接触
                    │   ├─ 既往症あり
                    │   │   ├─ うっ血性心不全
                    │   │   ├─ 肝硬変
                    │   │   ├─ 神経疾患
                    │   │   ├─ 甲状腺機能亢進症
                    │   │   └─ 糖尿病
                    │   ├─ ⑦以前の手術
                    │   │   ├─ イレウス
                    │   │   └─ 腸短縮症候群
                    │   └─ 品種関連性 ⑧
                    └─ 異常所見なし — ⑨身体一般検査の評価
                        ├─ 甲状腺小結節を触知 — ⑱へ移る
                        ├─ ⑩臨床的病的状態 — 血液像, 生化学検査, FIV／FeLV検査の評価
                        │   ├─ FIV／FeLV陽性
                        │   ├─ 血液凝固
                        │   ├─ 小赤血球性貧血 — ⑱へ移る
                        │   ├─ 白血球減少症
                        │   ├─ 高グロブリン血症（バセンジー）— ⑲へ移る
                        │   ├─ Kの上昇, Naの低下 — 副腎皮質機能低下症の疑い
                        │   ├─ 肝酵素の上昇
                        │   ├─ 高窒素血症
                        │   ├─ リパーゼ／アミラーゼの上昇
                        │   ├─ 糖尿病
                        │   └─ ⑪異常なし or 非特異的所見 — ⑮ or ⑲へ移る
                        │       └─ ⑫便の培養
                        │           ├─ 細菌叢の異常 — 細菌性腸炎
                        │           ├─ 真菌／藻類感染
                        │           ├─ クロストリジウム属
                        │           ├─ キャンピロバクター属
                        │           └─ 陰性
                        ├─ ⑬臨床上健康 — 糞便検査の点検
                        │   ├─ 蠕虫
                        │   ├─ コクシジウム属
                        │   ├─ ジアルジア属
                        │   └─ 陰性 — ⑭直腸の細胞学的評価
                        └─ 腹部触診で異常所見あり — ⑮腹部画像検査
                            ├─ 腫瘍
                            ├─ 異物
                            ├─ 腸以外の臓器
                            ├─ 異常なし or 不明瞭 — 造影検査の実施
                            │   ├─ 部分閉塞
                            │   ├─ 腸の通過時間の延長
                            │   └─ 異常なし or 不明瞭 — ⑩ or ⑬へ移る
                            └─ ⑩ or ⑬へ移る
```

慢性の小腸性下痢

⑯ 8～10歳齢以上の猫で体重減少と小腸性下痢が認められる場合で，特に多食や被毛の菲薄化，嘔吐，苛々，甲状腺結節の触知，肝酵素の上昇などがある場合には，甲状腺の機能を調べる必要がある．

⑰ 犬で著しい体重減少や脂肪便，貪食，小腸性下痢などが認められた場合には，血清トリプシン様免疫活性の検査をする必要がある．血清トリプシン様免疫活性が低下しておれば，膵外分泌不全ならびに小腸性栄養不良と吸収不良が考えられる．これは犬では年齢にかかわらず起こるが，特に若いジャーマン・シェパードの成犬にみられる．猫ではきわめてまれである．

⑱ この時点で検査に異常が認められない場合には，次の段階として小腸の生検が通常行われる．症例の概要と病歴に応じてその他の検査も実施する．補助的検査によって，機能障害と一部の小腸の異常部位が判別できる．これらの検査は非侵襲的であるが，操作が難しく，基質と機材が必要となり，臨床では必ずしも手にはいるものではない．ほとんどの場合，これらの検査によって，基礎疾患が確定診断されるわけではない．それでもなお，生検と薬物療法ならびに絶食は必要となる．顕微鏡で小腸の失血が認められる場合には，糞便の潜血反応を測定する．この検査は肉の蛋白に影響されるため，正確な結果を得るためには採便前4～5日間は菜食が必要となる．この検査は猫には向かない方法である．

⑲ 口からの内視鏡検査を実施すれば，潰瘍や出血，肉芽形成/脆弱性，粘膜あるいは粘膜下の腫瘤，乳糜管の拡張など小腸粘膜の評価が可能となる．欠点としては，十二指腸と空腸の頭側20～30cmまでしか検査できないことである．遠位の病変や粘膜下の病変を見逃すことがあり，また同様に広範囲に線維性組織反応を示すような腫瘍も見誤ることがある．

⑳ 特発性の抗菌剤反応性下痢（小腸内細菌の過剰繁殖）が関与している場合には，培養のための試験開腹あるいは内視鏡検査の際に，十二指腸の吸引検査を行うとよい．小腸内細菌の過剰繁殖の診断基準は，獣医療では議論の余地がある．最初に報告された細菌数は余りにも少な過ぎるきらいがある．犬で10^7，猫で10^7～10^9位の数が正常数であろうと思われる．小腸の運動性の異常によって，細菌数が増加することもあるし，消化不良があれば，細菌の繁殖は益々増えることになる．

㉑ 炎症性腸疾患は組織病理学的疾患であり，病因は複雑である．炎症性浸潤や小腸性下痢，嘔吐，食欲廃絶，大腸炎，体重減少，蛋白喪失性腸症などの特徴をもった一群の疾患というのが正しい用語である．特発性の炎症性腸疾患では，正常な食事性蛋白や微生物，抗原あるいは自己抗原に対して不適切な免疫反応が認められる．犬と猫で最もよく認められるのが，リンパ球性形質細胞性腸炎である．好酸球性腸炎は，重度で増殖性で分節性に分散する炎症性腸疾患の1つの形態であり，若いボクサーに頻繁に認められることがあり，治療にはうまく反応しない疾患である．猫の過好酸球増加症候群では，循環血液中に好酸球の増加を認めることがある．犬の炎症性腸疾患のまれなタイプとしては，局所性（肉芽腫様）腸炎（クローン病に類似）とバセンジーの回腸性増殖性腸炎（高グロブリン血症と激しい小腸性下痢）がある．いずれも治療にはうまく反応しない疾患である．

㉒ 小腸（主に十二指腸）の潰瘍はヒトに比べて犬や猫ではまれであり，嘔吐と食欲廃絶が主に認められる．猫の小腸性潰瘍では，猫免疫不全ウイルス陽性の可能性がある．

㉓ リンパ管拡張症では，著しい腸の蛋白喪失と低蛋白性腹水が認められる．小腸から脂肪を吸収したリンパ管が閉塞することによって，リンパ管が粘膜性となり，脂肪と蛋白を多く含んだ体液で拡張され，最終的には破裂を起こす．リンパ管の閉塞は，粘膜が原因する（リンパ腫，炎症性腸疾・IBD，ヒストプラズマ症，特発性）場合もあれば，遠因性の場合（漿膜面や腸間膜内の肉芽腫，リンパ節の炎症/腫瘍，うっ血性心不全）もある．

㉔ び漫性の小腸性腫瘍によって，慢性の下痢を認めることは比較的多い．

㉕ 感染性の慢性小腸性下痢は，犬や猫ではまれである．犬のヒストプラズマ症（H.capsulatum）では，下痢，体重減少，肝障害が認められる．ピチウム症（pythiosis）では化膿性肉芽腫性肥厚と腸閉塞が認められる．真菌感染/藻類感染では予後は悪い．鳥類や齧歯類から感染する猫のエルシニア症（Y.pseudotuberculosis）では，慢性の小腸性下痢が認められる．ミコバクテリウム属（Mycobacterium spp.）とノカルジア属（Nocardia spp.），アクチノミセス属（Actinomyces spp.）は，いずれも犬と猫に障害をもたらす．

㉖ 内視鏡検査で診断がつかない場合には，外科的開腹術と小腸全層生検を実施することになる．胃腸炎や全身性疾患でも下痢を起こすことがあり，組織病理学検査では正常の場合もあれば異常を認める場合もある．症例の概要や病歴，これまでの検査結果から今後の検査方法を決めることになる．

㉗ 胃腸管の神経内分泌組織性腫瘍（APUDomas）によって，ホルモンが過剰に分泌され，慢性の間欠性小腸性下痢が起こる．これらの腫瘍はまれであり診断も難しい．ガストリノーマや膵臓島細胞腫瘍によってガストリンが産生され，胃酸過多が起こり，同時に食道潰瘍，胃潰瘍，消化性潰瘍が認められる．この腫瘍の診断は，腹部超音波検査，絶食後の血清ガストリン濃度，セクレチン/カルシウム投与による反応，シンチグラフィー，外科的開腹術，生検などによって行う．

㉘ 食事性過敏症，特にタイプⅠ（即発性）の過敏性は犬や猫ではまれであり，診断は難しい．皮膚試験，や血清放射線吸着（RAST）法や酵素免疫吸着（ELISA）法は，期待外れの検査方法である．したがって，観察や食事歴，臨床的推察，最低10週間の除外食の給餌などから診断することになる．除外食で小腸性下痢が回復したら，それぞれの蛋白による付加試験を実施する．グルテンによる過敏性は，アイリッシュ・セッターでは重度の過敏症を呈し，白い被毛のウィートン・テリアでは蛋白喪失性腸疾患が認められる．

㉙ ストレスによって胃腸の正常な通過時間が変化するため，胃腸の運動性疾患では診断が難しくなる．術後や代謝性疾患（低カリウム血症，糖尿病），炎症，重度のパルボウイルス感染，全身性神経疾患（自律神経障害）などではイレウスが起こることがある．イレウスがひどくなると，腸の閉塞症状を示すことがある（偽性閉塞疾患）．またこの場合には小腸の運動性が著しくなり，ヒトに認められる過敏性小腸症候群に似た腸の痙攣が認められることもある．小腸が原因であるにもかかわらず，過敏性小腸症候群では大腸性の症状が主に認められる．ただし小腸性下痢と嘔吐が観察される場合もある．過敏性小腸症候群は切除することで診断がつく．過敏性小腸症候群は神経質な動物や緊張過度の動物あるいはストレスで起こることがある．治療は鎮静剤や高コリン作動薬で効を奏することもあるが，常にというわけではない．

㉚ 胃では予備的な消化が行われるが，この消化が減弱する疾患（胃酸の低下，胃の早期空虚化）によって，小腸性下痢を起こすことがある．原因としては，予備的消化が不十分であったために正常な小腸の通過時間内で消化吸収が完全に行われなかったためか，食べ物の中にいつもとは違った成分が入っていて，これによって細菌が過剰に増殖したためということも考えられる．

■ 慢性の小腸性下痢 ■

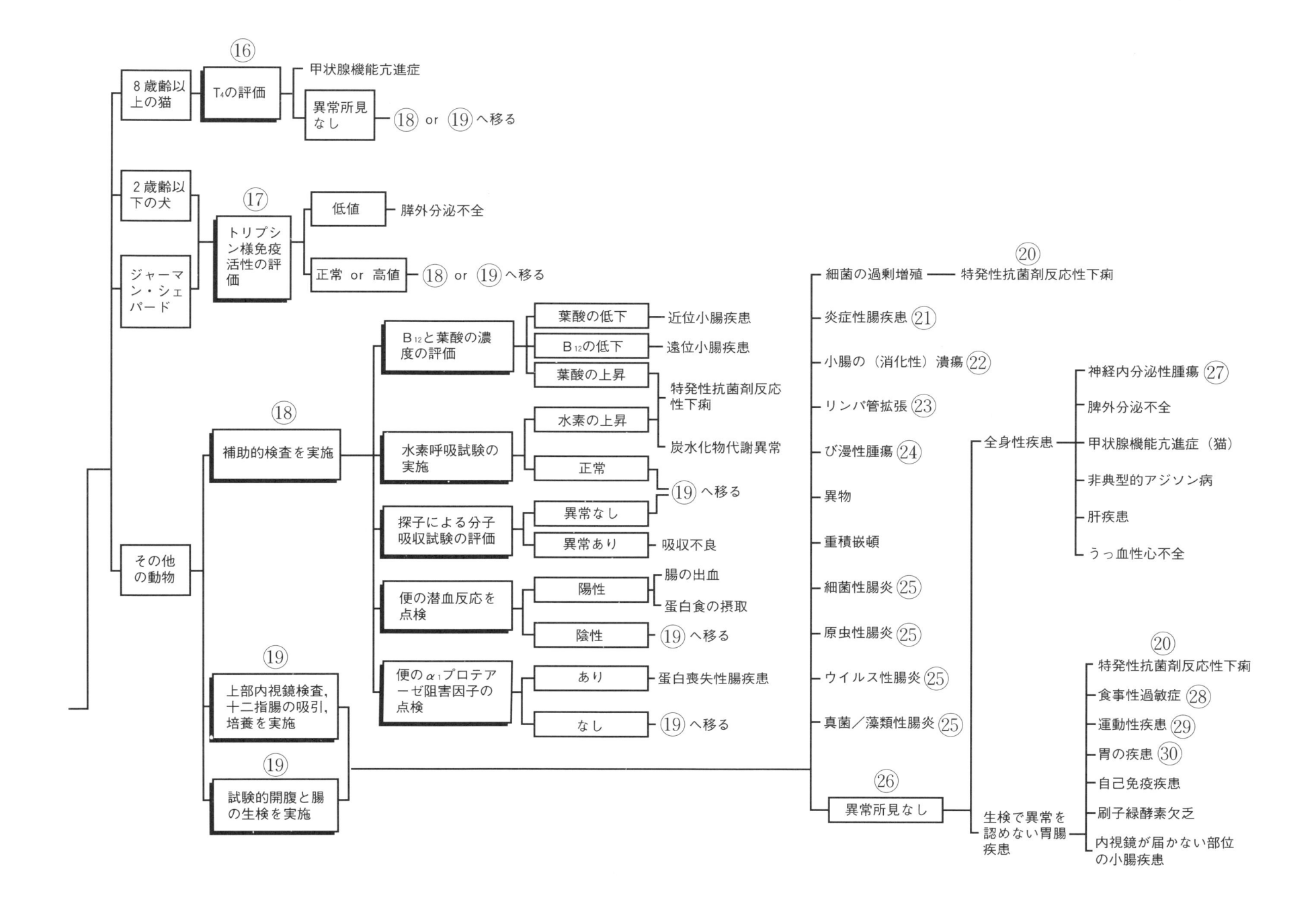

- 8歳齢以上の猫 — ⑯ T₄の評価
  - 甲状腺機能亢進症
  - 異常所見なし — ⑱ or ⑲ へ移る
- 2歳齢以下の犬／ジャーマン・シェパード — ⑰ トリプシン様免疫活性の評価
  - 低値 — 膵外分泌不全
  - 正常 or 高値 — ⑱ or ⑲ へ移る
- その他の動物
  - ⑱ 補助的検査を実施
    - B₁₂と葉酸の濃度の評価
      - 葉酸の低下 — 近位小腸疾患
      - B₁₂の低下 — 遠位小腸疾患
      - 葉酸の上昇 — 特発性抗菌剤反応性下痢
    - 水素呼吸試験の実施
      - 水素の上昇 — 炭水化物代謝異常
      - 正常 — ⑲ へ移る
    - 探子による分子吸収試験の評価
      - 異常なし
      - 異常あり — 吸収不良
    - 便の潜血反応を点検
      - 陽性 — 腸の出血／蛋白食の摂取
      - 陰性 — ⑲ へ移る
    - 便のα₁プロテアーゼ阻害因子の点検
      - あり — 蛋白喪失性腸疾患
      - なし — ⑲ へ移る
  - ⑲ 上部内視鏡検査、十二指腸の吸引、培養を実施
  - ⑲ 試験的開腹と腸の生検を実施
    - 細菌の過剰増殖 — ⑳ 特発性抗菌剤反応性下痢
    - 炎症性腸疾患 ㉑
    - 小腸の（消化性）潰瘍 ㉒
    - リンパ管拡張 ㉓
    - び漫性腫瘍 ㉔ — 全身性疾患
      - 神経内分泌性腫瘍 ㉗
      - 膵外分泌不全
      - 甲状腺機能亢進症（猫）
      - 非典型的アジソン病
      - 肝疾患
      - うっ血性心不全
    - 異物
    - 重積嵌頓
    - 細菌性腸炎 ㉕
    - 原虫性腸炎 ㉕
    - ウイルス性腸炎 ㉕
    - 真菌／藻類性腸炎 ㉕
    - ㉖ 異常所見なし — 生検で異常を認めない胃腸疾患
      - ⑳ 特発性抗菌剤反応性下痢
      - 食事性過敏症 ㉘
      - 運動性疾患 ㉙
      - 胃の疾患 ㉚
      - 自己免疫疾患
      - 刷子縁酵素欠乏
      - 内視鏡が届かない部位の小腸疾患

急性の大腸性下痢

① 大腸性下痢は，急性と慢性に別れる．慢性と急性の時間的経過過程は，小腸性下痢の場合とほぼ同じと考えてよい．急性の大腸性下痢の原因は比較的少なく，病歴の聴取が十分行われれば，目安がつく．急性大腸炎の50％以上は，食事と寄生虫が原因となる．

② 病歴では，薬物療法の有無，細菌叢に変化をもたらす抗菌剤の投与歴，麻薬製剤や運動性促進剤など運動性調整剤の投与歴，神経疾患に対するデキサメサゾン投与歴などの聴取が重要となる．また食事の失宜（生ゴミの細菌性毒素，異物の摂取）や飼主の監視度（毒物や生ゴミの摂取），最近の食事内容の変更の有無（食事性過敏性，真正アレルギー）などを聴取することも重要となる．生活環境の汚染度の評価も重要となる（糞便の処理状況や寄生虫寄生の可能性）．最後にストレスの有無も聞く必要がある．ストレスは，クロストリジウム属の過剰増殖や腸管毒素の産生の促進に関与し，また大腸炎や血便の隠れた要因になる．

③ 臨床的に健康そうに見える場合は，3回以上の硫酸亜鉛浮遊試験と糞便の塗沫検査を実施して，寄生虫の有無を調べる必要がある．特に鞭虫（*Trichuris vulpis*）は，周期的にしか糞便中で卵を産まないし，大腸性下痢の原因となる場合が多い．その他犬の大腸性下痢の原因になる可能性のある寄生虫には，鉤虫（主に*Ancylostoma*属）と鞭虫（*Trichuris vulpis*）である．犬や猫では，ジアルジア属やその他の原虫，様々な種類のコクシジウムが大腸性下痢の原因となる．きわめて若い動物や老齢動物，衰弱した動物，免疫抑制のある動物，汚染環境に生活する動物では，寄生虫感染が特に問題となる．

④ 直腸の細胞学的検査によって，異常な細菌群（例えば，キャンピロバクター属，単一の細菌種）やクロストリジウム（*Clostridium perfringens*）の胞子，炎症細胞，まれに腫瘍細胞（リンパ腫や癌腫），真菌や藻類性微生物の判別が可能となる．

⑤ *Clostridium perfringens* は大腸の正常細菌叢の一部である．何かの原因で胞子が形成され，毒素をもつ系統だと腸管毒素を産生する．これによって大腸炎の症状が発現し，鮮血を認めることが多い．胞子形成を認める細菌やたとえ *Clostridium perfringens* の腸管毒素が糞便中に見つかったとしても，これがクロストリジウム性大腸炎の特異的所見というわけではなく，下痢をしている場合や下痢が他の原因であっても，胞子や腸管毒素が見つかることがあることも頭に入れておく必要がある．

⑥ 直腸の細胞学的検査で異常が認められない場合には，臨床状態を点検する必要がある．臨床的に加減が悪そうな場合（発熱，抑うつがある）あるいは血便や腹部に腫瘤が触知された場合には，さらに検査を進める必要がある．

⑦ 臨床的には元気そうで腹部触診で異常が認められない場合には，支持療法で臨床症状の回復が認められるまで様子を見る．治療方法としては，12～24時間の絶食後柔らかい消化の良い食事を与え，必要に応じてクロストリジウムに対してメトロニダゾールやアモキシリンなどの抗菌剤を処方する．

⑧ 腹部の触診で異常は認められないが，具合が悪そうで熱があるといった場合には最小限の検査室検査を実施して，敗血症や尿毒症，膵炎，肝疾患，急性の大腸性下痢の原因となるその他の全身性重症疾患の有無を見きわめる必要がある．

⑨ 特に血便や発熱，同じ臨床症状を示す他の動物との接触経験などがある場合には，糞便の培養が必要となる．

⑩ 腹部の圧痛や触診で病変部が触知され，急性大腸炎症状が認められる場合には，これまでの検査（糞便浮遊検査と塗沫検査）は飛ばして，腹部画像検査を実施する必要がある．腹部X線検査によって，大腸内のX線不透過性異物が分かる．これが原因で粘膜が刺激されている場合もあるし，X線透過性異物が示唆されることもある．

⑪ まれではあるが小腸の腸間膜根の捻転や回結腸や盲結腸の重積嵌頓など急性の機能的閉塞が認められる場合には，急性の大腸炎症状を呈することがある．腹部X線検査によって，重度の小腸全体の捻転（腸間膜捻転）や軟部組織の腫瘤病変が分かる場合がある．軟部組織の腫瘤病変の場合，円筒状の腫瘤が腹部中央に認められれば，回結腸や盲結腸の重積嵌頓が疑われる．最も一般的なのが回結腸の重積嵌頓である．これは若齢犬できわめて頻繁に認められ，基礎原因として腸の運動性障害（パルボウイルス性腸炎，鞭虫症）を認める場合が多い．高齢の犬では，腸壁由来の腫瘤病変を認めることがある．ときには肛門から長い重積嵌頓部が突出し，直腸脱と間違うことがある．腸閉塞を起こす疾患はいずれも外科的整復が必要となる．大腸の異物は重度の便秘状態が認められなければ，除去しなくてもよい場合もある．

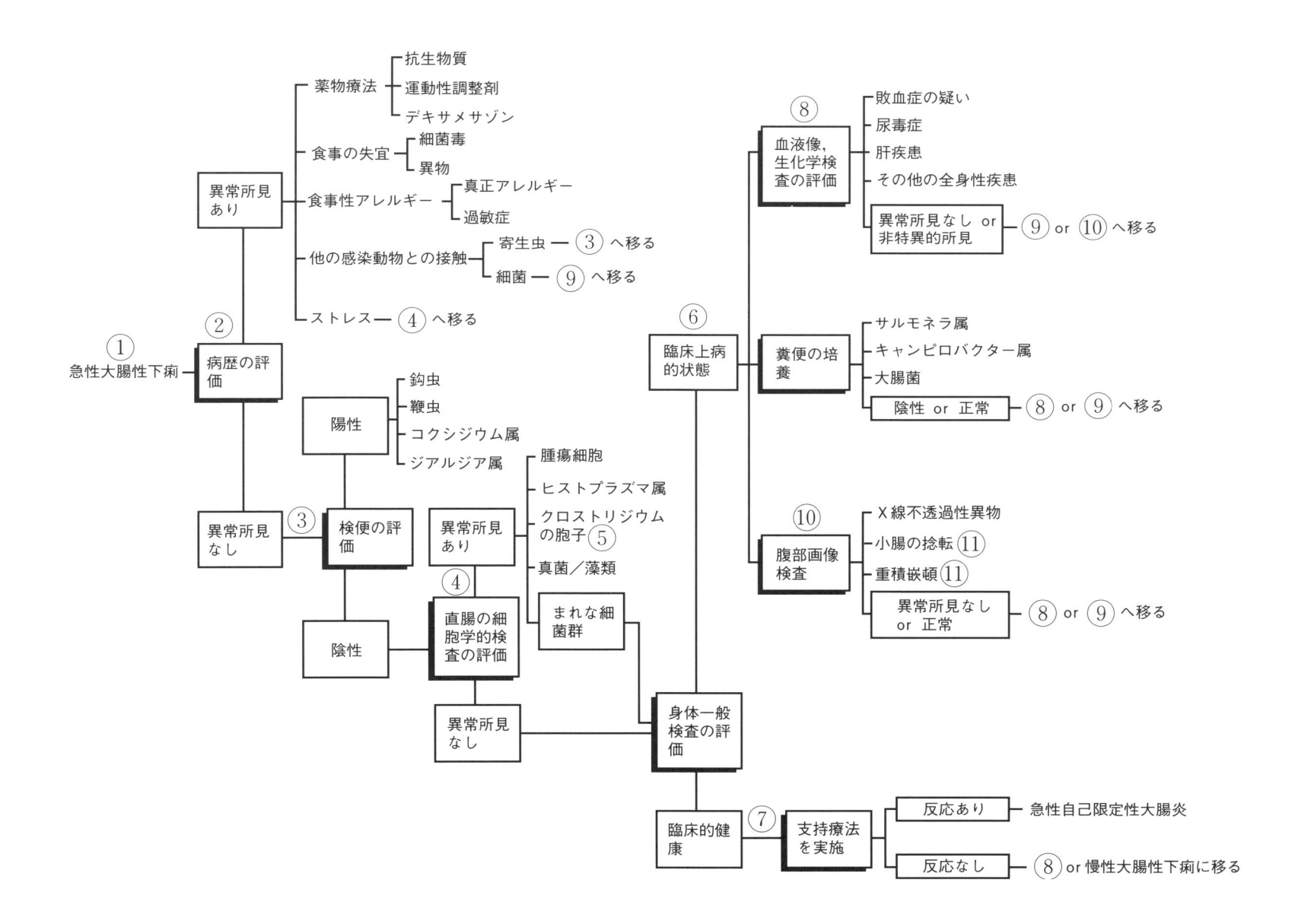

■ 急性の大腸性下痢 ■

①急性大腸性下痢 → ②病歴の評価

②病歴の評価
- 異常所見あり
  - 薬物療法
    - 抗生物質
    - 運動性調整剤
    - デキサメサゾン
  - 食事の失宜
    - 細菌毒
    - 異物
  - 食事性アレルギー
    - 真正アレルギー
    - 過敏症
  - 他の感染動物との接触
    - 寄生虫 — ③ へ移る
    - 細菌 — ⑨ へ移る
  - ストレス — ④ へ移る
- 異常所見なし → ③検便の評価

③検便の評価
- 陽性
  - 鈎虫
  - 鞭虫
  - コクシジウム属
  - ジアルジア属
- 陰性 → ④直腸の細胞学的検査の評価

④直腸の細胞学的検査の評価
- 異常所見あり
  - 腫瘍細胞
  - ヒストプラズマ属
  - クロストリジウムの胞子 ⑤
  - 真菌／藻類
  - まれな細菌群
- 異常所見なし → 身体一般検査の評価

身体一般検査の評価
- ⑥臨床上病的状態
  - ⑧血液像, 生化学検査の評価
    - 敗血症の疑い
    - 尿毒症
    - 肝疾患
    - その他の全身性疾患
    - 異常所見なし or 非特異的所見 → ⑨ or ⑩ へ移る
  - 糞便の培養
    - サルモネラ属
    - キャンピロバクター属
    - 大腸菌
    - 陰性 or 正常 → ⑧ or ⑨ へ移る
  - ⑩腹部画像検査
    - X線不透過性異物
    - 小腸の捻転 ⑪
    - 重積嵌頓 ⑪
    - 異常所見なし or 正常 → ⑧ or ⑨ へ移る
- 臨床的健康 → ⑦支持療法を実施
  - 反応あり — 急性自己限定性大腸炎
  - 反応なし — ⑧ or 慢性大腸性下痢に移る

慢性の大腸性下痢

① 慢性の大腸性下痢とは，2〜4週間以上下痢が認められ，対症療法に反応しない下痢をいう．このような下痢の場合には，さらに積極的な評価が必要となる．慢性の大腸性下痢では，下痢以外は臨床的には健康そうで，食欲も普通にあり体重の減少も認められないというのが普通である．まれではあるが，腫瘍や腸を侵す感染症（*Yersinia* 属，*Mycobacterium* 属，*Actinomyces* 属，*Nocardia* 属，真菌感染，藻類感染，ピチウム症など）に罹っている場合には，臨床的に具合が悪そうな状態が認められる．このような場合には，やせ衰えて，大腸炎はもちろんのこと他の臓器系の症状や小腸の症状が観察されることもある．

② 慢性の大腸性下痢の場合には，病歴の聴取は重要であるが，これは単に基礎原因を診断するためのものに過ぎない．食事に含まれるある種の蛋白に長期間さらされたあと過敏性になった場合には，日常どのような食事を与えているかを見きわめることが重要となる．また慢性の下痢や間欠的な下痢につながると思われる食事の失宜が今も継続されていないかどうかを見きわめることも重要である．生活環境や飼主の監視度，ある種の感染症（真菌と藻類）が流行っている地域にいなかったかなどの情報を聞き出すことも必要である．また感染症に罹りやすい環境にいなかったかどうかを知ることも重要となる．例えば，ひどく汚染された環境にいれば寄生虫やある種の細菌に感染する危険性は高くなるし，豚との接触があればバランチジウム（*Balantidium coli*）やエルシニア（*Yersinia enterocolitica*）に感染する可能性がある．また同じ様な臨床症状を示す同種の動物との接触があれば伝染性疾患の疑いが考えられるということになる．もう1つ病歴聴取で必要なことは，慢性的な抗菌剤の投与の有無である．抗菌剤投与による大腸炎の症状は，一般的には軽度である．犬や猫ではペニシリン剤とセファロスポリン剤が原因になる場合が多い．まれに重度の大腸炎が起こることがあり，*Clostrudium difficile* や *Psuedmonas aeruginosa* などの病原細菌が過剰増殖する場合がある．ヒトでは *Clostrudium difficile* によって重度の大腸炎が起こり，死に到ることもある．犬や猫の下痢便中にこの細菌と腸内毒素が見つかったという報告があるが，無症状の場合でもこの細菌と腸内毒素が見つかっており，その存在の意義については議論の余地がある．

③ 慢性の大腸性下痢の重症度を見きわめるには，身体一般検査が重要となる．慢性の大腸炎では，下痢があるだけで臨床的には健康そうであるのがほとんどである．このような場合には，腹部画像検査や結腸鏡検査を実施する前に，糞便の浮遊検査や直接塗沫検査，直腸の細胞学的検査などを系統的に進めることになる．臨床的に具合が悪そうな場合には，特に血便や発熱，その他の全身症状が認められる場合や直腸病変や腹腔内病変が触知される場合には，さらに積極的な検査が必要となる．

④ 臨床的に具合が悪そうであればいかなる場合も，最小限の検査室所見が重要となる．特定の診断はつかなくても，得られた情報から大腸性下痢の基礎原因としての全身状態（例えば敗血症，膵炎，腹膜炎，多臓器不全など）を推察するのには役立つ．さらには，どの程度の具合なのか，治療や診断的検査をどの程度急いで実施しなけばならないのかといったことが判別できるはずである．

⑤ 臨床的に大腸炎の原因として感染が疑われた場合には，サルモネラ属やキャンピロバクター属，クロストリジウム（*Clostrudium difficile*）に対する培地を選んで糞便培養を実施し，評価することが必要となる．これは発熱が認められたり，直腸の細胞学的検査で普通では認められない細菌群が観察された場合には特に必要である．

⑥ まれに *Yersinia enterocolitica* が，犬で見つかることがある．これは近くに豚がいるところで生活している場合に，きわめて頻繁に認められることがある．この *Y.enterocolitica* は腸内毒素を産生し，その結果急性あるいは慢性の大腸性下痢が起こる．このような例はまれであるため，予後については不明である．

⑦ 身体一般検査で腹部の腫瘤病変が疑われた場合には，その場に応じて超音波検査かX線検査による画像検査を実施する必要がある．X線検査では，造影剤（バリウム浣腸）を投与することがあるが，この際には多量の浣腸液で腸を洗浄してから造影剤を投与する．こうすればアーチファクトが少なくなる．X線造影検査は，腫瘤病変や特に閉塞性異物，重積嵌頓ではきわめて有用である．超音波検査は，真正の腫瘤病変と重積嵌頓を見分けるのには役に立つ．画像検査で，嵌入した異物が疑われる場合（結腸では通常は認められないが慢性的な臨床症状が認められる際）や腫瘤病変，重積嵌頓などが分かった場合には，開腹し整復手術を実施するのが望ましい．しかし画像検査で異常を認めなかったり，はっきりしない場合には次の段階として，結腸鏡検査を実施することになる．

⑧ 慢性大腸炎の症状が認められる場合には，直腸検査で腫瘤病変の有無を見きわめる．接近できれば，鎮静下でこのような病変部を吸引し細胞学的検査に付したり，生検による組織病理学的検査を行うこともある．その他，結腸から直腸にまで病変部が広がっていると思われる場合には，結腸鏡で組織生検を実施する必要がある．

⑨ 結腸と直腸内の腫瘤病変は，良性の腺腫様ポリープの可能性がある．ヒトではこのような病変は認められないようであるが，通常は単離性のものである（もちろん，猫のなかには多発性のポリープもある）．その他可能性があるのは，平滑筋腫のような良性腫瘍や腸壁を通してまだ広がっていない悪性腫瘍（上皮内癌腫）がある．

⑩ 悪性腫瘍は，単離性の場合（腺癌，平滑筋肉腫，リンパ腫，形質細胞腫，肥満細胞腫）もあれば，び漫性の場合（リンパ腫，肥満細胞腫，時には腺癌）もある．予後は腫瘍のタイプと広がり具合によって異なる．

⑪ 大腸性下痢があって臨床的には健康そうな場合や，身体一般検査で異常がない場合には，24時間ごとに3回採便して行う検査で寄生虫の幼虫とジアルジアを調べる必要がある．さらに糞便の直接塗沫で原虫の検査を行う．

⑫ 直腸の細胞学的検査は，クロストリジウム（*C.perfringens*）の胞子を見きわめる場合には有用である．クロストリジウム（*C.perfringens*）のなかで腸内毒素を出す系統のものでは，慢性の大腸性下痢を認める可能性がある．まれには，腫瘍細胞や真菌あるいは藻類が直腸検査で認められることがある．

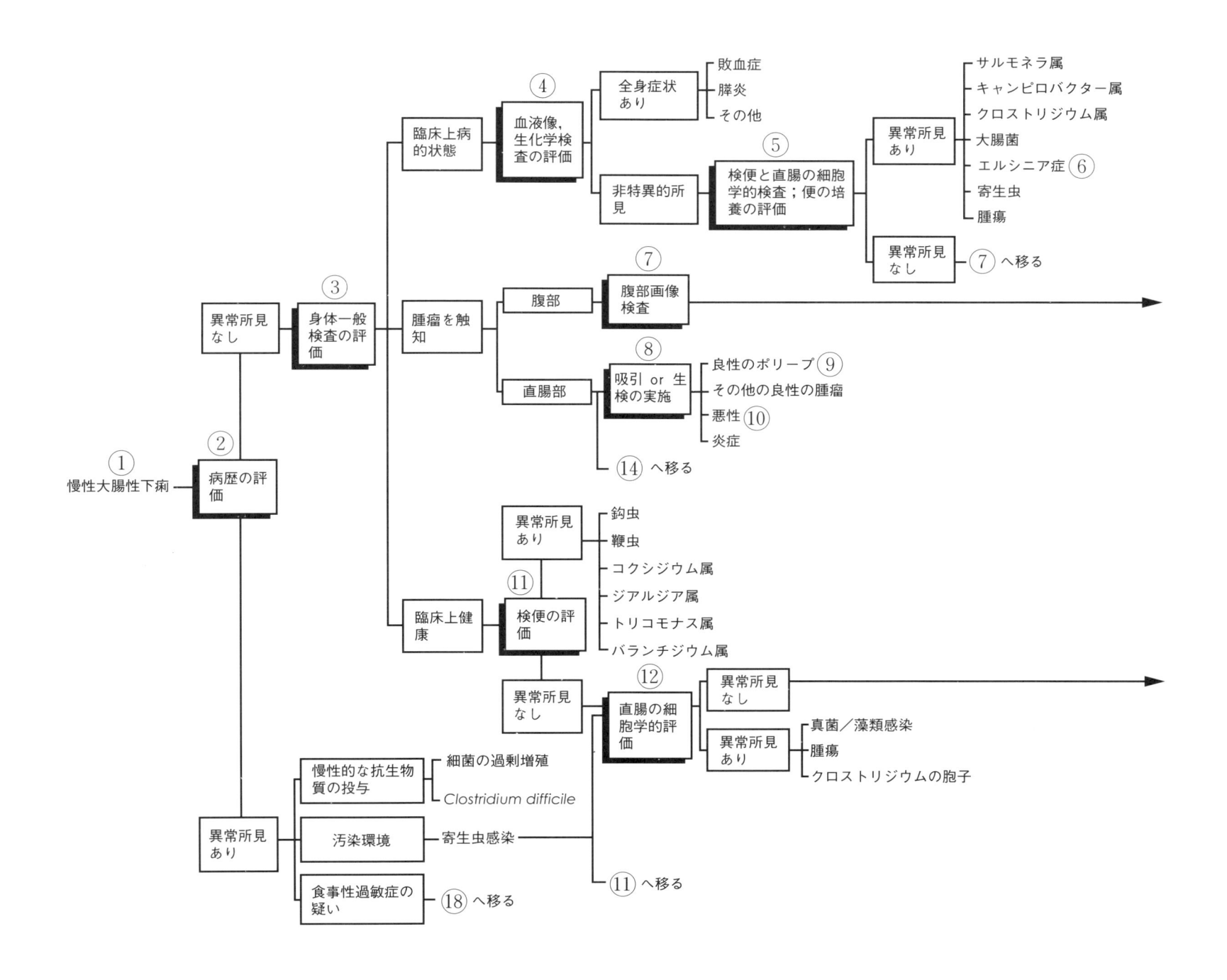

■ *慢性の大腸性下痢* ■

- ① 慢性大腸性下痢
  - ② 病歴の評価
    - 異常所見なし
      - ③ 身体一般検査の評価
        - 臨床上病的状態
          - ④ 血液像，生化学検査の評価
            - 全身症状あり
              - 敗血症
              - 膵炎
              - その他
            - 非特異的所見
              - ⑤ 検便と直腸の細胞学的検査；便の培養の評価
                - 異常所見あり
                  - サルモネラ属
                  - キャンピロバクター属
                  - クロストリジウム属
                  - 大腸菌
                  - エルシニア症 ⑥
                  - 寄生虫
                  - 腫瘍
                - 異常所見なし → ⑦ へ移る
        - 腫瘤を触知
          - 腹部
            - ⑦ 腹部画像検査 →
          - 直腸部
            - ⑧ 吸引 or 生検の実施
              - 良性のポリープ ⑨
              - その他の良性の腫瘤
              - 悪性 ⑩
              - 炎症
              - ⑭ へ移る
        - 臨床上健康
          - ⑪ 検便の評価
            - 異常所見あり
              - 鉤虫
              - 鞭虫
              - コクシジウム属
              - ジアルジア属
              - トリコモナス属
              - バランチジウム属
            - 異常所見なし
              - ⑫ 直腸の細胞学的評価
                - 異常所見なし →
                - 異常所見あり
                  - 真菌／藻類感染
                  - 腫瘍
                  - クロストリジウムの胞子
    - 異常所見あり
      - 慢性的な抗生物質の投与
        - 細菌の過剰増殖
        - *Clostridium difficile*
      - 汚染環境
        - 寄生虫感染 → ⑪ へ移る
      - 食事性過敏症の疑い → ⑱ へ移る

■ 慢性の大腸性下痢 ■

⑬ 巨大結腸（便秘ならびにしぶりの項を参照）は，X線検査で見きわめることができる．巨大結腸では，大腸性下痢と見誤るような臨床症状を呈することがある．結腸に拡張や嵌頓，運動性障害がある場合には，結腸内に硬い糞便が認められるようになり，したがって便秘の症状を呈するのが普通である．しかしこのような硬い糞便があることで結腸が刺激される可能性がある．糞便の周囲に液体が滲出されるため，大腸性下痢の様相を呈することがある．

⑭ 結腸鏡による検査は侵襲性がきわめて少なく，結腸の検査には最も優れた方法といえる．小腸の検査の場合とは違って，時として腸の全層生検にも比較的有用性があり，結腸鏡による結腸の生検は，腸腔内に広がった疾患の経過を見るのには，きわめて優れた方法といえる．結腸鏡による生検を実施すれば，腹腔内の汚染や結腸の穿孔，術後の結腸の治癒不全などの危険性が減る．しかし腫瘤病変や重積嵌頓が判明した場合には，試験的開腹術の実施が必要となる．

⑮ 小腸と同様に炎症性腸疾患によって結腸が侵され，結腸炎の症状を呈する場合がある．前にも述べたように，炎症性腸疾患は組織病理学的診断で，必ずしも示された炎症性浸潤の基礎原因を表しているわけではない．犬と猫の炎症性浸潤の診断で，最も多いのがリンパ球性形質細胞性結腸炎であり，リンパ球性形質細胞性腸炎の場合の所見と同じである．好酸球性結腸炎は，炎症性腸疾患の様々な症状を示すことがある．寄生虫や刺激物，その他の感染微生物に対する反応として炎症性腸疾患の症状を示すこともあれば，食事に含まれる成分に対するアレルギー反応としての症状を示すこともある．肉芽腫様好酸球性結腸炎はまれであるが，結腸に腫瘤病変を起こすことがある．好酸球性結腸炎も，猫では過好酸球症候群の症状を示すことがある．慢性の組織球性潰瘍性結腸炎や化膿性結腸炎，肉芽腫性小腸結腸炎もまれな炎症性腸疾患の1つである．組織球性潰瘍性結腸炎は，若いボクサー犬で最も多く認められ，病的な臨床症状と体重の減少が観察される．結腸を侵す他のほとんどの炎症性腸疾患の場合とは異なり，予後は悪いか不良である．化膿性（好中球性）結腸炎はまれであるが，猫では最もよく認められる．腸型の猫伝染性腹膜炎に伴って認められることもあるが，その他の場合には基礎原因は不明である．

⑯ 大腸性下痢には，繊維－反応性下痢があり，組織病理学的な異常は認められないか，あっても極軽度で，臨床症状の原因になるほどの組織病理学的異常ではない．繊維性の食事を補充することによって，症状が改善あるいは治癒する場合がある．この疾患の症状は多分一定範囲内のものであり，個々の動物によって反応する繊維のタイプ（可溶性対非可溶性）も違うということを頭に入れておく必要である．

⑰ 過敏性腸症候群は，様々な疾患が排除され最後に辿り着いた診断である．この疾患は運動性の障害が原因で，大腸性下痢に併せて嘔吐や腹痛が認められることがある．時には食事に含まれる繊維が増えることによって，この疾患が起こる場合がある．過敏性腸症候群には，心理的要因も考えられる．抗痙攣剤や運動性調節剤が効を奏することもある．

⑱ 食べ物に対する過敏性によって，結腸炎症状が起こることがある．通常この過敏性は食事に含まれる蛋白に長期間さらされることで起こる．したがって，新しく変更した食事の中に以前に感作されたものと同じ蛋白が含まれていなければ，新しく食事内容が変わったからといって起こるものではない．食事性過敏症の診断では，蛋白を完全に排除した食事を与えた後，慢性の小腸性下痢の項で述べたのと同じ方法で，付加試験を実施するのが最も良い方法である．

■ *慢性の大腸性下痢* ■

```
                ┌─ 慢性の異物 ──┐
                ├─ 重積嵌頓 ────┤  ┌─────────┐
                │              ├──│外科的診  │
                │              │  │査の実施  │
                ├─ 腫瘤 ───────┘  └─────────┘
                │       └── ⑭ へ移る
                ├─ 巨大結腸 ⑬
                │
                ├─ 異常なし ──┐
                │              │
                │              │                              ⑮        ┌─ リンパ球性形質細胞性結腸炎
                │              │                      ┌─────────┐     ├─ 好酸球性結腸炎
                │              │              ┌───────│炎症性腸疾患│─────┤
                │              │              │       └─────────┘     ├─ 組織細胞性結腸炎
                │              │                                        └─ 化膿性結腸炎
                │              │                                        
                │              │                                        ┌─ ヒストプラズマ属
                │              │              ┌─────────┐              
                │              │              │真菌/藻類性結腸炎│─────┼─ 藻類感染症
                │              │  ⑭          └─────────┘              
                │              │  ┌─────────┐                          └─ ピチウム症（真菌）
                │              └──│直腸鏡検  │
                │                 │査と生検  ├── 細菌感染 ── エルシニア症（*Yersinia enterocolitica*）⑥
                │                 │を実施    │
                │                 └─────────┘
                │                              ┌─ 重積嵌頓
                │                              │
                │                              │                ┌─ 良性 ── 腺腫様ポリープ ⑨
                │                              │                │
                │                              ├─ 腫瘤 ─────────┼─ 中間 ── 上皮内癌腫
                │                              │                │        ⑩         ┌─ 腺癌
                │                              │                │        ┌─────┐   ├─ 平滑筋肉腫
                │                              │                └────────│悪性 │───┤
                │                              │                        └─────┘   ├─ リンパ腫
                │                              │                                    └─ その他
                │                              │
                │                              │                ┌─ 繊維反応性下痢 ⑯
                │                              └─ 異常所見なし ──┼─ 過敏性腸症候群 ⑰
                                                                 └─ 食事性過敏症 ⑱
```

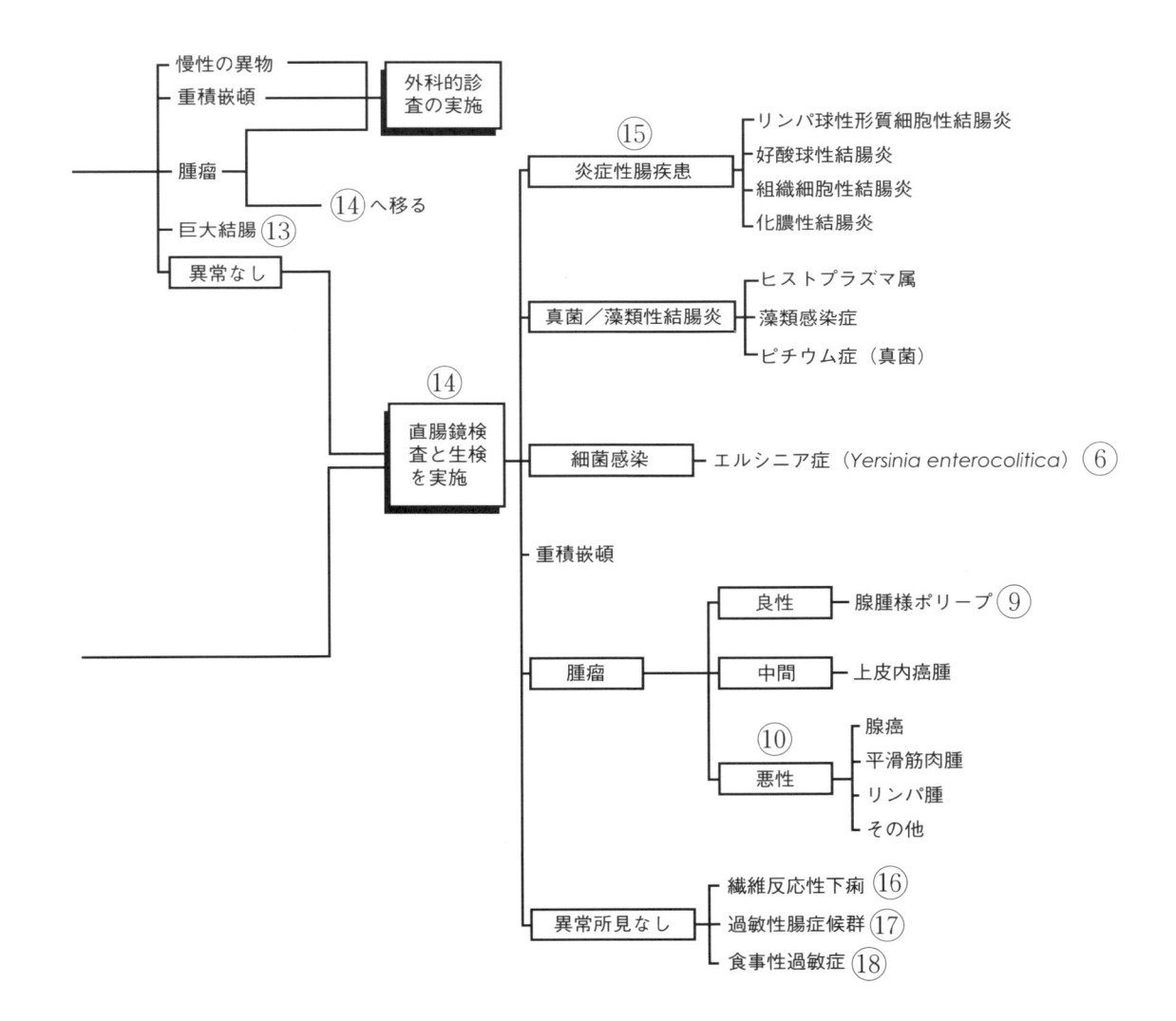

血便排泄

① 血便排泄は，大腸症状や直腸過敏（しぶり，下痢，粘液，会陰過敏）の有無にかかわらず糞便に鮮血が認められる状態をいう．急性の血便排泄は，外傷や異物，寄生虫感染，ウイルス感染，細菌感染が原因となる場合もあれば，特発性（出血性胃腸症）の場合もある．一般的的には自己限定性（自然治癒）であるが，重症の場合には検査を進める必要がある．猫では，この血便排泄はまれである．

② 病歴の聴取では，異物の摂取や外傷，薬物療法，既往症，糞便の状態について調べる必要がある．肝疾患や腎疾患があると，粘膜の修復機構が阻害されるため，結腸潰瘍や出血，下痢を認めるようになることがある．先天性／後天性の凝固不全があると，結腸や直腸に出血を認める可能性がある．グルココルチコイドは結腸粘膜の統合性を侵し，潰瘍形成と出血が起こる．特に背骨の外傷や椎間板疾患があると，犬では潰瘍形成や出血を認めることがある．摂取された異物は，小腸に詰まるのが普通である．しかし，被毛や骨，岩石などは場合によっては，大腸を刺激し，出血や嵌頓，難治性便秘を認めることがある．普通は糞便に形があって，その内や周囲に血液がある場合には，結腸／直腸の出血部位は一個所であろうと思われる（異物による外傷，結腸か直腸の腫瘍，会陰や肛門嚢の疾患）．糞便の硬さは正常であるが，形が変わっている場合には，結腸／直腸に狭窄病変が存在する疑いがある（最も考えられるのは悪性の腫瘍であるが，狭窄や会陰部の瘻管形成，前立腺などの外部臓器が直腸を侵しているといった可能性もある）．前立腺による障害の場合には血便排泄は認められない．糞便の硬さに異常があって，同時に血便排泄が観察された場合には，比較的び漫性の結腸疾患があり，その結果水分の再吸収不全や過剰な水分分泌が起こる．原因としては，感染（細菌，ウイルス，寄生虫）や炎症，び漫性の腫瘍が考えられる．

③ 次の段階としては，身体一般検査と直腸検査を実施する．血便排泄ではほとんどの場合，大腸症状を示す以外，健康状態はよい．小腸が侵されたり，全身衰弱がある場合は別である（例えば，炎症性腸疾患，細菌／真菌感染，腫瘍など）．

A）病歴で外傷や異物の摂取が聴取された場合には，骨盤骨折による直腸の障害や直腸穿刺，糞便の嵌頓，異物などの可能性がある．病変の範囲を見きわめたり，治療計画をする上で骨盤／腹腔のX線検査が必要となる．

B）糞便の硬さは正常であるが大きさや形に異常があり，血便排泄が認められる場合には，直腸／結腸の腫瘍と肛門嚢病変の有無を調べる必要がある．会陰部を検査して，腫瘍や瘻管形成，創傷の有無を調べることも必要である．

C）下痢と血便排泄が認められる場合には，腸の厚さや虚弱度，発熱，敗血症を疑わせるショック，ウイルス感染，出血性胃腸症などの有無を調べる必要がある．

④ 病歴で外傷や異物の摂取，排便量の減少，便秘，しぶりが聴取された場合には，X線検査を実施して，骨盤骨折やX線不透過性異物，便秘／難治性便秘の有無を調べる必要がある．X線検査で，回腸盲腸結腸の重積嵌頓や腫瘍，狭窄が示唆されることがあるが，結腸鏡では無理である．腹部超音波検査で腫瘍か重積嵌頓かは分かるが，結腸の腸内ガスによって超音波が邪魔されることがある．

⑤ 腫瘍が分かったらいかなる場合でも，生検をする必要がある．切開生検か切除生検かによって，麻酔の有無などが決まる．結腸や直腸，会陰部の腫瘍は陽性の場合もあれば悪性の場合もある．悪性の場合には，転移の有無を調べる必要がある．

⑥ 肛門嚢が分泌物で充満している場合や感染がある場合には，正常な形の血便排泄を認めるのが普通である．肛門嚢を圧迫して内容物を押し出し，抗菌剤を全身投与する．再発がある場合には肛門嚢切除術を必要とすることもある．

⑦ 会陰部の瘻管形成によって血便排泄が起こることはまれである．症状としては，疼痛，異臭，分泌物，しぶり，狭窄，結腸炎／直腸炎による糞便の硬さの変化が一般的に観察される．瘻管はジャーマン・シェパードでよく認められるが，他の犬種（アイリッシュ・セッターなど）でも起こる．この疾患には，形態や尻尾のこなし方，異常な免疫系の反応などか関与しているものと思われる．

⑧ 会陰ヘルニアによって血便排泄が起こる．この場合，便の硬さは正常である．ヘルニア内に糞便が詰まり，その結果しぶりや便秘が起こるようになる．通常は片側性あるいは両側性の会陰部の腫大が観察されるが，なかには直腸検査でしか分からないという場合もある．この疾患は去勢していない雄犬でよく認められる（テストステロンが骨盤隔膜の受容器に作用して前立腺肥大としぶりが起こる）．会陰ヘルニアは，去勢した雄犬や雌犬，猫でも起こることが報告されている．猫の場合には巨大結腸症による二次性のしぶりが原因していることも考えられる．

⑨ 肛門周囲の蠅蛆症は，蠅の幼虫による会陰／肛門の感染である．通常は衰弱した動物，下痢あるいは尿などで腐爛した動物の外傷組織に卵が産みつけられる．

⑩ 僅かではあるが，血便排泄と下痢を伴う場合には，体重減少（び漫性の腫瘍や小腸の併発による）や発熱（敗血症による），全身性疾患を伴う全身性の病状悪化が認められるものもある．この場合には，凝固不全や臓器不全（肝，腎），炎症（肝炎，膵炎）が認められることもある．血液量減少症や内毒素血症によって，ショック状態になることもある．早期に最小限の一般検査（血液像，一連の生化学検査，尿検査）を実施する必要がある．出血性の結腸炎というのは単なる基礎疾患の1症状に過ぎないため，腎疾患や肝疾患，膵炎などが認められる場合には，さらに検査を進め，これらの疾患の原因を見きわめる必要がある．重度のサルモネラ症による敗血症／内毒素血症が認められる場合やび漫性の疾患（ヒストプラズマ症，藻類感染症）がある場合には，肝酵素の上昇と変性性左方移動など全身症状を伴う原発性の腸疾患が認められる可能性もある．

⑪ 重度の血液濃縮（PCV > 55%）や嘔吐，下痢，血便排泄，血液量減少症などが観察される場合には，出血性胃腸症が疑われる．これは比較的確定診断がつき難い疾患で，一般的には中齢層の小型犬種に認められる．基礎原因は不明である．内毒素源としては，クロストリジウム（C.perfringens）とEscherichia coliの一部の系統が推測されている．腸粘膜に対する免疫介在性反応の可能性もある．48時間以内に積極的に支持療法を行えば，一般的には治療に対する反応はよいが，時にはショックで死に到ることもあれば播種性血管内凝固を起こすようになることもある．臨床症状が持続する場合には，さらに検査を進める必要がある．

⑫ 白血球数が減少している犬で，若齢であったり，ワクチン接種が十分でなかったり，免疫抑制が認められる場合あるいは感染犬との接触経験がある場合には，パルボウイルスの検査を実施する必要がある．

⑬ 下痢の有無にかかわらず，血小板減少症があると血便排泄を認めることがある（血便排泄が持続していない場合には，血小板減少症の項を参照）．

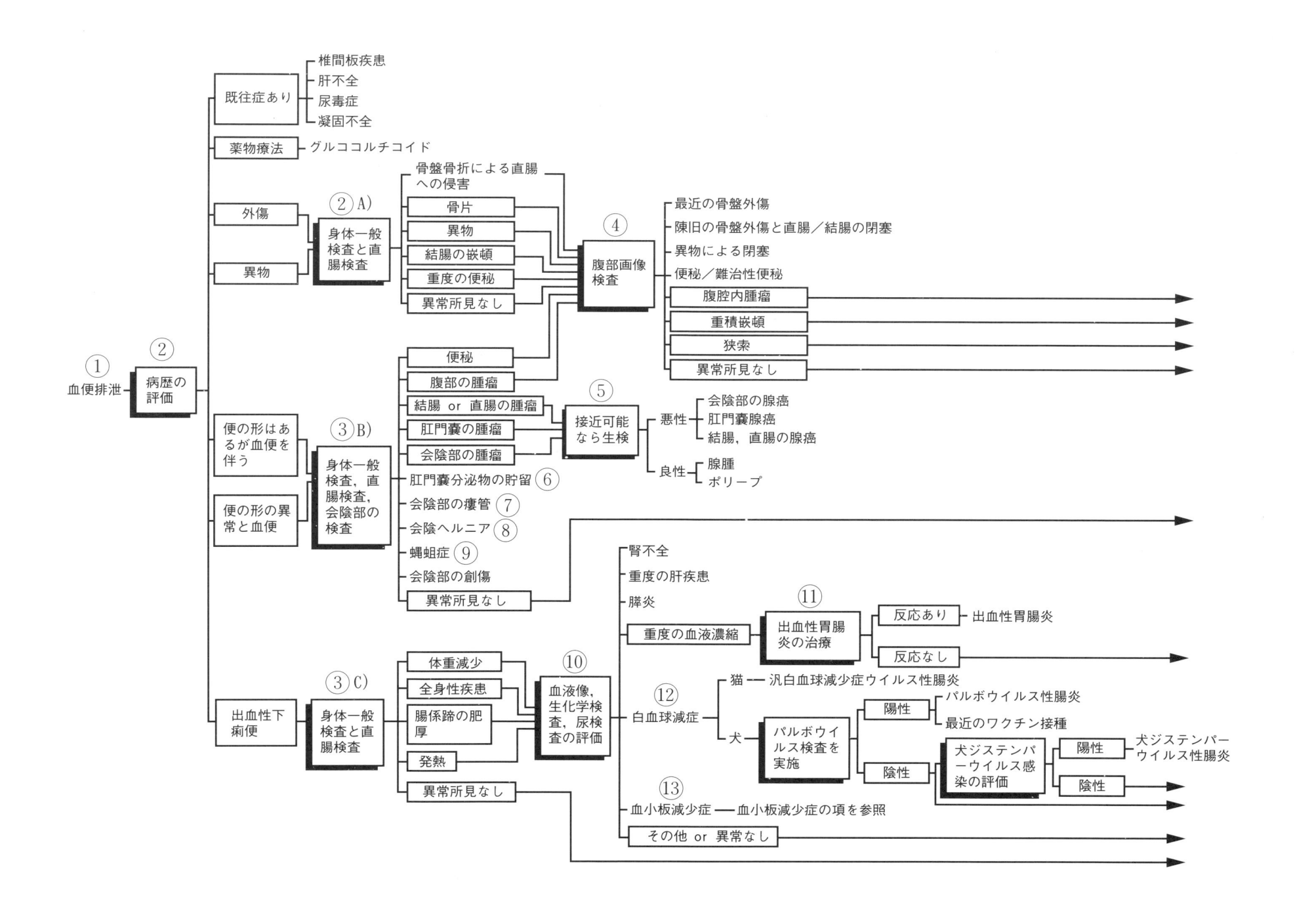

■ *血便排泄* ■

- ① 血便排泄 — ② 病歴の評価
  - 既往症あり
    - 椎間板疾患
    - 肝不全
    - 尿毒症
    - 凝固不全
  - 薬物療法 — グルココルチコイド
  - 外傷 ┐
  - 異物 ┘ → ② A) 身体一般検査と直腸検査
    - 骨盤骨折による直腸への侵害
    - 骨片 ┐
    - 異物 ┤
    - 結腸の嵌頓 ┤ → ④ 腹部画像検査
    - 重度の便秘 ┤
    - 異常所見なし ┘
      - 最近の骨盤外傷
      - 陳旧の骨盤外傷と直腸/結腸の閉塞
      - 異物による閉塞
      - 便秘/難治性便秘
      - 腹腔内腫瘤 →
      - 重積嵌頓 →
      - 狭索 →
      - 異常所見なし →
  - 便の形はあるが血便を伴う ┐
  - 便の形の異常と血便 ┘ → ③ B) 身体一般検査，直腸検査，会陰部の検査
    - 便秘
    - 腹部の腫瘤
    - 結腸 or 直腸の腫瘤 ┐
    - 肛門嚢の腫瘤 ┤ → ⑤ 接近可能なら生検
    - 会陰部の腫瘤 ┘
      - 悪性
        - 会陰部の腺癌
        - 肛門嚢腺癌
        - 結腸，直腸の腺癌
      - 良性
        - 腺腫
        - ポリープ
    - 肛門嚢分泌物の貯留 ⑥
    - 会陰部の瘻管 ⑦
    - 会陰ヘルニア ⑧ →
    - 蝿蛆症 ⑨
    - 会陰部の創傷
    - 異常所見なし
  - 出血性下痢便 → ③ C) 身体一般検査と直腸検査
    - 体重減少 ┐
    - 全身性疾患 ┤
    - 腸係蹄の肥厚 ┤ → ⑩ 血液像，生化学検査，尿検査の評価
    - 発熱 ┘
    - 異常所見なし
      - 腎不全
      - 重度の肝疾患
      - 膵炎
      - 重度の血液濃縮 → ⑪ 出血性胃腸炎の治療
        - 反応あり — 出血性胃腸炎
        - 反応なし →
      - ⑫ 白血球減少症
        - 猫 — 汎白血球減少症ウイルス性腸炎
        - 犬 → パルボウイルス検査を実施
          - 陽性
            - パルボウイルス性腸炎
            - 最近のワクチン接種
          - 陰性 → 犬ジステンパーウイルス感染の評価
            - 陽性 — 犬ジステンパーウイルス性腸炎
            - 陰性 →
      - ⑬ 血小板減少症 — 血小板減少症の項を参照
      - その他 or 異常なし →

■ 血便排泄 ■

⑭　最小限の共通一般検査や身体一般検査，腹部の画像検査で，異常所見や特異的所見が認められず，腫瘤病変や狭窄，重積嵌頓が疑われる場合には，糞便の検査をする必要がある（3回の糞便の硫酸亜鉛浮遊試験とジアルジア属キャンピロバクター属検出のための浸水標本検査）．この検査を行う理由は，血便排泄の基礎原因を探すためとすでに分かっている疾病の基礎原因を見きわめるためである（寄生虫感染によって二次的に重積嵌頓が起こる場合がある）．通常，鞭虫は間欠的に卵を生むため，鞭虫（T.vulpis）の感染の有無を見きわめるには，少なくとも24時間の間隔で3回，糞便の硫酸亜鉛浮遊試験を行う必要がある．

⑮　糞便検査で異常がない場合には，直腸の細胞学的検査を実施する．原発性の腫瘍やび漫性の腫瘍が直腸にある場合には，この検査によって腫瘍細胞を見つけることができる．この検査で十分腫瘍の診断がつくこともあるし，その後で内視鏡検査や生検によって，さらに確認することもできる．また，直腸の細胞学的検査によって真菌や藻類感染も分かる（H.capsulatum, Pythium insidiosum, Prototheca 属）．これらの感染の診断には，粘膜の生検が必要になることもある．細胞学的検査によって，胞子形成があれば腸内毒素A（C.perfringens の腸内毒素）を産生する可能性のある C.perfringens の胞子が見つかることもある．しかし，結腸には腸内毒素を産生しない C.perfringens も存在し，胞子の存在と結腸の臨床症状との間には実際面での相関性はない．新鮮な糞便を使えば，糞便中の腸内毒素の力価が測定できる（⑱）．さらには，この細胞学的検査によって，異常な細菌群を見つけることもできる（固定後染色して油浸で鏡検するか糞便の浸水標本で鏡検する）．浸水標本上に動く螺旋状の微生物が見つかれば，キャンピロバクター（Campylobacter jejuni）の疑いがある．細菌の異常集団（多量の杆菌や球菌，同一種の細菌集団）が見つかれば，特定の細菌の過剰増殖が疑われ，糞便の培養が示唆される．

⑯　全身性の疾患で，病歴と臨床症状から特定の腸内細菌感染が疑われる場合や直腸の細胞学的検査で通常では見られない細菌群や同一種の細菌群が観察される場合には，糞便培養を実施するのが望ましい．

⑰　重度の結腸出血徴候が認められる場合や他の部位に出血がある場合，抗凝血剤の摂取の病歴が疑われる場合には，一連の凝固系の検査（プロトロンビン時間と部分トロンボプラスチン時間の検査）をする必要がある．

⑱　新鮮便を使えば，糞便中の（C.perfringens による）腸内毒素の力価を測定することができる．直腸の細胞学的検査で胞子が見つからなくても，状態や臨床症状が一致していればこの検査を行う必要がある．

⑲　血便排泄が認められて，今までのすべての検査で異常がない場合やはっきりしない場合，あるいはさらに検査が必要な場合には，次の段階として，結腸鏡の検査を実施する．もし結腸鏡が手元にない場合には，結腸の造影検査が有効的である．空気とバリウム，あるいはその何れかでX線造影検査をする場合には，結腸をきれいに洗浄し，残存糞便によるアーチファクトを少なくするために（大量の浣腸剤でできれば下剤用の溶液を使って）結腸に対する準備が必要となる．糞便が残存していると造影検査や読影が困難になる．バリウム浣腸によって，管腔の閉塞（腫瘍や狭窄による）が分かることもあるが，肛門の腫瘍と狭窄は判別できない．また造影検査によって結腸の粘膜病変や凹凸状態が分かる場合もある．ただしこの検査では確定診断はできない．一方結腸鏡による検査でも，下剤液や浣腸液で結腸から糞便を除去するといった事前の準備が必要となる．事前処置によって，結腸鏡による結腸壁の評価がさらにしやすくなる．また結腸鏡を使えば，結腸の粘膜面と管腔の検査が可能となるし（もちろん漿膜層は無理であるが），生検標本の採取ができるため組織病理学的検査も可能となる．

⑳　炎症性腸疾患によって，結腸が侵されることがある（この場合，結腸だけのこともあれば，小腸疾患を伴うこともある）．この基礎原因については，いまだに分かっていない．最も一般的な原因としては，食べ物に対する異常免疫反応や結腸の細菌叢，腸の病原体が考えられている．炎症性腸疾患のなかで，最もよく認められるのがリンパ球性形質細胞性結腸炎である．好酸球性結腸炎は，リンパ球性形質細胞性結腸炎の変形ともいえ，食事性アレルゲンや寄生虫に対する本当のアレルギー反応とも考えられる．肉芽種性好酸球性結腸炎は，他のタイプの炎症性腸疾患に比べて，治療に対する反応が低い場合がある．組織球性潰瘍性結腸炎は，炎症性腸疾患のなかでも重症度の高いタイプの疾患であり，若い雄のボクサーで認められることが最も多い．結腸炎の他のタイプとは違って，多くの場合削痩が認められ予後は芳しくない．化膿性結腸炎では，リンパ球や形質細胞をはじめ好中球などの炎症性浸潤が認められる．原因は不明であるが，犬よりも猫に多く認められる．

㉑　結腸内に回腸や盲腸が重積嵌頓するため，回腸結腸／盲腸結腸の重積嵌頓によって，上向結腸部の結腸腔が閉塞される．時には，身体一般検査やX線検査，腹部超音波検査で，腫瘤病変が見つかることがある．また場合によっては，病変部の範囲が長すぎると直腸へ突出する場合もある．この場合には外科的整復や切除が必要になる．

㉒　結腸／直腸の腫瘍は，限局性の場合もあればび漫性の場合もある．最も一般的なのは限局性のものである．限局性病変は良性と悪性があり，腺腫様ポリープや平滑筋腫から上皮癌や癌腫まで様々な範囲が認められる．ポリープは前悪性の場合もあり，切除しないとそのうち転移する可能性がある．

㉓　血便排泄があって，結腸の生検で異常が認められない場合，基礎疾患として残るのは繊維－反応性下痢と過敏性腸症候群である．これらの疾患はいずれも，組織学的異常や臨床病理学的異常が認められない．繊維－反応性下痢では，別々の種類の繊維に反応するものもあれば，可溶性，非可溶性いずれの繊維にも反応するものもある．過敏性腸症候群では，組織学的異常が認められず，繊維のサプリメントに対しても，ほとんどあるいは全く反応を示さないことが多い．この疾患の動物では，過度の緊張や興奮を示すことがある．腸の運動性調整剤と環境を変えることによって，いくぶん反応を示す場合がある．

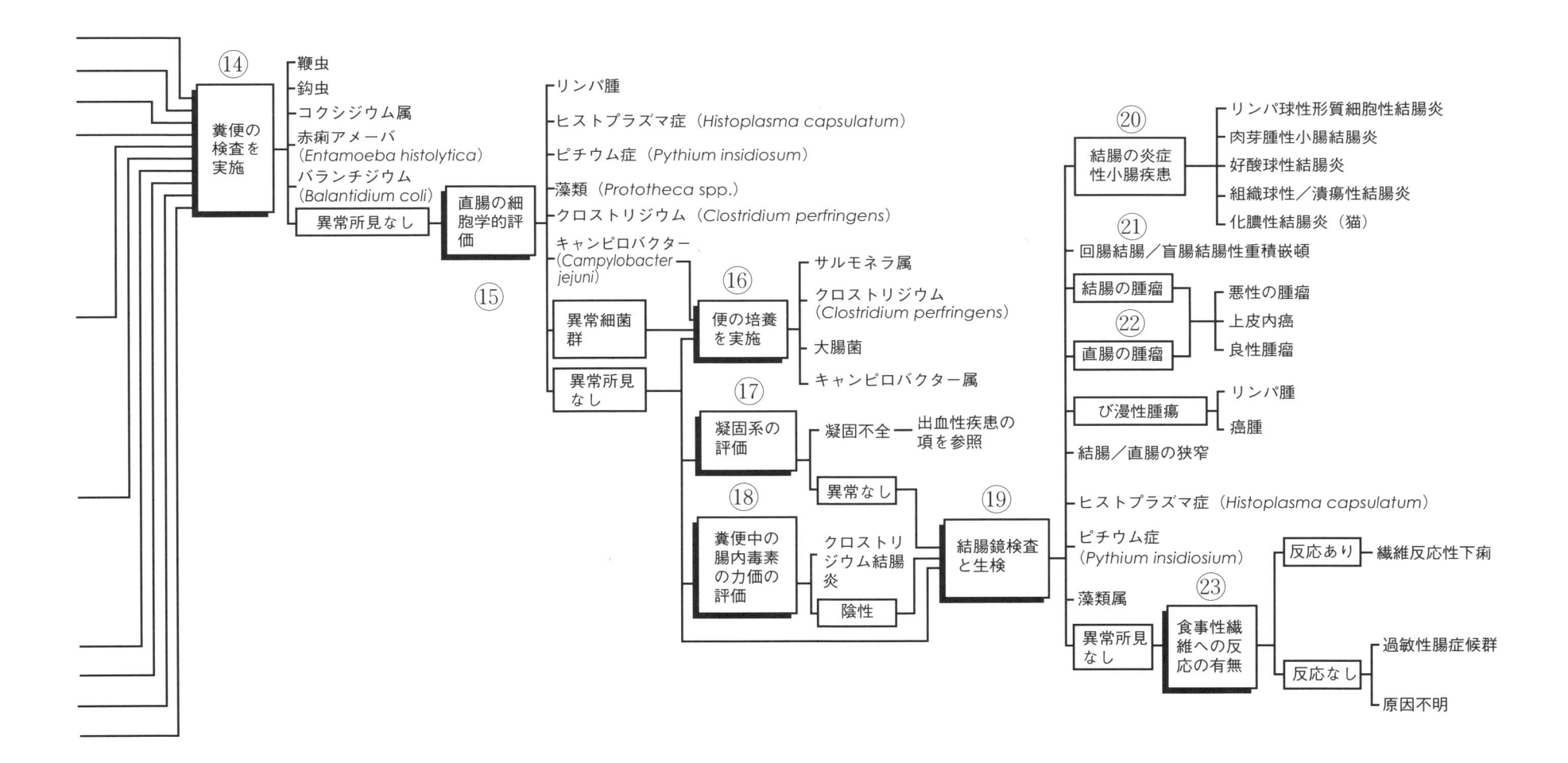

■ *血便排泄* ■

- ⑭ 糞便の検査を実施
  - 鞭虫
  - 鉤虫
  - コクシジウム属
  - 赤痢アメーバ（*Entamoeba histolytica*）
  - バランチジウム（*Balantidium coli*）
  - 異常所見なし
    - ⑮ 直腸の細胞学的評価
      - リンパ腫
      - ヒストプラズマ症（*Histoplasma capsulatum*）
      - ピチウム症（*Pythium insidiosum*）
      - 藻類（*Prototheca spp.*）
      - クロストリジウム（*Clostridium perfringens*）
      - キャンピロバクター（*Campylobacter jejuni*）
      - 異常細菌群
        - ⑯ 便の培養を実施
          - サルモネラ属
          - クロストリジウム（*Clostridium perfringens*）
          - 大腸菌
          - キャンピロバクター属
      - 異常所見なし
        - ⑰ 凝固系の評価
          - 凝固不全 ― 出血性疾患の項を参照
          - 異常なし
            - ⑱ 糞便中の腸内毒素の力価の評価
              - クロストリジウム結腸炎
              - 陰性
                - ⑲ 結腸鏡検査と生検
                  - ⑳ 結腸の炎症性小腸疾患
                    - リンパ球性形質細胞性結腸炎
                    - 肉芽腫性小腸結腸炎
                    - 好酸球性結腸炎
                    - 組織球性／潰瘍性結腸炎
                    - 化膿性結腸炎（猫）
                  - ㉑ 回腸結腸／盲腸結腸性重積嵌頓
                  - 結腸の腫瘤
                  - ㉒ 直腸の腫瘤
                    - 悪性の腫瘤
                    - 上皮内癌
                    - 良性腫瘤
                  - び漫性腫瘍
                    - リンパ腫
                    - 癌腫
                  - 結腸／直腸の狭窄
                  - ヒストプラズマ症（*Histoplasma capsulatum*）
                  - ピチウム症（*Pythium insidiosum*）
                  - 藻類属
                  - 異常所見なし
                    - ㉓ 食事性繊維への反応の有無
                      - 反応あり ― 繊維反応性下痢
                      - 反応なし
                        - 過敏性腸症候群
                        - 原因不明

しぶりと便秘

① しぶりとは排便時に伴う怒責状態をいう．過剰に硬い乾燥便（便秘）や結腸，直腸の物理的閉塞，結腸や直腸の過敏状態，過剰な糞便の貯留をもたらす結腸の運動性障害などがある場合に起こる．まだ結腸や直腸の末端部に糞便があるという感覚（結腸炎や直腸炎など）に刺激されて，怒責が継続するわけである．しぶりの他の多くの原因と違って，結腸炎や時には直腸炎でも軟便や下痢を認めることがある．便秘が原因でしぶりが起こることもある．しかし，また（例えば肛門や直腸の末端部の疾患や成形外科的あるいは神経学的疾患があって，その結果排便し難かったり痛みを伴う場合など）しぶりを起こす疾患によって，便秘が起こる場合もある．

② 病歴の聴取が重要となる．軟便や形のない糞便，下痢あるいは糞便に粘液や血液を認める場合には，結腸炎や直腸炎を疑って調べる必要がある．もし糞便の硬さが普通か固い場合には，閉塞疾患や便秘が基礎原因として考えられる．ただしこれを見きわめる際に問題となる点が1つある．すなわち，閉塞によってほとんどの糞便は結腸と直腸内に貯留されることになるが，この際粘膜が刺激され少量の水様性便ができるという問題である．したがって，糞便の量が正常であるか，減少しているかを見きわめることも重要となる．糞便の形についても評価する必要がある．結腸の腔内あるいは腔外閉塞があれば，細いか歪んだ便が作られることもある（平べったい，'リボン様'の糞便）．しかし結腸炎や直腸炎があると，結腸内を通る糞便の通過率が高まるため，小さい糞便や細い糞便が出てくることがある．1つ1つの石ころや骨が，難無く胃腸管を通過して結腸まできている場合には，これらが結腸で嵌頓することはないものと思われる．しかし多量の細かい石や骨が被毛やビニールと一緒に入っている場合には，糞便の嵌頓や便秘，粘膜刺激，下痢，しぶりが起こすことがある．

③ 薬剤の投与歴の聴取も重要となる．多くの薬剤には脱水を起こさせたり，糞便からの水分の再吸収を促したり，結腸での便の通過時間を遅らせたり，腸の運動性に影響を与えたり，機序を阻害するといった働きがあるため，便秘の原因となる．

④ 以前に受けた外傷（例えば骨盤骨折の癒合不全など）によって，直腸や結腸の閉塞が起こすこともあれば，排便姿勢がとれないために便秘になることもある．

⑤ 排尿時の怒責としぶりを間違えることがよくある．したがって，排尿は正常か，勢いよく出ているか，膀胱炎や尿道炎を疑わせる頻繁な排尿姿勢は認められないかなどを確かめる必要がある．

⑥ 生活形態や生活形態の変化によって，便秘や排便を嫌う傾向を認めることがある．例えば，猫によってはトイレが少しでも汚れていると使わないものもいる．また犬や猫のなかには，排便を催す時間が決まっているといった場合があり，これが乱されると便秘になることがある．整形外科的疾患や神経学的疾患で入院させられたり，運動が制限されると便秘になり，しぶりを示す場合もある．

⑦ 直腸や時には膣の触診など詳細な身体一般検査を実施することによって，しぶりの詳しい鑑別診断が可能になることがある．糞便の硬さに関して飼主が答えられなくても，こうした身体一般検査によって分かることもある．軟便や下痢便があって，便の量が正常あるいは増えているといった場合は，結腸炎や直腸炎によるしぶりである．閉塞や排便時の痛みなどがあるとしぶりを示したり，排便を嫌がり二次的に便秘の原因になるため，会陰部と肛門の検査をして，その部位を調べる必要がある．

⑧ 会陰ヘルニアは骨盤隔膜の亀裂が原因で起こる．このヘルニアは片側性の場合もあれば両側性の場合もある．最もよくみられるのは両側性のヘルニアであるが，この場合片側の方が大きいというのが普通である．会陰ヘルニアでは，糞便が脇に逸れてヘルニア嚢内にある直腸に一部に入るため，しぶりを示すことになる．ただし，しぶりが原因で会陰ヘルニアになることもある．したがって会陰ヘルニアと診断されたら，臨床症状の原因が他にないかどうかを調べる必要がある．去勢されていない雄犬の場合には，テストステロンが骨盤隔膜の筋に影響を与え，これによって亀裂が起こり会陰ヘルニアになったものと思われる．去勢されている高齢犬や雌犬の場合には，副腎皮質機能亢進症など，他の原因で筋肉が消耗したものと考えてよい．会陰ヘルニアは猫には普通認められないが，結腸の運動性障害によって二次的に起こることもある．

⑨ 先天的な肛門狭窄（鎖肛）を認めることがあり，これは新生子期に見つかる．外傷や会陰部の手術，慢性の瘻管があって二次的に線維症になったという場合にも，二次性の後天性肛門狭窄が認められる．

⑩ ジャーマン・シェパードの会陰部瘻管は自己免疫疾患が疑われ，会陰部周囲の瘻管形成やそれに続く二次性の線維症，瘢痕形成が起こる．他の種類では，肛門嚢の疾患が原因で会陰部に瘻管が形成されることがきわめて多い．病変部の状態から診断するのが普通であるが生検によって確かめることも必要となる．会陰部の瘻管形成では同時に炎症性腸疾患が起こることがあるため，症例によっては結腸鏡や直腸鏡による検査が必要になる場合もある．

⑪ 脱水があると便が硬くなり便秘になることがある．脱水に対する処置を行えば問題は解決する．

⑫ 後肢に整形外科的異常があると，排便姿勢がとれなくなる．何回も排便姿勢をとろうとしたり，糞便が溜まって便秘になるため，しぶりを示すようになる．

⑬ 後肢に神経学的異常がある場合でも，整形外科的異常の場合と同様にしぶりや便秘が起こる．さらには，神経学的異常の種類によっては，分節的な結腸の機能不全が起こり，糞便が溜まることになる．

⑭ 雌の場合には膣や子宮の疾患（過敏，嚢胞，腫瘤）にも注意を払う必要がある．このような疾患は直腸検査や膣の検査をすれば分かるはずである．

■ *しぶりと便秘* ■

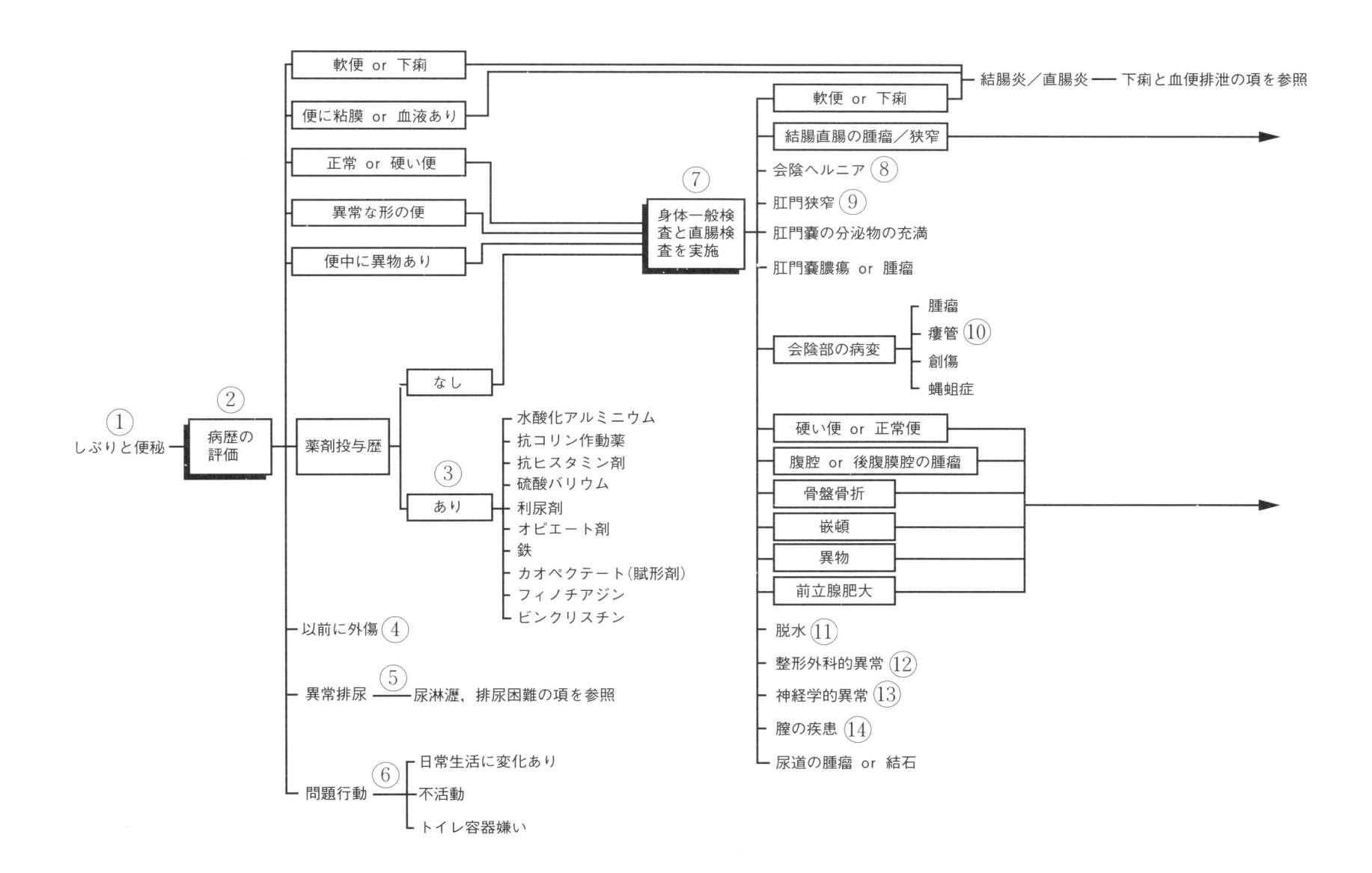

```
① しぶりと便秘 ─ ② 病歴の評価
                      ├─ 軟便 or 下痢 ──────────────────────── 結腸炎／直腸炎 ── 下痢と血便排泄の項を参照
                      ├─ 便に粘膜 or 血液あり
                      ├─ 正常 or 硬い便
                      ├─ 異常な形の便
                      ├─ 便中に異物あり
                      │                                    ⑦ 身体一般検査と直腸検査を実施
                      ├─ 薬剤投与歴 ─┬─ なし
                      │             └─ ③ あり ─┬─ 水酸化アルミニウム
                      │                        ├─ 抗コリン作動薬
                      │                        ├─ 抗ヒスタミン剤
                      │                        ├─ 硫酸バリウム
                      │                        ├─ 利尿剤
                      │                        ├─ オピエート剤
                      │                        ├─ 鉄
                      │                        ├─ カオペクテート（賦形剤）
                      │                        ├─ フィノチアジン
                      │                        └─ ビンクリスチン
                      ├─ 以前に外傷 ④
                      ├─ 異常排尿 ⑤ ── 尿淋瀝, 排尿困難の項を参照
                      └─ 問題行動 ⑥ ─┬─ 日常生活に変化あり
                                      ├─ 不活動
                                      └─ トイレ容器嫌い
```

⑦身体一般検査と直腸検査を実施より:
- 軟便 or 下痢
- 結腸直腸の腫瘤／狭窄 →
- 会陰ヘルニア ⑧
- 肛門狭窄 ⑨
- 肛門嚢の分泌物の充満
- 肛門嚢膿瘍 or 腫瘤
- 会陰部の病変 ─┬─ 腫瘤
                ├─ 瘻管 ⑩
                ├─ 創傷
                └─ 蝿蛆症
- 硬い便 or 正常便
- 腹腔 or 後腹膜腔の腫瘤
- 骨盤骨折
- 嵌頓
- 異物
- 前立腺肥大 →
- 脱水 ⑪
- 整形外科的異常 ⑫
- 神経学的異常 ⑬
- 膣の疾患 ⑭
- 尿道の腫瘤 or 結石

⑮ 糞便が正常あるいは硬い場合，腫瘍，骨盤骨折，異物の疑いがあるといった場合あるいは身体一般検査で異常がない場合には，腹部の画像検査を実施する．X線検査は，X線不透過性の異物（骨や岩石）や巨大結腸症を診断するのにはきわめて有効的である．骨盤骨折がある場合には，2方向のX線撮影を行い，骨折による変位のために胎盤腔内でどの程度の障害が認められるのか，二次的な巨大結腸が認められないかなどを見きわめる必要がある．バリウム浣腸によって読影が難しくなったり，結腸内の糞便がアーチファクトの要因になることもあるが，X線造影検査が役に立つ場合もある．X線透過性の異物の外形を写し出したり，狭窄や重積嵌頓を見きわめる場合には，X線造影検査は役に立つ．腸にガスが充満していなければ，腹部超音波検査によって腹腔内や後腹膜腔，胎盤腔の腫瘍病変が分かる．また超音波検査によって腫瘍の構造も分かる（空洞性，出血性，血管圧接性）．おおむね病変部は超音波による誘導で吸引検査を行うとになる．前立腺肥大の場合には，超音波検査によって，腫瘍や膿瘍，前立腺内の嚢胞，前立腺周囲の嚢胞の有無が分かることもあるし，前立腺炎なのか良性の前立腺肥大なのかも分かる．未去勢の雄で，良性の前立腺肥大がある場合には，通常ではしぶりを示すことはない．

⑯ 巨大結腸症（弛緩した結腸が全体的に過剰に拡張した状態）は，犬でも猫でも認められる．大腸が正常の直径の2倍以上になり，筋の緊張がほとんどあるいは全く認められなくなる．特発性の巨大結腸症は，徐々に神経学的異常が起こり，結腸の分節性の平滑筋機能が壊されることが原因と考えられており，犬よりも猫にかなり多く認められる．特にマンクス猫で，先天性の巨大結腸症をみることがある．犬と猫では，自律神経障害など比較的全身性の重度の神経学的疾患がある場合でも，結腸の運動性に問題が生じ，巨大結腸症になる．結腸に閉塞性疾患があって，そのまま治療しないでいると，結腸が拡張し運動性に異常が起こり，最終的には巨大結腸症になる．

⑰ 便秘や難治性便秘ではほとんどの場合，不適切な食べ物の摂取が原因となっている（骨，被毛類）．しかし，脱水や低カリウム血症，高カルシウム血症など代謝性あるいは副腎皮質ホルモン性異常が原因になることもある．これらの疾患の多くは，日常の検査室所見が診断に役立つ．

⑱ 再発性の便秘症/難治性便秘があって，いみじくもその他の臨床症状があったり，軽度の非再生性貧血や高コレステロール血症などが認められる場合には，基礎原因として甲状腺機能低下症の可能性を疑って検査する必要がある．甲状腺機能低下症では結腸の運動性が減少し便秘になると考えられている．

⑲ 大腸の腫瘍病変や閉塞を疑わせる結腸の限局性拡張，明らかな異物などが認められる場合には，直腸鏡の出番となる．その他再発性の便秘や明らかに閉塞原因がなく結腸が全体的に拡張しているといった場合でも，直腸鏡による検査を必要とすることがある．局所病変があって，しぶりや血便排泄が認められる場合には，結腸鏡による検査が重要となる．結腸鏡を使用する際には，粘膜病変がよく見えるように，あらかじめ大腸を準備する必要がある．24時間の絶食後，経口下剤を投与して大量の温水を浣腸する．結腸鏡による検査は侵襲も少なく，また結腸を破ったり腹膜炎を起こす危険性もないため，結腸の生検材料を採取するのにも適している．

⑳ 管腔内のほとんどの腫瘍は，結腸鏡と生検によって診断がつく．結腸鏡に絞断係蹄の機材を通せば，良性のポリープ様病変部の切除が可能となる．腸の粘膜下や筋層から出ている腫瘍を生検することはかなり困難である（例えば，平滑筋腫と平滑筋肉腫）．

㉑ 回腸盲腸結腸の重積嵌頓は，実際には回腸結腸（比較的多い）か盲腸結腸の重積嵌頓である．いずれも若い犬ではよく認められ，猫では滅多にみられない．この重積嵌頓は，通常は腸炎や結腸炎，腸管内寄生虫，パルボウイルス感染，管腔内腫瘍など回腸盲腸結腸の運動性を侵す疾患による二次性のものである．この場合，しぶりや血便排泄，重積嵌頓した腸が直腸から突出するといった直腸脱によく似た状態，腹痛あるいは嘔吐が観察される．この病変部は腹部中央で触知されることがある．X線検査によっても腫瘍病変が分かる．超音波検査では，一方の腸内に片方の腸が入っているといった重積嵌頓した腸の典型的な形が浮かび上がってくる．結腸鏡を使えば，結腸の内腔に重積嵌頓した腸が観察される．治療の選択肢としては外科的切除が行われるが，治療や再発を防ぐ意味で重積嵌頓の基礎原因を見きわめることも重要である．

㉒ 結腸や直腸の狭窄は，線維症/瘢痕形成が原因で，同心円的に腔内が狭くなる．犬や猫の狭窄は，外傷歴や異物の嵌頓，その部位の手術歴などがない限り，普通は認められない．こうした病歴がない場合には，結腸直腸の多くの腫瘍では，同心円的あるいは非対称的な腸病変ができたり，管腔の狭小化や狭窄様状態になるため，狭窄部の周囲組織を生検したり外科的開腹を行うことを考える必要がある．事実，狭窄部が（食道の病変部のように）拡張することもあるが，一般的には手術によってその部位の切除が必要となる．採取した病変部は組織病理学的検査に付す必要がある．

㉓ 他の方法で診断できなかった病変部をさらに探したり，狭窄や腸の管腔外閉塞の原因として腫瘍の可能性の有無を見きわめたり，場合によっては基礎疾患を治療するために，試験的開腹術を必要とすることもある．外科的生検や結腸の切除術では，腹腔内汚染や術後の創傷裂開など若干危険が伴う．

㉔ 犬や猫の場合，結腸と直腸の腫瘍はほとんどが悪性といってよい．診断できわめて多いのが腺癌とリンパ腫であり，次いで多いのが平滑筋肉腫である．肥満細胞腫は猫で認められ犬でも時に認められる．犬や猫では，良性の腺腫様ポリープはヒトほどは一般的でなく，多発性のポリープは滅多に認められず，いずれも悪性腫瘍に変わる可能性が強い．良性の平滑筋腫も時には認められる．悪性病変として診断されるもののなかには，上皮内癌腫（悪性ではあるが，粘膜/粘膜下層から抜けて広がっていない状態のもの）がある．この腫瘍は腺癌よりは予後は悪くなく，完全に切除されれば比較的治癒の機会はある．結腸と直腸の腫瘍病変はいずれも悪性病変に変わる可能性があると考えて，完全に切除する必要がある．完全に切除されないと，良性病変が再発することもある．

■ しぶりと便秘 ■

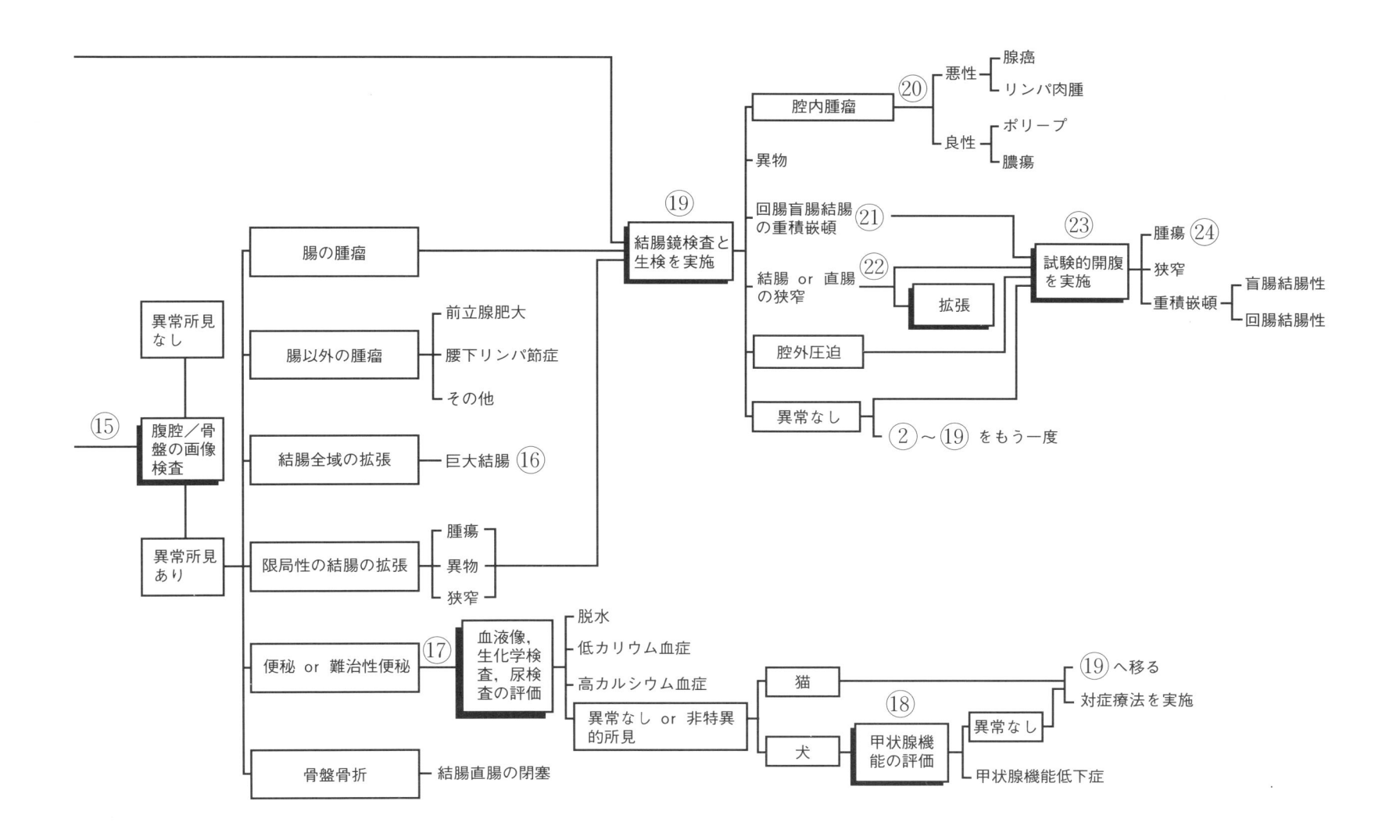

```
                                                                            ┌─ 腺癌
                                                                 ┌─ 悪性 ─┤
                                                                 │         └─ リンパ肉腫
                                                    ┌─ 腔内腫瘤 ⑳┤
                                                    │            │         ┌─ ポリープ
                                                    │            └─ 良性 ─┤
                                                    │                      └─ 膿瘍
                                                    ├─ 異物
                                                    │
                                                    ├─ 回腸盲腸結腸          ┌─ 腫瘍 ㉔
                            ┌─ 腸の腫瘍 ──── 結腸鏡検査と ⑲ │  の重積嵌頓 ㉑ ──────┐         │
                            │                生検を実施 ─┤                    試験的開腹 ㉓├─ 狭窄
                            │                            ├─ 結腸 or 直腸 ㉒─ 拡張 ─ を実施 │        ┌─ 盲腸結腸性
          ┌─ 異常所見なし    │                            │   の狭窄                        └─ 重積嵌頓┤
          │                  │                            ├─ 腔外圧迫                                  └─ 回腸結腸性
          │                  │                            │
    ⑮ 腹腔/骨盤の             │                            └─ 異常なし ── ②～⑲ をもう一度
       画像検査               │              ┌─ 前立腺肥大
          │                  ├─ 腸以外の腫瘍 ├─ 腰下リンパ節症
          │                  │              └─ その他
          │                  │
          └─ 異常所見あり    ├─ 結腸全域の拡張 ── 巨大結腸 ⑯
                              │                        ┌─ 腫瘍
                              ├─ 限局性の結腸の拡張 ──┼─ 異物
                              │                        └─ 狭窄
                              │                                          ┌─ 脱水
                              │                          血液像,生化学検├─ 低カリウム血症
                              ├─ 便秘 or 難治性便秘 ⑰ 査,尿検査の評価  ├─ 高カルシウム血症       ┌─ 猫 ── ⑲ へ移る
                              │                                          │                         │      └─ 対症療法を実施
                              │                                          └─ 異常なし or 非特異 ──┤              ┌─ 異常なし
                              │                                             的所見                 └─ 犬 ── 甲状腺機能⑱
                              └─ 骨盤骨折 ── 結腸直腸の閉塞                                              の評価 └─ 甲状腺機能低下症
```

糞便の失禁

① 糞便の失禁とは，糞便を保持することができなくなり，無意識的に出てしまう状態をいう．この失禁には3つのタイプがある．疾患の過程で直腸の働きや伸展性が低下する場合を貯蔵性糞便失禁という．外肛門括約筋が，解剖学的に障害を受けた場合（非神経性括約筋性失禁）あるいは脱神経化された場合（神経性括約筋性失禁）を括約筋性失禁が生じる．神経性括約筋性失禁は，外陰神経あるいは仙髄の傷害によって起こる場合がきわめて多い．肛門挙筋と尾筋の傷害でも糞便の失禁が起こることがある．

② 若齢の場合には，トイレの躾の状態と駆虫処置の有無を聴取する必要がある．以前あるいは最近の神経症状の有無，肛門直腸や直腸周囲の手術の有無，外傷の有無について調べる必要がある．排便時の状況や糞便の特徴を聴取することによって，糞便の失禁と下痢を見分けることができる．排便回数の増加や糞便の血液や粘液の付着，しぶりなどがあれば，大腸性下痢が疑われる（大腸性下痢の項を参照）．同時に尿失禁が認められれば，神経性括約筋性失禁の疑いがきわめて濃厚といえる．

③ 貯蔵性糞便失禁では排便時に切羽詰まった状況が観察される．症状としては，意識的な排便行動が頻繁に認められ，多くの場合しぶりや排便困難，血便排泄などが付随する．貯蔵性糞便失禁の原因には，結腸炎や結腸直腸の腫瘍などが考えられる．指による直腸検査では，直腸肛門の過敏や疼痛が観察される．このタイプの失禁は，巨大結腸症の治療で結腸の全摘出術あるいは部分摘出術が行われた際にも認められる．

④ 若い犬や猫では，一般的に不適切なトイレの躾が認められるし，最近室内飼いに切り換えたという場合もある．分離不安では，飼主の留守に不適切な排便行動が認められ，多くの場合同時に破壊行動と無駄吠えが認められる．

⑤ 糞便の失禁と便秘や下痢，結腸炎とを見間違えていることもあるため，排便行動の際に観察することは，身体一般検査の重要な部分となる．結腸肛門部の触診の前に，会陰部の視診で炎症や腫瘍，ヘルニア，直腸肛門脱，瘻管の有無を確かめることが重要となる．肛門直腸部の指による触診では，肛門嚢の大きさや状態，肛門括約筋の緊張度，直腸内腔の内径，直腸肛門部の粘膜の状態などを調べる．視診，指による触診，直腸検査によって，肛門嚢の分泌物の充満，肛門腺腫瘍や膿瘍，肛門周囲の瘻管や裂傷，以前に行われた手術による瘢痕組織，直腸の腫瘍や直腸粘膜の肥厚などが，貯蔵性糞便失禁の原因として見つかる．また肛門の緊張度と肛門反射の有無を調べることも必要となる．神経性括約筋性失禁の場合には，この緊張度や反射は減退するか全く認められなくなる．

⑥ 若い無尾の猫（マンクスとマンクスの雑種）や短頭種の犬の場合には，仙尾髄や神経根の奇形あるいは椎骨の奇形（仙尾の発育不良）が糞便失禁の原因として考えられる．

⑦ 尿失禁と尾の緊張度や運動性の低下あるいはその何れかが認められる場合には神経性糞便失禁の疑いが濃い．

⑧ 糞便失禁が，明らかに解剖学的原因ではないという場合には，神経学的検査を徹底して行う必要がある．糞便失禁を起こす神経疾患で，最もよく認められる部位は腰仙部である．この部位の疾患で認められる症状には，後肢と尾の随意性運動の低下，腰仙部の疼痛，後肢の筋伸長反射の低下（下部運動ニューロン徴候）などが認められる．時には第4腰椎上に病変があると，後肢の脱力と筋伸長反射の亢進（上部運動ニューロン徴候）に併せて糞便失禁を認めることがある．下部運動ニューロン徴候が認められる場合には，腰仙部のX線検査を実施する．上部運動ニューロン徴候が認められ腰仙部のX線検査で異常が観察されない場合には，胸椎と腰椎のX線検査を行う．神経学的検査で異常がない場合には，もう一度②に戻るか，腰仙椎のX線検査を実施する．これは腰仙部の疾患のなかには，最初に糞便失禁を認めることがあるためである．

⑨ 腰仙部の側位と腹背位のX線撮影によって，椎間板ヘルニアや椎間板脊椎炎，脊椎腫瘍，二分脊椎，腰仙部の外傷，脊椎奇形などが判明することがある．

⑩ 腰仙椎の不安定性は，先天性と後天性の場合がある．先天性の狭窄は小型から中型の犬種に見られる傾向があり，後天性の狭窄は特にジャーマン・シェパードなど大型犬に認められる．症状は第7腰椎や仙骨神経と尾骨神経の圧迫の程度によって異なる．外陰部の神経根が関与する場合には，糞便失禁か尿失禁が認められるが，尾骨神経根の場合には，尾の脱力や麻痺が起こる．坐骨神経根が関与している場合には，跛行や後肢の脱力，固有受容器の不全，筋肉の削痩が認められる．第7腰椎-第1仙椎のX線学的変化としては，変形性脊椎症，第7腰椎-第1仙椎の椎間板腔の狭小化，腰椎につながる仙椎の変位が認められる．これらは何れも臨床的に異常がない場合でも，観察されることがあるため，その解釈には注意が必要となる．この部位の硬膜外腔造影とCTあるいはMRIスキャンによって，神経根の圧迫像を認めることが多い．治療の選択肢には，この部位を外科的に減圧する方法がある．

⑪ 針筋電図検査によって，筋肉の電気的活動を評価することができる．筋肉への神経供給に傷害があったり，筋肉自体に損傷があれば，筋電図に異常が出てくる．前肢，後肢の多数の筋肉群で，異常が認められれば全身性の筋障害か神経障害が疑われる．自律神経の機能障害や全身性の末梢性神経障害あるいは筋障害によって，神経性の括約筋性失禁が起こることは滅多にない．針筋電図検査で，尾の筋肉や会陰部，下部傍脊椎筋に限局性の異常が観察された場合には，腰仙部の疾患の疑いがある．

⑫ 脊椎のX線検査で診断がつかず，しかも神経性の括約筋性失禁が疑われる場合には，脊髄液の検査とさらに詳しいX線検査を実施することになる．腰仙部の不安定性を認める症例の中には，硬膜外造影やCT，MRIによる画像検査をしないと診断し難い場合がある．上部運動ニューロン徴候がある場合，圧迫病変を診断するためには脊髄造影が必要になることもある．

■ 糞便の失禁 ■

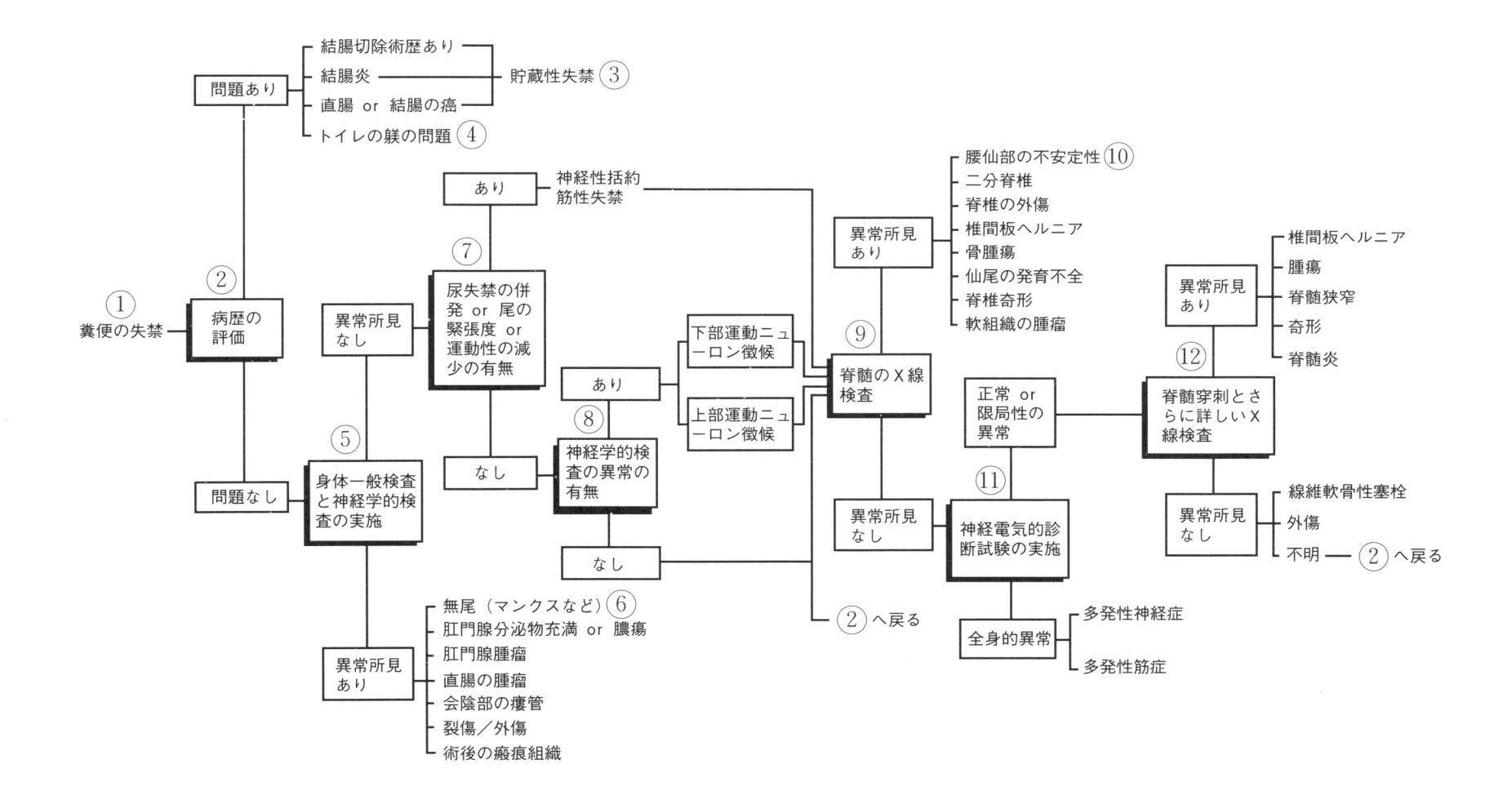

```
                            ┌─ 結腸切除術歴あり ─┐
                            ├─ 結腸炎 ──────────┼─ 貯蔵性失禁 ③
              ┌─ 問題あり ──┼─ 直腸 or 結腸の癌 ─┘
              │             └─ トイレの躾の問題 ④
              │                                                                              ┌─ 腰仙部の不安定性 ⑩
              │                                                                              ├─ 二分脊椎
              │                              ┌─ あり ─ 神経性括約筋性失禁 ─┐                ├─ 脊椎の外傷
              │                              │                              │  ┌─ 異常所見 ─┼─ 椎間板ヘルニア
              │                              │         ⑦                   │  │    あり    ├─ 骨腫瘍                    ┌─ 椎間板ヘルニア
              │                              │   尿失禁の併                 │  │            ├─ 仙尾の発育不全            ├─ 腫瘍
              │         ┌─ 異常所見          │   発 or 尾の                 │  │            ├─ 脊椎奇形     ┌─ 異常所見 ─┼─ 脊髄狭窄
    ①        │         │    なし            │   緊張度 or                  │  │            └─ 軟組織の腫瘤  │    あり    ├─ 奇形
  糞便の失禁 ─② ───────┤                    │   運動性の減  ┌─ 下部運動ニュ │  ⑨                           │   ⑫      └─ 脊髄炎
              病歴の    │                    │   少の有無    │   ーロン徴候 ─┤ 脊髄のX線                    │
              評価      │         ⑤         │         ⑧   │               │ 検査          ┌─ 正常 or    │ 脊髄穿刺とさ
                        │    身体一般検査    │   神経学的検 ─┤               │              │   限局性の ─┤ らに詳しいX
              │         │    と神経学的検    │  あり 査の異常の              │              │   異常      │ 線検査
              │         │    査の実施        │      有無     │  上部運動ニュ │              │             │
              │         │                    │               └─ ーロン徴候 ─┤              │  ⑪        │            ┌─ 線維軟骨性塞栓
              │         │                    └─ なし                        │              │ 神経電気的診│  異常所見 ─┼─ 外傷
              │         │                                                   │              │ 断試験の実施│    なし    └─ 不明 ─ ②へ戻る
              │         │         ┌─ 無尾（マンクスなど）⑥                 │  ┌─ 異常所見 │
              │         │         ├─ 肛門腺分泌物充満 or 膿瘍              └─ │    なし    │
              │         │         ├─ 肛門腺腫瘤                               │            │
              │         └─ 異常所見┼─ 直腸の腫瘤                              │            │   ┌─ 多発性神経症
              │              あり ├─ 会陰部の瘻管                            ②へ戻る      └─全身的異常┤
              └─ 問題なし         ├─ 裂傷／外傷                                                          └─ 多発性筋症
                                   └─ 術後の瘢痕組織
```

187

SECTION 8

泌尿器疾患

無尿／乏尿

① 無尿とは，腎臓で尿が生成されていない状態をいう．乏尿は尿が十分に生成されない状態をいう．犬の1日当たりの尿の最低生成量は，約40ml/kg（1～2ml/kg/hr）である．排尿不全あるいは排尿量低下が症状として認められるが，これらの症状は同時に尿淋瀝や排尿困難が認められないと気付かない場合が多い．無尿／乏尿のために，二次的に全身症状を示すようになるのが普通である（食欲廃絶，嘔吐，下痢，体重減少，体重増加，末梢性浮腫）．一連の血清生化学検査で尿毒症が確認され，飼主から排尿の状態を聴取したり，治療後の尿の生成状態を観察するなかで初めて，尿の生成に問題のあることが分かる場合が多い．

② 毒物と急性腎不全につながる要因を見つけるには，病歴が重要となる．腎毒性を示す薬剤には，アミノグリコシド，一部の化学療法剤，非ステロイド性抗炎症剤，アンギオテンシン変換酵素阻害剤などがある．毒物としては，シュウ酸カルシウムを含む植物とエチレングリコールがある．その他，急性腎不全の原因となるものには，麻酔，重度の全身性疾患，発熱，外傷，アナフィラキシーならびに低血圧や血液量減少を起こす疾患などがある．また，以前から持っている腎疾患（結石，感染）や高齢，レプトスピラ感染の可能性などの有無も重要となる．治療法としては，特定の原因に対する治療を行うか（エチレングリコールの解毒，レプトスピラに対するアンピシリンの投与など），悪化要因を除去するための治療を実施するかである．

③ 膀胱の大きさを評価することも重要となる．膀胱は大きいが，麻痺は認められない場合には，30～60分待って，（犬であれば散歩に連れ出す，猫であれば静かな所にトイレを用意してやるなど）排尿の機会を作ってやることも必要となる．できれば膀胱が空っぽになっていることを確認する．

④ 排尿姿勢をとるとか，排尿が認められない場合には，尿カテーテルを挿入して尿道閉塞の有無を確かめる．柔らかいゴム製のカテーテルやフォーリーカテーテルが挿入できない場合には，やや硬めのポリプロピレン製のカテーテルを試みるのもよい．これによって部分的な閉塞部の通過が可能になる場合もあるし，結石や結晶物を疑わせるような閉塞物を感じることもある．ただし過剰に力を加えて尿道を破らないよう注意する必要がある．

⑤ 膀胱が小さくて，触知できない場合や大きくても閉塞が認められない場合には，一連の生化学検査所見と尿検査所見を点検する必要がある．膀胱に尿があるからといって，尿の生成が行われいるとは限らないということを頭に入れておく必要がある．また無尿／乏尿状態にありながら，最近まで排尿はあったという場合もある．一連の生化学検査所見から，高リン酸血症や高窒素血症が分かる（BUNとクレアチニンの上昇）．高窒素血症が認められない場合には，無尿／乏尿とは思えないし，あるいは検査する時期が早かったために検査値の上昇が認められなかったということも考えられる．後者の場合，無尿／乏尿に陥るその他の疾患（ショック，外傷）がなければ，来院しなかったかも知れない．一連の生化学検査によって，高カルシウム血症など急性腎不全の隠れた原因が分かる場合もある（例えばカルシウム－リンの生成が70以上で，腎の異栄養性鉱質化に陥った場合など）．高カルシウム血症によっては急性腎不全が起こる場合もあれば，急性腎不全によって起こることもある．アニオンギャップが30以上であれば，エチレングリコール中毒の疑いがある．

⑥ 高窒素血症に伴って希釈尿（犬で尿比重＜1.035，猫で尿比重＜1.045）が認められれば，腎不全と診断される．この場合には症例の概要，病歴，身体一般検査をもう一度検討する必要がある．たとえエチレングリコールを摂取したという病歴がなくても，急性腎不全で尿毒症が認められる場合には，透析しなければ予後が悪いため，検査する必要がある．また慢性の腎疾患についても評価する必要がある（例えば，体重減少の病歴，多尿，多渇，非再生性貧血，小さくて異常な形の腎臓など）．慢性腎疾患で無尿／乏尿になれば，慢性腎不全の最終段階を意味するため，予後はさらに悪くなる．急性腎不全の場合には，支持療法で回復する能力はある程度残っている．犬のレプトスピラ感染に対しては，アンピシリンの非経口投与を実施する必要がある．

⑦ 膀胱尿に濃縮が認められる場合には，脱水状態（高窒素血症となり，尿の生成が減少する）にあるか，それとも尿は正常に生成されているが腎後性の閉塞があるかの何れかである．片側性の尿管性／腎盂性閉塞では，最初のうちはどうみても尿の生成が侵されるということはないと思われるため，最も疑われるのは尿道による腎後性の閉塞である．両側性の尿管閉塞では，腎不全と乏尿／無尿が起こる．

⑧ 尿が認められず，無尿性／乏尿性腎不全が観察される場合には，少し前に排尿したか，あるいは脱水があってほとんど尿の生成がなされていないかである．尿道カテーテルを挿入するか超音波検査で尿の有無を確かめる必要がある．尿が認められた場合には，再水和を図る前に，尿比重を計って腎不全と脱水を正確に見きわめる努力が必要となる．少し前に排尿がなかったか否かを飼主に聞くことも大切である．

⑨ 無尿／乏尿のその他の原因を探ることもきわめて重要になる．これらの原因のなかには，重度の脱水が考えられる．脱水によって，腎の血流量，糸球体濾過率（GFR），尿の生成が減少する．重度の脱水があっても，腎機能の一部は持続するため，無尿にはならないこともある．ただし，乏尿になることはある．以前から腎機能に障害があって脱水になると，腎不全を起こすことがある．したがって（眼球の陥没，皮膚の戻り具合，血清蛋白とヘマトクリットの上昇など）脱水症状を見きわめることは重要となる．ただし衰弱状態にある場合には，皮下脂肪の喪失や健康状態の低下，筋肉の削痩などがあるため，脱水がなくてもその様に見える場合があることを頭に入れておく必要がある．臨床的に脱水が認められる場合には，再水和を図り尿が生成されるか否かを確かめた上で，脱水を診断するとよい．きわめて状態が悪い，あるいは明らかに脱水があるという場合には，速やかに再水和を図る必要がある．初期の腎疾患であれば悪化を防ぐことができる．臨床的に脱水が認められない場合，尿が採取できたら，尿沈渣を調べる必要がある．

⑩ 尿の生成がほとんどあるいは皆無である場合には，エチレングリコールの検査（市販のキット）を実施する．できるだけ速やかに検査を実施することが必要である（できれば摂取の疑いがあってから24～36時間以内が望ましい）．市販の製品には蛍光染料が含まれているため，紫外線光（ウッドランプ）で評価することになる．エチレングリコールの摂取後3～6時間以内にシュウ酸カルシウムの結晶が観察されるようになる．

⑪ 無尿／乏尿があるにもかかわらず，適切な水和状態にある場合には，腎不全があるため，速やかに治療を施す必要がある．体重と尿の生成をしっかり観察し，できれば中心静脈圧（CVP）を計りながら，積極的な輸液療法を重点的に実施する．いみじくも再水和を図った後，尿の生成が上手く認められない場合には，脱水が過少評価されていたということも考えられるし，あるいはもっと積極的な治療（低用量のドーパミンの点滴，フロセマイド，マンニトール，あるいはこれらの併用）を始める必要があることを示唆しているとも考えられる．

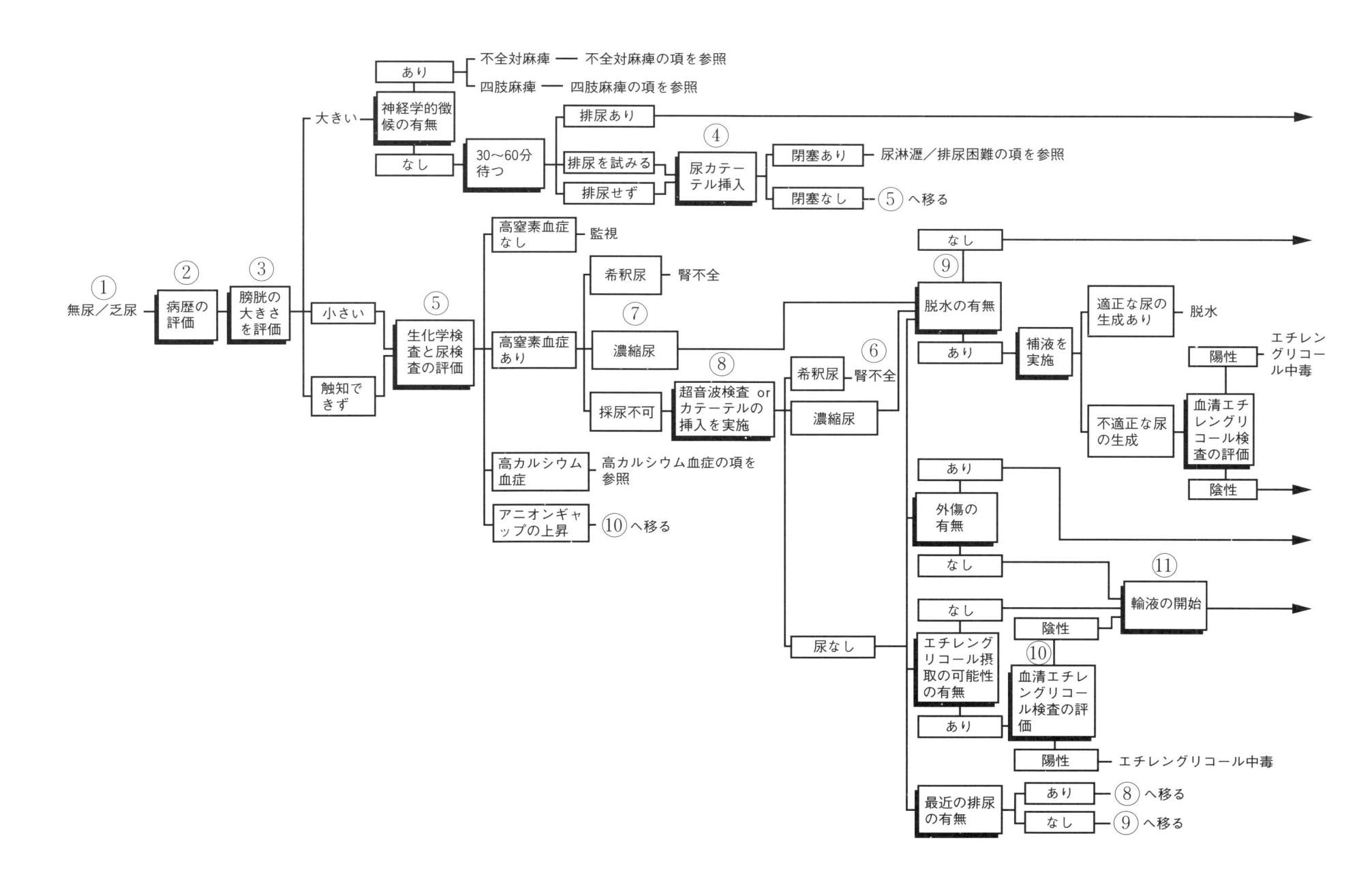

■ *無尿／乏尿* ■

① 無尿／乏尿
② 病歴の評価
③ 膀胱の大きさを評価

大きい
- 神経学的徴候の有無
  - あり
    - 不全対麻痺 ── 不全対麻痺の項を参照
    - 四肢麻痺 ── 四肢麻痺の項を参照
  - なし
    - 30～60分待つ
      - 排尿あり →
      - 排尿を試みる
      - 排尿せず
        - ④ 尿カテーテル挿入
          - 閉塞あり ── 尿淋瀝／排尿困難の項を参照
          - 閉塞なし ── ⑤へ移る

小さい／触知できず
- ⑤ 生化学検査と尿検査の評価
  - 高窒素血症なし ── 監視
  - 高窒素血症あり
    - 希釈尿 ── 腎不全
    - ⑦ 濃縮尿
    - 採尿不可
      - ⑧ 超音波検査 or カテーテルの挿入を実施
        - ⑥ 希釈尿 ── 腎不全
        - 濃縮尿
  - 高カルシウム血症 ── 高カルシウム血症の項を参照
  - アニオンギャップの上昇 ── ⑩へ移る

⑨ 脱水の有無
- なし →
- あり
  - 補液を実施
    - 適正な尿の生成あり ── 脱水
    - 不適正な尿の生成
      - 血清エチレングリコール検査の評価
        - 陽性 ── エチレングリコール中毒
        - 陰性 →

外傷の有無
- あり →
- なし
  - ⑪ 輸液の開始 →

尿なし
- エチレングリコール摂取の可能性の有無
  - なし
    - ⑪ 輸液の開始
  - あり
    - ⑩ 血清エチレングリコール検査の評価
      - 陰性
      - 陽性 ── エチレングリコール中毒
- 最近の排尿の有無
  - あり ── ⑧へ移る
  - なし ── ⑨へ移る

■ 無尿／乏尿 ■

⑫　明らかに無尿／乏尿あるいは排尿障害があって，特に濃縮尿が認められる場合には，できることなら尿検査を実施する必要がある．尿沈渣を検査して，円柱（尿細管の傷害や腎盂腎炎が疑われる），結晶（結石形成，尿管あるいは尿道の閉塞，結晶がシュウ酸カルシウムであればエチレングリコールやその他の中毒，結晶がストラバイドであれば細菌感染が疑われる）ならびに細菌の有無を調べることが重要となる．沈渣に炎症性や感染性が認められる場合には，さらに詳しい評価（例えば腎盂腎炎，尿管閉塞など）の必要性が示唆される．腎盂腎炎では，細菌が確認できないこともあるし，副腎皮質機能亢進症や糖尿病では細菌感染があっても非炎症性の尿沈渣を認めることもあるため，沈渣の有無にかかわらず，いずれの場合も尿の培養は重要である．

⑬　尿沈渣で炎症性が認められず，培養も陰性の場合には，尿蛋白の有無と尿蛋白／クレアチニン比の測定を実施する必要がある．尿の検査紙で蛋白が痕跡程度であっても，特に希釈尿が認められる場合には，尿蛋白／クレアチニン比の測定を行う必要がある．蛋白尿によって，糸球体腎炎やアミロイドーシスが疑われるし，これらは何れも無尿性／乏尿性の腎不全を起こすことがある．

⑭　レプトスピラ属に対しては暗視野による尿検査を行うことがある．この場合レプトスピラが観察されるのは，急性期に限られる．犬ではレプトスピラが観察されることは比較的まれであるため，この検査法はどちらかといえば余り収穫のない検査法ともいえる．これまでは健康であったとか，流れの淀んだ水辺や細菌にさらされる可能性のある場所に近づいたとか，腎不全と肝疾患が何れも認められるといった急性腎不全の場合には，この検査が必要となる．ただし，必ずしも腎臓と肝臓の両方ともが，この感染に関与するわけではない．

⑮　腎不全になる要素がない場合や尿沈渣に炎症性が認められる場合，炎症性も蛋白尿も認められない場合，あるいは検査のための尿が採取できない場合には，尿路系の画像検査を実施して無尿／乏尿の原因を探すことになる．単純X線検査によって，腎臓の大きさと輪郭を評価することができる．腎疾患の末期や慢性腎不全で代償不全から無尿／乏尿になった場合には，小さな腎臓が観察される．腎盂腎炎や尿管閉塞，水腎症，腎嚢胞，リンパ腫，その他の腎腫瘍などでは大きな腎臓が観察される．高カルシウム血症性腎不全とエチレングリコール中毒では，単純X線検査で，腎実質の陰影像の増加が観察される．

単純X線検査は，注意深く評価すれば，特に尿管のX線不透過性の結石の画像検査には，最も優れた検査法といえる．腹部超音波検査では，最も多くの情報が得られ，危険性もきわめて少なく，腎実質の構造の変化（皮質髄質境界の消失，炎症を示唆する腎実質ディテールの非特異的変化）や腎の大きさ，腫瘍ならびに近位尿管の拡張などを見きわめることができる．また超音波による誘導で，腎実質の針吸引による細胞学的検査もできるし，腎生検もできる．超音波検査では，膀胱破裂の可能性があれば膀胱壁の厚さや腹腔内液の評価もできる．腎臓の造影検査（静脈性尿路造影・IVU）は，X線透過性栓塞の診断に使われることもあるし，腎実質の異常部位（血栓，狭窄，化膿性の残屑など）の輪郭を映し出すことができる．しかしこれらの検査では，血液から尿路系に造影剤が入るためには，いくぶん腎機能が残っていなければならないし，ヨードを基剤とする造影剤によって，急性腎不全に陥る可能性もあれば，悪化させる可能性もある．したがって，乏尿や無尿の場合，静脈性尿路造影の必要性の有無を十分検討する必要がある．急性腎不全のなかで，唯一この検査法が必要なのは，両側性のX線透過性栓塞が強く疑われた場合であろうと思われる．

⑯　膀胱破裂が起こるのは，外傷や過剰な触診，カテーテル挿入による傷害，閉塞ならびに過剰拡張あるいは（腫瘍，重度の出血性嚢胞などの）基礎的病因による二次的な場合である．尿は腹腔内に漏れて，腹水になる．いくぶん尿を出すこともあれば，全く排尿できなくなることもあり（無尿／乏尿状態となって），次第に高窒素血症を示すようになる．尿に感染がない限りは，破裂しても4〜5日は臨床症状が現れないのが普通である．

⑰　特にペルシャ猫やその他の長毛種の猫（例えばヒマラヤン）では，多嚢胞性腎疾患がある．若い猫では，液体を充満した嚢胞が腎に多数でき，時には肝の実質にも認められることがある．この場合すべてが腎不全になるわけではない．時にはきわめて大きな嚢胞と巨大腎が老齢動物に認められることがあるが，腎機能障害の徴候はない．しかし急性腎不全や慢性腎不全があると，これが基礎原因になる可能性はある．この場合には，これ以上の検査は必要としない．

⑱　輸液や（結石，狭窄，血塊，残屑による）腎盂あるいは尿管の閉塞，感染などによって，腎盂拡張が起こることがある．両側の腎盂に拡張が認められたり，以前からもっている腎疾患があると，乏尿性／無尿性の腎不全が起こる．

⑲　腎臓に限局性の腫瘍がある場合や片側性／両側性の巨大腎が認められる場合（特に超音波検査で正常な腎構造が失われている場合）には，異常腎の吸引検査が必要となる．時には腎の癌腫などの腫瘍細胞が吸引されることもある．しかし，巨大化した腎を吸引して検査するのは，リンパ腫の有無を確認するのが主な目的である．犬や猫では，リンパ腫によって無尿性／乏尿性の腎不全を起こすことがある．

⑳　吸引検査で異常が認められず，超音波検査で腎臓の構造も比較的正常で腎臓の大きさも正常か肥大している場合，また特に触診で疼痛を認める場合，肝疾患を併発している場合や発熱を認める場合，このような場合には，犬ではレプトスピラを疑って掛かる必要がある．血液を採取して，黄疸出血性レプトスピラ（icterohemorrhagia）と犬レプトスピラ（canicola）だけでなく，他の血清型のレプトスピラも含めて力価を測定する必要がある．この間に，ペニシリンを注射で投与することも重要である．ペニシリンの投与は，急性のレプトスピラ症には特異的な治療法となるが，腎の多くの細菌感染にも効果がある．

㉑　猫の場合には，採血して猫白血病ウイルスと猫免疫不全ウイルス（FIV関連性糸球体腎症がある），猫伝染性腹膜炎ウイルス（これによって肉芽腫性腎炎が起こる）の力価を調べる必要がある．

㉒　ここまでの検査で異常が認められなかったり，非特異的所見である場合には，基礎原因と無尿性／乏尿性腎不全の可逆性の有無を見きわめるために，腎の生検を検討する必要がある．可逆性の有無に関しては，採取した腎組織の中に残っている正常な組織の量を判別し，評価することになる．腎の構造の一部に変化をもたらすその他の疾患としては，犬と猫の先天性異形成やシャーペイとアビシニアン猫の腎アミロイドーシス，コーギーの毛細管拡張症などがある．超音波検査によって，構造異常が分かることもあるが，確定診断には生検が必要となる．救急疾患や完全な無尿状態の場合には，麻酔ならびに腎生検の危険性と生検の有利性を天秤に掛けて検討する必要がある．血液透析を実施する場合には，予後と治療に対する適応性を見きわめるために腎生検が必要となる（獣医療では長期間にわたる透析を講ずることは難しい）．また猫で腎移植の適応性を評価する場合にも，腎生検は必要となる．

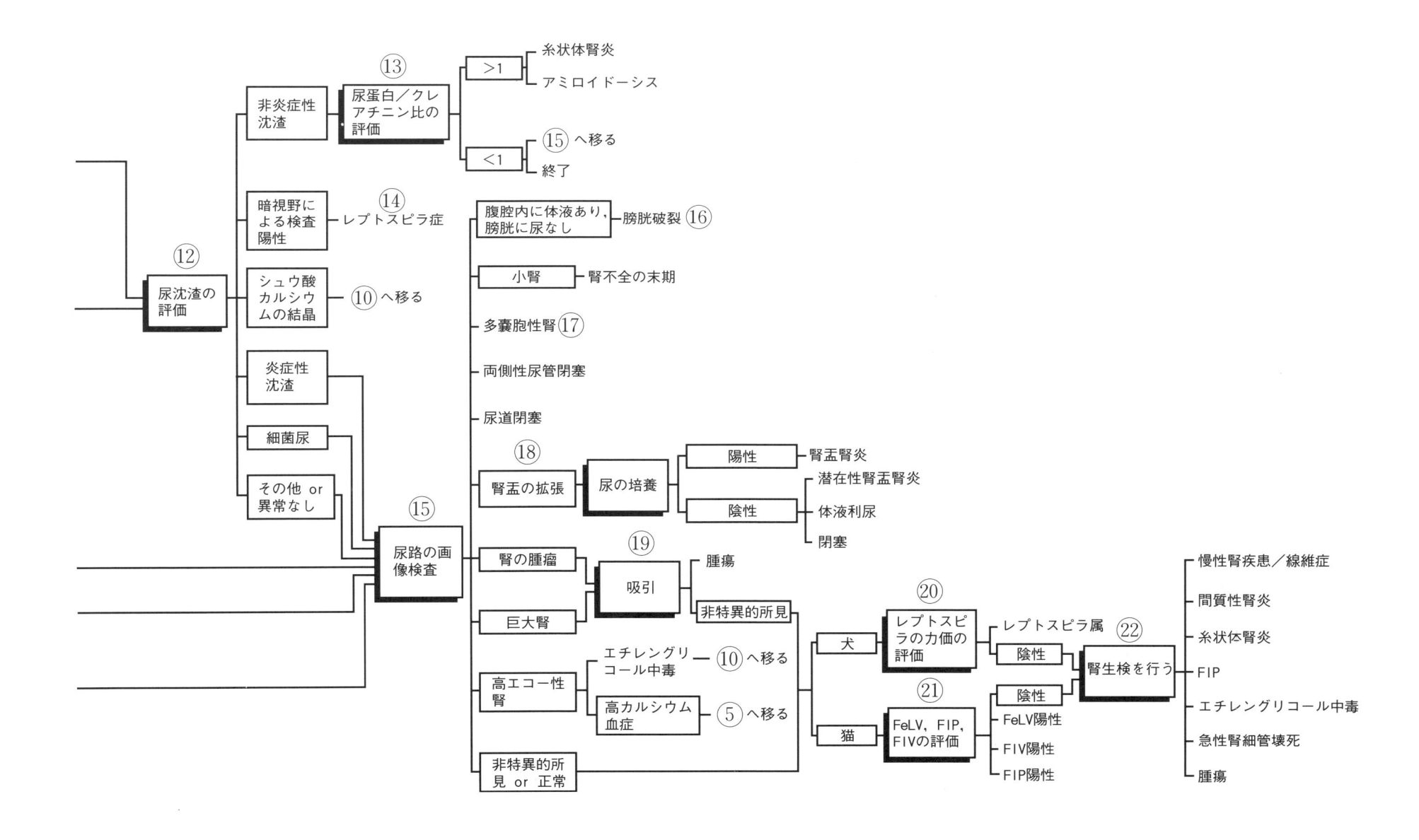

■ *無尿／乏尿* ■

```
                                              ┌─ >1 ┬─ 糸状体腎炎
                          ┌─ 非炎症性 ─ ⑬ 尿蛋白／クレ ─┤     └─ アミロイドーシス
                          │   沈渣      アチニン比の
                          │            評価         ┌─ ⑮へ移る
                          │                   └─ <1 ┴─ 終了
                          │
                          ├─ 暗視野に ── ⑭ レプトスピラ症      ┌─ 腹腔内に体液あり, ── 膀胱破裂 ⑯
                          │   よる検査                       │   膀胱に尿なし
                          │   陽性                           ├─ 小腎 ── 腎不全の末期
                          │                                 ├─ 多嚢胞性腎 ⑰
                          ├─ シュウ酸 ── ⑩へ移る              ├─ 両側性尿管閉塞
       ⑫                  │   カルシウ                        ├─ 尿道閉塞                    ┌─ 陽性 ── 腎盂腎炎
    ┌─ 尿沈渣の ─┤   ムの結晶                        │                       ⑱          │
       評価                │                                 ├─ 腎盂の拡張 ── 尿の培養 ─┤      ┌─ 潜在性腎盂腎炎
                          ├─ 炎症性                          │                          └─ 陰性 ┼─ 体液利尿
                          │   沈渣                           │                                 └─ 閉塞
                          │                                 │                ⑲     ┌─ 腫瘍
                          ├─ 細菌尿                          ├─ 腎の腫瘤 ── 吸引 ─┤                                                    ┌─ 慢性腎疾患／線維症
                          │                                 │                    └─ 非特異的所見 ┐                                   │
                          └─ その他 or ──┐                   ├─ 巨大腎 ──────────────────────────┤         ⑳                          ├─ 間質性腎炎
                             異常なし     │      ⑮           │                                   │     ┌─ レプトス ── レプトスピラ属      │
                                         ├─ 尿路の画 ─┤      │    ┌─ エチレングリ ── ⑩へ移る       ├─ 犬 ─┤ ピラの力価              ⑫    ├─ 糸状体腎炎
                                         │   像検査         ├─ 高エコー性 ┤  コール中毒              │      │ の評価    └─ 陰性 ─┐        │
                                         │                 │   腎        └─ 高カルシウム ── ⑤へ移る  │      │                     ├─ 腎生検を行う ┼─ FIP
                                         │                 │               血症                    │      │           ┌─ 陰性  ┘        │
                                         │                 │                                       │      │     ㉑    │                 ├─ エチレングリコール中毒
                                         │                 └─ 非特異的所               └─ 猫 ── FeLV, FIP, ┼─ FeLV陽性                    │
                                                                見 or 正常                         FIVの評価 ├─ FIV陽性                    ├─ 急性腎細管壊死
                                                                                                            └─ FIP陽性                    │
                                                                                                                                          └─ 腫瘍
```

高窒素血症

① 高窒素血症とは、血液中の窒素化合物の濃度が上昇した状態をいう（BUNとクレアチニン）。窒素化合物の生成率の上昇、排泄率の低下あるいはその両者が原因となる。排泄の低下は、前腎性、腎性、後腎性疾患が原因する糸球体濾過率（GFR）の低下に伴って起こるのが普通である。

② 尿素（BUN）の生成増加は、様々な異化代謝の段階や高蛋白食の摂取、胃腸管の出血などの際に起こる。このような場合には、通常BUNの上昇は軽度であり（< 40〜50mg/dl）、クレアチニンの上昇を伴うことはない。

③ 脱水や血液量減少症、心疾患があると腎の還流の低下と高窒素血症を起こす可能性があるため、これらの徴候の有無を見きわめる必要がある。このような徴候がある場合には、尿比重が犬で1.035以上、猫では1.145以上になるはずである。この場合輸液療法を実施すれば、腎の還流やBUNは改善され、クレアチニンは正常に戻るはずである。

④ 最近受けたという外傷歴がある場合や特に外傷後に排尿が認められないといった場合には、尿路系の何処かに破裂の疑いがあると考えた方がよい。このような場合には、X線検査や超音波検査などで、さらに詳しく検査する必要がある。腹部X線検査によって、大きくなった膀胱や尿路系内に鉱質性の陰影が認められることがある。尿路系の破裂や閉塞を調べるには、静脈性尿路造影や膀胱尿道造影が必要となる。超音波検査は、尿結石や腫瘤、尿路系の破裂による腹腔内液の貯留、尿収集系の部分的拡張などを見きわめる際には役に立つ。血清クレアチニン濃度よりも腹腔内液のクレアチニン濃度の方が高い場合には、腹腔内に尿が漏出していることが強く疑われる。

⑤ BUNとクレアチニンの上昇に併せて希釈尿を起こす多尿/多渇の病歴があれば、腎不全が疑われる。慢性腎炎では、進行性の体重減少や腎臓の縮小化、粘膜の蒼白、尿毒症性口内炎を認めることがある。しかし、その他の疾患でも多尿/多渇と高窒素血症を起こすことがあるため、一連の生化学検査所見を十分に検討し、腎臓疾患以外の疾患を見きわめることが重要となる。

⑥ 尿淋瀝や排尿困難が認められる場合には尿路系の閉塞が疑われる。多くの場合、触診による大きくなった膀胱が触知される。可能であれば、尿カテーテルを挿入して閉塞部を解除させ、採尿して尿検査に付す。

⑦ 可能であれば膀胱を触診して、膀胱の大きさや張り具合、膀胱壁の厚さなどを調べる。大きくて硬い膀胱が触知されれば、尿路系の閉塞が疑われる。尿カテーテルを挿入して閉塞の可能性を確かめる必要がある。高窒素血症があって、膀胱が小さい場合には、急性腎不全や尿路系の破裂が疑われる。特に腎臓の大きさが正常あるいは大きい場合、尿の流出が減っている場合には、これらが疑われる。放し飼いの場合や屋外での監視が行き届かなかったという場合、あるいは屋外で飼われていて余所の人と接触する機会があるような場合（毒を盛られるということも含めて）には、エチレングリコールの摂取を疑って掛かる必要がある。エチレングルコールの摂取を証明するには、摂取後12〜24時間の間に採血して生化学検査をするか、24〜48時間の間に尿検査をすれば分かる。検査室所見で、血清浸透圧の上昇、アニオンギャップの上昇、代謝性アシドーシスの悪化、シュウ酸カルシウム結晶の存在が確認されれば、エチレングリコール中毒と診断してよいものと思われる。病歴やカルテを点検すれば、ゲンタマイシンやアンホテリシンB、チアセタルサミド、非ステロイド性抗炎症剤（フルキシン、メグルミン、イブプロフェン）など一般的な腎毒性のある薬物投与歴が分かる。急性の虚血性腎損傷によって、急性腎不全が起こることもある。虚血の可能性としては、ショック、心拍出量の低下、深麻酔/大きな手術、外傷、高体温症、低体温症、広範囲の皮膚火傷、播種性血管内凝固（DIC）、低血圧などがある。

⑧ 後腎性の高窒素血症は、身体から尿の排泄が阻害された場合に起こる。すなわち、尿結石や粘膜性栓子、血塊、腫瘍などによる尿路系の閉塞や尿路系の破裂がある場合に認められる。尿路系の破裂があると、後腹膜腔（尿管破裂）、腹膜腔（尿管、膀胱破裂）、骨盤間隙（尿道破裂）などに尿が漏れ、乏尿/無尿ならびに尿毒症が起こる。しかし早期に気付いて治療をすれば高窒素血症は速やかに改善され、永続的な腎の形態的傷害はない。

⑨ 高窒素血症は、発生部位から、前腎性、腎性、後腎性に分けることができる。この場合、高窒素血症と診断された時点で、同時に尿比重を評価する必要がある。犬で尿比重が1.035以上、猫で1.045以上の場合には、前腎性高窒素血症に一致する（③を参照）。尿比重が1.008〜1.013であれば、腎性高窒素血症も疑われるが、基礎疾患（糖尿病、子宮蓄膿症、肝疾患）や薬剤投与（利尿剤、グルココルチコイド、輸液療法、抗痙攣剤）によって尿の濃縮能が損なわれている場合の前腎性高窒素血症とも考えられる。尿比重が1.013〜1.030の間であれば、多くの様々な疾患で起こる凝縮能欠損を伴う前腎性高窒素血症が疑われる。尿比重が1.008以下（低張尿）であれば、尿細管傷害、髄質間質の緊張性の変化（髄質崩壊）、抗利尿ホルモンの合成、放出、作用阻害などが原因となる。

⑩ 前腎性高窒素血症では、腎の還流低下が認められる。永続的な腎傷害が起こる前に、前腎性の損傷が矯正されれば、腎機能は正常に戻るものと考えられる。

⑪ 75％以上のネフロンが機能しなくなると、腎性の高窒素血症が起こる。したがって腎の糸球体、尿細管、間質、血管系の疾患があれば、腎性の高窒素血症になる。腎性の高窒素血症を起こす疾患には、全身性疾患をはじめ多くの内因性腎疾患がある。感染症が原因となる場合には、レプトスピラ症や腎盂腎炎、猫伝染性腹膜炎、ボレリア症、リーシュマニア症、バベシア症、敗血症などがある。腎性の高窒素血症を伴う全身性疾患としては、播種性血管内凝固（DIC）や膵炎、副腎機能低下症、肝不全、脈管炎、糸球体腎炎、腎動脈あるいは腎静脈の血栓、全身性紅斑性狼瘡（SLE）、腫瘍、高カルシウム血症、悪性高血圧、赤血球増加症などがあげられる。多くの腎毒性物質、ショックや低血圧を起こす様々な原因（火傷、熱射病、敗血症性ショック、出血）によっても、腎性の高窒素血症が起こる。これらの高窒素血症の原因の多くは、病歴や身体一般検査所見、通常の血液生化学検査所見、尿検査所見を慎重に評価すれば見きわめることができる。

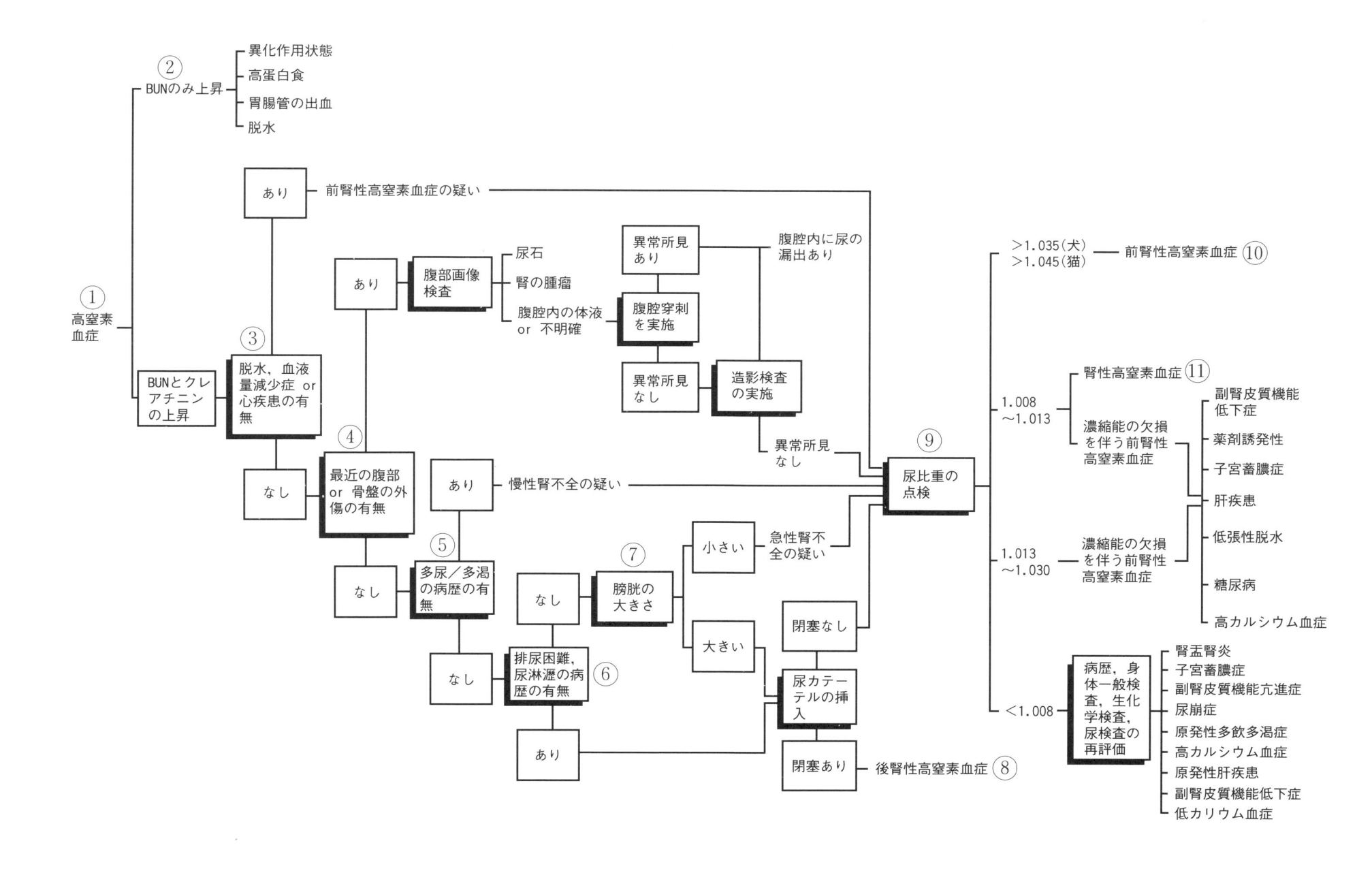

■ 高窒素血症 ■

- ① 高窒素血症
  - ② BUNのみ上昇
    - 異化作用状態
    - 高蛋白食
    - 胃腸管の出血
    - 脱水
  - BUNとクレアチニンの上昇
    - ③ 脱水，血液量減少症 or 心疾患の有無
      - あり → 前腎性高窒素血症の疑い → ⑨ 尿比重の点検
      - なし → ④ 最近の腹部 or 骨盤の外傷の有無
        - あり → 腹部画像検査
          - 尿石
          - 腎の腫瘤
          - 腹腔内の体液 or 不明確 → 腹腔穿刺を実施
            - 異常所見あり → 腹腔内に尿の漏出あり
            - 異常所見なし → 造影検査の実施
              - 異常所見なし → ⑨ 尿比重の点検
        - なし → ⑤ 多尿／多渇の病歴の有無
          - あり → 慢性腎不全の疑い → ⑨ 尿比重の点検
          - なし → ⑥ 排尿困難，尿淋瀝の病歴の有無
            - なし → ⑦ 膀胱の大きさ
              - 小さい → 急性腎不全の疑い → ⑨ 尿比重の点検
              - 大きい → 尿カテーテルの挿入
                - 閉塞なし → ⑨ 尿比重の点検
                - 閉塞あり → ⑧ 後腎性高窒素血症
            - あり → 尿カテーテルの挿入

- ⑨ 尿比重の点検
  - >1.035（犬） / >1.045（猫） → 前腎性高窒素血症 ⑩
  - 1.008～1.013
    - 腎性高窒素血症 ⑪
    - 濃縮能の欠損を伴う前腎性高窒素血症
      - 副腎皮質機能低下症
      - 薬剤誘発性
      - 子宮蓄膿症
      - 肝疾患
      - 低張性脱水
      - 糖尿病
      - 高カルシウム血症
  - 1.013～1.030
    - 濃縮能の欠損を伴う前腎性高窒素血症
  - <1.008 → 病歴，身体一般検査，生化学検査，尿検査の再評価
    - 腎盂腎炎
    - 子宮蓄膿症
    - 副腎皮質機能亢進症
    - 尿崩症
    - 原発性多飲多渇症
    - 高カルシウム血症
    - 原発性肝疾患
    - 副腎皮質機能低下症
    - 低カリウム血症

蛋白尿

① 濃縮尿（＞1.030・犬；＞1.040・猫）であって，少量の蛋白（50mg/dlまで）であれば，正常と考えてよい．正常な1日当たりの尿蛋白の喪失量は，犬では20mg/kg/24時間である．来院した際に尿試験紙で分かった蛋白尿は，問題ないものと思われる．持続的な希釈尿や多渇，多尿腎不全，低アルブミン血症，腹水などが認められた場合に，蛋白尿を調べる必要がある．また蛋白尿は腎臓の機能不全を示す初期の指標になるため，腫瘍や慢性の全身性免疫介在性疾患，慢性感染（耳炎，肉芽腫，リーシュマニア症）がある場合にも，調べる必要がある．尿蛋白の出所を見きわめることが重要となる．蛋白尿によって，尿路系の何処かに感染があるとか，結石や結晶によって尿路系の上皮層が機械的に刺激を受けているとか，特発性の刺激（猫の特発性囊胞炎）や腫瘍があるといったことが分かる場合がある．また糸球体腎炎やアミロイドーシスが原因で腎臓から蛋白が喪失している場合にも，蛋白尿が観察されることがある．糸球体の炎症や損傷，腎器質の蛋白蓄積，糸球体硬化症，最終的な腎不全があると持続的な蛋白尿が認められる．尿試験紙はアルブミンに対してはきわめて感度が高い．一部の種類の蛋白（ベンス・ジョーンズ／免疫グロブリンL鎖蛋白）は，尿試験紙では判別できず，尿蛋白の電気泳動や熱沈澱法での計測が必要となる．この種の蛋白尿はまれであり，形質細胞性骨髄腫の診断基準を満たす場合に限って，こうした検査が必要となる．

② 蛋白尿が確認されたら，尿沈渣を調べて，炎症や感染，失血など尿蛋白の出所を探すことが重要となる．最初に尿を採取する場合には膀胱穿刺を実施して，沈渣で炎症性を見きわめることが重要である．赤血球（高倍率で1視野に0～5個）や白血球（高倍率で1視野に0～3個），細菌の有無を調べることによって，感染や無菌性の炎症，過敏状態，腫瘍などが尿路系の何処かにあるかが分かるはずである．感染や炎症を疑わせる血尿や膿尿がなければ，結晶尿だけでは，これが蛋白尿の原因とはいえない．

③ 尿沈渣で炎症性や感染性が認められた場合には，さらに細胞の種類に基づいて評価を進める必要がある．症例の概要は重要となる．これによって診断が特定されるわけではないが，泌尿生殖器系の特定の部位（例えば未去勢の雄の前立腺とか最近去勢した雄の前立腺といった具合）に焦点を当てて調べることができる．猫の場合には，尿路感染の発生率が低いため，炎症性や感染性を認める尿沈渣の追跡方法は多少違ってくる．

④ 尿沈渣が非炎症性で非細菌性の場合には，蛋白喪失の原因は腎臓にあるものと思われる（糸球体腎炎やアミロイドーシスが原因）．さらに検査を進める前に，まず膀胱穿刺尿の培養を勧める．こうすれば感染が潜在性でないことが確かめられる．糖尿病や副腎皮質機能亢進症，まれに腎盂腎炎では，炎症性の沈渣を認めない感染が比較的よくみられる．

⑤ 膀胱穿刺尿で血尿が認められた場合には，さらに自然排尿を検査して医原性でないことを確かめる．自然排尿で血尿が観察された場合には，変色尿の項で検討することになる．

⑥ 膿尿は炎症が原因となり，感染（細菌，真菌，猫ではウイルスの可能性もある）や尿路系の機械的刺激（結石，結晶，異物による）あるいは腫瘍によって起こることがある．

⑦ 膀胱穿刺尿で細菌尿が認められた場合，これが正しく採取され扱われていたとすれば，間違いなく感染のあることが示唆される．細菌汚染の可能性を調べるには尿の定量培養が実施されるが，この検査を行えばどのサンプルでも細菌尿の重大性を見きわめることができる．

⑧ その他，まれに認められる異常な尿沈渣としては，真菌（菌糸／胞子形成），特定できない残屑，尿（細管）円柱があり，これらは何れも蛋白尿の原因となる．残屑は尿路系の何処かに感染／炎症があることを意味しており，特殊培養や尿路系の画像検査でさらに追求する必要がある．

⑨ 犬で初めて膿尿／細菌尿が症状として認められた場合，特に若い犬や雌犬，素因のある犬では，感染を示唆するものと考えてよい．尿中濃度をうまく維持する広域性の抗菌剤を使って経験的に治療することになる．もし症状が継続したり再発があった場合には，さらに原因を追求する必要がある．猫では真の感染はまれであるため，尿路感染によって膿尿が起こる可能性は少ないように思われる．どちらかといえば，結石や結晶による無菌性の刺激が関与しているか，あるいは特発性の刺激や間質の囊胞が原因となっている可能性の方が高いように思われる．もちろん再発することもあるが，多くの場合，これらの症状は自己限定性（自然治癒）であるため，尿のpHや結晶尿，症状の出ていた期間などに注意を払う必要がある．

⑩ 膿尿や細菌尿に再発が認められた場合，特に高齢の動物や尿失禁あるいは排尿困難が併発している場合には，さらに原因を追求する必要がある．まずは尿の培養と尿の感受性試験を実施する．培養で陽性であることが分かったら，感受性試験の結果に基づいて，適正量／回数の抗菌剤を投与して治療を図ることになる．感染に対してはほとんどの場合，抗菌剤は10日間の投与で十分である．しかし再発が認められた場合，特に罹りやすい素因がある場合には，比較的長期（3～4週間）にわたって治療することを勧める．

⑪ 尿の蛋白喪失の程度を調べるには，尿の蛋白／クレアチニン比を計る必要がある．尿の試験紙で蛋白が認められ，はっきりした原因（血尿，膿尿の）が分からない場合には，尿の濃度に影響されない方法で蛋白尿の重症度を調べることが重要となる．尿の蛋白／クレアチニン比を調べる場合24時間尿を使って補正する必要がある．この場合，尿沈渣で非炎症性，非細菌性であることを確かめる意味で，必ず沈渣を検査する必要がある．検査機関によって，尿の蛋白の正常範囲は異なるが，おおむね1以下である．アミロイドーシスが認められる場合には，尿の蛋白／クレアチニン比がきわめて高くなるが，糸球体腎炎でも高値を認めるため，判別する必要があり腎の生検が必要となる．

⑫ 尿の培養が陰性であったり，適切な治療にもかかわらず再発が認められた場合には，さらに原因を追求する必要がある．この場合には通常では見られない感染（マイコプラズマ属，真菌）を考えて，培養することになる．その他，次の段階として尿路系の画像検査を実施する．腹部のX線検査によって鉱質化が分かるし，尿管や尿道のX線不透過性の結石の判別には特にこの検査は重要となる．これらは何れの場合も，超音波検査では容易には判別できない．これらの部位を見きわめるには，特別の体位や準備を必要とする場合があり，また病変部（腫瘍，X線透過性結石）の輪郭を知るためには造影剤の投与が必要になることもある．超音波検査は，前立腺の腫瘍や膀胱，近位尿道と腎実質，閉塞や腎盂腎炎に伴う腎盂の拡張，X線透過性の結石など軟部組織の異常には，きわめて優れた方法である．

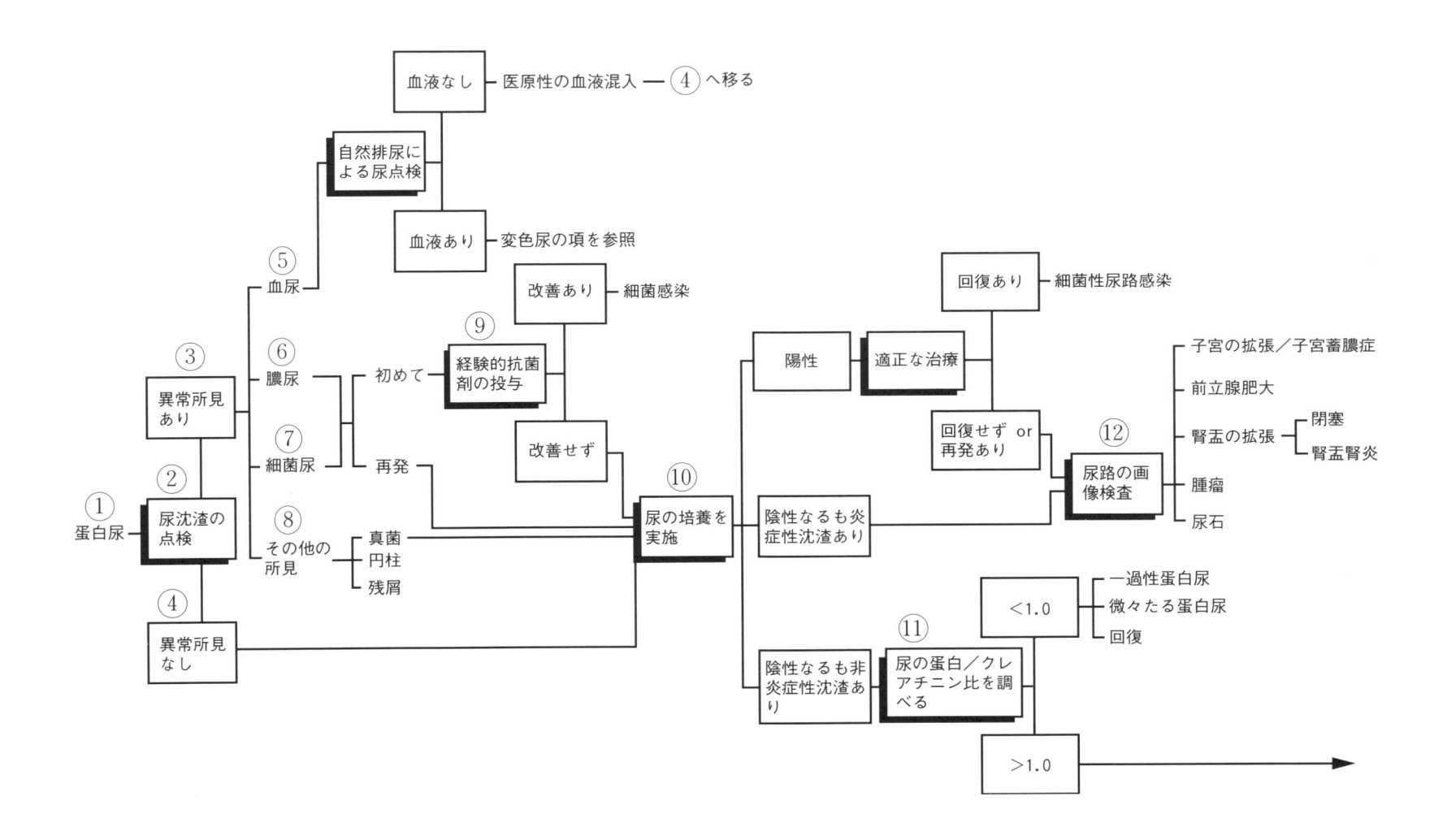

■ 蛋 白 尿 ■

① 蛋白尿
② 尿沈渣の点検
　③ 異常所見あり
　　⑤ 血尿 — 自然排尿による尿点検
　　　　血液なし — 医原性の血液混入 — ④へ移る
　　　　血液あり — 変色尿の項を参照
　　⑥ 膿尿 ─┐
　　⑦ 細菌尿 ┤初めて → ⑨ 経験的抗菌剤の投与 → 改善あり — 細菌感染
　　　　　　 │　　　　　　　　　　　　　　　　　　改善せず
　　　　　　 └再発 ───────────────────→ ⑩ 尿の培養を実施
　　⑧ その他の所見 — 真菌／円柱／残屑
　④ 異常所見なし

⑩ 尿の培養を実施
　陽性 → 適正な治療 → 回復あり — 細菌性尿路感染
　　　　　　　　　　　回復せず or 再発あり → ⑫ 尿路の画像検査 ─┬ 子宮の拡張／子宮蓄膿症
　　　　　　　　　　　　　　　　　　　　　　　　　　　　　　　├ 前立腺肥大
　　　　　　　　　　　　　　　　　　　　　　　　　　　　　　　├ 腎盂の拡張 ─┬ 閉塞
　　　　　　　　　　　　　　　　　　　　　　　　　　　　　　　│　　　　　　└ 腎盂腎炎
　　　　　　　　　　　　　　　　　　　　　　　　　　　　　　　├ 腫瘤
　　　　　　　　　　　　　　　　　　　　　　　　　　　　　　　└ 尿石
　陰性なるも炎症性沈渣あり
　陰性なるも非炎症性沈渣あり → ⑪ 尿の蛋白／クレアチニン比を調べる
　　　　<1.0 ─┬ 一過性蛋白尿
　　　　　　　├ 微々たる蛋白尿
　　　　　　　└ 回復
　　　　>1.0 →

197

■ 蛋 白 尿 ■

⑬ 重度の蛋白尿があり，尿沈渣で炎症性や感染性が認められない場合，評価の上で症例の概要が決め手になることがある．チャイニーズ・シャーペイやアビシニアンでは，家族性の疾患として全身性の反応性アミロイドーシスが報告されている．一般的には若齢から中年齢層で認められている．これらの種類では，この疾患を鑑別するために，腎生検（⑯）に直接進んだ方がよいかも知れない．アビシニアンとチャイニーズ・シャーペイでは，腎の皮質ではなく髄質にアミロイドが蓄積していることを頭に入れておく必要がある．ほとんどのトルーカット生検針（Tru-cut biopsies）では，髄質ではなく皮質を採取してくるため，腎生検による組織の採取に際しては，このことを頭に入れておく必要がある．腎の髄質を採取するには，楔形の生検採取が必要となる．他の種類でもアミロイドーシスは報告されているが，家族性などの素因は認められない．この場合には腎の皮質にアミロイドを認める傾向がある．

⑭ 糸球体腎炎とアミロイドーシスの基礎原因には，かなり重複する部分がある．免疫介在性糸球体腎炎では，慢性的な抗原刺激によってできる抗体－抗原複合体が，糸球体自体で作られることもあれば，循環血中の抗体－抗原複合体が糸球体で濾過される場合もある．抗体－抗原複合体は補体を活性化し，炎症反応が起こり，その結果糸球体が構造的に傷害を受け，糸球体の孔から小型の蛋白（アルブミン，アンチトロンビンⅢ）が失われることになる．アミロイドーシスは，家族性素因によってアミロイドの鎖が腎臓に貯留され，これに併せて慢性疾患による免疫系の過剰刺激が原因となり起こるものと思われる．さらには，全身性の炎症があると，反応型のアミロイドーシスが起こることもある．免疫複合体が形成されやすい疾患や全身性の炎症性疾患が既に診断されている場合もあるため，病歴を十分に聴取して，その情報を得ることが必要となる．また身体一般検査を徹底すれば，（例えば，慢性の外耳炎，皮膚疾患，腫瘍，腫れて疼痛のある前立腺，発熱，関節痛など）慢性的に免疫系を過剰に刺激している潜在的原因が分かる．

⑮ 病歴や身体一般検査から，まだ方向性がつかめない場合には，蛋白尿の基礎疾患を見きわめるための診断的検査を次々実施するしかない．ここで示す検査はすべてを網羅したものではないし，順番も動物の環境や臨床症状，安定性などによって異なる．役に立つ検査法としては，腫瘍や膿瘍，肺炎を調べるための胸部X検査と腹部のX線検査や超音波検査がある．最小限の一般検査室検査（血液像，一連の血清生化学検査），犬糸状虫の検査，猫白血病ウイルス／猫免疫不全症ウイルスの検査も必要である．さらにこれらの検査結果に応じて特殊検査（例えば特殊な感染症に対する力価，ACTH刺激試験，心エコー検査，関節穿刺，組織病理学的検査や細胞学的検査あるいは培養などのための組織生検や吸引，血圧，抗核抗体検査など）の実施を決めればよい．基礎疾患を治療したり除去した場合には蛋白尿が減少し，腎不全への進行が遅延することもあるため，できる限り糸球体の蛋白喪失の基礎原因を見きわめることはきわめて重要となる．

⑯ グルココルチコイドの投与によって，腎臓の蛋白喪失が起こりやすくなる可能性がある．これは多分糸球体の血圧に変化が起こるためと思われる．

⑰ 膵炎や肝炎など慢性の無菌性炎症性疾患では，免疫系の過剰刺激によって，二次的な蛋白尿を認めることがある．

⑱ 皮膚や耳，前立腺，腎臓（腎盂腎炎）ならびに心臓（心内膜炎，心筋炎）などに慢性感染があっても，同じメカニズムで蛋白尿を認めることがある．子宮蓄膿症や前立腺膿瘍，敗血症などによる急性の著しい感染と炎症があると，同じような影響が出てくる場合がある．猫免疫不全ウイルスや猫白血病ウイルス，猫伝染性腹膜炎ウイルス，マイコプラズマ属，ブルセラ症（犬），エールリヒア症（主として犬），ロッキー山紅斑熱（犬），リーシュマニア症，細菌性敗血症など特定の疾患では，慢性の蛋白尿によって腎傷害が起こることがある．

⑲ 様々な腫瘍によって，腎性の蛋白尿が起こることがある．これは，免疫複合体の形成や糸球体腎炎が原因する場合もあるし，アミロイド沈着を刺激することが原因することもある．骨髄の形質細胞性骨髄腫や時にはその他の組織の形質細胞性骨髄腫あるいはまれではあるがリンパ腫などによって，異なったメカニズムで蛋白尿が起こることがある．腫瘍細胞によって免疫グロブリンL鎖が形成され，これは完全な免疫グロブリンの分子よりも小さいために，比較的正常な糸球体からも失われることになる．

⑳ 全身性紅斑性狼瘡（SLE）などの原発性の免疫介在性疾患や多発性関節炎や炎症性腸疾患などの二次性の免疫介在性疾患によっても，糸球体腎炎や蛋白尿が起こることがある．

㉑ 発熱や高血圧，糖尿病，副腎皮質機能亢進症など他の疾患によっても，一時性あるいは持続性の蛋白尿をみることがある．糖尿病と副腎皮質機能亢進症では，免疫系の過剰刺激と糸球体の高血圧の両方が蛋白尿の原因と思われる．

㉒ 診断過程の段階のなかで，基礎疾患を確定したり，アミロイドーシスと糸球体腎炎を鑑別したり，腎病変の重症度や分布状態を見きわめるために，腎生検を必要とする場合がある．犬と猫の糸球体腎炎に関してはヒトの場合に較べて，様々なタイプの糸球体腎炎の鑑別や治療効果ならびに様々なタイプの糸球体腎炎の予後判定など，ほとんど研究がなされていないのが現状である．この2つの疾患に関しては，様々な治療方法が推奨されており，しかもアミロイドーシスは比較的予後が悪い．したがって，この段階での生検は，糸球体腎炎とアミロイドーシスを鑑別するために実施するというのが主な理由となる．蛋白尿を示す動物で，さらに多くの生検が実施されれば，様々なタイプの糸球体腎炎が分類され，また様々なタイプの免疫抑制剤に対する反応が見きわめられるし，糸球体濾過圧の変化なども分かってくるようになるであろう．しかし何れにしても，腎不全の動物で蛋白尿が観察される場合には，予後は不良あるいは芳しくないことは確かであろう．

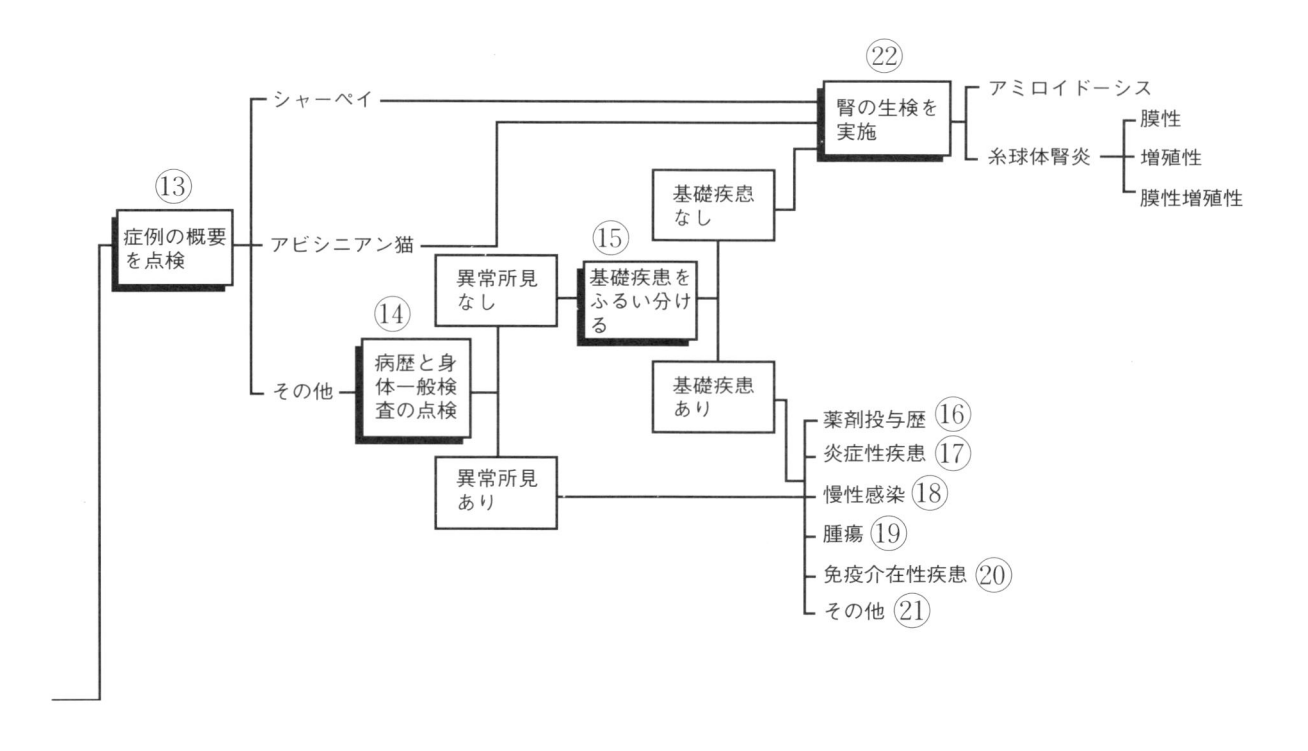

■ 蛋 白 尿 ■

```
                                                            ┌─ アミロイドーシス
                                              ㉒            │           ┌─ 膜性
                         ┌─ シャーペイ ─────────┬─ 腎の生検を  ├─ 糸球体腎炎 ─┼─ 増殖性
                         │                    │   実施      │           └─ 膜性増殖性
                         │              ┌─ 基礎疾患 ──┘
          ⑬             │              │   なし
   ┌─ 症例の概要 ─┬─ アビシニアン猫     │    ⑮
   │   を点検     │        ┌─ 異常所見 ─┤ 基礎疾患を
   │             │        │   なし     │ ふるい分け
   │             │   ⑭   │            │    る
   │             └─ その他─┤ 病歴と身   │
   │                      │ 体一般検    └─ 基礎疾患
   │                      │ 査の点検        あり    ┌─ 薬剤投与歴 ⑯
   │                      │                        ├─ 炎症性疾患 ⑰
   │                      └─ 異常所見 ───────────────┼─ 慢性感染 ⑱
   │                         あり                   ├─ 腫瘍 ⑲
   │                                                ├─ 免疫介在性疾患 ⑳
   │                                                └─ その他 ㉑
   │
   └──
```

変色尿

① 正常の尿の色は黄色から琥珀色である．色の濃さは採尿した尿の量によっても，また尿の濃縮度によっても異なる．変色尿の色は，黄色・橙色から赤や緑など様々な色が観察される．最もよく認められる変色尿としては，血尿，ヘモグロビン尿，ビリルビン尿などがあげられる．

② 化学物質や染料，抗菌剤，薬剤，毒物などのなかには，変色尿を起こさせるものがあるため，このような物質の摂取の可能性を聞き出すことが重要となる．また外傷や尿意頻回，尿淋瀝，肝疾患，筋肉の傷害，高体温症などでは，何れの場合も尿の色に異常がでるため，これらの疾患についても聴取する必要がある．

③ 変色尿の評価の際には，排尿時の中間尿を採取するか，膀胱穿刺尿を使うことが重要となる．採取した尿は，尿試験紙による検査，尿比重の検査，尿沈渣の細胞学的検査によって評価を行う．

④ 雲色あるいはミルク色の尿の場合には膿尿の可能性がある．この場合には尿沈渣の検査を行って診断する．できれば膀胱穿刺尿で検査を行い，細菌や過剰な量の白血球，結晶が観察されたら，一部を培養に付す必要がある．脂肪が多量に含まれている場合にもミルク色を呈することがある．

⑤ 赤色，茶色，橙色，暗黄色の尿は，血尿やヘモグロビン尿，ビリルビン尿の場合がきわめて一般的である．これらを見分けるには尿試験紙でヘモグロビンあるいは潜血反応を判定してから，尿沈渣を観察する．

⑥ ヘモグロビン，潜血反応が陽性の場合には，尿沈渣を点検する．赤血球が観察されたら，血尿が変色尿の原因である．赤血球が観察されない場合には，変色の原因はヘモグロビン尿かミオグロビン尿の可能性がある．

⑦ 尿沈渣で赤血球が認められない場合には，血漿の色を評価する．血漿の色がピンクであれば，尿の変色はヘモグロビン尿によるものと思われる．血漿が透明であれば，ミオグロビン尿の可能性がある．血漿中のミオグロビンは蛋白とは結びつかないため，糸球体で濾過されることはない．筋肉に損傷があると，ミオグロビン尿が起こる．

⑧ 変色尿でありながら，尿試験紙でヘモグロビン，潜血反応が陰性の場合には，試験紙検査と尿比重の検査を行い評価する．ビリルビン尿の意味するところは，動物種（犬：猫）や性別（雄犬では，ビリルビンが＋1であるのは正常），尿比重によって異なる．

⑨ 雌犬でビリルビンが少しでも出ていれば，何かがあると考えてよい．肝性ならびに肝後性胆管閉塞がある場合には，一連の血清生化学検査と腹部画像検査を実施する必要がある．溶血が認められる場合には，脱力や粘膜蒼白が観察されることが多い．溶血を認める場合，網状赤血球数をはじめ血液像では，再生性貧血を示す像が観察されるはずである．

⑩ 雌犬で，尿のビリルビン値が＋1，尿比重が1.020以下であれば，著しいビリルビン尿と考えてよい．肝性ならびに肝後性胆管閉塞と溶血の鑑別診断が必要となる．

⑪ 尿のビリルビン値が＋1で，尿比重が1.020以上であれば，脱水か水和とは関係ない尿の濃縮が考えられる．このような場合には，その犬が水和状態にあることを確認し，後日もう一度尿検査を実施する．雄犬の場合には，尿のビリルビン値が＋1であれば，正常である．

⑫ 犬の場合，尿のビリルビン値が＋1以下で，尿比重が1.020以上であれば，検査結果は正常と考えてよい．

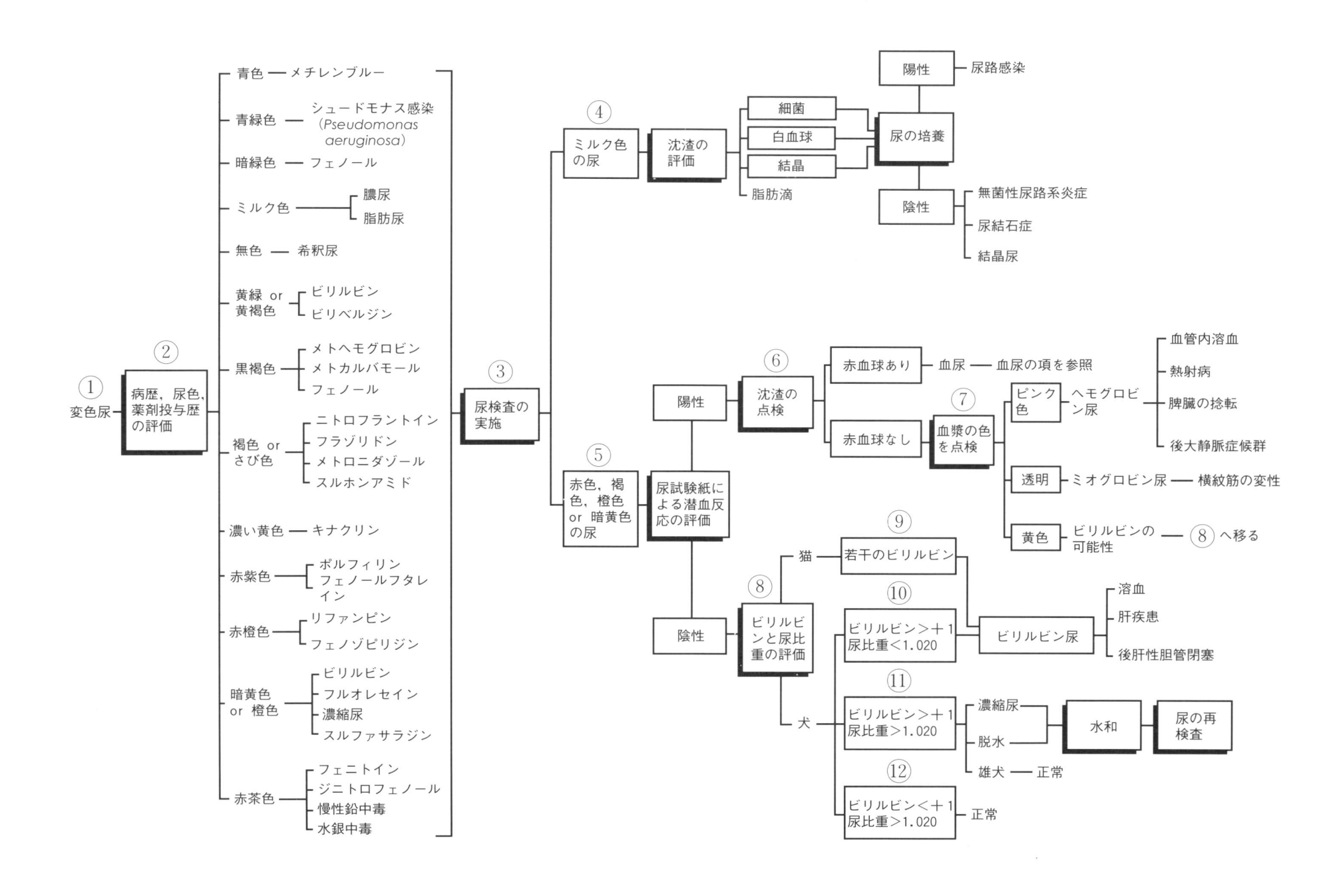

■ 変 色 尿 ■

①変色尿 — ②病歴，尿色，薬剤投与歴の評価

- 青色 — メチレンブルー
- 青緑色 — シュードモナス感染（*Pseudomonas aeruginosa*）
- 暗緑色 — フェノール
- ミルク色
  - 膿尿
  - 脂肪尿
- 無色 — 希釈尿
- 黄緑 or 黄褐色
  - ビリルビン
  - ビリベルジン
- 黒褐色
  - メトヘモグロビン
  - メトカルバモール
  - フェノール
- 褐色 or さび色
  - ニトロフラントイン
  - フラゾリドン
  - メトロニダゾール
  - スルホンアミド
- 濃い黄色 — キナクリン
- 赤紫色
  - ポルフィリン
  - フェノールフタレイン
- 赤橙色
  - リファンピン
  - フェノゾピリジン
- 暗黄色 or 橙色
  - ビリルビン
  - フルオレセイン
  - 濃縮尿
  - スルファサラジン
- 赤茶色
  - フェニトイン
  - ジニトロフェノール
  - 慢性鉛中毒
  - 水銀中毒

③尿検査の実施

④ミルク色の尿 → 沈渣の評価
- 細菌
- 白血球
- 結晶
  → 尿の培養
    - 陽性 — 尿路感染
    - 陰性
      - 無菌性尿路系炎症
      - 尿結石症
      - 結晶尿
- 脂肪滴

⑤赤色，褐色，橙色 or 暗黄色の尿 → 尿試験紙による潜血反応の評価

陽性 → ⑥沈渣の点検
- 赤血球あり — 血尿 — 血尿の項を参照
- 赤血球なし → ⑦血漿の色を点検
  - ピンク色 — ヘモグロビン尿
    - 血管内溶血
    - 熱射病
    - 脾臓の捻転
    - 後大静脈症候群
  - 透明 — ミオグロビン尿 — 横紋筋の変性
  - 黄色 — ビリルビンの可能性 → ⑧へ移る

陰性 → ⑧ビリルビンと尿比重の評価
- 猫 → ⑨若干のビリルビン
- 犬
  - ⑩ビリルビン>＋1 尿比重<1.020 → ビリルビン尿
    - 溶血
    - 肝疾患
    - 後肝性胆管閉塞
  - ⑪ビリルビン>＋1 尿比重>1.020
    - 濃縮尿
    - 脱水 → 水和 → 尿の再検査
    - 雄犬 — 正常
  - ⑫ビリルビン<＋1 尿比重>1.020 — 正常

血　尿

① 血尿は赤血球が尿中に存在する状態をいう．ほとんどの場合，下部尿路系疾患に伴って二次的に認められ，通常は頻尿，尿淋瀝，排尿障害が併発する．時には腎臓と尿管が原因で血尿を認めることもある．この場合には通常無徴候性である．

② 病歴聴取から，血尿が発現する排尿段階を見きわめる．また尿淋瀝や頻尿，排尿回数の増加などを判定する．排尿初期に血尿が観察される場合には，前立腺，尿道，陰茎，膣の疾患が疑われる．排尿の最後に血尿が認められる場合には，前立腺や特に膀胱の疾患が比較的典型的な症状として認められる．排尿の際，持続的に血尿が観察される場合には，腎臓，尿道，時には膀胱，あるいは前立腺の疾患が疑われる．身体一般検査では，膣/陰茎の視診：腎臓，膀胱，前立腺の触診：皮膚や粘膜の出血や点状出血あるいは挫傷の観察が重要となる．

③ 尿道粘膜の脱出がある場合には，陰茎の先端に赤い腫瘤が観察される．イングリッシュ・ブルドッグではこの傾向がある．

④ 身体一般検査で点状出血や斑状出血，血腫が確認された場合には，全身性の凝固異常が考えられ，一連の凝固系検査が必要となる．

⑤ 凝固系に異常が認められない場合には，膀胱穿刺によって採尿し検査を実施する．排尿サンプルに血尿があって穿刺尿のサンプルに認められない場合には，尿道あるいは性器道の出血が疑われる．雄では前立腺液が膀胱内に放出されるため，前立腺の出血が血尿として穿刺尿のサンプルに認められることがある．

⑥ 身体一般検査で腎臓の大きさや形に異常が認められた場合や尿沈渣に赤血球円柱が観察された場合には，腎の超音波検査を実施する．

⑦ 尿沈渣で細菌や白血球，酵母菌，菌糸，結晶が観察された場合には，培養が必要となる．

⑧ 血尿のある猫で，ストラバイド結晶が見つかるのは普通であり，猫の下部尿路疾患が関与していることが多い．ストラバイド結晶と粘液で造られる尿道栓子が原因で，尿道閉塞が起こることはよくある．尿路感染症を除外するには尿の培養が必要となるが，細菌性尿路感染症やその他の感染症は猫ではまれであるため，結果は通常陰性である．猫にもシュウ酸カルシウムはあるが，結晶として観察されることは滅多にない．尿閉塞が認められない猫で，薬物療法に反応しない場合には，X線不透過性の尿結石を調べるためにX線検査を実施する．

⑨ 犬で結晶尿がある場合には，結石形成の危険性が高い．しかし結晶があるからといって尿結石の診断にはつながらない．尿路感染症では結晶尿や尿結石（特にストラバイド）の形成される傾向があるため，尿培養が重要となる．

⑩ 犬の腎の寄生虫である腎虫（*Dioctophyma renale*）はまれな疾患である．直接幼虫を摂取したり被嚢した幼虫をもつ魚を摂取した場合に感染する．

⑪ 尿が赤色あるいは褐色で，潜血反応陽性であるが，尿沈渣の細胞学的検査で赤血球が認められない場合には，診断はヘモグロビン尿かミオグロビン尿である．この2つを鑑別するには血漿の色を調べる．血漿が赤色かピンク色であれば，ミオグロビン尿よりもヘモグロビン尿の方が疑われる．

⑫ X線検査でX線不透過性の結石は分かるが，おおむねその他の疾患の診断には造影検査か超音波検査が必要となる．

⑬ 病歴聴取で，最近受けた外傷に伴って血尿が認められたという場合には，尿道の何処かの傷害が考えられる．

⑭ 膀胱の造影検査では，検査前12〜24時間の絶食が必要である．便があると後腹部のX線像が不鮮明になるため，検査の2時間前に浣腸で便を除去する．特にカテーテルの挿入や膀胱から全尿を除去するためには，鎮静が必要となる．尿カテーテルに三方活栓を装着し20％の濃度のヨード液になるように滅菌水や生理食塩液で有機ヨード液を希釈し，注入する．注入量は体重10ml/kgである．膀胱が適当に膨らんだら，あるいはカテーテルの周囲から逆流があったり，注射器で逆圧を感じたら注入を中止する．

⑮ 膀胱三角の部位に膀胱腔を占拠するような腫瘤が確認された場合には，下向性尿路造影で，その腫瘤と尿道の併発状態を調べる．超音波検査も診断に役立つことがある．

⑯ 上部尿路系の検査には，下向性尿路造影（静脈用造影剤）が使われる．投与前12〜24時間の絶食が必要である．前夜に浣腸を掛け，投与2時間前に再度浣腸をする．水溶性ヨード造影液（ヨード180mg/kg）を静脈カテーテルからワンショットで投与する．投与後，直後と5〜10分，10〜20分，30〜40分に背腹位と側位でX線撮影を行う．

⑰ 血尿が持続し，この時点で診断がつかない場合には，原発性の腎の出血を調べる意味で，外科的診査を実施する．この場合，採尿と肉眼的ならびに顕微鏡学的評価のためには尿管の両側にカテーテルの挿入が必要となる．これによって腎臓からの失血が判別できる．

■ 血 尿 ■

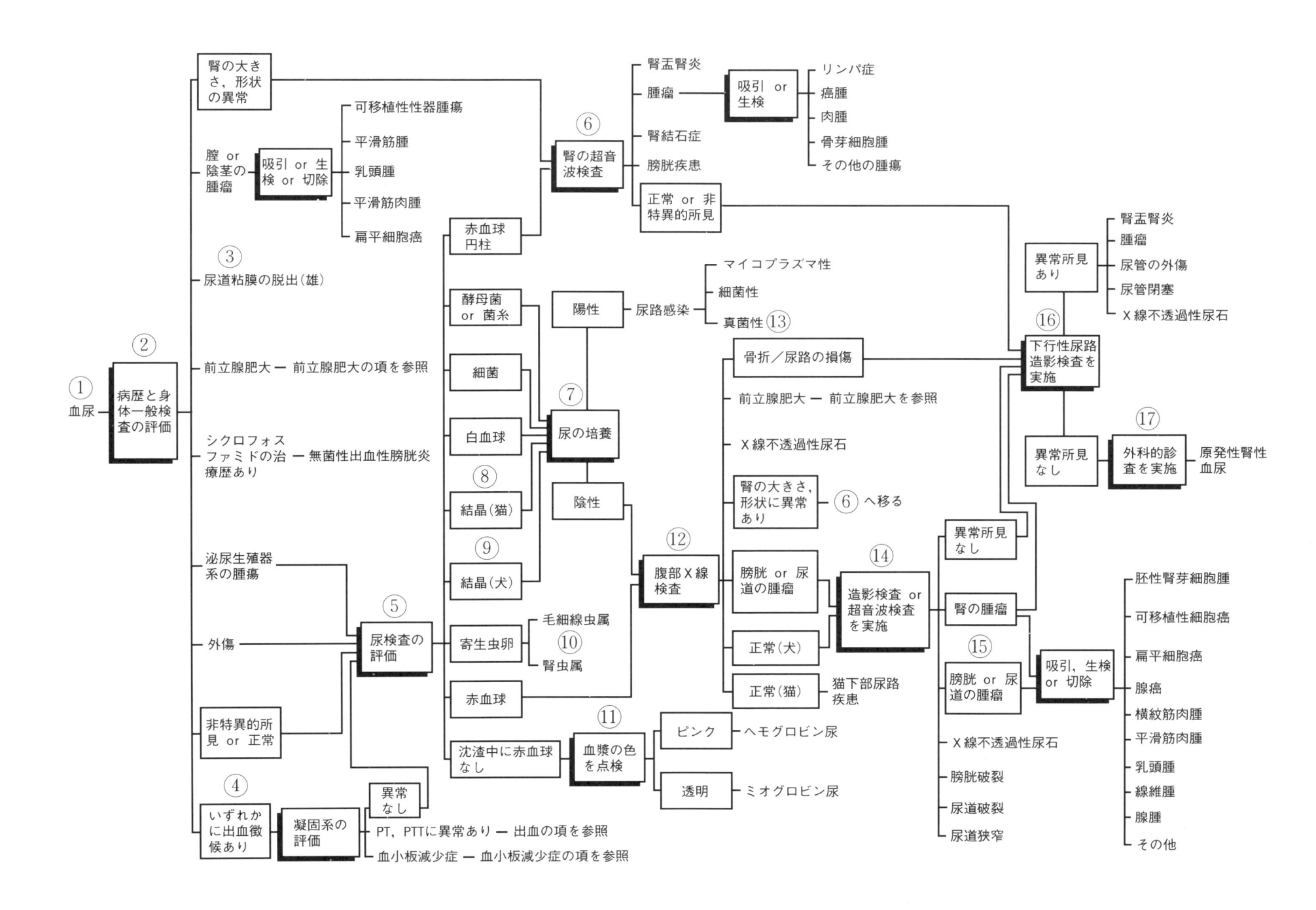

- ① 血尿
- ② 病歴と身体一般検査の評価
  - 腎の大きさ、形状の異常
  - 膣 or 陰茎の腫瘤 — 吸引 or 生検 or 切除
    - 可移植性性器腫瘍
    - 平滑筋腫
    - 乳頭腫
    - 平滑筋肉腫
    - 扁平細胞癌
  - ③ 尿道粘膜の脱出（雄）
  - 前立腺肥大 — 前立腺肥大の項を参照
  - シクロフォスファミドの治療歴あり — 無菌性出血性膀胱炎
  - 泌尿生殖器系の腫瘍
  - 外傷
  - 非特異的所見 or 正常
  - ④ いずれかに出血徴候あり — 凝固系の評価
    - 異常なし
    - PT、PTTに異常あり — 出血の項を参照
    - 血小板減少症 — 血小板減少症の項を参照
- ⑤ 尿検査の評価
  - 赤血球円柱
    - ⑥ 腎の超音波検査
      - 腎盂腎炎
      - 腫瘍 — 吸引 or 生検
        - リンパ症
        - 癌腫
        - 肉腫
        - 骨芽細胞腫
        - その他の腫瘍
      - 腎結石症
      - 膀胱疾患
      - 正常 or 非特異的所見
  - 酵母菌 or 菌糸
  - 細菌
  - 白血球
  - ⑧ 結晶（猫）
  - ⑨ 結晶（犬）
  - 寄生虫卵
    - 毛細線虫属
    - ⑩ 腎虫属
  - 赤血球
  - 沈渣中に赤血球なし — ⑪ 血漿の色を点検
    - ピンク — ヘモグロビン尿
    - 透明 — ミオグロビン尿
- ⑦ 尿の培養
  - 陽性 — 尿路感染
    - マイコプラズマ性
    - 細菌性
    - 真菌性 ⑬
  - 陰性
- ⑫ 腹部X線検査
  - 骨折／尿路の損傷
  - 前立腺肥大 — 前立腺肥大を参照
  - X線不透過性尿石
  - 腎の大きさ、形状に異常あり — ⑥ へ移る
  - 膀胱 or 尿道の腫瘤
  - 正常（犬）
  - 正常（猫） — 猫下部尿路疾患
- ⑭ 造影検査 or 超音波検査を実施
  - 異常所見なし
  - 腎の腫瘤
  - 膀胱 or 尿道の腫瘤
  - X線不透過性尿石
  - 膀胱破裂
  - 尿道破裂
  - 尿道狭窄
- ⑯ 下行性尿路造影検査を実施
  - 異常所見あり
    - 腎盂腎炎
    - 腫瘍
    - 尿管の外傷
    - 尿管閉塞
    - X線不透過性尿石
  - 異常所見なし — ⑰ 外科的診査を実施 — 原発性腎性血尿
- ⑮ 吸引、生検 or 切除
  - 胚性腎芽細胞腫
  - 可移植性細胞癌
  - 扁平細胞癌
  - 腺癌
  - 横紋筋肉腫
  - 平滑筋肉腫
  - 乳頭腫
  - 線維腫
  - 腺腫
  - その他

尿淋瀝，排尿困難，頻尿

① 尿淋瀝とは，緩徐排尿と排尿痛あるいはその何れかを伴う怒責状態をいう．排尿困難は排尿痛あるいは尿が出難い状態をいう．頻尿は少量の尿を何回もする場合をいう．このような臨床症状は，刺激や閉塞を認める膀胱や尿道の疾患で最もよく認められる．

② 尿淋瀝や排尿困難あるいは頻尿では，頻繁に排尿姿勢をとる，排尿を何回も試みるが尿が出ない，不適切な場所で排尿をするといった徴候が観察される．猫の下部尿路疾患では，頻繁に排尿を試み，変色尿を認めることが多い．猫の問題行動では不適切な排尿行動が観察されるが，怒責や変色尿は認められない．尿道が完全に閉塞されると，後腎性の高窒素血症が起こり，抑うつ，食欲不振，嘔吐が認められるようになる．

③ 尿淋瀝や排尿困難，頻尿では，身体一般検査で異常が認められないことがある．尿道が完全に閉塞されている場合には，後腎性の高窒素血症の徴候（抑うつ，脱水，膀胱肥大）が認められるはずである．猫の下部尿路疾患や慢性尿路感染，尿路結石などでは，なかには分厚い膀胱壁が触知される場合がある．腹部の触診や直腸検査で後腹部に腫瘤を触知することがある．このような所見が認められた場合には，さらに検査を進め画像検査を実施する．雄犬の場合には，前立腺肥大が後腹部の腫瘤として認められることがある．しかしこの場合には排尿困難よりもしぶりを認めるのが普通である．直腸の触診では，前立腺肥大や尿道の腫瘤，全体的な尿道の肥厚などが分かる．尿道粘膜の脱出ではペニスの先端に赤い腫瘤が観察される．このために尿淋瀝や頻尿が認められることがある．イングリッシュ・ブルドッグではこの脱出を認める傾向がある．

④ 下部尿路の完全閉塞では，急激に悪化することがある．したがって，このような場合に尿淋瀝や排尿困難が観察されたら，速やかに除去する必要がある．閉塞を診断する最も簡単で速い方法は，尿カテーテルを挿入することである．

⑤ 尿カテーテルの挿入が不可能であったり，かろうじて挿入できたという場合には，尿道か膀胱頸に機械的閉塞があると考えてよい．一般的な原因としては，尿道の腫瘤や狭窄，尿石，尿道の栓子があげられる．尿カテーテルの挿入が不可能で膀胱が大きくなっている場合には，膀胱を穿刺して一時的に高窒素血症の軽減を図る．

⑥ 閉塞を認める場合には，一連の血清生化学検査を実施して，代謝系（尿毒症，高カリウム血症，代謝性アシドーシスなど）に，どの程度異常があるかを見きわめることが重要となる．これらの異常は生命にかかわるものであり，速やかに治療を図る必要がある．いかなる場合も，尿検査を行って問題になる基礎原因を見きわめることが重要となる．

⑦ 難なく尿カテーテルが挿入できたとすれば，閉塞がなかったか，カテーテルの挿入によって閉塞が解除されたかの何れかである．閉塞がなくて排尿困難や頻尿が認められる場合には，尿路感染があるというのがほとんどであるため，尿を採取して尿検査と培養検査を実施する．猫では下部尿路疾患によって，結晶尿や無菌性の炎症が起こり，その結果として臨床症状を示す傾向がある．尿検査や培養を行う際には，膀胱穿刺による採尿が望ましい．

⑧ 猫で結晶尿や血尿が観察された場合には，猫の下部尿路系疾患が疑われる．このような場合には，他の検査をする前に食事療法と対症療法を試みて改善を図る．猫の下部尿路系疾患といわれている疾患では，膀胱の刺激に対して自然治癒する場合があり，再発や持続性が認められなければ，必ずしも治療を必要としないこともある．

⑨ 猫にくらべて犬は尿結石や腫瘤の可能性が高いため，犬で結晶尿や血尿が観察され，特に再発が認められる場合には，腹部画像検査を勧める．

⑩ 犬でも猫でも細菌尿や膿尿が認められる場合には，炎症か感染が疑われる．尿の培養と抗菌剤による適切な治療を実施する必要がある．治療に反応しなかったり，再発があるような場合には，X線検査や後腹部の超音波検査で基礎疾患を探すことになる．猫では感染性の膀胱炎は比較的少ないように思われる（膀胱炎を示す猫で細菌感染が認められるのは，10％以下である）．

⑪ 尿に腫瘍細胞や寄生性真菌が認められるのはまれである．状況に応じて，この時点で診断的検査は止めてもよいし，場合によっては腹部画像検査を実施する．

⑫ 尿検査と培養で異常が認められない場合には，神経学的検査を実施して，神経学的疾患の有無を見きわめる必要がある．後肢の反射に異常があり，併せて運動失調や脱力，固有受容感覚欠損が認められる場合には，神経学的異常が排尿困難/尿淋瀝の原因になっていると思われる．この場合には脊椎のX線検査が役立つ場合がある（不全対麻痺と尿失禁の項を参照）．犬で神経学的検査で異常が認められない場合には，腹部の画像検査を実施する．猫で神経学的異常が認められない場合には，尿検査に異常がなくても，やはり猫の下部尿路疾患を除外することはできない．猫は下部尿路疾患の発生率が高いため，腹部の画像検査をする前に，食事療法と対症療法を勧めたい．

⑬ 単純X線線検査によって，X線不透過性の尿結石や後腹部の一部の腫瘤が見つかることがある．超音波検査を実施すれば，ほとんどの尿結石，膀胱の腫瘤，近位尿道の腫瘤が分かる．それでも診断がつかない場合には，尿路系の造影検査が必要になることもある．

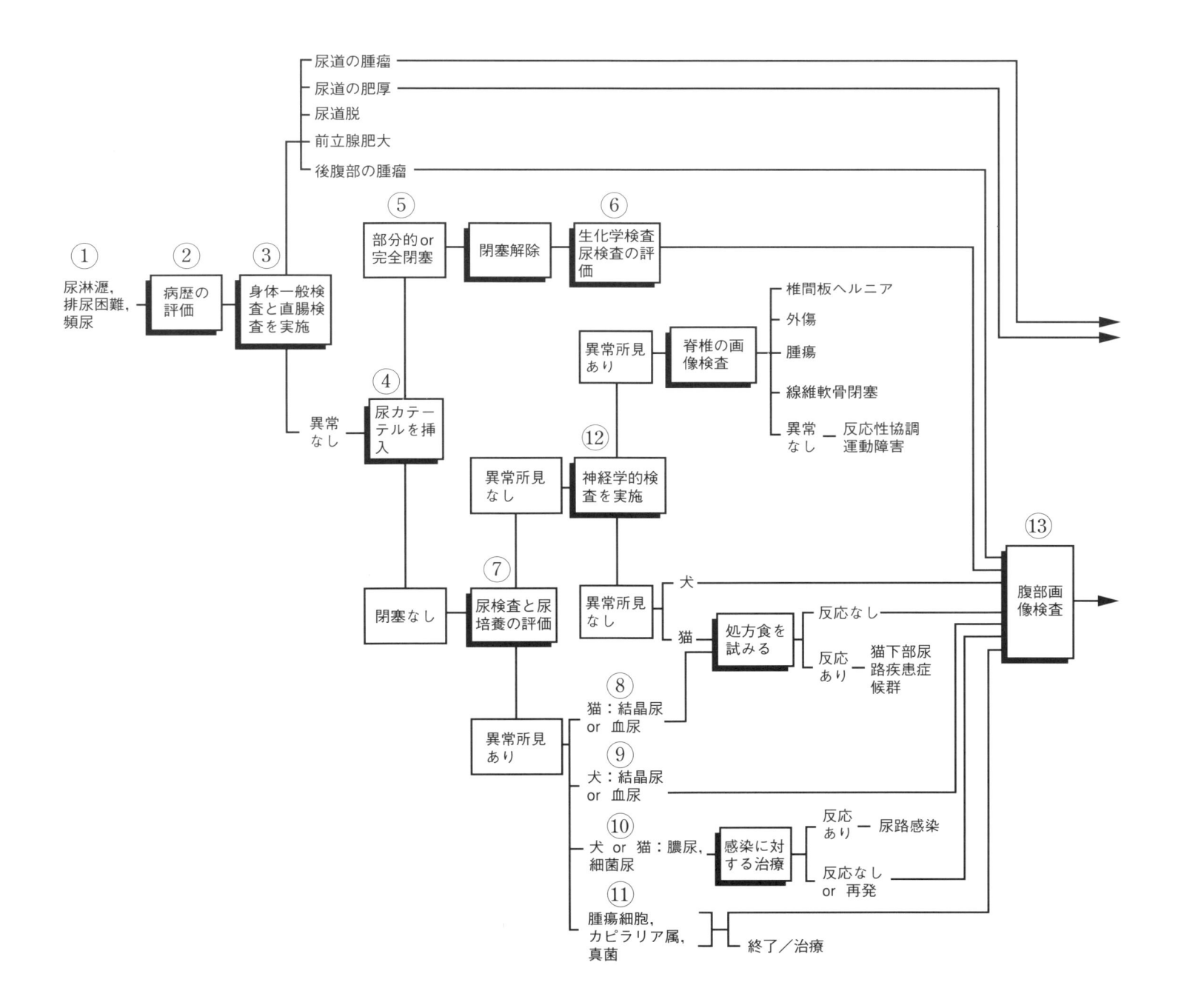

■ *尿淋瀝，排尿困難，頻尿* ■

- 尿道の腫瘤
- 尿道の肥厚
- 尿道脱
- 前立腺肥大
- 後腹部の腫瘤

① 尿淋瀝，排尿困難，頻尿
② 病歴の評価
③ 身体一般検査と直腸検査を実施
　異常なし
④ 尿カテーテルを挿入
⑤ 部分的or完全閉塞
⑥ 生化学検査尿検査の評価
　閉塞解除
　閉塞なし
⑦ 尿検査と尿培養の評価
　異常所見なし
　異常所見あり
⑧ 猫：結晶尿 or 血尿
⑨ 犬：結晶尿 or 血尿
⑩ 犬 or 猫：膿尿，細菌尿
⑪ 腫瘍細胞，カピラリア属，真菌
⑫ 神経学的検査を実施
　異常所見あり — 脊椎の画像検査
　　- 椎間板ヘルニア
　　- 外傷
　　- 腫瘍
　　- 線維軟骨閉塞
　　- 異常なし — 反応性協調運動障害
　異常所見なし
　　犬
　　猫 — 処方食を試みる
　　　反応なし
　　　反応あり — 猫下部尿路疾患症候群
　感染に対する治療
　　反応あり — 尿路感染
　　反応なし or 再発
　終了／治療
⑬ 腹部画像検査

尿淋瀝，排尿困難，頻尿

⑭ 尿路造影検査では，内腔充満欠損や狭窄，破裂などが分かる．膀胱二重造影を行えば，膀胱破裂やX線透過性尿結石，腫瘍，膀胱ヘルニアなどを判別することがきる．膀胱三角部で膀胱腔を占拠するような腫瘤が見つかった場合には，尿管がどの程度関与しているかを見きわめるために，排泄性尿路造影が必要となる．腹部超音波検査では，尿管拡張 / 腎盂拡張も判別することができる．

⑮ 腫瘍や炎症性組織を診断するには，針吸引や尿道洗浄によって採取した標本を細胞学的に検査したり，異常組織の生検材料を組織病理学的に検査することで分かる．潜在性の腫瘍や腫瘍が疑われる腫瘤を見きわめるために，尿を使って膀胱腫瘍抗原検査を実施する場合がある．ただし血尿がある場合には偽陽性になることがある．

⑯ 下部尿路系の造影検査で異常がない場合には，排尿困難 / 尿淋瀝の原因として，解剖学的異常よりもむしろ生理学的異常の疑いが考えられる．これを確かめるには，尿道圧の検査や膀胱計による検査など尿力学の検査が必要となる．これらの検査は何処でもできるものではなく，大学病院や専門病院に依頼することになる．

⑰ 反射性協調運動障害は，尿道の拡張と膀胱の収縮ができなくなる疾患であり，その結果機械的というよりも機能的な流出性閉塞が起こることになる．外傷や線維軟骨性栓塞，椎間板ヘルニア，腫瘍などの脊髄疾患が基礎疾患として考えられる．多くの場合，それ以外に神経学的欠損は認められず，突然起こるというのが一般的である．前述のように機械的な閉塞が解除されれば，この反射性協調運動障害は鑑別診断から除外される．なかには時間が経つと治る場合もある．

■ *尿淋瀝, 排尿困難, 頻尿* ■

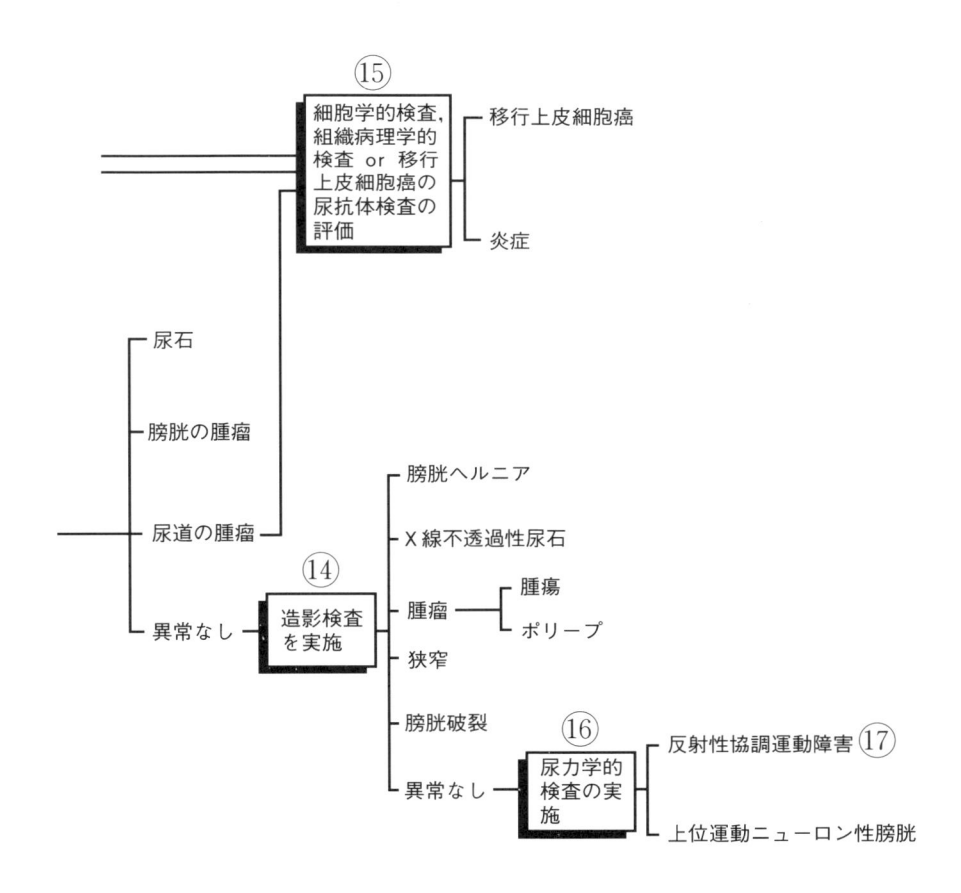

- 尿石
- 膀胱の腫瘤
- 尿道の腫瘤 ─ ⑮ 細胞学的検査, 組織病理学的検査 or 移行上皮細胞癌の尿抗体検査の評価
  - 移行上皮細胞癌
  - 炎症
- 異常なし ─ ⑭ 造影検査を実施
  - 膀胱ヘルニア
  - X線不透過性尿石
  - 腫瘤
    - 腫瘍
    - ポリープ
  - 狭窄
  - 膀胱破裂
  - 異常なし ─ ⑯ 尿力学的検査の実施
    - 反射性協調運動障害 ⑰
    - 上位運動ニューロン性膀胱

前立腺肥大

① 前立腺肥大は，前立腺が腫脹した状態をいう．これは去勢していない雄で前立腺が生理的に腫脹する良性肥大の1つである場合もあるし，前癌性あるいは癌性の場合もある．また膿瘍形成や前立腺内／前立腺周囲の囊胞形成の場合もある．前立腺が腫脹している場合には，しぶりや排便時の疼痛，糞便の形や大きさに変化（'リボン様'便）を認めるといった症状が通常認められる．また下部尿路系に関連する症状（血尿，排尿終了時や排尿時の血液滴下）を認めることもある．前立腺の腫脹の場合，外側に向かって腫脹し尿道よりも外側の組織を圧迫する傾向があるため，犬では前立腺の腫脹によって尿道閉塞が起こることは普通はない．

② 前立腺肥大の基礎原因を見きわめるためには，身体一般検査と症例の概要が重要となる．腫脹した前立腺は，前方や骨盤腔外，腹腔内へ移動することがよくある．したがって，特に大型犬では，直腸を介して前立腺に触れることができない場合がある．こうしたことがあるため，前立腺肥大を見きわめるには，腹部の触診と様々な画像検査を併せて駆使することが必要となる．時には直腸から前立腺の尾部だけに触れることもある．前立腺が滑らかで，対称的で疼痛が認められない場合には，正常な前立腺か去勢していない雄の良性の前立腺過形成かの何れかが疑われる．6〜12ヵ月以前に去勢されている雄の場合には，前立腺肥大がたとえ小さくても，疑ってかかる必要がある．下部尿路疾患や去勢時に前立腺炎の臨床症状が認められた場合には，6ヵ月後までは慢性の前立腺膿瘍になる可能性がある．しかし6ヵ月以上経っている場合には，腫瘍が最も疑われる．前立腺に不規則な腫脹が観察される場合には，腫瘍か囊胞形成の疑いがきわめて強い．囊胞の場合には，前立腺の腫瘤にくらべて，柔らかく波動感がある．前立腺に疼痛が認められる場合，特に状態がよくなく発熱がある場合には，感染による急性の前立腺炎か前立腺膿瘍が考えられる．慢性の前立腺炎の場合には疼痛や発熱がみられないことがある．

③ 前立腺が僅かに腫脹しているだけで，疼痛もなく，症状もない未去勢の犬の場合には，良性の前立腺過形成と診断し，それ以上の検査は必要ない．

④ 6ヵ月以上前に去勢された動物で，前立腺の腫脹と臨床症状が認められるときは，いかなる場合にも前立腺の腫瘍が強く疑われる．直腸を介して前立腺に触れることができ，腫脹や不規則性が感じられる場合には，腫瘍の疑いがある．しかし後腹部の触診で前立腺に触れることができたという場合や腹部X線検査で偶然前立腺肥大が見つかったという場合には，前立腺周囲性囊胞かその他の後腹部の腫瘤が可能性として考えられる．腫瘍細胞や炎症性細胞を探す目的で，去勢されていない犬に対しては一部の診断的検査がなされる場合がある（例えば尿検査，前立腺のマッサージ）．しかし，去勢された犬で前立腺肥大が認められた場合には，さらに前立腺や後腹部の画像検査と前立腺組織の針吸引による細胞学的検査を早急に実施する必要がある．

⑤ 尿道や外部尿道口からの汚染の可能性がなくて，膀胱穿刺によって採尿した尿の中に，少しでも白血球や細菌が認められれば，意味あるものと考えてよい．しかし前立腺炎があるからといって必ずしも膀胱尿に細菌があるとは限らない．穿刺尿で認められた細菌の臨床的意義を見きわめるには，殺菌された尿カテーテルの挿入と尿の量的培養が必要となる．採尿方法にかかわらず，前立腺炎の動物に常に細菌がいるというわけではないことを頭に入れておく必要がある．特に慢性の前立腺炎と膿瘍形成が認められる場合，あるいはその何れかが認められる場合には，前立腺組織に細菌が確認されても，尿には細菌が認められないことがある．細菌と膿尿の評価に加えて，前立腺腫瘍のなかには尿路系から腫瘍細胞が検出される場合があり，これによって比較的早い段階で容易に癌の診断がつくことがある．尿路系の内層から出てきた炎症細胞と過敏性細胞は，異形成性／化生性を帯びている場合があり，腫瘍の確定診断が難しくなる．したがって，尿沈渣の中に異常細胞の塊が認められた場合には，細胞学的検査に回し依頼する必要がある．

⑥ 特に発熱，血尿，前立腺触診時の疼痛，白血球増加症などの臨床症状があったり，尿路感染の病歴が最近あるといった場合には，未去勢の雄から採取した尿で，細菌を確認することによって，細菌性の前立腺炎や前立腺膿瘍の診断がつく．前立腺膿瘍では，おそらく尿中に細菌が検出されることは少なく，前立腺のマッサージや射精をさせるなどの方法がとられることもあるし，まして空洞化した前立腺を診断するためには針吸引／外科的開腹術が必要になることもある．急性の前立腺炎や前立腺膿瘍では，疼痛が著しいため前立腺のマッサージや射精させることは難しいこともある．

⑦ 前立腺炎では，細菌の同定や抗菌剤の感受性を調べるために，尿や前立腺洗浄液の培養が必要となる．特に飼主が去勢を望まない場合，前立腺の比較的隔離された部位の感染を根絶するには，適切な抗菌剤を長期にわたって投与する治療法しかないため，この培養は重要となる．

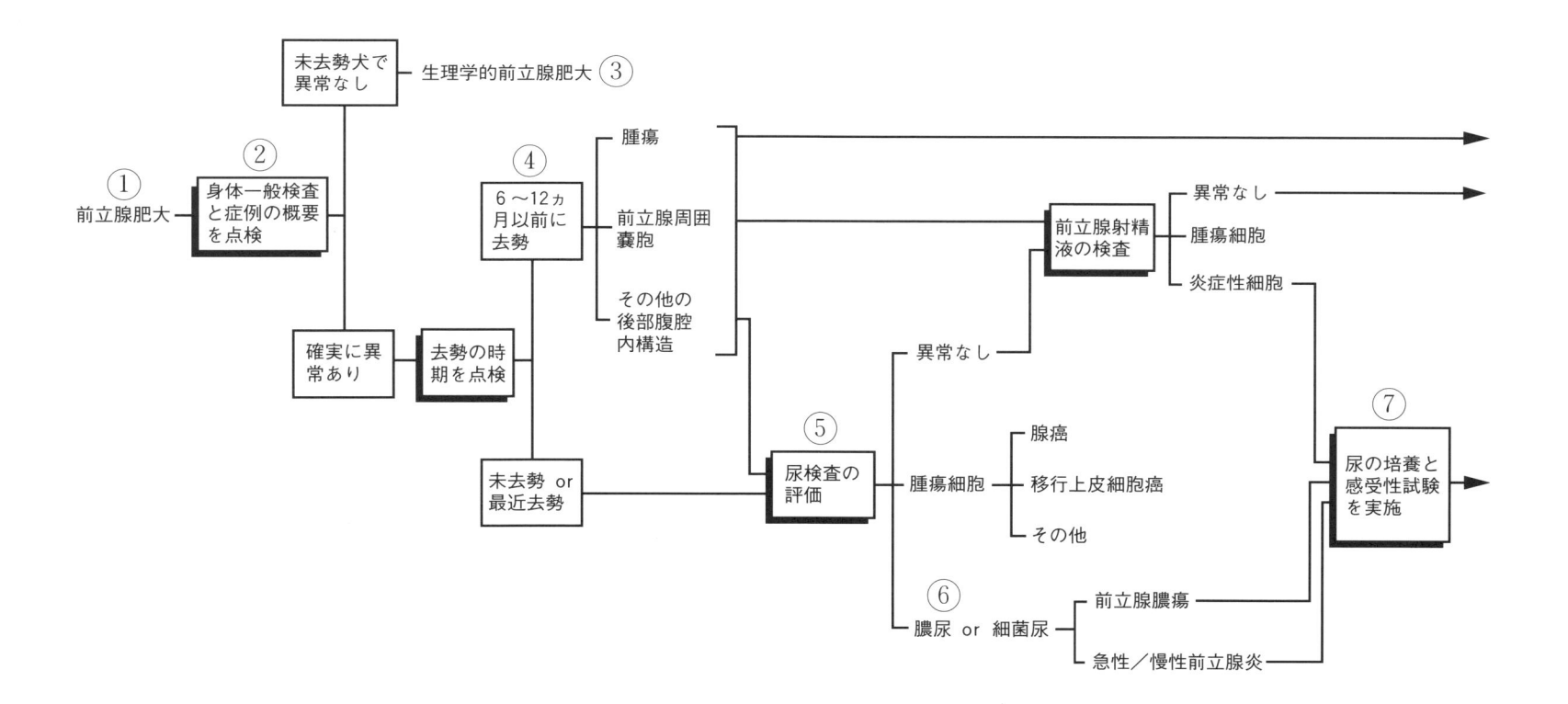

■ *前立腺肥大* ■

① 前立腺肥大 → ② 身体一般検査と症例の概要を点検
- 未去勢犬で異常なし → 生理学的前立腺肥大 ③
- 確実に異常あり → 去勢の時期を点検
  - ④ 6〜12ヵ月以前に去勢
    - 腫瘍 →
    - 前立腺周囲嚢胞
    - その他の後部腹腔内構造
  - 未去勢 or 最近去勢 → ⑤ 尿検査の評価
    - 異常なし → 前立腺射精液の検査
      - 異常なし →
      - 腫瘍細胞 →
      - 炎症性細胞 → ⑦ 尿の培養と感受性試験を実施 →
    - 腫瘍細胞
      - 腺癌
      - 移行上皮細胞癌
      - その他
    - ⑥ 膿尿 or 細菌尿
      - 前立腺膿瘍
      - 急性／慢性前立腺炎 → ⑦

⑧ 尿培養では異常は認められないが，未去勢の犬で発熱や疼痛が認められる場合や尿路感染や尿道からの滲出物などの再発病歴がある場合には，繁殖交配歴を調べる必要がある．ここ数ヵ月の間に交配歴がない場合には，前立腺に浸透性があるといわれる抗菌剤（例えばフルオロキノロン，スルファ・トリメトプリムなど）を高用量で投与して経験的な抗菌剤療法を試みるか，隔壁された前立腺膿瘍を見きわめるためには，さらに画像検査を実施する必要がある．

⑨ 繁殖用の雄であったり，最近繁殖に使った経験がある犬の場合には，ブルセラ（Brucella canis）の検査をする必要がある．ブルセラに罹っている犬ではほとんどの場合，軽度の発熱や睾丸炎，副睾丸炎，リンパ節症などが認められる．前立腺炎だけを認めるということは比較的少ない．しかし，この菌が尿検査で見つかる可能性は低く，また精液で見つかる場合も極僅かである．したがって，さらに（急速スライド凝集試験，試験管凝集試験，寒天ゲル免疫拡散試験などの）検査が必要となる．

⑩ 去勢された雄で前立腺が腫脹していたり，後腹部に腫瘤がある場合，あるいは未去勢犬で急性の細菌性前立腺炎以外にも何か異常が認められる場合には，次の段階として膀胱や前立腺，後部腹腔，腹膜後腔の画像検査を実施する．腹部X線検査によって，後部腹腔内の軟部組織の腫瘤が分かるし，膀胱との関連部位を見きわめることができる．腹部に石灰沈着があれば，X線検査で分かるし，これによって腫瘍が疑われる．ただし，前立腺膿瘍でも上皮層内に石灰化が起こるという報告はある．膀胱や尿道の輪郭を知るには，X線造影検査を行えば，これらの部位につながる異常組織の位置が分かる．前立腺の腫瘤や膿瘍，あるいは前立腺嚢胞か前立腺周囲嚢胞かを判別するには，造影検査が最も適している．この前立腺周囲嚢胞は，まれではあるが尿道につながっていることがあり，尿道造影をすればこの嚢胞に造影剤が充満しているのが分かる．腫脹した前立腺に対して最も手軽に使えるのが，超音波検査である．超音波検査によって，前立腺の大きさや形がすぐに分かるし，時には前立腺内にある大きな嚢胞と前立腺とは明らかに異なる前立腺周囲の嚢胞との判別ができることもある．また前立腺の腫瘍が疑われる場合には，腹部超音波検査によって，前立腺につながるリンパ節（腰下リンパ節）やさらに離れた部位の臓器への転移状況も評価することができる．

⑪ 特に，腫脹した前立腺が主として実質性のものである場合には，超音波による誘導で針吸引検査を実施し細胞学的診断を下すのがよい．多くの場合，細胞学的検査によって炎症/感染や良性前立腺肥大，および腫瘍などの区別がつくはずである．ただしこれらの疾患では，細胞学的に重複する部分が多少あるため，疑わしい場合には，さらに外科的生検を実施する必要がある（⑫を参照）．前立腺に嚢胞や空洞形成が認められる際に吸引検査を実施する場合は，合併症に対する準備など十分注意を払う必要がある．これによって得られた液体は細胞学的評価を行うと同時に培養し，膿瘍なのか液体を含む嚢胞なのかあるいは血腫なのかを判別する（後二者は，基礎にある病態生理学的な面では類似性があり，良性前立腺過形成を伴うのが普通である）．膿瘍形成がある場合には，吸引検査後に限局性あるいは全身性の腹膜炎や敗血症になる可能性がある．したがって，外科手術による排液法が次の選択肢となり，採取後は抗菌剤療法を開始する必要がある．

⑫ 前立腺の針吸引で診断がつかなかったり，この方法が安全でないと考えられる場合には，外科的開腹術によって腹腔組織の生検を実施して，嚢胞や膿瘍の治療を図るのが望ましい．

⑬ 細胞学的検査や組織病理学的検査によって，前立腺の扁平上皮化生が判明した場合やなかには前立腺周囲嚢胞が認められるといった場合には，エストロゲン分泌過多をさらに調べる必要がある．機能的セルトリー細胞腫（正常位の睾丸でも腹腔内の停留睾丸でも）に罹った雄犬やエストロゲンを含有する薬剤を投与された犬で，これらの疾患を認めることが多い．最初はエストロゲンによって前立腺が萎縮するが，化生や嚢胞が起こってくると前立腺が再び腫脹し，前立腺肥大の臨床症状を示すようになることがある．

⑭ 前立腺周囲嚢胞が判明した場合や手術が必要なほどのきわめて大きな前立腺嚢胞が見つかった場合には，針吸引による検査は推奨できない．直接手術によって嚢胞の切除か造袋術を実施し，前立腺の生検を行うのが最も望ましい．

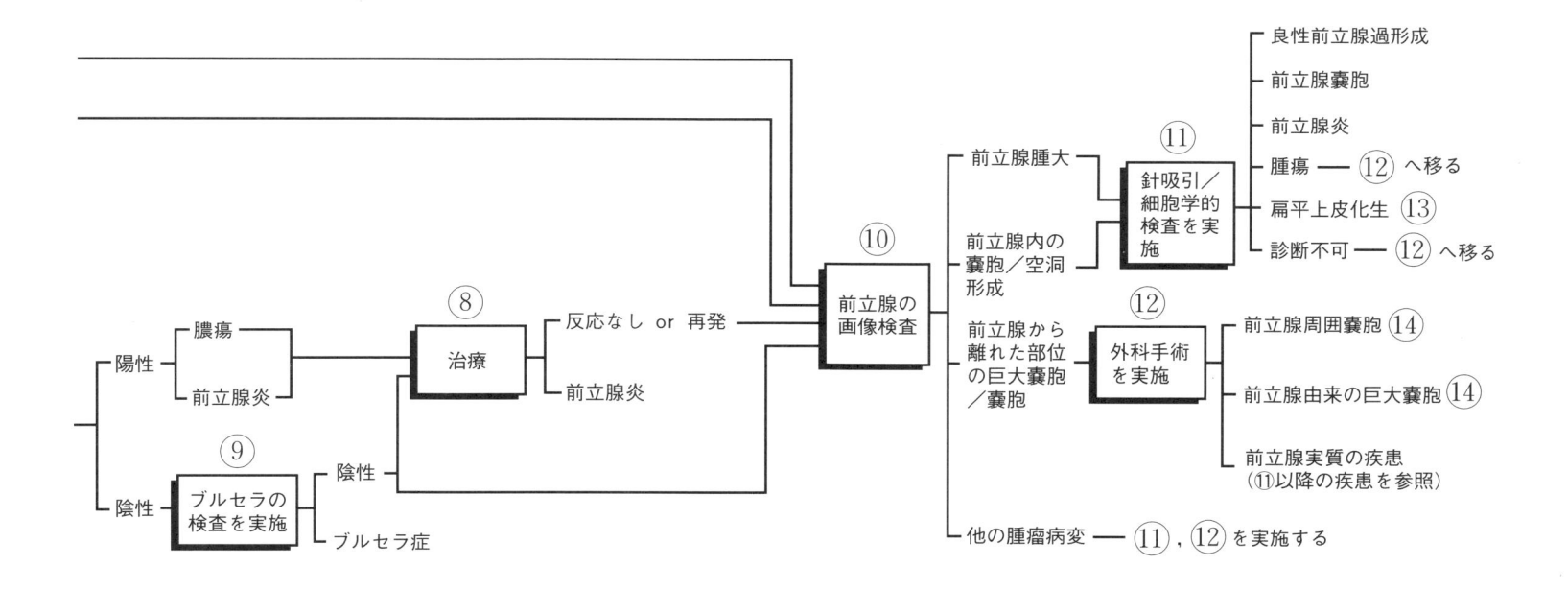

■ 前立腺肥大 ■

```
                                                                                    ┌─ 良性前立腺過形成
                                                                                    ├─ 前立腺囊胞
                                                                                    ├─ 前立腺炎
                                                                  ┌─ 前立腺腫大 ──┤⑪ 針吸引／      ├─ 腫瘍 ── ⑫ へ移る
                                                                  │                  細胞学的         ├─ 扁平上皮化生 ⑬
                                                                  │                  検査を実施       └─ 診断不可 ── ⑫ へ移る
                                                                  ├─ 前立腺内の
                                                                  │  囊胞／空洞
                                                     ┌─────────┐  │  形成                            ┌─ 前立腺周囲囊胞 ⑭
                              ┌─ 膿瘍 ─┐  ┌──┐    │ ⑩      │  │                  ┌──┐         │
                  ┌─ 陽性 ──┤          ├──│ ⑧ │──┤ 前立腺の │──┤ 前立腺から ──│ ⑫ │─────┼─ 前立腺由来の巨大囊胞 ⑭
                  │          └─ 前立腺炎┘  │治療│    │ 画像検査 │  │  離れた部位    │外科手術│         │
    ──┤                               反応なし or 再発│         │  │  の巨大囊胞    │を実施  │         └─ 前立腺実質の疾患
       │                               前立腺炎       └─────────┘  │  ／囊胞        └──┘            （⑪以降の疾患を参照）
       │          ┌──┐   陰性                                    │
       └─ 陰性 ──│ ⑨ │──                                          └─ 他の腫瘍病変 ── ⑪，⑫ を実施する
                  │ブルセラの│
                  │検査を実施│
                  └──┘   ブルセラ症
```

211

SECTION 9

呼吸器疾患

鼻出血と鼻の分泌物

① 鼻の分泌物には，漿液性，粘液性，粘液膿性ならびに出血性（鼻血）があり，基礎原因によって，その性状は異なる．分泌物は鼻腔外に流出することもあれば，鼻咽頭に戻って嚥下されることもある．症状としては，鼾や喘鳴，咳嗽，過剰な嚥下行動，喀血，吐血（大量に血液を嚥下した場合）などが観察される．若い動物の場合には，先天性の欠陥（鼻咽頭狭窄，口蓋裂），異物の嵌頓，鼻咽頭ポリープ（猫）を調べる必要がある．中年齢層や高年齢層で粘液膿性あるいは出血性の鼻の分泌物が観察された場合には，原因として腫瘍や真菌感染が通常考えられる．猫の場合には，慢性のウイルス性上部気道感染も原因となる．

② 病歴では，症状の発症時期や期間，局所の放射線療法の有無，外傷の有無を聴取することが重要となる．鼻腔内異物の場合には急性症状，即ち抑うつ，くしゃみ，顔面を掻くなどの症状が観察される．真菌感染や腫瘍の場合には潜行性で，特に病変部が鼻の奥にある場合には，鼻の分泌物が観察される前にくしゃみや鼾を認めるようになることが多い．猫の上部気道感染では，子猫の場合発熱や眼の分泌物が認められ，生涯継続したり再発することがある．上部の歯列弓を点検し，歯の緩み具合や疼痛を観察することも重要である．これらによって，歯根膿瘍が鼻腔内にまで広がっていることが疑われる場合もある．鼻部や前鼻洞を点検し，非対称性，骨陰影の変化，疼痛などの違和感を調べることも必要である．鼻孔を点検し口吻の腫瘍の有無を調べる．また口腔を点検し，口蓋破裂や扁桃の腫脹，腫瘍の有無を観察する．片側性の分泌物が観察される場合には，歯根部の異常や腫瘍，異物，真菌性鼻炎などが疑われる．両側性に観察されるときは，上部／下部の気道感染やアレルギー性鼻炎の場合が比較的多い．もちろん，腫瘍や真菌感染が広範囲にわたる場合には，両側が侵されることもある．両側の鼻孔を綿花で拭いて，空気の流れを調べる．鼻腔の後側部は薄い篩板で脳と仕切られ，外傷や腫瘍，感染によって容易に破れることがあるため，神経学的徴候（抑うつ，痙攣発作）の有無を確かめることも重要である．

③ 全身性疾患や咳嗽，体重減少，鼻の腫瘍などが認められる場合には，胸部のX線検査を実施して，び漫性の腫瘍や転移性の腫瘍，肺の真菌感染，食道部の異常，吸引性肺炎などの有無を調べる必要がある．吸引性肺炎の場合には，粘液膿性の分泌物を認める場合がある．鼻の真菌感染や原発性の鼻の腫瘍で，肺病変が認められることは滅多にない．

④ 外傷病歴や歯の疾患，非対称性の顔面，視診で鼻／口腔に腫瘍が観察されるといった場合には，鼻部／頭蓋部のX線検査を実施して骨破壊や歯の疾患骨折の有無を点検する必要がある．X線検査では麻酔が必要になるため，最小限の検査室所見，猫白血病ウイルス／猫免疫不全ウイルスの検査，そしてできれば凝固系の検査をしておく必要がある．組織生検や鼻鏡検査，抜歯などが必要になることもある．X線検査で鼻腔内の軟部組織の陰影に増加が認められる場合には，腫瘍か液体貯留のいずれかである．骨破壊がなければ，この2つを判別することはできない（おそらく液体ではないと思われる）．骨の分離は通常認められないが，外傷や骨の失活時に二次的に起こることがある．

⑤ 身体一般検査とX線検査で明らかに鼻の病変部が認められた場合には，骨／軟部組織の生検を実施して，腫瘍と感染を判別する必要がある．犬の鼻部の腫瘍は，必ずといってよいほど悪性である．若い猫の場合には，良性の炎症性ポリープを認めることがある．鼻のリンパ腫は犬よりも猫で比較的よく認められる．真菌感染では鼻の分泌物がまず認められる（猫では主にクリプトコッカス症，犬はアスペルギルス症）．原発性の細菌感染はまずないといってよい．猫で鼻に腫瘍が認められた場合，特にアメリカ南部／南西部やその他の流行地域では，クリプトコッカス症（*Cryptococcus neoformans*）の力価を調べる必要がある．力価は信頼性があるが，地方性の真菌感染や免疫抑制がある場合には，陰性になることがある．

⑥ 下顎下のリンパ腺症が認められる場合には，この腺の吸引あるいは生検が必要となる．鼻の腫瘍が領域リンパ節に転移したり，リンパ節吸引によって細胞学的に鼻の真菌感染が診断されることは滅多にない．これにつながるリンパ節が活性化していることが考えられる．

⑦ 鼻の分泌物以外異常が認められない場合には，それが特徴と考えるしかない．時にはクリプトコッカス（*Cryptococcus neoformans*）や鼻ダニ（*Pneumonyssoides canium*）が見つかることもあるが，細胞学的検査や培養はほとんど役に立たない．二次性の細菌感染が見つかるのが普通である．

⑧ 鼻の粘液膿性分泌物や発熱，眼脂，下部気道症状などが，若い犬や猫で認められる場合には，基礎疾患として多分ウイルス性疾患が考えられる．通常，猫の場合には混合感染である（ヘルペスウイルス，カルシウイルス，クラミジア属）．この場合口腔病変（クラミジア属）が角膜潰瘍（ヘルペスウイルス），対称的な鼻の歪みなどを認めることがある．猫汎白血球減少症ウイルスによって，上部気道症状が認められる場合もある．ただしこの場合には，他の臓器の方がもっとひどく侵されるのが普通である．犬で鼻の分泌物が最もよく見られるのは，犬ジステンパー感染である．パルボウイルスも上部気道症状を示すことがあるが，胃腸疾患の方がもっと強く現れる．感染性気管気管支炎（ケンネルコフ）では咳嗽が認められ，鼻や眼の分泌物を認めることは余りない．

⑨ 動物の食べ方や嚥下状態をよく観察すれば，これらの機能状態が分かる．嚥下状態に異常があったり，食道の機能不全が認められる場合には，吸引性肺炎や鼻咽頭部に食べ物が嵌頓していることが考えられる．

⑩ 鼻出血が認められる場合には，腫瘍や真菌感染，重度の炎症，リケッチア疾患（血小板減少症と脈管炎を起こす）が疑われる．まれには，異物や凝固系異常（血小板減少症，フォン・ヴィレブラント因子，抗凝固剤の摂取による）ならびに高血圧が原因で起こることもある．これらは，リケッチアの力価の測定や一連の凝固系検査，フォン・ヴィレブラント因子の測定，血圧測定を実施すれば容易に鑑別することができる．組織生検によって鼻出血を起こす可能性があるため，組織生検の際には凝固系の検査をしておくことはいうまでもない．血小板数が20,000〜30,000/μl以下の場合には，特発性の出血が起こるし，50,000〜80,000/μlの場合には，鼻出血と外傷や脈管炎を起こすこともある（例えば，ロッキー山紅斑熱の場合など）．リッケチア疾患によって外部の鼻平面の病変や他のタイプの鼻分泌物が認められることもある．鼻出血の場合，特に出血が軽度であったり基礎疾患として鼻の腫瘍が認められる場合には，必ずしもすべての症例に凝固系の検査をしなければならないというわけではない．

⑪ ヒトでは高血圧に伴って鼻血が認められるが，犬や猫ではその可能性はほとんど報告されていない．

⑫ 漿液性の分泌物が観察される場合には，眼科学的検査を実施して眼の炎症や涙液の過剰産生を調べる必要がある．生活環境に鼻炎を起こす過敏因子がないかどうかを調べることも大切である．

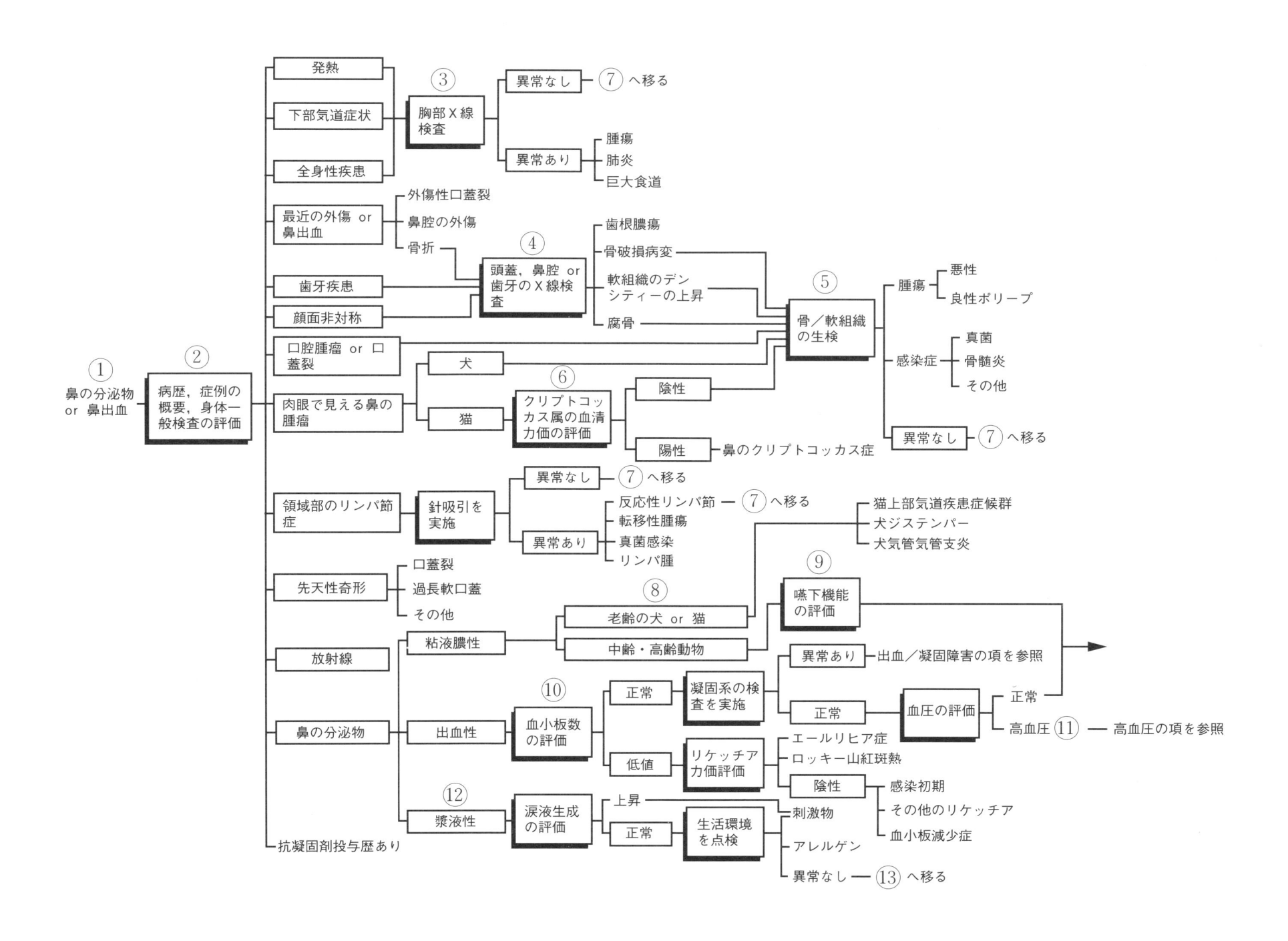

■ 鼻出血と鼻の分泌物 ■

① 鼻の分泌物 or 鼻出血

② 病歴，症例の概要，身体一般検査の評価

- 発熱
- 下部気道症状
- 全身性疾患
  → ③ 胸部X線検査
    - 異常なし → ⑦ へ移る
    - 異常あり
      - 腫瘍
      - 肺炎
      - 巨大食道

- 最近の外傷 or 鼻出血
  - 外傷性口蓋裂
  - 鼻腔の外傷
  - 骨折
- 歯牙疾患
- 顔面非対称
- 口腔腫瘤 or 口蓋裂
  → ④ 頭蓋，鼻腔 or 歯牙のX線検査
    - 歯根膿瘍
    - 骨破損病変
    - 軟組織のデンシティーの上昇
    - 腐骨
    → ⑤ 骨／軟組織の生検
      - 腫瘍
        - 悪性
        - 良性ポリープ
      - 感染症
        - 真菌
        - 骨髄炎
        - その他
      - 異常なし → ⑦ へ移る

- 肉眼で見える鼻の腫瘤
  - 犬
  - 猫 → ⑥ クリプトコッカス属の血清力価の評価
    - 陰性
    - 陽性 → 鼻のクリプトコッカス症

- 領域部のリンパ節症 → 針吸引を実施
  - 異常なし → ⑦ へ移る
  - 異常あり
    - 反応性リンパ節 → ⑦ へ移る
    - 転移性腫瘍
    - 真菌感染
    - リンパ腫

- 先天性奇形
  - 口蓋裂
  - 過長軟口蓋
  - その他

- 放射線
- 鼻の分泌物
  - 粘液膿性
    - ⑧ 老齢の犬 or 猫 → ⑨ 嚥下機能の評価
      - 猫上部気道疾患症候群
      - 犬ジステンパー
      - 犬気管気管支炎
    - 中齢・高齢動物
  - 出血性 → ⑩ 血小板数の評価
    - 正常 → 凝固系の検査を実施
      - 異常あり → 出血／凝固障害の項を参照
      - 正常 → 血圧の評価
        - 正常
        - 高血圧 ⑪ → 高血圧の項を参照
    - 低値 → リケッチア力価評価
      - エールリヒア症
      - ロッキー山紅斑熱
      - 陰性
        - 感染初期
        - その他のリケッチア
        - 血小板減少症
  - ⑫ 漿液性 → 涙液生成の評価
    - 上昇
    - 正常 → 生活環境を点検
      - 刺激物
      - アレルゲン
      - 異常なし → ⑬ へ移る

- 抗凝固剤投与歴あり

215

⑬　次の段階は，全身麻酔／深い鎮静をかけて，口腔咽頭部を隈なく検査することになる．この場合，意識下では検査ができない．この検査によって，最初の病歴聴取と身体一般検査後（②以降）に行った前述の異常とを判別することができる．

⑭　異常が認められない場合やさらに調べる必要がある場合には，全身麻酔下で気管挿入が必要となる．鼻咽頭部は敏感で絞扼反射が出やすいため，この部位の検査では比較的深い麻酔が必要となる．鼻咽頭部を後屈させるには気管鏡や内視鏡（動物の大きさに合わせて），あるいは避妊手術用の釣り出し棒，歯科鏡などが使われる．この検査によって，腫瘍や構造的変化，異物（犬の場合には芝草の芒やその他の植物，食べ物；猫では草や骨，縫針）などが分かる．また炎症性変化（リンパ様過形成，鼻の分泌物）も判別できる．この検査で，腫瘍の生検や異物の除去も可能となる．また擦過による細胞学的検査も可能になるし，鼻腔後部の洗浄による異物の除去もできる．

⑮　鼻咽頭部に狭窄があると，鼻咽頭内への背側鼻口の開閉が部分的あるいは完全に閉塞されることになる．この狭窄は先天性の欠陥の場合もあるしこの部位の外傷が原因する場合もある．猫の場合には慢性の鼻の炎症が原因で起こることがきわめて多い．

⑯　鼻鏡による後屈で，鼻分泌物の明確な原因が分からない場合やそれによって原因が分かったとしてもさらに完璧な評価を図る場合には，病変部の範囲を見きわめることが必要となり，画像検査を実施することになる．X線検査では液体と軟部組織の陰影を見分けるのが難しく，時にはCTスキャンでも難しいことがあるため，特に洗浄をする前や出血がかなり認められる場合には，鼻腔の画像検査を早いうちに実施しておくことが重要である．鼻弓と歯列弓のX線像から，骨と軟組織の腫瘍，液体，薄い鼻甲介骨の破れ，歯根膿瘍，前頭洞の状態，X線不透過性異物などが判別しやすくなる．また鼻鏡検査を実施する場合や外科的に調べる場合にも，X線像によって接近しやすくなる．鼻のCTスキャンは，ごく小さな限局性の病変部やX線像では判読し難いあるいは気管支鏡では届かないような（鼻甲介骨，副鼻洞，篩板などの）鼻腔の奥の病変部を判別するには，きわめて優れた検査方法といえる．鼻のCT像によって，増加した鼻／副鼻洞の陰影が腫瘍様なのか真菌感染によるものなのかが分かる場合もある．真菌感染は鼻甲介骨の陥没部や鼻にある多くの空洞域に認められる．またCTスキャンによって，（犬や猫ではまれな）篩骨嚢胞や歯列弓に関連する疾患など滅多に見られない疾患が診断されることもある．CTスキャンは篩板の傷害や鼻から脳に向かって広がっていく疾患（あるいはその逆の疾患）を見きわめる場合にも役に立つ．鼻の腫瘍に対する放射線療法を図る際には，CTあるいはMRIスキャンによる検査が必要となる．

⑰　画像検査で鼻腔の状態が分かったら，動物の大きさに合わせた鼻鏡で直接病変部を検査するとになる．鼻鏡を使えば，局所病変部の生検や組織病理学的検査が可能になるし，はっきりしない局所病変部の粘膜生検もできる．また異物を洗い流したり，直接除去することもできるし，細胞学的検査と培養検査によって真菌感染（真菌性肉芽腫／菌苔）の評価も可能となる．また鼻鏡検査によって，まれな疾患である犬の鼻ダニ（*Pneumonyssoides canium*）や犬／猫の線虫感染（*Capillaria aerophilia*）が確認されることもある．たとえ病変部が確認されたとしても，鼻腔の部位によっては接近できない場合もあるし，骨や鼻甲介骨の腫瘍が正常な鼻粘膜で覆われていることもあり，診断が困難なこともある．CTスキャンやX線検査で異常部位が確認されたら，その部位を吸引して細胞学的検査を実施すれば診断に役立つ場合もある．この場合には，骨に損傷があればその上から直接針を挿入してもよいし，口蓋部から入れてもよい．

⑱　犬では，良性の鼻の腫瘍はきわめてまれであるということを頭に入れておく必要がある．組織病理学的診断で，腫瘍が良性と診断された場合には，さらに検査をして，できれば外科的生検を実施することを勧める．内視鏡による生検では，悪性病変部の周囲にある反応組織しか採取されないということもある．

⑲　犬（特に若いアイリッシュ・ウルフハウンド）では，口吻部のポリープ様鼻炎が原因で，鼻の滲出物を認めることがあり，この場合リノスポリジウム属（*Rhinosporidium* 属）の感染が併発する．

⑳　鼻の生検で炎症しか認められず，基礎原因が明確でなかったり，あるいは生検で異常が認められないといった場合には，真菌の力価の検査を実施する．ただし猫では，ラテックスによるクリプトコッカス抗原の力価は疑問視されているため，例外となる．特にアスペルギルス属の場合には，力価の結果は信用できないとされている．鼻の感染があっても，限局性の感染という性質から，また全身性の免疫反応が弱いということから，力価に陰性という結果がでることがよくある．

㉑　中等度〜重度の鼻分泌物や鼻血を認める場合，さらに診断を進めるためには試験的鼻切開術や洞穿孔術を実施することになる．多分，鼻鏡検査で見つかるはずの基礎疾患（真菌感染，腫瘍）が，この外科的検査によって診断されることになる．この外科的診査は，これまでの検査で診断できなかった場合に限って実施されるべきものである．この外科的診査は，著しい出血と鼻甲介骨を傷付ける比較的過激ともいえる方法である．猫では，疼痛と嗅覚の喪失による食欲廃絶が術後の危険性として付きまとうことになる．

㉒　鼻にリンパ球性組織球性浸潤が認められれば，炎症かアレルギー反応が疑われる．おそらく，基礎疾患として免疫介在性が考えられるが，他の疾患との厳密な鑑別が必要であり，免疫抑制療法を開始する前には，生活環境において直接関与すると思われる刺激物や抗原を見きわめておくことが重要となる．抗ヒスタミン剤の投与を試みてもよいが，犬や猫の鼻炎に効くという決定的証拠はない．

㉓　猫の慢性鼻分泌物の基礎原因として，以前から指摘されているものに慢性上部気道疾患症候群と鼻甲介骨の損傷がある．ウイルスの分離には，鼻の生検材料や扁桃の擦過材料が使われ，ウイルスの封入体に対する免疫蛍光抗体法には細胞学的検査のために採取した材料が使われることもある．

㉔　鼻腔内に異常はないが鼻の分泌物が認められる場合，特に鼻の外部面や中隔面にびらんや痂皮が併発している場合には，免疫介在性疾患が疑われる．粘膜皮膚縁が侵される疾患としては，全身性紅斑性狼瘡（SLE）や円板状紅斑性狼瘡（DLE），様々な種類の天疱瘡症候群があげられる．さらの検査を進める必要があれば，組織生検や免疫蛍光抗体検査，抗核抗体検査，その他の器官の評価を実施することになる．

■ 鼻出血と鼻の分泌物 ■

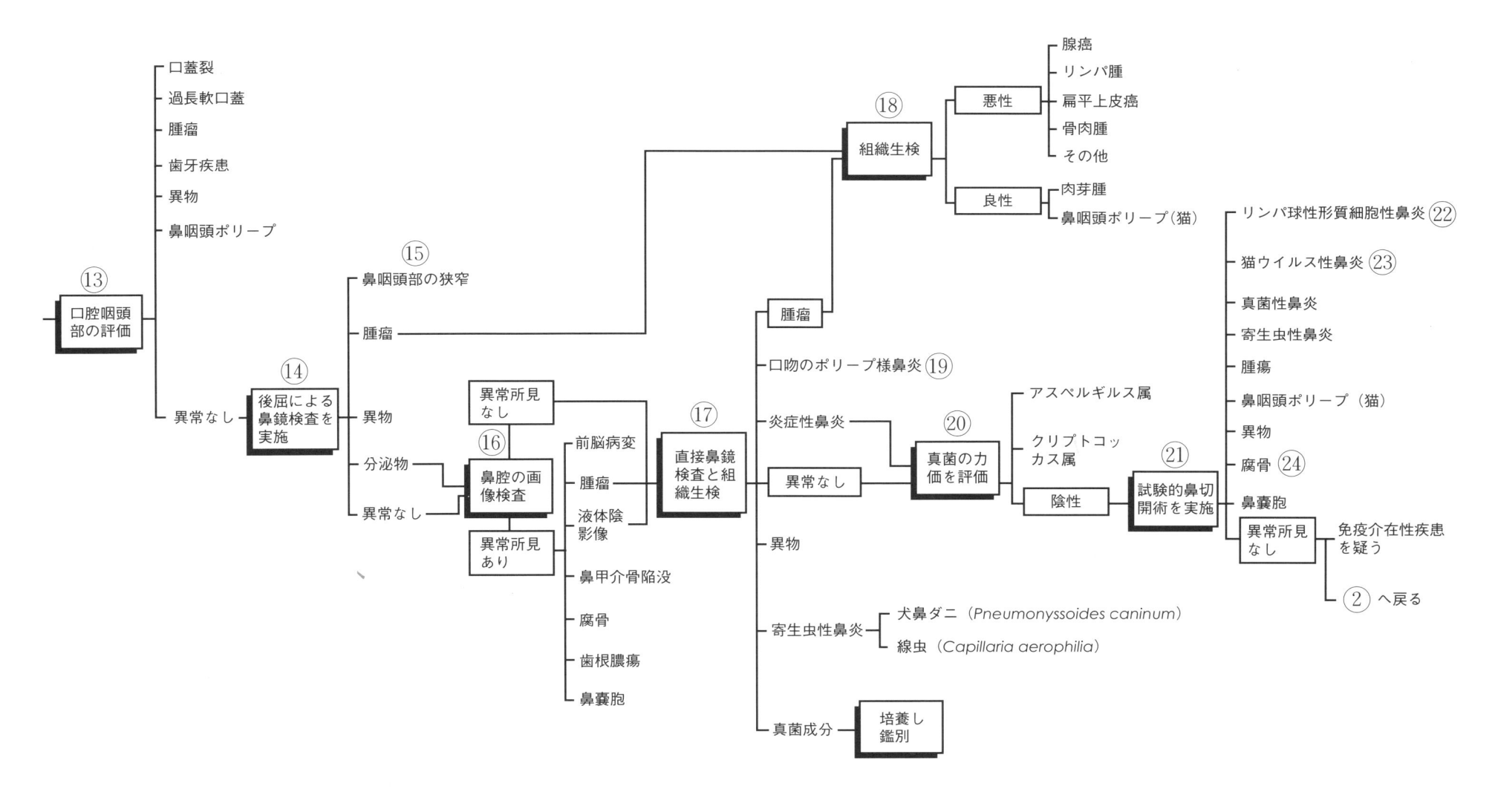

- ⑬ 口腔咽頭部の評価
  - 口蓋裂
  - 過長軟口蓋
  - 腫瘤
  - 歯牙疾患
  - 異物
  - 鼻咽頭ポリープ
  - 異常なし → ⑭ 後屈による鼻鏡検査を実施
    - ⑮ 鼻咽頭部の狭窄
    - 腫瘤 → ⑱ 組織生検
      - 悪性
        - 腺癌
        - リンパ腫
        - 扁平上皮癌
        - 骨肉腫
        - その他
      - 良性
        - 肉芽腫
        - 鼻咽頭ポリープ（猫）
    - 異物
    - 分泌物
    - 異常なし → ⑯ 鼻腔の画像検査
      - 異常所見なし
      - 異常所見あり
        - 前脳病変
        - 腫瘤
        - 液体陰影像
        - 鼻甲介骨陥没
        - 腐骨
        - 歯根膿瘍
        - 鼻嚢胞
      - → ⑰ 直接鼻鏡検査と組織生検
        - 腫瘤
        - 口吻のポリープ様鼻炎 ⑲
        - 炎症性鼻炎 → ⑳ 真菌の力価を評価
          - アスペルギルス属
          - クリプトコッカス属
          - 陰性 → ㉑ 試験的鼻切開術を実施
            - リンパ球性形質細胞性鼻炎 ㉒
            - 猫ウイルス性鼻炎 ㉓
            - 真菌性鼻炎
            - 寄生虫性鼻炎
            - 腫瘍
            - 鼻咽頭ポリープ（猫）
            - 異物
            - 腐骨 ㉔
            - 鼻嚢胞
            - 異常所見なし
              - 免疫介在性疾患を疑う
              - ② へ戻る
        - 異常なし
        - 異物
        - 寄生虫性鼻炎
          - 犬鼻ダニ（*Pneumonyssoides caninum*）
          - 線虫（*Capillaria aerophilia*）
        - 真菌成分 → 培養し鑑別

鼻狭窄音（鼾）と喘鳴

① 鼻狭窄音（鼾）や喘鳴（高音域の荒々しい音）は，上部気道の閉塞による空気の乱流音である．鼻狭窄音は，鼻腔／鼻咽頭から発する音であり，喘鳴は口腔咽頭／喉頭から発する音である．通常，吸気時に聞かれる．

② 若い動物で鼻狭窄音／喘鳴が認められる場合には，先天性奇形（短頭種の気道閉塞症候群），ウルフハウンドの増殖性鼻炎）や感染（猫上部気道感染），扁桃腫大，鼻咽頭ポリープ（猫）が原因と考えられる．高齢動物の場合には，末梢性の神経症（特発性，前腫瘍性，犬甲状腺機能亢進症）や上部気道の腫瘍が考えられる．病歴の聴取では，発症は突然なのか（外傷，異物），慢性ならびに進行性なのか（腫瘍，猫上部気道感染），同じ症状の動物との接触の有無，ワクチン接種歴などを聞く．

③ 身体一般検査によって，閉塞の重症度が分かるし，時には診断がつくこともある（短頭種の気道閉塞症候群；口蓋裂，口腔鼻腔瘻管）．骨に変形が認められれば，病状が急激に進行していることが疑われる（腫瘍，真菌感染，時に慢性の猫上部気道感染）．

④ 鼻の疾患があると，閉塞や鼻狭窄音，ときには鼻の分泌物や鼻出血が起こる．身体一般検査によって，鼻の外側部の狭窄や口蓋裂，口腔鼻腔瘻管，（口腔に突き出ていれば）腫瘍などが観察される．猫で急性の鼻分泌物と発熱が認められる場合には，おそらく猫上部気道感染（ヘルペスウイルス，カルシウイルス，クラミジア属）が考えられる．犬の場合には，気管気管支炎（ボルデテラ菌，Bordetella bronchiseptica と病原性ウイルス）や犬ジステンパーが疑われる．犬ジステンパーは比較的重篤で予後は悪い．

⑤ 口腔咽頭の疾患では，鼻狭窄音と喘鳴の両方が認められる．身体一般検査で観察される疾患としては，口腔咽頭／扁桃の腫瘍，鼻咽頭ポリープ（猫），異物，外傷などがあげられる．

⑥ 喉頭の疾患と頸部ならびに胸腔内気管が侵されている場合には，吸引性の喘鳴と変声が観察される．この場合，きわめて危険な状態やチアノーゼ状態を示すこともあれば，気道の虚脱や粘膜刺激による非努力性の咳嗽を認めることもある．

⑦ 犬による咬傷や交通事故，銃の事故などで頸部の外傷が起こる．皮下気腫があれば，胸腔外気道の損傷が考えられる．X線検査を実施して，気管内腔の裂傷や気胸，気縦隔，肺虚脱などの有無を見きわめる必要がある．

⑧ 麻酔下で鼻咽頭部を後屈させて調べる検査では，喉頭鏡や歯科鏡，軟口蓋を後屈させることができるなんらかの器材，内視鏡／気管支鏡などが必要となる．咽頭後部や喉頭部，頸部域のX線検査によって，腫瘍や一部の異物，（穿刺創による）気腫，骨折，気管虚脱，咽頭部の捻転，骨ならびに口蓋の異常が判明することもある．

⑨ 吸気性の喘鳴が観察される場合には，軽度の麻酔下で咽頭部を検査する必要がある．声帯の動きを阻害するような前投薬は避けた方がよい．口蓋とそれにつながる喉頭蓋の長さを観察し，過長軟口蓋の有無を調べることも重要である．喉頭部を点検し，腫瘍や喉頭嚢外反，虚脱，声帯麻痺の有無を調べる．重度の上部気道虚脱では，胸腔内気管と主幹気管支の虚脱が認められることもある．

⑩ 歯の緩みや歯根膿瘍あるいは口腔鼻腔瘻管が認められる場合には，鼻と歯牙の画像検査（X線検査，CTスキャン）を実施するとよい．

⑪ 硬口蓋や軟口蓋の先天性奇形は，胎子期の閉鎖不全が原因となる．後天性の場合には，通常硬口蓋に認められ，落下事故が原因となる．過長軟口蓋では，咽頭の閉塞が観察される．

⑫ 咽頭部ならびに鼻腔の異物は，猫よりも犬によく認められ，葉柄や芒，食べ物，楊枝，玩具，釣針などを認めることがよくある．猫では，尖ったもの（骨片，針）が咽頭部に突き刺さっている場合が比較的多い．

⑬ 咽頭部の外傷（犬同士の喧嘩による創傷，蛇咬傷）では，腫脹と上部気道閉塞が観察される．

⑭ 猫では上部気道感染，犬ではケンネルコフとヘルペスウイルスにより，上部気道の炎症を認めることがる．また猫白血病ウイルス（FeLV）／猫免疫不全症ウイルス（FIV）の感染では扁桃腺炎を認めることがある．症状としては，嚥下時の疼痛，発熱，過剰流涎，食欲廃絶が観察される．

⑮ 鼻腔洞／前頭洞の画像検査は，X線検査やCTスキャン，MRIスキャンによって行われる．CT/MRIスキャンによって，内視鏡では届かない部位の篩骨甲介骨や前頭洞が分かる．骨の破損は腫瘍と真菌感染が原因となる．組織や血液，粘膜では，増加した陰影が観察される．

⑯ 声帯麻痺は，片側性の場合（左反回喉頭神経は走行経路が変わっているため）もあれば両側性の場合もある．この場合，運動不耐性やチアノーゼ，吸引性喘鳴が観察される．声帯麻痺は先天性が考えられ（ブービエとシベリアン・ハスキー），反回喉頭神経の傷害や限局性あるいは全身性多発性神経症が原因となる．多発性神経症は，一般的には特発性であるが，免疫介在性，腫瘍随伴性の場合もあれば，犬の甲状腺機能低下症でも起こることがある．脱神経疾患／筋疾患は，筋電図で確認される．その他の検査としては，抗核抗体の力価試験，一連の甲状腺副腎皮質ホルモン検査，その他の神経疾患に関する評価などがある．

⑰ 喉頭線維症／狭窄が外傷や手術後に起こることがある．特に猫では，喉頭粘膜の破損によって線維化や瘢痕／肉芽形成が起こりやすいという傾向がある．

⑱ 主に小型犬では，喉頭の虚脱が観察される（また小型犬では気管虚脱にもなりやすい）．下部気道疾患（気管支炎，喘息）があると，これはさらに悪化する．喉頭虚脱は外科的整復は不可能であり，永久的な気管切開術によるバイパスが必要となる．

⑲ 短頭種では喉頭の過形成が認められる．この場合過形成だけのこともあれば，喉頭小嚢の反転と気管の過形成が同時に起こることもある．

⑳ 喉頭炎は，犬ではほとんどの場合非特異的所見として認められる．感染性の気管気管支炎では，急性の喉頭炎が起こる．慢性の喉頭炎は，過剰な吠える行動や（引き綱などによる）慢性炎症で観察される．炎症によって喘鳴や変声，咳嗽などが認められる．

㉑ 喉頭に外傷が認められる場合には，X線検査によって骨折と気腫の有無を判別する．舌骨の骨折では，喉頭が正常に動かなくなるため，著しい気道閉塞や嚥下困難が起こる．舌骨の骨折片を外科的に除去することになる．また自然治癒する場合もよくある．

㉒ 喉頭部の腫瘍は，良性の場合もあれば悪性のこともある．腫瘍は筋（平滑筋腫，横紋筋肉腫），軟骨（軟骨肉腫）リンパ組織（リンパ腫）粘膜（扁平細胞癌）が原発組織となる．

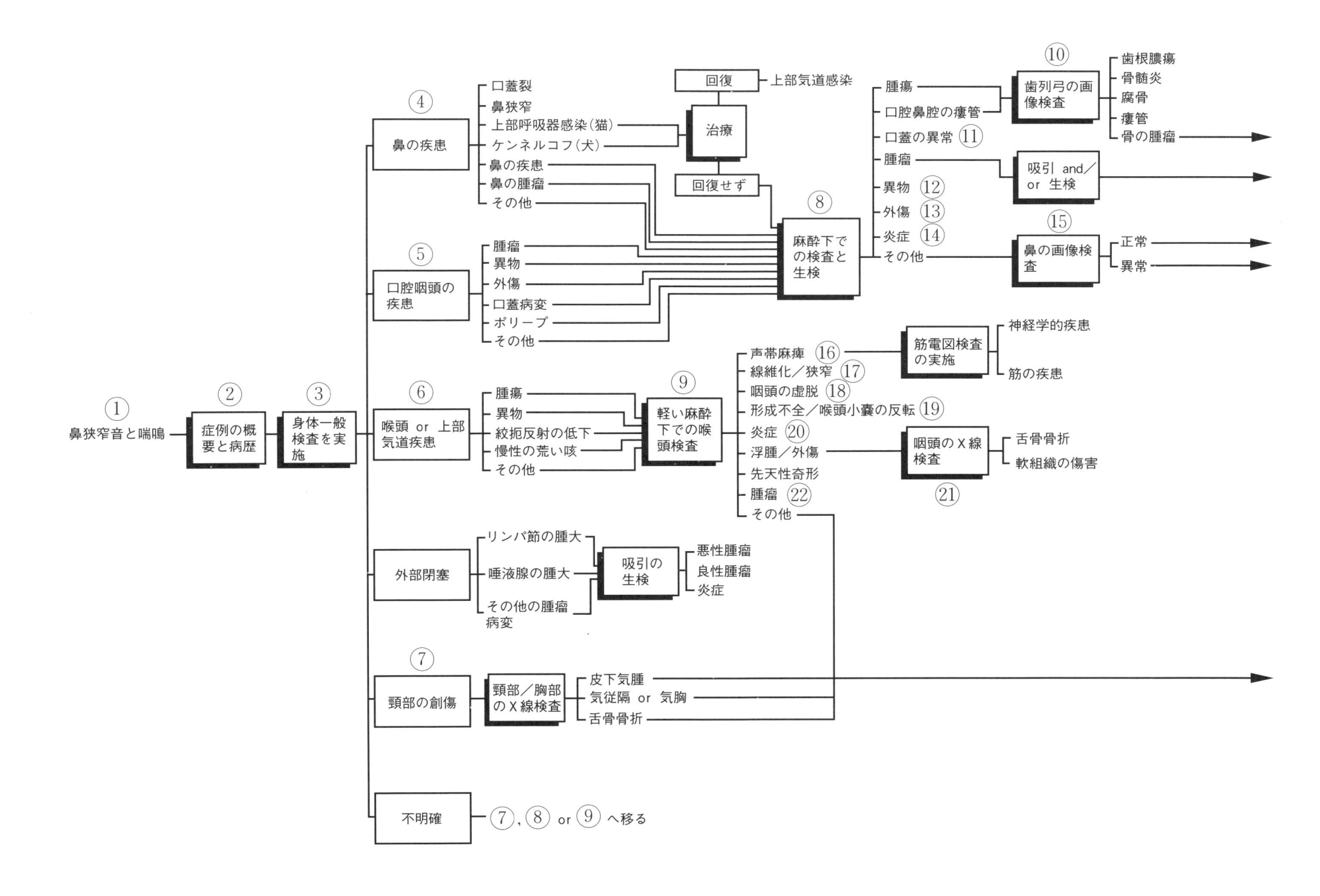

■ *鼻狭窄音（鼾）と喘鳴* ■

- ① 鼻狭窄音と喘鳴
- ② 症例の概要と病歴
- ③ 身体一般検査を実施

- ④ 鼻の疾患
  - 口蓋裂
  - 鼻狭窄
  - 上部呼吸器感染（猫）
  - ケンネルコフ（犬） → 治療 → 回復 → 上部気道感染
  - 鼻の疾患
  - 鼻の腫瘤
  - その他
  - 治療 → 回復せず

- ⑤ 口腔咽頭の疾患
  - 腫瘤
  - 異物
  - 外傷
  - 口蓋病変
  - ポリープ
  - その他

- ⑧ 麻酔下での検査と生検
  - 腫瘤
  - 口腔鼻腔の瘻管 → ⑩ 歯列弓の画像検査 → 歯根膿瘍／骨髄炎／腐骨／瘻管／骨の腫瘤
  - 口蓋の異常 ⑪
  - 腫瘤
  - 異物 ⑫
  - 外傷 ⑬
  - 炎症 ⑭ → 吸引 and/or 生検
  - その他 → ⑮ 鼻の画像検査 → 正常／異常

- ⑥ 喉頭 or 上部気道疾患
  - 腫瘍
  - 異物
  - 絞扼反射の低下
  - 慢性の荒い咳
  - その他

- ⑨ 軽い麻酔下での喉頭検査
  - 声帯麻痺 ⑯ → 筋電図検査の実施 → 神経学的疾患／筋の疾患
  - 線維化／狭窄 ⑰
  - 咽頭の虚脱 ⑱
  - 形成不全／喉頭小嚢の反転 ⑲
  - 炎症 ⑳
  - 浮腫／外傷 → 咽頭のX線検査 ㉑ → 舌骨骨折／軟組織の傷害
  - 先天性奇形
  - 腫瘤 ㉒
  - その他

- 外部閉塞
  - リンパ節の腫大
  - 唾液腺の腫大 → 吸引の生検 → 悪性腫瘤／良性腫瘤／炎症
  - その他の腫瘤病変

- ⑦ 頸部の創傷 → 頸部／胸部のX線検査
  - 皮下気腫
  - 気従隔 or 気胸
  - 舌骨骨折

- 不明確 → ⑦, ⑧ or ⑨ へ移る

㉓ 喉頭と気管龍骨までの間の気管は，気管鏡で評価することができる．気管虚脱や腫瘍，異物，気道外閉塞の評価には，気管鏡は有用性が高い．

㉔ 猫にみられる炎症性ポリープ様病変は，中耳や耳管，鼻咽頭部の内皮が起始部となる．このポリープはきわめて大きくなることがあり，多くの場合これらの部位の慢性炎症が原因となる．慢性炎症は若い猫にみられる傾向があるが，ポリープはどの年齢層でも認められる．症例の半数は軽く引きちぎることで治療できることもある．X線検査やCTスキャンで，中耳が関与していることを示す場合には，適切な対応が可能であれば腹側鼓室胞切開術を併用して牽引除去することになる．

㉕ 口腔鼻腔咽頭部の肉芽腫や膿瘍は，一般的には外傷や異物の嵌頓による二次性のものである．異常組織の中に，異物が認められることもある．猫では，上部気道感染や猫白血病ウイルス，猫免疫不全ウイルスなどによる二次性の著しい咽頭炎や扁桃腺炎の結果，肉芽腫や膿瘍が起こることもある．

㉖ 咽頭部や鼻咽頭部，鼻部の良性腫瘍は，犬や猫ではきわめてまれである．この場合の腫瘍のタイプには，腺腫，乳頭腫，線維腫軟骨腫，骨腫などが認められる．

㉗ 咽頭部や鼻咽頭部，鼻腔の悪性腫瘍は，犬や猫ではかなり多く認められる．悪性腫瘍のタイプとしては，腺癌（特に鼻腔内），扁平細胞癌，リンパ腫，メラノーマ，扁桃癌，軟骨肉腫，骨肉腫，線維肉腫などがあげられる（㉛を参照）．

㉘ 咽頭の粘液嚢胞は，主に犬で認められ，気道閉塞の原因になることがある．この粘液嚢胞では，粘液を充満した大きな構造物が咽頭後部に認められる．これは咽頭部の粘液を生成する腺の異常によってできる嚢胞で，唾液腺組織によるものではない．診断と治療には，外科的切除と排液ならびに組織病理的検査が必要となる．

㉙ 明らかな破壊病変が鼻骨や前頭洞部に認められなくても，X線検査で腫瘍や骨髄炎の図が示された場合には，次の段階としては直接鼻道に鼻鏡を挿入して，鼻甲介とそこを覆う粘膜の病変を見きわめることになる．これによって生検も可能となる．

㉚ きわめてまれではあるが，鼻の寄生虫感染が犬と猫で報告されており，これによって狭窄を認める場合がある．最もよく認められるのが，鼻ダニ（Pneumonyssoides caninum）と鼻線虫（Capillaria aerophilia）である．前者は鼻の直接検査で見つかることがあり，後者は鼻の生検で見つかる場合がある．

㉛ 先にも述べた通り，犬と猫の鼻の腫瘍はおおむね悪性である．これらの腫瘍は鼻平面や鼻腔ならびに副鼻腔内が起始部となる．腫瘍のタイプには，鼻平面の扁平細胞癌，鼻腔の腺癌，リンパ腫，線維腫，線維肉腫，血管腫，血管肉腫，メラノーマ，肥満細胞腫，骨肉腫，軟骨肉腫などがある．

㉜ 鼻の真菌感染は日和見的な腐生性微生物が原因となる．これらの微生物が吸引され，猫や短頭種ならびに長頭種の犬に定着すると感染が成立する．鼻鏡を使えば，通常では真菌の菌苔や鼻腔内ならびに洞内の肉芽腫，甲介骨の著しい陥没などが見つかる．真菌の種類を判別するには生検と培養が必要となる．この部位に感染が確認されれば，感染を判別するために洞腔の外科的診査が必要となる．

㉝ 鼻炎は，原発性ならびに二次性の細菌感染やウイルス感染，免疫系の過剰刺激，アレルギー疾患が原因となる．犬では細菌感染，猫ではクラミジア感染（Chlamydia Psittaci）による好中球浸潤がきわめて多い．二次性の細菌感染は，鼻の傷害や炎症がある場合によく認められる．猫のウイルス性鼻炎は，ヘルペスウイルス1やカルシウイルスによる二次性のものとして認められることが多く，犬では感染性の気管気管支炎や犬ジステンパー感染による二次性のものとして認められることがある．これらの疾患では，リンパ球性形質細胞性浸潤を認めるのが普通である．アレルギー性鼻炎では，リンパ球性形質細胞性浸潤と時には好酸球性浸潤が認められる．リンパ球性形質細胞性鼻炎は，まだ病因が分かっていない疾患であるが，鼻腔内の異常免疫反応が原因ではないかと思われる．若いアイリッシュ・ウルフハウンドでは過形成性鼻炎になることがあるが，これも異常免疫反応によるものと考えられている．猫には，鼻咽頭部以外にも鼻の奥深い部位に鼻咽頭ポリープができることがあり，まれではあるが犬でもリノスポリジウム（Rhinosporidium seeberi）感染による二次性のポリープ様鼻炎になることがある．

㉞ 気管虚脱は，頸部気管，胸腔内気管あるいはその両者に認められる．気管腔の狭窄範囲や虚脱部位，主幹気管支虚脱の有無を見きわめることが，治療法（外科的治療か内科療法か）と予後判定には重要となる．

㉟ 気管狭窄は，先天性奇形による場合（これは気管輪の欠損や奇形ならびに狭窄部位によって多巣性と分節性の狭窄がある）と外傷による二次性の場合（この狭窄は部位が一部の限られているのが普通である）がある．後天性の狭窄は，鈍性の胸部外傷や気管伸長，貫通性の創傷，異物や気管チューブのカフルの過剰加圧による二次性の壊死などが原因する場合がある．

㊱ 気管に形成不全が認められることがあり，この場合形成不全だけのこともあれば，短頭種の気道閉塞症候群を伴うこともある．この状態はおそらく気管鏡検査よりもX線検査の方が診断しやすい．気管の形成不全は，気管の直径が気管と肋骨が交差する第3肋骨の幅の2倍以下の場合をいう．

㊲ 気管の腫瘍はきわめてまれであり，良性悪性いずれもある．扁平細胞癌，腺癌，リンパ腫が報告されている．また寄生虫感染（オスラー肺虫，Oslerus osleri）による二次性の軟骨腫と肉芽腫も報告されている．気管の寄生虫感染は犬舎飼育されている犬に最もよく認められ，特にグレイ・ハウンドや若い犬でみられる．

㊳ 気管炎は，非感染性（生活環境における刺激物，慢性咳嗽，アレルギー性気道炎症などが原因）の場合と感染性（犬の気管気管支炎，猫の上部気道感染）の場合がある．通常は粘液性の腫脹（浮腫と過敏性，時には粘液あるいは粘液膿性分泌物）を伴う症状が認められる．

■ 鼻狭窄音（鼾）と喘鳴 ■

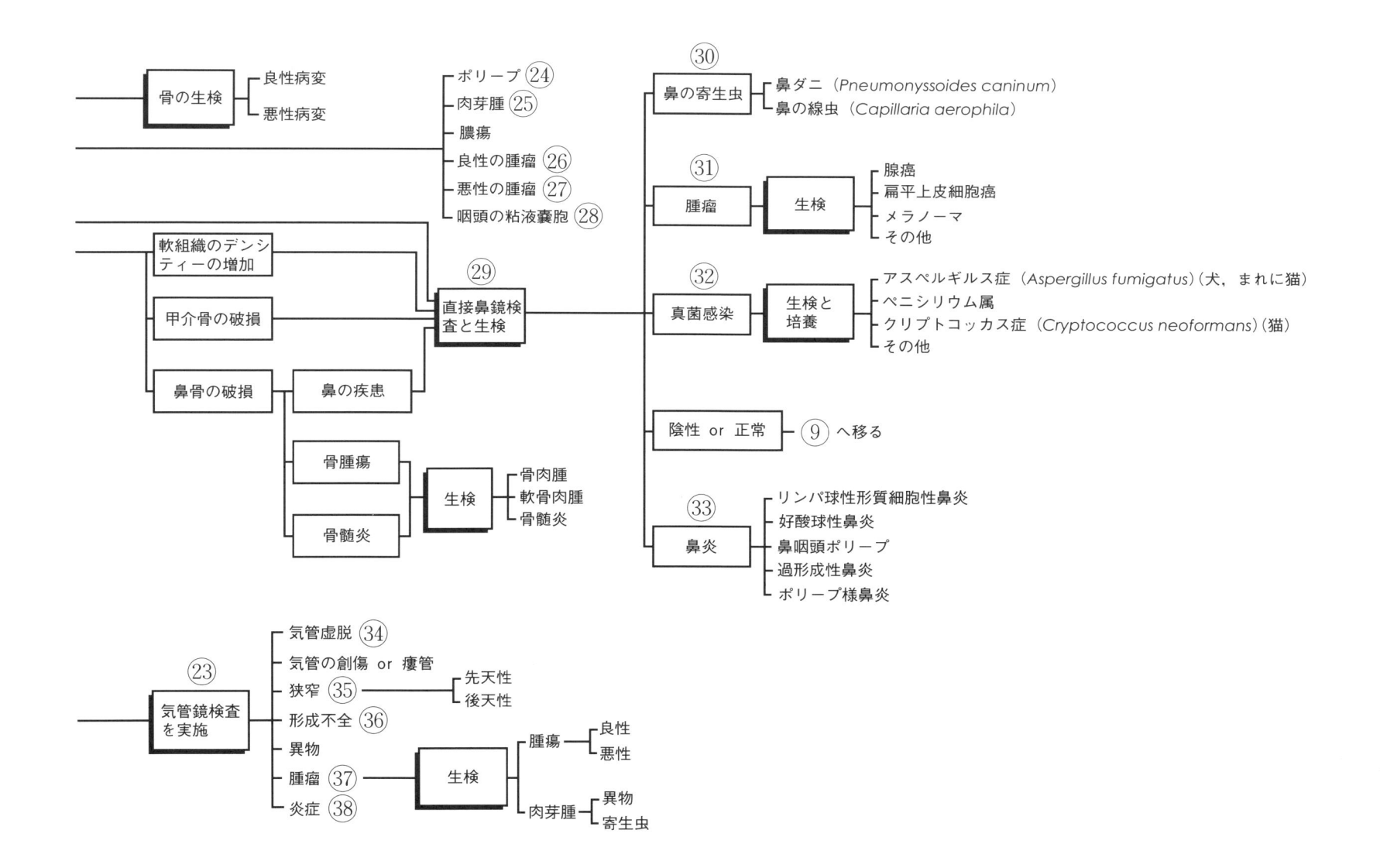

- 骨の生検
  - 良性病変
  - 悪性病変

- ポリープ ㉔
- 肉芽腫 ㉕
- 膿瘍
- 良性の腫瘤 ㉖
- 悪性の腫瘤 ㉗
- 咽頭の粘液嚢胞 ㉘

- 軟組織のデンシティーの増加
- 甲介骨の破損
- 鼻骨の破損
  - 鼻の疾患
  - 骨腫瘍
  - 骨髄炎
    - 生検
      - 骨肉腫
      - 軟骨肉腫
      - 骨髄炎

㉙ 直接鼻鏡検査と生検

- ㉚ 鼻の寄生虫
  - 鼻ダニ（*Pneumonyssoides caninum*）
  - 鼻の線虫（*Capillaria aerophila*）

- ㉛ 腫瘤
  - 生検
    - 腺癌
    - 扁平上皮細胞癌
    - メラノーマ
    - その他

- ㉜ 真菌感染
  - 生検と培養
    - アスペルギルス症（*Aspergillus fumigatus*）（犬，まれに猫）
    - ペニシリウム属
    - クリプトコッカス症（*Cryptococcus neoformans*）（猫）
    - その他

- 陰性 or 正常 ⑨へ移る

- ㉝ 鼻炎
  - リンパ球性形質細胞性鼻炎
  - 好酸球性鼻炎
  - 鼻咽頭ポリープ
  - 過形成性鼻炎
  - ポリープ様鼻炎

㉓ 気管鏡検査を実施
- 気管虚脱 ㉞
- 気管の創傷 or 瘻管
- 狭窄 ㉟
  - 先天性
  - 後天性
- 形成不全 ㊱
- 異物
- 腫瘤 ㊲
  - 生検
    - 腫瘍
      - 良性
      - 悪性
    - 肉芽腫
      - 異物
      - 寄生虫
- 炎症 ㊳

呼 吸 困 難

① 呼吸困難とは，苦しそうな呼吸状態をいう．これは呼吸数やリズム，特徴から判断される．呼吸困難は，全身性疾患や呼吸器疾患，心血管系疾患が原因となる．通常は肺のガス交換を阻害する疾患（赤血球数／ヘモグロビン運搬能の減少，気道閉塞，肺の浸潤性疾患，肺水腫や肺の血液流量の不足を起こす心不全）に伴って，二次的に起こるのが普通である．場合によっては，呼吸に関与する筋肉の脱力や麻痺が原因することもあるし，高体温症や重度の代謝性アシドーシスに対する代償性の反応として起こることもある．

② 一部の犬種でよく見られるように，呼吸困難のなかには（例えば，短頭種の犬やペキニーズタイプの猫に見られる短頭種気道閉塞症候群や気管虚脱，弁膜閉鎖不全に伴う心不全，高齢の小型犬種の肺水腫など）年齢や他の疾患過程に関連して起こる特異的な原因もある．ワクチン接種歴や旅行歴，環境歴などを知ることによって，感染症（真菌性肺炎，犬ジステンパーウイルス性肺炎，トキソプラズマ症）や外傷あるいは毒物の摂取（ワルファリン摂取によ肺出血）などの疑いが明らかになってくることもある．肥満な動物では，胸腔内に脂肪が過剰に蓄積したり，過剰な腹腔内脂肪によって横隔膜の変位（ピックウィック症候群）を認めることがあり，そのために呼吸困難を示すこともある．呼吸困難が吸気性か呼気性か，その両方かということを見きわめることも重要である．吸気性の狭窄性(鼾)呼吸や喘鳴性呼吸が観察される呼吸困難では，通常上部気道閉塞（鼻の狭窄，喉頭麻痺，気管虚脱，気管閉塞など）を認めるのが普通である．努力性の呼気性呼吸が観察される場合には，下部気道閉塞（気管支炎，肺水腫，腫瘍性の腫瘤，肺炎など）が認められる．呼吸の深度の低下（速くて浅い呼吸）が観察される場合には，おそらく肺の拡張が拘束されているものと思われる．拘束性呼吸パターンが観察される場合には，気胸や胸膜滲出，横隔膜ヘルニア，肋骨骨折，肺胞性や肺の間質性浸潤が認められる．膿胸や胸膜液が認められる場合には，呼吸音の低下が観察される場合が多い．腹側の呼吸音と心音が低下し，背側で呼吸音が聴取される場合には胸膜滲出が疑われる．

③ 流行地域の犬や猫で呼吸困難が観察される場合には，速い段階で犬糸状虫（Dilofilaria immitis）感染の有無を見きわめておく必要がある．

④ 頸髄疾患や末梢性神経筋疾患では，呼吸筋の脱力／対不全麻痺が起こる．この場合，症状として四肢不全麻痺と四肢麻痺を示しているのが普通である．

⑤ 高体温症では，呼吸困難や過呼吸，呼吸促迫などが反応として認められる．その他発熱を伴う呼吸困難で胸腔内に原因（肺炎）があると思われる場合には，X線検査を実施してその有無を調べる必要がある．

⑥ 呼吸困難を起こすほど重度の貧血が認められる場合には，粘膜の蒼白が観察される．

⑦ 心疾患による呼吸困難ではほとんどの場合，身体一般検査で不整脈や頻脈，脈拍不全，心ギャロップ／心雑音，頸静脈拍動／頸静脈拡張，末梢の脈拍の減弱，毛細血管再充填時間の遅延，肺胞の握雪音，鈍性心音などの異常が観察される．心疾患の徴候が認められない場合には，呼吸器疾患が呼吸困難の原因として疑われる．

⑧ 握雪音は，パチパチという聴診音で，液体の貯留や気道に詰まった粘液栓が外れた時に発する弾け音である．心不全に伴う握雪音は，背側と腹側で聴取されるのが普通である．重度の心不全では，その範囲はさらに広がる．また慢性の閉塞性肺疾患や神経原性肺水腫でも，握雪音が聴取される場合がある．

⑨ 外傷で，肋骨に多重骨折が起こり，骨折部が緩んだ状態になると，動揺胸が起こる．吸気時には骨折片部が胸腔側に引き込まれた状態になり，呼気時にはその反対の状態が認められるようになり，呼吸状態がおかしくなる．

⑩ 症例によっては，検査を進める以前に，救急処置を必要とすることがある．呼吸パターンや胸部聴診から，胸膜滲出や気胸が疑われた場合には，凝固異常がなければ胸腔穿刺を図る必要がある．針による胸腔穿刺では，三方活栓と注射筒を装着した細いバタフライ・カテーテルを第6・第8肋間の肋軟骨接合部直下に刺入する方法が採られる．犬や猫の縦隔は有窓性であるため，通常ではどちら側からの吸引でも反対側の半胸郭の排液は可能である．

⑪ 吸気性の喘鳴ではなさそうであり，動物の状態が安定しておれば，胸部X線検査による診断的検査を実施して呼吸困難の評価を図るのが最もよい．

⑫ 様々な種類の肺虫によっても呼吸困難や咳嗽，あるいはその両方を認めることがある．この場合，寄生虫そのものと寄生虫による炎症反応が原因となる．糞便検査を実施して虫卵を検出する必要がある．

⑬ 胸部X線検査で肺の浸潤や肺門リンパ節症，腫瘤などが分かった場合には，針吸引を実施して細胞学的評価を図る必要がある．吸引検査はX線透視や超音波による誘導で実施すればきわめて容易に行える．び漫性の肺疾患が認められた場合には，気管支鏡による針吸引か当たりを付けて行う盲目的針吸引で肺野を吸引する．肺の吸引によって気胸が併発する可能性がある．

⑭ 胸部X線検査で原因や結論が得られない場合には血液像や一連の生化学検査所見を点検する必要がある．細菌性の肺炎では，左方移動と変性性好中球を伴う白血球増加症を認めることがある．好中球増加症があれば，肺の寄生虫や犬糸状虫感染，アレルギー性気管支炎が疑われる．低カリウム血症によって換気能が阻害され呼吸困難を起こすことがある．

⑮ 呼吸困難の原因が見つからない場合，動脈血の酸素分圧と二酸化炭素分圧に異常があれば，肺の血栓栓塞性疾患が強く疑われる．この場合，X線所見では滅多に異常が見つからない．

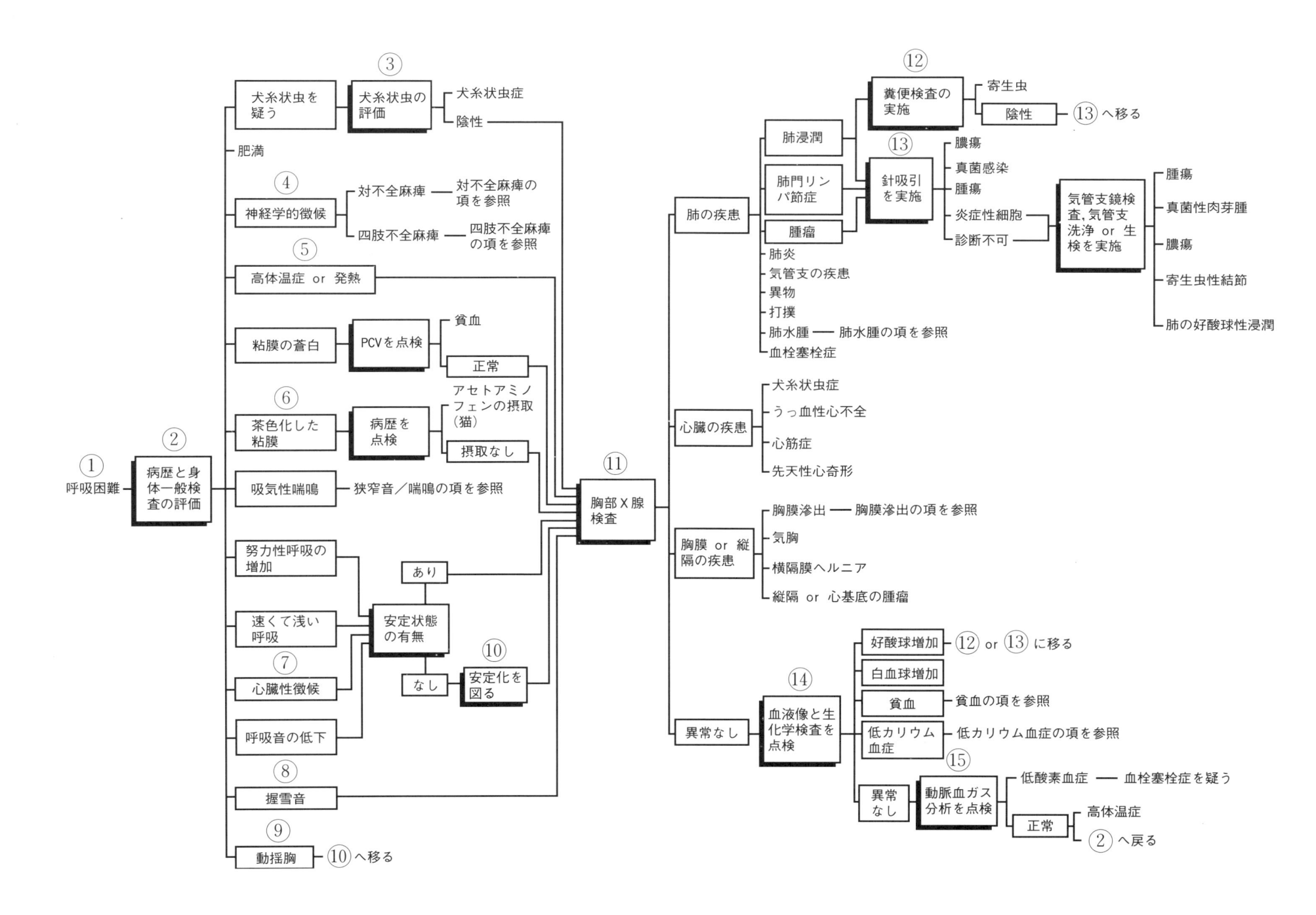

■ *呼吸困難* ■

- ① 呼吸困難
- ② 病歴と身体一般検査の評価
  - 犬糸状虫を疑う → ③ 犬糸状虫の評価
    - 犬糸状虫症
    - 陰性
  - 肥満
  - ④ 神経学的徴候
    - 対不全麻痺 — 対不全麻痺の項を参照
    - 四肢不全麻痺 — 四肢不全麻痺の項を参照
  - ⑤ 高体温症 or 発熱
  - 粘膜の蒼白 → PCVを点検
    - 貧血
    - 正常
  - ⑥ 茶色化した粘膜 → 病歴を点検
    - アセトアミノフェンの摂取（猫）
    - 摂取なし
  - 吸気性喘鳴 — 狭窄音／喘鳴の項を参照
  - 努力性呼吸の増加
  - 速くて浅い呼吸
  - ⑦ 心臓性徴候
  - 呼吸音の低下
  - ⑧ 握雪音
  - ⑨ 動揺胸 → ⑩ へ移る

安定状態の有無
- あり
- なし → ⑩ 安定化を図る

⑪ 胸部X腺検査
- 肺の疾患
  - 肺浸潤
  - 肺門リンパ節症
  - 腫瘍
    → ⑫ 糞便検査の実施
      - 寄生虫
      - 陰性 → ⑬ へ移る
    → ⑬ 針吸引を実施
      - 膿瘍
      - 真菌感染
      - 腫瘍
      - 炎症性細胞
      - 診断不可
        → 気管支鏡検査, 気管支洗浄 or 生検を実施
          - 腫瘍
          - 真菌性肉芽腫
          - 膿瘍
          - 寄生虫性結節
          - 肺の好酸球性浸潤
  - 肺炎
  - 気管支の疾患
  - 異物
  - 打撲
  - 肺水腫 — 肺水腫の項を参照
  - 血栓塞栓症
- 心臓の疾患
  - 犬糸状虫症
  - うっ血性心不全
  - 心筋症
  - 先天性心奇形
- 胸膜 or 縦隔の疾患
  - 胸膜滲出 — 胸膜滲出の項を参照
  - 気胸
  - 横隔膜ヘルニア
  - 縦隔 or 心基底の腫瘍
- 異常なし → ⑭ 血液像と生化学検査を点検
  - 好酸球増加 → ⑫ or ⑬ に移る
  - 白血球増加
  - 貧血 — 貧血の項を参照
  - 低カリウム血症 — 低カリウム血症の項を参照
  - 異常なし → ⑮ 動脈血ガス分析を点検
    - 低酸素血症 — 血栓塞栓症を疑う
    - 正常
      - 高体温症
      - ② へ戻る

咳　嗽

① 咳嗽は，気道の異物や滲出物を除去するための反射防衛機構である．上部あるいは下部呼吸器系の疾患では，いかなる場合もおおむね咳嗽受容体の刺激によって咳嗽が起こる可能性はある．心疾患の場合も，肺水腫や左側主幹気管支圧迫，気管圧迫が起こるために，これが引き金となって咳嗽を認めることがある．寄生虫性疾患やアレルギー性の気道疾患以外では，猫は犬に比べて咳嗽を認めることは少ない．

② 食事や飲水後に咳嗽が観察される場合には，喉頭部の機能不全が考えられる．心不全や肺水腫，精神的異常では夜間性の咳嗽が認められる．乾性のガチョウが鳴くような咳嗽は，気管炎や気管虚脱，左側動脈拡張や腫瘤による主幹気管支の圧迫が考えられる．犬の感染性気管気管支炎や慢性気管支炎では，咳嗽と絞扼反射が認められる．猫の気管支疾患では咳嗽や呼気性喘鳴，呼吸困難が聴取される．肺疾患（例えば，腫瘍，肺の血栓塞栓，犬糸状虫感染，異物，真菌性肺炎，凝固不全）があると，喀血（咳嗽性出血）が起こる．軟性の湿性咳嗽が認められる場合には，肺炎や寄生虫疾患，アレルギー疾患，肺の血栓性栓塞，浮腫などが疑われる．

③ 咳嗽は呼吸器疾患でも心疾患でも起こるため，身体一般検査を詳細に実施して，これらを判別する必要がある．

④ 摂食後に狭窄音（鼾）呼吸や吸気性呼吸困難，咳嗽が認められる場合には，上部気道疾患（腫瘤，感染性気管気管支炎，異物，喉頭障害，気管虚脱）が疑われる．気管虚脱は，主に中年齢から高齢の小型犬種にみられ，ガチョウが鳴くような咳嗽が聞かれる．感染性の気管気管支炎が疑われる場合には，さらに検査を進める前に治療を図ることが重要となる（⑥）．

⑤ X線検査で胸部の側方像と背腹像ならびに頸部の側方像を呼気時と吸気時に撮影すれば，気管や主幹気管支の様々な虚脱部位が分かることもあるし，同時に気管内異物や腫瘤，心肥大が分かる場合もある．

⑥ 感染性気管気管支炎は，ボルデテラ菌（B.bronchiseptica）と数種類のウイルスが原因となる．年齢差ならびに種差はなく，特に預かり施設や品評会，動物病院などでこの疾患に罹っている犬と接触すれば発病する．気管の触診の際や運動/興奮時に，乾性の咳嗽，時には滲出性の咳嗽が誘発されることがある．

⑦ 吸気性の喘鳴や変声を伴う咳嗽の場合には，軽い麻酔下で声帯を検査して，喉頭の麻痺の有無を調べる必要がある．

⑧ 咳嗽が治癒せず，上部気道に限局している場合には，次の段階として透視によるX線検査や気管鏡検査が必要となる．透視による検査では，麻酔は必要ない．

⑨ 気管支鏡検査では，注射麻酔と気管支鏡が必要となる．気管支鏡は気管/主幹気管支の虚脱を見きわめるのに有用性が高い．腫瘤が見つかった場合には生検を試みる．腫瘤がない場合には⑫か⑱に進む．

⑩ 呼気性の呼吸困難や喀血，握雪音，喘鳴を伴う咳嗽の場合には，下部気道疾患（肺炎，肺水腫，気管支疾患，喘息胸膜滲出など）が考えられる．

⑪ 検査で心雑音や不整脈，脈拍欠損，頸静脈拍動が認められた場合には，心疾患が考えられるため，胸部X線検査や心エコー検査，心電図検査を実施して評価を図る必要がある．

⑫ 犬糸状虫の流行地域では，ノット検査や抗原検査で犬糸状虫感染を調べる．猫の感染を調べるには，抗原検査が高い感受性を示す．犬も猫も犬糸状虫感染では，咳嗽が比較的よく認められる．この咳嗽は血栓性栓塞疾患や右側心不全，アレルギー性肺浸潤が原因となる．

⑬ 下部気道性咳嗽の評価には，胸部X線検査が重要となる．腫瘍が疑われた場合には，X線検査で右側ならびに左側像と背腹像を撮影し，腫瘍とリンパ節症を見分ける必要がある．

⑭ 単純X線像や超音波/透視像による誘導下で，胸部を穿刺して針吸引/生検により限局性の腫瘤やリンパ節を検査する．この検査による合併症としては，気胸や血胸，膿瘍破裂，膿胸などがある．

⑮ 開胸術は侵襲性のある方法ではあるが，大きな組織を採取することができるし，切開生検や他の肺葉/リンパ節を検査することもできる．

⑯ 肺虫によっても，咳嗽や喘鳴，呼吸困難が起こる．これは寄生虫自体原因すると同時に寄生による炎症反応が原因となる．ほとんどの場合糞便中に卵や幼虫を見つけるか，気管洗浄によって診断される．循環血液中の好酸球増加や好酸球性気管支炎が観察される．その他の寄生虫（回虫属の幼虫）でも肺組織が侵されることがある．

⑰ 気管洗浄液によって，細胞学的検査や培養検査が行える．鎮静下で頸部中央の気管上部域を剪毛し無菌処置をした後，大きめのカテーテルを気管輪の間に挿入し，気管龍骨部に設置する．5～20mlの温生理食塩液を注入し再吸引する．

⑱ これまで述べた検査で診断が付かない場合には，肺の針吸引をして原発性の肺実質疾患を調べるか，麻酔下で気管支鏡を使って気管支肺胞部の洗浄を実施して原発性気道疾患を調べる．

■ 咳　嗽 ■

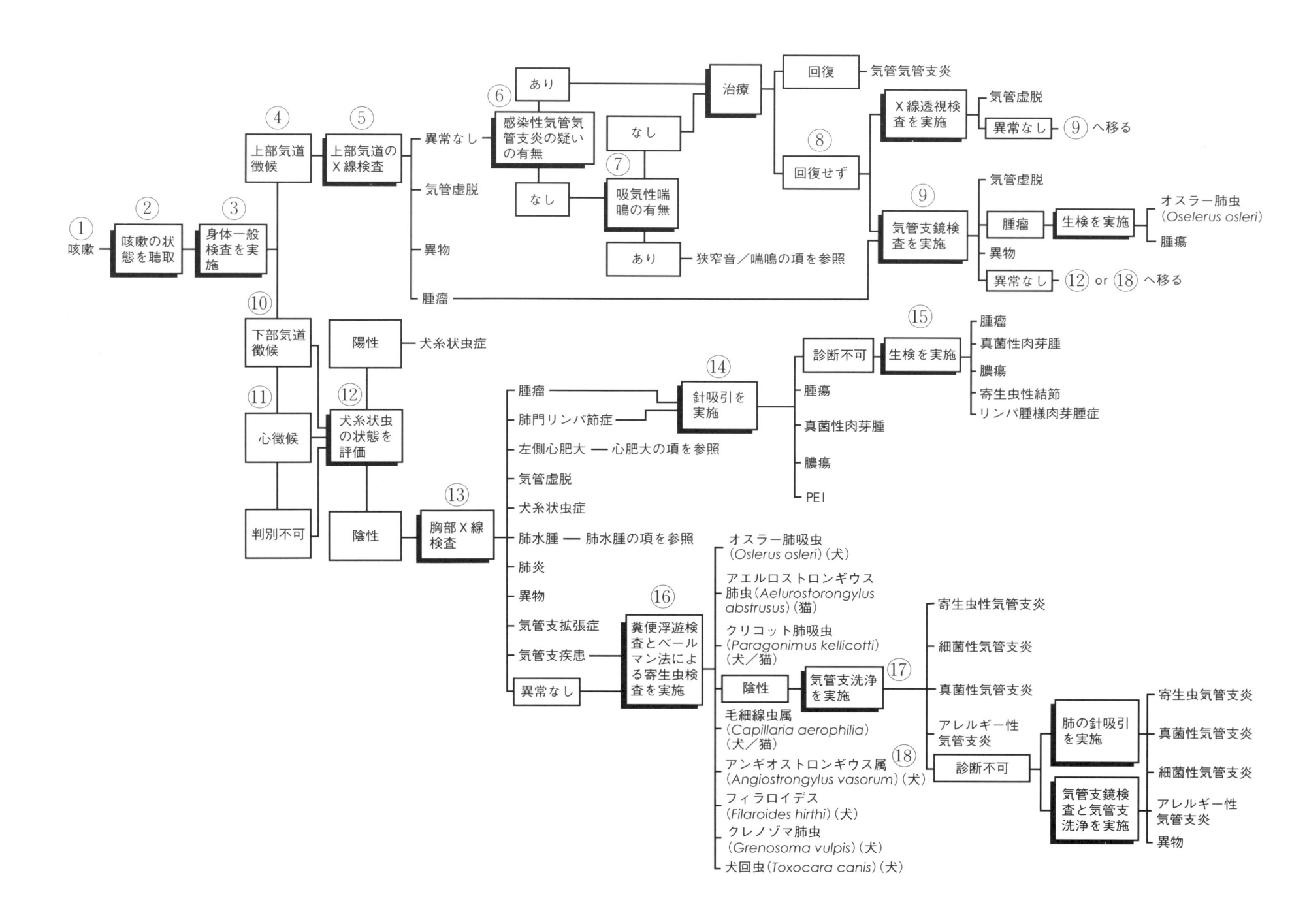

咳嗽の診断フローチャート

1. 咳嗽
2. 咳嗽の状態を聴取
3. 身体一般検査を実施

4. 上部気道徴候
   - 異常なし → 5. 上部気道のX線検査
   - 気管虚脱
   - 異物
   - 腫瘤

5. 上部気道のX線検査
   → 6. 感染性気管気管支炎の疑いの有無
      - あり → 治療
         - 回復 → 気管気管支炎
         - 回復せず → 9. 気管支鏡検査を実施
      - なし → 7. 吸気性喘鳴の有無
         - なし → 8. X線透視検査を実施
            - 気管虚脱
            - 異常なし → ⑨ へ移る
         - あり → 狭窄音／喘鳴の項を参照

9. 気管支鏡検査を実施
   - 気管虚脱
   - 腫瘤 → 生検を実施 → オスラー肺虫 (Oselerus osleri) / 膿瘍
   - 異物
   - 異常なし → ⑫ or ⑱ へ移る

10. 下部気道徴候
11. 心徴候
    - 陽性 → 犬糸状虫症
    - 判別不可
12. 犬糸状虫の状態を評価
    - 陰性 → 13. 胸部X線検査

13. 胸部X線検査
    - 腫瘤
    - 肺門リンパ節症 → 14. 針吸引を実施
       - 診断不可 → 15. 生検を実施
          - 腫瘤
          - 真菌性肉芽腫
          - 膿瘍
          - 寄生虫性結節
          - リンパ腫様肉芽腫症
       - 腫瘍
       - 真菌性肉芽腫
       - 膿瘍
       - PEI
    - 左側心肥大 → 心肥大の項を参照
    - 気管虚脱
    - 犬糸状虫症
    - 肺水腫 → 肺水腫の項を参照
    - 肺炎
    - 異物
    - 気管支拡張症
    - 気管支疾患
    - 異常なし → 16. 糞便浮遊検査とベールマン法による寄生虫検査を実施
       - オスラー肺吸虫 (Oslerus osleri)(犬)
       - アエルロストロンギウス肺虫 (Aelurostorongylus abstrusus)(猫)
       - クリコット肺吸虫 (Paragonimus kellicotti)(犬／猫)
       - 陰性 → 17. 気管支洗浄を実施
          - 寄生虫性気管支炎
          - 細菌性気管支炎
          - 真菌性気管支炎
          - アレルギー性気管支炎
          - 18. 診断不可 → 肺の針吸引を実施 / 気管支鏡検査と気管支洗浄を実施
             - 寄生虫気管支炎
             - 真菌性気管支炎
             - 細菌性気管支炎
             - アレルギー性気管支炎
             - 異物
       - 毛細線虫属 (Capillaria aerophilia)(犬／猫)
       - アンギオストロンギウス属 (Angiostrongylus vasorum)(犬)
       - フィラロイデス (Filaroides hirthi)(犬)
       - クレノゾマ肺虫 (Grenosoma vulpis)(犬)
       - 犬回虫 (Toxocara canis)(犬)

チアノーゼ

① チアノーゼとは，毛細血管血の還元ヘモグロビン濃度が過剰になるために生ずる皮膚/粘膜の青紫色化をいう．

② チアノーゼには中心性と末梢性がある．中心性チアノーゼは全身の動脈血の酸素不飽和によって起こり，その結果粘膜と皮膚に影響が及ぶものをいう．心疾患や呼吸器疾患による中心性チアノーゼは酸素を投与することによって軽減される．末梢性チアノーゼは末梢で酸素が過剰に消費されたために過剰な還元ヘモグロビンが生じることで起こる．多くの場合，（血管収縮，動脈性/静脈性栓塞など）末梢の血液循環の異常が原因となる．

③ メトヘモグロビンはヘモグロビンの正常な酸化産物であり，少量のメトヘモグロビンは通常でも認められる．メトヘモグロビン血症はヘム鉄の酸化率を上昇させる酸化物質に触れることで起こる．またメトヘモグロビンの還元率を低下させる働きをもつ酵素の先天的欠損によっても起こる．特に猫では，アセトアミノフェンは過剰なメトヘモグロビンを産生させる酸化剤として知られている薬剤である．血液の色は褐色化し，粘膜は泥色でチアノーゼ状態となる．その他，血中のメトヘモグロビンを増加させる薬剤としては，硝酸塩，亜硝酸塩，局所性のベンゾカイン，メチレンブルーがあげられる．特に猫でヘマチンの還元が緩やかな場合に，このような薬剤によりメトヘモグロビン血症が起こる．

④ 若い動物で中心性のチアノーゼが認められる場合には，右心系と左心系が短絡するような先天性心奇形や先天性のメトヘモグロビン血症がしばしば認められる．先天性の心奇形では心雑音が聴取されるのが普通である．動脈性低酸素血症が認められる場合，右側から左側へ短絡する動脈管開存症（PDA）によるチアノーゼを除けば，いずれの場合もあらゆる粘膜にチアノーゼが観察される．動脈管開存症（PDA）の場合には，チアノーゼは後躯の可視粘膜と爪床部に限られる．大動脈から体の頭側部に分枝する動脈枝の後方で開存が起こるため，口腔粘膜はピンク色を呈するというわけである．成熟/高齢の動物で中心性チアノーゼが観察される場合には，慢性の呼吸器疾患や心不全，肺の腫瘍などが考えられる．

⑤ 胸壁の可動域が小さい場合には，筋の脱力や末梢神経疾患，頸髄/脳幹を侵す中枢神経系疾患が疑われる．その他の神経症状を認める場合もある．

⑥ 肺の握雪音や喘鳴が認められる場合には肺水腫や肺炎，喘息，慢性気管支炎が考えられる．

⑦ 鈍性の心音や肺音は，胸膜腔の疾患（胸膜滲出，気胸）が疑われる．

⑧ 皮下気腫は，皮下に空気が蓄積した状態をいう．上部気道（鼻から胸腔内気管まで）の破裂が考えられる．

⑨ 低酸素血症の原因として，メトヘモグロビン血症が疑われる場合には，静脈血を採血して褐色を帯びていないかを調べる．慢性の低酸素血症や解剖学的短絡につながる先天性心疾患では，赤血球増加症（PCV＞60％）になるため，PCVの検査も重要となる．赤血球増加症では粘膜の色は暗赤色になる．

⑩ 心肺系疾患では，おおむね中心性チアノーゼが認められるし，なかには末梢性チアノーゼを認める場合もあるため，胸部のX線検査が重要となる．通常，中心性チアノーゼを起こす呼吸器疾患では，明らかな間質性変化が見られる．

⑪ 血栓塞栓疾患によって，肺の血管が侵される場合がよくある（肺血栓塞栓症）．この場合には急性の呼吸困難が起こる．一般的に胸部のX線検査では異常は認められないが，時には軽度の胸水ラインや血流の喪失による過透過ゾーンを認めることがある．肺の血栓塞栓症の確定診断には，動脈血のガス分析とシンチグラフィーによる検査（換気-灌流スキャン）が必要となる．

⑫ 心臓性の中心性チアノーゼや末梢性チアノーゼでは，心臓の形や大きさに異常を認める場合がある．左室肥大や主動脈，肺葉動脈，末梢肺動脈の肥大が観察される場合には犬糸状虫感染が疑われる．

⑬ 動脈血のガス分析を実施すれば，中心性チアノーゼと末梢性チアノーゼが判別できる．前者では過換気による炭酸ガス分圧（$PaCO_2$）が低下し，後者では正常値が観察される．

⑭ 肺胞の低換気では，高炭酸ガス症と呼吸性アシドーシスが認められる．中心性チアノーゼの場合には，血漿のpHが低下し，重炭酸塩の僅かな上昇と酸素分圧（PaO_2）の減少が観察される．この場合の原因としては，胸膜滲出や気道閉塞，重度の肺炎，気胸，肺血栓塞栓症などがあげられる．

⑮ 肺の換気は適切に行われているが灌流が不適切な場合，あるいはその逆の場合を換気-灌流不適合という．最終的には低酸素血症となる．通常換気は十分に行われているため，炭酸ガス（CO_2）は除去されている．間質性疾患や肺胞性疾患（肺水腫，腫瘍）では，いずれの場合も換気-灌流不適合が起こる可能性がある．また肺血栓塞栓症も同様である．

⑯ 寒冷に触れると，血管収縮が起こり末梢端が青みがかってくる．ショック下では，代償機構が働き，生命維持に必要な臓器に血流が再分布され，末梢分枝形成と軽度のチアノーゼが起こる．

⑰ 特に猫の心筋症（鞍状血栓）などで血栓症になると，大腿脈拍は消失/減退する．その他の原因としては，敗血症性栓塞，凝固能亢進症などがある．後肢の組織は冷たくなり，チアノーゼ様になる．

⑱ ネフローゼ症候群では，腎臓からのアンチトロンビンⅢの欠如と凝固機能亢進が起こる．この疾患になると，特に肺の動脈と大腿部の動脈に血栓性塞栓が起こるようになる．

⑲ 寒冷赤血球凝集素性疾患では，体温が37℃以下になると赤血球を結合させる免疫グロブリンの力価が高くなる．凝集によって体の冷たい部位（先端部）の血液供給が減少し，寒冷期では（耳や尾の先端に）壊疽性の壊死が起こる．

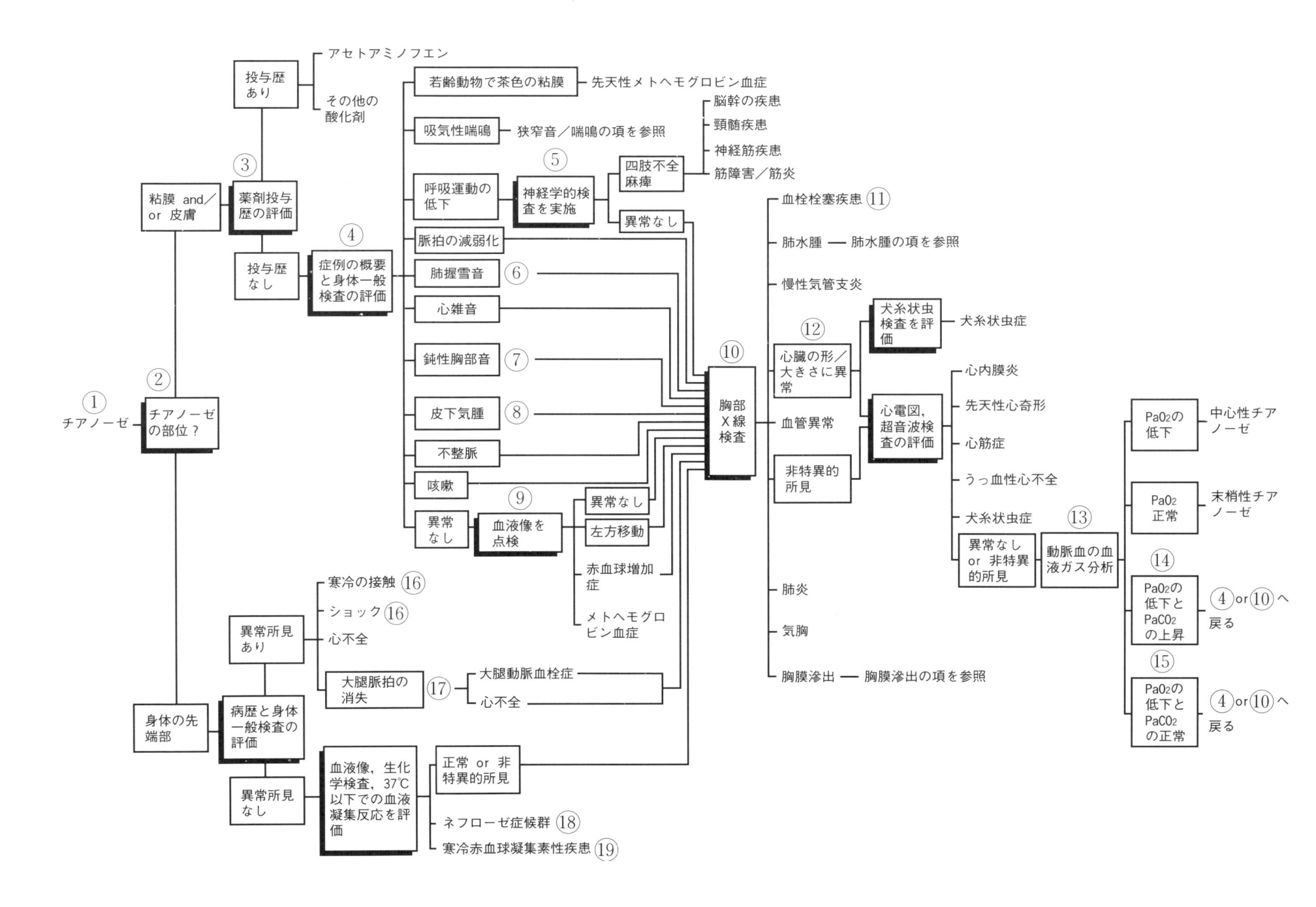

■ チアノーゼ ■

- ① チアノーゼ
- ② チアノーゼの部位？
  - 粘膜 and/or 皮膚
    - ③ 薬剤投与歴の評価
      - 投与歴あり
        - アセトアミノフエン
        - その他の酸化剤
      - 投与歴なし
        - ④ 症例の概要と身体一般検査の評価
          - 若齢動物で茶色の粘膜 — 先天性メトヘモグロビン血症
          - 吸気性喘鳴 — 狭窄音／喘鳴の項を参照
          - 呼吸運動の低下 — ⑤ 神経学的検査を実施
            - 四肢不全麻痺
              - 脳幹の疾患
              - 頸髄疾患
              - 神経筋疾患
              - 筋障害／筋炎
            - 異常なし
          - 脈拍の減弱化
          - 肺握雪音 ⑥
          - 心雑音
          - 鈍性胸部音 ⑦
          - 皮下気腫 ⑧
          - 不整脈
          - 咳嗽
          - 異常なし — ⑨ 血液像を点検
            - 異常なし
            - 左方移動
            - 赤血球増加症
            - メトヘモグロビン血症
          - ⑩ 胸部X線検査
            - 血栓栓塞疾患 ⑪
            - 肺水腫 — 肺水腫の項を参照
            - 慢性気管支炎
            - ⑫ 心臓の形／大きさに異常
              - 犬糸状虫検査を評価 — 犬糸状虫症
              - 心電図, 超音波検査の評価
                - 心内膜炎
                - 先天性心奇形
                - 心筋症
                - うっ血性心不全
                - 犬糸状虫症
            - 血管異常
            - 非特異的所見
            - 肺炎
            - 気胸
            - 胸膜滲出 — 胸膜滲出の項を参照
            - 異常なし or 非特異的所見 — ⑬ 動脈血の血液ガス分析
              - PaO₂の低下 — 中心性チアノーゼ
              - PaO₂正常 — 末梢性チアノーゼ
              - ⑭ PaO₂の低下とPaCO₂の上昇 — ④or⑩へ戻る
              - ⑮ PaO₂の低下とPaCO₂の正常 — ④or⑩へ戻る
  - 身体の先端部
    - 病歴と身体一般検査の評価
      - 異常所見あり
        - 寒冷の接触 ⑯
        - ショック ⑯
        - 心不全
        - 大腿脈拍の消失 ⑰
          - 大腿動脈血栓症
          - 心不全
      - 異常所見なし
        - 血液像, 生化学検査, 37℃以下での血液凝集反応を評価
          - 正常 or 非特異的所見
          - ネフローゼ症候群 ⑱
          - 寒冷赤血球凝集素性疾患 ⑲

227

胸膜滲出

① 胸膜滲出は胸膜腔内に体液が貯留した状態をいう．通常，この胸膜腔は内臓胸膜（肺を覆っている膜）と壁側胸膜（胸腔を覆う膜）との間にある顕微鏡的な微狭空間である．胸腔内の状況の変化によって，胸膜腔間の体液動態が変動する．正常な状況下では，胸膜の壁側面から内臓面に液体が移動する．全身を巡る循環系の静水圧と浸透圧によって，壁側面では胸膜液形成が促進される．肺の循環系における静水圧と浸透圧によって，内臓面では胸膜液吸収が促進される．疾患によって，この微妙な均衡に変化が起こると胸膜液が貯留することになる．胸膜腔に滲出液があると，様々な程度の呼吸困難や呼吸速拍が認められるのが普通である．侵される度合いによってチアノーゼを呈する場合もあれば，ない場合もある．時には，立位で液体ラインが聴取されることもある．胸膜滲出の確定診断には，X線検査が最も有効となる．ただし，状態がきわめて悪化している場合が多いため，X線検査では取りあえず側位像だけにしておくことが重要である．もがく動物の場合には，撮影の間をできるだけあけて休ませることも必要である．ただでさえ肺の機能が低下しているわけあるから，腹背位でのX線検査は危険であり，これ以上大量の滲出液を証明する必要はない．X線側方像によって，滲出液の範囲や部位，胸腔穿刺をする際の最適部位が分かる．胸腔穿刺術を実施して病状が安定したら，必要に応じてあらゆる角度からX線検査を行えばよい．

② 胸膜滲出では，胸腔穿刺が初期の診断的検査として最も有効的と思われるため，胸膜液貯留の基礎原因が凝固不全によるものか否かを見きわめておくことが重要となる．おそらく胸腔穿刺で唯一禁忌となるのは，凝固不全といえる．まずこれを見きわめるには，病歴の聴取（薬剤投与歴，抗凝固剤摂取の可能性の有無，抗凝固性殺鼠剤に関する情報，悪意による毒物投与の可能性の有無，動物に対する監視度，肝疾患や腫瘍に関する病歴など）が重要となる．必要があれば凝固時間の検査も実施するとよい（プロトロンビン時間と部分トロンボプラスチン時間に延長が認められれば，抗凝固剤との接触が疑われる）．その他，判別する必要がある疾患には，播種性血管内凝固（DIC）がある．この場合には血小板数の減少とフィブリン分解産物の増加も認められる．

③ 胸膜滲出が判明したり疑われる場合には，胸腔穿刺が診断ならびに治療として実施されることになる．比較的細い針やバタフライカテーテル，三方活栓，延長チューブを使えば，ほとんどの滲出液の除去は可能であり，検査に付すこともできるし呼吸困難も解除できる．呼吸困難が著しい場合には，処置を施す際に内臓胸膜や肺組織，肋間の血管（個々の肋骨の後側を走行する血管）を傷つけないように注意する必要がある．胸腔穿刺で異常が認められない場合には，疑った胸膜滲出液の像は胸腔内に蓄積された脂肪の像か，腫瘤病変あるいはX線検査の際に写った皮膚の襞が疑われ，呼吸困難や呼吸速拍の原因は他にあると考えてよい．ただし，滲出液がきわめて濃いために，液体が上手く回収できなかったということも考えられる．膿胸が認められる場合には，かなり太めの針か開胸術によるカテーテル排液が必要となる．これは区画化されている（限局性の）場合にも使われる．この限局性の滲出液は，慢性の滲出液，特に胸膜面が刺激されている場合（膿胸，乳糜胸）に認められる．このような疑いがある場合には，超音波による誘導で液体の貯留部位を探ることもできる．採取した液体を分析することによって，形成された胸膜滲出液のタイプが分類される．これらの分類では細胞性と蛋白成分性の間に（変性性漏出液と滲出液など）重複する部分がある．また同じ基礎疾患でも，滲出液のタイプが異なる場合もある（例えば，腫瘍では，滲出液を形成することもあれば変性性漏出液の場合もある）．さらには，それぞれ違った疾患でも，同じタイプの体液が形成されることもある（例えば，右側の心不全でも外傷でも，また胸腔内腫瘍でも，乳糜性の滲出液が形成される）．

④ 滲出液では，蛋白が比較的高く（総蛋白＞3.5g/dl），また白血球数も多い（多くの場合＞5000/mm³）．もし滲出液が漿液血液性や血液性であれば，PCVを調べる必要がある．PCVが末梢血のPCVに近ければ（＞20％），外傷や凝固不全，胸腔内腫瘍の出血が疑われる．

⑤ 血小板やフィブリン分解産物をはじめ，一連の凝固系の検査によって凝固系の状態が分かる（②）．凝固系に異常が認められた場合には，症例の概要（若齢動物，凝固異常があるといわれている種類）と病歴（これまでの出血病歴，因子欠損の事実）から，先天性凝固不全の有無が分かる場合がある．一般的には第Ⅷ因子や第Ⅸ因子，重度のフォン・ヴィレブラント因子の欠損による出血である．血小板の減少とフィブリン分解物が認められれば，播種性血管内凝固（DIC）が疑われ，基礎疾患（腫瘍，敗血症，脾捻転など）の存在を疑う必要がある．抗凝固性殺鼠剤の摂取歴があったり，その疑いがある場合には，ビタミンK拮抗作用性蛋白（Vk拮抗産物）の検査を実施して，確認を図る必要がある．

⑥ 血胸があって，凝固系には異常がなく外傷歴もない場合や播種性血管内凝固（DIC）が認められた場合には，腫瘍を疑ってかかる必要がある．胸腔の画像検査を実施して腫瘍病変を探す必要があり，多くの検査を行うことになる．胸部X線検査には，胸膜腔液の排出と肺の再膨張を図る必要がある（播種性血管内凝固の疑いがある場合には，さらに胸腔穿刺を実施することは勧められない）．排液処置をする前に超音波検査を実施すれば，腫瘍を画像的に診断することは可能であるが，虚脱した肺組織と腫瘍を間違わないように注意する必要がある．胸部のCTスキャンやMRIスキャンを実施すれば，液体を除去してもしなくても判別できる．

⑦ 細胞学的検査で大量のリンパ球やミルク様の液体が認められる場合には，これを調べて判別する必要がある．乳糜滲出は変性性漏出液の場合もあれば滲出液の場合もあり，また最近食事を摂取していなければ，明確なミルク色をしていない場合もあり注意が必要である．乳糜液を細胞学的に検査して，カイロミクロンの有無を調べることが重要であり，液体のトリグリセライドとコレステロールの濃度を末梢血の濃度と比較する必要がある（トリグリセライド濃度は末梢血よりも乳糜液の方が高く，コレステロール濃度は低いはずである）．その他，動物が摂取してくれるのであれば，クリームのような高脂肪食を与えて，液体がミルク色に変化するか否かを観察する．乳糜滲出は外傷や胸腔内腫瘍，右側心不全，頸静脈カテーテル留置による二次的な胸管の塞栓や断裂などに伴って起こるし，特発性の場合もある．最も多いのは，この特発性乳糜滲出である．

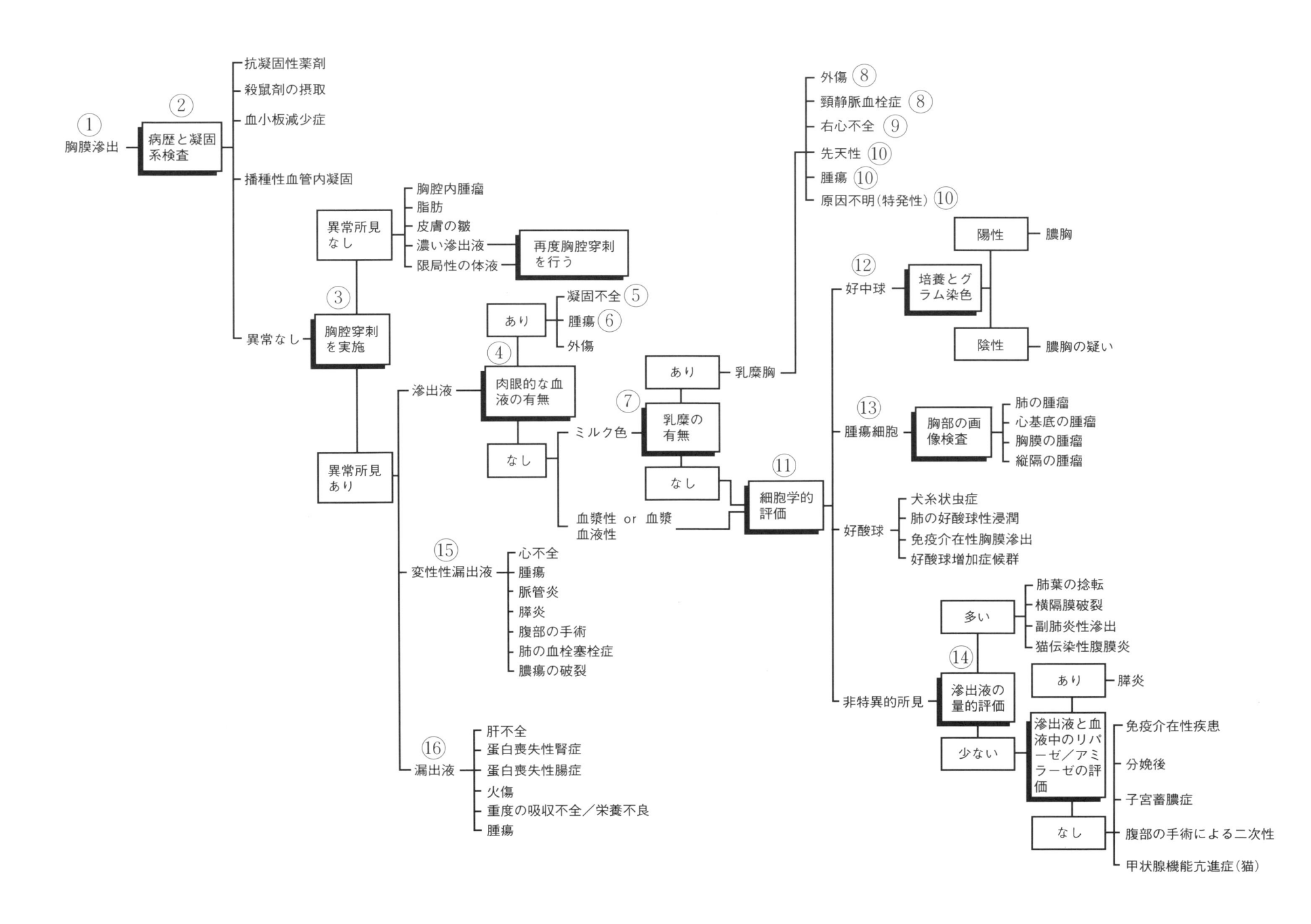

■ 胸膜滲出 ■

- ① 胸膜滲出 → ② 病歴と凝固系検査
  - 抗凝固性薬剤
  - 殺鼠剤の摂取
  - 血小板減少症
  - 播種性血管内凝固
  - 異常なし
- ③ 胸腔穿刺を実施
  - 異常所見なし
    - 胸腔内腫瘤
    - 脂肪
    - 皮膚の皺
    - 濃い滲出液
    - 限局性の体液
    → 再度胸腔穿刺を行う
  - 異常所見あり
    - 滲出液 → ④ 肉眼的な血液の有無
      - あり
        - 凝固不全 ⑤
        - 腫瘍 ⑥
        - 外傷
      - なし → ⑦ 乳糜の有無
        - ミルク色
          - あり → 乳糜胸
          - なし
        - 血漿性 or 血漿血液性
        → ⑪ 細胞学的評価
          - 好中球 → ⑫ 培養とグラム染色
            - 陽性 → 膿胸
            - 陰性 → 膿胸の疑い
          - 腫瘍細胞 → ⑬ 胸部の画像検査
            - 肺の腫瘤
            - 心基底の腫瘤
            - 胸膜の腫瘤
            - 縦隔の腫瘤
          - 好酸球
            - 犬糸状虫症
            - 肺の好酸球性浸潤
            - 免疫介在性胸膜滲出
            - 好酸球増加症候群
          - 非特異的所見 → ⑭ 滲出液の量的評価
            - 多い
              - 肺葉の捻転
              - 横隔膜破裂
              - 副肺炎性滲出
              - 猫伝染性腹膜炎
            - 少ない → 滲出液と血液中のリパーゼ／アミラーゼの評価
              - あり → 膵炎
              - なし
                - 免疫介在性疾患
                - 分娩後
                - 子宮蓄膿症
                - 腹部の手術による二次性
                - 甲状腺機能亢進症（猫）
    - ⑮ 変性性漏出液
      - 心不全
      - 腫瘍
      - 脈管炎
      - 膵炎
      - 腹部の手術
      - 肺の血栓塞栓症
      - 膿瘍の破裂
    - ⑯ 漏出液
      - 肝不全
      - 蛋白喪失性腎症
      - 蛋白喪失性腸症
      - 火傷
      - 重度の吸収不全／栄養不良
      - 腫瘍

右側分岐：
- 外傷 ⑧
- 頸静脈血栓症 ⑧
- 右心不全 ⑨
- 先天性 ⑩
- 腫瘍 ⑩
- 原因不明（特発性）⑩

■ 胸膜滲出 ■

⑧ 病歴から，外傷（特に胸部の外傷）の有無や頸静脈のカテーテル留置（一般的には少なくとも10～14日以内の留置処置）の有無を調べる必要がある．排液処置が図られておれば，胸管の裂傷は次第に治癒するはずである．頸静脈の血栓や合併症としての胸管の閉塞も，特にヘパリンによって血餅が大きくならないよう予防処置が施されていれば，次第に改善されるはずである．血栓溶解剤（ストレプトキナーゼ，ウロキナーゼ）を投与するものよい．このような薬剤を投与する前に，静脈の血管造影を実施する必要がある（左頸静脈から裂傷や血栓が予想されるちょうど上の部位に頸静脈カテーテルを留置して行う）．胸管の裂傷や閉塞ではリンパ管造影を実施して診断することもある（以下を参照）．

⑨ 病歴や身体一般検査から，心疾患（右側心不全，両室性心不全）が疑われた場合には，心エコーによる検査が必要となる．右側心不全が疑われる身体一般検査所見としては，重度の原発性肺疾患の症状，三尖弁あるいは肺動脈性心雑音，頸静脈拍動の上昇，肝頸静脈逆流などがあげられる．猫で最もよく認められるのは，右側心不全による二次性の胸膜滲出である．犬では腹腔内滲出を認める傾向が強い．

⑩ 外傷歴や心臓に異常が認められない場合には，特に胸腔内腫瘍や（先天性，後天性の）胸管の異常などの基礎疾患を乳糜胸の原因として疑ってみる必要がある．重要なのは，症例の概要を点検することである（若齢動物では先天性の欠損が明らかになる．一方，老齢動物では腫瘍になる傾向がある．もちろん，若齢動物でもリンパ腫が認められることもある）．病歴を調べて，既に分かっている基礎疾患を点検することも重要である．胸腔穿刺の際にはその前にX線検査をしたり，まだ液体が残っている場合には超音波検査をしたり，あるいはCT/MRIスキャンなど画像検査によって胸部を調べることも必要である．その他，X線造影検査を実施することもある．この場合には，開腹して腸間膜のリンパ管にカニューレを挿入する必要がある．この技法は決して簡単なものではないが，術前に高脂肪食を摂取させれば肉眼的にリンパ管が見分けやすくなる．

⑪ 胸膜滲出液のPCV値と末梢血のPCV値が一致せず，乳糜様でない場合には，次の段階として細胞学的検査を実施して胸腔滲出液の基礎原因を見きわめることになる．末梢血の白血球数によって，胸膜滲出液の細胞成分はある程度影響を受けるため，細胞学的検査では，いずれの場合も末梢血の白血球数と照らし合わせて解釈する必要がある（例えば，末梢血で著しい好酸球増加が認められる場合には，好酸球性の胸膜滲出液はさほど意味をもたないこともある）．

⑫ 滲出液中に多量の好中球が認められた場合には，その好中球細胞を検査して細菌や真菌が取り込まれていないか，変性性か非変性性かなどを見きわめる必要がある．変性性の好中球は，敗血症性の滲出液の場合（膿胸など）に比較的よく認められる．この所見が認められた場合には，グラム染色と培養を行って細菌成分や真菌成分を探すことになる．感染性の基礎疾患に応じて，特殊な培養が必要になることもある（例えば，アクチノミセス属，ノカルジア属）．敗血症性滲出液では，胸部の貫通創（多くの場合，猫の喧嘩）や異物（通常は吸入性），食道破裂，副肺炎性滲出，肺膿瘍の破裂などが原因となる．

⑬ 時には胸膜滲出液の中に腫瘍細胞が認められることがある．ただし，腫瘍細胞の塊なのか活性化した中皮細胞なのかを見きわめることがきわめて重要となる．中皮細胞は胸膜滲出ではいずれの場合も検出され，異常性の高い所見といえる．リンパ芽球細胞や癌細胞の腺房配列が認められた場合には，腫瘍の疑いが比較的強く，ひたすら腫瘤病変の部位を探すことになる．この場合には滲出液を排出した後胸部超音波検査と胸部X腺検査を実施する．

⑭ 滲出液が特異的な細胞性を示さない場合がよくある（非乳糜性，非出血性，非敗血症性，非腫瘍性）．この場合には滲出液の量に眼を向けてみる必要がある．大量の滲出液が観察される場合には，滲出液形成が機械的な原因で起こっていないかを見きわめる．大型犬の場合には（X線検査で気管支の位置を確認し）肺葉の捻転の有無を探したり，横隔膜破裂（肝臓の胸腔内捕捉）や副肺炎性滲出液，猫では伝染性腹膜炎などの有無を確認する．また膵炎や子宮蓄膿症，腹部の手術，猫の甲状腺機能亢進症，免疫介在性疾患（多発性関節炎，全身性紅斑性狼瘡，肺の肉芽腫症）などでは，少量の滲出液が認められることがある．

⑮ 変性性の漏出液では，その成分（蛋白と細胞成分）によって，滲出性と漏出性の中間を占める不明瞭な部分が認められる．特にほとんど特異性のない滲出液（出血性，膿性，乳糜性以外の滲出液）の場合には，変性性漏出液と滲出液の原因となる基礎疾患の間には重複するものもかなり多い．漿液性滲出液や漿液血液性滲出液を示す疾患（例えば，心不全，腫瘍，膿胸）では，多くの場合変性性漏出液も認められるため，このアルゴリズムの表では多数の疾患が予測されることになる．肺の血栓栓塞性疾患では，少量の胸膜滲出を認めることも頭に入れておく必要がある．この場合，通常では変性性漏出液が認められる．また少量の滲出液であっても，この場合には著しい呼吸困難が観察されることも覚えておく必要がある．血管炎が原因で（これには数多くの基礎原因が考えられるが），胸腔内に変性性漏出液が認められることは比較的多い．

⑯ 漏出液は，低蛋白成分（<2～2.5g/dl）と細胞成分をもつ滲出液である．この漏出は，脈管内での体液の保持や血管やリンパ管での体液の再吸収などに必要な血清浸透圧が適正でない場合に起こる．胸腔内に漏出液形成が起こる最も一般的な原因には，アルブミン生成の欠損（肝疾患）と身体からの蛋白喪失（蛋白喪失性腎障害，蛋白喪失性胃腸障害，著しい出血，皮膚蛋白の喪失につながる重度の火傷）があげられる．また吸収不全や栄養不良，一部の腫瘍，リンパ管閉塞を起こす疾患などでも胸腔内の漏出液形成が認められる．

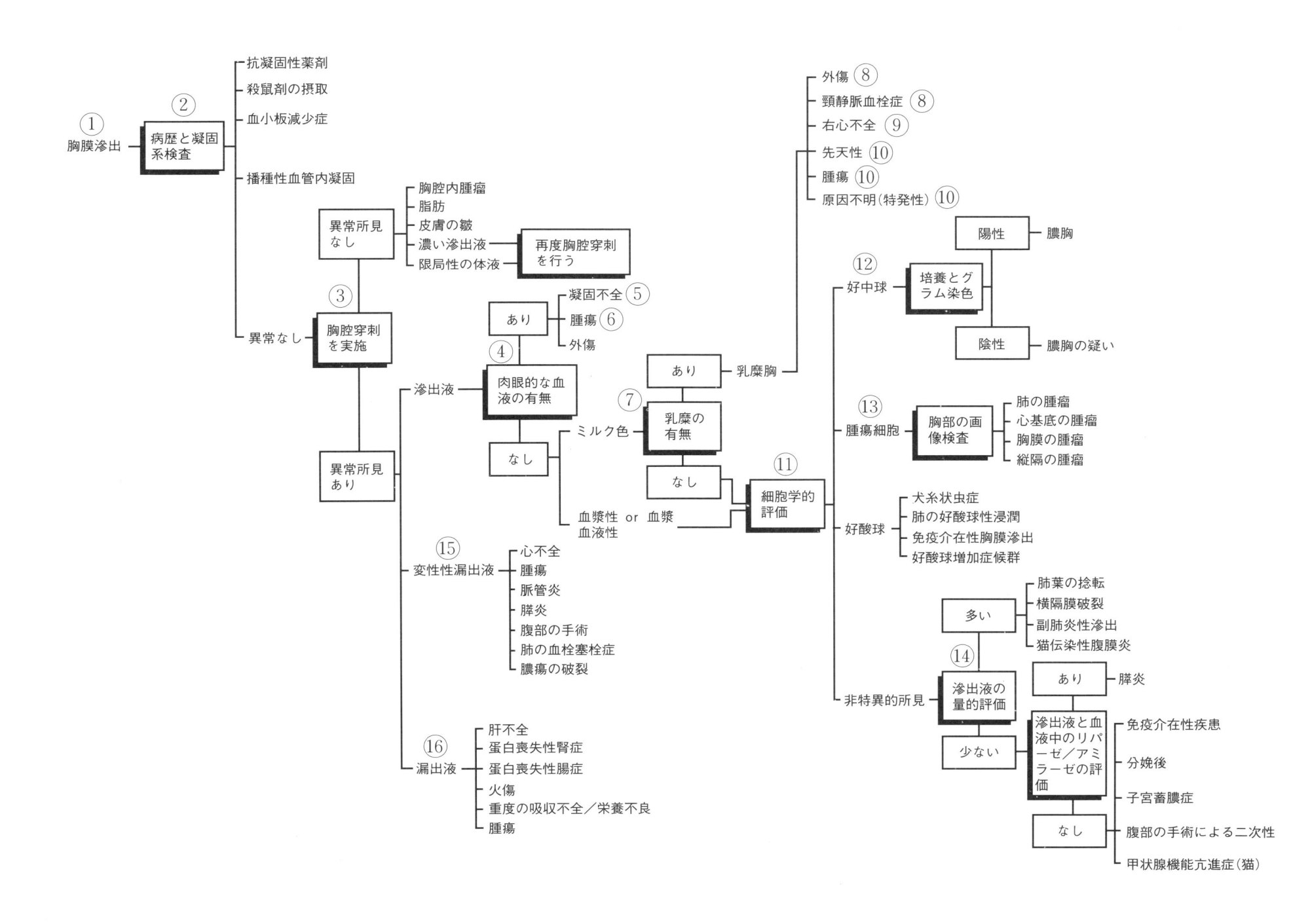

■ 胸膜滲出 ■

- ① 胸膜滲出 → ② 病歴と凝固系検査
  - 抗凝固性薬剤
  - 殺鼠剤の摂取
  - 血小板減少症
  - 播種性血管内凝固
  - 異常なし → ③ 胸腔穿刺を実施
    - 異常所見なし
      - 胸腔内腫瘤
      - 脂肪
      - 皮膚の皺
      - 濃い滲出液 → 再度胸腔穿刺を行う
      - 限局性の体液
    - 異常所見あり
      - 滲出液 → ④ 肉眼的な血液の有無
        - あり
          - ⑤ 凝固不全
          - ⑥ 腫瘤
          - 外傷
        - ミルク色 → ⑦ 乳糜の有無
          - あり → 乳糜胸
            - 外傷 ⑧
            - 頸静脈血栓症 ⑧
            - 右心不全 ⑨
            - 先天性 ⑩
            - 腫瘤 ⑩
            - 原因不明(特発性) ⑩
          - なし
        - なし
        - 血漿性 or 血漿血液性 → ⑪ 細胞学的評価
          - ⑫ 好中球 → 培養とグラム染色
            - 陽性 → 膿胸
            - 陰性 → 膿胸の疑い
          - ⑬ 腫瘍細胞 → 胸部の画像検査
            - 肺の腫瘤
            - 心基底の腫瘤
            - 胸膜の腫瘤
            - 縦隔の腫瘤
          - 好酸球
            - 犬糸状虫症
            - 肺の好酸球性浸潤
            - 免疫介在性胸膜滲出
            - 好酸球増加症候群
          - 非特異的所見 → ⑭ 滲出液の量的評価
            - 多い
              - 肺葉の捻転
              - 横隔膜破裂
              - 副肺炎性滲出
              - 猫伝染性腹膜炎
            - 少ない → 滲出液と血液中のリパーゼ/アミラーゼの評価
              - あり → 膵炎
              - なし
                - 免疫介在性疾患
                - 分娩後
                - 子宮蓄膿症
                - 腹部の手術による二次性
                - 甲状腺機能亢進症(猫)
      - ⑮ 変性性漏出液
        - 心不全
        - 腫瘤
        - 脈管炎
        - 膵炎
        - 腹部の手術
        - 肺の血栓塞栓症
        - 膿瘍の破裂
      - ⑯ 漏出液
        - 肝不全
        - 蛋白喪失性腎症
        - 蛋白喪失性腸症
        - 火傷
        - 重度の吸収不全/栄養不良
        - 腫瘤

肺 水 腫

① 肺水腫とは，肺の間質ならびに肺胞腔に体液が貯留した状況をいう．これは原発性の疾患ではなく心疾患など他の疾患過程で発現するものである．肺水腫は2つのタイプに分かれる．即ち心臓性と非心臓性である．比較的多いのは心臓性の肺水腫である．肺水腫の病理生理学的メカニズムとしては，静水圧の上昇，血漿浸透圧の低下，毛細管膜の浸透性の上昇，リンパ管の機能不全，胸膜内陰圧の上昇などがあげられる．犬や猫では，左側心不全による静水圧の上昇が原因で肺水腫になる場合が多い．

② 肺水腫では，咳嗽やチアノーゼ，運動不耐性，呼吸困難などが一般的な臨床症状として認められる．このような場合には頻脈や脈拍欠損，心雑音，不整脈，頸静脈の怒張（これは右側心疾患で比較的よく認められる）など，心疾患の徴候を見きわめる必要がある．猫では心雑音や不整脈を伴わない重度の心疾患を認めることがあり，注意が必要となる．肺水腫では胸部の聴診により，握雪音や捻髪音が聴取されることもあるが，異常な呼吸音が聴取されない場合もある．背側や後側で聴取される握雪音では，心不全を伴う場合がきわめて多い．

③ 肺水腫の診断は，胸部X線検査によって確認される．心臓性の肺水腫では，最初は末梢域の間質性パターンが認められ，その後に肺胞性パターンに進む．非心臓性の肺水腫では最初から肺胞性のパターンを示すことが比較的多く，特に背側後側域の肺野で認められる．猫の肺水腫では，非対称性で多病巣性に散らばって認められることがあり，X線検査で間質性，肺胞性を見分けることが難しい場合がある．場合によっては，肺炎との判別に苦しむこともある．肺炎では通常前方ならびに頭側腹側に散らばっていることが多く，他よりも重度な病変部が観察されるというのが普通である．限局性の心肥大や全体的な心肥大が観察される場合には，心臓性の肺水腫が強く疑われる．しかし非心臓性の肺水腫で，肺の高血圧が起こり，その結果二次性の右心肥大が認められるようになることもある．

④ 心臓性の肺水腫が一般的であるため，X線検査で心肥大が観察されたり，身体一般検査で心疾患の症状が認められた場合には，心エコー検査で心臓の状態を調べる必要がある．猫のX線検査で心臓に異常が認められず，また心臓の大きさが特定できない場合には，いずれにしても心エコーによる検査が重要となる．

⑤ 猫では肥大型/拘束型心筋症の発生率が高いため，X線検査では侵襲疾患の徴候が認められない場合が多い．肥大型心筋症では，内側に向かって心筋が肥厚し，心室の容積と拍出量が減少する．拘束性心筋症では，心筋と心内膜の変化によって心臓の拡張期の充満度が減少する．何れの場合も拍出不全と肺水腫が起こる．かなり後になってからでないと心肥大像は認められない．

⑥ 犬や猫で，心エコーによる検査に異常が認められない場合には，もう一度病歴と身体一般検査所見を見直して，非心臓性肺水腫の原因の有無を探る必要がある．この場合考えられるものとしては，上部気道閉塞や喉頭麻痺，感電，神経疾患，外傷がある．上部気道閉塞の場合には，一過性の非心臓性肺水腫が起こるに過ぎない．猫では非心臓性肺水腫は滅多に認められない．

⑦ 上部気道閉塞では，狭窄性あるいは喘鳴性呼吸，吸気性呼吸困難，チアノーゼ，咳嗽，絞扼反射による嚥下・嘔吐発作，虚脱などが観察される．

⑧ 気道閉塞症候群はすべての短頭種で認められるが，特にイングリッシュ・ブルドッグで見られる．ペルシャやヒマラヤンなどの猫でも認められることがある．鼻の狭窄や軟口蓋の下垂，喉頭嚢の反転，気管の形成不全などが認められ，上部気道閉塞や二次性の喉頭虚脱が起こる．気温の高い環境や過剰なパンティング行動によって，この症候群がさらに悪化することになる．

⑨ 先天性の喉頭麻痺は，通常1歳齢以下の犬で認められる．一般的にこの疾患になりやすい犬種としては，ブービエ，シベリアンハスキー，アイリッシュ・セター，ダルメシアン，ブルテリアなどがある．大型犬種で特に高齢犬では，後天性の喉頭麻痺を認めることがきわめて多い．この疾患は頸部の外傷によって起こることも時にはあるが，一般的には末梢性の神経症が原因となる．末梢性の神経症の基礎原因を特定できない場合が多い．非鎮静下で，直接喉頭を検査することで診断される．この場合，片側あるいは両側の披裂軟骨と声帯が外転しないという状態が吸気時に観察される．猫では滅多に認められない．

⑩ 上部気道閉塞の症状が認められない場合には，口腔内を点検して感電による火傷がないかを調べる．最も多いのは好奇心の強い子犬や子猫である．

⑪ 上部気道閉塞や感電の疑いが認められない場合には，病歴を再点検してここ数日の間に頭部の外傷や痙攣発作がなかったを調べる．これらの疾患によって，神経性（非心臓性）の肺水腫が起こることがある．神経学的検査を実施して，行動や精神状態，固有受容器に異常がないか，また中枢神経系の疾患を疑わせる頭部神経の欠損の有無を調べる必要がある．

⑫ 神経学的疾患が認められない場合には，血清アルブミン濃度を調べることになる．低アルブミン血症では血漿の浸透圧の低下が起こる．低アルブミン血症は，他の病的素因と結びついて要因の1つにはなるが，これだけで肺水腫になるとは思われない．低アルブミン血症の場合に過剰の補液を行うと血管に過剰の付加をもたらすことになり，肺水腫が起こる場合がある．このような場合には，血清アルブミン濃度は1.8g/dl以下になり，多くの場合肺水腫が起こる前に皮下の浮腫が認められるようになる．

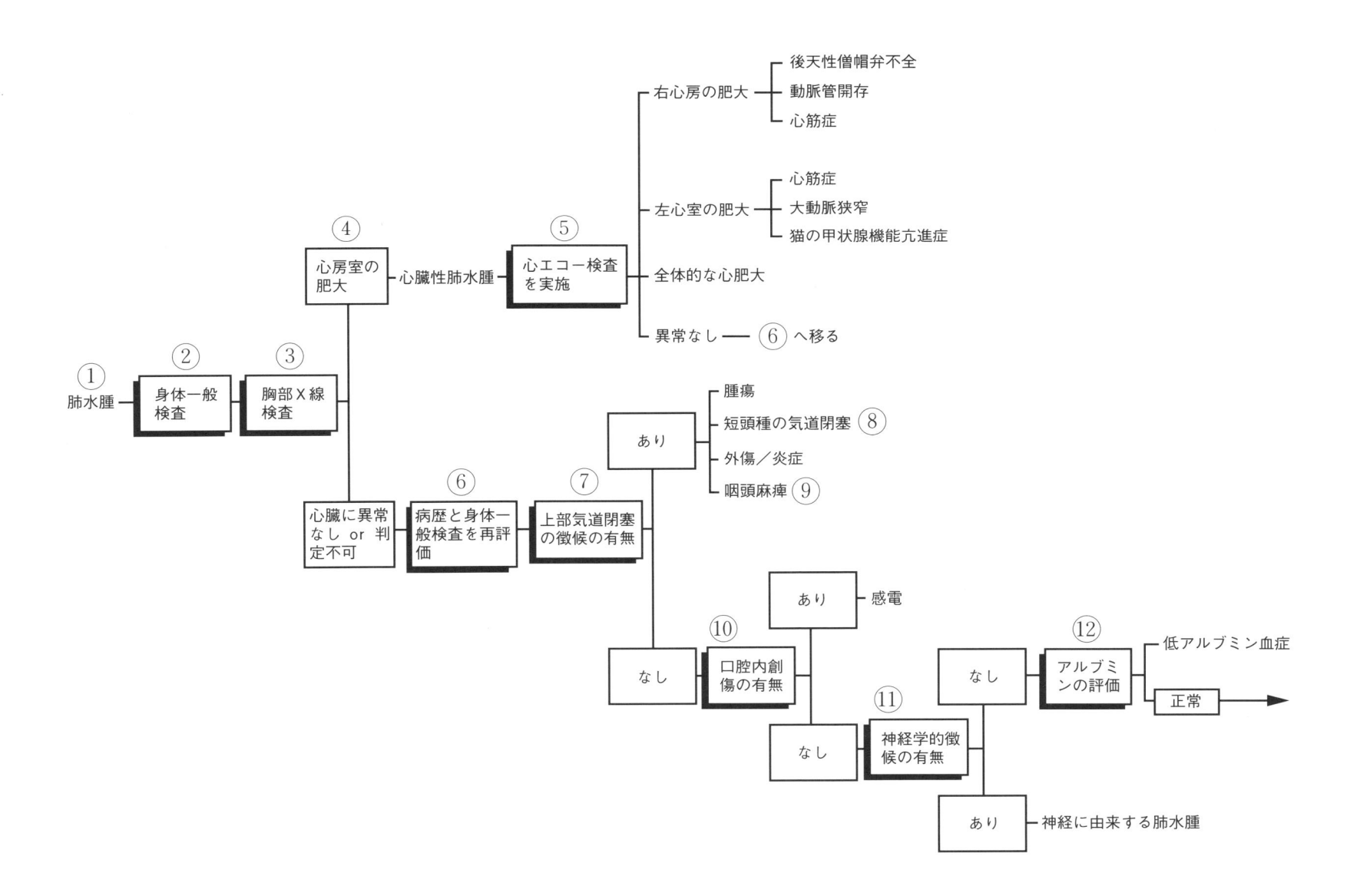

■ 肺 水 腫 ■

- ① 肺水腫
- ② 身体一般検査
- ③ 胸部X線検査
- ④ 心房室の肥大 — 心臓性肺水腫
- ⑤ 心エコー検査を実施
  - 右心房の肥大
    - 後天性僧帽弁不全
    - 動脈管開存
    - 心筋症
  - 左心室の肥大
    - 心筋症
    - 大動脈狭窄
    - 猫の甲状腺機能亢進症
  - 全体的な心肥大
  - 異常なし — ⑥ へ移る
- 心臓に異常なし or 判定不可
- ⑥ 病歴と身体一般検査を再評価
- ⑦ 上部気道閉塞の徴候の有無
  - あり
    - 腫瘍
    - 短頭種の気道閉塞 ⑧
    - 外傷／炎症
    - 咽頭麻痺 ⑨
  - なし
    - ⑩ 口腔内創傷の有無
      - あり — 感電
      - なし
        - ⑪ 神経学的徴候の有無
          - あり — 神経に由来する肺水腫
          - なし
            - ⑫ アルブミンの評価
              - 低アルブミン血症
              - 正常

■ 肺 水 腫 ■

⑬ 全身性疾患のなかには，非心臓性肺水腫と呼吸器症状を示すものがいくつかあり，これら疾患をまとめて急性呼吸困難症候群と称されている．この症候群は急性（突然臨床症状が現れる）の場合と慢性（数日かけて症状が進む）の場合がある．犬と猫の急性呼吸困難症候群の最も一般的な原因としては，膵炎，敗血症，内毒素血症，吸引性肺炎，ならびにパルボウイルス感染（特に犬）などが報告されている．

⑭ これまでに心エコーによる検査が実施されていない場合には，この検査を実施して，胸部X線検査で明らかにされなかった心疾患の有無を見きわめることも重要となる．

⑮ 心エコーによる検査で異常がない場合には，病歴と身体一般検査ならびに一連の血清生化学検査で肝酵素を測定し，肝疾患の有無を見きわめる．これ以外の肝機能検査が必要になる場合もある．低アルブミン血症が認められない状況のなかで，肝疾患によって肺水腫がどのようにして起こるのかについては実際のところまだ分かっていない．

⑯ 呼吸器系の機能不全の程度を判別したり，治療に対する反応を評価するには，動脈血のガス分析が必要になるが，これによって肺水腫の基礎原因が特定されるわけではない．

⑰ これまでの検査で異常が認められない場合には，肺水腫は神経学的な原因によるものと推測される．この時点で神経学的検査に異常が認められない場合には，胸部の末梢神経に限局性の異常があるか，それとも脳の一部に限局して異常が認められるかの何れかである．脳の一部に異常が限局している場合には，精神状態の異常や頭側の神経異常，歩様の欠損などが際立って認められるということはない．さらに診断を進めるには，脳のCTスキャンやMRIスキャン，脳脊髄液の検査が必要となる．

⑱ 肺の血栓塞栓症が，肺水腫の原因になることはほとんどないといってよい．もしあったとしても，特に臨床症状や血液ガス分析による低酸素血症のひどさに比べれば，浮腫や肺胞の陰影像は極軽度のものである．肺血栓塞栓症は，血餅や細菌栓子，異物，空気，脂肪，寄生虫などによる肺の動脈や細動脈の栓塞が原因となる．胸部X線検査で，過透明ゾーン（血液供給が部分的に欠損するため）や軽度の肺胞性肺浸潤像（浮腫や出血）を認めることがまれにある．放射線アイソトープで換気ならびに灌流のスキャンを実施しない限りは，この診断は難しいといえる．

⑲ 高熱の煙を吸入すれば，上部気道の粘膜は傷害され，喉頭に浮腫が起こる．気管や気管に不完全燃焼の産物が吸引されれば，粘膜に付いて酸やアルカリが産生され，これによって気道が傷害を受ける．プラスチックやゴム，その他の合成製品が燃えると有害ガスが発生し，そのガスによって肺が傷害されることがある．煙を吸引した場合，その16～24時間以降までは，通常肺には著しい変化は起こらない．胸部X線検査を実施すれば，肺水腫や無気肺，胸膜滲出液，初期の肺炎が観察される．

⑳ 敗血症であることが判明しても，基礎原因が分からない場合が多い．原因が分かったとしても，既に感染していることもあれば，手術が行われていたという場合もある．また胸部造瘻術や腹部造瘻術でカテーテルが挿入されている場合もあれば，体腔内への貫通創がある場合もある．また基礎に免疫抑制を起こす疾患があったり，全身感染を起こしやすい素因（糖尿病，副腎皮質機能亢進症，全身性のウイルス感染など）をもっていることもある．治療によっては，全身感染が起こりやすくなるものもある（化学療法剤の投与，グルココルチコイド，静脈内栄養投与）．敗血症では，呼吸促拍，発熱，頻脈，粘膜の充血，メレナ，出血性の下痢などが一般的な臨床症状として認められる．また検査室所見では，呼吸性アルカローシスや白血球増加症，左方移動を伴う好中球増加症や好中球減少症，肝酵素の上昇，低アルブミン血症などが異常として認められる．

㉑ 急性の重度の膵炎では，著しい嘔吐や腹痛，顕著な抑うつ，低血圧，ショック様症状などが認められる．細胞膜の破損によって酵素前駆体や活性トリプシンの放出が起こり，その結果低血圧を誘発するブラジキニンやその他の物質が放出される．その他，心筋抑制因子や腸内毒素など生化学的反応物質や毒性物質が活性化されたり放出される．電解質の不均衡によっても，肺機能に異常をもたらすことがある．

㉒ 急性の尿毒症に併発する呼吸器症状としては，肺水腫や肺炎，尿毒症性肺炎，胸膜滲出，肺血栓塞栓症などがある．急性腎不全では，補液の過剰投与と用量過負荷によって肺水腫を起こすことがある．乏尿が認められる場合には，一度補液の投与を行うと過剰補液の修正が困難あるいは不可能になることがある．

㉓ 播種性血管内凝固（DIC）は，全身性凝固と線維素溶解によって起こる複合症候群である．急性播種性血管内凝固の出血期では，点状出血や斑状出血，多所性出血などの症状が起こる．栓塞性あるいは慢性の代償性播種性血管内凝固では，明白な出血が認められない場合や全くない場合が多い．この場合には急性呼吸困難症候群を伴って，非心臓性の肺水腫が起こる．

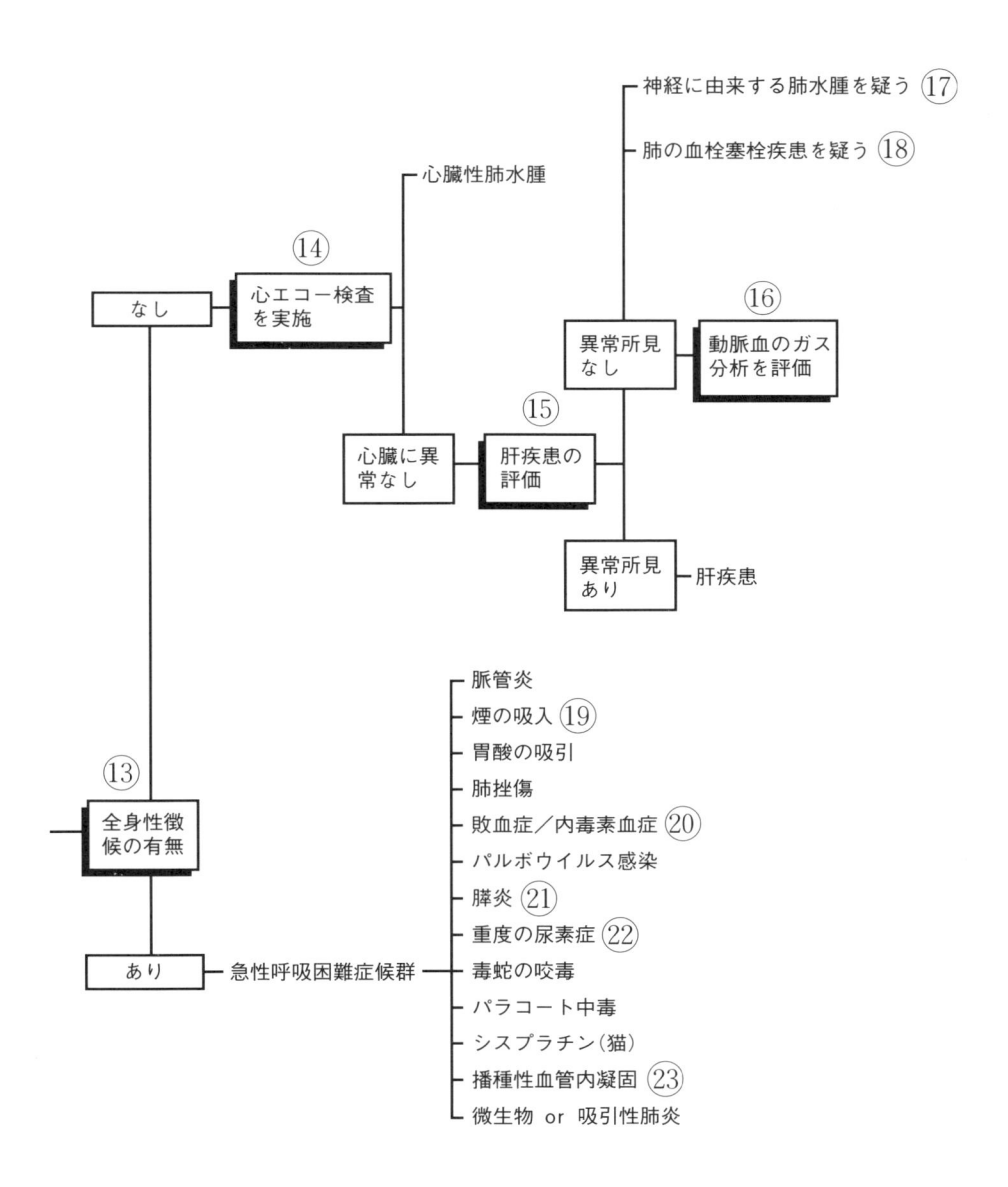

■ 肺 水 腫 ■

- 神経に由来する肺水腫を疑う ⑰
- 肺の血栓塞栓疾患を疑う ⑱

⑭ 心エコー検査を実施 ─ 心臓性肺水腫

なし

異常所見なし ─ ⑯ 動脈血のガス分析を評価

心臓に異常なし ─ ⑮ 肝疾患の評価

異常所見あり ─ 肝疾患

⑬ 全身性徴候の有無

あり ─ 急性呼吸困難症候群
- 脈管炎
- 煙の吸入 ⑲
- 胃酸の吸引
- 肺挫傷
- 敗血症／内毒素血症 ⑳
- パルボウイルス感染
- 膵炎 ㉑
- 重度の尿素症 ㉒
- 毒蛇の咬毒
- パラコート中毒
- シスプラチン（猫）
- 播種性血管内凝固 ㉓
- 微生物 or 吸引性肺炎

SECTION 10

心血管系の疾患

頻 拍

① 頻拍とは，心拍動が速くなることをいい，犬や猫では通常1分間に160回以上の場合をいう．小型犬や子犬では，心拍数が生理的に180回/分以上になることがある．猫では生理的に210回/分になる場合もある．頻脈の原因としては，原発性の心疾患や低酸素血症，敗血症，薬剤，毒物，代謝異常，自律神経系の失調などが考えられる．

② 頻拍では，臨床症状が認められる場合もあれば認められない場合もある．きわめて速い不整脈があると，拡張期の心室の血液充満度が低下し，ポンプ作用の前方不全が起こるため，虚脱状態になることがある．また頻拍があると，それ以外にも心不全の症状（咳嗽，呼吸困難，運動不耐性）を示すことがある．余りにも不整脈が速いと，頻拍によって肺水腫になることがある．これは拡張期の長さが適正でないために，心室の血液充満度が低下し，後方不全が起こるためである．

③ 心拍数を速める薬剤には，ジギタリスやアトロピン，グリコピロレート，チロキシン，カテコラミンなどがある．ジギタリスは時には心房性頻拍を抑えたり，心房細動の際に心室反応の拍動を遅延させたりする場合にも使われるが，特に中毒性血清濃度に達すると様々な頻拍性不整脈を起こすことがある．ジギタリスによる不整脈ではほとんどの場合，房室結節遮断（徐脈の項を参照）と後脱分極の遅延による期外収縮である．普通は不整脈よりも先に胃腸傷害が現れるため，胃腸症状が認められた場合にはジゴキシンの投与を止めるか投与量を減らすことが必要となる．ドキソルビシンは心毒性や拡張性心筋症，頻拍性不整脈を発現させることがある．

④ 心電図検査を実施して，現に起こっている頻拍のタイプを特定する必要がある．

⑤ 通常認められるのは心室性頻拍である．心室性頻拍は，房室結節の下部やヒス束内，遠位プルキンエ線維あるいは心室の筋そのものが起源となる．

⑥ 心室性期外収縮群は，次に現れる正常な心拍動の前に起こる早期心室拍動である．その特徴はP波を伴わない幅広い異様なQRS群として現れる．心室性期外収縮が，連結して（対で）現れる場合もあれば，一列に3つ以上並ぶこともあるし，二段脈（正常な洞性拍動で心室性期外収縮群が変化する）として現れることもある．QRSが上向き（陽性のフレ）に現れる場合には右室性の巣点が疑われ，下向き（陰性のフレ）の場合には左室性の巣点が示唆される．脈拍欠損があれば，心室性期外収縮群のあることが推察される．基礎原因は多種多様であり，原発性心疾患や脾臓疾患，内毒素血症，薬剤などが考えられる．

⑦ 心室粗動は，きわめて速く異様で不安定な不整脈をいい，心室細動の正に一歩手前の状態といえる．原因としては，心筋の外傷や無酸素症，低血圧やショック，電解質の不均衡などがあげられる．速やかにリドカインやプロカインを静脈内に投与して，不整脈を治療する必要がある．

⑧ 心室細動は，非協調性の不規則な心調律をいい，心停止と同義語と考えてよい．心室細動に先立って，R波の上にT波が乗る現象を伴う心室性期外収縮が認められ，心室性頻拍が続き，心室粗動が起こる．交流性カウンターショック療法で元に戻る場合がある．

⑨ 列上に4つ以上の心室性期外収縮群が認められた場合には，心室性頻拍と特定される．同じ形をした（単形性の）心室性期外収縮群の方が，多くの形をした（多形性の）ものよりも比較的良性であり，特に基礎原因が分かっていて治療がなされているのであれば，血液動態に異常（末梢灌流の低下，脈拍欠損）がない限りは治療の必要はない．

⑩ 頻拍がかなりひどくて，虚脱や肺水腫，心臓性ショック（蒼白，再充填時間の遅延，低体温症，脱力）などが認められる場合には，他の診断的検査を進める前に不整脈を治療する必要がある．

⑪ 上室性頻拍は洞結節や心房の筋肉，房室接合部組織など房室結節の上部から始まる．

⑫ 心房粗動は速くて持続的な一連の規則正しい心房性脱分極を認めるのが特徴であり，P波間の休止期相を欠く．この心房粗動はまれにしか見られない頻拍の1つで，300回/分以上の速さの心房性拍動を認める場合が多い．迷走神経の刺激によって不整脈が改善されない場合には，ジギタリスの静脈内投与やベーター遮断薬，カルシウム・チャンネル遮断薬などを試みる必要がある．心房粗動の基礎原因は，心房細動の場合と同じである．

⑬ 心房細動では，急速かつ不規則な不整調律，心電図上のP波の欠損，細動波といった特徴が認められる．ほとんどの場合，左房の筋肉の伸長による左心室機能不全が認められ，電気的異常と新しいペースメーカーの巣点形成が起こる．先ずはジゴキシンを投与し，房室結節を遮断することによって心拍動を遅くさせる必要がある．一般的な心房細動の原因には，慢性の僧帽弁逆流，拡張性ならびに拘束性心筋症，先天性心奇形などがある．大型犬では，左心室が正常でありながらも特発性の心房細動が見られる．

⑭ 心房性頻拍と接合部性頻拍は見分け難く，正確な部位が特定できない場合には上室性頻拍と称されている．心電図では心拍数が速すぎるためP波が見つけ難いといった所見が観察される．頸動脈洞や眼球の圧迫など迷走神経手技によって，これらの不整脈を制止させることができる．一般的には，心房拡張の原因となる構造的な心病変（血管肉腫，心筋炎，心内膜炎，心筋症）や低酸素血症，ジギタリス中毒などが原因となる．このような頻拍が継続していたり，虚脱や脱力が病歴に認められたり，頻拍によって構造的な心疾患がさらに悪化するような場合には，治療が必要となる．

⑮ 洞性頻拍は，速い心拍動を認めるが，P波は正常な大きさと形を呈し，正常なQRS群が認められるというのが特徴である．これは洞房結節の交感神経刺激が原因となり，発熱や疼痛，興奮，その他アドレナリン放出を起こす原因がある場合にも認められ，これは正常な生理的反応である．また副交感神経系や甲状腺機能亢進症，疼痛を遮断する薬剤でも認められる．洞性頻拍がきわめて速い場合や継続している場合を除いては，治療の必要はない．交感神経を刺激する基礎原因を探ることはもちろん必要である．頸動脈洞や眼球の圧迫など迷走神経手技は，不整脈を制止させるというよりも一時的に心拍動を遅くさせるという手法に過ぎない．

■ 頻　　拍 ■

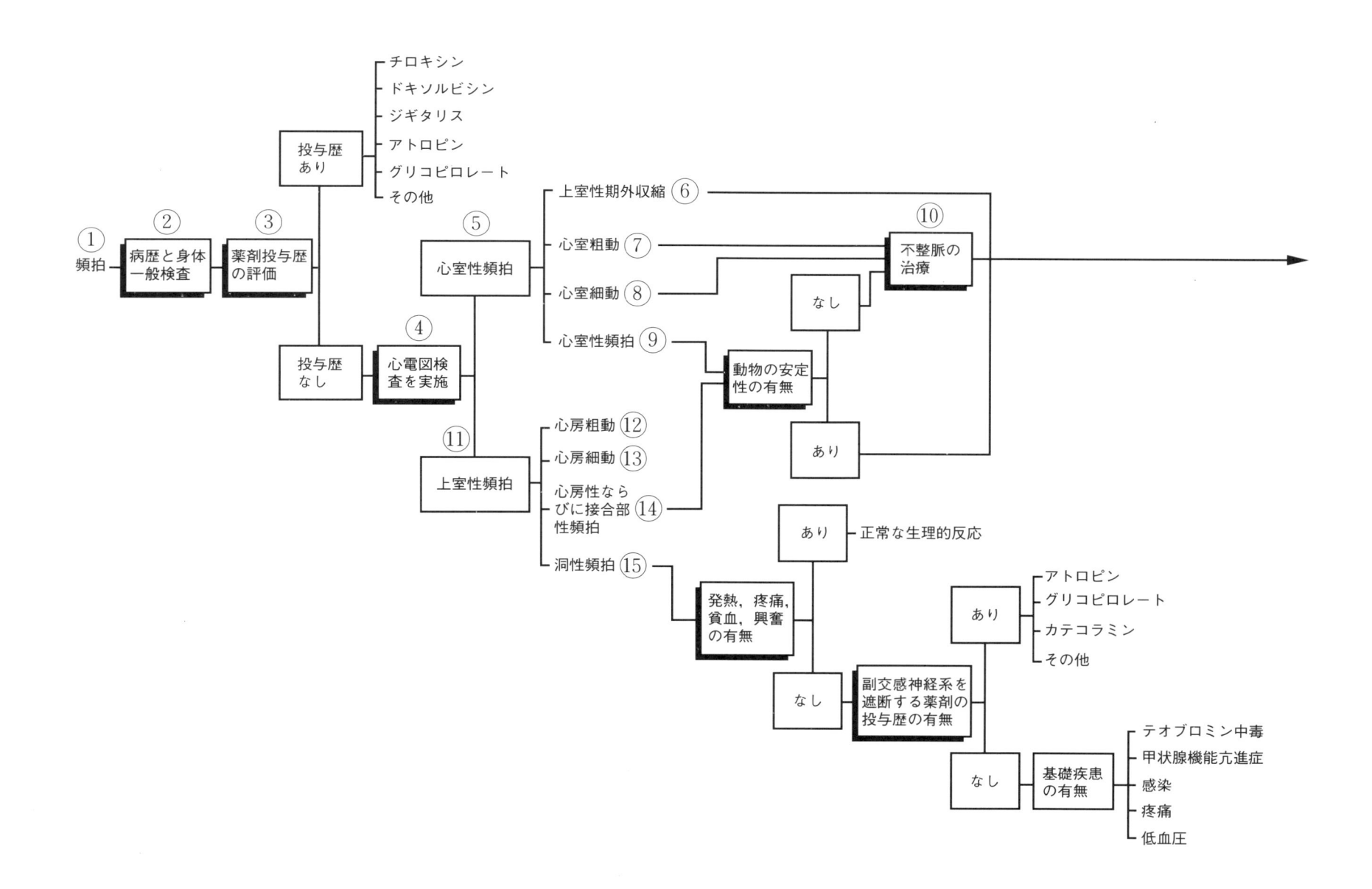

① 頻拍
② 病歴と身体一般検査
③ 薬剤投与歴の評価

投与歴あり
- チロキシン
- ドキソルビシン
- ジギタリス
- アトロピン
- グリコピロレート
- その他

投与歴なし
④ 心電図検査を実施

⑤ 心室性頻拍
- 上室性期外収縮 ⑥
- 心室粗動 ⑦
- 心室細動 ⑧
- 心室性頻拍 ⑨ → 動物の安定性の有無
  - なし
  - あり
⑩ 不整脈の治療

⑪ 上室性頻拍
- 心房粗動 ⑫
- 心房細動 ⑬
- 心房性ならびに接合部性頻拍 ⑭
- 洞性頻拍 ⑮ → 発熱, 疼痛, 貧血, 興奮の有無
  - あり — 正常な生理的反応
  - なし → 副交感神経系を遮断する薬剤の投与歴の有無
    - あり
      - アトロピン
      - グリコピロレート
      - カテコラミン
      - その他
    - なし → 基礎疾患の有無
      - テオブロミン中毒
      - 甲状腺機能亢進症
      - 感染
      - 疼痛
      - 低血圧

■ 頻　拍 ■

⑯　状態が安定したら，胸部X線検査を実施して原発性の肺疾患や心臓の輪郭像の異常の有無を調べる．心臓の輪郭像によって，基礎にある心疾患や低酸素血症の原因が分かる．

⑰　犬糸状虫感染のX線学的徴候としては，右室ならびに主肺動脈の拡大像や後部肺葉肺動脈の拡張像や蛇行像，鈍性化像などが観察される．成虫の寄生数や感染期間，宿主と寄生虫の様々な相互関係などによって，X線像における変化の重症度はそれぞれ異なる．犬の糸状虫感染では，通常不整脈を認めることは滅多にない．

⑱　胸部X検査で肺疾患が認められ心肥大がない場合には，血液ガス分析を実施して，不整脈と低酸素血症の関係を調べるとよい．

⑲　頻拍が観察される際にPaO₂が正常で，心臓の大きさも正常，胸部X線所見も正常という場合には，最小限の一般検査を実施して，低カリウム血症や低マグネシウム血症，敗血症，内毒素血症，腎疾患，低カルシウム血症，高カルシウム血症などの有無を点検する必要がある．

⑳　検査結果に異常がなければ，ライム病性の心筋炎や甲状腺中毒症を疑ってみる．

㉑　胸部X線検査で心臓の大きさに異常がなかったり，心肥大が認められる場合には心エコーによる検査を実施して，心機能を調べたり心筋の異常が原発性なのか頻拍によって二次的に心筋異常が起こったのか（初期の機能不全が原因で心室拡張が起こったのか）を見きわめるとよい．また心エコー検査によって，心肥大や犬糸状虫に伴う心不全の重症度に関する情報が得られる．

㉒　拡張型心筋症では，心室性拡張や収縮性の低下，先天性心不全が認められる．拡張型心筋症では，その75〜80％に心房性細動が認められることが報告されている．その他よく認められる調律異常には，心室性頻拍と心室性期外収縮群がある．大型犬や超大型犬（ジャーマン・シェパード，グレートデン，ドーベルマン・ピンシェル，セントバーナード，アイリッシュ・ウルフハウンド）には拡張型心筋症の素因がある．そのほとんどが雄で若齢から中齢である．ボクサーとイングリッシュ・コッカースパニエル，アメリカン・コッカースパニエルにも拡張型心筋症の素因がある．猫の拡張型心筋症では，常にというわけではないが，一般的にタウリンの欠乏が認められる．猫のタウリンの食物中の必要量が明らかになってからは，現在では滅多に見られない．

㉓　肥大型心筋症は犬ではまれな疾患であるが，猫ではよく認められ，ほとんどが中齢の雄猫である．左室の内方肥大が特徴である．両側の心房拡大と軽度ないしは中等度の右側心室肥大も認められる．心電図の異常も多種にわたるが，心室性ならびに上室性不整脈が報告されている．左側心室肥大を起こす一般的な疾患には，甲状腺機能亢進症と全身性高血圧の2つがある．特発性の肥大型心筋症を診断する前に，これら2つの疾患を鑑別除外する必要がある．約7歳齢以上の猫では，血清甲状腺ホルモン濃度を調べる必要がある．

㉔　猫の拘束型心筋症は心筋性線維症や心内膜心筋性線維症が原因となり，これによって拡張期の心室充満が拘束される．心内膜心筋性線維症型の心筋症では，心内膜心筋炎が認められており，ウイルス感染の関与が疑われる．心筋型の原因については不明である．心エコー検査では，左心房の著しい拡張がきわめて特徴的な所見として認められる．

㉕　僧帽弁疾患は，犬では最も一般的な心疾患であり，肥厚し歪曲した僧帽弁が特徴であり，心内膜症が原因となる．収縮期に僧帽弁が上手く閉じないために，左房に血液の逆流が起こる．高齢の小型犬で最もよくみられ，猫はまれである．後天性の三尖弁，大動脈弁，肺動脈弁疾患はほとんどない．弁疾患に伴う不整脈には，洞性頻拍や心房性あるいは心室性期外収縮，心房細動などがある．

㉖　先天性の心奇形は，日常のワクチン接種時におおむね見つけられている．最も一般的な異常は心雑音である．最初の検査時には，ほとんどの場合無症状性であり，心不全や不整脈が起こるまでは臨床症状を認めることはない．動脈管開存と肺動脈弁狭窄では心房細動とその他の頻拍が報告されている．ジャーマン・シェパードでは，特発性の心室性不整脈が認められており，突然死を起こすことがある．

㉗　心膜疾患には，狭窄性心膜炎や心膜性滲出，心膜内腫瘤，心膜内嚢胞，先天性心膜欠損などがある．心膜疾患に伴う不整脈は，洞性頻拍から上室性不整脈ならびに心室性不整脈まで，様々である．心電図所見では，ST部分の上昇とQRS電位の低下がよく認められる．心膜滲出があると，電位に変化（拍動から拍動の間でのQRS電位やST部分における変化）を認める場合がある．心エコー検査は，心膜滲出を見きわめる方法として敏感かつ非侵襲性の特に高い検査法といえる．

㉘　心臓でよく認められる腫瘍としては，右心房の血管肉腫（通常ジャーマン・シェパードとゴールデン・レトリーバー）と大動脈体腫瘍（非クロム親和性傍神経節腫）がある．大動脈体腫瘍は高齢の短頭犬種で最もよく認められる．心臓の腫瘍ではほとんどの場合，心膜滲出が観察される．

㉙　褐色細胞腫は，多くの場合機能性内分泌腫瘍であり，副腎髄質から発生する．カテコラミンの過剰生成と腫瘍の局部組織への侵入が臨床症状の原因となる．喘ぎ呼吸や呼吸困難，脱力，運動不耐性，過敏性，チアノーゼ，皮膚の充血，虚脱，腹部膨満など様々な臨床症状が認められる．褐色細胞腫の犬では，大多数に心臓の異常が観察される．心異常としては，心雑音，頻拍，心室細動，その他の不整脈などが観察される．カテコラミンによって心膜炎や伝動異常が直接起こる．これはカテコラミン誘発性血管収縮と二次性の心筋虚血が原因と思われる．

■ 頻　拍 ■

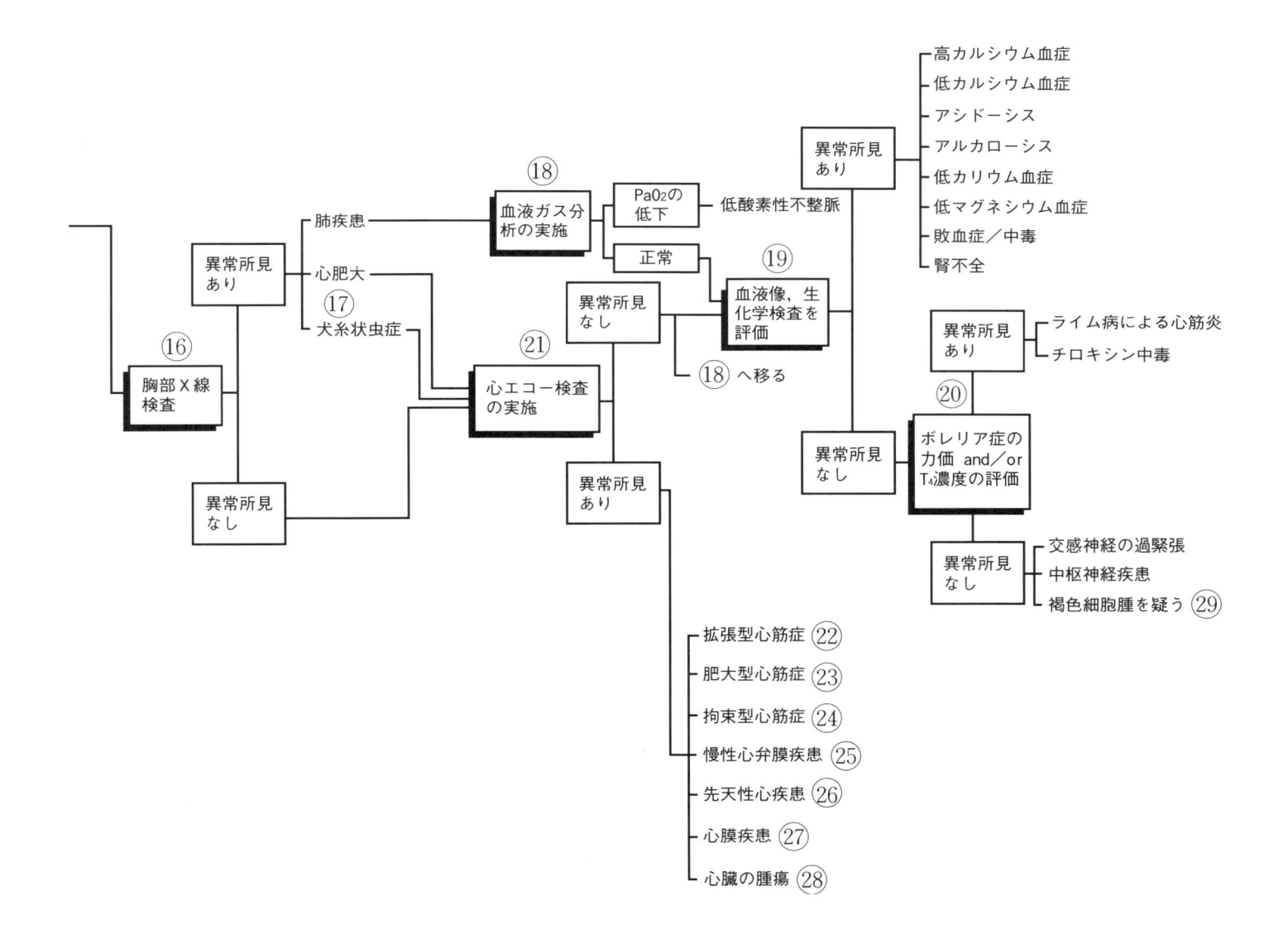

```
胸部X線検査 ⑯
├─ 異常所見あり
│   ├─ 肺疾患 ─ 血液ガス分析の実施 ⑱
│   │   ├─ PaO₂の低下 ─ 低酸素性不整脈
│   │   └─ 正常 ─ 血液像, 生化学検査を評価 ⑲
│   │       ├─ 異常所見あり
│   │       │   ├─ 高カルシウム血症
│   │       │   ├─ 低カルシウム血症
│   │       │   ├─ アシドーシス
│   │       │   ├─ アルカローシス
│   │       │   ├─ 低カリウム血症
│   │       │   ├─ 低マグネシウム血症
│   │       │   ├─ 敗血症／中毒
│   │       │   └─ 腎不全
│   │       └─ 異常所見なし ─ ボレリア症の力価 and／or T₄濃度の評価 ⑳
│   │           ├─ 異常所見あり
│   │           │   ├─ ライム病による心筋炎
│   │           │   └─ チロキシン中毒
│   │           └─ 異常所見なし
│   │               ├─ 交感神経の過緊張
│   │               ├─ 中枢神経疾患
│   │               └─ 褐色細胞腫を疑う ㉙
│   ├─ 心肥大 ⑰
│   └─ 犬糸状虫症
├─ 異常所見なし ─ 心エコー検査の実施 ㉑
│   ├─ 異常所見なし ─ ⑱ へ移る
│   └─ 異常所見あり
│       ├─ 拡張型心筋症 ㉒
│       ├─ 肥大型心筋症 ㉓
│       ├─ 拘束型心筋症 ㉔
│       ├─ 慢性心弁膜疾患 ㉕
│       ├─ 先天性心疾患 ㉖
│       ├─ 心膜疾患 ㉗
│       └─ 心臓の腫瘍 ㉘
```

徐　脈

① 徐脈とは，心拍動が遅くなることをいい，通常犬では60回/分以下，猫では120回/分以下をいう．徐脈は，心臓にある洞房結節が刺激を発すべき時に発しない場合，あるいは洞房結節で刺激伝動が遮断される場合のいずれかで起こる．また，特発性心房調律（正常な洞性心拍数よりも遅い調律）によっても起こることがある．

② 徐脈では症状が認められない場合がある．症状が認められる場合には，嗜眠状態や間欠的な脱力，虚脱，失神などが，特に運動時やストレス時に観察されることがある．徐脈があると，心拍数を増やして心臓からの拍出量を増やすことができないことが往々にしてある．薬剤のなかには（強心配糖体，カルシウム・チャンネル遮断剤，β遮断剤，キニジン，プロカインアミド，麻薬，キシラジン，その他の麻酔剤など），心拍数を低下させるものがあるため，薬剤の投与歴の聴取は欠かせない．低カルシウム血症や高カリウム血症，低体温症，甲状腺機能低下症など一部の代謝性障害でも心拍数の減少をもたらすことがある．運動競技犬などでは，正常範囲内で心拍数が減少しているものもある．

③ 徐脈であることが分かったら，心電図検査を実施して徐脈性不整脈のタイプを判別する必要がある．徐脈性不整脈のなかには正常なものもあれば，さらに診断的検査を進めなければならないものもある．一過性の場合もあれば他の病気が関与している場合もある．

④ 心室不全収縮は，心肺停止の直前か蘇生を繰り返し試みた後のいずれかで認められるのが普通である．これは最終段階の状態といえる．

⑤ 房室ブロックは，房室結節を介して心房から心室へ伝達される刺激伝導系の異常が原因となる．房室ブロックの原因は様々であり，ある程度ブロックの度合いによってそれぞれ異なる．房室ブロックは3段階に分けられる．第Ⅰ度のブロックは，きわめて軽度のものであり，P-R間隔の延長が認められる（犬では140msec以上，猫では80msec以上）．通常，心拍数が著しく侵されることはない．第Ⅰ度のブロックは，通常迷走神経の過剰な緊張が原因となり，運動や抗コリン剤で簡単に止めることができる．第Ⅱ度と第Ⅲ度のブロックでは，徐脈が起こる．第Ⅱ度のブロックは，（これも迷走神経の過度の緊張による）生理的な場合や（房室結節の組織の傷害あるいは線維化による）病的な場合がある．前者の場合には，アトロピンや運動で容易に止めることができ，臨床症状を起こすことはない．第3度のブロックは，房室結節の傷害によるのが常であり，房室結節を通る刺激伝導系が完全に侵されている状態である．原因としては，心内膜炎，ライム病による心筋炎，外傷性心筋炎，心筋症，心内膜症，線維症などがあげられる．

⑥ 第2度の心ブロックには2つのタイプがある．すなわちMobitzⅠ型とMobitzⅡ型である．MobitzⅠ型では，P-R間隔が次第に延長し，その後P波のあとにQRS群が起こらなくなる．これは正常所見と考えられ，迷走神経の過度の緊張やジギタリスの負の変時性効果あるいは抗不整脈剤，$α_2$作動性麻酔剤などが関与している場合が多い．MobitzⅡ型のブロックでは，P-R間隔が正常よりも長くなり，延長はしないが周期的にQRS群の消失が認められる．毎回2つのQRS群の間にP波が3つ現れるなどの遮断パターンをしばしば認めることがある．症状が認められなければ，第2度のブロックでは治療は必要ないが，MobitzⅡ型では，基礎疾患が経過が悪化すると第3度の房室ブロックに進むことがある．

⑦ 第3度の房室ブロックでは，心房と心室の間の伝導が起こらない．その結果，P波とQRS群の間の連携が認められなくなる．補充ペースメーカー，すなわち1分間に約40回の心室性補充調律によって決められた心拍数で，QRS群が規則的な間隔で現れるようになる．この際にはほとんどの場合，症状が認められ，人工のペースメーカーの移植が必要となる．第3度の房室ブロックの原因としては，大動脈狭窄や心室縦隔欠損，心筋症，心筋線維症，細菌性心内膜炎，ジギタリス中毒，高カリウム血症，ライム病（ボレリア症）などがあげられる．

⑧ 洞機能不全症候群は，発作性頻拍が徐脈に変化する場合があることから徐脈・頻拍症候群ともいわれていた．この疾患は，心臓の洞結節に病的組織があるため，正常な心房のペースメーカーの心拍数と調律が侵される．この疾患は特にミニチュア・シュナウザーに認められていたが，他の犬種でもみられる．発症時期は一般的には中齢あるいは高齢の犬にみられ，慢性の僧帽弁疾患が関与している．症状を認めるのが普通であり，多くの場合薬物療法には上手く反応せず人工のペースメーカーの移植が必要となる．

⑨ 持続性房室停止はまれな疾患である．これは慢性の僧帽弁疾患やスプリンガー・スパニエルの筋ジストロフィーなどによる二次性の心房筋の線維化が原因となる場合がある．その他，考えられるものとしては，低体温症やジギタリス中毒，高カリウム血症などがある．

⑩ 洞停止や房室ブロックでは，PQRS群のあとに長い休止期が認められるという特徴が観察される．2つの正常なPQRS群の間隔の2倍以上の長さで休止期が観察される．この休止期の後に，接合部性あるいは心室性補充収縮拍動が認められ，不全収縮が避けられる．一般的には，呼吸や神経学的疾患，胃腸疾患などによる交感神経（例えば迷走神経）の過度の緊張が原因となる．その他，鑑別するものとしては，短頭種の犬であることや薬物による中毒，心筋症，電解質の不均衡，心房疾患，迷走神経の傷害，腫瘍などがある．

⑪ 本来の心室調律は洞調律や接合部調律よりも遅い．加速された心室固有性調律は心室性頻拍の一部が集まったものであり，70〜160回/分，すなわち心室固有性調律（＜70回/分）と心室性頻拍の中間に位置するものである．徐脈に反応して比較的遅い加速性の心室固有性調律が起こる．この調律は心室性補充収縮拍動の一種であり，通常の20〜70回/分よりも速い．不整脈は通常みられないが，ショックや胃拡張，腸捻転，ジギタリス中毒，全身麻酔の際，心筋症がある場合には認められることがある．

⑫ 高カリウム血症や低カルシウム血症では，洞性徐脈や房室伝導障害のいずれかが認められている．犬の甲状腺機能低下症では，洞性徐脈やP波とR波の振幅の減少が認められている．このような異常は，適切なホルモン置換療法を実施すれば元に戻すことができる．

■ 徐　脈 ■

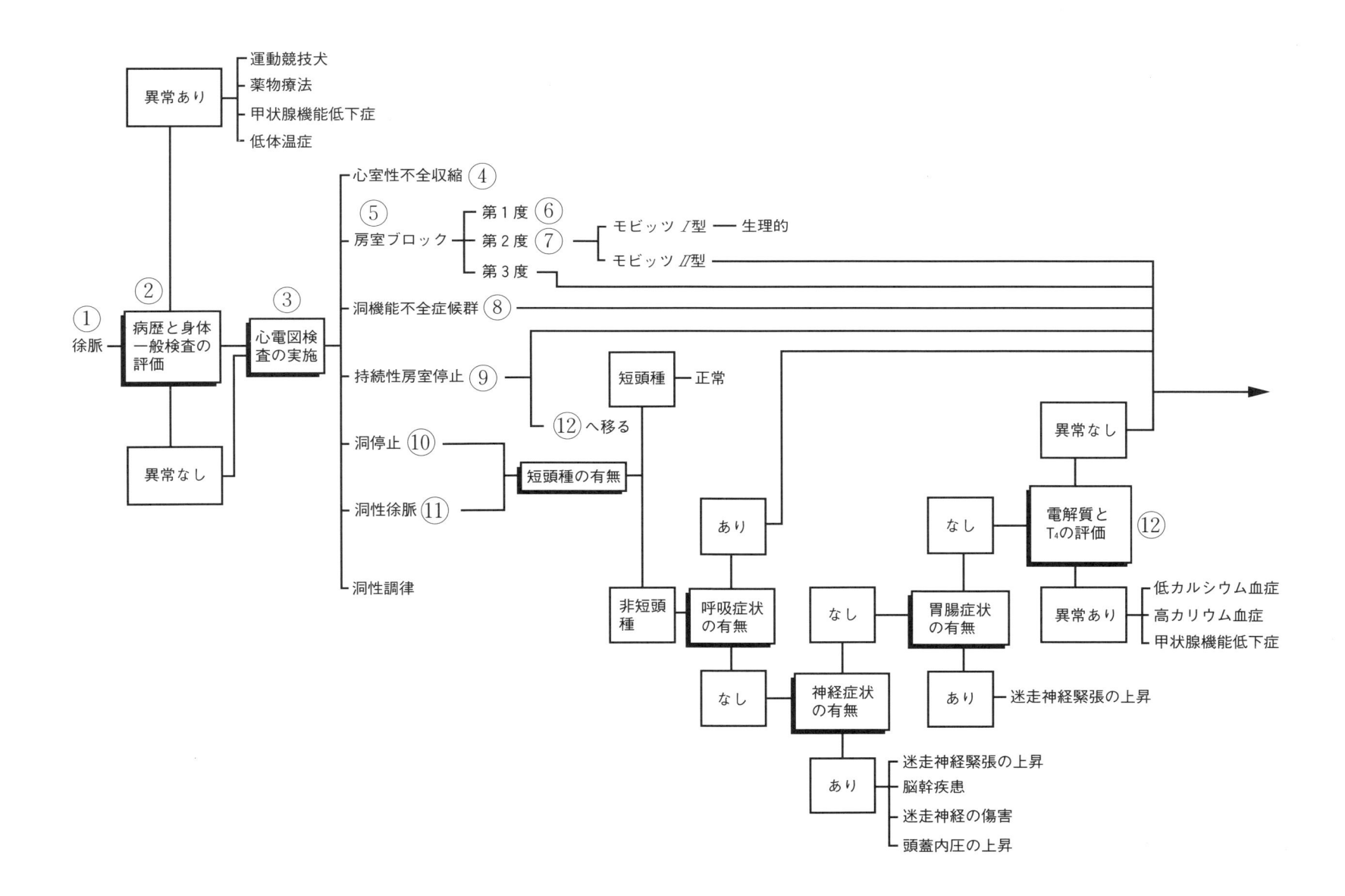

① 徐脈 → ② 病歴と身体一般検査の評価
- 異常あり
  - 運動競技犬
  - 薬物療法
  - 甲状腺機能低下症
  - 低体温症
- 異常なし → ③ 心電図検査の実施
  - 心室性不全収縮 ④
  - 房室ブロック ⑤
    - 第1度 ⑥
    - 第2度 ⑦
      - モビッツⅠ型 ── 生理的
      - モビッツⅡ型
    - 第3度
  - 洞機能不全症候群 ⑧
  - 持続性房室停止 ⑨ → ⑫へ移る
  - 洞停止 ⑩ → 短頭種の有無
    - 短頭種 → 正常
    - 非短頭種 → 呼吸症状の有無
      - あり
      - なし → 神経症状の有無
        - なし → 胃腸症状の有無
          - なし → 電解質とT₄の評価 ⑫
            - 異常なし
            - 異常あり
              - 低カルシウム血症
              - 高カリウム血症
              - 甲状腺機能低下症
          - あり → 迷走神経緊張の上昇
        - あり
          - 迷走神経緊張の上昇
          - 脳幹疾患
          - 迷走神経の傷害
          - 頭蓋内圧の上昇
  - 洞性徐脈 ⑪
  - 洞性調律

■ 徐　脈 ■

⑬　胸部X線検査を実施して，心臓の形や大きさ，肺の血管と肺組織の状態，胸腔内腫瘍の有無を調べる．

⑭　徐脈性不整脈があって，び漫性の心肥大や個々の房室部の拡張が認められた場合には，心エコー検査を実施して心筋の状態をさらに調べる必要がある．

⑮　左方移動を示す好中球増加症があって徐脈が認められる場合には，細菌性心内膜炎が疑われる．心内膜炎の特定には，心エコー検査は最も優れた検査方法の1つとなるが，これを観察するには病変部の厚さが少なくとも2mmは必要となる．

⑯　ライム病はスピロヘーターである*Borrelia burgdorferi*が原因となる．2種類のダニ（*Ixodes demmini*, *I.pacificus*）が媒介となる．この疾患に対する力価が陽性の場合には，現在罹患しているか，過去に接触があったか，比較的最近この疾患のワクチン接種を受けたかのいずれかが疑われる．まれではあるが，ライム病による心筋炎では，様々な不整脈（心室性期外収縮，第2度，第3度の房室ブロック）とうっ血性心不全の症状（肺水腫，腹水，胸膜滲出）が認められる．

⑰　心臓内部の異常（心臓の腫瘤病変，心室縦隔欠損，心筋症）によって，徐脈性不整脈が認められることがあり，これは心エコー検査によって分かる場合がある．またこの検査によって，腫瘍や心筋障害など重度の心疾患が基礎原因として浮かび上がってくることもある．このような場合には基礎疾患が重度で進行性であり不可逆的でもあるため，ペースメーカーの埋め込みは必ずしも適切とはいえない．

⑱　大動脈弁狭窄症では，第3～第4肋骨間の近くで漸次強音－漸次弱音性の心雑音と頸動脈にまで拡散する雑音が聴取される．この疾患の好発犬種としては，ニューファウンドランド（遺伝性奇形），ゴールデン・レトリーバー，ジャーマン・シェパード，ロットワイラー，ボクサーなどがあげられる．この疾患で最もよく見られるのが大動脈下狭窄症であり，左心室の流出路にある大動脈弁下の閉塞性，線維筋性の帯を認めるのが特徴である．時には，発達期における大動脈弁弁葉（半月弁）の分離不全が原因する大動脈弁狭窄症を認めることがある（真正の大動脈弁狭窄症）．この流出路の閉塞によって左心室圧が上がり過ぎると，左心室にある圧受容器が刺激され，逆流性血管拡張や徐脈，失神が起こる．大動脈弁狭窄症や大動脈下狭窄症では，左室の肥大や狭窄後部の大動脈拡張がX線像で認められる．心エコー検査を実施すれば，左室肥大の度合いが特定できる．

⑲　心室縦隔欠損（VSDs）ではほとんどの場合，欠損部は心室間の縦隔部に認められるが，なかには房室弁と心房縦隔を含む場合がある．この疾患では，右心との血液短絡によって左心に血液が戻り過剰循環が起こるため，一般的には左心に容量の過負荷が起こる．左心不全の臨床症状としては，咳嗽，運動不耐性，嗜眠状態などが観察される．心室縦隔欠損の犬や猫では，多くの場合無症候である．胸部X線検査によって左心室肥大と心房肥大が見つかることもあるが，確定診断には心エコーによる検査が最も優れた方法といえる．

⑳　細菌性心内膜炎では，心内膜（弁あるいは心内膜壁）の壊死と増殖が起こる．この疾患は心内膜に微生物の集落化が起こることが原因で，一般的には弁が侵される．この場合，徐脈性不整脈よりも心室性期外収縮と頻拍性不整脈の方が比較的多くみられる．通常，分離される微生物としては，ストレプトコッカス，スタフィロコッカス，大腸菌，コリネバクテリウム属，シュードモナス属などがあげられる．臨床症状としては心雑音，変動性の発熱，高グロブリン血症，糸球体腎炎などが頻繁に認められる．特に感染病変によって弁が機能不全になっている場合には，心雑音が聴取される．通常最もよく侵されるのは，僧帽弁と大動脈弁である．血液の培養によって陽性所見が得られれば，細菌性心内膜炎の可能性がさらに高まるが，最高期の発熱時に採血する必要がある．尿の培養も有効的である．心内膜炎の菌苔を見つけるには，心エコー検査が最も特異的な検査法の1つとなるが，病変部の厚さが少なくとも2mmは必要となる．

㉑　心房の腫瘤には，右房の血管肉腫と大動脈体腫瘍がある．いずれの場合も心膜滲出と徐脈性不整脈を起こす可能性がある．血管肉腫はジャーマン・シェパードとゴールデン・レトリーバーでよく見られる．大動脈体腫瘍には，非クロム親和性傍神経節腫があるが，最もよく認められるのは高齢の短頭種の犬である．

㉒　心筋症で最もよく見られるのは，心不全や交感神経系の過剰刺激による頻拍性不整脈である．しかし時には，房室停止と第3度の心ブロックが起こることもある．

■ 徐　脈 ■

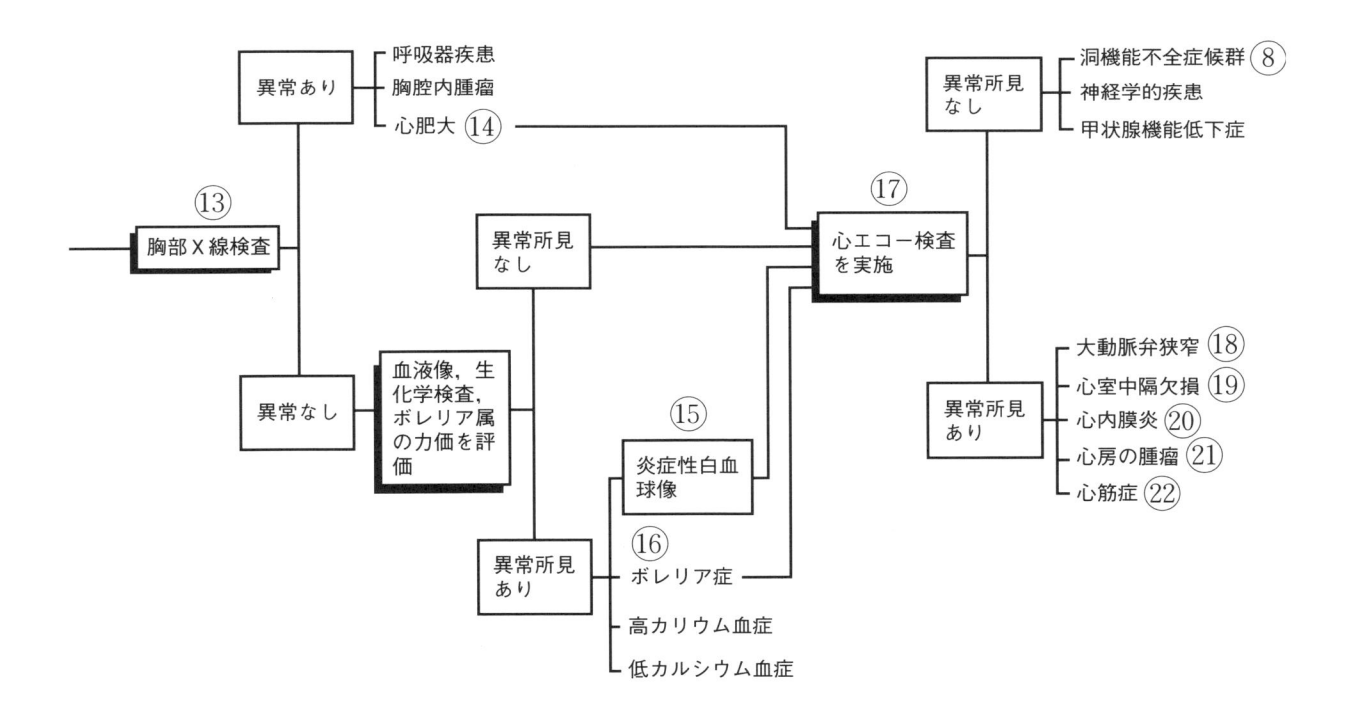

- 異常あり
  - 呼吸器疾患
  - 胸腔内腫瘤
  - 心肥大 ⑭

⑬ 胸部X線検査

- 異常なし → 血液像，生化学検査，ボレリア属の力価を評価

- 異常所見なし → ⑰ 心エコー検査を実施

- 異常所見あり
  - ⑮ 炎症性白血球像
  - ⑯ ボレリア症
  - 高カリウム血症
  - 低カルシウム血症

⑰ 心エコー検査を実施

- 異常所見なし
  - 洞機能不全症候群 ⑧
  - 神経学的疾患
  - 甲状腺機能低下症

- 異常所見あり
  - 大動脈弁狭窄 ⑱
  - 心室中隔欠損 ⑲
  - 心内膜炎 ⑳
  - 心房の腫瘤 ㉑
  - 心筋症 ㉒

全身性高血圧

① 全身性高血圧とは収縮期と拡張期の血圧が上昇した状態をいう（収縮期血圧が180mmHg以上，拡張期血圧が100mmHg以上）．高血圧には原発性（特発性）と腎疾患や心疾患，グルココルチコイドの過剰分泌，糖尿病，妊娠中毒，甲状腺ホルモン中毒などによる二次性の場合がある．通常よく認められる高血圧の原因としては，犬では副腎皮質機能亢進症，猫では慢性腎疾患と甲状腺機能亢進症がある．犬や猫では，網膜の浮腫や出血，剥離が起こって，盲目状態になるまでは，臨床症状を示さないことが多い．その他の臨床症状としては，左心室の肥大，腎不全，痙攣発作，脳血管障害（卒中），痴呆などがある．

② 間接的血圧測定では，適切な幅（肢周の40％の幅）をもつ血圧用カフとカフの遠位にある動脈上にトランスジューサー（通常はドプラー超音波血流計）を当てて計測する．カフを膨らませて，動脈の血流を止める．その後，動脈に拍動を感じるまで徐々にカフを緩める（感じた時点が収縮期血圧となる）．血流が再開して拍動を感じなくなった時点が拡張期血圧となる．拡張期血圧は計測者によってかなりの差が出やすい．直接的血圧測定は，動脈内にカニューレを挿入し，トランスジューサーにつないで計測する．この方法は正確な血圧が測定できるが，意識下の動物にはストレスがかかり，偽陽性の結果を得る場合が比較的多くなる．収縮期血圧で，際どい（200mmHgに近い）数値が得られた場合には，飼主のいるところで，いくぶん時間をあけて，静かなうす暗い部屋や家庭で計測する必要がある．

③ 高血圧であることが分かったら，最小限の検査室所見から基礎原因を特定することになる．血液像から赤血球増加症が分かることもある（この増加症によって高粘稠と高血圧が起こる）．一連の生化学検査からALPの上昇が分かることもある（この場合には副腎皮質機能亢進症におけるアイソザイムのステロイド誘発が示唆される）．また腎疾患や高グロブリン血症（この場合も高粘稠と二次性の高血圧が起こる）が分かることもある．猫の甲状腺機能亢進症の診断や犬の甲状腺ホルモンの補充状態を知るには，血清甲状腺ホルモン濃度（T_4）の検査が必要となる．また犬の甲状腺機能低下症も頭に入れておく必要がある（まれではあるが動脈硬化や高血圧を起こすことがある）．

④ 血清K^+の低下と血清Na^+の上昇があって，腎不全が認められない場合には，副腎髄質によるアルドステロンの分泌異常が考えられる（高アルドステロン症）．これは血清アルドステロンの分析によって分かる．ただし獣医界での報告はない．

⑤ 犬（まれに猫）でALPの上昇があって，以下のような症状──'太鼓腹'，皮膚の菲薄化，皮膚の血管の可視，肝肥大，多渇，多尿，多食，血管の脆弱性の上昇──のいずれかが認められた場合には，副腎皮質機能亢進症が疑われ，ACTH刺激試験や低容量デキサメサゾン抑制試験を当然実施することになる．検査を実施する前に，病歴を調べて外因性のグルココルチコイドの投与の有無を見きわめる必要がある．ACTH刺激試験は，その特異性から好ましい検査方法といえる．ACTH刺激試験で異常が観察されれば，さらに検査を進めて副腎皮質機能亢進症のタイプを鑑別する必要がある．ACTH刺激試験で異常は認められないが，疑わしい臨床症状が観察された場合には，さらに感度が高く特異性の低い検査（低容量デキサメサゾン抑制試験，尿コルチゾール/クレアチニン比の定量）を実施する．

⑥ 高窒素血症に併せて尿比重の低下が観察される場合には，腎疾患が疑われる．この場合には，腹部超音波検査を実施して，腎盂腎炎や多嚢胞性腎疾患（猫），腎形成障害，その他の構造的異常を調べる．腎動脈の血流は，カラードプラー血流計によって調べることができる．しかしまれな疾患である腎動脈狭窄では十分な感度が得られない場合もある．適確に腎疾患の基礎原因を見きわめることが重要となる（尿培養，抗核抗体の力価，レプトスピラ属，リケッチアの力価）．基礎疾患（糸球体腎炎，アミロイドーシス，慢性炎症など）によっては治療や予後が異なってくる場合があるため，腎生検を実施してこれらの疾患を確認する必要がある．しかし多くの場合，高血圧が判明した時点では，すでに重度の腎疾患となっているため，血圧をコントロールする治療の選択には限界がある．

⑦ 高血圧で，低アルブミン血症と蛋白尿は認められるが腎疾患がはっきりしない場合には，糸球体の異常（糸球体腎炎，アミロイドーシス）を疑ってみる必要がある．尿蛋白/クレアチニン比を計測する必要がある．コレステロール濃度の上昇があれば，アミロイドーシスやその他のタイプの腎疾患（ネフローゼ症候群）が疑われることになる．

⑧ 高血圧と高カルシウム血症が認められる場合には，上皮小体機能亢進症や腎不全が疑われる場合がある（高カルシウム血症の項を参照）．

⑨ 残余T_4濃度が，高めの正常値あるいは中程度であって，病的な臨床症状が認められる場合には，T_3抑制試験や（アナログ分析法ではなく）平衡透析法による遊離T_4を測定して，血清T_4濃度が人為的に抑制されていないか，間違いなく甲状腺機能亢進症に罹っているのかどうかを見きわめる必要がある．

⑩ 検査室所見で結論が得られない場合には，心エコー検査を実施して，基礎に高血圧の原因となる心疾患がないかどうかを調べる（例えば猫の肥大型心筋症，犬の慢性僧帽弁逆流や心過剰負荷）．元々は正常な心臓であった動物でも，なかには過度の全身性高血圧のために，二次的な異常（例えば，僧帽弁逆流と左心房拡張，左心室肥大）を認めるようになるものもある．

⑪ この時点で，通常（なかにはまれに）みられる高血圧の原因は除外されていることになる．原発性の高血圧といくつかのきわめてまれな疾患を鑑別するには，さらに検査を進める必要がある．病歴から，エストロゲンの投与歴や妊娠中毒，甘草の摂取/中毒などの有無を調べることも重要である．腎動脈狭窄の診断には，腎の血管造影と血清レニン濃度の計測が必要となる．頭蓋内腫瘍は，CTあるいはMRIスキャンによって診断される．クロム親和細胞腫は，腎の髄質からカテコラミンを分泌するまれな腫瘍である．臨床症状はカテコラミンの放出が原因となる（末梢血管の収縮，洞性/心室性頻拍，後肢の脱力，虚脱，ショック，突然死）．症例の約50％は，死後剖検で初めて分かったものである．いみじくも症状が認められた場合には，心電図検査を実施して不整脈（カテコラミンによる興奮作用）の有無を調べたり，腹部超音波検査で副腎の腫瘤（副腎深部の髄質性腫瘍は検出不可）の有無を調べる．その他の検査としては，フェントラミン遮断試験（カテコラミン放出が一時的に拮抗され，血圧が低下する），クロニジン反応試験（クロム親和細胞腫によるカテコラミン生成は抑制されないものと思われる），24時間血清/尿カテコラミン比の計測などがある．特に腫瘍の分泌が間欠的であるため，循環血液中の血清カテコラミン濃度は役に立たない．

■ 全身性高血圧 ■

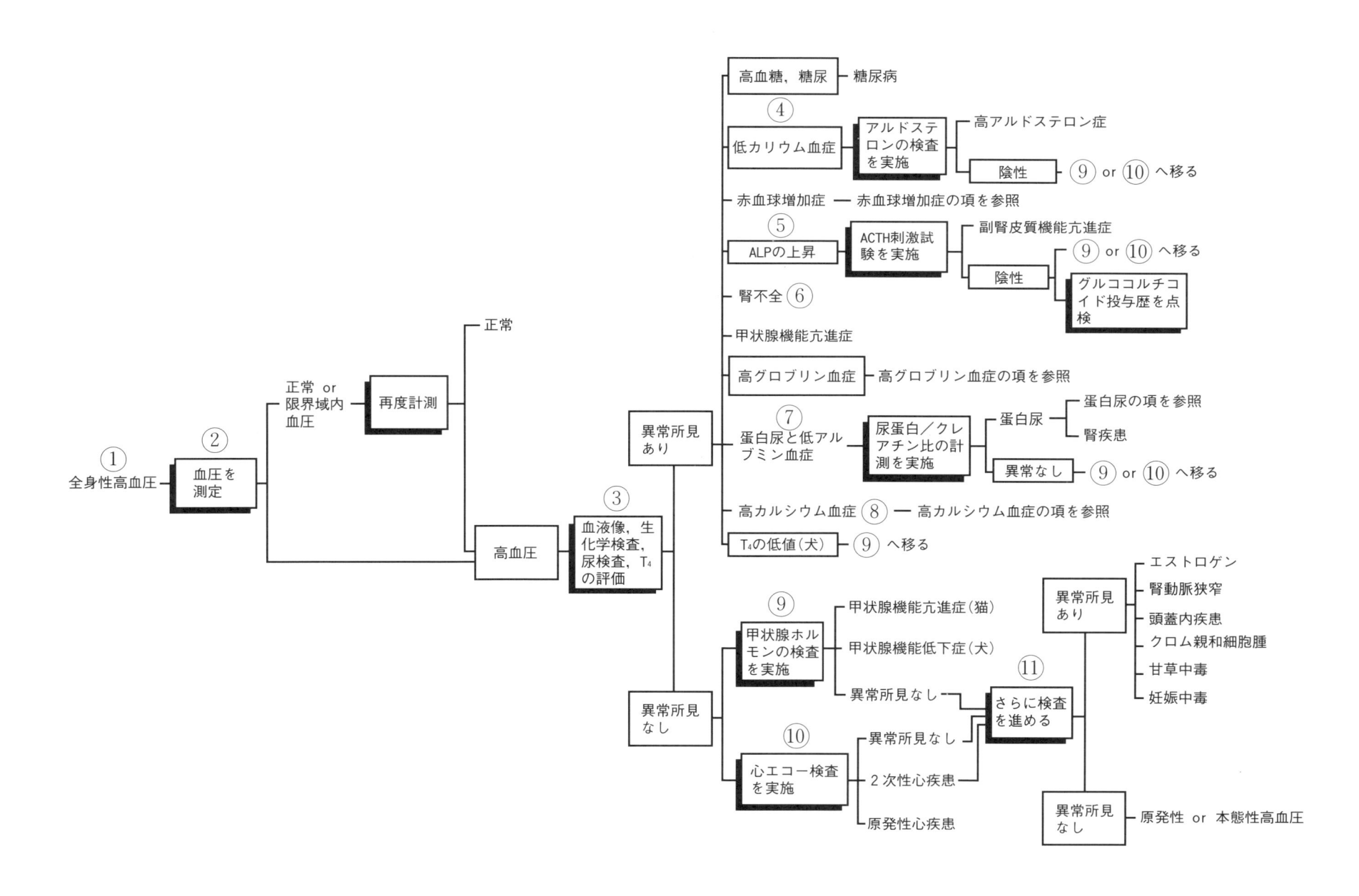

- ① 全身性高血圧 → ② 血圧を測定
  - 正常 or 限界域内血圧 → 再度計測
    - 正常
    - 高血圧
  - 高血圧 → ③ 血液像, 生化学検査, 尿検査, T₄の評価
    - 異常所見あり
      - 高血糖, 糖尿 ─ 糖尿病
      - ④ 低カリウム血症 → アルドステロンの検査を実施
        - 高アルドステロン症
        - 陰性 → ⑨ or ⑩ へ移る
      - 赤血球増加症 ─ 赤血球増加症の項を参照
      - ⑤ ALPの上昇 → ACTH刺激試験を実施
        - 副腎皮質機能亢進症
        - 陰性 → ⑨ or ⑩ へ移る / グルココルチコイド投与歴を点検
      - 腎不全 ⑥
      - 甲状腺機能亢進症
      - 高グロブリン血症 ─ 高グロブリン血症の項を参照
      - ⑦ 蛋白尿と低アルブミン血症 → 尿蛋白／クレアチニン比の計測を実施
        - 蛋白尿 ─ 蛋白尿の項を参照 / 腎疾患
        - 異常なし → ⑨ or ⑩ へ移る
      - 高カルシウム血症 ⑧ ─ 高カルシウム血症の項を参照
      - T₄の低値（犬） → ⑨ へ移る
    - 異常所見なし
      - ⑨ 甲状腺ホルモンの検査を実施
        - 甲状腺機能亢進症（猫）
        - 甲状腺機能低下症（犬）
        - 異常所見なし
      - ⑩ 心エコー検査を実施
        - 異常所見なし
        - 2次性心疾患
        - 原発性心疾患
      - ⑪ さらに検査を進める
        - 異常所見あり
          - エストロゲン
          - 腎動脈狭窄
          - 頭蓋内疾患
          - クロム親和細胞腫
          - 甘草中毒
          - 妊娠中毒
        - 異常所見なし ─ 原発性 or 本態性高血圧

心 肥 大

① 心肥大は心臓の輪郭が拡大した状態をいう．この拡大は個々の房室の過負荷（慢性僧帽弁閉鎖不全の左室），心筋の疾患（拡張型心筋症），心膜滲出，腫瘤などが原因する場合がある．猫では後天性の弁疾患の発生率が低く，肥大性心筋症が最も一般的であるため，心肥大はまれである．心筋の肥厚は内側に向かって起こり，病気が進んでかなり後期になってからでないと心臓の形に変化は現れない．

② 拡張型心筋症の好発犬種としては，ドーベルマン・ピンシェル，コッカースパニエル，ボクサーなどがあげられる．小型犬種では僧帽弁閉鎖不全による二次性の左心房拡張になる傾向がある．ジャーマン・シェパードとゴールデン・レトリーバーでは心基底の血管肉腫による心内膜出血の素因がある．先天性心奇形のなかには種特異性を示すものがあり，容量過負荷によって二次性の心肥大が起こる場合がある（例えば大動脈下狭窄，動脈管開存）．猫とチャイニーズ・シャーペイでは，先天性の心膜腹膜性横隔膜ヘルニアの素因がある．食事歴が重要になる場合がある（⑲）．薬物療法の病歴から，心筋に影響を及ぼす薬剤の投与の有無を調べることも重要である（㉑）．放射線療法によって心筋が傷害されることもある．心臓の輪郭が拡大する既往症には，血管肉腫（心基底が原発物になる場合と転移による場合がある）と猫伝染性腹膜炎（FIP）ウイルス感染（心膜滲出を起こす場合）がある．心肥大では，無徴候性の場合もあれば，運動不耐性，脱力，虚脱，咳嗽，蒼白，呼吸困難などの病歴をもつものもある．身体一般検査では，頻拍や脈の異常，心雑音，頸静脈拍動（右心不全），鈍性心音などが観察される場合がある．鈍性の心音が聴取される場合には，心膜滲出や胸膜滲出が疑われる（例えば，肺動脈狭窄や大動脈下狭窄，僧帽弁閉鎖不全など）．

③ 胸部X線検査を実施して，心臓の全体像や限局性の房室部の腫大血管や肺動脈のパターンを調べる必要がある．犬のX線側方像で心臓の幅が肋骨3つ半以上ある場合，あるいはX線腹背像（犬と猫）で，胸腔の2/3以上を心臓が占めているといった場合には，心肥大があると考えてよい．猫の心肥大は，心臓の幅が肋骨3つ以上の場合をいう．その他，心肥大を示唆するX線所見としては，龍骨の挙上や胸椎と平行に走行する胸腔内気管の変位（ブルドッグなどの犬種ではこの状態が正常の場合もあることに注意），左房拡大による主幹気管支の分離，右房の拡大による心臓の胸骨接触域の増加などがある．犬の心臓のX線像では，犬種による差がかなり認められる．心臓肥大が認められる場合，心エコーによる検査が選択されるが，この検査は必ずしも臨床家がすぐに利用できるとは限らない．またすべての場合に必要というわけではない．例えば，高齢の犬で左側の収縮期性逆流性心雑音を伴う単独性の左房拡大では，僧帽弁閉鎖不全の鑑別には心エコー検査は不要といえる．心影像が球状の場合には，心膜滲出が疑われる．しかし拡張型心筋症でみられる全体的な心肥大との判別が必ずしもできるわけではない．時には心基底の腫瘤がX線像で見つかることもある．

④ 心電図検査によって，X線検査で分かった心肥大の原因に関する情報が得られる場合がある．球状の心影像が観察され，QRS群の大きさが減少している場合，特にその大きさがまちまちの場合には心膜滲出が疑われる．また肥満や甲状腺機能低下症ならびにこうした症状に伴って心膜滲出が認められるといった場合にも，QRS群の大きさの減少が観察される．QRS群の高さや幅の増加，不整脈，平均電気軸の移動が認められる場合には，特定の心室あるいは心房の拡大や基礎疾患としての心筋疾患が疑われることもある．心電図検査によって，確定的な結果が得られるとは思われないが，異常所見が得られれば役に立つ．しかし異常所見がなかったからといって基礎疾患が除外されたというわけではない．

⑤ 横隔膜ラインの欠如や心臓周囲の異常ガス像が認められた場合には，外傷性横隔膜ヘルニアか心膜腹膜性横隔膜ヘルニア（通常は先天性）が疑われる．この心膜腹膜性横隔膜ヘルニアは，犬や猫では先天性の欠損として比較的よくみられる．このヘルニアは若齢動物で見つかる場合もあるが，成熟 高齢動物でもみられ，臨床症状を示さないことがある．いずれの横隔膜破裂でも臨床症状が現れるとすれば，ヘルニア内への腸の嵌頓による胃腸症状，咳嗽，呼吸困難，胸膜滲出などが認められる場合がある．猫では症状やヘルニア嚢への臓器の嵌頓はほとんどみられないように思われる．ヘルニアの確定診断には，胸部/腹部の超音波検査が役立つことがある．

⑥ 胸部X線検査によって，腫瘍（例えば心基底の腫瘍など）の転移を疑わせるような肺のパターンや肺高血圧と右心肥大（肺性心）を起こすことがある慢性小気道疾患，肺水腫（これは左心不全を示唆）などが見つかることがある．また後大静脈の拡張や右心不全によると思われる胸膜滲出などが分かる場合もある．

⑦ 前部縦隔の腫瘤によって，心臓の前方境界部が不鮮明になることがあり，これによって心肥大が示唆されることがある．超音波検査を実施すれば，この縦隔の腫瘤と心肥大の判別は可能となる．

⑧ 特に犬の犬糸状虫症では，肺動脈の拡張や蛇行，肺動脈末梢部の消失像などがよく認められる．この疾患の場合にも，右心肥大を起こすことがあり，時には胸膜滲出を認めることもある．予防薬投与の際に犬に実施するオカルト糸状虫検査（*D.immitis*の体細胞抗原に対する検査）やミクロフィラリアを検出するための末梢血の塗抹検査などを実施すれば，右心肥大の原因となる犬糸状虫感染の診断ができる．

⑨ 猫は，犬糸状虫の第一宿主ではないし，抗原検査で陽性を示すに必要な数の雌の糸状虫が寄生しない場合があるため，抗体検査を必要とする場合がある．多くの場合感染があっても仔虫を生むことがないため，例え予防処置がなされていなくてもミクロフィラリアの検査で陽性になることはないものと思われる．

⑩ 犬で犬糸状虫症の臨床症状やX線像が認められるが，ディロフィラリア属の検査では陽性を示さない場合，まれに犬の肺動脈と右心室に寄生する住血線虫属 *Angiostrongylus vasorum* の寄生が関与していることがある．バールマン法による糞便検査や気管支肺胞洗浄によって幼虫が検出されることがある．

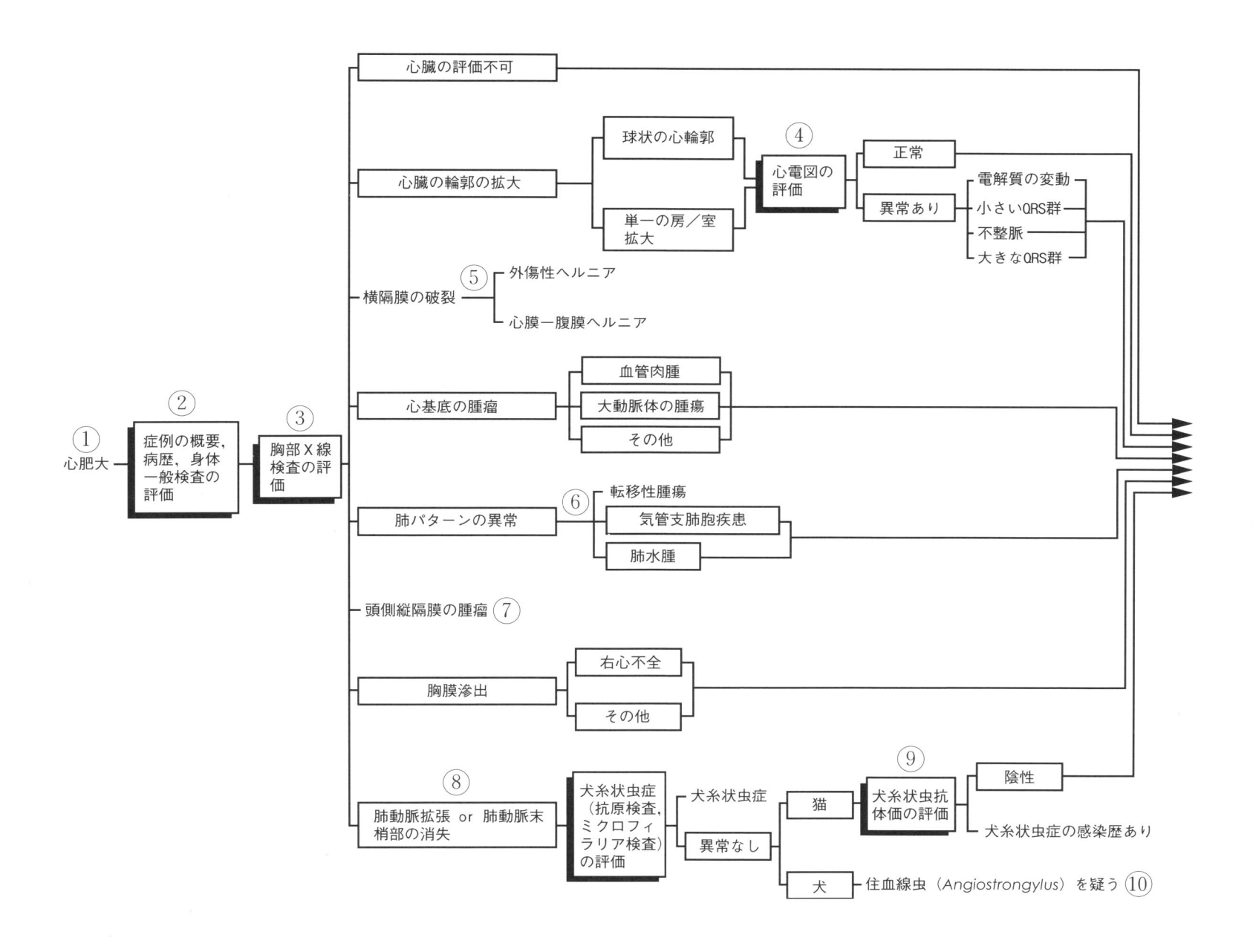

■ 心 肥 大 ■

- ① 心肥大
- ② 症例の概要，病歴，身体一般検査の評価
- ③ 胸部X線検査の評価
  - 心臓の評価不可
  - 心臓の輪郭の拡大
    - 球状の心輪郭
    - 単一の房／室拡大
    - ④ 心電図の評価
      - 正常
      - 異常あり
        - 電解質の変動
        - 小さいQRS群
        - 不整脈
        - 大きなQRS群
  - 横隔膜の破裂 ⑤
    - 外傷性ヘルニア
    - 心膜―腹膜ヘルニア
  - 心基底の腫瘤
    - 血管肉腫
    - 大動脈体の腫瘍
    - その他
  - 肺パターンの異常 ⑥
    - 転移性腫瘍
    - 気管支肺胞疾患
    - 肺水腫
  - 頭側縦隔膜の腫瘤 ⑦
  - 胸膜滲出
    - 右心不全
    - その他
  - ⑧ 肺動脈拡張 or 肺動脈末梢部の消失
    - 犬糸状虫症（抗原検査，ミクロフィラリア検査）の評価
      - 犬糸状虫症
      - 異常なし
        - 猫 → ⑨ 犬糸状虫抗体価の評価
          - 陰性
          - 犬糸状虫症の感染歴あり
        - 犬 → 住血線虫（Angiostrongylus）を疑う ⑩

■ 心 肥 大 ■

⑪ これまで述べてきた検査はいずれも心肥大の基礎原因の診断に役立つものであるが、唯一最も診断に役立つ検査は、心エコー検査である。ほとんどの場合、心エコー検査によって心膜の状態や腫瘍病変の有無、心臓の収縮能、心室や心房の容積、弁の統合性などの情報が得られる。一方、熟練者であれば、先天性の欠陥や拘束型心筋症、犬糸状虫感染などの診断も可能となる。場合によっては、心エコー検査に併せて気泡検査や動脈造影、まれには心筋の生検を実施して、確定診断をしなければならない場合もある．

⑫ 心膜が限局性あるいはび漫性に肥厚することがある。限局性の場合には、腫瘍や良性の嚢胞構造（心膜性／心外膜性嚢胞）が原因として考えられる。全体的に肥厚が見られる場合には、び漫性の腫瘍（リンパ腫、中皮腫）や炎症（感染性あるいは免疫介在性心膜炎）が考えられる．

⑬ 心膜滲出では、心臓のX線検査で球状影像が得られる特徴があり、心エコー検査以外には心肥大との判別は難しい。貯留した体液の評価と基礎疾患の診断には、心膜穿刺が必要となる。心膜滲出には、血液性（血管肉腫や左房破裂による出血）や化膿性があり、また猫伝染性腹膜炎を示唆する場合や腫瘍細胞を含有する場合がある。さらには漏出性／変性性漏出液（うっ血性心不全や低アルブミン血症の場合）がある。救急処置として心膜穿刺を実施しなければならないこともあるが、心膜穿刺を行う前には凝固状態の点検を必要とする。体液が腫瘍の周囲を覆っている場合もあるため、排液を行う前に左房／心膜の腫瘍の有無をを見きわめておくことも重要である

⑭ 先天性の弁膜奇形には、弁葉の形成不良や歪曲ならびに弁葉の分離不全（弁狭窄）などから弁膜につながる血管壁の奇形（大動脈下狭窄）に到るまで、様々な異常が認められる．

⑮ 心内膜症は、加齢に伴って心臓弁（特に房室弁）に変化が認められる疾患で、慢性の構造的変性（粘液変性）と線維性小結節形成が原因となる。基礎原因については不明であるが、遺伝的要因が関与するものと思われる。特に小型種の犬に比較的よく認められる．

⑯ 感染性心内膜炎は細菌が心臓弁に集落を形成することが原因となり、これによって弁膜が破壊される。細菌血症が最も一般的な基礎原因であり、その発生源は（創傷、皮膚感染、膿瘍、腎盂腎炎など）様々である。僧帽弁と大動脈弁が最も一般的な内膜炎の部位となる．

⑰ 三尖弁閉鎖不全は、原発性の心臓弁疾患（先天性、後天性）の場合もあれば、肺高血圧と右側の心臓の過負荷が原因となる場合もある．

⑱ 原発性の拡張型心筋症は、犬では比較的よく認められる遺伝しやすい疾患である。結合組織など細胞外組織の異常が基礎原因として考えられる。猫ではまれである（猫の拡張型心筋症はタウリン欠乏症に関連して以前よくみられた）。犬の拡張型心筋症は、後天性疾患としても比較的よく認められ、罹患率は純血種で0.65％、ドーベルマン・ピンシェルでは5.8％、スコティッシュ・ディアハウンドでは6％である．

⑲ 成分欠乏あるいは製造過程でタウリンが欠乏している異常食／家庭食を摂取している猫や尿の酸性化剤によってカリウム欠乏がある猫では、拡張型心筋症になりやすい傾向がある（カリウム欠乏によってタウリンの貯蔵が低下するといわれている）。ビタミンEやセレン欠乏食を摂取している犬や猫でも心筋疾患になる場合がある．

⑳ 炎症性心筋炎では、心房や心室の拡張よりも不整脈を起こす傾向が強い。しかし不整脈によって、心筋の機能不全が起こる場合もある（これは前方への拍出不全と容量の過負荷が原因となる）。心筋炎のタイプによっては、原発性の心筋障害を起こすものもある（3～10週齢の子犬のパルボウイルス感染、アメリカ南部の若い犬にみられるトリパノゾーマ感染（*Trypanozoma cruzi*）、犬のネオスポラ属（*Neospora*）、猫のトキソプラズマ属）．

㉑ 心疾患／心臓輪郭の拡大が認められる場合、薬剤投与歴が初期評価には重要となる。化学療法剤であるドキソルビシンは、心筋に対し特異的な毒性をもつ薬剤であり、特に犬では拡張型心筋症を起こす場合がある。通常、比較的高用量（蓄積性）の場合に毒性が現れるが、特異体質では低用量で起こる場合もあるし、治療後速やかに起こる場合や数ヵ月の経過後に起こる場合もある。フラゾライドとイオノフォア中毒でも、心筋傷害が起こる。コカインやアンフェタミン、ジゴキシン、カテコラミンなどの薬剤によっても、不整脈と重度の頻拍、心充満不全、二次性の心過負荷、心房／心室の拡張、肥大が起こる。犬ではアボガドの摂取による心筋疾患が報告されている．

㉒ 心筋の肥大によって、心臓の輪郭が拡大する場合がある。しかし肥大によって必ず輪郭の拡大が起こるというものでもない。特に猫の肥大型心筋症では、心臓腔内へ向かって肥大が起こるため、胸部X線検査では滅多に見つかることはない。全身性高血圧を伴わない心筋の肥大では、心臓の作業負荷の増加が原因となる場合がある（例えば左・右短絡があれば心臓の過循環が起こるし、心臓の弁膜に異常があれば逆方向に血液が流れ二次性の肺高血圧となる）。最初は循環性の過負荷によって筋の肥大と分割短絡が起こる。その後になってようやく心房／心室が拡張し分割短絡が減少する。後天性弁膜疾患と先天性弁膜疾患が原因して心房／心室の肥大と拡張による心臓拡大が起こるが、これらの間には重複する部分がかなりある。心臓の作業負荷が上昇しなくても、心筋肥大が起こることもある。例えば末端肥大症が原因する場合がある。これは循環血中に成長ホルモンが過剰に分泌されるために起こる疾患で、これによって心臓をはじめとする軟組織が全体的に肥大することになる。なかにはうっ血性心不全になる場合もある。血清プロゲステロン濃度が過剰になるため、これは雌犬に最もよく認められる疾患である。発情後期の延長や発情阻止に使うプロゲステロン投与が原因で起こることもある。プロゲステロンによって乳腺発育ホルモンの生成が増加し、その結果先端肥大症の臨床症状が起こる。猫の末端肥大症は、通常下垂体の腫瘍が原因となる。また、犬では特発性ならびに遺伝性疾患として心筋の肥大を認めることもある（この場合には内側に向かって肥大するため左側の心房／心室の縮小が認められ、左心室、左心房の中等度の拡大がX線像で観察される）。まれではあるが、（例えばび漫性の腫瘍などによる）心筋の浸潤が原因で、心臓の拡大が起こることもある．

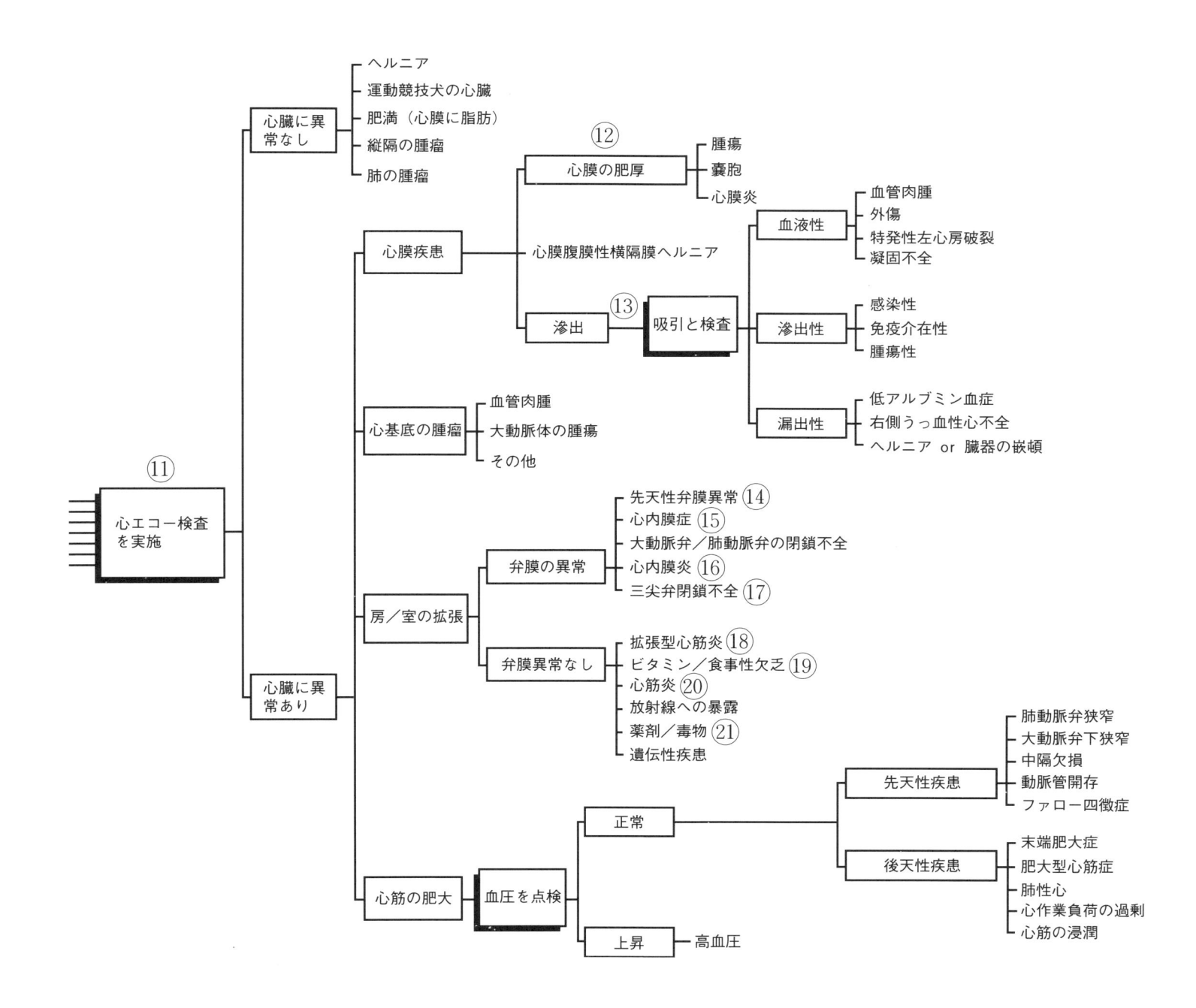

■ 心 肥 大 ■

- 心臓に異常なし
  - ヘルニア
  - 運動競技犬の心臓
  - 肥満（心膜に脂肪）
  - 縦隔の腫瘍
  - 肺の腫瘍

⑪ 心エコー検査を実施

- 心臓に異常あり
  - 心膜疾患
    - ⑫ 心膜の肥厚
      - 腫瘍
      - 嚢胞
      - 心膜炎
    - 心膜腹膜性横隔膜ヘルニア
    - 滲出 — ⑬ 吸引と検査
      - 血液性
        - 血管肉腫
        - 外傷
        - 特発性左心房破裂
        - 凝固不全
      - 滲出性
        - 感染性
        - 免疫介在性
        - 腫瘍性
      - 漏出性
        - 低アルブミン血症
        - 右側うっ血性心不全
        - ヘルニア or 臓器の嵌頓
  - 心基底の腫瘍
    - 血管肉腫
    - 大動脈体の腫瘍
    - その他
  - 房／室の拡張
    - 弁膜の異常
      - 先天性弁膜異常 ⑭
      - 心内膜症 ⑮
      - 大動脈弁／肺動脈弁の閉鎖不全
      - 心内膜炎 ⑯
      - 三尖弁閉鎖不全 ⑰
    - 弁膜異常なし
      - 拡張型心筋炎 ⑱
      - ビタミン／食事性欠乏 ⑲
      - 心筋炎 ⑳
      - 放射線への暴露
      - 薬剤／毒物 ㉑
      - 遺伝性疾患
  - 心筋の肥大
    - 血圧を点検
      - 正常
        - 先天性疾患
          - 肺動脈弁狭窄
          - 大動脈弁下狭窄
          - 中隔欠損
          - 動脈管開存
          - ファロー四徴症
        - 後天性疾患
          - 末端肥大症
          - 肥大型心筋症
          - 肺性心
          - 心作業負荷の過剰
          - 心筋の浸潤
      - 上昇 — 高血圧

索 引

あ

悪性高熱症 6
握雪音 222
アテローム性動脈硬化症 120
アミラーゼ **124**
アミロイドーシス 132
アミン前駆体取り込みおよび脱カルボキシ化細胞腫（APUDoma） 156
アラニン−アミノトランスフェラーゼ（ALT）の上昇 138
アルカリホスファターゼ（ALP）の上昇 138
アンギオテンシン変換酵素阻害剤 110

い

萎縮性胃炎 156
特発性胃腸潰瘍 160
遺伝性高脂血症 122
犬糸状虫感染 240
犬糸状虫症 248
犬ジステンパーウイルス 88
齲 **218**
インスリノーマ 104
インスリン分泌性腫瘍 104

う

運動失調 46
運動性低下性下痢 162
運動誘発性脱力 **14**

え

会陰部の瘻管形成 178
会陰ヘルニア 182
エールリヒア症 86
エストロゲン中毒 76
エチレングリコール 112
エチレングリコール中毒 46, 194
エリスロポエチン 82
炎症性関節疾患 30
炎症性心筋炎 250
炎症性腸疾患 156, 170, 176
炎症性ポリープ様病変 220

お

黄色腫 120
黄 疸 **134**
嘔 吐
　急性―― 150
　慢性―― 154

か

外傷性横隔膜ヘルニア 248
咳 嗽 **224**
潰瘍性口内炎 144
潰瘍誘発性ホルモン 160
過エストロゲン血症 84
喀 出 146
拡張型心筋症 240, 248, 250

'隠れ' 骨髄腫 118
過好酸球性症候群 156
下向性尿路造影 202
仮性高カリウム血症 110
カタレプシー 14
褐色細胞腫 240
活性部分トロンボプラスチン時間 62
括約筋性失禁 186
化膿性（好中球性）結腸炎 176
過敏性小腸症候群 170
過敏性腸症候群 180
下部運動ニューロン徴候 50
下部運動ニューロン性四肢不全麻痺 **50**
K^+の細胞透過性移動 108
K^+保持性利尿剤 110
肝性中毒症 134
肝外胆管の閉塞 132
換気−灌流不適合 226
肝酵素の上昇 **138**
肝硬変 132
肝腫大 130
　糖尿病で認められる―― 130
　――を起こす薬剤 130
眼 振 **42**
肝性中毒症 134
肝性脳症 40
関節炎 30
関節穿刺 30
関 節

■ 索 引 ■

――の炎症 30
――の滲出 30
――の疼痛 30
感染性心内膜炎 250
環椎軸椎亜脱臼 48
肝毒性 134
肝毒素 138
肝リピドーシス 122
寒冷赤血球凝集素性疾患 226

き

奇異性の前庭症候群 44
気管狭窄 220
気管虚脱 220
気管洗浄液 224
気管の形成不全 220
気道閉塞症候群 232
キャンピロバクター 180
吸収不全 98
球状赤血球 134
急性嘔吐 150
急性呼吸困難症候群 234
急性の大腸性下痢 172
急速スライド凝集試験 100
胸腔穿刺 228
凝固不全 62
頬側口腔粘膜出血時間 62
胸膜滲出 228
巨大結腸 176
巨大結腸症 184
巨大食道症 146
　先天性の―― 146
虚　脱 14
筋緊張性痙攣 16

く

グリコーゲン貯蔵病 132
グルテン過敏症 168
クレアチン・キナーゼ 2
クロストリジウム属 172
クロム親和細胞腫 246

クーンハウンド麻痺 50

け

痙攣発作 36
血液性滲出液 22
血管肉腫 248
血管輪の奇形 146
血　胸 228
血漿血液性滲出液 22
血小板隔離 92
血小板減少症 92
　――の原因となる薬剤 92
血色食道虫 160
血清アンモニア濃度 140
血清エリスロポエチン濃度 82
血清ガストリン濃度 156
血清コリンエステラーゼ 14
血清胆汁酸 140
血清蛋白電気泳動法 102
血清トリプシン様免疫活性 126, 170
血清ホスホリパーゼ A_2 の測定 126
結節性多発性動脈炎 32
血栓症 226
血栓塞栓疾患 226
結腸鏡 176
血　尿 202
血便排泄 178
下　痢 162, 164

こ

高アルドステロン血症 108
高エストロゲン血症 90
抗核抗体（ANA）102
抗核抗体（ANA）力価の検査 28
高カリウム血症 110, 242
高カリウム性周期性麻痺 110
高カルシウム血症 10, 116, 190
抗凝固系殺鼠剤中毒 92
高グロブリン血症 100
高血圧 246
高血糖 106

好酸球性結腸炎 176, 180
好酸球性口内炎 144
好酸球性腸炎 170
好酸球性肉芽腫症候群 144
高脂血症 120, 122
甲状腺機能亢進症 138
甲状腺機能低下症 46, 242
拘束型心筋症 232, 240
拘束性呼吸パターン 222
高体温症 6
高窒素血症 8, 190, 194
好中球減少症 88
喉頭線維症 218
高トリグリセライド血症 120
抗トロンビンⅢ 96
口内炎 144
高ビタミンD血症 118
口部肥満細胞腫 144
高密度リポ蛋白 120
肛門狭窄 182
肛門周囲の蠅蛆症 178
肛門嚢 178
絞扼反射 224
高齢性前庭疾患 42
呼吸困難 222
黒色便）158
骨硬化症 86
骨髄形成異常 78, 86
骨髄線維症 78, 86
骨髄無形成症 86
骨髄癆 90
骨膜増殖性多発性関節炎 30
昏　睡 40
昏　迷 40

さ

細菌性心内膜炎 244
再生性貧血 72
酢酸メジェステロール 106
サケ中毒 166
鎖　肛 182

■ 索 引 ■

刷子縁の酵素欠損 98
産褥痙攣 112

し

ジアルジア属 166
シェーグレン症候群 32
子癇 112
子宮蓄膿症 10
失禁（糞便の──）186
しぶり 182
脂肪血症 116
若年性低血糖症 36，104
斜頸 42
ジャーマン・シェパードの会陰部瘻管 182
周期性好中球減少症 88
重症筋無力症 14，16，146
出血 62
漿液血液性滲出液 230
漿液性滲出液 230
消化不全 98
小肝症 132
上室性頻拍 238
小腸性下痢 162，164
　慢性の── 168
小腸内細菌の過剰繁殖 156
上皮小体機能亢進症 118
上皮小体機能低下症 114
上皮小体ホルモン関連性のポリペプチド 116
上皮小体ホルモン値の低下 118
上皮親和性リンパ腫 144
上皮内癌腫 174，184
上部運動ニューロン性四肢不全麻痺 48
上部気道閉塞 232
静脈用造影剤 202
小葉性離断性肝炎 136
食事性過敏症 170，176
食事誘発性のカタレプシー 14
徐脈 242
自律神経障害 56
心外膜性嚢胞 250
心奇形 240

心基底の血管肉腫 248
心筋症 244
針筋電図検査 186
神経性括約筋性失禁 186
神経内分泌性腫瘍 160
神経内分泌組織性腫瘍 170
腎原性の尿崩症 12
心室細動 238
心室縦隔欠損 244
心室性期外収縮群 238
心室性頻拍 238
心室粗動 238
滲出液 22
真性赤血球増加症 82
心臓性肺水腫 232
身体痛 2
腎虫 202
浸透圧性下痢 162
腎毒性 190
心内膜症 250
心拍数を速める薬剤 238
心肥大 248
腎不全
　急性の── 100
　慢性の── 114
心房細動 238
心房性頻拍 238
心房粗動 238
心膜疾患 240
心膜性 250
心膜腹膜性横隔膜ヘルニア 248

す

膵炎 126，138
　急性の── 234
髄外性形質細胞腫 102
髄外造血 70
膵外分泌不全 98
水脊髄症 54
膵臓
　──の偽性嚢胞 126

　──の肥厚 166
水頭症 36
髄膜炎 4
睡眠発作 14
スコッティ・クランプ 14
ステロイド性肝症 138
ストレス性潰瘍形成 158
ストレス誘因性の高血糖 106

せ

声帯麻痺 218
喘鳴 218
　吸気性の── 218
脊髄炎 48
脊髄空洞症 54
脊髄穿刺 44
脊髄反射 52
脊髄空洞症 4
脊髄中心水腫 4
赤血球寄生性疾患 68
赤血球増加症 80
舌骨の骨折 218
赤血球増加症 80
線維軟骨性塞栓症 48，54，56
繊維－反応性下痢 176，180
全身性高血圧 246
前腎性高窒素血症 194
全身性紅斑性狼瘡（SLE） 20，24，28，32，102，144
全身性多発性神経症 218
全身性の真菌感染 100
全身性リンパ節症 64
線虫感染 216
前庭疾患 42
先天性喉頭麻痺 232
先天性のポルフィリン症 74
前立腺過形成 208
前立腺周囲嚢胞 210
前立腺肥大 208

そ

叢状性血管新生 66

255

■ 索 引 ■

相対的赤血球増加症　80
僧帽弁疾患　240
僧帽弁閉鎖不全　248
組織球性潰瘍性結腸炎　176, 180

た

多発性筋炎　14
大腸性下痢　162, **172**
大動脈下狭窄症　244
大動脈血栓症　52
大動脈弁狭窄症　244
タウリンの欠乏　240
多　渇　**10**
多クローン性高γグロブリン血症　102
ダニ麻痺　50
多　尿　**10**
多嚢胞性腎疾患　192
多発性関節炎　4, 32
多発性筋炎　16
多発性筋炎症候群　32
多発性骨髄腫　102
多発性骨髄腫の診断基準　116
多発性神経根神経炎　50
単クローン性高γグロブリン血症　102
胆汁性嘔吐症候群　154
胆汁性腹膜炎　24
胆汁のうっ滞　122
短頭種気道閉塞症候群　222
蛋白喪失性腎症　96
蛋白尿　**196**

ち

チアノーゼ　**226**
中心性チアノーゼ　226
中枢性尿崩症　12
中枢性の前庭症状　42
中毒性表皮壊死症　144
腸短縮症候群　168

つ

椎間板脊椎炎　48

対不全麻痺　52

て

低アルブミン血症　**96**, 112
低アレルゲン食　156
低カリウム血症　10, **108**
低カリウム性周期性麻痺　108
低カルシウム血症　**112**, 242
低血糖症　**104**
低酸素血症　226
低増殖性貧血　78
低マグネシウム血症　114
低密度リポ蛋白　120
鉄欠乏性貧血　74
鉄不足による貧血　78

と

頭蓋下顎骨症　2
頭蓋内クモ膜囊胞　48
頭蓋内腫瘍　40
洞機能不全症候群　242
洞性頻拍　238
銅中毒　74
銅貯蔵病　136
疼　痛　**2**
洞停止　242
糖尿病　10, 120
　── 性ケトアシドーシス　40
　── で認められる肝腫大　130
　── 誘因性多発神経症　50
銅の蓄積貯留　132
特発性胃腸潰瘍　160
特発性巨大食道症　148
特発性高脂血症　122
特発性多発性関節炎　32
特発性腹膜滲出　20
吐　血　**158**
吐　出　**146**
吐物のpH　146
トリプシン活性性ペプチドの測定　126
トリプシン様免疫活性試験　98

な

内臓痛　2
鉛中毒　74, 148
ナルコレプシー　14

に

肉芽腫性胃炎　156
肉芽種性好酸球性結腸炎　180
肉芽腫性髄膜脳炎　38, 44, 46, 54
肉芽腫様好酸球性結腸炎　176
乳　糜　24
尿細管アシドーシス　108
尿失禁　**56**
尿性腹膜炎　24
尿蛋白　192
尿蛋白/クレアチニン比　192
尿沈渣　192
尿道粘膜の脱出　202
尿道不全　58
尿毒症　234
尿淋瀝　**204**
尿路感染症　56
尿路造影検査　206

ね

猫の下部尿路系疾患　56, 204」
猫虚血性症候群　40
猫虚血性脳症　38
猫合胞体形成ウイルス　30
猫汎白血球減少症ウイルス　88
ネフローゼ症候群　122, 226

の

脳　炎　40

は

敗血症　152, 234
敗血症性滲出液　230
敗血症性腹膜炎　22
肺血栓塞栓症　226, 234

■ 索 引 ■

肺水腫 **232**
排尿困難 **204**
ハインツ小体 134
パグ脳炎 36
跛　行 **28**
播種性血管内凝固（DIC）　62，74，92，234
播種性肥満細胞症 154
バセンジーの回腸性増殖性腸症 170
鼻ダニ 216，220
鼻の分泌物 214
パルボウイルスの検査 150
汎血球減少症 **84**
汎血球減少症に関与する薬剤 84
反射性協調運動障害 206
汎低蛋白血症 96
反応性アミロイドーシス 198

ひ

非炎症性関節疾患 30
皮下気腫 218，226
鼻狭窄音 **218**
ビーグル疼痛症候群 4，32
非再生性貧血 72，76
脾　腫 **68**
脾腫を起こす薬剤 68
鼻出血 214
微小血管形成不全症 136
非心臓性肺水腫 232
鼻線虫 220
脾　臓
　　——の過形成 70
　　——の化膿性肉芽腫性浸潤 70
　　——の肉芽腫性浸潤 70
肥大型心筋症 232，240，250
ビタミンD中毒 118
脾捻転 68
非びらん性関節炎 32
肥満細胞腫 154
肥満細胞症 158
表皮水疱症 144

ビリルビン尿 200
頻拍 **238**
頻尿 **204**

ふ

ファンコニー症候群 10
フィブリノーゲン分解産物 62
フィブリン分解産物 22
フォンヴィレブラント病 62
副腎皮質機能亢進症 130，246
副腎皮質機能低下症 10，152
腹　水 **20**
腹部の膨大 **18**
腐蝕性物質 144
腹腔穿刺 20
腹腔の滲出 20
ブルセラ 100，210
ブロモスルホタレイン（BSP）残留試験 96
プロトロンビン時間 62
分泌性下痢 162
糞　便
　　——の失禁 **186**
　　——の硫酸亜鉛浮遊試験 166，180
分離不安 186

へ

ベドリントン・テリアの銅貯蔵性疾患 74
ヘモグロビン尿 200
ヘモバルトネラ 74，84
ヘリコバクター感染 156
変色尿 **200**
ベンス・ジョンズ蛋白 102
ベンス・ジョンズ蛋白血症 116
変性性関節疾患 4
変性性脊髄症 48
変性性漏出液 20，230
鞭　虫 172
便　秘 **182**

ほ

膀胱破裂 192

房室ブロック 242
乏　尿 **190**
ホスホフルクトキナーゼの欠損 74
ホルモン反応性失禁 56，58

ま

末梢性前庭疾患 42
末梢性チアノーゼ 226
末端肥大症 106，250
マルチーズの脳炎 38
慢性嘔吐 **154**
慢性の小腸性下痢 168

み

ミオグロビン尿 200
脈管炎 24

む

無菌性多発性関節炎 32
無効性顆粒球形成 90
無　尿 **190**

め

メトヘモグロビン 226
メトヘモグロビン血症 226
メトロニダゾール誘発性中毒 42
メレナ **158**
免疫介在性関節炎 30
免疫介在性血小板減少症 92
免疫介在性糸球体腎炎 198
免疫介在性多発性関節疾患 30
免疫介在性溶血性貧血 72
免疫増殖性リンパ球性形質細胞性腸炎 168

や

薬物誘発性多発性関節炎 28

ゆ

有棘細胞 144
幽門肥大 156
輸液利尿 116

257

■ 索 引 ■

よ
腰仙狭窄 52
腰仙椎の不安定性 186

ら
ライム病 244
螺旋様微生物 156

り
リウマチ様関節炎 32
リーシュマニア属 100
リパーゼ **124**
リパーゼの上昇 124
リポ蛋白 120
リポ蛋白電気泳動法 122
リンパ管拡張 114
リンパ球性形質細胞性結腸炎 176
リンパ球性形質細胞性口内炎 144
リンパ球性形質細胞性結腸炎 180
リンパ球性形質細胞性鼻炎 220
リンパ球性形質細胞性腸炎 170
リンパ節症 **64**

れ
レプトスピラ属 166

ろ
漏出液 20, 230
ロッキー山紅斑熱 64

わ
ワクチン誘発性多発性関節炎 30

翻訳を終えて

　学会の際に，診断に行き詰まった症例があって，展示場で本書を手に取ってみた．英語であるため，すらすらと理解出来たわけではないが，なにがしかの手掛かりを得ることができた．立ち読みを終えたところで，文永堂出版の永井社長から声を掛けられ，挙げ句は無責任にも翻訳を引き受けてしまった．いざ翻訳を始めてみると，余りにも恐ろしいことであるということに気がついた．これまで幾つか翻訳のお手伝いをさせて戴いたが，いずれも監修して下さる先生がおられ，どちらかと言えば，さほどの緊張感もなくリラックスして翻訳ができた．ところが今回は，5ヵ月という期限と監修者はなしという条件であった．毎日の翻訳が，責任という重圧と緊張の連続であった．ひとつでも誤訳があれば，読者に大変な迷惑をお掛けすることになるからである．

　臨床診断という作業は，本当に難しいものである．東京大学の沖中重雄名誉教授の最終講義の"誤診率14.3％"は，余りにも有名な話である．現在，人医の世界的誤診率は，約30～40％と言われている．獣医界での誤診率については，明らかではないが，どうみてもこれ以下とは到底考えられない．少なくとも訳者自身の誤診率は50％以上であろうと考えている．もちろん，人間とは違って動物から主訴を聞き出せないという大きなハンディーキャップはあるが……．

　臨床診断には，身体的診断（physical diagnosis）と検査的診断（laboratory diagnosis）がある．言うまでもなく，前者は症例の概要，病歴，身体一般検査など直接獣医師の手による診断であり，後者は様々な機器や手法を駆使した客観的データによる診断である．何れにも偏らずに，両者をバランスよく調和させながら診断を進めるのが理想といえる．

　本書では，病歴や身体一般検査所見など身体的所見を基盤にした上で，必要最小限の検査所見を積み重ねて行くという診断の進め方が貫かれている．症例のなかには，身体的所見だけで診断が付くものもある．こうした症例に対して，ことさら検査的所見を得ようとすれば，動物はもちろんのこと飼い主にも負担が掛かることは言うまでもない．我々臨床家は，ついつい検査的診断に頼りがちになる傾向は否めないが，身体的所見を中心とした診断の重要性を今一度確認することも重要ではないだろうか．診断は，動物の全身をくまなく触るという基本に立って始めたいものである．また本書では，我々臨床家が日常よく遭遇する一般的な疾患や症状を出発点として，論理的かつ安全な方法で最終診断に向かって進められている．一介の町医者である訳者にとっては，誠に有り難い教科書といえる．診断に行き詰まったとき，本書を紐解けば強い見方になってくれるのではないだろうか．

　冒頭でも述べた通り，本書の翻訳にはこれまでになく緊張して当たったつもりであるが，もし誤訳など重大な誤りがあれば，是非ご指摘，ご教授戴きたい．

　最後に，翻訳の際，理解できない内容や専門用語など様々な面でご教授戴いた東京大学の佐々木伸雄教授，小川博之教授ならびに開業仲間である松倉次郎氏，藤井康一氏に，この場を借りて深謝する次第である．

ワープロ好きの猫達を払い退けながら．

2003年4月

武部　正美

訳者略歴

<ruby>武部<rt>たけべ</rt></ruby> <ruby>正美<rt>まさみ</rt></ruby>（68歳）

1940年1月24日生まれ（東京，麹町）
1964年　　　　　岐阜大学農学部獣医学科卒業
1964年　　　　　京都微生物化学研究所　入所
1965年〜1970年　名古屋市堀場獣医科病院勤務
1970年　　　　　横浜にて開業
1987年　　　　　獣医学博士号取得（麻布大学）

著　書

- 翻訳書　『犬 -The Domestic Dog』　チクサン出版社
- 監訳書　『ザ・キャットケア』　ペットライフ社
- 監訳書　『プロブレム・ドッグ』　ペットライフ社
- 監訳書　『フォーグル先生の犬と楽しく暮らす本』　ペットライフ社
- 監訳書　『エドニー先生の猫と楽しく暮らす本』　ペットライフ社
- 共訳書　『犬と猫の行動学』　学窓社
- 共訳書　『最新の小動物整形外科』　学窓社
- 共訳書　『スラッター小動物の外科手術』　文永堂出版
- 共訳書　『犬と猫の耳の疾患』　文永堂出版
- 共訳書　『最新獣医皮膚科学』　文永堂出版
- 共訳書　『サウンダース小動物臨床マニュアル』　文永堂出版
- 翻訳書　『獣医療における 動物の保定』　文永堂出版
- 共　著　『犬の診療最前線』　インターズー社
- 共　著　『猫の診療最前線』　インターズー社
- 共　著　『小動物看護用語辞典』　インターズー社

| フローチャートによる 小動物疾患の診断 | 定価（本体 12,000 円＋税） |

2003 年 5 月 10 日　第 1 版 第 1 刷 発行
2008 年 7 月 31 日　第 1 版 第 2 刷 発行

＜検印省略＞

訳　　者	武　部　正　美
発 行 者	永　井　富　久
印刷・製本	㈱ 平 河 工 業 社
発　　行	文 永 堂 出 版 株 式 会 社

〒 113-0033　東京都文京区本郷 2 丁目 27 番 3 号
TEL　03-3814-3321　　FAX　03-3814-9407
振替　00100-8-114601 番

Ⓒ 2003　武 部 正 美

ISBN 978-4-8300-3191-5